westermann

Autor: Jens Helling

Herausgeber: Klaus Schilling

Mathematik für Berufliche Gymnasien

Analytische Geometrie
Lineare Algebra
Stochastik

Qualifikationsphase

Ausgabe für das Kerncurriculum 2018
in Niedersachsen

2. Auflage

Bestellnummer 11709

Materialien für Lehrerinnen und Lehrer

Lösungen: 978-3-427-11711-7
Lösungen zum Arbeitsheft: 978-3-427-02455-2

BiBox Einzellizenz für Lehrer/-innen (Dauerlizenz): 978-3-427-85343-5
BiBox Kollegiumslizenz für Lehrer/-innen (Dauerlizenz): 978-3-427-85580-4
BiBox Kollegiumslizenz für Lehrer/-innen (1 Schuljahr): 978-3-427-87851-3

BiBox westermann
inkl. E-Book

Materialien für Schülerinnen und Schüler

Arbeitsheft: 978-3-427-02453-8

BiBox Einzellizenz für Schüler/-innen (1 Schuljahr): 978-3-427-11740-7

BiBox westermann
inkl. E-Book

westermann GRUPPE

Druck und Bindung: Westermann Druck GmbH, Georg-Westermann-Allee 66, 38104 Braunschweig

ISBN 978-3-427-11709-4

Vorwort

Das vorliegende Schulbuch gehört zu einer **4-bändigen Reihe**, die exakt auf das neue Kerncurriculum Mathematik für die **Beruflichen Gymnasien** für die Bereiche **Wirtschaft** sowie **Gesundheit und Soziales** in Niedersachsen abgestimmt ist.

Die folgende Tabelle gibt einen Überblick über die Zuordnung der Sachgebiete und Lernbereiche zu den einzelnen Bänden dieser Reihe.

	Titel	Sachgebiete	Lernbereiche
Band 1	**Beschreibende Statistik und Analysis I** Einführungsphase	• Stochastik • Analysis	1 Beschreibende Statistik 2 Elementare Funktionenlehre 3 Ableitungen
Band 2	**Analysis II** Qualifikations-phase	• Analysis	1 Kurvenanpassung[1)] 2 Von der Änderung zum Bestand – Integralrechnung 3 Wachstumsmodelle mit Exponential- und e-Funktionen[2)]
Band 3	**Analytische Geometrie, Lineare Algebra und Stochastik** Qualifikations-phase	• Analytische Geometrie/ Lineare Algebra • Stochastik	1 Raumanschauung und Koordinatisierung 2 Mehrstufige Prozesse – Matrizenrechnung 3 Daten und Zufall
Band 4	**Formelsammlung[3)]** Einführungs- und Qualifikationsphase	Alle Sachgebiete und Lernbereiche	

Alle Lernbereiche des neuen Kerncurriculums für die Beruflichen Gymnasien der Richtungen Wirtschaft und Gesundheit und Soziales werden durch die vorliegende Reihe vollständig abgedeckt, womit eine sehr gute Vorbereitung auf die Abiturprüfung gewährleistet ist. Es werden sowohl die Kompetenzen für das **grundlegende Anforderungsniveau** als auch für das **erhöhte Anforderungsniveau** vermittelt. Die Abschnitte, Situationen und Übungsaufgaben nur für Kurse mit erhöhtem Anforderungsniveau sind mit einem **eA** -Symbol gekennzeichnet (nur in den Bänden 2 und 3).

---

1) KC-Bezug:
Kurse mit grundlegenden Anforderungen (gA): „Lernbereich: Kurvenanpassung mit ganzrationalen Funktionen und einfachen gebrochenrationalen Funktionen“
Kurse mit erhöhten Anforderungen (eA): „Lernbereich: Kurvenanpassung und Funktionsscharen“

2) KC-Bezug:
Kurse mit grundlegenden Anforderungen (gA): „Lernbereich: Die e-Funktion“
Kurse mit erhöhten Anforderungen (eA): „Lernbereich: Wachstumsmodelle – Exponentialfunktionen“

3) Die Formelsammlung ist für die Abiturprüfung zugelassen.

Neben der Förderung der im Kerncurriculum genannten **inhaltsbezogenen Kompetenzen** sollen auch die **prozessbezogenen Kompetenzen** der Schülerinnen und Schüler weiterentwickelt werden.

Prozessbezogene Kompetenzbereiche	Inhaltsbezogene Kompetenzbereiche
• K1 Mathematisch argumentieren	• L1 Algorithmus und Zahl
• K2 Probleme mathematisch lösen	• L2 Messen
• K3 Mathematisch modellieren	• L3 Raum und Form
• K4 Mathematische Darstellungen verwenden	• L4 Funktionaler Zusammenhang
• K5 Mit symbolischen, formalen und technischen Elementen der Mathematik umgehen	• L5 Daten und Zufall
• K6 Kommunizieren	

Auf eine Visualisierung der Zuordnung der verschiedenen Kompetenzbereiche zu den Situationen und Handlungssituationen durch entsprechende Icons wurde bewusst verzichtet, um die Schülerinnen und Schüler nicht unnötig zu verwirren.

Besonderer Wert wird auf eine für Schülerinnen und Schüler **anschauliche und verständliche Darstellung** gelegt. Zahlreiche **Situationen mit ausführlich durchgerechneten Lösungen** ermöglichen auch den selbstständigen Erwerb der im Kerncurriculum geforderten Kompetenzen. Die ersten Übungsaufgaben eines jeden Abschnitts sind grundsätzlich sehr eng an die ersten Situationen des entsprechenden Abschnitts angelehnt. Dadurch sollen die Schülerinnen und Schüler dazu befähigt werden, diese Übungsaufgaben selbstständig mithilfe der ersten Situationen zu lösen.

Um die Schülerinnen und Schüler gut auf die schriftliche Abiturprüfung vorzubereiten, sind in den Bänden der Qualifikationsphase passende Original-Abituraufgaben der letzten Jahre eingearbeitet.

Am Ende der Kapitel mit berufsbezogenen Inhalten gibt es einen Abschnitt mit **Handlungssituationen** zu dem betreffenden Kapitel. Diese Handlungssituationen sind besonders geeignet, die **inhaltsbezogenen und prozessbezogenen Kompetenzen** anwendungsbezogen zu **verknüpfen**.

Alle Aufgaben können prinzipiell auch mit einem **grafikfähigen Taschenrechner (GTR)** oder einem **Computer-Algebra-System (CAS)** gelöst werden. In einem **Anhang „GTR-Funktionen“** sind zusammenfassend die wichtigsten Funktionen des grafikfähigen Taschenrechners TI-84 Plus aufgeführt. In einem **Anhang „CAS-Funktionen“** sind die Funktionen des Taschenrechners TI-Nspire CX II mit Computer-Algebra-System (CAS) aufgeführt. Andere GTR- und CAS-Rechner sind ähnlich. Die Situationen, die ausdrücklich den Einsatz eines Taschenrechners fordern, sind mit einem Taschenrechner-Symbol versehen. Die Nummer in dem Taschenrechner-Symbol verweist auf den jeweils erklärenden Anhang mit den GTR- oder CAS-Funktionen.

Die Taschenrechnerlösungen sind in diesem Band mit einem GTR erstellt worden. Mithilfe des CAS-Anhangs können die Lösungen aber auch leicht mit einem Computer-Algebra-System erstellt werden.

In den Bänden 1 bis 3 gibt es außerdem einen **Anhang mit den wichtigsten ökonomischen Fachbegriffen**, die für den Unterricht und das Abitur relevant sind. Diese Zusammenfassung ist besonders für die Schülerinnen und Schüler eine Unterstützung, die nicht im Beruflichen Gymnasium Wirtschaft unterrichtet werden.

Die für das Abitur zugelassene **Formelsammlung** komplettiert die Reihe und ist den Schülerinnen und Schülern eine große Hilfe beim Erreichen des angestrebten Schulabschlusses.

Ich wünsche allen Schülerinnen und Schülern, die mit dieser Reihe arbeiten, viel Erfolg und Freude an der Mathematik.

Klaus Schilling
(Herausgeber)

Inhaltsverzeichnis

Mathematische Zeichen und Symbole

Zeichen, Symbol	Sprechweise, Bedeutung	Beispiel
$=$	gleich	$4 = 4$
$\neq$	ungleich	$3 \neq 4$
$\approx$	ungefähr gleich	$\sqrt{2} \approx 1{,}41$
$<$	kleiner als	$3 < 4$
$>$	größer als	$4 > 3$
$\leq$	kleiner gleich	$x \leq 3$
$\geq$	größer gleich	$x \geq 4$
$\Rightarrow$	daraus folgt	n ist durch 4 teilbar $\Rightarrow n$ ist durch 2 teilbar
$\Leftrightarrow$	äquivalent, gleichbedeutend mit	$2x = 4 \Leftrightarrow x = 2$
$\mapsto$	wird zugeordnet	$x \mapsto f(x)$
$\{a; b; c\}$	Menge mit (den Elementen) a, b und c	
$\cap$	Schnittmenge (Gemeinsamkeit von Mengen)	$\{a; b; c\} \cap \{b; c; d\} = \{b; c\}$
$\in$	ist Element von	$M = \{a; b; c\} \Rightarrow a \in M$
$\notin$	ist nicht Element von	$M = \{a; b; c\} \Rightarrow d \notin M$
$\lvert a \rvert$	Betrag (von a)	$\lvert -3 \rvert = 3$
$[a; b]$	geschlossenes Intervall (von einschließlich a bis einschließlich b)	$\{x \mid a \leq x \leq b\}$
$(a; b)$	offenes Intervall (von ausschließlich a bis ausschließlich b)	$\{x \mid a < x < b\}$
$[a; b)$	rechtsseitig (halb-)offenes Intervall (von einschließlich a bis ausschließlich b)	$\{x \mid a \leq x < b\}$
$(a; b]$	linksseitig (halb-)offenes Intervall (von ausschließlich a bis einschließlich b)	$\{x \mid a < x \leq b\}$

Zeichen, Symbol	Sprechweise, Bedeutung	Beispiel
$\vec{a}_{z\times 1}=\begin{pmatrix}a_1\\a_2\\\vdots\\a_z\end{pmatrix}_{z\times 1}$	Vektor (Spaltenvektor)	$\vec{a}=\begin{pmatrix}2\\5\\-3\end{pmatrix}$
$\vec{a}^{\mathrm{T}}_{1\times z}=(a_1\quad a_2\quad\dots\quad a_z)_{1\times z}$	transponierter Vektor (Zeilenvektor)	$\vec{a}^{\mathrm{T}}=(2\quad 5\quad -3)$
$-\vec{a}$	Gegenvektor (zu $\vec{a}$)	$-\vec{a}=\begin{pmatrix}-2\\-5\\3\end{pmatrix}$
$\vec{b}_a$	Projektionsvektor	
$\vec{o}$	Nullvektor	$\vec{o}_{z\times 1}=\begin{pmatrix}0\\0\\\vdots\\0\end{pmatrix}$
$\vec{e}$	Einsvektor	$\vec{e}_{z\times 1}=\begin{pmatrix}1\\1\\\vdots\\1\end{pmatrix}$
$\overrightarrow{AB}$	Verbindungsvektor (zwischen den Punkten A und B)	
$\overrightarrow{OP}$	Ortsvektor (Verbindungsvektor zwischen dem Ursprung und dem Punkt P)	
$\overline{AB}$	Strecke (zwischen den Punkten A und B)	
$\lvert\overline{AB}\rvert$	Länge einer Strecke (zwischen den Punkten A und B)	
$\lvert\vec{a}\rvert$	Betrag (Länge) eines Vektors	
$\vec{a}\parallel\vec{b}$	($\vec{a}$ und $\vec{b}$ sind) kollinear	
$\vec{a}\perp\vec{b}$	($\vec{a}$ und $\vec{b}$ sind) orthogonal	
$\vec{a}\uparrow\uparrow\vec{b}$	($\vec{a}$ und $\vec{b}$ sind) gleichgerichtet	
$\vec{a}\uparrow\downarrow\vec{b}$	($\vec{a}$ und $\vec{b}$ sind) entgegengerichtet	
$\vec{a}*\vec{b}$	Skalarprodukt (von $\vec{a}$ und $\vec{b}$)	
$\sphericalangle(\vec{a},\vec{b})$	Winkel zwischen (den Vektoren $\vec{a}$ und $\vec{b}$)	
$\boldsymbol{A}_{z\times s}=\begin{pmatrix}a_{11}&a_{12}&\cdots&a_{1s}\\a_{21}&a_{22}&\cdots&a_{2s}\\\vdots&\vdots&\ddots&\vdots\\a_{z1}&a_{z2}&\dots&a_{zs}\end{pmatrix}_{z\times s}$	Matrix $\boldsymbol{A}$ mit den Elementen $a_{11}, a_{12}, \dots, a_{zs}$	$\boldsymbol{A}=\begin{pmatrix}3&8&5\\4&2&6\\1&7&9\end{pmatrix}$

Zeichen, Symbol	Sprechweise, Bedeutung	Beispiel
$\boldsymbol{A}^{\mathrm{T}}$	Transponierte Matrix $\boldsymbol{A}$	$\boldsymbol{A}^{\mathrm{T}} = \begin{pmatrix} 3 & 4 & 1 \\ 8 & 2 & 7 \\ 5 & 6 & 9 \end{pmatrix}$
$\boldsymbol{A}^{-1}$	Inverse (Matrix) zur Matrix $\boldsymbol{A}$	$\boldsymbol{A}^{-1} = \begin{pmatrix} \frac{12}{91} & \frac{37}{182} & -\frac{19}{91} \\ \frac{15}{91} & -\frac{11}{91} & -\frac{1}{91} \\ -\frac{1}{7} & \frac{1}{14} & \frac{1}{7} \end{pmatrix}$
$\boldsymbol{A}\mid\vec{v}$	Um den Vektor $\vec{v}$ erweiterte Matrix $\boldsymbol{A}$ (Koeffizientenmatrix)	$\boldsymbol{A}\mid\vec{v} = \left(\begin{array}{ccc\|c} 3 & 8 & 5 & 1 \\ 4 & 2 & 6 & 2 \\ 1 & 7 & 9 & 3 \end{array}\right)$
$\sim$	lässt sich umformen zu	$\left(\begin{array}{cc\|c} 1 & 2 & 3 \\ 4 & 5 & 6 \end{array}\right) \sim \left(\begin{array}{cc\|c} 1 & 0 & -1 \\ 0 & 1 & 2 \end{array}\right)$
$\det(\boldsymbol{A}) = \lvert\boldsymbol{A}\rvert$	Determinante der Matrix $\boldsymbol{A}$	$\det\left(\begin{pmatrix} 1 & 2 \\ 3 & 4 \end{pmatrix}\right) = -2$
$\boldsymbol{E}$	Einheitsmatrix	$\boldsymbol{E}_{n\times n} = \begin{pmatrix} 1 & 0 & \cdots & 0 \\ 0 & 1 & \ddots & \vdots \\ \vdots & \ddots & \ddots & 0 \\ 0 & \cdots & 0 & 1 \end{pmatrix}_{n\times n}$
$\boldsymbol{O}$	Nullmatrix	$\boldsymbol{O}_{z\times s} = \begin{pmatrix} 0 & 0 & \cdots & 0 \\ 0 & 0 & \cdots & 0 \\ \vdots & \vdots & \ddots & \vdots \\ 0 & 0 & \cdots & 0 \end{pmatrix}_{z\times s}$
$\boldsymbol{A}_{\mathrm{RZ}}$	Rohstoff-Zwischenprodukt-Matrix (1. Produktionsmatrix)	$\boldsymbol{A}_{\mathrm{RZ}} = \begin{pmatrix} 1 & 2 & 3 \\ 4 & 5 & 6 \end{pmatrix}$
$\boldsymbol{B}_{\mathrm{ZE}}$	Zwischenprodukt-Endprodukt-Matrix (2. Produktionsmatrix)	$\boldsymbol{B}_{\mathrm{ZE}} = \begin{pmatrix} 2 & 3 \\ 1 & 5 \\ 4 & 6 \end{pmatrix}$
$\boldsymbol{C}_{\mathrm{RE}}$	Rohstoff-Endprodukt-Matrix (Bedarfsmatrix)	$\boldsymbol{C}_{\mathrm{RE}} = \begin{pmatrix} 16 & 31 \\ 37 & 73 \end{pmatrix}$
$\vec{m}$	Produktionsmengenvektor	$\vec{m} = \begin{pmatrix} 10 \\ 20 \end{pmatrix}$
$\vec{r}$	Rohstoffbedarfsvektor	$\vec{r} = \begin{pmatrix} 780 \\ 1\,830 \end{pmatrix}$
$\vec{k}_{\mathrm{R}}^{\mathrm{T}}$	Rohstoffkostenvektor	$\vec{k}_{\mathrm{R}}^{\mathrm{T}} = (5 \quad 3)$
$\vec{k}_{\mathrm{Z}}^{\mathrm{T}}$	Zwischenproduktkosten-vektor	$\vec{k}_{\mathrm{Z}}^{\mathrm{T}} = (7 \quad 1 \quad 2)$
$\vec{k}_{\mathrm{E}}^{\mathrm{T}}$	Endproduktkostenvektor	$\vec{k}_{\mathrm{E}}^{\mathrm{T}} = (10 \quad 15)$

Zeichen, Symbol	**Sprechweise, Bedeutung**	**Beispiel**
$\vec{x} = \begin{pmatrix} x_1 \\ x_2 \end{pmatrix}$	Gesamtproduktionsvektor	$\vec{x} = \begin{pmatrix} 20 \\ 30 \end{pmatrix}$
$\vec{y} = \begin{pmatrix} y_1 \\ y_2 \end{pmatrix}$	Konsumvektor	$\vec{y} = \begin{pmatrix} 7 \\ 5 \end{pmatrix}$
$\boldsymbol{S}_{n\times n} = \begin{pmatrix} s_{11} & s_{12} \\ s_{21} & s_{22} \end{pmatrix}_{n\times n}$	Sektorenmatrix	$\boldsymbol{S} = \begin{pmatrix} 5 & 4 \\ 3 & 6 \end{pmatrix}$
$\boldsymbol{T}_{n\times n} = \begin{pmatrix} \frac{s_{11}}{x_1} & \frac{s_{12}}{x_2} \\ \frac{s_{21}}{x_1} & \frac{s_{22}}{x_2} \end{pmatrix}_{n\times n}$	Technologiematrix	$\boldsymbol{T} = \begin{pmatrix} \frac{1}{4} & \frac{2}{15} \\ \frac{3}{20} & \frac{1}{5} \end{pmatrix}$
$\vec{v}_0^{\,T}$	Anfangsverteilung	$\vec{v}_0^{\,T} = (0{,}8 \quad 0{,}2)$
$\vec{v}_\infty^{\,T} = (v_1 \quad v_2 \quad \cdots \quad v_n)_{1\times n}$	Fixvektor	$\vec{v}_\infty^{\,T} = (0{,}2 \quad 0{,}3 \quad 0{,}5)$
$\boldsymbol{A}_\infty = \begin{pmatrix} v_1 & v_2 & \cdots & v_n \\ v_1 & v_2 & \cdots & v_n \\ \vdots & \vdots & \ddots & \vdots \\ v_1 & v_2 & \cdots & v_n \end{pmatrix}_{n\times n}$	Grenzmatrix	$\boldsymbol{A}_\infty = \begin{pmatrix} 0{,}2 & 0{,}3 & 0{,}5 \\ 0{,}2 & 0{,}3 & 0{,}5 \\ 0{,}2 & 0{,}3 & 0{,}5 \end{pmatrix}$
e_i	Ergebnis	
S	Ergebnismenge	$S = \{a; b; c\}$
$\lvert S \rvert$	Anzahl der Elemente der Ergebnismenge, Mächtigkeit, Kardinalität	$S = \{a; b; c\} \Rightarrow \lvert S \rvert = 3$
E	Ereignis	$E = \{a; b\}$
$\overline{E}$	Gegenereignis, nicht E	$\overline{E} = \{c\}$
$P(E)$	Wahrscheinlichkeit für das Eintreffen von E	
$P_A(B)$	bedingte Wahrscheinlichkeit	
n	Stichprobenumfang	
p	Trefferwahrscheinlichkeit	
q	Gegenwahrscheinlichkeit $1-p$	
μ	Erwartungswert mü	
σ	Standardabweichung sigma	
Σ	Summe	
$\sum_{i=1}^{n} x_i$	Summe aller x_i von $i = 1$ bis n	$\sum_{i=1}^{3} x_i = 1 + 2 + 3 = 6$

Zeichen, Symbol	Sprechweise, Bedeutung	Beispiel
!	Fakultät	$3! = 3 \cdot 2 \cdot 1 = 6$
$\binom{n}{k}$	Binomialkoeffizient	$\binom{n}{k} = \frac{n!}{k! \cdot (n-k)!}$
∞	unendlich	
$\varphi(x)$	phi von x, Dichtefunktion der Normalverteilung	$\varphi(x) = \frac{1}{\sigma \cdot \sqrt{2\pi}} \cdot e^{-\frac{1}{2}\left(\frac{x-\mu}{\sigma}\right)^2}$
$\Phi(x)$	Phi von x, Verteilungsfunktion der Normalverteilung	$\Phi(x) = \int_{-\infty}^{x} \frac{1}{\sigma \cdot \sqrt{2\pi}} \cdot e^{-\frac{1}{2}\left(\frac{x-\mu}{\sigma}\right)^2} \mathrm{d}x$
$\int_a^b f(x)\,\mathrm{d}x$	Integral von f von x dx in den Grenzen von a bis b	$\int_a^b f(x)\,\mathrm{d}x = \left[F(x)\right]_a^b = F(b) - F(a)$

1 Lernbereich: Raumanschauung und Koordinatisierung

Die Geometrie ist ein Teilgebiet der Mathematik und befasst sich unter anderem mit Punkten, Geraden, Flächen, Körpern, Abständen und Winkeln. Für die euklidische Geometrie[1)], die sich vor allem mit geometrischen Fragestellungen in der Ebene und im Raum beschäftigt, werden zur Darstellung häufig zwei- und dreidimensionale Koordinatensysteme verwendet.

Mithilfe der analytischen Geometrie ist es möglich, geometrische Aufgaben und Probleme ohne grafische Darstellung, also rein rechnerisch zu lösen.

1) Euklid von Alexandria, griechischer Mathematiker um 300 vor Christus

1.1 Raumanschauung und Koordinatisierung

1.1.1 Punkte in Ebene und Raum

In einer Ebene lassen sich zweidimensionale Objekte (z. B. Quadrate, Dreiecke, Parallelogramme etc.) grafisch darstellen. Häufig wird dazu ein zweidimensionales kartesisches[1)] Koordinatensystem verwendet.

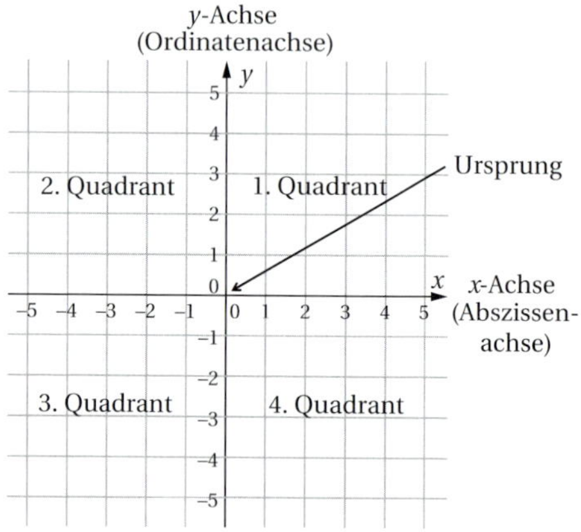

Die **Ebene** ist sowohl in x-Richtung als auch in y-Richtung unbegrenzt. Zur besseren Orientierung wird häufig, wie in der Abbildung, zusätzlich ein Koordinatengitter dargestellt.

Im **Raum** lassen sich sowohl alle zweidimensionalen Objekte sowie alle dreidimensionalen Objekte (z. B. Würfel, Quader, Pyramiden etc.) darstellen. Häufig wird dazu ein dreidimensionales kartesisches Koordinatensystem verwendet.

Der Raum ist in x-, y- und z-Richtung unbegrenzt.

Der 7. Oktant wird in der Grafik vom 8. Oktanten verdeckt.

Die farbigen Ebenen werden als xy-Ebene, xz-Ebene und yz-Ebene bezeichnet.

Ein ***n*-Tupel** ist eine geordnete Liste der mathematischen Objekte $x_1, x_2, ..., x_n$. **Punkte** und **Vektoren** sind Tupel im mathematischen Sinne. Mithilfe solcher Tupel lassen sich Positionen in der Ebene und im Raum eindeutig festlegen.

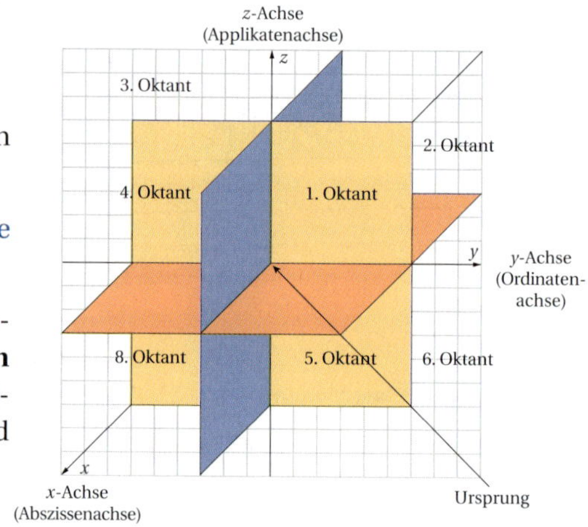

Um Punkte in einem zweidimensionalen Koordinatensystem mathematisch zu beschreiben, wird ein 2-Tupel (**geordnetes Paar**) benötigt. In einem dreidimensionalen Koordinatensystem wird ein 3-Tupel (**geordnetes Tripel**) benötigt.

$P(x/y)$	$P(x/y/z)$
Punkt in der Ebene	**Punkt im Raum**

Dabei geben x, y, und z den Abstand vom Ursprung in Richtung der jeweiligen Achse an.

Ist bei einem Punkt im Raum die x-Koordinate 0, so liegt er in der ***yz*-Ebene**. Ist die y-Koordinate 0, so liegt er in der ***xz*-Ebene**. Ist die z-Koordinate 0, so liegt er in der ***xy*-Ebene**.

Sind alle Koordinaten eines Punktes 0, so liegt er im **Ursprung**.

1) nach René Descartes, französischer Mathematiker, 1596–1650

Situation 1

Für ein Klettergerüst wird ein 225 cm^2 großes, quadratisches Lochblech mit acht Löchern gemäß der nebenstehenden Abbildung benötigt (alle Angaben in cm).

Bestimmen Sie die Positionen der Löcher *A* bis *H* in Bezug auf die linke untere Ecke des Blechs (Ursprung) und geben Sie die Mittelpunkte der Löcher als Punkte in der mathematisch richtigen Schreibweise an.

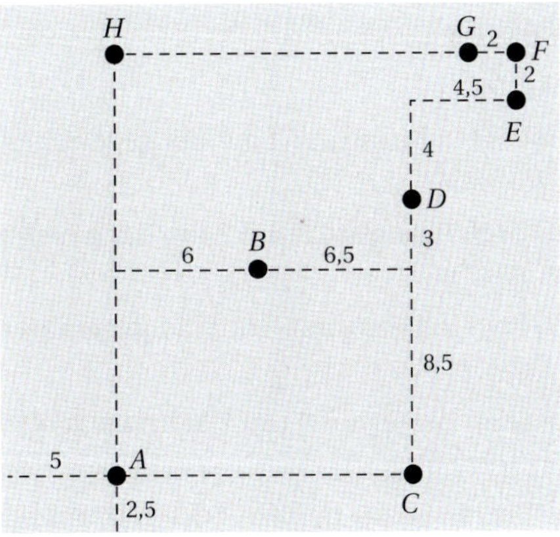

Lösung

A(5/2,5)

Loch *B* ist in Bezug auf Loch *A* um 6 cm nach rechts und um 8,5 cm nach oben verschoben.
B(11/11)

Loch *C* ist in Bezug auf Loch *A* um 12,5 cm nach rechts verschoben.
C(17,5/2,5)

Loch *D* ist in Bezug auf Loch *C* um 11,5 cm nach oben verschoben.
D(17,5/14)

Loch *E* ist in Bezug auf Loch *D* um 4 cm nach oben und um 4,5 cm nach rechts verschoben.
E(22/18)

Loch *F* ist in Bezug auf Loch *E* um 2 cm nach oben verschoben.
F(22/20)

Loch *G* ist in Bezug auf Loch *F* um zwei Zentimeter nach links verschoben.
G(20/20)

Loch *H* ist in Bezug auf Loch *F* um 17 cm nach links verschoben.
H(5/20)

Situation 2

In einen Holzwürfel mit einer Kantenlänge von 4 dm sollen Kanäle für Schrauben gebohrt werden. Der senkrecht verlaufende Kanal von *G* nach *H* ist genau in der Mitte des Würfels.

Bestimmen Sie die Mittelpunkte der Ein- und Austrittspositionen der Kanäle und geben Sie die Punkte in der mathematisch richtigen Schreibweise an.

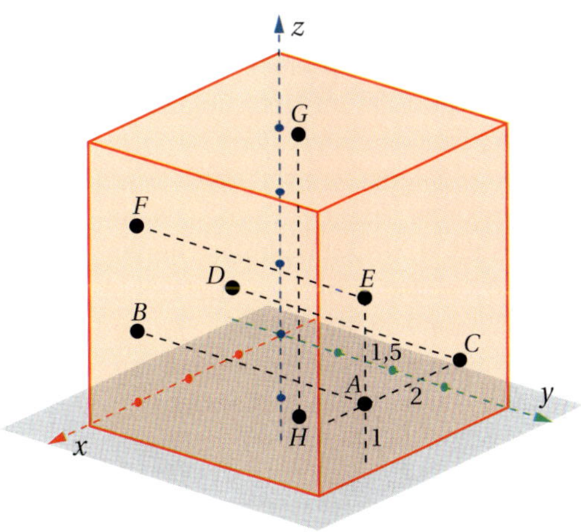

Lösung

$A(3/4/1)$

B liegt in Bezug auf A auf der gegenüberliegenden Seite des Würfels.
$B(3/0/1)$

C ist in Bezug auf A um 2 dm nach rechts verschoben.
$C(1/4/1)$

D liegt in Bezug auf C auf der gegenüberliegenden Seite des Würfels.
$D(1/0/1)$

E ist in Bezug auf A um 1,5 dm nach oben verschoben.
$E(3/4/2{,}5)$

F liegt in Bezug auf E auf der gegenüberliegenden Seite des Würfels.
$F(3/0/2{,}5)$

G ist in der Mitte der oberen Seite des Würfels.
$G(2/2/4)$

H liegt in Bezug auf G auf der gegenüberliegenden Seite des Würfels.
$H(2/2/0)$

Zusammenfassung

- Punkte lassen sich in der Ebene und im Raum durch ***n*-Tupel** eindeutig beschreiben. Man schreibt $P(x/y)$ für einen Punkt in der Ebene und $P(x/y/z)$ für einen Punkt im Raum.
- Dabei geben x, y, und z den Abstand vom Ursprung in Richtung der jeweiligen Achse an.
- Ist bei einem Punkt im Raum die x-Koordinate (Abszisse) 0, so liegt er in der ***yz*-Ebene**. Ist die y-Koordinate (Ordinate) 0, so liegt er in der ***xz*-Ebene**. Ist die z-Koordinate (Applikate) 0, so liegt er in der ***xy*-Ebene**.
- Sind alle Koordinaten eines Punktes 0, so liegt er im **Ursprung**.

Übungsaufgaben

1 Der Anstoßpunkt eines Fußballfeldes liegt exakt im Ursprung eines zweidimensionalen, kartesischen Koordinatensystems. Punkt E liegt horizontal exakt zwischen dem Anstoß- und dem Elfmeterpunkt und vertikal exakt auf der Höhe von Punkt B. Bestimmen Sie die Positionen aller roten Punkte auf dem Fußballplatz und geben Sie sie in der mathematisch richtigen Schreibweise an.

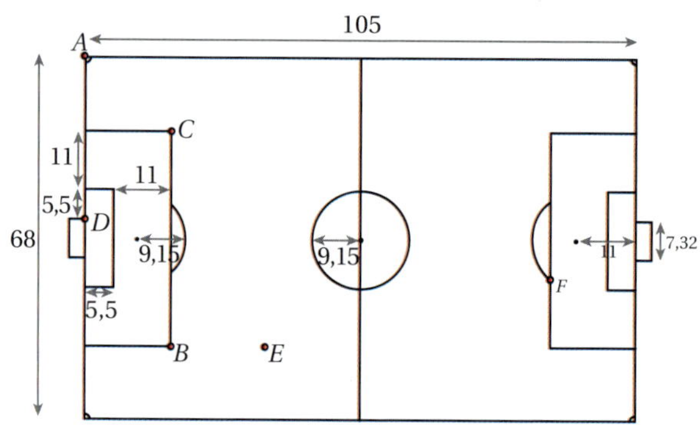

2 Eine CNC-Maschine soll eine Zeichenschablone gemäß der nebenstehenden Abbildung (alle Angaben in cm) aus einem 10 × 5 cm großen Plastikstück fräsen. Bestimmen Sie die Eckpunkte aller Vielecke und geben Sie sie in der mathematisch formal richtigen Schreibweise an, wenn die linke untere Ecke der Schablone exakt im Ursprung liegt.

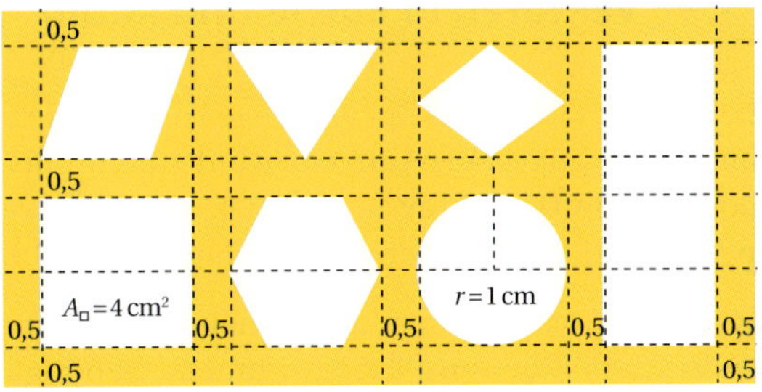

3 In einen Holzquader mit einer 9 cm² quadratischen Grundfläche und einem Volumen von 36 cm³ sollen ein gerader und ein schräger Kanal gebohrt werden.

Bestimmen Sie die Positionen der Ein- und Austrittslöcher in dem nebenstehenden Holzquader und geben Sie sie als Punkte in der mathematisch richtigen Schreibweise an.

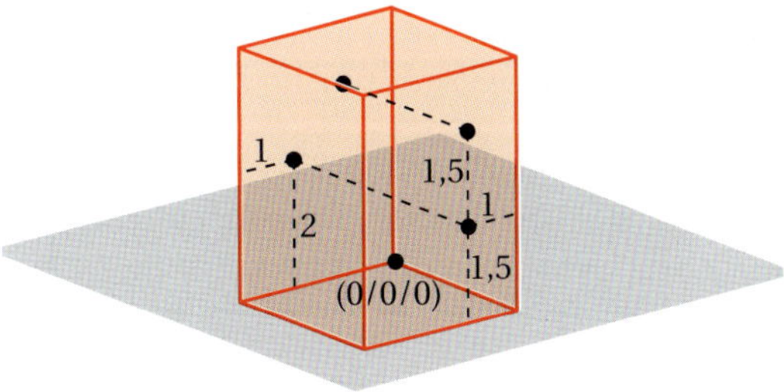

4 Auf einem Pfosten für ein Hinweisschild soll die nebenstehende 24 cm lange Abdeckkappe installiert werden, damit Vögel darauf kein Nest mehr errichten können. Die Kantenlänge des gedachten hohlen Würfels, der bis zum Boden der Pyramide auf den Pfosten gesteckt wird, beträgt exakt 8 cm. Der Mittelpunkt der oberen Stirnseite des 220 cm hohen Pfostens hat die Position $P(0/0/220)$.

Bestimmen Sie die Positionen aller Eckpunkte der Abdeckkappe nach dem Aufsetzen auf den Pfosten und geben Sie sie in der mathematisch richtigen Schreibweise an.

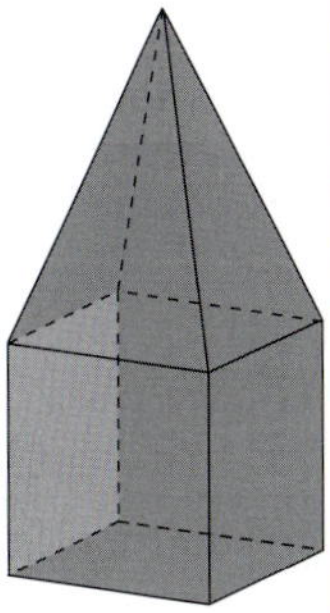

5 Auf einem Spielplatz soll eine Schaukel gemäß der nebenstehenden Abbildung installiert werden. Das Schaukelgerüst ist 2 m hoch und 1,5 m tief. Die Sitzfläche einer Schaukel ist 30 cm tief und hängt einen halben Meter über dem Boden.

Bestimmen Sie die Positionen der Punkte A bis I im Raum und geben Sie die Punkte in der mathematisch richtigen Schreibweise an.

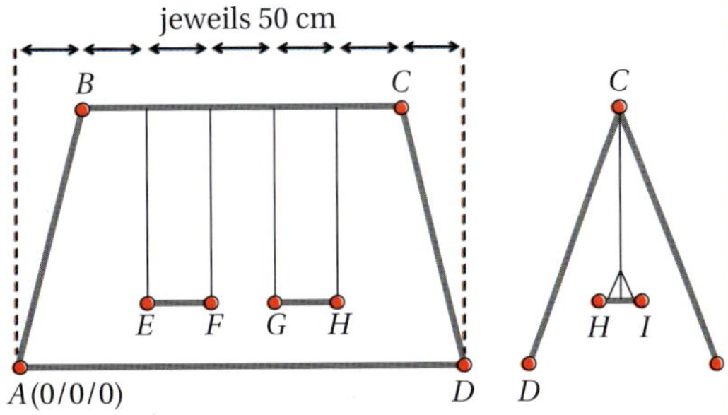

1.1.2 Vektoren in Ebene und Raum

Ein **Vektor** ist eine geordnete Menge von n Zahlen oder anderen mathematischen Objekten, die in einer Spalte angegeben und von runden Klammern umschlossen werden. Ein solcher Vektor wird auch als **Spaltenvektor** bezeichnet. Vektoren werden in der Regel mit einem Kleinbuchstaben und einem darüberstehenden Pfeil benannt, z. B. $\vec{a}$.

Um den Vektor $\vec{a}$ in einem zweidimensionalen Koordinatensystem mathematisch zu beschreiben, werden zwei **Elemente**[1], z. B. a_1 und a_2, benötigt. Häufig wird im Index die **Dimension** des Vektors, also die Anzahl der Zeilen und Spalten angegeben. In einem dreidimensionalen Koordinatensystem werden drei Elemente benötigt.

$$\vec{a}_{2\times 1} = \begin{pmatrix} a_1 \\ a_2 \end{pmatrix}_{2\times 1}$$

Vektor in der Ebene

$$\vec{a}_{3\times 1} = \begin{pmatrix} a_1 \\ a_2 \\ a_3 \end{pmatrix}_{3\times 1}$$

Vektor im Raum

Geometrisch ist ein Vektor die Menge aller Pfeile, die gleich lang und zueinander parallel sind und die in die gleiche Richtung zeigen.

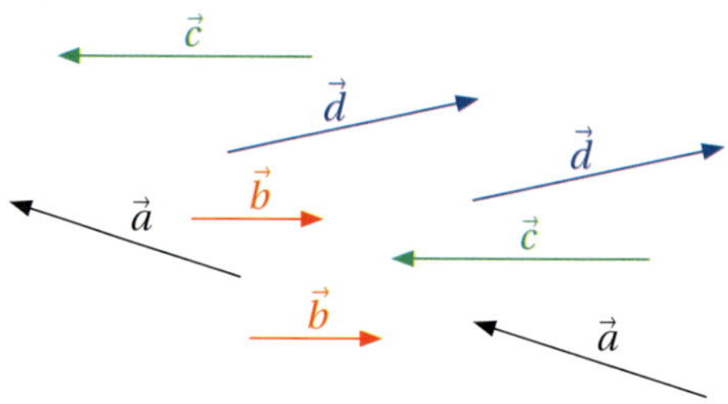

Mithilfe von Vektoren ist es möglich, Punkte in der Ebene und im Raum zu verschieben. Die Elemente a_1, a_2 und a_3 des Vektors geben dabei jeweils die Richtung der Verschiebung in Bezug auf die x-, y- und z-Achse an.

Besondere Vektoren

Wird ein (Spalten-)Vektor als **Zeilenvektor** dargestellt, so wird der neu entstandene Vektor als **transponierter Vektor** bezeichnet und in der Regel mit einem hochgestellten T gekennzeichnet, z. B. $\vec{a}^{\mathrm{T}}$.

$$\vec{a}_{z\times 1} = \begin{pmatrix} a_1 \\ a_2 \\ \vdots \\ a_z \end{pmatrix}_{z\times 1} \Rightarrow \vec{a}^{\mathrm{T}}_{1\times z} = (a_1 \;\; a_2 \;\; \cdots \;\; a_z)_{1\times z}$$

transponierter Vektor

[1] auch Komponenten

Ein Vektor beliebiger Dimension, bei dem alle Elemente 0 sind, heißt **Nullvektor**. Er wird in der Regel mit $\vec{o}$ bezeichnet und ist das ***neutrale Element*** der Addition[1]. Ein Vektor beliebiger Dimension, bei dem alle Elemente 1 sind, heißt **Einsvektor**. Er wird häufig mit $\vec{e}$ bezeichnet.

$$\vec{o}_{z\times 1} = \begin{pmatrix} 0 \\ 0 \\ \vdots \\ 0 \end{pmatrix}_{z\times 1}$$

Nullvektor

$$\vec{e}_{z\times 1} = \begin{pmatrix} 1 \\ 1 \\ \vdots \\ 1 \end{pmatrix}_{z\times 1}$$

Einsvektor

Ein Vektor, der addiert zum Vektor $\vec{a}$ den Nullvektor $\vec{o}$ ergibt, heißt **Gegenvektor** von $\vec{a}$ und wird in der Regel mit $-\vec{a}$ bezeichnet. Der Gegenvektor $-\vec{a}$ ist parallel zu $\vec{a}$, gleich lang, aber entgegengesetzt gerichtet.

$$\vec{a} + (-\vec{a}) = \begin{pmatrix} a_1 \\ a_2 \\ \vdots \\ a_z \end{pmatrix} + \begin{pmatrix} -a_1 \\ -a_2 \\ \vdots \\ -a_z \end{pmatrix} = \begin{pmatrix} 0 \\ 0 \\ \vdots \\ 0 \end{pmatrix} = \vec{o}$$

Gegenvektor

Ein Vektor, der die Punkte A und B miteinander verbindet, heißt **Verbindungsvektor**. Man schreibt $\overrightarrow{AB}$. $\overrightarrow{AB}$ ist die Verschiebung, die Punkt A auf Punkt B abbildet. $\overrightarrow{BA}$ ist dann der zu $\overrightarrow{AB}$ gehörige Gegenvektor.

$$\overrightarrow{AB}_{2\times 1} = \begin{pmatrix} x_B - x_A \\ y_B - y_A \end{pmatrix}_{2\times 1}$$

mit $A(x_A/y_A)$ und $B(x_B/y_B)$

Verbindungsvektor in der Ebene

$$\overrightarrow{AB}_{3\times 1} = \begin{pmatrix} x_B - x_A \\ y_B - y_A \\ z_B - z_A \end{pmatrix}_{3\times 1}$$

mit $A(x_A/y_A/z_A)$ und $B(x_B/y_B/z_B)$

Verbindungsvektor im Raum

Ein Verbindungsvektor zwischen dem Ursprung O und einem Punkt P heißt **Ortsvektor**. Man schreibt $\overrightarrow{OP}$.

$$\overrightarrow{OP}_{2\times 1} = \begin{pmatrix} x_P \\ y_P \end{pmatrix}_{2\times 1} \text{ mit } P(x_P/y_P)$$

Ortsvektor in der Ebene

$$\overrightarrow{OP}_{3\times 1} = \begin{pmatrix} x_P \\ y_P \\ z_P \end{pmatrix}_{3\times 1} \text{ mit } P(x_P/y_P/z_P)$$

Ortsvektor im Raum

1) Vektoren werden elementweise addiert, vgl. S. 30.

Situation 3

In einem metallverarbeitenden Unternehmen werden aus 4 × 7 cm großen Blechen (grau dargestellt) Vierecke ausgestanzt. Bei der derzeitigen Einstellung der Stanzmaschine entsteht sehr viel Verschnitt.

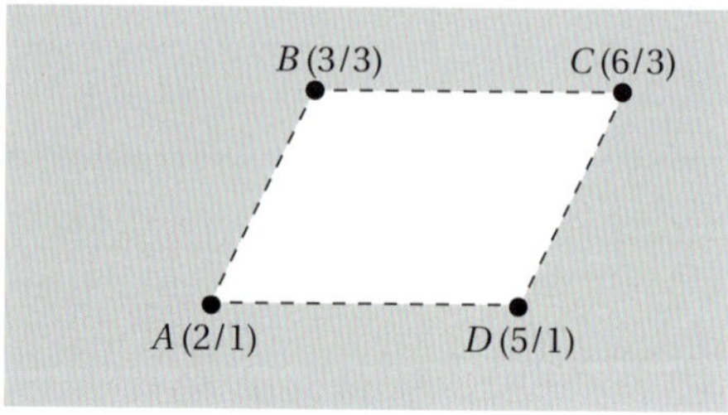

Zukünftig soll die Position des Stanzkopfes der Maschine so verschoben werden, dass aus einem der Bleche vier Vierecke gemäß der nebenstehenden Abbildung ausgestanzt werden können.

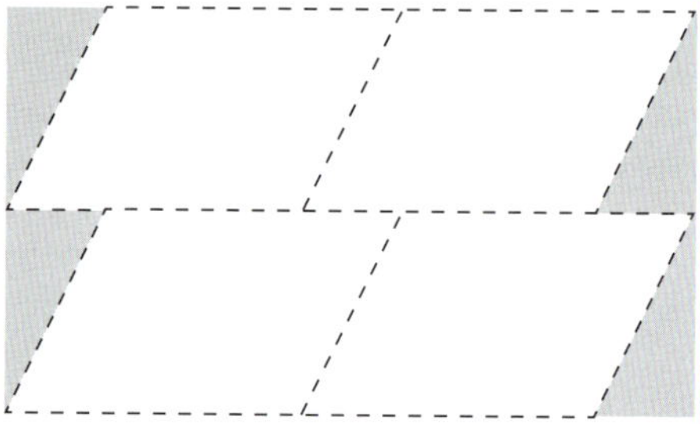

a) Geben Sie für das obere linke Viereck die Koordinaten der neuen Eckpunkte an und bestimmen Sie den Vektor $\vec{a}$, mit dem sich die Verschiebung mathematisch beschreiben lässt.

b) Skizzieren Sie die Verschiebung und berechnen Sie alle vier Verbindungsvektoren.

Lösung

a) Um das obere linke Viereck auszustanzen muss der Stanzkopf der Maschine – und somit alle vier Eckpunkte – um 2 cm nach links (negative x-Richtung) und um 1 cm nach oben (positive y-Richtung) verschoben werden. Der Vektor ist daher $\vec{a}_{2\times1} = \begin{pmatrix} -2 \\ 1 \end{pmatrix}_{2\times1}$. Die Koordinaten der neuen Eckpunkte lauten $A_{\text{neu}}(0/2)$, $B_{\text{neu}}(1/4)$, $C_{\text{neu}}(4/4)$ und $D_{\text{neu}}(3/2)$.

b)

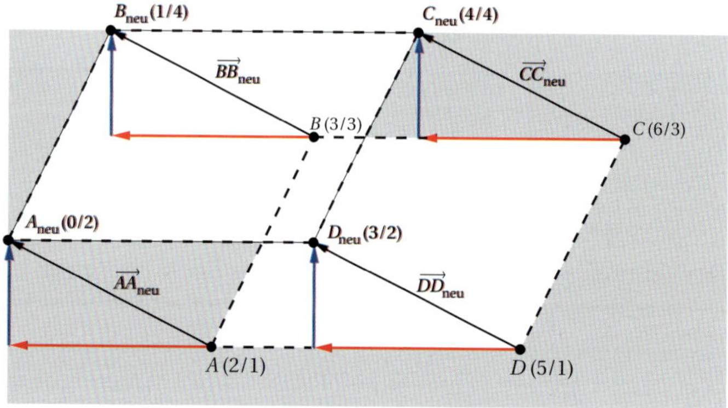

Für die Verbindungsvektoren gilt:

$$\overrightarrow{AA}_{\text{neu}} = \begin{pmatrix} x_{A_{\text{neu}}} - x_A \\ y_{A_{\text{neu}}} - y_A \end{pmatrix} = \begin{pmatrix} 0-2 \\ 2-1 \end{pmatrix} = \begin{pmatrix} -2 \\ 1 \end{pmatrix} \qquad \overrightarrow{BB}_{\text{neu}} = \begin{pmatrix} x_{B_{\text{neu}}} - x_B \\ y_{B_{\text{neu}}} - y_B \end{pmatrix} = \begin{pmatrix} 1-3 \\ 4-3 \end{pmatrix} = \begin{pmatrix} -2 \\ 1 \end{pmatrix}$$

$$\overrightarrow{CC}_{\text{neu}} = \begin{pmatrix} x_{C_{\text{neu}}} - x_C \\ y_{C_{\text{neu}}} - y_C \end{pmatrix} = \begin{pmatrix} 4-6 \\ 4-3 \end{pmatrix} = \begin{pmatrix} -2 \\ 1 \end{pmatrix} \qquad \overrightarrow{DD}_{\text{neu}} = \begin{pmatrix} x_{D_{\text{neu}}} - x_D \\ y_{D_{\text{neu}}} - y_D \end{pmatrix} = \begin{pmatrix} 3-5 \\ 2-1 \end{pmatrix} = \begin{pmatrix} -2 \\ 1 \end{pmatrix}$$

Alle in der Grafik schwarz dargestellten Pfeile sind gleich lang, parallel zueinander und zeigen in die gleiche Richtung. Die Verbindungsvektoren sind **Repräsentanten** des Vektors $\vec{a}_{2\times1} = \begin{pmatrix} -2 \\ 1 \end{pmatrix}_{2\times1}$, da in jedem der vier Fälle eine Verschiebung um 2 cm nach links und um 1 cm nach oben erfolgt.

Situation 4

Auf einem Spielplatz soll ein Dach auf das vorhandene Klettergerüst gesetzt werden (alle Angaben in Metern). Bestimmen Sie am Beispiel des Punkts *F* zeichnerisch und rechnerisch den Vektor, der die Verschiebung der Eckpunkte des Dachs beschreibt.

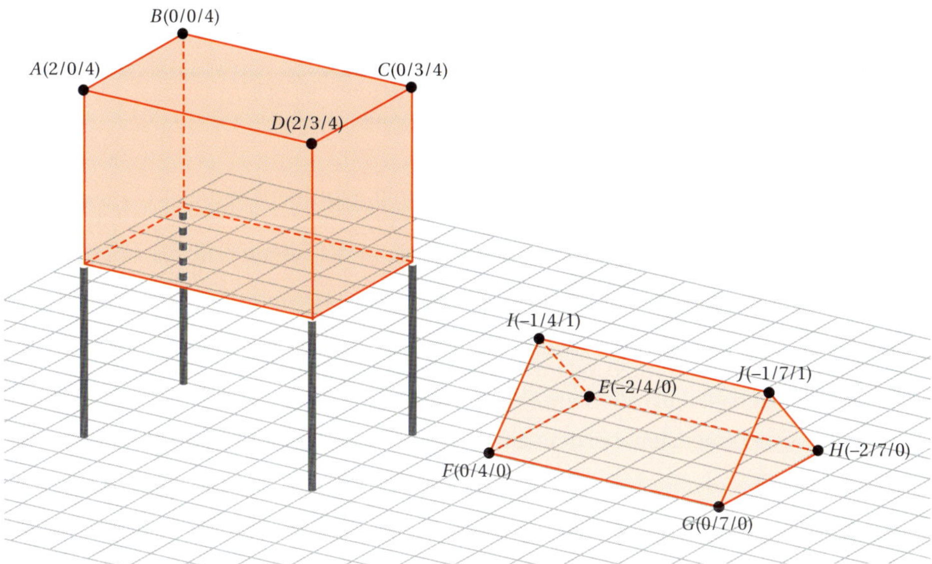

Zeichnerische Lösung

Der Eckpunkt $F(0/4/0)$ des Dachs muss um 2 Meter nach vorne (positive x-Richtung), um 4 Meter nach links (negative y-Richtung) und um 4 Meter nach oben (positive z-Richtung) verschoben werden.

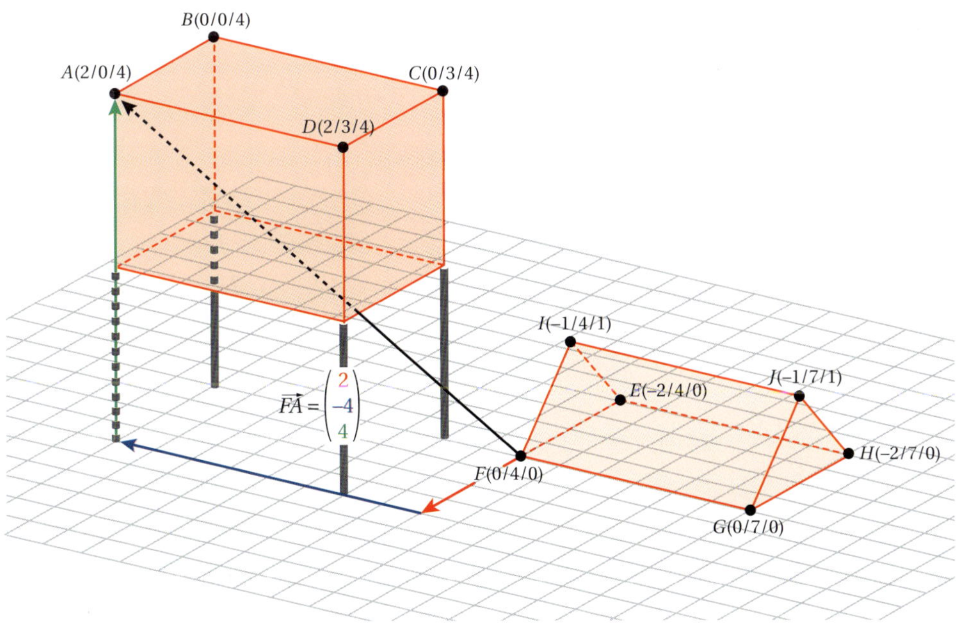

Rechnerische Lösung

Der Eckpunkt F des Dachs muss auf den Eckpunkt A abgebildet werden. Dies lässt sich durch den Verbindungsvektor $\overrightarrow{FA}$ realisieren.

$$\overrightarrow{FA} = \begin{pmatrix} x_A - x_F \\ y_A - y_F \\ z_A - z_F \end{pmatrix} = \begin{pmatrix} 2-0 \\ 0-4 \\ 4-0 \end{pmatrix} = \begin{pmatrix} 2 \\ -4 \\ 4 \end{pmatrix}$$

Zusammenfassung

- Vektoren lassen sich in der Ebene und im Raum durch geordnete Mengen eindeutig beschreiben. Man schreibt $\vec{a}_{2\times 1} = \begin{pmatrix} a_1 \\ a_2 \end{pmatrix}_{2\times 1}$ für einen Vektor in der Ebene und $\vec{a}_{3\times 1} = \begin{pmatrix} a_1 \\ a_2 \\ a_3 \end{pmatrix}_{3\times 1}$ für einen Vektor im Raum.
- Ein **transponierter Spaltenvektor** heißt **Zeilenvektor**. Man schreibt $\vec{a}^{\,\mathrm{T}}$.
- Ein Vektor beliebiger Dimension, bei dem alle Elemente 0 sind, heißt **Nullvektor**. Man schreibt $\vec{o}$. Er ist das **neutrale Element** der Addition.
- Ein Vektor beliebiger Dimension, bei dem alle Elemente 1 sind, heißt **Einsvektor**. Man schreibt $\vec{e}$.
- Ein Vektor, der addiert zum Vektor $\vec{a}$ den Nullvektor $\vec{o}$ ergibt, heißt **Gegenvektor**. Man schreibt $-\vec{a}$.
- Ein Vektor, der die Punkte A und B miteinander verbindet, heißt **Verbindungsvektor**. Man schreibt $\overrightarrow{AB}$.
- Ein Verbindungsvektor zwischen dem Ursprung und einem Punkt P heißt **Ortsvektor**. Man schreibt $\overrightarrow{OP}$.

Übungsaufgaben

1 Aus einem 10×7 cm großen Metallblech (grau dargestellt) werden Vielecke gemäß der Abbildung gestanzt. Um den Verschnitt zu minimieren, sollen zukünftig vier statt drei Vielecke ausgestanzt werden.

Bestimmen Sie den Vektor $\vec{v}$, mit dem sich die Verschiebung von Punkt C mathematisch beschreiben lässt.

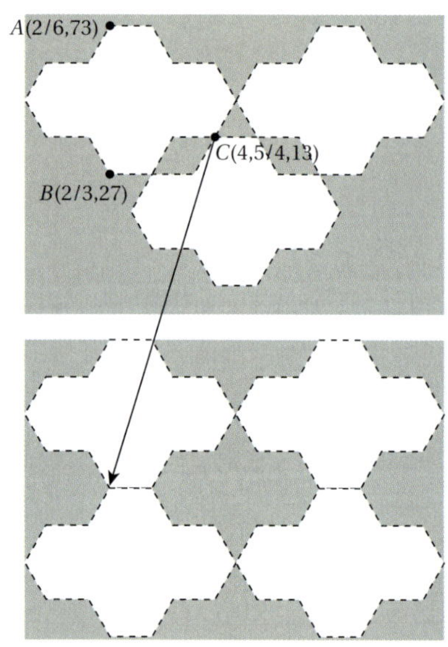

2 Ein Standardüberseecontainer ist 40 Fuß lang, 8 Fuß breit und 8,6 Fuß hoch. Zwei versetzt zueinander stehende Container sollen übereinander gestapelt werden.

Bestimmen Sie den Vektor $\vec{v}$, mit dem sich die Verschiebung von Punkt B mathematisch beschreiben lässt.

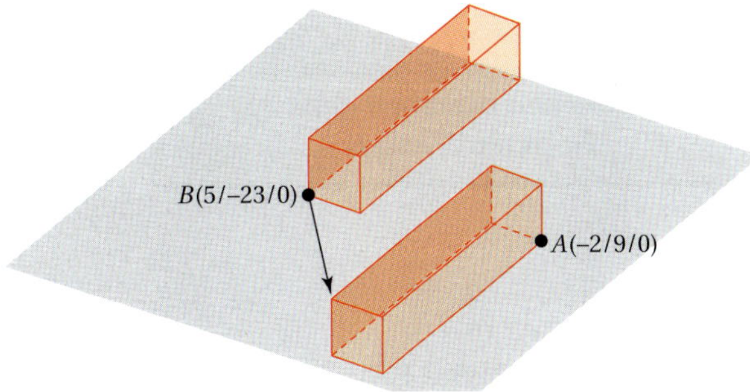

3 Zeichnen Sie die Punkte und die dazugehörigen Verbindungsvektoren $\overrightarrow{AB}$ zwischen den beiden Punkten in ein jeweils geeignetes Koordinatensystem ein.

a) $A(1/2)$ $B(-3/4)$	b) $A(-2/3)$ $B(-5/1)$	c) $A(4/2)$ $B(-3/-2)$
d) $A(2/3/4)$ $B(1/5/6)$	e) $A(-2/3/4)$ $B(2/2/2)$	f) $A(1/-2/-4)$ $B(-3/2/4)$

4 Berechnen Sie den Verbindungsvektor $\overrightarrow{AB}$ zwischen den beiden Punkten.

a) $A(2/-3)$ $B(4/1)$	b) $A(3a/-4a)$ $B(-2a/5a)$	c) $A(y_B/x_B)$ $B(3/-2)$
d) $A(2/4/-1)$ $B(3/-2/1)$	e) $A(2a/-4a/a)$ $B(-3a/a/a)$	f) $A(2/-3/1)$ $B(z_A/x_A/y_A)$

5 Die Vektoren $\vec{x} = \begin{pmatrix} -2 \\ 3 \end{pmatrix}$ bzw. $\vec{y} = \begin{pmatrix} 1 \\ -3 \\ 2 \end{pmatrix}$ bilden den Punkt A bei einer Verschiebung auf den Punkt B ab. Berechen Sie jeweils die Koordinaten des fehlenden Punktes.

a) $A(2/5)$	b) $B(3/-4)$	c) $A(4/x_2)$
d) $A(1/4/-3)$	e) $B(3/-2/-1)$	f) $A(y_1/-2/y_2)$

1.1.3 Strecken, Flächen und einfache Körper

Mithilfe von Punkten und Vektoren lassen sich **Strecken**, geometrische **Flächen** und einfache geometrische **Körper** mathematisch eindeutig beschreiben.

Strecken

Ein **Strecke** ist eine gerade Linie ohne Richtung zwischen zwei Punkten in der Ebene oder im Raum. Wird die Strecke durch die beiden Punkte A und B begrenzt, so schreibt man $\overline{AB}$ oder $\overline{BA}$. Eine Strecke mit einer Richtung heißt **Vektor**[1]. Man schreibt $\overrightarrow{AB}$ für die **gerichtete Strecke** von A nach B und $\overrightarrow{BA}$ für die gerichtete Strecke von B nach A.

[1] vgl. S. 18 ff.

$\overline{AB} = \overline{BA}$	$\overrightarrow{AB} \neq \overrightarrow{BA}$
Strecken zwischen den Punkten *A* und *B*	**Gerichtete Strecken zwischen den Punkten *A* und *B* (Verbindungsvektoren)**

Flächen

Eine geometrische **Fläche** ist ein zweidimensionales ebenes Objekt, welches im Gegensatz zu einer **Ebene**[1] räumlich begrenzt ist, also einen endlichen Flächeninhalt hat. Kreise und alle **Polygone** (Vielecke) sind Flächen im Sinne dieser Definition. Flächen, die Polygone sind, werden durch mindestens drei Strecken räumlich begrenzt.

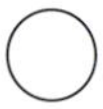	Kreis			Flächen
	allgemeines Dreieck	Dreieck	Polygon (Vieleck)	
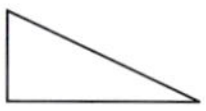	rechtwinkliges Dreieck			
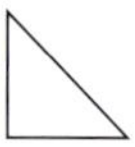	gleichschenkliges Dreieck			
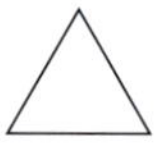	gleichseitiges Dreieck (Sonderfall des gleichschenkligen Dreiecks)			
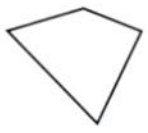	allgemeines Viereck	Viereck		
	Rechteck			
	Quadrat (Sonderfall des Rechtecks)			
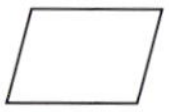	Parallelogramm			
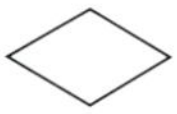	Raute (Sonderfall des Parallelogramms)			
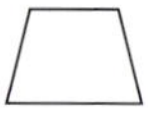	Trapez			
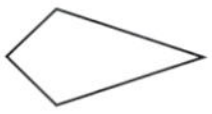	Drachenviereck			

Die Strecken zwischen zwei benachbarten Eckpunkten eines Polygons heißen **Seiten**, die Strecken zwischen nicht benachbarten Eckpunkten heißen **Diagonalen**[2]. Eine Fläche hat so viele Seiten, wie sie Eckpunkte hat.

[1] vgl. S. 14

[2] Anschaulich: Diagonalen sind Strecken, die zwischen zwei Eckpunkten im Inneren von Flächen verlaufen.

Körper

Ein geometrischer **Körper** ist ein dreidimensionales Objekt, welches räumlich begrenzt ist, also ein endliches Volumen hat. Kugeln, Kegel, Zylinder und alle **Polyeder** (Vielflächner mit ausschließlich ebenen Flächen) sind Körper im Sinne dieser Definition. Körper, die Polyeder sind, werden durch mindestens vier (Seiten-)Flächen räumlich begrenzt.

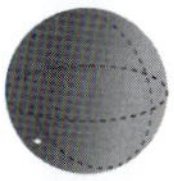	Kugel		Körper
	Kegel		
	Zylinder		
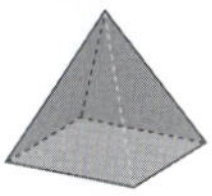	Pyramide	Polyeder (Vielflächner)	
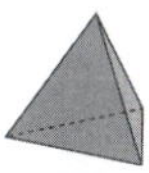	Tetraeder (Sonderfall der Pyramide)		
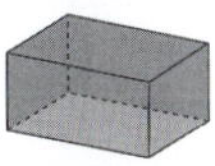	Quader		
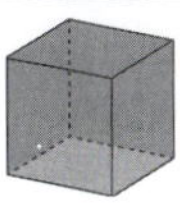	Würfel (Sonderfall des Quaders)		

Die Strecken zwischen zwei benachbarten Eckpunkten eines Polyeders heißen **Kanten**, die Strecken zwischen nicht benachbarten Eckpunkten heißen **Raumdiagonalen**[1].

[1] Anschaulich: Raumdiagonalen sind Strecken, die zwischen zwei Eckpunkten im Inneren von Körpern verlaufen.

Situation 5

Aus einem quadratischen Stahlblech (grau dargestellt) mit einer Seitenlänge von 60 mm wird das nebenstehende Muster ausgestanzt. Aus der unteren dreieckigen Hälfte soll das gleiche, um 180° gedrehte Muster ausgestanzt und das Blech zum Schluss diagonal zerschnitten werden, damit zwei symmetrische Bauteile entstehen.

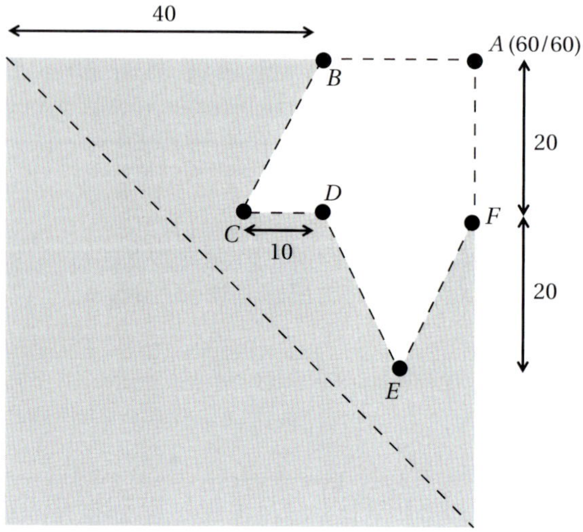

a) Bestimmen Sie die Koordinaten der Punkte *B* bis *F* und geben Sie sie in der mathematisch richtigen Schreibweise an.

b) Zeichnen Sie das quadratische Blech mit beiden Ausstanzungen.

Lösung

a) *B* ist in Bezug auf *A* um 20 mm nach links (negative *x*-Richtung) verschoben. Daher ist *B*(40/60). *C* ist in Bezug auf *B* um 10 mm nach links und um 20 mm nach unten (negative *y*-Richtung) verschoben. Daher ist *C*(30/40). *D* ist in Bezug auf *B* um 20 mm nach unten verschoben. Daher ist *D*(40/40). *E* ist in Bezug auf *D* um 10 mm nach rechts (positive *x*-Richtung) und um 20 mm nach unten verschoben. Daher ist *E*(50/20). *F* ist in Bezug auf *A* um 20 mm nach unten verschoben. Daher ist *F*(60/40).

b)

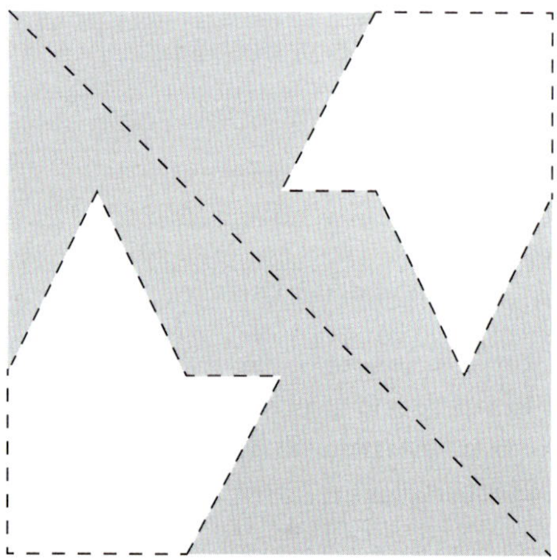

Situation 6

Gegeben sind die Punkte *A* bis *K*.

A (–1/2/3)	*B* (–2/3/1)	*C* (2/3/0)	*D* (2/–2/4)
E (2/–4/4)	*F* (2/–2/0)	*G* (2/–4/0)	*H* (0/–2/0)
I (0/–4/0)	*J* (0/–2/4)	*K* (0/–4/4)	

Zeichen Sie die Strecke $\overline{AB}$, das Dreieck *BCD* und den Quader *DEFGHIJK* gemeinsam in ein geeignetes Koordinatensystem.

Lösung

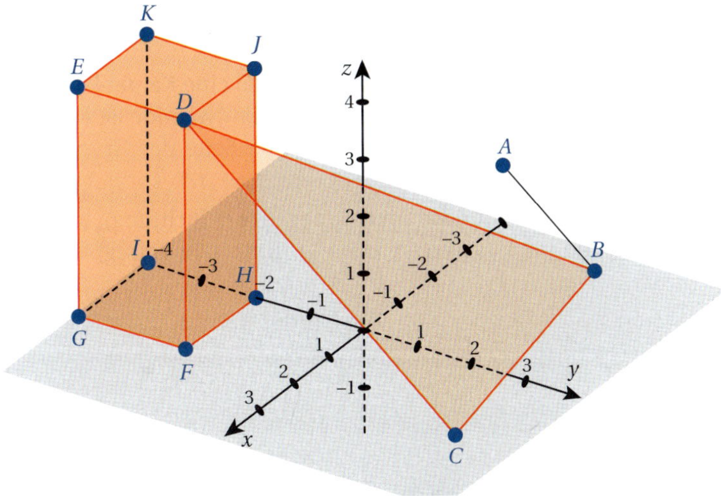

Situation 7

Ein insgesamt 30 cm langer Bodenanker aus Stahl soll an der Position $P_0(0/0/0)$ 26 cm tief in den Boden getrieben werden. Die Kantenlänge des gedachten Würfels beträgt exakt 10 cm.

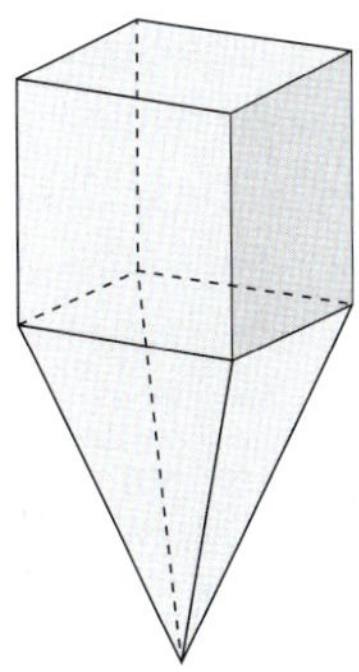

a) Zeichnen Sie den Bodenanker nach dem Eintreiben in den Boden in ein geeignetes Koordinatensystem ein.

b) Bestimmen Sie die Positionen der Eckpunkte der Pyramide nach dem Eintreiben in den Boden und geben Sie sie in der mathematisch richtigen Schreibweise an.

Lösung

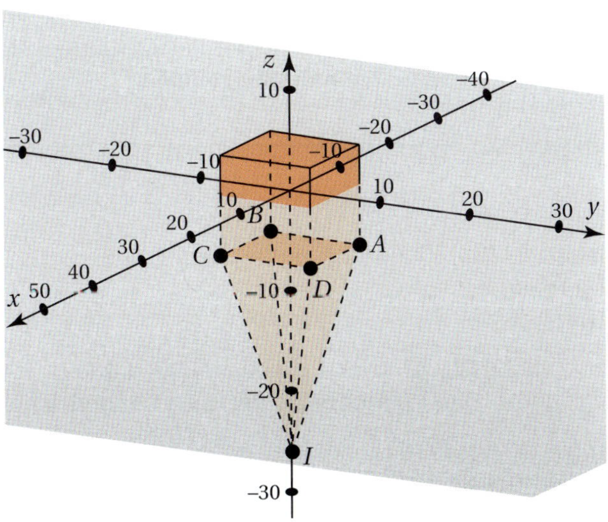

b) Die Spitze der Pyramide liegt auf der z-Achse und wird ausgehend von $P_0(0/0/0)$ 26 cm tief in den Boden getrieben. Der Punkt, der die Position der Spitze im Boden beschreibt ist daher $E(0/0/-26)$.

Der Bodenanker ist insgesamt 30 cm lang. Da der würfelförmige Teil eine Kantenlänge von 10 cm hat, muss die Pyramide 20 cm hoch sein. Die Grundfläche der Pyramide ist mit jeder Seitenfläche des Würfels identisch, daher beträgt die Länge einer Seite der Grundfläche ebenfalls 10 cm.

In Bezug auf Punkt E ist der Punkt A um 5 cm nach hinten (negative x-Richtung), um 5 cm nach rechts (positive y-Richtung) und um 20 cm nach oben (positive z-Richtung) verschoben.

$A(-5/5/-6)$

Die Punkte B, C und D liegen auf der gleichen Ebene wie Punkt A.

$B(-5/-5/-6)$
$C(5/-5/-6)$
$D(5/5/-6)$

Zusammenfassung

- Eine **Strecke** ist eine gerade Linie ohne Richtung zwischen zwei Punkten in der Ebene oder im Raum.
- Eine **gerichtete Strecke** heißt **Vektor**.
- Eine geometrische **Fläche** ist ein zweidimensionales ebenes Objekt, welches räumlich begrenzt ist. Flächen, die Polygone sind, werden durch mindestens drei Strecken räumlich begrenzt.
- Die Strecken zwischen zwei benachbarten Eckpunkten eines Polygons heißen **Seiten**, die Strecken zwischen nicht benachbarten Eckpunkten heißen **Diagonalen**. Eine Fläche hat so viele Seiten, wie sie Eckpunkte hat.
- Ein geometrischer **Körper** ist ein dreidimensionales Objekt, welches räumlich begrenzt ist. Körper, die Polyeder sind, werden durch mindestens vier (Seiten-)Flächen räumlich begrenzt.
- Die Strecken zwischen zwei benachbarten Eckpunkten eines Polyeders heißen **Kanten**, die Strecken zwischen nicht benachbarten Eckpunkten heißen **Raumdiagonalen**.

Übungsaufgaben

1 Gegeben sind die Punkte A bis I.

$A(2/2)$	$B(6/1)$	$C(8/1)$
$D(11/4)$	$E(11/8)$	$F(9/8)$
$G(9/4)$	$H(6/7)$	$I(3/4)$

Zeichen Sie das Dreieck ABI, das Quadrat $BGHI$, das Parallelogramm $BCDG$, das Rechteck $DEFG$, sowie die Diagonalen $\overline{BD}$, $\overline{BH}$ und $\overline{GE}$ gemeinsam in ein geeignetes Koordinatensystem.

2 Die Grundfläche eines Quaders lässt sich durch die Punkte $A(0/0/0)$, $B(2/0/0)$, $C(2/3/0)$ und $D(0/3/0)$ beschreiben. Der Quader ist 5 Längeneinheiten [LE] hoch. Auf den Quader wird eine Pyramide mit einer Höhe von 2 LE aufgesetzt.

a) Zeichnen Sie den Quader und die Pyramide gemeinsam in ein geeignetes Koordinatensystem.

b) Zeichnen Sie die Raumdiagonale des Quaders durch Punkt B, sowie die Diagonalen der oben liegenden Fläche des Quaders und deren Schnittpunkt ein.

c) Bestimmen Sie alle noch nicht genannten Eckpunkte des Körpers und geben Sie sie in der mathematisch korrekten Schreibweise an.

3 Zeichnen Sie die Dachfläche des Rutschturms in ein geeignetes Koordinatensystem ein, bestimmen Sie die Eckpunkte der Dachfläche und geben Sie sie in der mathematisch korrekten Schreibweise an.

Wählen Sie die untere linke Ecke des Dachs als Ursprung.

4 Auf einem Spielplatz sollen zwei Kletterwürfel mit einer Kantenlänge von jeweils 1,5 m übereinandergestapelt installiert werden. Dazu werden pro Würfel 12 Rohre miteinander verschweißt, die die Kanten des Würfels bilden. Zwischen den nicht benachbarten Eckpunkten der Flächen sowie den Raumdiagonalen werden Kletterseile gespannt.

a) Zeichnen Sie einen solchen Kletterwürfel in ein geeignetes Koordinatensystem ein.

b) Bestimmen Sie die Eckpunkte des oberen Würfels und geben Sie sie in der mathematisch korrekten Schreibweise an.

c) Geben Sie die Anzahl der Seile an, die für einen Würfel benötigt werden.

5 Zwei Klettertürme sollen mithilfe eines schräg verlaufenden Kriechtunnels mit einer Höhe von 75 cm und einer Breite von 1 m verbunden werden.

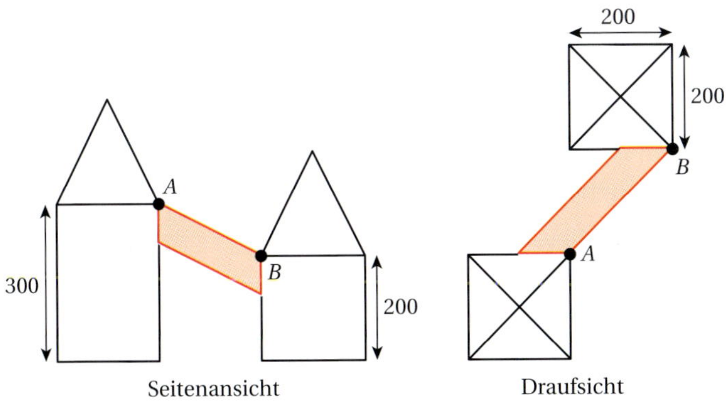

Zeichnen Sie das neu entstandene, zusammenhängende Gebäude in ein dreidimensionales Koordinatensystem ein, bestimmen Sie die acht Eckpunkte des Kriechtunnels und geben Sie sie in der mathematisch korrekten Schreibweise an.

1.1.4 Grundlegende Rechenoperationen

Addition und Subtraktion von Vektoren

Vektoren können addiert und voneinander subtrahiert werden. Ein Vektor beschreibt geometrisch die Verschiebung eines beliebigen Punktes an eine andere Stelle. Die Addition bzw. Subtraktion von Vektoren beschreibt somit zwei nacheinander ausgeführte Verschiebungen.

Vektoren können nur dann addiert oder voneinander subtrahiert werden, wenn Sie die gleiche **Dimension** haben. Die Addition oder Subtraktion wird elementweise durchgeführt. Die Dimension des Ergebnisvektors ist identisch mit den Dimensionen der Ausgangsvektoren. Für alle Vektoren gilt:

$\vec{a}+\vec{b}=\vec{b}+\vec{a}$	Vertauschungsgesetz (Kommutativgesetz)
$\vec{a}+(\vec{b}+\vec{c})=(\vec{a}+\vec{b})+\vec{c}$	Verbindungsgesetz (Assoziativgesetz)

$$\vec{a} \pm \vec{b} = \begin{pmatrix} a_1 \\ a_2 \\ \vdots \\ a_z \end{pmatrix} \pm \begin{pmatrix} b_1 \\ b_2 \\ \vdots \\ b_z \end{pmatrix} = \begin{pmatrix} a_1 \pm b_1 \\ a_2 \pm b_2 \\ \vdots \\ a_z \pm b_z \end{pmatrix}$$

Addition und Subtraktion von Vektoren

Situation 8

Gegeben sind die beiden Vektoren $\vec{a}=\begin{pmatrix} 1 \\ 2 \end{pmatrix}$ und $\vec{b}=\begin{pmatrix} -2 \\ 3 \end{pmatrix}$. Addieren Sie die beiden Vektoren und kontrollieren Sie Ihr Ergebnis mit dem Taschenrechner. Veranschaulichen Sie die Addition zeichnerisch.

1, 2

Rechnerische Lösung

$$\vec{c}=\vec{a}+\vec{b}=\begin{pmatrix} 1 \\ 2 \end{pmatrix}+\begin{pmatrix} -2 \\ 3 \end{pmatrix}=\begin{pmatrix} 1+(-2) \\ 2+3 \end{pmatrix}=\begin{pmatrix} -1 \\ 5 \end{pmatrix}$$

Addition und Subtraktion von Vektoren können mit dem Taschenrechner durchgeführt werden.

Zunächst muss mit [2ND], [MATRIX], EDIT der Buchstabe ausgewählt werden, unter dem der Vektor gespeichert werden soll.

Hinweis: Der Taschenrechner interpretiert Vektoren als einspaltige oder einzeilige Matrizen und verwendet daher immer Großbuchstaben.

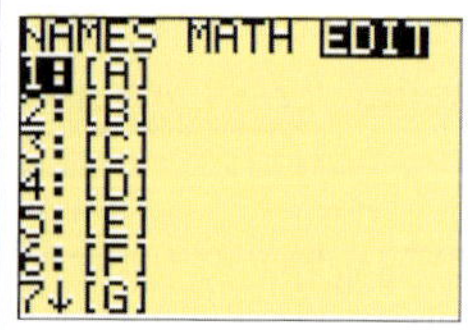

Nun kann mit dem Nummernblock und ENTER die Dimension des Vektors eingegeben werden. In diesem Fall 2 × 1. Anschließend werden mit dem Nummernblock die gewünschten Werte der einzelnen Elemente eingegeben.	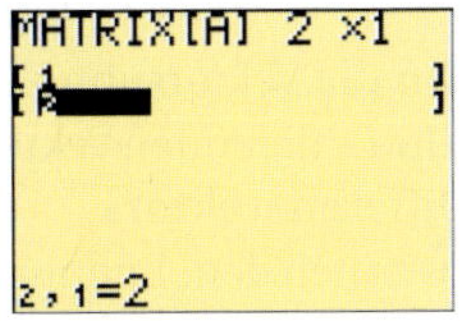 
Mit 2ND, [QUIT] gelangt man zurück zum Hauptbildschirm. Durch 2ND, [MATRIX], 1:[A] kann der erste Vektor aufgerufen werden. Nun + oder – eingeben und mit 2ND, [MATRIX], 1:[B] den zweiten Vektor aufrufen. ENTER liefert das gewünschte Ergebnis.	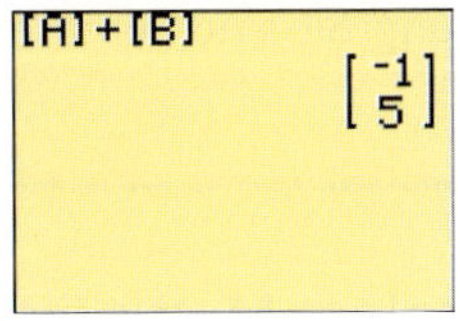

Zeichnerische Lösung

Um die Vektoraddition zeichnerisch darzustellen, wird das Ende des Pfeils des zu addierenden Vektors auf die Spitze des Pfeils des ersten Vektors gesetzt. Der Pfeil des **Summenvektors** $\vec{c} = \vec{a} + \vec{b}$ ist dann der Verbindungsvektor zwischen dem Anfangspunkt des Pfeils von Vektors $\vec{a}$ und dem Endpunkt des Pfeils von Vektor $\vec{b}$.

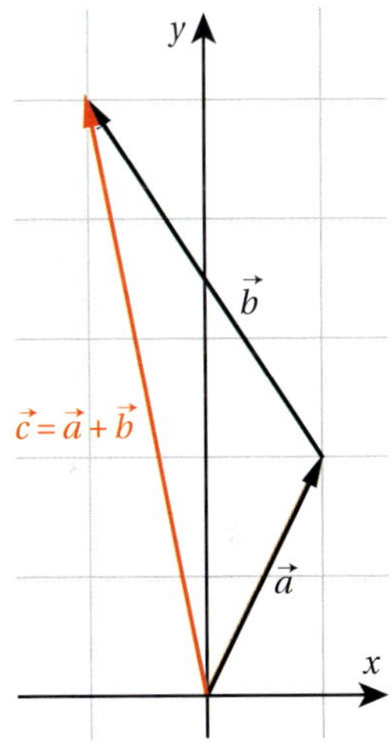

Situation 9

Gegeben sind die beiden Vektoren $\vec{a} = \begin{pmatrix} 1 \\ 2 \end{pmatrix}$ und $\vec{b} = \begin{pmatrix} -2 \\ 3 \end{pmatrix}$. Subtrahieren Sie den Vektor $\vec{b}$ von Vektor $\vec{a}$ und veranschaulichen Sie die Subtraktion zeichnerisch.

Rechnerische Lösung

$$\vec{c} = \vec{a} - \vec{b} = \begin{pmatrix} 1 \\ 2 \end{pmatrix} - \begin{pmatrix} -2 \\ 3 \end{pmatrix} = \begin{pmatrix} 1-(-2) \\ 2-3 \end{pmatrix} = \begin{pmatrix} 3 \\ -1 \end{pmatrix}$$

Zeichnerische Lösung

Um die Vektorsubtraktion zeichnerisch darzustellen, wird der Anfangspunkt des Pfeils des zu subtrahierenden Vektors an den Anfangspunkt des Pfeils des ersten Vektors gesetzt. Der Pfeil des **Differenzvektors** $\vec{c} = \vec{a} - \vec{b}$ ist dann der Verbindungsvektor zwischen dem Endpunkt des Pfeils des zu subtrahierenden Vektors und dem Endpunkt des Pfeils des ersten Vektors.

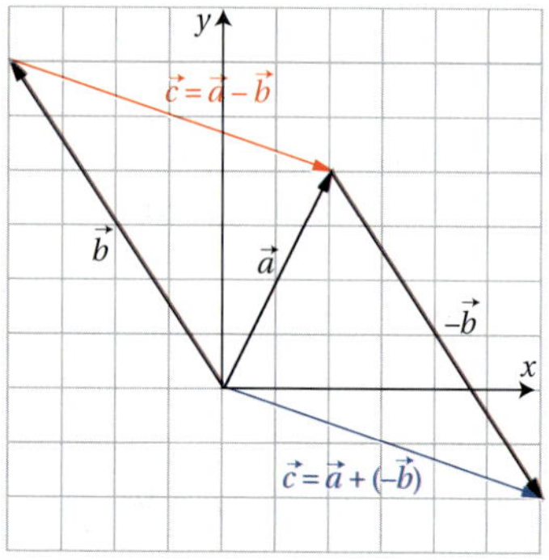

Alternativ kann die Subtraktion auch mithilfe der Addition des **Gegenvektors**[1)] durchgeführt werden: $\vec{c} = \vec{a} + (-\vec{b})$

In der Abbildung sind der rote und der blaue Pfeil gleich lang, parallel zueinander und zeigen in die gleiche Richtung. Sie sind Repräsentanten des Vektors $\vec{c} = \begin{pmatrix} 3 \\ -1 \end{pmatrix}$.

Skalare Multiplikation

Vektoren können mit einer beliebigen reellen Zahl (**Skalar**) multipliziert werden. Ein Vektor beschreibt geometrisch die Verschiebung eines beliebigen Punktes an eine andere Stelle. Eine skalare Multiplikation beschreibt somit eine mehrfach nacheinander ausgeführte Verschiebung in exakt der gleichen Richtung.

Vektoren werden mit einem Skalar s multipliziert, indem jedes Element des Vektors mit dem Skalar multipliziert wird. Ein Skalar ist eine einzelne reelle Zahl. Für alle Vektoren $\vec{a}$ und $\vec{b}$, sowie alle $r, s \in \mathbb{R}$ gilt:

$s \cdot (\vec{a} + \vec{b}) = s \cdot \vec{a} + s \cdot \vec{b}$	Verteilungsgesetz (Distributivgesetz)
$(r + s) \cdot \vec{a} = r \cdot \vec{a} + s \cdot \vec{a}$	Verteilungsgesetz (Distributivgesetz)
$r \cdot (s \cdot \vec{a}) = (r \cdot s) \cdot \vec{a}$	Verbindungsgesetz (Assoziativgesetz)

$$s \cdot \vec{a} = s \cdot \begin{pmatrix} a_1 \\ a_2 \\ \vdots \\ a_z \end{pmatrix} = \begin{pmatrix} s \cdot a_1 \\ s \cdot a_2 \\ \vdots \\ s \cdot a_z \end{pmatrix}$$

skalare Multiplikation

Situation 10

Gegeben sind die beiden Vektoren $\vec{a} = \begin{pmatrix} 2 \\ 0 \end{pmatrix}$ und $\vec{b} = \begin{pmatrix} 2 \\ 2 \end{pmatrix}$. Bestimmen Sie $3 \cdot \vec{a}$ sowie $-\frac{1}{2} \cdot \vec{b}$ und kontrollieren Sie Ihr Ergebnis mit dem Taschenrechner. Veranschaulichen Sie Ihre Berechnungen zeichnerisch.

3

Rechnerische Lösung

$$3 \cdot \vec{a} = 3 \cdot \begin{pmatrix} 2 \\ 0 \end{pmatrix} = \begin{pmatrix} 3 \cdot 2 \\ 3 \cdot 0 \end{pmatrix} = \begin{pmatrix} 6 \\ 0 \end{pmatrix} \qquad -\frac{1}{2} \cdot \vec{b} = -\frac{1}{2} \cdot \begin{pmatrix} 2 \\ 2 \end{pmatrix} = \begin{pmatrix} -\frac{1}{2} \cdot 2 \\ -\frac{1}{2} \cdot 2 \end{pmatrix} = \begin{pmatrix} -1 \\ -1 \end{pmatrix}$$

Die skalare Multiplikation kann mit dem Taschenrechner durchgeführt werden.

1) vgl. S. 9 und S. 19

Zunächst über den Nummernblock den Skalar und [×] eingeben.	
Anschließend den zu multiplizierenden Vektor unter dem gewünschten Namen eingeben. Mit [2ND], [QUIT] gelangt man zurück zum Hauptbildschirm.	
Anschließend im Hauptbildschirm durch [2ND], [MATRIX], 1:[A] den zuvor gespeicherten Vektor aufrufen. [ENTER] liefert das gewünschte Ergebnis.	

Zeichnerische Lösung

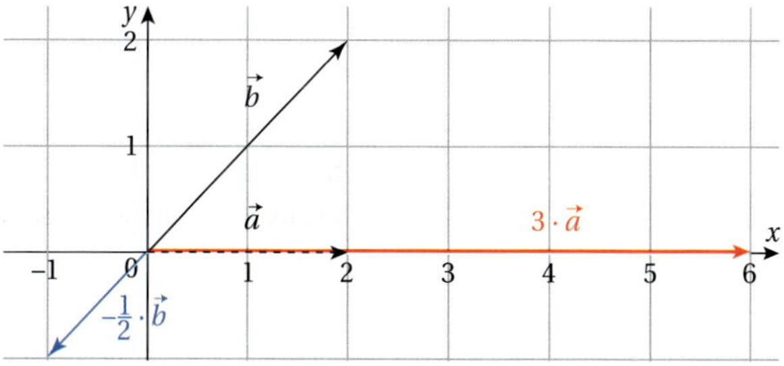

Für $s > 0$ hat der Pfeil von $s \cdot \vec{a}$ die s-fache Länge des Pfeils von $\vec{a}$ und zeigt in die gleiche Richtung. Man schreibt $\vec{a} \upuparrows \vec{b}$.

Für $s < 0$ hat der Pfeil von $s \cdot \vec{a}$ die $|s|$-fache Länge des Pfeils von $\vec{a}$ und zeigt in die entgegengesetzte Richtung. Man schreibt $\vec{a} \upharpoonleft\downharpoonright \vec{b}$.

Für $s = 0$ ergibt sich ein **Nullvektor**[1)].

Mithilfe der skalaren Multiplikation lässt sich eine Aussage über die Lage zweier Vektoren zueinander treffen.

Zwei vom Nullvektor verschiedene Vektoren $\vec{a}$ und $\vec{b}$ sind **kollinear**, wenn sie jeweils als ein Vielfaches des anderen dargestellt werden können. Man schreibt $\vec{a} \parallel \vec{b}$. Die Pfeile von zwei kollinearen Vektoren sind entweder parallel zueinander oder liegen gemeinsam auf einer gedachten Geraden.

1) vgl. S. 9 und S. 19

$$\vec{a} = s \cdot \vec{b} \Leftrightarrow \vec{a} - s \cdot \vec{b} = \vec{o} \Rightarrow \vec{a} \parallel \vec{b}$$
$$\text{mit } \vec{a}, \vec{b} \neq \vec{o}$$

Kollinearität von zwei Vektoren

Situation 11

Gegeben sind die beiden Vektoren $\vec{a} = \begin{pmatrix} 5 \\ -7{,}5 \end{pmatrix}$ und $\vec{b} = \begin{pmatrix} -4 \\ 6 \end{pmatrix}$. Zeigen Sie, dass die Vektoren $\vec{a}$ und $\vec{b}$ kollinear sind.

Lösung

Es wird eine reelle Zahl s gesucht, sodass $\vec{a} = s \cdot \vec{b}$ gilt.

$$\begin{pmatrix} 5 \\ -7{,}5 \end{pmatrix} = s \cdot \begin{pmatrix} -4 \\ 6 \end{pmatrix}$$

Weil bei der skalaren Multiplikation jedes Element des Vektors mit dem Skalar multipliziert wird, ergibt sich das Gleichungssystem:

$$\begin{aligned} 5 &= -4s \\ -7{,}5 &= 6s. \end{aligned}$$

Beide Gleichungen müssen mit derselben Zahl s lösbar sein.
Für die erste Gleichung gilt $5 = -4s \Leftrightarrow s = -1{,}25$.
Für die zweite Gleichung gilt $-7{,}5 = 6s \Leftrightarrow s = -1{,}25$.

Somit ist $\vec{a} = -1{,}25 \cdot \vec{b}$. Die beiden Vektoren $\vec{a}$ und $\vec{b}$ sind daher kollinear.

Zusammenfassung

- Vektoren können nur dann addiert oder voneinander subtrahiert werden, wenn Sie die gleiche Dimension haben. Die Addition oder Subtraktion wird elementweise durchgeführt.

$$\vec{a} \pm \vec{b} = \begin{pmatrix} a_1 \\ a_2 \\ \vdots \\ a_z \end{pmatrix} \pm \begin{pmatrix} b_1 \\ b_2 \\ \vdots \\ b_z \end{pmatrix} = \begin{pmatrix} a_1 \pm b_1 \\ a_2 \pm b_2 \\ \vdots \\ a_z \pm b_z \end{pmatrix}$$

Addition und Subtraktion von Vektoren

Die Dimension des Ergebnisvektors ist identisch mit den Dimensionen der Ausgangsvektoren. Für alle Vektoren gilt:

$\vec{a} + \vec{b} = \vec{b} + \vec{a}$ Vertauschungsgesetz (Kommutativgesetz)

$\vec{a} + (\vec{b} + \vec{c}) = (\vec{a} + \vec{b}) + \vec{c}$ Verbindungsgesetz (Assoziativgesetz)

- Vektoren können mit einem **Skalar** (einzelne reelle Zahl) multipliziert werden, indem jedes Element des Vektors mit dem Skalar multipliziert wird.

$$s \cdot \vec{a} = s \cdot \begin{pmatrix} a_1 \\ a_2 \\ \vdots \\ a_z \end{pmatrix} = \begin{pmatrix} s \cdot a_1 \\ s \cdot a_2 \\ \vdots \\ s \cdot a_z \end{pmatrix}$$

skalare Multiplikation

Für $s > 0$ hat der Pfeil von $s \cdot \vec{a}$ die s-fache Länge des Pfeils von $\vec{a}$ und zeigt in die gleiche Richtung. Man schreibt $\vec{a} \upuparrows \vec{b}$.

Für $s < 0$ hat der Pfeil von $s \cdot \vec{a}$ die $|s|$-fache Länge des Pfeils von $\vec{a}$ und zeigt in die entgegengesetzte Richtung. Man schreibt $\vec{a} \uparrow\downarrow \vec{b}$.

Für $s = 0$ ergibt sich ein Nullvektor.

- Existiert eine reelle Zahl s, sodass gilt $\vec{a} = s \cdot \vec{b}$, so sind die beiden vom Nullvektor unterschiedlichen Vektoren $\vec{a}$ und $\vec{b}$ **kollinear**. Man schreibt $\vec{a} \parallel \vec{b}$.
- Für alle Vektoren $\vec{a}$ und $\vec{b}$, sowie alle $r, s \in \mathbb{R}$ gilt:

$s \cdot (\vec{a} + \vec{b}) = s \cdot \vec{a} + s \cdot \vec{b}$ Verteilungsgesetz (Distributivgesetz)

$(r + s) \cdot \vec{a} = r \cdot \vec{a} + s \cdot \vec{a}$ Verteilungsgesetz (Distributivgesetz)

$r \cdot (s \cdot \vec{a}) = (r \cdot s) \cdot \vec{a}$ Verbindungsgesetz (Assoziativgesetz)

Übungsaufgaben

1 Addieren Sie die beiden Vektoren und veranschaulichen Sie die Addition zeichnerisch.

a) $\vec{a} = \begin{pmatrix} 2 \\ 4 \end{pmatrix}$, $\vec{b} = \begin{pmatrix} -1 \\ 3 \end{pmatrix}$ b) $\vec{a} = \begin{pmatrix} -2 \\ 3 \end{pmatrix}$, $\vec{b} = \begin{pmatrix} 4 \\ 1 \end{pmatrix}$ c) $\vec{a} = \begin{pmatrix} b_2 \\ -a_1 \end{pmatrix}$, $\vec{b} = \begin{pmatrix} a_1 \\ 3 \end{pmatrix}$

d) $\vec{a} = \begin{pmatrix} 1 \\ -2 \\ 4 \end{pmatrix}$, $\vec{b} = \begin{pmatrix} -1 \\ 4 \\ 2 \end{pmatrix}$ e) $\vec{a} = \begin{pmatrix} 3 \\ 0{,}5 \\ 4 \end{pmatrix}$, $\vec{b} = \begin{pmatrix} -1 \\ -2 \\ 4 \end{pmatrix}$ f) $\vec{a} = \begin{pmatrix} 4 \\ b_3 \\ b_1 \end{pmatrix}$, $\vec{b} = \begin{pmatrix} b_3 \\ 2 \\ a_1 \end{pmatrix}$

2 Subtrahieren Sie den Vektor $\vec{b}$ von Vektor $\vec{a}$ und veranschaulichen Sie die Subtraktion zeichnerisch.

a) $\vec{a} = \begin{pmatrix} 3 \\ 2 \end{pmatrix}$, $\vec{b} = \begin{pmatrix} 1 \\ 4 \end{pmatrix}$ b) $\vec{a} = \begin{pmatrix} -2 \\ 3 \end{pmatrix}$, $\vec{b} = \begin{pmatrix} 5 \\ -2 \end{pmatrix}$ c) $\vec{a} = \begin{pmatrix} a_2 \\ -b_1 \end{pmatrix}$, $\vec{b} = \begin{pmatrix} 3 \\ a_1 \end{pmatrix}$

d) $\vec{a} = \begin{pmatrix} 2 \\ 5 \\ 3 \end{pmatrix}$, $\vec{b} = \begin{pmatrix} -1 \\ 2 \\ -3 \end{pmatrix}$ e) $\vec{a} = \begin{pmatrix} 0{,}5 \\ 2 \\ 1 \end{pmatrix}$, $\vec{b} = \begin{pmatrix} -4 \\ -2 \\ -1 \end{pmatrix}$ f) $\vec{a} = \begin{pmatrix} a_3 \\ 5 \\ b_2 \end{pmatrix}$, $\vec{b} = \begin{pmatrix} a_2 \\ 2 \\ -3 \end{pmatrix}$

3 Bestimmen Sie den jeweils fehlenden Vektor.

a) $\begin{pmatrix} 2 \\ 1 \end{pmatrix} + \vec{b} = \begin{pmatrix} 4 \\ -2 \end{pmatrix}$ b) $\vec{a} + \begin{pmatrix} 3 \\ -4 \end{pmatrix} = \begin{pmatrix} 2 \\ 1 \end{pmatrix}$ c) $\begin{pmatrix} 2 \\ 1 \end{pmatrix} - \vec{b} = \begin{pmatrix} 8 \\ -3 \end{pmatrix}$

d) $\begin{pmatrix} 3 \\ -1 \\ 4 \end{pmatrix} + \vec{b} = \begin{pmatrix} 3 \\ 2 \\ -4 \end{pmatrix}$ e) $\vec{a} + \begin{pmatrix} 2 \\ 7 \\ 4 \end{pmatrix} = \begin{pmatrix} -3 \\ 2 \\ 5 \end{pmatrix}$ f) $\vec{a} - \begin{pmatrix} 1 \\ -3 \\ 2 \end{pmatrix} = \begin{pmatrix} 4 \\ 3 \\ -6 \end{pmatrix}$

4 Gegeben sind die Vektoren $\vec{a}=\begin{pmatrix}2\\-3\end{pmatrix}$, $\vec{b}=\begin{pmatrix}0{,}5\\4\end{pmatrix}$, $\vec{c}=\begin{pmatrix}-1\\3\\-4\end{pmatrix}$ und $\vec{d}=\begin{pmatrix}2\\3\\-5\end{pmatrix}$ sowie die Skalare $r=2$ und $s=-3$. Berechnen Sie.

a) $r\cdot\vec{a}$
b) $s\cdot\vec{c}$
c) $r\cdot s\cdot\vec{b}$
d) $r\cdot(\vec{a}+\vec{b})$
e) $(r+s)\cdot(\vec{a}+\vec{b})$
f) $\vec{a}\cdot s^r+\vec{b}\cdot r^s$
g) $r\cdot\vec{c}+(\vec{c}+\vec{d})\cdot s$
h) $r\cdot s\cdot\vec{d}+s\cdot\vec{c}+\vec{d}$
i) $\frac{s}{r}\cdot(\vec{c}+2\vec{d})\cdot r$

5 Überprüfen Sie, ob die Vektoren $\vec{a}$ und $\vec{b}$ kollinear sind.

a) $\vec{a}=\begin{pmatrix}2\\3\end{pmatrix}$, $\vec{b}=\begin{pmatrix}4\\6\end{pmatrix}$
b) $\vec{a}=\begin{pmatrix}-2\\4{,}5\end{pmatrix}$, $\vec{b}=\begin{pmatrix}0{,}75\\1{,}6875\end{pmatrix}$
c) $\vec{a}=\begin{pmatrix}t\\-2t\end{pmatrix}$, $\vec{b}=\begin{pmatrix}-0{,}5t^2\\t^2\end{pmatrix}$
d) $\vec{a}=\begin{pmatrix}-3\\2\\1\end{pmatrix}$, $\vec{b}=\begin{pmatrix}12\\-8\\4\end{pmatrix}$
e) $\vec{a}=\begin{pmatrix}\frac{2}{3}\\-\frac{6}{9}\\0{,}35\end{pmatrix}$, $\vec{b}=\begin{pmatrix}-\frac{4}{9}\\\frac{4}{9}\\-\frac{7}{30}\end{pmatrix}$
f) $\vec{a}=\begin{pmatrix}3t\\t^2\\2-t\end{pmatrix}$, $\vec{b}=\begin{pmatrix}4t^2\\\frac{4}{3}t^3\\\frac{4}{3}(2t-t^2)\end{pmatrix}$

6 Bestimmen Sie die fehlenden Elemente, sodass die jeweils geforderte Lagebeziehung gilt.

a) $\vec{a}=\begin{pmatrix}2\\3\end{pmatrix}$, $\vec{b}=\begin{pmatrix}3\\b_2\end{pmatrix}$; $\vec{a}\upuparrows\vec{b}$
b) $\vec{a}=\begin{pmatrix}1\\4\end{pmatrix}$, $\vec{b}=\begin{pmatrix}-2\\b_2\end{pmatrix}$; $\vec{a}\uparrow\downarrow\vec{b}$
c) $\vec{a}=\begin{pmatrix}4\\a_2\end{pmatrix}$, $\vec{b}=\begin{pmatrix}-3\\b_2\end{pmatrix}$; $\vec{a}\uparrow\downarrow\vec{b}$
d) $\vec{a}=\begin{pmatrix}2\\3\\a_3\end{pmatrix}$, $\vec{b}=\begin{pmatrix}4{,}5\\b_2\\6{,}75\end{pmatrix}$; $\vec{a}\upuparrows\vec{b}$
e) $\vec{a}=\begin{pmatrix}4\\a_2\\a_3\end{pmatrix}$, $\vec{b}=\begin{pmatrix}b_3\\-\frac{10}{3}\\-4\end{pmatrix}$; $\vec{a}\uparrow\downarrow\vec{b}$
f) $\vec{a}=\begin{pmatrix}t\\4+t\\t-2\end{pmatrix}$, $\vec{b}=\begin{pmatrix}-t^2\\b_2\\b_3\end{pmatrix}$; $\vec{a}\uparrow\downarrow\vec{b}$

7 In einem Kletterpark wurden mehrere Seilrutschen installiert. Dabei kann man von einem knapp dreißig Meter hohen Turm entweder mit der Hyperslide direkt nach unten gelangen, oder mit der Megaslide bis zu einem Zwischenstopp rutschen. Von dort aus kann man entweder eine Treppe nach unten gehen, oder mit der Juniorslide nach unten gelangen.

Um Sicherheitspersonal beim Ein- und Ausstieg zu sparen, starten die Hyper- und die Megaslide an dem gleichen Punkt. Außerdem startet die Juniorslide am Endpunkt der Megaslide. Darüber hinaus enden die Hyper- und die Juniorslide an dem gleichen Punkt.

Der Rutschweg der Megaslide lässt sich durch den Vektor $\vec{m}=\begin{pmatrix}35\\52\\-20\end{pmatrix}$ beschreiben.

Der Rutschweg der Juniorslide durch den Vektor $\vec{j}=\begin{pmatrix}-55\\-12\\-10\end{pmatrix}$.

a) Skizzieren Sie die Rutschverläufe der drei Seilrutschen in einem gemeinsamen Koordinatensystem.

b) Bestimmen Sie den Rutschvektor der Hyperslide.

8 Für ein Catering wird auf einer Wiese ein Zelt aufgestellt. Um das Zelt auch bei Sturm zu sichern, wird es mit mehreren 50 cm langen Stahlheringen befestigt.

Aus Stabilitätsgründen werden die Heringe schräg in den Boden geschlagen. Nach einem Hammerschlag befindet sich die Spitze 2 cm rechts, 4 cm nach hinten und 5 cm tief im Boden.

a) Bestimmen Sie die Position der Spitze des Herings nach sechs Hammerschlägen.

b) Skizzieren Sie den Hering nach den sechs Hammerschlägen in einem geeigneten Koordinatensystem.

1.1.5 Handlungssituationen zu Raumanschauung und Koordinatisierung

Die folgenden Situationen sollen Sie mit den Ihnen zur Verfügung stehenden Rechnern bearbeiten. Besonders wichtig ist die Interpretation Ihrer Ergebnisse.

Handlungssituation 1

Für ein Spielgerät werden drei 40 × 80 mm große Lochbleche (grau dargestellt) gemäß der Abbildung benötigt.

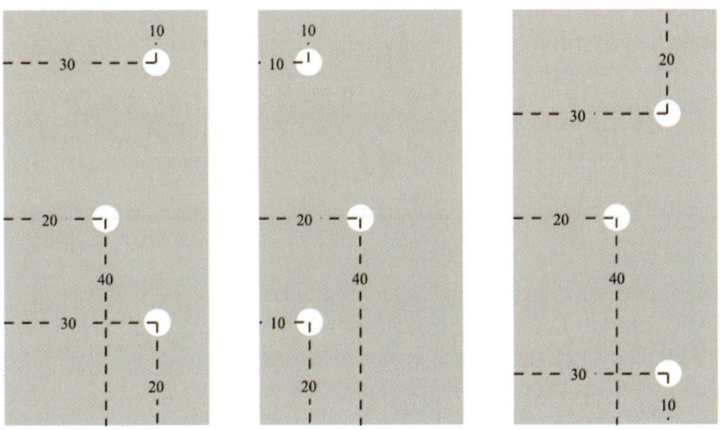

Der Maschinenführer sollte die Positionen der Löcher in die CNC-Maschine eingeben. Statt neun Positionen sind in der Maschine nur drei Positionen hinterlegt.

$$A(10/30),\ B(40/20) \text{ und } C(60/30)$$

Der Schichtleiter ist wütend, weil seiner Meinung nach die Produktion so nicht gestartet werden kann. Der Maschinenführer ist sich keiner Schuld bewusst und beharrt darauf, dass er alles richtig gemacht hat. Überprüfen Sie, ob die Produktion mit den Einstellungen starten kann.

Handlungssituation 2

In einer Bekleidungsfabrik werden mithilfe eines Plotters Schnittmuster auf Stoff gezeichnet. Anschließend werden zahlreiche Lagen des Stoffes gleichzeitig geschnitten. Für eine Hose werden Parallelogramme in zwei Größen benötigt. Dabei muss das zweite Parallelogramm exakt doppelt so groß sein wie das erste. Die Abbildung zeigt den Zeichenweg des Plotters.

Um die zweite Größe zu erhalten, verdoppelt der Maschinenführer die Vektoren, die in der Maschine hinterlegt sind.

Überzeugen Sie den Maschinenführer davon, dass seine Überlegung nicht korrekt ist und nehmen Sie die korrekten Einstellungen vor.

Handlungssituation 3

In dem Hauptraum einer großen Diskothek soll eine neue Lasershow installiert werden. Dazu wird exakt in der Mitte der Decke eine verspiegelte Kugel mit einem Durchmesser von 1 m genau 1 m von der Decke abgehängt. Um bei der Show einen besonderen Effekt zu erzielen, müssen aus jeder der acht Ecken des Raums Laser exakt auf den Mittelpunkt der Kugel ausgerichtet werden. Der Computer, welcher die Laser steuert, benötigt Eingaben in vektorieller Darstellung.

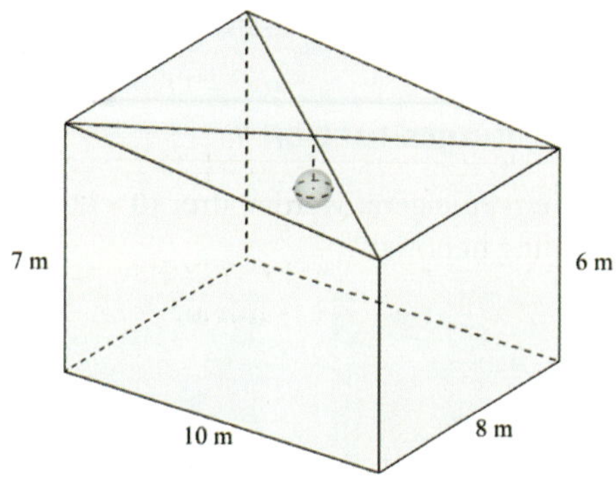

Programmieren Sie die acht Laservektoren.

Handlungssituation 4

Julia und Ben haben im Mathematikunterricht gelernt, dass die Strecken zwischen zwei benachbarten Eckpunkten eines Polyeders Kanten heißen und Vektoren gerichtete Strecken sind. Ben ist daher der Meinung, dass man 12 Vektoren benötigt um einen Würfel zu zeichnen, da dieser 12 Kanten hat. Julia gibt Ben recht, dass ein Würfel 12 Kanten hat, ist aber der Meinung, dass nur drei Vektoren benötigt werden.

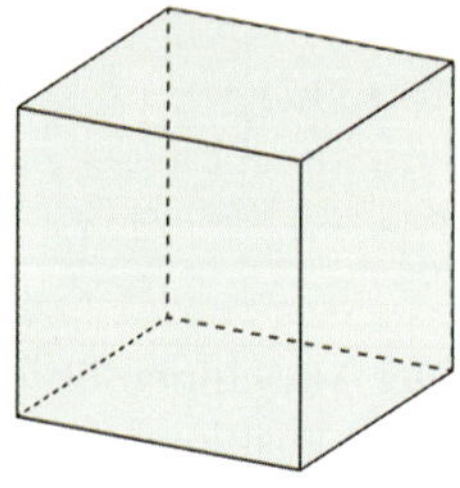

Klären Sie die beiden über die Zusammenhänge zwischen Strecken, Kanten und Vektoren auf.

Handlungssituation 5

Ein Tiefbauunternehmen soll mithilfe eines neuartigen Bohrverfahrens ein Rohr unter einer Bundesstraße gemäß der nachfolgenden Zeichnung verlegen.

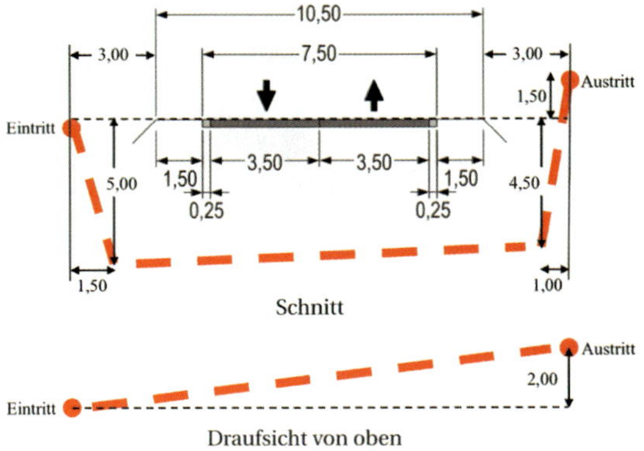

Der zuständige Bauleiter G. Nauer gibt eine Bohrzeit von insgesamt 30 Stunden an. Dabei dauert die Bohrung unter der Straße zwei Drittel dieser Zeit. Die beiden Bohrungen (rot gestrichelte Linien) nach unten bzw. nach oben nehmen gleichverteilt den Rest der Zeit in Anspruch. Die Bohrungen lassen sich seiner Meinung nach durch drei Vektoren beschreiben. Die Elemente geben dabei den Vortrieb je Stunde in cm in die jeweilige Richtung an.

unten	rechts	oben
$\vec{u} = \begin{pmatrix} 0 \\ 30 \\ -100 \end{pmatrix}$	$\vec{r} = \begin{pmatrix} 10 \\ 70 \\ 2{,}5 \end{pmatrix}$	$\vec{o} = \begin{pmatrix} 0 \\ 20 \\ 120 \end{pmatrix}$

Sein Vorgesetzter, Herr P. Nibel ist der Meinung, dass die Bohrung mit den vom Bauleiter angegebenen Werten nicht funktionieren wird. Schlichten Sie den Streit zwischen den beiden Herren.

1.2 Maße und Lagen

1.2.1 Skalarprodukt

Neben den bereits dargestellten grundlegenden Rechenoperationen können Vektoren auch miteinander multipliziert werden. Eine besondere Art der Vektormultiplikation ist das Skalarprodukt. Mit seiner Hilfe lassen sich z. B. Flächeninhalte, Lagebeziehungen von Vektoren sowie Abstände zwischen Punkten und Winkel zwischen Strecken und Geraden[1] berechnen und zeichnerisch darstellen.

$$\vec{a} * \vec{b} = \begin{pmatrix} a_1 \\ a_2 \\ \vdots \\ a_z \end{pmatrix} * \begin{pmatrix} b_1 \\ b_2 \\ \vdots \\ b_z \end{pmatrix} = a_1 \cdot b_1 + a_2 \cdot b_2 + \cdots + a_z \cdot b_z = \sum_{i=1}^{z} a_i \cdot b_i$$

Skalarprodukt

[1] vgl. Kapitel 1.2.3

Das **Skalarprodukt** zweier Vektoren kann nur gebildet werden, wenn die Vektoren die gleiche **Dimension** haben. Das Ergebnis ist ein **Skalar** (reelle Zahl). Für alle Vektoren $\vec{a}$, $\vec{b}$ und $\vec{c}$ und den Skalar $s \in \mathbb{R}$ gilt:

$\vec{a} * \vec{b} = \vec{b} * \vec{a}$	Vertauschungsgesetz (Kommutativgesetz)
$\vec{a} * (\vec{b} + \vec{c}) = \vec{a} * \vec{b} + \vec{a} * \vec{c}$	Verteilungsgesetz (Distributivgesetz)
$\vec{a} * (s \cdot \vec{b}) = s \cdot (\vec{a} * \vec{b})$	Verbindungsgesetz (Assoziativgesetz)

Mithilfe des Skalarprodukts lässt sich auch die Länge eines Pfeils eines Vektors berechnen[1]:

$$|\vec{a}| = \sqrt{\vec{a} * \vec{a}} \text{ mit } \vec{a} = \begin{pmatrix} a_1 \\ a_2 \end{pmatrix}$$

Betrag eines Vektors in der Ebene

Situation 1

Gegeben sind die beiden Vektoren $\vec{a} = \begin{pmatrix} 4 \\ 1 \end{pmatrix}$ und $\vec{b} = \begin{pmatrix} 2 \\ 3 \end{pmatrix}$.

4, 5

a) Berechnen Sie das Skalarprodukt der beiden Vektoren und kontrollieren Sie Ihr Ergebnis mit dem Taschenrechner.

b) Veranschaulichen Sie das Skalarprodukt zeichnerisch.

c) Leiten Sie aus Ihrer Zeichung eine zweite Definition her.

Lösung

a) $\vec{a} * \vec{b} = \begin{pmatrix} 4 \\ 1 \end{pmatrix} * \begin{pmatrix} 2 \\ 3 \end{pmatrix} = 4 \cdot 2 + 1 \cdot 3 = 8 + 3 = 11$

Das Skalarprodukt kann mit dem Taschenrechner berechnet werden. Dazu muss der erste der beiden Vektoren transponiert[2] werden.

Mit [2ND], [MATRIX], 1:[A] kann der erste gespeicherte Vektor aufgerufen werden. Mit [2ND], [MATRIX], MATH, 2:^{T} den Befehl zum Transponieren auswählen.	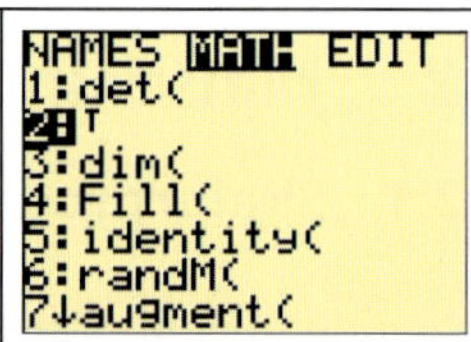
Nun [×] eingeben und mit [2ND], [MATRIX], 1:[B] den zweiten gespeicherten Vektor aufrufen.	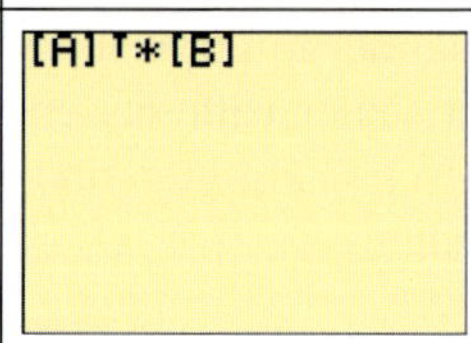

1) vgl. S. 45 ff.
2) vgl. S. 18

ENTER liefert das gewünschte Ergebnis.

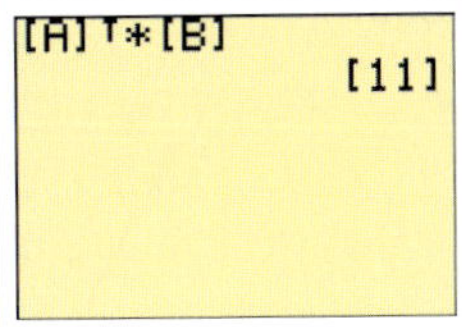

b) Der Wert des Skalarprodukts ist gleich dem Flächeninhalt des abgebildeten Rechtecks. Dabei wird $\vec{b}_a$ als **Projektion des Vektors $\vec{b}$ in Richtung von Vektor $\vec{a}$** oder **Projektionsvektor** bezeichnet.

c) Die Fläche des Rechtecks ist $|\vec{a}| \cdot |\vec{b}_a|$. Die Länge des Projektionsvektors $\vec{b}_a$ ist $|\vec{b}| \cdot \cos\varphi$. Daher lässt sich das Skalarprodukt auch wie folgt definieren.

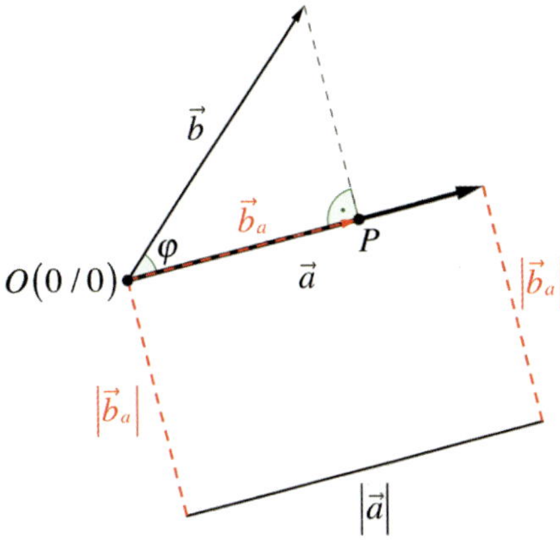

$\vec{a} * \vec{b} = |\vec{a}| \cdot |\vec{b}| \cdot \cos\varphi$
Skalarprodukt

Ist φ ein stumpfer Winkel, also ein Winkel mit mehr als 90° aber weniger als 180°, so lässt sich der Flächeninhalt des Rechtecks durch $|\vec{a}| \cdot |\vec{b}| \cdot |\cos\varphi| = -(\vec{a} * \vec{b})$ berechnen.

Mithilfe des Skalarprodukts lässt sich überprüfen, ob zwei Vektoren orthogonal zueinander sind.

Nimmt das Skalarprodukt der Vektoren $\vec{a} \neq \vec{o}$ und $\vec{b} \neq \vec{o}$ den Wert 0 an, so ist der zwischen den Vektoren eingeschlossene Winkel genau 90° groß, da $\cos 90° = 0$ ist. Die Vektoren $\vec{a}$ und $\vec{b}$ sind dann **orthogonal** (senkrecht) zueinander. Man schreibt $\vec{a} \perp \vec{b}$.

Situation 2

Gegeben sind der Ortsvektor $\overrightarrow{OP} = \begin{pmatrix} 4 \\ 2 \end{pmatrix}$ sowie die Punkte $A(3/1{,}5)$ und $B(1/5)$.

a) Zeichnen Sie die Pfeile des Ortsvektors und des Verbindungsvektors zwischen den Punkten A und B gemeinsam in ein geeignetes Koordinatensystem ein.

b) Zeigen Sie rechnerisch, dass die beiden Vektoren nicht orthogonal zueinander sind.

c) Berechnen Sie, welchen Wert die x-Koordinate vom Punkt B annehmen müsste, damit die beiden Vektoren orthogonal zueinander sind.

Lösung

a)

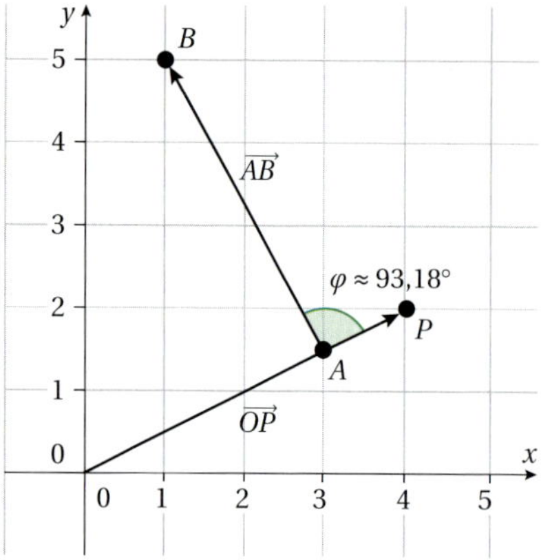

b) $\overrightarrow{AB} = \begin{pmatrix} x_B - x_A \\ y_B - y_A \end{pmatrix} = \begin{pmatrix} 1-3 \\ 5-1{,}5 \end{pmatrix} = \begin{pmatrix} -2 \\ 3{,}5 \end{pmatrix}$

$\overrightarrow{OP} * \overrightarrow{AB} = \begin{pmatrix} 4 \\ 2 \end{pmatrix} * \begin{pmatrix} -2 \\ 3{,}5 \end{pmatrix} = 4 \cdot (-2) + 2 \cdot 3{,}5 = -1 \neq 0$

Da das Skalarprodukt nicht 0 ist, sind die Vektoren nicht orthogonal zueinander.

c) Damit die beiden Vektoren orthogonal zueinander sind, muss $\overrightarrow{OP} * \overrightarrow{AB}_{\text{neu}} = 0$ sein. Also gilt:

$$\begin{pmatrix} 4 \\ 2 \end{pmatrix} * \begin{pmatrix} x_{B_{\text{neu}}} - 3 \\ 5 - 1{,}5 \end{pmatrix} = \begin{pmatrix} 4 \\ 2 \end{pmatrix} * \begin{pmatrix} x_{B_{\text{neu}}} - 3 \\ 3{,}5 \end{pmatrix} = 0$$

$4 \cdot (x_{B_{\text{neu}}} - 3) + 2 \cdot 3{,}5 = 0$

$4x_{B_{\text{neu}}} - 12 + 7 = 0$ | zusammenfassen

$4x_{B_{\text{neu}}} - 5 = 0$ | +5

$4x_{B_{\text{neu}}} = 5$ | : 4

$x_{B_{\text{neu}}} = 1{,}25$

Probe:

$\overrightarrow{AB_{\text{neu}}} = \begin{pmatrix} x_{B_{\text{neu}}} - x_A \\ y_{B_{\text{neu}}} - y_A \end{pmatrix} = \begin{pmatrix} 1{,}25 - 3 \\ 5 - 1{,}5 \end{pmatrix} = \begin{pmatrix} -1{,}75 \\ 3{,}5 \end{pmatrix}$

$\overrightarrow{OP} * \overrightarrow{AB} = \begin{pmatrix} 4 \\ 2 \end{pmatrix} * \begin{pmatrix} -1{,}75 \\ 3{,}5 \end{pmatrix} = 4 \cdot (-1{,}75) + 2 \cdot 3{,}5 = 0$

Die x-Koordinate von B_{neu} muss den Wert 1,25 annehmen, damit die beiden Vektoren orthogonal zueinander sind.

Situation 1

Zwei Mitarbeiter einer Prüforganisation diskutieren darüber, ob die Balken der Stützkonstruktion einer Holzachterbahn senkrecht zueinander verlaufen. Aufgrund der Perspektive können sie sich nicht einigen.

Berechnen Sie, ob die Balken orthogonal zueinander verlaufen.

Lösung

Im ersten Schritt werden die beiden Verbindungsvektoren bestimmt.

$$\overrightarrow{AB} = \begin{pmatrix} x_B - x_A \\ y_B - y_A \\ z_B - z_A \end{pmatrix} = \begin{pmatrix} -8{,}2 - (-8) \\ 6 - 4 \\ 20 - 20 \end{pmatrix} = \begin{pmatrix} -0{,}2 \\ 2 \\ 0 \end{pmatrix}$$

$$\overrightarrow{AC} = \begin{pmatrix} x_C - x_A \\ y_C - y_A \\ z_C - z_A \end{pmatrix} = \begin{pmatrix} -8{,}4 - (-8) \\ 4{,}2 - 4 \\ 21{,}8 - 20 \end{pmatrix} = \begin{pmatrix} -0{,}4 \\ 0{,}2 \\ 1{,}8 \end{pmatrix}$$

Im zweiten Schritt kann die Orthogonalität mithilfe des Skalarprodukts überprüft werden.

Damit die beiden Vektoren orthogonal zueinander sind, muss $\overrightarrow{AB} * \overrightarrow{AC} = 0$ sein.

$$\overrightarrow{AB} * \overrightarrow{AC} = \begin{pmatrix} -0{,}2 \\ 2 \\ 0 \end{pmatrix} * \begin{pmatrix} -0{,}4 \\ 0{,}2 \\ 1{,}8 \end{pmatrix} = -0{,}2 \cdot (-0{,}4) + 2 \cdot 0{,}2 + 0 \cdot 1{,}8 = 0{,}48 \neq 0$$

Da das Skalarprodukt ungleich 0 ist, sind die Balken nicht senkrecht zueinander.

Zusammenfassung

- Das **Skalarprodukt** zweier Vektoren kann nur gebildet werden, wenn Sie die gleiche **Dimension** haben.

  Es gilt: $\vec{a} * \vec{b} = \begin{pmatrix} a_1 \\ a_2 \\ \vdots \\ a_z \end{pmatrix} * \begin{pmatrix} b_1 \\ b_2 \\ \vdots \\ b_z \end{pmatrix} = a_1 \cdot b_1 + a_2 \cdot b_2 + \dots + a_z \cdot b_z = \sum_{i=1}^{z} a_i \cdot b_i$

  und $\vec{a} * \vec{b} = |\vec{a}| \cdot |\vec{b}| \cdot \cos\varphi$. Dabei ist φ der Winkel, der von den Vektoren $\vec{a}$ und $\vec{b}$ eingeschlossen wird.

- Für alle Vektoren $\vec{a}$, $\vec{b}$ und $\vec{c}$ und den **Skalar** $s \in \mathbb{R}$ gilt:

$\vec{a} * \vec{b} = \vec{b} * \vec{a}$	Vertauschungsgesetz (Kommutativgesetz)
$\vec{a} * (\vec{b} + \vec{c}) = \vec{a} * \vec{b} + \vec{a} * \vec{c}$	Verteilungsgesetz (Distributivgesetz)
$\vec{a} * (s \cdot \vec{b}) = s \cdot (\vec{a} * \vec{b})$	Verbindungsgesetz (Assoziativgesetz)

- Nimmt das Skalarprodukt der Vektoren $\vec{a} \neq \vec{o}$ und $\vec{b} \neq \vec{o}$ den Wert 0 an, so ist der zwischen den Vektoren eingeschlossene Winkel genau 90° groß, da $\cos 90° = 0$. Die Vektoren sind dann **orthogonal** (senkrecht) zueinander. Man schreibt $\vec{a} \perp \vec{b}$.

Übungsaufgaben

1 Berechnen Sie das Skalarprodukt der beiden Vektoren.

a) $\vec{a} = \begin{pmatrix} 1 \\ 2 \end{pmatrix}$, $\vec{b} = \begin{pmatrix} -3 \\ 5 \end{pmatrix}$

b) $\vec{a} = \begin{pmatrix} 2 \\ -4 \end{pmatrix}$, $\vec{b} = \begin{pmatrix} -1 \\ 3 \end{pmatrix}$

c) $\vec{a} = \begin{pmatrix} 0 \\ 3 \end{pmatrix}$, $\vec{b} = \begin{pmatrix} 5 \\ -2 \end{pmatrix}$

d) $\vec{a} = \begin{pmatrix} 2 \\ 4 \\ 5 \end{pmatrix}$, $\vec{b} = \begin{pmatrix} 3 \\ 1 \\ 2 \end{pmatrix}$

e) $\vec{a} = \begin{pmatrix} 4 \\ -2 \\ 0{,}25 \end{pmatrix}$, $\vec{b} = \begin{pmatrix} 8 \\ -5 \\ 3 \end{pmatrix}$

f) $\vec{a} = \begin{pmatrix} 2 \\ 1 \\ 4 \end{pmatrix}$, $\vec{b} = \begin{pmatrix} 5 \\ 2 \\ -3 \end{pmatrix}$

2 Überprüfen Sie, ob die Vektoren orthogonal zueinander sind.

a) $\vec{a} = \begin{pmatrix} 2 \\ 2 \end{pmatrix}$, $\vec{b} = \begin{pmatrix} -3 \\ 3 \end{pmatrix}$

b) $\vec{a} = \begin{pmatrix} 3 \\ -4 \end{pmatrix}$, $\vec{b} = \begin{pmatrix} 8 \\ 5 \end{pmatrix}$

c) $\vec{a} = \begin{pmatrix} 0 \\ 0 \end{pmatrix}$, $\vec{b} = \begin{pmatrix} 3 \\ 7 \end{pmatrix}$

d) $\vec{a} = \begin{pmatrix} 1 \\ 2 \\ 3 \end{pmatrix}$, $\vec{b} = \begin{pmatrix} -2 \\ 4 \\ 3 \end{pmatrix}$

e) $\vec{a} = \begin{pmatrix} -2 \\ 4 \\ 0 \end{pmatrix}$, $\vec{b} = \begin{pmatrix} -3 \\ -1{,}5 \\ 8 \end{pmatrix}$

f) $\vec{a} = \begin{pmatrix} -4 \\ 0 \\ 2 \end{pmatrix}$, $\vec{b} = \begin{pmatrix} 0{,}25 \\ 0{,}75 \\ 0{,}5 \end{pmatrix}$

3 Bestimmen Sie den jeweils fehlenden Wert so, dass $\vec{a} \perp \vec{b}$ gilt.

a) $\vec{a} = \begin{pmatrix} 3 \\ -2 \end{pmatrix}$, $\vec{b} = \begin{pmatrix} b_1 \\ 3 \end{pmatrix}$

b) $\vec{a} = \begin{pmatrix} -4 \\ 0{,}25 \end{pmatrix}$, $\vec{b} = \begin{pmatrix} 3 \\ b_2 \end{pmatrix}$

c) $\vec{a} = \begin{pmatrix} a_1 \\ 3 \end{pmatrix}$, $\vec{b} = \begin{pmatrix} 0{,}75 \\ -8 \end{pmatrix}$

d) $\vec{a} = \begin{pmatrix} 3 \\ 1 \\ 2 \end{pmatrix}$, $\vec{b} = \begin{pmatrix} 1 \\ b_2 \\ 2 \end{pmatrix}$

e) $\vec{a} = \begin{pmatrix} a_1 \\ 5 \\ -3 \end{pmatrix}$, $\vec{b} = \begin{pmatrix} 2 \\ 8 \\ -3 \end{pmatrix}$

f) $\vec{a} = \begin{pmatrix} 8 \\ 4 \\ a_3 \end{pmatrix}$, $\vec{b} = \begin{pmatrix} 0{,}25 \\ -3 \\ 2 \end{pmatrix}$

4 Bestimmen Sie $t \in \mathbb{R}$, sodass die Vektoren $\vec{a}$ und $\vec{b}$ orthogonal zueinander sind.

a) $\vec{a} = \begin{pmatrix} 2-t \\ t \end{pmatrix}$, $\vec{b} = \begin{pmatrix} 3 \\ 4 \end{pmatrix}$

b) $\vec{a} = \begin{pmatrix} t \\ 3t-5 \end{pmatrix}$, $\vec{b} = \begin{pmatrix} 4 \\ 2 \end{pmatrix}$

c) $\vec{a} = \begin{pmatrix} 4+t \\ 3 \end{pmatrix}$, $\vec{b} = \begin{pmatrix} -t \\ t^2 \end{pmatrix}$

d) $\vec{a} = \begin{pmatrix} 3 \\ 1+t \\ 4-\mathrm{t} \end{pmatrix}$, $\vec{b} = \begin{pmatrix} 2 \\ 1 \\ -3 \end{pmatrix}$

e) $\vec{a} = \begin{pmatrix} 2-t \\ 3+t \\ 4 \end{pmatrix}$, $\vec{b} = \begin{pmatrix} -3 \\ 5 \\ 4+t \end{pmatrix}$

f) $\vec{a} = \begin{pmatrix} t^2 \\ 1+t \\ 3 \end{pmatrix}$, $\vec{b} = \begin{pmatrix} 2 \\ -2t \\ -3 \end{pmatrix}$

5 Auf einem Spielplatz steht ein Klettergerüst mit einer im Querschnitt trapezförmigen Seilbrücke. Überprüfen Sie, ob die Seile orthogonal zueinander verlaufen.

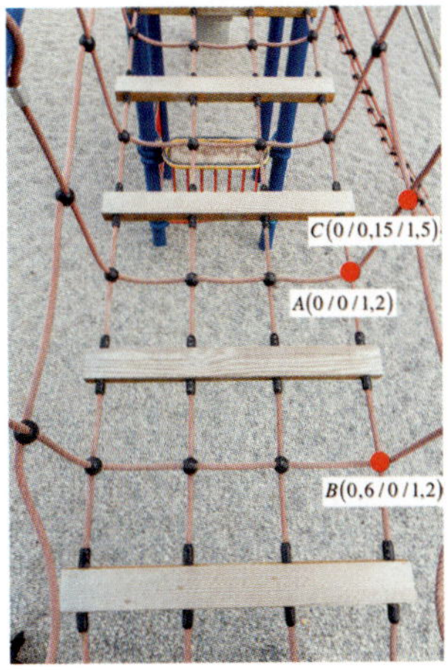

6 Im Rahmen einer Flugshow hinterlassen zwei Flugzeuge Kondensstreifen am Himmel. Die Kurse der beiden Flugzeuge lassen sich durch die Vektoren $\overrightarrow{k_1} = \begin{pmatrix} -65 \\ -108 \\ 10 \end{pmatrix}$ bzw. $\overrightarrow{k_2} = \begin{pmatrix} -28 \\ 15 \\ -20 \end{pmatrix}$ beschreiben.

Berechnen Sie, ob die beiden Kondensstreifen orthogonal zueinander verlaufen.

1.2.2 Abstände zwischen Punkten

Situation 4

In einem zweidimensionalen Koordinatensystem sind die Punkte A, B und C gemäß der nebenstehenden Abbildung eingezeichnet. Bestimmen Sie

a) mithilfe des Satzes von Pythagoras,
b) mithilfe von Vektoren,
c) mithilfe des Skalarprodukts

den Abstand zwischen den Punkten A und B.

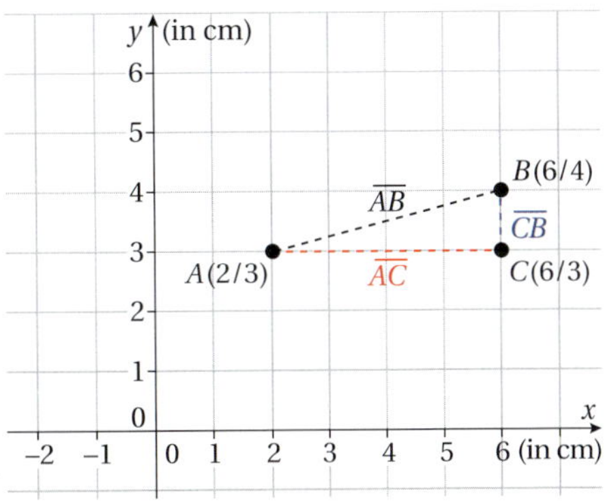

Lösung

a) Der Abstand zwischen den Punkten A und B entspricht der Länge der Strecke zwischen den Punkten A und B. Man schreibt $|\overline{AB}|$. Die Länge dieser Strecke ist identisch mit der Länge der Hypotenuse eines gedachten rechtwinkligen Dreiecks und lässt sich auf Grundlage des Satzes von Pythagoras berechnen.

$$|\overline{AB}|^2 = |\overline{AC}|^2 + |\overline{CB}|^2$$
$$|\overline{AB}| = \sqrt{(x_B - x_A)^2 + (y_B - y_A)^2} = \sqrt{(6-2)^2 + (4-3)^2}$$
$$|\overline{AB}| = \sqrt{4^2 + 1^2} = \sqrt{16+1} = \sqrt{17} \approx \underline{\underline{4{,}12}}\ [\text{cm}]$$

Allgemein gilt:

$|\overline{AB}| = \sqrt{(x_B - x_A)^2 + (y_B - y_A)^2}$ mit $A(x_A/y_A)$ und $B(x_B/y_B)$

Abstand zwischen zwei Punkten in der Ebene (Länge einer Strecke)

b) Der Abstand zwischen zwei Punkten entspricht der Länge eines Pfeils eines Verbindungsvektors (Betrag eines Verbindungsvektors) zwischen den beiden Punkten. Man schreibt $|\overrightarrow{AB}|$.

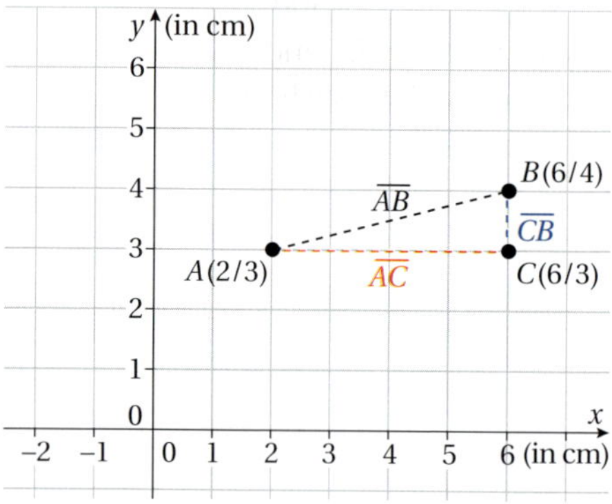

Der Verbindungsvektor zwischen den Punkten A und B ist

$\overrightarrow{AB} = \begin{pmatrix} x_B - x_A \\ y_B - y_A \end{pmatrix} = \begin{pmatrix} 6-2 \\ 4-3 \end{pmatrix} = \begin{pmatrix} 4 \\ 1 \end{pmatrix} = \begin{pmatrix} a \\ b \end{pmatrix}$

Gemäß des Satzes von Pythagoras (Teilaufgabe a) gilt:

$|\overline{AB}| = |\overrightarrow{AB}| = \left|\begin{pmatrix} a \\ b \end{pmatrix}\right| = \left|\begin{pmatrix} 4 \\ 1 \end{pmatrix}\right| = \sqrt{a^2 + b^2} = \sqrt{4^2 + 1^2} = \sqrt{17} \approx \underline{\underline{4{,}12}}$ [cm]

Allgemein gilt:

$|\vec{a}| = \sqrt{a_1^2 + a_2^2}$ mit $\vec{a} = \begin{pmatrix} a_1 \\ a_2 \end{pmatrix}$

Betrag eines Vektors in der Ebene (Länge eines seiner Pfeile)

c) Gemäß Teilaufgabe b) gilt: $|\overrightarrow{AB}| = \sqrt{a^2 + b^2}$

Durch Umformen ergibt sich: $\sqrt{a^2 + b^2} = \sqrt{a \cdot a + b \cdot b} = \sqrt{\begin{pmatrix} a \\ b \end{pmatrix} * \begin{pmatrix} a \\ b \end{pmatrix}}$

Allgemein gilt:

Die Länge eines Pfeils eines Vektors entspricht der Quadratwurzel aus dem Skalarprodukt mit sich selbst.

$|\vec{a}| = \sqrt{\vec{a} * \vec{a}}$ mit $\vec{a} = \begin{pmatrix} a_1 \\ a_2 \end{pmatrix}$

Betrag eines Vektors in der Ebene (mithilfe des Skalarprodukts)

$|\overrightarrow{AB}| = \sqrt{\overrightarrow{AB} * \overrightarrow{AB}} = \sqrt{\begin{pmatrix} 4 \\ 1 \end{pmatrix} * \begin{pmatrix} 4 \\ 1 \end{pmatrix}} = \sqrt{4 \cdot 4 + 1 \cdot 1} = \sqrt{17} \approx \underline{\underline{4{,}12}}$ [cm]

Situation 5

Aus einem Stahlwinkel mit quadratischen Schenkeln werden während der Produktion pro Seite vier Löcher ausgestanzt. Berechnen Sie

a) mithilfe des Satzes von Pythagoras,
b) mithilfe von Vektoren,
c) mithilfe des Skalarprodukts

den diagonalen Abstand zwischen den beiden bemaßten Löchern.

Lösung

Die Mittelpunkte der Löcher lassen sich mathematisch als Punkte in einer Ebene mit jeweils zwei Koordinaten beschreiben.

Der Mittelpunkt des oberen linken Lochs ist $A(7{,}5/40)$, der Mittelpunkt des unteren rechten Lochs ist $B(42{,}5/10)$.

a) $|\overline{AB}| = \sqrt{(x_B - x_A)^2 + (y_B - y_A)^2} = \sqrt{(42{,}5 - 7{,}5)^2 + (10 - 40)^2}$

$|\overline{AB}| = \sqrt{35^2 + (-30)^2} = \sqrt{1\,225 + 900} = \sqrt{2\,125} \approx \underline{\underline{46{,}1}}$ [mm]

b) $\overrightarrow{AB} = \begin{pmatrix} x_B - x_A \\ y_B - y_A \end{pmatrix} = \begin{pmatrix} 42{,}5 - 7{,}5 \\ 10 - 40 \end{pmatrix} = \begin{pmatrix} 35 \\ -30 \end{pmatrix}$

$|\overrightarrow{AB}| = \left|\begin{pmatrix} 35 \\ -30 \end{pmatrix}\right| = \sqrt{35^2 + (-30)^2} = \sqrt{2\,125} \approx \underline{\underline{46{,}1}}$ [mm]

c) $|\overrightarrow{AB}| = \sqrt{\overrightarrow{AB} * \overrightarrow{AB}} = \sqrt{\begin{pmatrix} 35 \\ -30 \end{pmatrix} * \begin{pmatrix} 35 \\ -30 \end{pmatrix}} = \sqrt{35 \cdot 35 + (-30) \cdot (-30)} = \sqrt{2\,125} \approx \underline{\underline{46{,}1}}$ [mm]

Der Abstand der beiden Löcher beträgt ca. 46,1 mm.

In der vorangegangenen Lernsituation war der Rechenaufwand bei allen drei Verfahren vergleichbar, da es sich um ein Abstandsproblem in der Ebene handelte. Müssen jedoch Abstände im Raum bestimmt werden, lässt sich der Rechenaufwand durch die Berechnung mithilfe von Vektoren deutlich verringern.

Situation 6

In einem dreidimensionalen Koordinatensystem sind die Punkte A, B, C und D gemäß der nebenstehenden Abbildung eingezeichnet. Bestimmen Sie

a) mithilfe des Satzes von Pythagoras,
b) mithilfe von Vektoren

den Abstand zwischen den Punkten A und B.

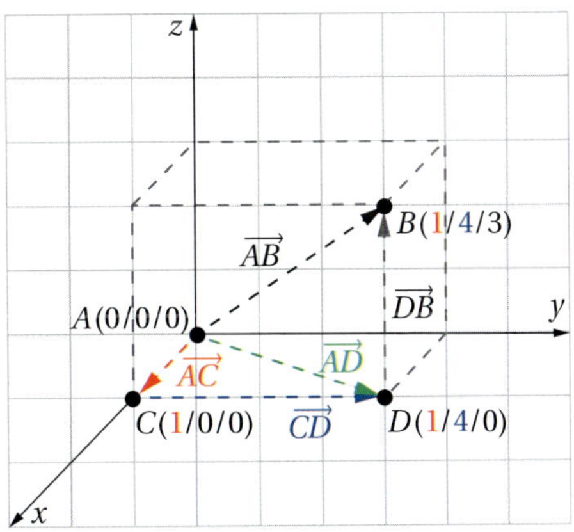

Lösung

a) Der Abstand zwischen den Punkten A und B entspricht der Länge der Strecke zwischen den Punkten A und B. Die Länge dieser Strecke ist identisch mit der Länge der Hypotenuse des gedachten Dreiecks mit den Eckpunkten A, B und D. Der Abstand zwischen den Punkten A und D ist jedoch unbekannt.

Der Abstand zwischen den Punkten A und D entspricht aber der Länge der Hypotenuse des gedachten Dreiecks mit den Eckpunkten A, C und D, welches in der xy-Ebene liegt (vgl. Lernsituation 4)

Im ersten Schritt wird daher der Abstand zwischen den Punkten A und D bestimmt.

$|\overline{AD}|^2 = |\overline{AC}|^2 + |\overline{CD}|^2$

$|\overline{AD}| = \sqrt{(x_B - x_A)^2 + (y_B - y_A)^2} = \sqrt{(1-0)^2 + (4-0)^2}$

$|\overline{AD}| = \sqrt{1^2 + 4^2} = \sqrt{1 + 16} = \sqrt{17} \approx 4{,}12$

Nun lässt sich der Abstand zwischen den Punkten A und B berechnen.

$|\overline{AB}|^2 = |\overline{AD}|^2 + |\overline{DB}|^2$

$|\overline{AB}| \approx \sqrt{4{,}12^2 + (z_B - z_A)^2} = \sqrt{4{,}12^2 + (0-3)^2}$

$|\overline{AB}| \approx \sqrt{4{,}12^2 + (-3)^2} \approx \sqrt{17 + 9} = \sqrt{26} \approx \underline{\underline{5{,}1}}$

Allgemein gilt:

$$|\overline{AB}| = \sqrt{(x_B - x_A)^2 + (y_B - y_A)^2 + (z_B - z_A)^2}$$

mit $A(x_A/y_A/z_A)$ und $B(x_B/y_B/z_B)$

Abstand zwischen zwei Punkten im Raum (Länge einer Strecke)

b)

$$|\vec{a}| = \sqrt{a_1^2 + a_2^2 + a_3^2} \quad \text{mit } \vec{a} = \begin{pmatrix} a_1 \\ a_2 \\ a_3 \end{pmatrix}$$

Betrag eines Vektors im Raum (Länge eines seiner Pfeile)

$$\overrightarrow{AB} = \begin{pmatrix} x_B - x_A \\ y_B - y_A \\ z_B - z_A \end{pmatrix} = \begin{pmatrix} 1-0 \\ 4-0 \\ 3-0 \end{pmatrix} = \begin{pmatrix} 1 \\ 4 \\ 3 \end{pmatrix}$$

$$|\overrightarrow{AB}| = \left|\begin{pmatrix} 1 \\ 4 \\ 3 \end{pmatrix}\right| = \sqrt{1^2 + 4^2 + 3^2} = \sqrt{26} \approx \underline{\underline{5{,}1}}$$

alternativ:

$$|\vec{a}| = \sqrt{\vec{a} * \vec{a}} \quad \text{mit } \vec{a} = \begin{pmatrix} a_1 \\ a_2 \\ a_3 \end{pmatrix}$$

Betrag eines Vektors im Raum (mithilfe des Skalarprodukts)

$$|\overrightarrow{AB}| = \sqrt{\overrightarrow{AB} * \overrightarrow{AB}} = \sqrt{\begin{pmatrix} 1 \\ 4 \\ 3 \end{pmatrix} * \begin{pmatrix} 1 \\ 4 \\ 3 \end{pmatrix}} = \sqrt{1 \cdot 1 + 4 \cdot 4 + 3 \cdot 3} = \sqrt{26} \approx \underline{\underline{5{,}1}}$$

Situation 7

Der TÜV Nord hat festgestellt, dass die baustatische Sicherheit bei dem abgebildeten Klettergerüst nicht in allen Fällen garantiert werden kann. Es muss daher nachträglich eine Verstrebung gemäß der rot gestrichelten Linie, vom unteren Ende des vorderen linken $A(0/0/0)$ bis zum oberen Ende des hinteren rechten Balkens installiert werden.

Bestimmen Sie die Länge der Verstrebung.

Lösung

Der Punkt der Verstrebung am Boden ist $A(0/0/0)$, der Punkt oben am Gerüst ist $B(-1{,}25/1{,}5/2{,}1)$.

$$\overrightarrow{AB} = \begin{pmatrix} x_B - x_A \\ y_B - y_A \\ z_B - z_A \end{pmatrix} = \begin{pmatrix} -1{,}25 - 0 \\ 1{,}5 - 0 \\ 2{,}1 - 0 \end{pmatrix} = \begin{pmatrix} -1{,}25 \\ 1{,}5 \\ 2{,}1 \end{pmatrix}$$

$$\left|\overrightarrow{AB}\right| = \left|\begin{pmatrix} -1{,}25 \\ 1{,}5 \\ 2{,}1 \end{pmatrix}\right| = \sqrt{(-1{,}25)^2 + 1{,}5^2 + 2{,}1^2} = \sqrt{1{,}5625 + 2{,}25 + 4{,}41} = \sqrt{8{,}2225}$$

$$\left|\overrightarrow{AB}\right| \approx \underline{\underline{2{,}87}}\ [\text{m}]$$

Die Verstrebung ist ca. 2,87 m lang.

Zusammenfassung

- In der **Ebene** gilt für den Abstand zwischen den Punkten $A(x_A/y_A)$ und $B(x_B/y_B)$:

	Satz des Pythagoras	$\left\lvert\overrightarrow{AB}\right\rvert = \sqrt{(x_B - x_A)^2 + (y_B - y_A)^2}$
Betrag des Vektors $\vec{a}$ mit $\overrightarrow{AB} = \vec{a} = \begin{pmatrix} a_1 \\ a_2 \end{pmatrix}$	**Länge eines seiner Pfeile**	$\lvert\vec{a}\rvert = \sqrt{a_1^2 + a_2^2}$
	Skalarprodukt	$\lvert\vec{a}\rvert = \sqrt{\vec{a} * \vec{a}}$

- Im **Raum** gilt für den Abstand zwischen den Punkten $A(x_A/y_A/z_A)$ und $B(x_B/y_B/z_A)$:

	Satz des Pythagoras	$\left\lvert\overrightarrow{AB}\right\rvert = \sqrt{(x_B - x_A)^2 + (y_B - y_A)^2 + (z_B - z_A)^2}$
Betrag des Vektors $\vec{a}$ mit $\overrightarrow{AB} = \vec{a} = \begin{pmatrix} a_1 \\ a_2 \\ a_3 \end{pmatrix}$	**Länge eines seiner Pfeile**	$\lvert\vec{a}\rvert = \sqrt{a_1^2 + a_2^2 + a_3^2}$
	Skalarprodukt	$\lvert\vec{a}\rvert = \sqrt{\vec{a} * \vec{a}}$

Übungsaufgaben

1 Bestimmen Sie jeweils den Abstand der Punkte.

a) $P_1(3/4)$, $P_2(5/8)$

b) $P_1(5/2)$, $P_2(6/1)$

c) $P_1(-3/1)$, $P_2(0/0)$

d) $P_1(2/7)$, $P_2(-3/-5)$

e) $P_1(-1/0)$, $P_2(-2/-6)$

f) $P_1(0{,}25/0{,}8)$, $P_2(-0{,}4/-0{,}35)$

g) $P_1\left(\frac{2}{3}\middle|-\frac{3}{4}\right)$, $P_2\left(-\frac{5}{8}\middle|-\frac{1}{2}\right)$

h) $P_1(-3/0{,}85)$, $P_2\left(2{,}5\middle|-\frac{3}{4}\right)$

i) $P_1(a/2a)$, $P_2(4a/a)$

j) $P_1(-2a/3a)$, $P_2(a/-a)$

k) $P_1(2{,}5a^2/a^2)$, $P_2(a^2/3a^2)$

l) $P_1\left(\frac{4a^2}{2a}\middle|\frac{a}{2}\right)$, $P_2\left(-\frac{a^2}{2a}\middle|-\frac{a^2}{a}\right)$

2 Bestimmen Sie jeweils den Abstand der Punkte.

a) $P_1(1/2/0)$, $P_2(2/4/5)$

b) $P_1(5/1/3)$, $P_2(-3/2/-1)$

c) $P_1(-2/3/7)$, $P_2(-1/-3/9)$

d) $P_1(0{,}5/0{,}25/0{,}75)$, $P_2(0{,}3/0{,}4/0{,}8)$

e) $P_1\left(-0{,}25\middle|-3\middle|\frac{1}{2}\right)$, $P_2\left(-\frac{7}{8}\middle|2\middle|0{,}35\right)$

f) $P_1\left(\frac{1}{2}\middle|\frac{2}{3}\middle|-\frac{4}{5}\right)$, $P_2\left(-0{,}25\middle|4\middle|-\frac{3}{4}\right)$

g) $P_1(2a/a/a)$, $P_2(a/a/2a)$

h) $P_1(-2a/3a/-a)$, $P_2\left(\frac{1}{2}a\middle|a\middle|a\right)$

i) $P_1\left(0{,}5a\middle|\frac{2a^2}{a}\middle|\frac{a}{2}\right)$, $P_2(-a/-2a/a)$

3 Auf einem Spielplatz ist der Hauptbalken einer Wippe marode und muss ersetzt werden. Je laufendem Meter kostet der Balken 35,00 €. Bestimmen Sie die Materialkosten des neuen Balkens.

4 Ein Stahltragseil einer Hängebrücke muss aufgrund von Korrosion ausgewechselt werden.

Berechnen Sie die Länge des hervorgehobenen Seils.

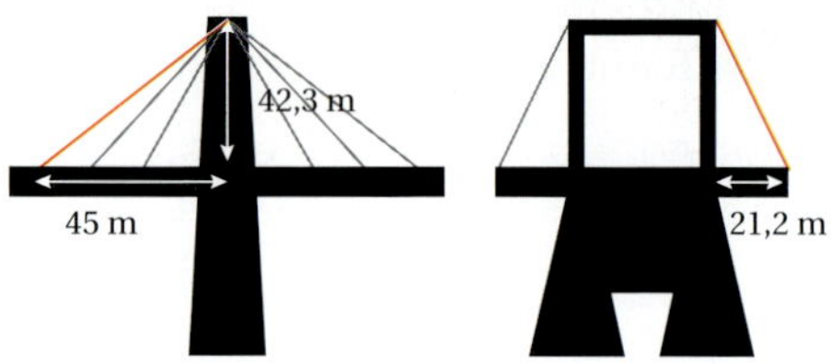

5 Ein Stahlbauunternehmen aus Norddeutschland hat den Auftrag erhalten, Verstrebungen für Freileitungsmasten zu produzieren. Die Masten bestehen aus jeweils drei Pyramidenstümpfen mit quadratischen Grundflächen.

Berechnen Sie die Länge der rot hervorgehobenen Verstrebung.

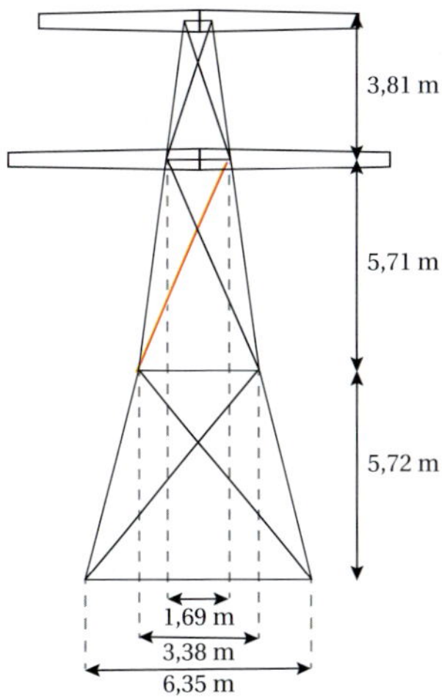

1.2.3 Winkelgrößen zwischen Strecken, Geraden und Vektoren

Aus der Formel für das Skalarprodukt $\vec{a} * \vec{b} = |\vec{a}| \cdot |\vec{b}| \cdot \cos\varphi$ lässt sich eine Formel für den zwischen den Vektoren eingeschlossenen Winkel φ ableiten, indem Sie nach φ aufgelöst wird.

$$\vec{a} * \vec{b} = |\vec{a}| \cdot |\vec{b}| \cdot \cos\varphi \qquad |:(|\vec{a}| \cdot |\vec{b}|)$$

$$\frac{\vec{a} * \vec{b}}{|\vec{a}| \cdot |\vec{b}|} = \cos\varphi \qquad |\cos^{-1}$$

$$\varphi = \cos^{-1}\left(\frac{\vec{a} * \vec{b}}{|\vec{a}| \cdot |\vec{b}|}\right)$$

$$\varphi = \cos^{-1}\left(\frac{\vec{a} * \vec{b}}{|\vec{a}| \cdot |\vec{b}|}\right) = \cos^{-1}\left(\frac{a_1 \cdot b_1 + a_2 \cdot b_2}{\sqrt{a_1^2 + a_2^2} \cdot \sqrt{b_1^2 + b_2^2}}\right)$$

Winkel φ zwischen Vektoren in der Ebene mit $0° \leq \varphi = \sphericalangle(\vec{a}, \vec{b}) \leq 180°$

Situation 8

Berechnen Sie den Winkel φ zwischen der Strecke s und der Geraden g in der nebenstehenden Abbildung.

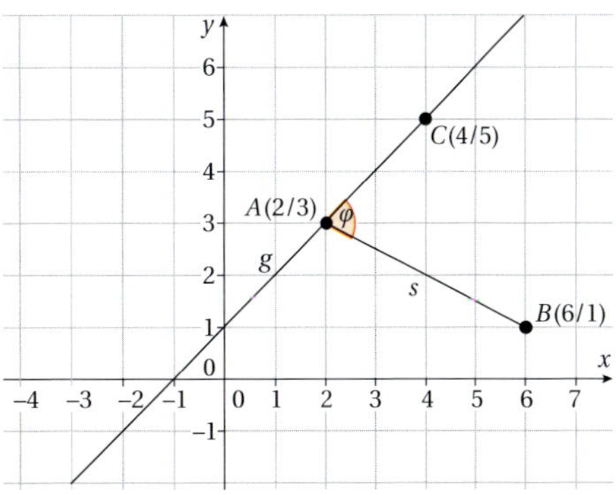

Lösung

Winkel zwischen Strecken und Geraden in der Ebene lassen sich mithilfe des **Skalarprodukts**[1] von Vektoren – deren Pfeile auf den Strecken und Geraden liegen – berechnen. Sowohl Strecken als auch Geraden sind durch jeweils zwei Punkte eindeutig definiert. Im obigen Beispiel stellen die Punkte *A* und *B* Anfang bzw. Ende der Strecke *s* dar. Die Punkte *A* und *C* definieren die Lage der Geraden *g* eindeutig.

Zunächst müssen die jeweiligen **Verbindungsvektoren**[2] bestimmt werden.

Für die Punkte *A* und *B* (Strecke *s*) gilt:
$\overrightarrow{AB} = \begin{pmatrix} x_B - x_A \\ y_B - y_A \end{pmatrix} = \begin{pmatrix} 6-2 \\ 1-3 \end{pmatrix} = \begin{pmatrix} 4 \\ -2 \end{pmatrix}$.
Für die Punkte *A* und *C* (Gerade *g*) gilt:
$\overrightarrow{AC} = \begin{pmatrix} x_C - x_A \\ y_C - y_A \end{pmatrix} = \begin{pmatrix} 4-2 \\ 5-3 \end{pmatrix} = \begin{pmatrix} 2 \\ 2 \end{pmatrix}$.

Der Winkel zwischen den beiden Verbindungsvektoren entspricht dem Winkel zwischen der Strecke und der Geraden.

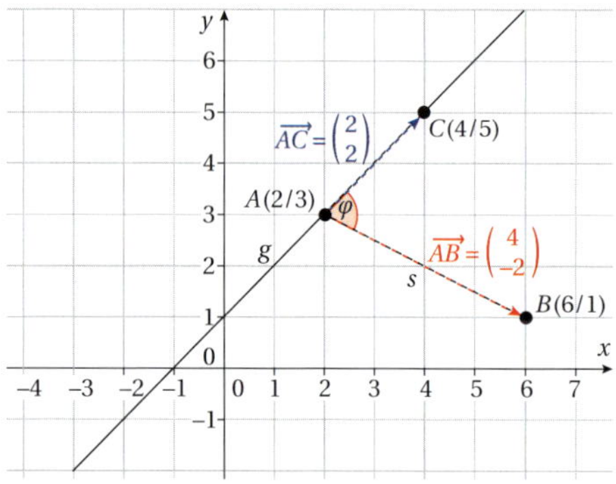

$$\varphi = \cos^{-1}\left(\frac{\overrightarrow{AB} * \overrightarrow{AC}}{|\overrightarrow{AB}| \cdot |\overrightarrow{AC}|}\right) = \cos^{-1}\left(\frac{\begin{pmatrix} 4 \\ -2 \end{pmatrix} * \begin{pmatrix} 2 \\ 2 \end{pmatrix}}{\left|\begin{pmatrix} 4 \\ -2 \end{pmatrix}\right| \cdot \left|\begin{pmatrix} 2 \\ 2 \end{pmatrix}\right|}\right) = \cos^{-1}\left(\frac{4 \cdot 2 + (-2) \cdot 2}{\sqrt{4^2 + (-2)^2} \cdot \sqrt{2^2 + 2^2}}\right)$$

$$\varphi = \cos^{-1}\left(\frac{4}{\sqrt{20} \cdot \sqrt{8}}\right) = \cos^{-1}\left(\frac{4}{\sqrt{160}}\right) \approx \underline{\underline{71{,}57^\circ}}$$

Hinweis[3]

Um Winkel mit dem Taschenrechner bestimmen zu können, muss der Taschenrechner zunächst von Bogenmaß auf Gradmaß umgestellt werden.

[MODE], DEGREE mit [ENTER] auswählen. Anschließend mit [2ND], [QUIT] in den Hauptbildschirm zurückkehren.

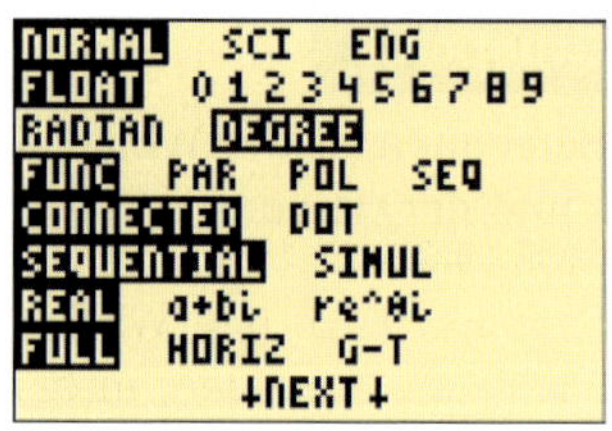

1) vgl. S. 39 ff.
2) vgl. S. 19
3) vgl. Anhang Nr. 6

Situation 9

Auf einem Kinderspielplatz wurde das nebenstehende Klettergerüst installiert. Aufgrund der Rutschgefahr bei Nässe darf der Winkel der schrägen Brücke zwischen den beiden Plattformen nicht größer als 25° sein.

Berechnen Sie, ob die Vorgabe eingehalten wurde.

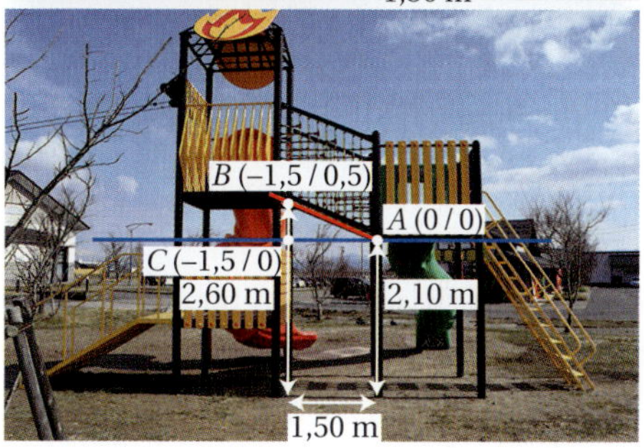

Lösung

Die schrägen Balken der Brücke lassen sich als Strecke, die Höhe der rechten Plattform als gedachte Gerade auffassen.

Der Berührpunkt der Strecke mit der Geraden ist $A(0/0)$. Es erfolgt eine gedachte Verschiebung um 1,5 m nach links und 0,5 m nach oben.

$$\overrightarrow{AB} = \begin{pmatrix} x_B - x_A \\ y_B - y_A \end{pmatrix} = \begin{pmatrix} -1{,}5 - 0 \\ 0{,}5 - 0 \end{pmatrix} = \begin{pmatrix} -1{,}5 \\ 0{,}5 \end{pmatrix}$$

$$\overrightarrow{AC} = \begin{pmatrix} x_C - x_A \\ y_C - y_A \end{pmatrix} = \begin{pmatrix} -1{,}5 - 0 \\ 0 - 0 \end{pmatrix} = \begin{pmatrix} -1{,}5 \\ 0 \end{pmatrix}$$

$$\varphi = \cos^{-1}\left(\frac{\overrightarrow{AB} * \overrightarrow{AC}}{|\overrightarrow{AB}| \cdot |\overrightarrow{AC}|}\right) = \cos^{-1}\left(\frac{\begin{pmatrix} -1{,}5 \\ 0{,}5 \end{pmatrix} * \begin{pmatrix} -1{,}5 \\ 0 \end{pmatrix}}{\left|\begin{pmatrix} -1{,}5 \\ 0{,}5 \end{pmatrix}\right| \cdot \left|\begin{pmatrix} -1{,}5 \\ 0 \end{pmatrix}\right|}\right)$$

$$= \cos^{-1}\left(\frac{(-1{,}5) \cdot (-1{,}5) + 0{,}5 \cdot 0}{\sqrt{(-1{,}5)^2 + 0{,}5^2} \cdot \sqrt{(-1{,}5)^2 + 0^2}}\right)$$

$$\varphi = \cos^{-1}\left(\frac{2{,}25}{\sqrt{2{,}5} \cdot \sqrt{2{,}25}}\right) = \cos^{-1}\left(\frac{2{,}25}{\sqrt{5{,}625}}\right) \approx \underline{\underline{18{,}43^\circ}}$$

Die Vorgabe wurde eingehalten.

Situation 10

Berechnen Sie den Winkel φ zwischen der Strecke s und der Geraden g in der nebenstehenden Abbildung.

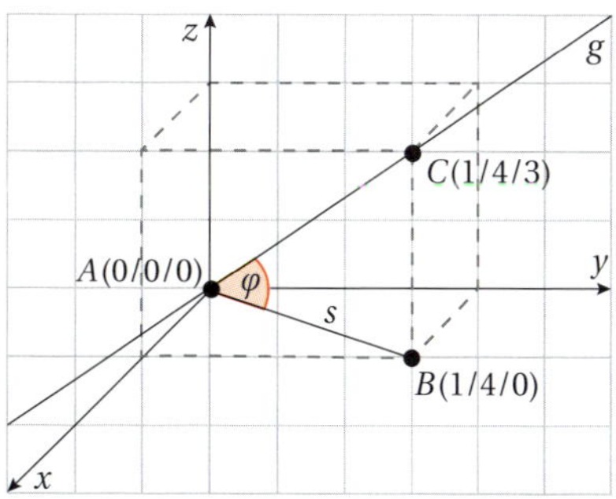

Lösung

Winkel zwischen Strecken und Geraden im Raum lassen sich mithilfe des **Skalarprodukts**[1] von Vektoren – deren Pfeile auf den Strecken und Geraden liegen – berechnen. Wie in der Ebene sind sowohl Strecken als auch Geraden durch jeweils zwei Punkte eindeutig definiert. Im obigen Beispiel stellen die Punkte *A* und *B* Anfang bzw. Ende der Strecke *s* dar. Die Punkte *A* und *C* definieren die Lage der Geraden *g* eindeutig.

Zunächst müssen die jeweiligen **Verbindungsvektoren**[2] bestimmt werden.

Für die Punkte *A* und *B* (Strecke *s*) gilt:

$$\overrightarrow{AB} = \begin{pmatrix} x_B - x_A \\ y_B - y_A \\ z_B - z_A \end{pmatrix} = \begin{pmatrix} 1-0 \\ 4-0 \\ 0-0 \end{pmatrix} = \begin{pmatrix} 1 \\ 4 \\ 0 \end{pmatrix}$$

Für die Punkte *A* und *C* (Gerade *g*) gilt:

$$\overrightarrow{AC} = \begin{pmatrix} x_C - x_A \\ y_C - y_A \\ z_C - z_A \end{pmatrix} = \begin{pmatrix} 1-0 \\ 4-0 \\ 3-0 \end{pmatrix} = \begin{pmatrix} 1 \\ 4 \\ 3 \end{pmatrix}$$

Der Winkel zwischen den beiden Verbindungsvektoren entspricht dem Winkel zwischen der Strecke und der Geraden.

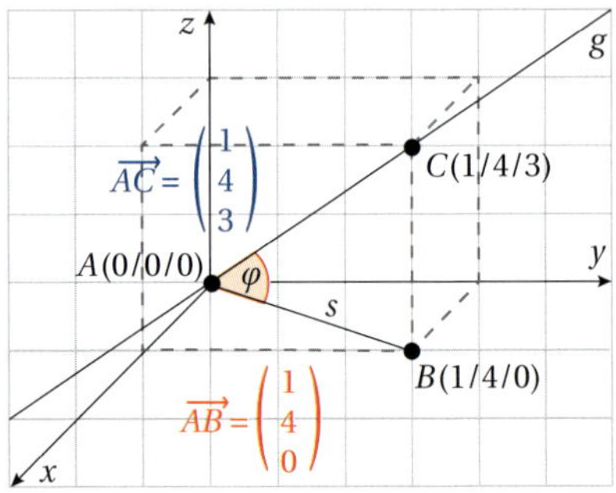

Es gilt:

$$\varphi = \cos^{-1}\left(\frac{\overrightarrow{AB} * \overrightarrow{AC}}{|\overrightarrow{AB}| \cdot |\overrightarrow{AC}|}\right) = \cos^{-1}\left(\frac{\begin{pmatrix} 1 \\ 4 \\ 0 \end{pmatrix} * \begin{pmatrix} 1 \\ 4 \\ 3 \end{pmatrix}}{\left|\begin{pmatrix} 1 \\ 4 \\ 0 \end{pmatrix}\right| \cdot \left|\begin{pmatrix} 1 \\ 4 \\ 3 \end{pmatrix}\right|}\right)$$

$$= \cos^{-1}\left(\frac{1 \cdot 1 + 4 \cdot 4 + 0 \cdot 3}{\sqrt{1^2 + 4^2 + 0^2} \cdot \sqrt{1^2 + 4^2 + 3^2}}\right)$$

$$\varphi = \cos^{-1}\left(\frac{17}{\sqrt{17} \cdot \sqrt{26}}\right) = \cos^{-1}\left(\frac{17}{\sqrt{442}}\right) \approx \underline{\underline{36{,}04^\circ}}$$

Hinweis[3]

Um Winkel mit dem Taschenrechner bestimmen zu können, muss der Taschenrechner zunächst von Bogenmaß auf Gradmaß umgestellt werden.

[MODE], DEGREE mit [ENTER] auswählen. Anschließend mit [2ND], [QUIT] in den Hauptbildschirm zurückkehren.

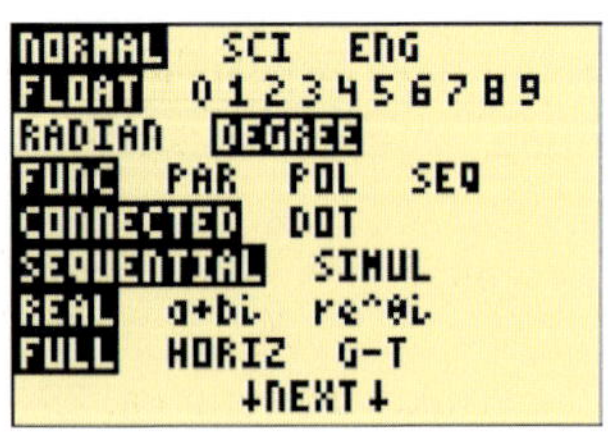

---

1) S. 39 ff.
2) vgl. S. 19
3) vgl. Anhang Nr. 6

Allgemein gilt:

$$\varphi = \cos^{-1}\left(\frac{\vec{a} * \vec{b}}{|\vec{a}| \cdot |\vec{b}|}\right) = \cos^{-1}\left(\frac{a_1 \cdot b_1 + a_2 \cdot b_2 + a_3 \cdot b_3}{\sqrt{a_1^2 + a_2^2 + a_3^2} \cdot \sqrt{b_1^2 + b_2^2 + b_3^2}}\right)$$

Winkel φ zwischen Vektoren im Raum mit $0° \leq \varphi = \sphericalangle(\vec{a}, \vec{b}) \leq 180°$

Situation 11

Für ein Fahrgeschäft auf dem Jahrmarkt werden mehrere Stahlgerüste mit einer dreieckigen Grundfläche gemäß der nebenstehenden Abbildung benötigt. Ein Statiker hat ausgerechnet, dass die Gerüste die Last nur tragen können, wenn die Winkel zwischen den Verstrebungen zwischen 70° und 75° groß sind.

Berechnen Sie, ob die Stahlgerüste die Last tragen können.

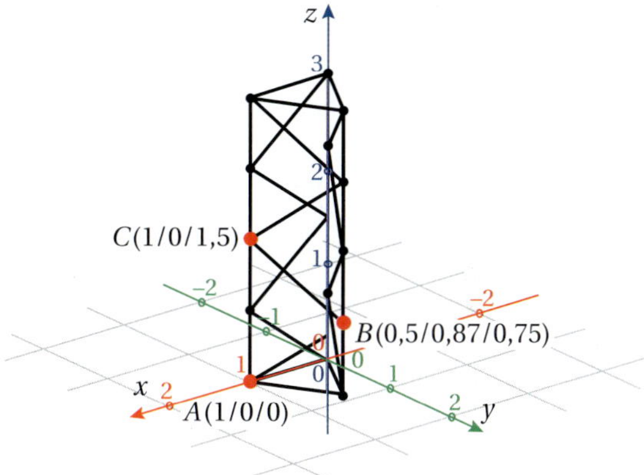

Lösung

Zunächst werden die Verbindungsvektoren bestimmt.

$$\overrightarrow{BA} = \begin{pmatrix} x_A - x_B \\ y_A - y_B \\ z_A - z_B \end{pmatrix} = \begin{pmatrix} 1 - 0,5 \\ 0 - 0,87 \\ 0 - 0,75 \end{pmatrix} = \begin{pmatrix} 0,5 \\ -0,87 \\ -0,75 \end{pmatrix}$$

$$\overrightarrow{BC} = \begin{pmatrix} x_C - x_B \\ y_C - y_B \\ z_C - z_B \end{pmatrix} = \begin{pmatrix} 1 - 0,5 \\ 0 - 0,87 \\ 1,5 - 0,75 \end{pmatrix} = \begin{pmatrix} 0,5 \\ -0,87 \\ 0,75 \end{pmatrix}$$

Nun lässt sich der Winkel berechnen.

$$\varphi = \cos^{-1}\left(\frac{\overrightarrow{BA} * \overrightarrow{BC}}{|\overrightarrow{BA}| \cdot |\overrightarrow{BC}|}\right) = \cos^{-1}\left(\frac{\begin{pmatrix} 0,5 \\ -0,87 \\ -0,75 \end{pmatrix} * \begin{pmatrix} 0,5 \\ -0,87 \\ 0,75 \end{pmatrix}}{\left|\begin{pmatrix} 0,5 \\ -0,87 \\ -0,75 \end{pmatrix}\right| \cdot \left|\begin{pmatrix} 0,5 \\ -0,87 \\ 0,75 \end{pmatrix}\right|}\right)$$

$$= \cos^{-1}\left(\frac{0,5 \cdot 0,5 + (-0,87) \cdot (-0,87) + (-0,75) \cdot 0,75}{\sqrt{0,5^2 + (-0,87)^2 + (-0,75)^2} \cdot \sqrt{0,5^2 + (-0,87)^2 + 0,75^2}}\right)$$

$$\varphi = \cos^{-1}\left(\frac{0,4444}{\sqrt{1,5694} \cdot \sqrt{1,5694}}\right) = \cos^{-1}\left(\frac{0,4444}{1,5694}\right) \approx \underline{\underline{73,84°}}$$

Der Winkel liegt mit ca. 73,84° zwischen den geforderten 70° und 75°. Die Stahlgerüste können die Last daher tragen.

Zusammenfassung

Der Winkel zwischen Strecken und Geraden lässt sich mithilfe des **Skalarprodukts** und **(Verbindungs-)Vektoren**, deren Pfeile auf den Strecken und Geraden liegen, berechnen.

- In der **Ebene** mit den Punkten $A(x_A/y_A)$ und $B(x_B/y_B)$ als Anfangs- bzw. Endpunkt einer Strecke und den Punkten $A(x_A/y_A)$ und $C(x_C/y_C)$ als Punkte die auf einer Geraden liegen gilt:

allgemeine Vektoren	$\varphi = \cos^{-1}\left(\frac{\vec{a} * \vec{b}}{\lvert\vec{a}\rvert \cdot \lvert\vec{b}\rvert}\right) = \cos^{-1}\left(\frac{\begin{pmatrix}a_1\\a_2\end{pmatrix} * \begin{pmatrix}b_1\\b_2\end{pmatrix}}{\left\lvert\begin{pmatrix}a_1\\a_2\end{pmatrix}\right\rvert \cdot \left\lvert\begin{pmatrix}b_1\\b_2\end{pmatrix}\right\rvert}\right)$ $\varphi = \cos^{-1}\left(\frac{a_1 \cdot b_1 + a_2 \cdot b_2}{\sqrt{a_1^2 + a_2^2} \cdot \sqrt{b_1^2 + b_2^2}}\right)$
Verbindungsvektoren	$\varphi = \cos^{-1}\left(\frac{\overrightarrow{AB} * \overrightarrow{AC}}{\lvert\overrightarrow{AB}\rvert \cdot \lvert\overrightarrow{AC}\rvert}\right)$

- Im **Raum** mit den Punkten $A(x_A/y_A/z_A)$ und $B(x_B/y_B/z_B)$ als Anfangs- bzw. Endpunkt einer Strecke und den Punkten $A(x_A/y_A/z_A)$ und $C(x_C/y_C/z_C)$ als Punkte die auf einer Geraden liegen gilt:

allgemeine Vektoren	$\varphi = \cos^{-1}\left(\frac{\vec{a} * \vec{b}}{\lvert\vec{a}\rvert \cdot \lvert\vec{b}\rvert}\right) = \cos^{-1}\left(\frac{\begin{pmatrix}a_1\\a_2\\a_3\end{pmatrix} * \begin{pmatrix}b_1\\b_2\\b_3\end{pmatrix}}{\left\lvert\begin{pmatrix}a_1\\a_2\\a_3\end{pmatrix}\right\rvert \cdot \left\lvert\begin{pmatrix}b_1\\b_2\\b_3\end{pmatrix}\right\rvert}\right)$ $\varphi = \cos^{-1}\left(\frac{a_1 \cdot b_1 + a_2 \cdot b_2 + a_3 \cdot b_3}{\sqrt{a_1^2 + a_2^2 + a_3^2} \cdot \sqrt{b_1^2 + b_2^2 + b_3^2}}\right)$
Verbindungsvektoren	$\varphi = \cos^{-1}\left(\frac{\overrightarrow{AB} * \overrightarrow{AC}}{\lvert\overrightarrow{AB}\rvert \cdot \lvert\overrightarrow{AC}\rvert}\right)$

Übungsaufgaben

1 Gegeben sind die Punkte *A*, *B* und *C*. Die Gerade *g* verläuft durch die Punkte *A* und *C*. Die Strecke *s* wird durch die Punkte *A* und *B* begrenzt. Berechnen Sie den Winkel, der zwischen der Geraden *g* und der Strecke *s* eingeschlossen wird.

a) $A(2/4)$, $B(-3/5)$, $C(2/3)$

b) $A(1/-3)$, $B(-2/4)$, $C(7/5)$

c) $A(-0{,}25/-2)$, $B(3/1)$, $C(4/3)$

d) $A(2/-1/3)$, $B(-3/2/5)$, $C(3/2/4)$

e) $A(1/6/2)$, $B(-2/-2/3)$, $C(4/3/-1)$

f) $A(-2/1/4)$, $B(-8/3/5)$, $C(-2/4/3)$

2 Die Strecke s wird durch die Punkte A und B begrenzt. Der Graph der angegebenen Funktionsgleichung verläuft durch den Punkt A. Bestimmen Sie den Winkel, der zwischen der Strecke s und der Geraden g – die sich jeweils durch die angegebene Funktionsgleichung beschreiben lässt – eingeschlossen wird.

a) $A(4/2)$
$B(3/5)$
$g(x) = 3x - 10$

b) $A(2/3)$
$B(3/1)$
$g(x) = \frac{1}{3}x + \frac{7}{3}$

c) $A(-3/5)$
$B(1/4)$
$g(x) = 2x + b$

3 Berechnen Sie den Winkel, der von den beiden Vektoren eingeschlossen wird.

a) $\vec{a} = \begin{pmatrix} 3 \\ 4 \end{pmatrix}, \vec{b} = \begin{pmatrix} 1 \\ 2 \end{pmatrix}$

b) $\vec{a} = \begin{pmatrix} -4 \\ 3 \end{pmatrix}, \vec{b} = \begin{pmatrix} 5 \\ 3 \end{pmatrix}$

c) $\vec{a} = \begin{pmatrix} -2 \\ -4 \end{pmatrix}, \vec{b} = \begin{pmatrix} 1 \\ -6 \end{pmatrix}$

d) $\vec{a} = \begin{pmatrix} 2 \\ 3 \\ 7 \end{pmatrix}, \vec{b} = \begin{pmatrix} 1 \\ 4 \\ 5 \end{pmatrix}$

e) $\vec{a} = \begin{pmatrix} -1 \\ 4 \\ -7 \end{pmatrix}, \vec{b} = \begin{pmatrix} 3 \\ 8 \\ 1 \end{pmatrix}$

f) $\vec{a} = \begin{pmatrix} -1 \\ 5 \\ -1 \end{pmatrix}, \vec{b} = \begin{pmatrix} 5 \\ -3 \\ 2 \end{pmatrix}$

4 Berechnen Sie die gesuchten Innenwinkel.

a)

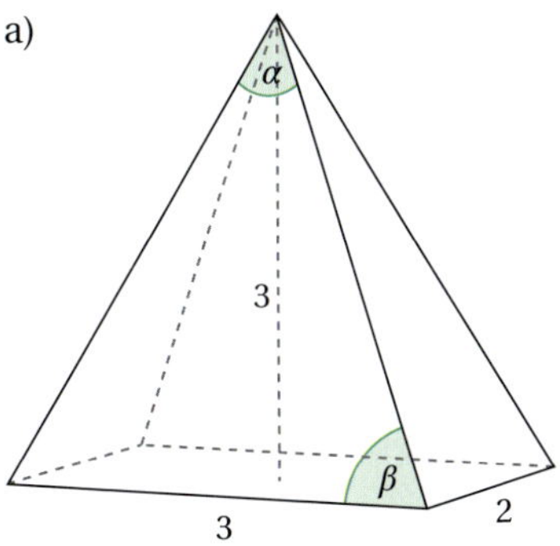

b)

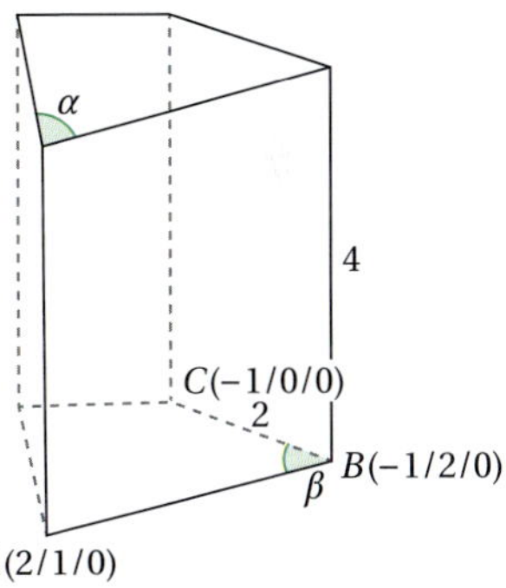

c)

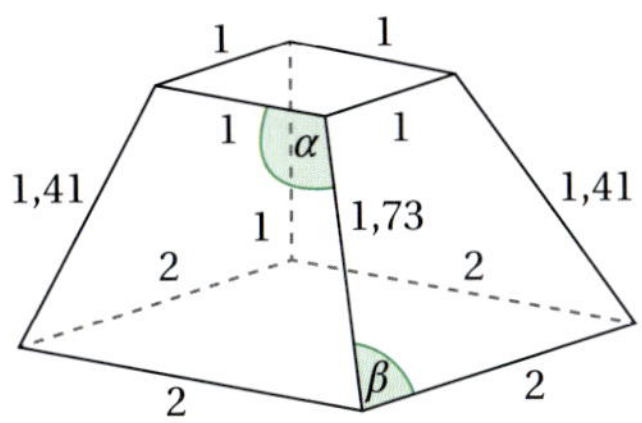

d)

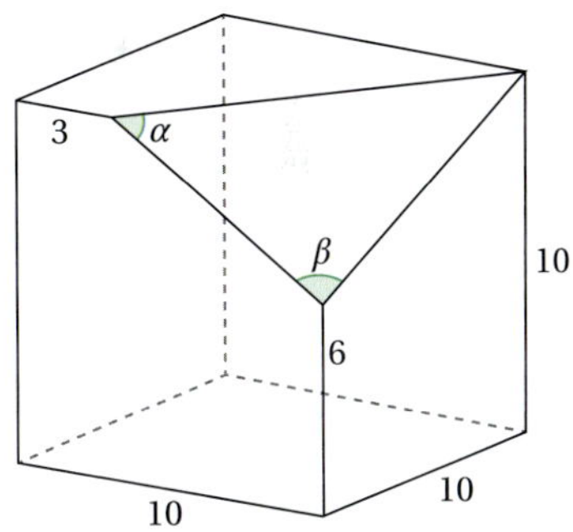

5 Ein 60 cm breiter, 26 cm tiefer und 6 cm hoher Fuß eines LED-Fernsehers kann das Gewicht des Displays nur tragen, wenn der eingezeichnete Winkel nicht größer als 130° ist.

Berechnen Sie die Größe des Winkels und interpretieren Sie Ihr Ergebnis anwendungsbezogen.

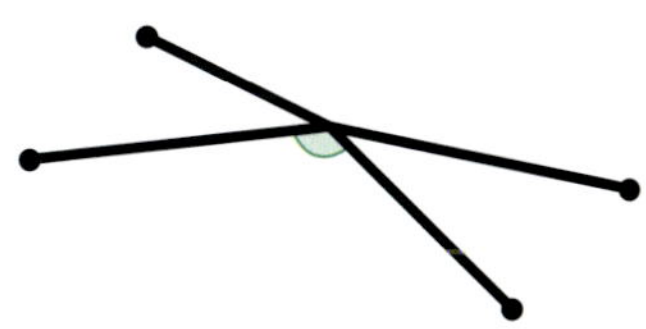

6 Auf dem Spielplatz eines Freizeitparks steht eine große Rutsche.

Bestimmen Sie den Rutschwinkel.

7 Bestimmen Sie die oberen Winkel zwischen den Zeltstangen des Tipis.

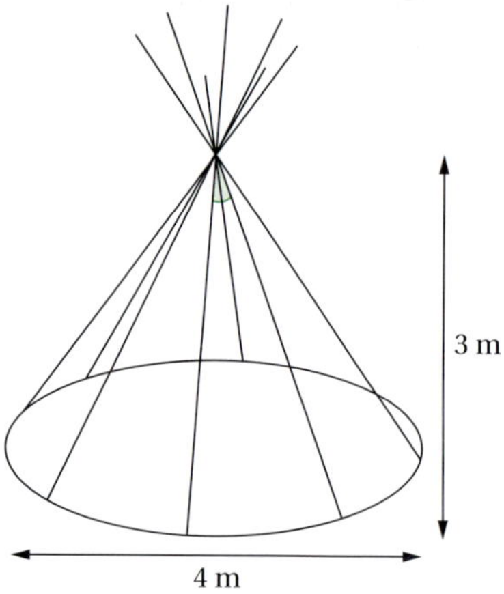

eA 1.2.4 Lineare Abhängigkeit und Gauß-Algorithmus

Im Kapitel 1.1.4 wurde die Kollinearität von zwei Vektoren erläutert. Im nachfolgenden Kapitel wird die lineare Abhängigkeit von drei Vektoren überprüft.

Drei vom Nullvektor $\vec{o}$ verschiedene Vektoren $\vec{u}$, $\vec{v}$ und $\vec{w}$ sind linear abhängig, wenn es zwei von 0 verschiedene reelle Zahlen a und b gibt, sodass die Gleichung $a \cdot \vec{u} + b \cdot \vec{v} = \vec{w}$ erfüllt wird.

Anschaulich:
Drei Vektoren sind linear abhängig, wenn sich einer der drei Vektoren durch die Summe von Vielfachen der beiden anderen ausdrücken lässt und keiner der Vektoren ein Nullvektor ist.

$$a \cdot \vec{u} + b \cdot \vec{v} = a \cdot \begin{pmatrix} u_1 \\ u_2 \\ \vdots \\ u_z \end{pmatrix} + b \cdot \begin{pmatrix} v_1 \\ v_2 \\ \vdots \\ v_z \end{pmatrix} = \begin{pmatrix} w_1 \\ w_2 \\ \vdots \\ w_z \end{pmatrix} \text{ für } a, b \neq 0$$

Lineare Abhängigkeit von drei Vektoren

Situation 12

Gegeben sind die drei Vektoren $\vec{u} = \begin{pmatrix} 1 \\ 2 \\ 1 \end{pmatrix}$, $\vec{v} = \begin{pmatrix} 3 \\ 2 \\ 4 \end{pmatrix}$ und $\vec{w} = \begin{pmatrix} -4 \\ 4 \\ -7 \end{pmatrix}$.

a) Überprüfen Sie die drei Vektoren auf lineare Abhängigkeit.
Kontrollieren Sie Ihr Ergebnis mit dem Taschenrechner.

b) Zeichnen Sie die Pfeile der drei Vektoren vom Ursprung ausgehend in ein gemeinsames Koordinatensystem und beschreiben Sie die Lage der drei Vektoren.

Lösung

a) Gleichungen zur Überprüfung auf lineare Abhängigkeit lassen sich mithilfe von linearen Gleichungssystemen (LGS) lösen[1].

Ein LGS ist ein System von mindestens zwei linearen Gleichungen, die mehrere Variablen[2] enthalten.

LGS lassen sich neben den aus der Sekundarstufe I bekannten Verfahren[3] auch mit dem Gauß-Algorithmus[4] lösen.

Zunächst wird das zu der Gleichung $a \cdot \begin{pmatrix} 1 \\ 2 \\ 1 \end{pmatrix} + b \cdot \begin{pmatrix} 3 \\ 2 \\ 4 \end{pmatrix} = \begin{pmatrix} -4 \\ 4 \\ -7 \end{pmatrix}$ gehörige LGS aufgestellt.

$1a + 3b = -4$

$2a + 2b = 4$

$1a + 4b = -7$

Um Schreibarbeit zu sparen, wird das LGS als rechteckiges Zahlenschema in runden Klammern angegeben. Der Lösungsvektor wird durch einen senkrechten Strich von den beiden anderen Vektoren abgetrennt. Diese Darstellung wird als **erweiterte Koeffizientenmatrix**[5] bezeichnet.

$$\left(\begin{array}{cc|c} 1 & 3 & -4 \\ 2 & 2 & 4 \\ 1 & 4 & -7 \end{array}\right)$$

Ziel ist es, mithilfe von zeilenweisen Umformungen aus den Zahlen unter der Hauptdiagonalen Nullen zu erzeugen. Dabei sind folgende drei Äquivalenzumformungen erlaubt:

1. Vertauschen von Zeilen.
2. Multiplizieren einer oder mehrerer Zeilen mit einem Faktor $s \in \mathbb{R}^*$.
3. Addieren oder Subtrahieren des Vielfachen einer Zeile zu einer anderen.

$$\left(\begin{array}{cc|c} 1 & 3 & -4 \\ 2 & 2 & 4 \\ 1 & 4 & -7 \end{array}\right) \quad \begin{array}{l} \\ | -2 \cdot \mathrm{I} \\ | -\mathrm{I} \end{array}$$

$$\left(\begin{array}{cc|c} 1 & 3 & -4 \\ 0 & -4 & 12 \\ 0 & 1 & -3 \end{array}\right) \quad \begin{array}{l} \\ \\ | +\frac{1}{4} \cdot \mathrm{II} \end{array}$$

$$\left(\begin{array}{cc|c} 1 & 3 & -4 \\ 0 & -4 & 12 \\ 0 & 0 & 0 \end{array}\right)$$

---

1) Lineare Gleichungssysteme werden im Lernbereich „Mehrstufige Prozesse – Matrizenrechnung" ausführlich behandelt.

2) Platzhalter für eine Zahl

3) Additions-, Einsetzungs- und Gleichsetzungsverfahren

4) Nach Carl-Friedrich-Gauß, deutscher Mathematiker (1777–1855). Ein Algorithmus ist ein Rechenvorgang, der nach bestimmten, sich wiederholenden Schritten abläuft und nach endlich vielen Wiederholungen zu einer Lösung führt.

5) Ein Koeffizient ist die Zahl vor einer Variablen. Matrix vgl. S. 69 ff.

Die so entstandene Matrix kann nun wieder in ein LGS umgewandelt werden.

$1a + 3b = -4$
$0a - 4b = 12$
$0a + 0b = \ \ 0$

Aus der zweiten Gleichung ergibt sich:

$-4b = 12 \quad | : (-4)$
$\quad b = -3$

Einsetzen in die erste Gleichung ergibt:

$1a + 3 \cdot (-3) = -4$
$\qquad a - 9 = -4 \quad | + 9$
$\qquad\quad a = 5$

Die Gleichung $a \cdot \begin{pmatrix} 1 \\ 2 \\ 1 \end{pmatrix} + b \cdot \begin{pmatrix} 3 \\ 2 \\ 4 \end{pmatrix} = \begin{pmatrix} -4 \\ 4 \\ -7 \end{pmatrix}$ ist für $a = 5$ und $b = -3$ eindeutig lösbar.

Die beiden Vektoren sind voneinander linear abhängig.

Probe:

$$a \cdot \begin{pmatrix} 1 \\ 2 \\ 1 \end{pmatrix} + b \cdot \begin{pmatrix} 3 \\ 2 \\ 4 \end{pmatrix} = 5 \cdot \begin{pmatrix} 1 \\ 2 \\ 1 \end{pmatrix} + (-3) \cdot \begin{pmatrix} 3 \\ 2 \\ 4 \end{pmatrix} = \begin{pmatrix} 5 \\ 10 \\ 5 \end{pmatrix} + \begin{pmatrix} -9 \\ -6 \\ -12 \end{pmatrix} = \begin{pmatrix} -4 \\ 4 \\ -7 \end{pmatrix}$$

Die Lösung des Gleichungssystems lässt sich auch mit dem Taschenrechner finden.

Zunächst muss mit [2ND], [MATRIX], EDIT der Buchstabe ausgewählt werden, unter dem die Matrix gespeichert werden soll. [ENTER] bestätigt die Auswahl.	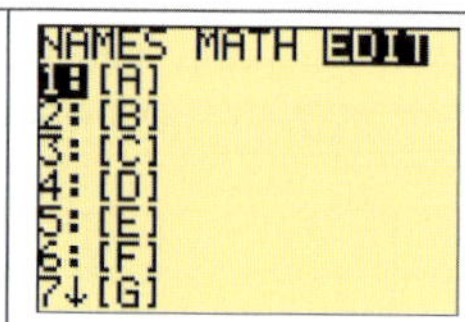
Nun kann mit dem Nummernblock und [ENTER] die Anzahl der Zeilen und Spalten eingegeben werden. In unserem Fall hat die Matrix 3 Zeilen und 3 Spalten. Die einzelnen Elemente werden zeilenweise eingegeben.	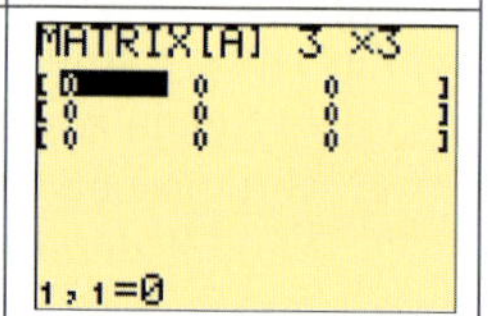
Anschließend werden mit dem Nummernblock und [ENTER] die gewünschten Zahlen eingegeben.	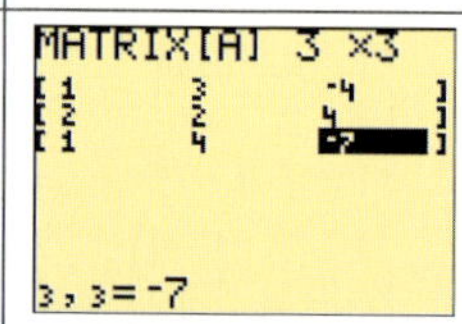
Mit [2ND], [QUIT] gelangt man zurück zum Hauptbildschirm. Nun mit [2ND], [MATRIX], MATH, B:rref (den Befehl zum Lösen von LGS auswählen.	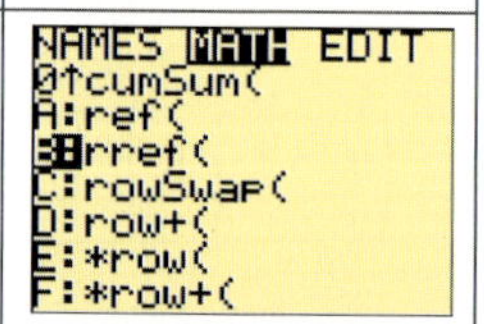
Mit [2ND], [MATRIX], 1:[A] das zuvor gespeicherte Zahlenschema abrufen. [ENTER] liefert das gewünschte Ergebnis.	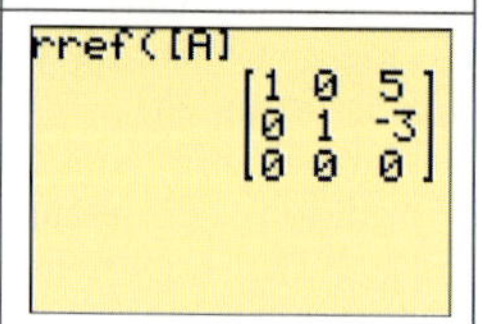

Das dargestellte Ergebnis ist wie folgt zu interpretieren:

$$\begin{pmatrix} 1 & 0 & 5 \\ 0 & 1 & -3 \\ 0 & 0 & 0 \end{pmatrix} \Leftrightarrow \begin{matrix} 1a + 0b = 5 \Rightarrow a = 5 \\ 0a + 1b = -3 \Rightarrow b = -3 \\ 0a + 0b = 0 \end{matrix}$$

b)

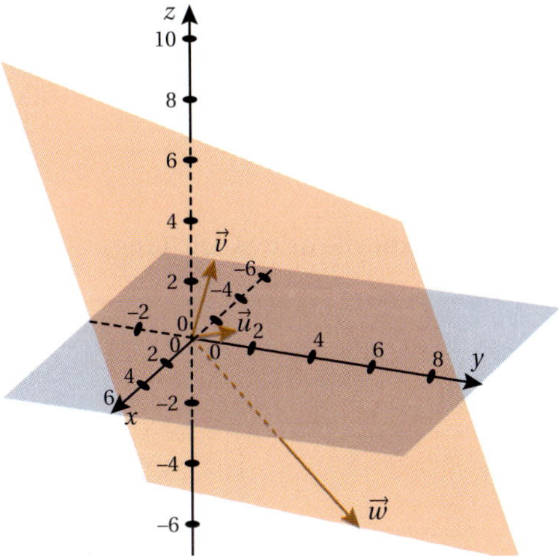

Die Pfeile der drei Vektoren liegen gemeinsam auf einer gedachten Ebene.

Sind Vektoren linear voneinander abhängig, so liegen ihre Pfeile, wenn man sie an einem gemeinsamen Punkt starten lässt, auf einer Ebene. Zwei Vektoren, die voneinander linear abhängig sind, heißen **kollinear**[1]. Drei Vektoren, die voneinander linear abhängig sind, heißen **komplanar**.

Situation 13

Gegeben sind die drei Vektoren $\vec{u} = \begin{pmatrix} 4 \\ 2 \\ 6 \end{pmatrix}$, $\vec{v} = \begin{pmatrix} 2 \\ 3 \\ 4 \end{pmatrix}$ und $\vec{w} = \begin{pmatrix} 9 \\ 7 \\ 5 \end{pmatrix}$.

Überprüfen Sie die drei Vektoren auf lineare Abhängigkeit.
Kontrollieren Sie Ihr Ergebnis mit dem Taschenrechner.

7

Lösung

Zunächst werden das zu der Gleichung $a \cdot \begin{pmatrix} 4 \\ 2 \\ 6 \end{pmatrix} + b \cdot \begin{pmatrix} 2 \\ 3 \\ 4 \end{pmatrix} = \begin{pmatrix} 9 \\ 7 \\ 5 \end{pmatrix}$ gehörige LGS und die erweiterte Koeffizientenmatrix aufgestellt.

$$\begin{matrix} 4a + 2b = 9 \\ 2a + 3b = 7 \\ 6a + 4b = 5 \end{matrix} \Rightarrow \left(\begin{array}{cc|c} 4 & 2 & 9 \\ 2 & 3 & 7 \\ 6 & 4 & 5 \end{array}\right)$$

Nun wird versucht, das LGS mit dem Gauß-Algorithmus zu lösen.

$$\left(\begin{array}{cc|c} 4 & 2 & 9 \\ 2 & 3 & 7 \\ 6 & 4 & 5 \end{array}\right) \quad \begin{matrix} \\ |-\frac{1}{2} \cdot \text{I} \\ |-3 \cdot \text{II} \end{matrix}$$

[1] vgl. S. 33

$$\left(\begin{array}{cc|c} 4 & 2 & 9 \\ 0 & 2 & 2{,}5 \\ 0 & -5 & -16 \end{array}\right) \quad | + 2{,}5 \cdot \text{II}$$

$$\left(\begin{array}{cc|c} 4 & 2 & 9 \\ 0 & 2 & 2{,}5 \\ 0 & 0 & -9{,}75 \end{array}\right)$$

Die Matrix kann wieder in ein Gleichungssystem umgewandelt werden.

$4a + 2b = 9$

$0a + 2b = 2{,}5$

$0a + 0b = -9{,}75$

Dieses LGS ist nicht lösbar. Es gibt keine Werte für a und b, die die dritte Gleichung erfüllen. Die drei Vektoren sind linear unabhängig.

Versucht man das LGS mit dem Taschenrechner zu lösen, gibt er das nebenstehende Ergebnis aus.

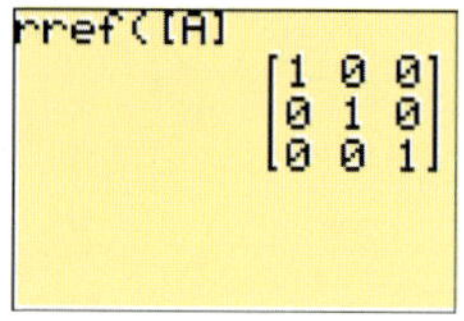

Auch hier wird deutlich, dass das LGS keine Lösung hat.

$$\begin{pmatrix} 1 & 0 & 0 \\ 0 & 1 & 0 \\ 0 & 0 & 1 \end{pmatrix} \Leftrightarrow \begin{matrix} 1a + 0b = 0 \\ 0a + 1b = 0 \\ 0a + 0b = 1 \end{matrix}$$

Es gibt keine Werte für a und b die die dritte Gleichung erfüllen.

Zusammenfassung

- **Lineare Abhängigkeit von drei Vektoren**

  Drei Vektoren $\vec{u}$, $\vec{v}$ und $\vec{w}$ sind linear abhängig, wenn es zwei von 0 verschiedene reelle Zahlen a und b gibt, sodass die Gleichung $a \cdot \vec{u} + b \cdot \vec{v} = \vec{w}$ erfüllt wird.

  $$a \cdot \vec{u} + b \cdot \vec{v} = a \cdot \begin{pmatrix} u_1 \\ u_2 \\ \vdots \\ u_z \end{pmatrix} + b \cdot \begin{pmatrix} v_1 \\ v_2 \\ \vdots \\ v_z \end{pmatrix} = \begin{pmatrix} w_1 \\ w_2 \\ \vdots \\ w_z \end{pmatrix} \text{ für } a, b \neq 0$$

- Sind Vektoren linear voneinander abhängig, so liegen ihre Pfeile, wenn man sie an einem gemeinsamen Punkt starten lässt, auf einer Ebene.
- Zwei Vektoren, die voneinander linear abhängig sind, heißen **kollinear**.
- Drei Vektoren, die voneinander linear abhängig sind, heißen **komplanar**.

Übungsaufgaben

1 Überprüfen Sie mithilfe des Gauß-Algorithmus, ob die gegebenen Vektoren linear abhängig sind.

a) $\vec{u} = \begin{pmatrix} 4 \\ 2 \\ 6 \end{pmatrix}, \vec{v} = \begin{pmatrix} 7 \\ 3 \\ 2 \end{pmatrix}, \vec{w} = \begin{pmatrix} 30 \\ 12 \\ -6 \end{pmatrix}$

b) $\vec{u} = \begin{pmatrix} 3 \\ -2 \\ 9 \end{pmatrix}, \vec{v} = \begin{pmatrix} -2 \\ 1 \\ 4 \end{pmatrix}, \vec{w} = \begin{pmatrix} 1 \\ 3 \\ 1 \end{pmatrix}$

c) $\vec{u} = \begin{pmatrix} 7 \\ 3 \\ 5 \end{pmatrix}, \vec{v} = \begin{pmatrix} 4 \\ 3 \\ 2 \end{pmatrix}, \vec{w} = \begin{pmatrix} 9 \\ 6 \\ 8 \end{pmatrix}$

d) $\vec{u} = \begin{pmatrix} 3 \\ 4 \\ 8 \end{pmatrix}, \vec{v} = \begin{pmatrix} -4 \\ 6 \\ 3 \end{pmatrix}, \vec{w} = \begin{pmatrix} 36 \\ -20 \\ 14 \end{pmatrix}$

2 Die drei Vektoren $\vec{a} = \begin{pmatrix} 2 \\ 3 \\ -4 \end{pmatrix}, \vec{b} = \begin{pmatrix} -1 \\ -2 \\ 5 \end{pmatrix}$ und $\vec{c} = \begin{pmatrix} -1 \\ -4 \\ 17 \end{pmatrix}$ sind entweder voneinander linear abhängig oder voneinander linear unabhängig. Überprüfen Sie, ob die gegebenen Vektoren $\vec{u}, \vec{v}$ und $\vec{w}$ die gleiche Eigenschaft haben.

a) $\vec{u} = 3\vec{a}, \vec{v} = -2\vec{b}, \vec{w} = 5\vec{c}$

b) $\vec{u} = \vec{a} + \vec{b}, \vec{v} = \vec{b} + \vec{c}, \vec{w} = \vec{a} + \vec{c}$

c) $\vec{u} = 4\vec{a} - \vec{c}, \vec{v} = 3\vec{b} + \vec{a}, \vec{w} = 2\vec{c} + \vec{a}$

d) $\vec{u} = \vec{a} * \vec{b} \cdot \vec{c}, \vec{v} = 4\vec{b} + 2\vec{a}, \vec{w} = \vec{c} - 4\vec{b}$

3 Bestimmen Sie die in den Vektoren fehlenden Elemente so, dass die Vektoren linear abhängig sind.

a) $\vec{u} = \begin{pmatrix} u_1 \\ 2 \\ 1 \end{pmatrix}, \vec{v} = \begin{pmatrix} 2 \\ 1 \\ 3 \end{pmatrix}, \vec{w} = \begin{pmatrix} 11 \\ 10 \\ 15 \end{pmatrix}$

b) $\vec{u} = \begin{pmatrix} 5 \\ -3 \\ 2 \end{pmatrix}, \vec{v} = \begin{pmatrix} 1 \\ -4 \\ 3 \end{pmatrix}, \vec{w} = \begin{pmatrix} w_1 \\ 1 \\ 0 \end{pmatrix}$

c) $\vec{u} = \begin{pmatrix} 2 \\ 1 \\ 3 \end{pmatrix}, \vec{v} = \begin{pmatrix} 4 \\ v_2 \\ 3 \end{pmatrix}, \vec{w} = \begin{pmatrix} 2 \\ 1 \\ -3 \end{pmatrix}$

d) $\vec{u} = \begin{pmatrix} -4 \\ -3 \\ 2 \end{pmatrix}, \vec{v} = \begin{pmatrix} 1 \\ 5 \\ -3 \end{pmatrix}, \vec{w} = \begin{pmatrix} -20 \\ 2 \\ w_3 \end{pmatrix}$

1.2.5 Handlungssituationen zu Maßen und Lagen

Handlungssituation 1

Für ein großes Klettergerüst werden Stahlwürfel mit einer Kantenlänge von 1,25 m gemäß der nebenstehenden Abbildung produziert. Ein Meter Stahlrohr kostet 13,60 €.

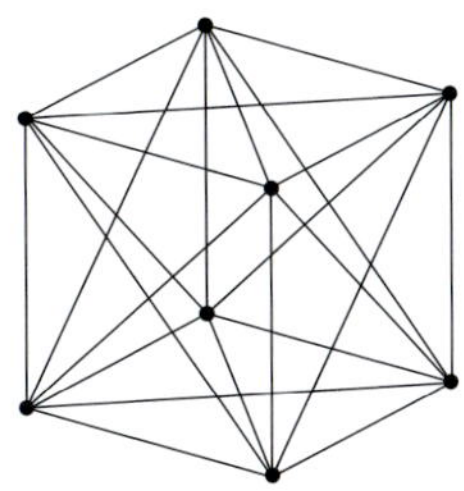

Für das Klettergerüst werden insgesamt acht solcher Würfel benötigt. Der Hersteller kalkuliert mit Materialkosten in Höhe von 3264,00 €.

Überzeugen Sie den Hersteller, dass die Kalkulation falsch ist.

Handlungssituation 2

In einem Industriebetrieb stehen aktuell zwei ältere Roboter vom Typ IR-1000, die ein Bauteil in zwei Schritten von Position A über Position B zu Position C bewegen. Der erste Roboter hebt das Bauteil um 30 cm nach oben, versetzt es um 40 cm nach links und um 35 cm nach hinten. Der zweite Roboter nimmt das Bauteil an Position B an und hebt es weitere 20 cm nach oben, 25 cm nach links und 10 cm nach hinten.

Um Kosten zu sparen, sollen die beiden IR-1000 durch einen neuen IR-2000 mit längerem Arm ersetzt werden. Laut dem Hersteller hat der IR-2000 einen Aktionsradius von 75 cm. Überprüfen Sie, ob der IR-2000 die beiden alten Roboter ersetzen kann.

Handlungssituation 3

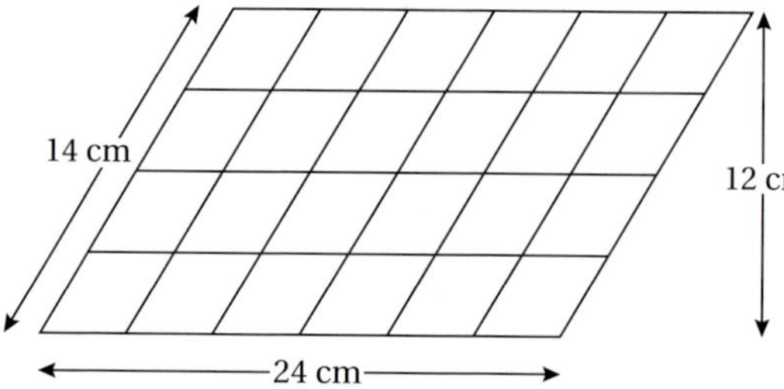

Bei einem Skirennen werden Sicherheitsnetze installiert. Um die Reißfestigkeit zu gewährleisten, dürfen die Innenwinkel einer Masche nicht größer als 60° bzw. 125° sein. Darüber hinaus dürfen die einzelnen Maschen an keiner Stelle breiter als 6,5 cm sein, um ein Durchstechen der Skier zu verhindern.

Überzeugen Sie den Lieferanten, dass das vorgelegte Muster nicht in allen Punkten den Vorgaben entspricht.

Handlungssituation 4

Auf einem Spielplatz soll eine Wippe gemäß der nachfolgenden schematischen Zeichnung installiert werden.

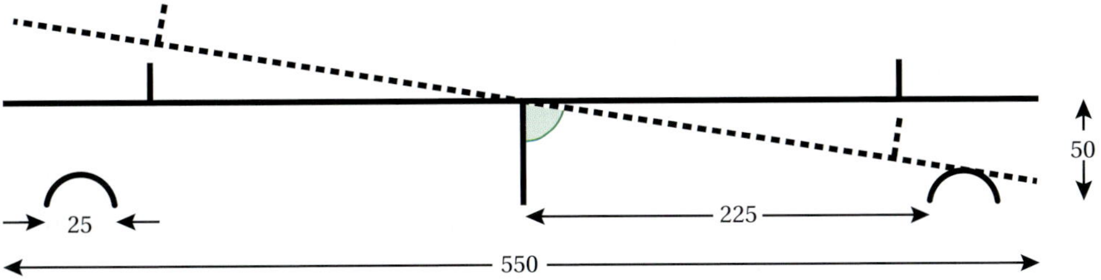

Damit der Wippbalken nicht auf dem Boden aufschlägt, wird er durch die beiden Halbkugeln aus Gummi abgepuffert. Um die Einklemmgefahr bei Kindern zu minimieren, darf der hervorgehobene Winkel nicht weniger als 80° betragen.

Klären Sie, ob die Wippe in der dargestellten Variante aufgebaut werden darf.

Handlungssituation 5

Herr A. Kurat und Herr P. Räzise sind begeisterte Heimatkundler und unterhalten sich darüber, welcher Turm in Deutschland den Titel „schiefster Turm der Welt" verdient hat. Wikipedia liefert bei Ihrer Recherche die Auskunft, dass der Kirchturm im niedersächsischen Suurhusen 27,37 m hoch ist und sich um 2,47 m neigt. Dies soll einer Neigung von 5,19° entsprechen. Der schiefe Turm von Dausenau in Rheinland-Pfalz ist laut einem Reiseführer ca. 17,5 m hoch und neigt sich um 2,46 m. Angeblich entspricht dies 5,22°. Die beiden sind sich einig, dass die Angaben nicht stimmen können, und rufen daher ihre Freunde G. Nauer und P. Nibel an, die zufällig in den beiden Orten wohnen. Herr Nauer misst in Suurhusen eine Höhe von 27,38 m und eine Neigung von 2,48 m. Herr Nibel misst in Dausenau 17,48 m und eine Neigung von 1,58 m.

Helfen Sie den vier Herren bei der Auswertung.

Handlungssituation 6

Ein Unternehmen erprobt auf einem Testgelände den Prototypen einer Drohne, mit der Pakete in Großstädten ausgeliefert werden sollen. Auf einem Testparcours soll die Drohne nacheinander die Mitte der Zielkreise auf den Dächern der Türme A, B, C und D anfliegen. Turm A ist 20 m, Turm B 15 m, Turm C 8 m und Turm D 3 m hoch. Die Drohne startet an der mit S gekennzeichneten Position in der Grafik (alle Angaben in m).

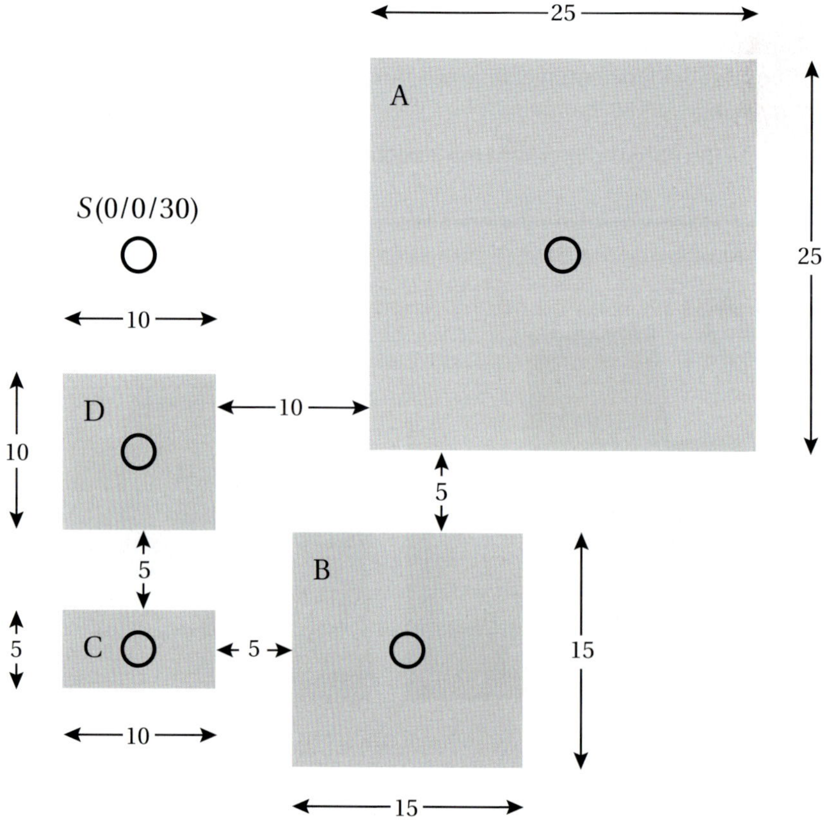

Der Prototyp kann mit der Paketlast eine Strecke von maximal 85 m zurücklegen. Der Ingenieur ist sich sicher, dass dies kein Problem ist.

Erläutern Sie ihm, warum Sie der Meinung sind, dass die Drohne den Weg nicht schaffen wird.

2 Lernbereich: Mehrstufige Prozesse – Matrizenrechnung

Die Matrizenrechnung ist Teil der linearen Algebra, mit deren Hilfe zahlreiche innermathematische Probleme, wie z. B. lineare Gleichungssysteme, gelöst werden können.

Doch auch im Alltag findet sie in vielen Bereichen Verwendung. So beispielsweise bei der Beschreibung von Produktionsprozessen, der volkswirtschaftlichen Gesamtrechnung sowie der Erstellung von Prognosen im Bereich von Wahlen und dem Einkaufsverhalten von Konsumenten.

Komplexe Zusammenhänge können so übersichtlich dargestellt, einfach interpretiert und mathematisch beschrieben werden. Mithilfe moderner Hilfsmittel lassen sich auch große Datenmengen darstellen und Ergebnisse berechnen.

2.1 Mehrstufige Materialverflechtungen

2.1.1 Darstellungsarten

In der Realität werden in Industrieunternehmen häufig Rohstoffe zu Zwischenprodukten verarbeitet und aus diesen Zwischenprodukten die Endprodukte produziert. Um z. B. bei einer eingehenden Bestellung einen Überblick darüber zu erhalten, ob die zur Produktion benötigten Rohstoffe am Lager sind, kann mithilfe der Matrizenrechnung der Rohstoffbedarf für die zu produzierenden Endprodukte berechnet werden.

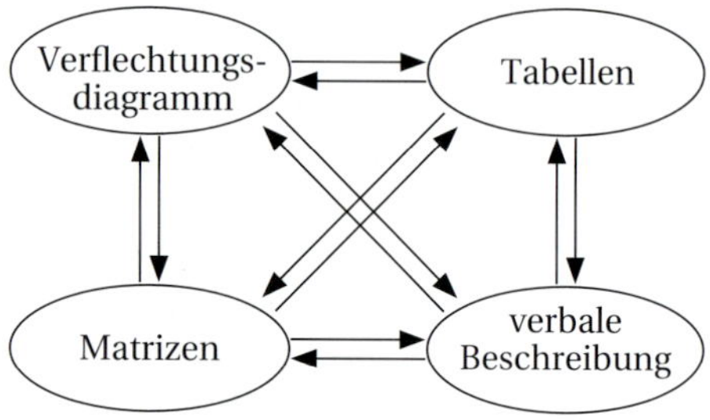

Der Produktionsprozess kann dabei auf vier verschiedene Arten beschrieben werden, die alle gleichwertig sind und sich jeweils in jede andere Darstellungsart umwandeln lassen.

Verflechtungsdiagramm

Mithilfe eines **Verflechtungsdiagramms** oder auch **Gozintographen**[1] lassen sich auch komplexere Produktionsprozesse übersichtlich darstellen. Der nebenstehende Gozintograph bildet einen **zweistufigen Produktionsprozess** mit jeweils zwei Rohstoffen R, Zwischenprodukten Z und Endprodukten E ab.

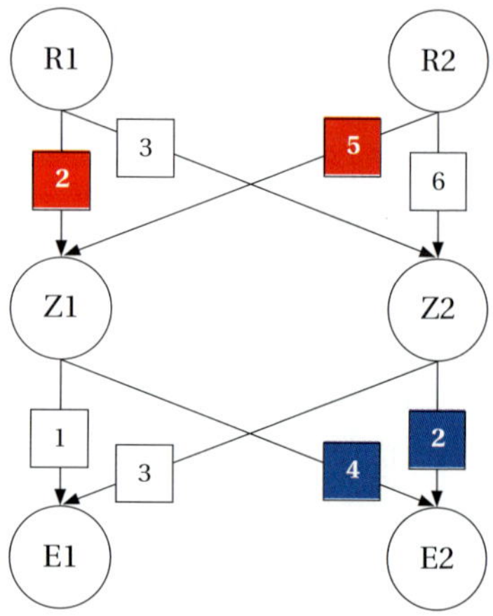

Dabei wird deutlich, dass für die Produktion von 1 ME des Zwischenprodukts Z1 2 ME vom Rohstoff R1 und 5 ME vom Rohstoff R2 benötigt werden.

Darüber hinaus werden 4 ME von Z1 und 2 ME von Z2 benötigt, um 1 ME vom Endprodukt E2 zu produzieren.

Die übrigen Zahlen sind entsprechend zu interpretieren.

Tabellen

Die in dem Verflechtungsdiagramm enthaltenen Informationen lassen sich auch mithilfe von Tabellen darstellen. Für jede Produktionsstufe wird dabei eine eigene Tabelle aufgestellt.

1. Produktionsstufe
Rohstoff → Zwischenprodukt

↱	Z1	Z2
R1	2	3
R2	5	6

2. Produktionsstufe
Zwischenprodukt → Endprodukt

↱	E1	E2
Z1	1	4
Z2	3	2

[1] in Anlehnung an (engl.): (the part that) goes into

Matrizen

Der Produktionsprozess lässt sich auch mithilfe von Matrizen eindeutig beschreiben.

Eine **Matrix**[1] beschreibt in der Mathematik für gewöhnlich eine rechteckige Anordnung von Zahlen, die von runden Klammern umschlossen und in der Regel mit einem Großbuchstaben wie $\boldsymbol{A}$ bezeichnet wird. Der Begriff Matrix geht auf den britischen Mathematiker James Joseph Sylvester[2] zurück. Eine Matrix besteht aus z **Zeilen** und s **Spalten**. Die Anzahl der Zeilen z und Spalten s wird als **Dimension der Matrix** oder als **Format der Matrix** bezeichnet und mit $z \times s$ oder häufig auch $m \times n$ abgekürzt, wobei der erste Buchstabe immer für die Anzahl der Zeilen steht.

Die Dimension wird häufig als Index an die Bezeichnung angefügt, z. B.

$\boldsymbol{A}_{2\times 3} = \begin{pmatrix} 1 & 2 & 3 \\ 4 & 5 & 6 \end{pmatrix}$ für eine Matrix mit zwei Zeilen und drei Spalten.

$$\boldsymbol{A}_{z\times s} = \begin{pmatrix} a_{11} & a_{12} & \cdots & a_{1s} \\ a_{21} & a_{22} & \cdots & a_{2s} \\ \vdots & \vdots & \ddots & \vdots \\ a_{z1} & a_{z2} & \dots & a_{zs} \end{pmatrix}_{z\times s}$$

***z* × *s*-Matrix**

Die in der Matrix aufgeführten Zahlen heißen **Elemente**, seltener auch **Komponenten**, und können jeden reellen Zahlenwert annehmen. Jedes Element der Matrix $\boldsymbol{A}$ wird mit dem dazugehörigen Kleinbuchstaben bezeichnet und entsprechend der Position in der Matrix mit einem Index versehen. So ist z. B. $a_{21} = 4$ das Element in der 2. Zeile und 1. Spalte der Matrix $\boldsymbol{A}$. Eine Matrix mit z Zeilen und s Spalten hat $z \cdot s$ Elemente. Die Matrix $\boldsymbol{A}_{2\times 3}$ hat daher $2 \cdot 3 = 6$ Elemente.

Grundsätzlich können Matrizen jede beliebige Dimension besitzen. Hat eine Matrix entweder genau eine Spalte oder eine Zeile, so bezeichnet man sie als **Spaltenvektor** oder **Zeilenvektor**[3].

$$\vec{a}_{z\times 1} = \begin{pmatrix} a_1 \\ a_2 \\ \vdots \\ a_z \end{pmatrix}_{z\times 1}$$

Spaltenvektor

$$\vec{b}^{\,\mathrm{T}}_{1\times s} = (b_1 \quad b_2 \quad \cdots \quad b_s)_{1\times s}$$

Zeilenvektor

Vektoren werden in der Regel mit Kleinbuchstaben und einem darüberstehenden Pfeil gekennzeichnet.

Jede Produktionsstufe wird durch eine eigene Matrix dargestellt. Im Falle von Produktionsprozessen ist es zweckmäßig, die Matrizen im Index gemäß ihrer Aussage zu benennen.

---

[1] Einzahl von Matrizen

[2] 1814–1897

[3] vgl. Kapitel 1.1.2 Vektoren in Ebene und Raum.

1. Produktionsmatrix

Rohstoff-Zwischenprodukt-Matrix

(A_{RZ}-Matrix)

$$A_{RZ} = \begin{pmatrix} 2 & 3 \\ 5 & 6 \end{pmatrix}$$

2. Produktionsmatrix

Zwischenprodukt-Endprodukt-Matrix

(B_{ZE}-Matrix)

$$B_{ZE} = \begin{pmatrix} 1 & 4 \\ 3 & 2 \end{pmatrix}$$

Verbale Beschreibung

Ein Unternehmen produziert in einem zweistufigen Produktionsprozess aus den Rohstoffen R1 und R2 die Zwischenprodukte Z1 und Z2, die dann zu den Endprodukten E1 und E2 weiterverarbeitet werden:

Für die Produktion von 1 ME Z1 werden 2 ME von R1 und 5 ME von R2 benötigt.
Für die Produktion von 1 ME Z2 werden 3 ME von R1 und 6 ME von R2 benötigt.
Für die Produktion von 1 ME E1 werden 1 ME von Z1 und 3 ME von Z2 benötigt.
Für die Produktion von 1 ME E2 werden 4 ME von Z1 und 2 ME von Z2 benötigt.

Situation 1

In einem Industrieunternehmen werden in einem zweistufigen Produktionsprozess drei Endprodukte hergestellt. Der Produktionsprozess wird durch die beiden Tabellen beschrieben.

↱	Z1	Z2
R1	5	3
R2	2	1
R3	4	6

↱	E1	E2	E3
Z1	3	1	4
Z2	6	5	2

Beschreiben Sie den Produktionsprozess verbal, durch Matrizen und mithilfe eines Verflechtungsdiagramms.

Lösung

Verbale Beschreibung

In einem Industrieunternehmen werden in einem zweistufigen Produktionsprozess aus den Rohstoffen R1, R2 und R3 zunächst die Zwischenprodukte Z1 und Z2 gefertigt, die anschließend zu den Endprodukten E1, E2 und E3 weiterverarbeitet werden.

Für die Produktion von 1 ME Z1 werden 5 ME von R1, 2 ME von R2 und 4 ME von R3 benötigt.
Für die Produktion von 1 ME Z2 werden 3 ME von R1, 1 ME von R2 und 6 ME von R3 benötigt.

Für die Produktion von 1 ME E1 werden 3 ME von Z1 und 6 ME von Z2 benötigt. Für die Produktion von 1 ME E2 werden 1 ME von Z1 und 5 ME von Z2 benötigt. Für die Produktion von 1 ME E3 werden 4 ME von Z1 und 2 ME von Z2 benötigt.

Matrizen

$$A_{RZ} = \begin{pmatrix} 5 & 3 \\ 2 & 1 \\ 4 & 6 \end{pmatrix} \qquad B_{ZE} = \begin{pmatrix} 3 & 1 & 4 \\ 6 & 5 & 2 \end{pmatrix}$$

Verflechtungsdiagramm

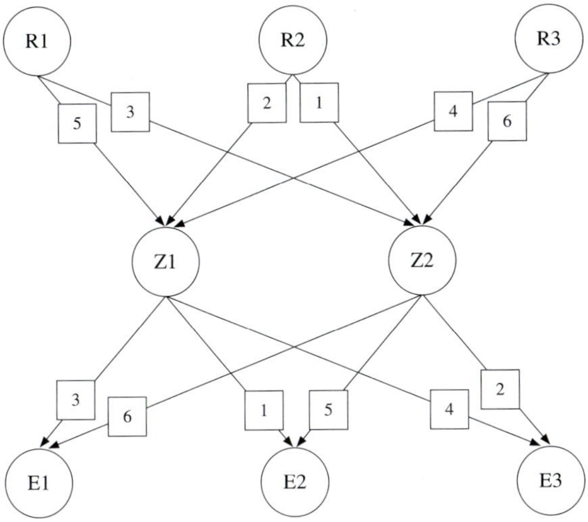

Matrizen und Vektoren lassen sich auch im Taschenrechner erzeugen[1].

Zunächst muss mit 2ND, [MATRIX], EDIT der Buchstabe ausgewählt werden, unter dem die Matrix gespeichert werden soll.	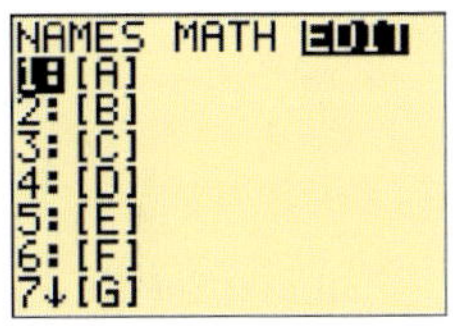
Nun kann mit dem Nummernblock und ENTER die Dimension eingegeben werden. Im nebenstehenden Fall 2 × 3.	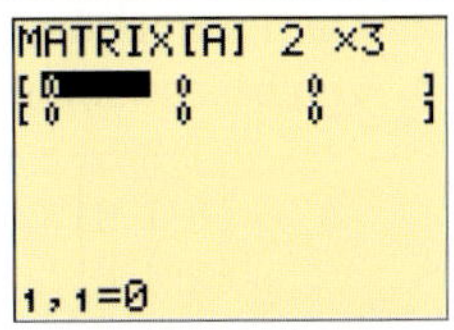
Anschließend werden mit dem Nummernblock die gewünschten Werte der einzelnen Elemente eingegeben.	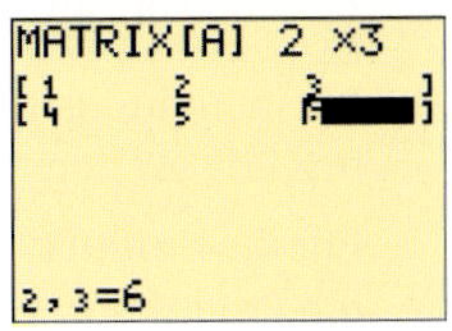
Mit 2ND, [QUIT] gelangt man zurück zum Hauptbildschirm. Die Matrix ist nun als A im Speicher hinterlegt. Mit 2ND, [MATRIX], 1:[A], ENTER erscheint diese auf dem Bildschirm.	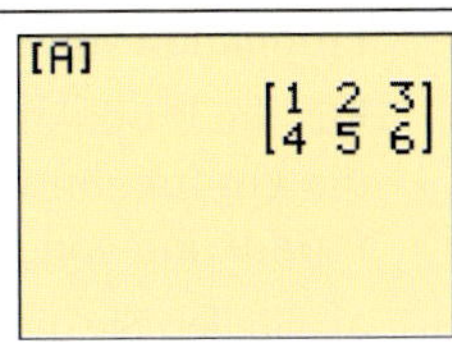

[1] vgl. Anhang Nr. 8

Zusammenfassung

- Eine von runden Klammern umschlossene rechteckige Anordnung von Zahlen in z Zeilen und s Spalten heißt **$z \times s$-Matrix**. $z \times s$ gibt die **Dimension der Matrix** an.
- Die Zahlen in der Matrix heißen **Elemente**. Eine Matrix der Dimension $z \times s$ hat $z \cdot s$ Elemente.
- Eine Matrix mit entweder genau einer Spalte oder einer Zeile heißt **Spalten**- oder **Zeilenvektor**.

Übungsaufgaben

1 In einem Industriebetrieb lässt sich der Produktionsprozess durch ein Verflechtungsdiagramm beschreiben.

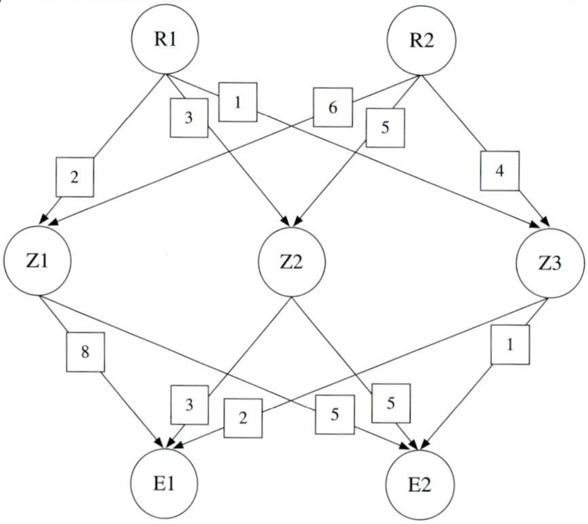

Stellen Sie die $\boldsymbol{A}_{\text{RZ}}$-Matrix und die $\boldsymbol{B}_{\text{ZE}}$-Matrix auf.

2 Der Produktionsprozess in einem Industrieunternehmen lässt sich durch die beiden Matrizen beschreiben.

$$\boldsymbol{A}_{\text{RZ}} = \begin{pmatrix} 1 & 3 & 5 \\ 8 & 7 & 9 \\ 2 & 4 & 6 \end{pmatrix} \qquad \boldsymbol{B}_{\text{ZE}} = \begin{pmatrix} 2 & 5 & 3 \\ 6 & 4 & 1 \\ 9 & 7 & 8 \end{pmatrix}$$

Erstellen Sie das dazugehörige Verflechtungsdiagramm.

3 In einem Industriebetrieb werden aus den vier Rohstoffen R1 bis R4 die drei Zwischenprodukte Z1 bis Z3 hergestellt, die Grundlage für die Produktion der drei Endprodukte E1 bis E3 sind.

Für die Produktion von 1 ME Z1 werden 3, 4, 6 und 2 ME von R1, R2, R3 und R4 benötigt. Für die Produktion von 1 ME Z2 werden 2, 5, 1 und 3 ME von R1, R2, R3 und R4 benötigt. Für die Produktion von 1 ME Z3 werden 7, 3, 5 und 4 ME von R1, R2, R3 und R4 benötigt.

Für die Produktion von 1 ME E1 werden 3, 4 und 5 ME von Z1, Z2 und Z3 benötigt. Für die Produktion von 1 ME E2 werden 2, 6 und 3 ME von Z1, Z2 und Z3 benötigt. Für die Produktion von 1 ME E3 werden 8, 3 und 6 ME von Z1, Z2 und Z3 benötigt.

a) Stellen Sie die $\boldsymbol{A}_{\text{RZ}}$-Matrix und die $\boldsymbol{B}_{\text{ZE}}$-Matrix auf.

b) Erstellen Sie das dazugehörige Verflechtungsdiagramm.

2.1.2 Besondere Matrizen

Quadratische Matrix

Ist bei einer Matrix die Anzahl der Zeilen z identisch mit der Anzahl der Spalten s und sind z und s nicht 1, z. B. $\boldsymbol{B}_{3\times 3} = \begin{pmatrix} 5 & 4 & 2 \\ 7 & 3 & 1 \\ 6 & 8 & 9 \end{pmatrix}_{3\times 3}$, so heißt die Matrix **quadratische Matrix**.

$$\boldsymbol{A}_{n\times n} = \begin{pmatrix} a_{11} & a_{12} & \cdots & a_{1n} \\ a_{21} & a_{22} & \cdots & a_{2n} \\ \vdots & \vdots & \ddots & \vdots \\ a_{n1} & a_{n2} & \cdots & a_{nn} \end{pmatrix}_{n\times n} \quad ; n \in \mathbb{Z}_+^* \backslash \{1\}$$

Quadratische Matrix

Es gibt eine mathematische Funktion, mit deren Hilfe sich zu jeder quadratischen Matrix eine **Determinante** bestimmen lässt.

Der Wert der Determinante gibt unter anderem an, ob eine Inverse[1)] existiert.

Da der algebraische Rechenaufwand zur Bestimmung von Determinanten von Matrizen, die größer als 2 × 2 sind, sehr hoch ist, wird in diesem Buch die algebraische Berechnung nur für Matrizen der Dimensionen 2 × 2 dargestellt.

Für eine 2 × 2-Matrix gilt:

$$\boldsymbol{A} = \begin{pmatrix} a & b \\ c & d \end{pmatrix} \Rightarrow \det(\boldsymbol{A}) = \begin{vmatrix} a & b \\ c & d \end{vmatrix} = ad - cb$$

Determinante einer 2 × 2-Matrix

Beispiel

Für $\boldsymbol{A} = \begin{pmatrix} 1 & 2 \\ 3 & 4 \end{pmatrix}$ ist $\det(\boldsymbol{A}) = \begin{vmatrix} 1 & 2 \\ 3 & 4 \end{vmatrix} = 1 \cdot 4 - 3 \cdot 2 = 4 - 6 = -2$.

Determinanten lassen sich auch mithilfe des Taschenrechners bestimmen[2)].

Zunächst muss die Matrix durch [2ND], [MATRIX], Edit, 1:[A], [ENTER] in den Matrizeneditor eingegeben werden. Durch [2ND], [QUIT] gelangt man zurück in den Hauptbildschirm.

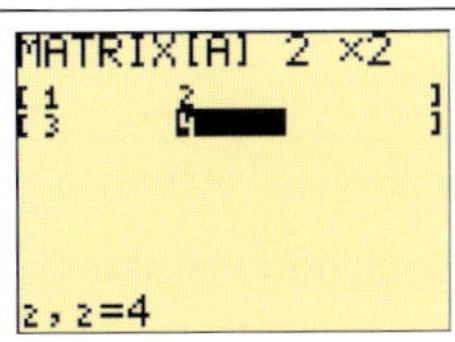

Anschließend mit [2ND], [MATRIX], MATH, 1:det(, [ENTER] den entsprechenden Befehl auswählen. Durch [2ND], [MATRIX], 1:[A], [ENTER] die Matrix ergänzen.

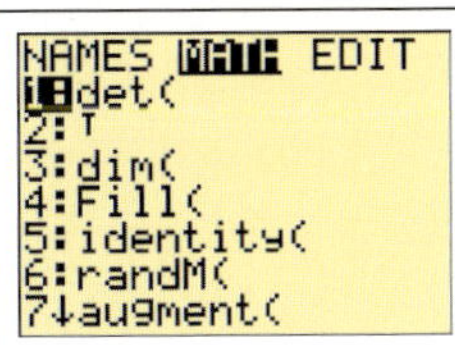

1) vgl. S. 94 f.
2) vgl. Anhang Nr. 9

ENTER liefert die Determinante.	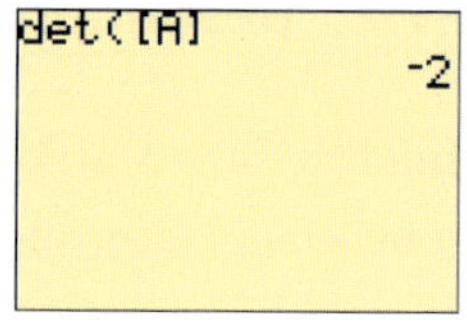

Einheitsmatrix

Eine quadratische Matrix beliebiger Größe, z. B. $\boldsymbol{E}_{3\times3} = \begin{pmatrix} 1 & 0 & 0 \\ 0 & 1 & 0 \\ 0 & 0 & 1 \end{pmatrix}_{3\times3}$, bei der alle Elemente auf der Hauptdiagonalen 1 und alle übrigen Elemente 0 sind, heißt **Einheitsmatrix**. Sie wird in der Regel mit $\boldsymbol{E}$ bezeichnet.

$$\boldsymbol{E}_{n\times n} = \begin{pmatrix} 1 & 0 & \cdots & 0 \\ 0 & 1 & \ddots & \vdots \\ \vdots & \ddots & \ddots & 0 \\ 0 & \cdots & 0 & 1 \end{pmatrix}_{n\times n}, n \in \mathbb{Z}_+^* \setminus \{1\}$$

Einheitsmatrix

Bei der Multiplikation[1] von Matrizen stellt die Einheitsmatrix das **neutrale Element** dar. Es gilt:

$$\boldsymbol{A} \cdot \boldsymbol{E} = \boldsymbol{E} \cdot \boldsymbol{A} = \boldsymbol{A}.$$

Einheitsmatrizen lassen sich mit dem Taschenrechner erzeugen und dann unter einem Namen abspeichern[2].

Mit 2ND, [MATRIX], MATH, 5:identity(, ENTER den entsprechenden Befehl auswählen.	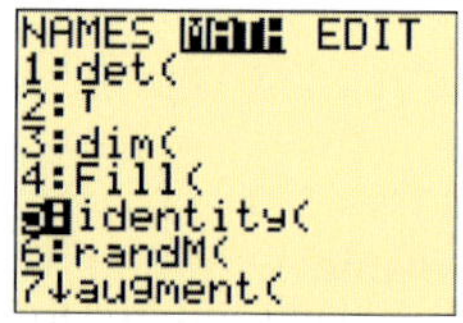
Nun muss die Anzahl der Zeilen angegeben werden, z. B. 4. ENTER liefert eine 4 × 4-Einheitsmatrix.	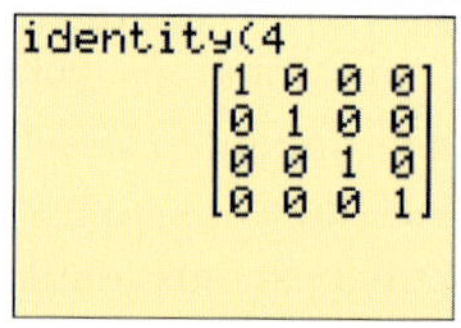
Mit STO, 2ND, [Matrix], 5:[E], ENTER kann diese als Matrix $\boldsymbol{E}$ abgespeichert werden.	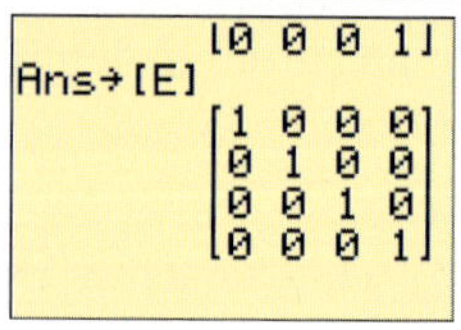

[1] vgl. S. 91 f.
[2] vgl. Anhang Nr. 10

Diagonalmatrix

Eine quadratische Matrix, bei der alle Elemente außerhalb der Hauptdiagonalen 0 sind, z. B.

$\boldsymbol{D}_{3\times 3} = \begin{pmatrix} 4 & 0 & 0 \\ 0 & 7 & 0 \\ 0 & 0 & 3 \end{pmatrix}_{3\times 3}$, heißt **Diagonalmatrix**. Jede Einheitsmatrix ist auch eine Diagonalmatrix.

$$\boldsymbol{D}_{n\times n} = \begin{pmatrix} d_{11} & 0 & \cdots & 0 \\ 0 & d_{22} & \ddots & \vdots \\ \vdots & \ddots & \ddots & 0 \\ 0 & \cdots & 0 & d_{nn} \end{pmatrix}_{n\times n}, n \in \mathbb{Z}_+^* \setminus \{1\}$$

Diagonalmatrix

Dreiecksmatrix

Eine quadratische Matrix heißt **obere Dreiecksmatrix**, wenn alle Elemente unterhalb der Hauptdiagonalen 0 sind, z. B. $\boldsymbol{A}_{3\times 3} = \begin{pmatrix} 4 & 2 & 5 \\ 0 & 7 & 1 \\ 0 & 0 & 3 \end{pmatrix}_{3\times 3}$.

Eine quadratische Matrix heißt **untere Dreiecksmatrix**, wenn alle Elemente oberhalb der Hauptdiagonalen 0 sind, z. B. $\boldsymbol{B}_{3\times 3} = \begin{pmatrix} 5 & 0 & 0 \\ 7 & 3 & 0 \\ 6 & 8 & 9 \end{pmatrix}_{3\times 3}$.

$$\boldsymbol{A}_{n\times n} = \begin{pmatrix} d_{11} & d_{12} & \cdots & d_{1n} \\ 0 & d_{22} & \cdots & d_{2n} \\ \vdots & 0 & \ddots & \vdots \\ 0 & \cdots & 0 & d_{nn} \end{pmatrix}_{n\times n}$$

obere Dreiecksmatrix

$$\boldsymbol{B}_{n\times n} = \begin{pmatrix} d_{11} & 0 & \cdots & 0 \\ d_{21} & d_{22} & 0 & \vdots \\ \vdots & \vdots & \ddots & 0 \\ d_{n1} & d_{n2} & \cdots & d_{nn} \end{pmatrix}_{n\times n}$$

untere Dreiecksmatrix

Sind die Einträge auf der Hauptdiagonalen auch alle 0, so heißt sie **echte**, **strenge** oder **strikte** obere bzw. untere Dreiecksmatrix.

Mithilfe einer Dreiecksmatrix lassen sich lineare Gleichungssysteme[1)] lösen.

Nullmatrix

Sind bei einer Matrix beliebiger Dimension alle Elemente 0, z. B. $\boldsymbol{O}_{2\times 3} = \begin{pmatrix} 0 & 0 & 0 \\ 0 & 0 & 0 \end{pmatrix}_{2\times 3}$, so heißt die Matrix **Nullmatrix**. Sie wird in der Regel mit $\boldsymbol{O}$ bezeichnet.

$$\boldsymbol{O}_{z\times s} = \begin{pmatrix} 0 & 0 & \cdots & 0 \\ 0 & 0 & \cdots & 0 \\ \vdots & \vdots & \ddots & \vdots \\ 0 & 0 & \cdots & 0 \end{pmatrix}_{z\times s}$$

Nullmatrix

Bei der Addition stellt die Nullmatrix das **neutrale Element** dar. Es gilt $\boldsymbol{A} + \boldsymbol{O} = \boldsymbol{O} + \boldsymbol{A} = \boldsymbol{A}$.

1) vgl. Kapitel 2.1.4

Transponierte Matrix

Wird die Matrix $\boldsymbol{A}$ mit beliebiger Dimension „gespiegelt“, so heißt die entstandene Matrix transponierte Matrix. Man schreibt dann $\boldsymbol{A}^{\mathrm{T}}$. Dabei wird die erste Spalte zur ersten Zeile, die zweite Spalte zur zweiten Zeile usw.

Für $\boldsymbol{A}_{2\times3}=\begin{pmatrix}1&2&3\\4&5&6\end{pmatrix}_{2\times3}$ ist $\boldsymbol{A}^{\mathrm{T}}_{3\times2}=\begin{pmatrix}1&4\\2&5\\3&6\end{pmatrix}_{3\times2}$.

$$\boldsymbol{A}^{\mathrm{T}}_{s\times z}=\begin{pmatrix}a_{11}&a_{21}&\cdots&a_{z1}\\a_{12}&a_{22}&\cdots&a_{z2}\\\vdots&\vdots&\ddots&\vdots\\a_{1s}&a_{2s}&\cdots&a_{zs}\end{pmatrix}_{s\times z},\ \text{mit } \boldsymbol{A}_{z\times s}=\begin{pmatrix}a_{11}&a_{12}&\cdots&a_{1s}\\a_{21}&a_{22}&\cdots&a_{2s}\\\vdots&\vdots&\ddots&\vdots\\a_{z1}&a_{z2}&\cdots&a_{zs}\end{pmatrix}_{z\times s}$$

transponierte Matrix

Wird eine transponierte Matrix erneut transponiert, so ergibt sich die Ausgangsmatrix.
Es ist $\left(\boldsymbol{A}^{\mathrm{T}}\right)^{\mathrm{T}}=\boldsymbol{A}$.

Matrizen und Vektoren lassen sich mithilfe des Taschenrechner transponieren[1].

<table>
<tr><td>Zunächst muss wie auf S. 71 beschrieben die Ausgangsmatrix eingegeben und unter dem gewünschten Namen gespeichert werden.</td><td>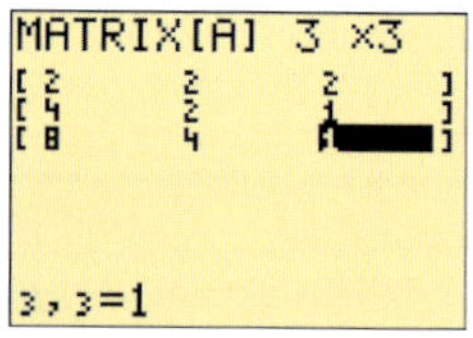
</td></tr>
<tr><td>Anschließend im Hauptbildschirm mit [2ND], [MATRIX], 1:[A] die Matrix aufrufen.</td><td>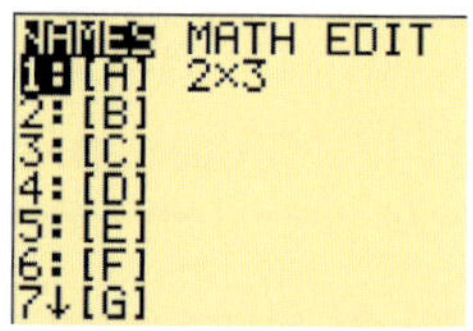
</td></tr>
<tr><td>Anschließend mit [2ND], [MATRIX], MATH 2:^T den Befehl zum Transponieren auswählen.</td><td>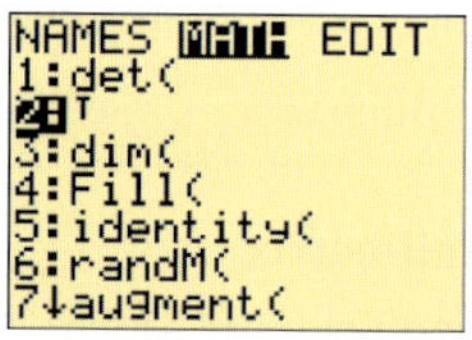
</td></tr>
<tr><td>[ENTER] liefert das gewünschte Ergebnis.</td><td>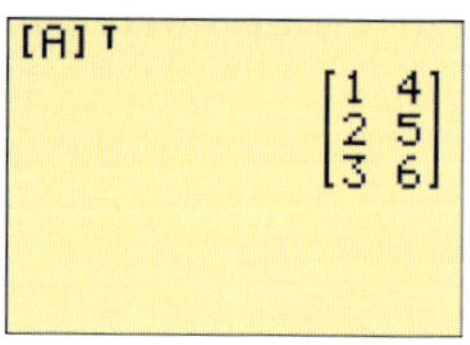
</td></tr>
</table>

1) vgl. Anhang Nr. 11

Zusammenfassung

- Eine Matrix, bei der die Anzahl der Spalten s mit der Anzahl der Zeilen z identisch und nicht 1 ist, heißt **quadratische Matrix**.
- Eine quadratische Matrix, bei der alle Elemente auf der Hauptdiagonalen 1 und alle übrigen Elemente 0 sind, heißt **Einheitsmatrix $\boldsymbol{E}$**. Sie ist das **neutrale Element der Multiplikation**. Es gilt: $\boldsymbol{A} \cdot \boldsymbol{E} = \boldsymbol{E} \cdot \boldsymbol{A} = \boldsymbol{A}$
- Eine quadratische Matrix, bei der alle Elemente außerhalb der Hauptdiagonalen 0 sind, heißt **Diagonalmatrix.**
- Eine quadratische Matrix, bei der alle Elemente unterhalb der Hauptdiagonalen 0 sind, heißt **obere Dreiecksmatrix**.
- Eine quadratische Matrix, bei der alle Elemente oberhalb der Hauptdiagonalen 0 sind, heißt **untere Dreiecksmatrix.**
- Eine Matrix beliebiger Dimension, bei der alle Elemente 0 sind, heißt **Nullmatrix $\boldsymbol{O}$**. Sie ist das **neutrale Element der Addition**. Es gilt: $\boldsymbol{A} + \boldsymbol{O} = \boldsymbol{O} + \boldsymbol{A} = \boldsymbol{A}$.
- Werden bei der Matrix $\boldsymbol{A}$ die Spalten und Zeilen vertauscht, so heißt die entstandene Matrix **transponierte Matrix $\boldsymbol{A}^{\mathrm{T}}$**. Dabei wird die erste Spalte zur ersten Zeile usw. Es gilt $\left(\boldsymbol{A}^{\mathrm{T}}\right)^{\mathrm{T}} = \boldsymbol{A}$.

2.1.3 Grundlegende Rechenoperationen

Addition und Subtraktion von Matrizen

Matrizen können nur dann addiert oder voneinander subtrahiert werden, wenn sie die gleiche Dimension haben. Ist dies der Fall, so wird die Addition oder Subtraktion elementweise durchgeführt. Die Dimension der Ergebnismatrix ist immer identisch mit den Dimensionen der Ausgangsmatrizen.

Es gilt:

$\boldsymbol{A} + \boldsymbol{B} = \boldsymbol{B} + \boldsymbol{A}$ Vertauschungsgesetz (Kommutativgesetz)

$(\boldsymbol{A} + \boldsymbol{B}) + \boldsymbol{C} = \boldsymbol{A} + (\boldsymbol{B} + \boldsymbol{C}) = \boldsymbol{A} + \boldsymbol{B} + \boldsymbol{C}$ Verbindungsgesetz (Assoziativgesetz)

$\boldsymbol{A}^{\mathrm{T}} + \boldsymbol{B}^{\mathrm{T}} = (\boldsymbol{A} + \boldsymbol{B})^{\mathrm{T}}$

$\boldsymbol{A} + \boldsymbol{O} = \boldsymbol{O} + \boldsymbol{A} = \boldsymbol{A}$

$$\boldsymbol{A} + \boldsymbol{B} = \begin{pmatrix} a_{11} \pm b_{11} & a_{12} \pm b_{12} & \cdots & a_{1s} \pm b_{1s} \\ a_{21} \pm b_{21} & a_{22} \pm b_{22} & \cdots & a_{2s} \pm b_{2s} \\ \vdots & \vdots & \ddots & \vdots \\ a_{z1} \pm b_{z1} & a_{z2} \pm b_{z2} & \cdots & a_{zs} \pm b_{zs} \end{pmatrix} \text{ mit } \boldsymbol{A} = \begin{pmatrix} a_{11} & a_{12} & \cdots & a_{1s} \\ a_{21} & a_{22} & \cdots & a_{2s} \\ \vdots & \vdots & \ddots & \vdots \\ a_{z1} & a_{z2} & \cdots & a_{zs} \end{pmatrix} \text{ und } \boldsymbol{B} = \begin{pmatrix} b_{11} & b_{12} & \cdots & b_{1s} \\ b_{21} & b_{22} & \cdots & b_{2s} \\ \vdots & \vdots & \ddots & \vdots \\ b_{z1} & b_{z2} & \cdots & b_{zs} \end{pmatrix}$$

Addition und Subtraktion von Matrizen

Situation 2

Ein Industriekonzern hat mehrere Standorte. Am Standort A wird das Endprodukt E1, an Standort B das Endprodukt E2 gefertigt. Für beide Endprodukte werden die gleichen Rohstoffe R1, R2 und R3 in unterschiedlichen Mengen benötigt. Gelagert werden die Rohstoffe in einem Zentrallager. In den vergangenen zwei Monaten haben die Werke an den Standorten A und B folgende Mengen in Tonnen aus dem Zentrallager abgerufen.

Januar

Rohstoff \ Endprodukt	E1	E2
R1	5	6
R2	8	15
R3	4	5

Februar

Rohstoff \ Endprodukt	E1	E2
R1	4	8
R2	7	3
R3	5	2

Stellen Sie für beide Monate die Bedarfsmatrizen auf und berechnen Sie, wie viele Tonnen von jedem Rohstoff in den beiden Monaten jeweils insgesamt von den Werken am Standort A bzw. B abgerufen wurden.

Kontrollieren Sie Ihr Ergebnis mit dem Taschenrechner.

Lösung

$$\boldsymbol{M} = \begin{pmatrix} 5 & 6 \\ 8 & 15 \\ 4 & 5 \end{pmatrix} \text{ und } \boldsymbol{D} = \begin{pmatrix} 4 & 8 \\ 7 & 3 \\ 5 & 2 \end{pmatrix}$$

$$\boldsymbol{M} + \boldsymbol{D} = \begin{pmatrix} 5 & 6 \\ 8 & 15 \\ 4 & 5 \end{pmatrix} + \begin{pmatrix} 4 & 8 \\ 7 & 3 \\ 5 & 2 \end{pmatrix} = \begin{pmatrix} 5+4 & 6+8 \\ 8+7 & 15+3 \\ 4+5 & 5+2 \end{pmatrix} = \begin{pmatrix} 9 & 14 \\ 15 & 18 \\ 9 & 7 \end{pmatrix}$$

Insgesamt wurden in den beiden Monaten 9 Tonnen vom Rohstoff R1, 15 Tonnen von R2 und 9 Tonnen von R3 vom Werk am Standort A abgerufen. Das Werk am Standort B rief 14 Tonnen vom Rohstoff R1, 18 Tonnen von R2 und 7 Tonnen von R3 ab.

Die Addition und Subtraktion von Matrizen kann auch mit dem Taschenrechner durchgeführt werden.

Zunächst müssen die zu verrechnenden Matrizen eingegeben und unter dem gewünschten Namen abgespeichert werden.

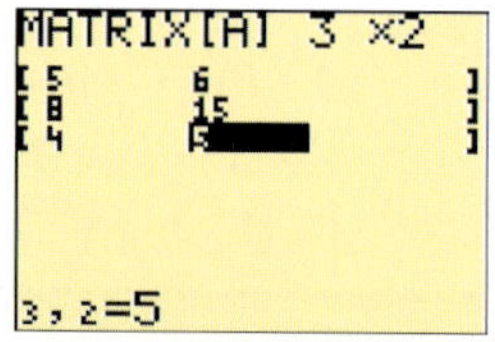

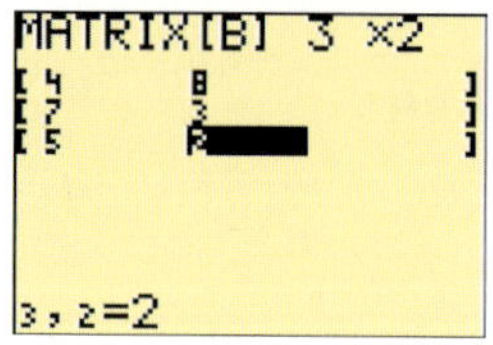

Anschließend im Hauptbildschirm mit [2ND], [MATRIX],1:[A] die erste Matrix aufrufen. Nun [+] oder [−] eingeben und mit [2ND],[MATRIX],1:[B] die zweite Matrix aufrufen. [ENTER] liefert das gewünschte Ergebnis.

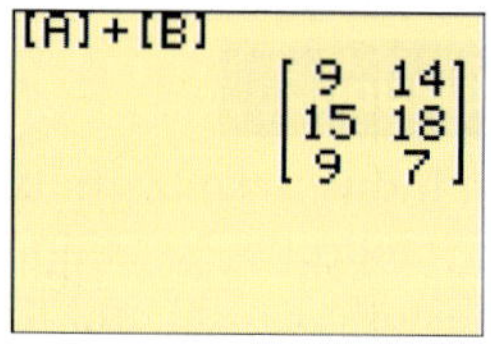

Skalare Multiplikation

Matrizen werden mit einem Skalar s multipliziert, indem jedes Element der Matrix mit dem Skalar multipliziert wird. Die Dimension der Ergebnismatrix ist immer identisch mit der Dimension der Ausgangsmatrix.

Es gilt: $s \cdot \boldsymbol{A} = \boldsymbol{A} \cdot s$ Vertauschungsgesetz (Kommutativgesetz)

$s \cdot (\boldsymbol{A} \pm \boldsymbol{B}) = s \cdot \boldsymbol{A} \pm s \cdot \boldsymbol{B}$ Verteilungsgesetz (Distributivgesetz)

$s \cdot \boldsymbol{A}^{\mathrm{T}} = (s \cdot \boldsymbol{A})^{\mathrm{T}}$

$$s \cdot \boldsymbol{A} = \begin{pmatrix} s \cdot a_{11} & s \cdot a_{12} & \cdots & s \cdot a_{1s} \\ s \cdot a_{21} & s \cdot a_{22} & \cdots & s \cdot a_{2s} \\ \vdots & \vdots & \ddots & \vdots \\ s \cdot a_{z1} & s \cdot a_{z2} & \cdots & s \cdot a_{zs} \end{pmatrix} \text{ mit } \boldsymbol{A} = \begin{pmatrix} a_{11} & a_{12} & \cdots & a_{1s} \\ a_{21} & a_{22} & \cdots & a_{2s} \\ \vdots & \vdots & \ddots & \vdots \\ a_{z1} & a_{z2} & \cdots & a_{zs} \end{pmatrix} \text{ und } s \in \mathbb{R}$$

skalare Multiplikation

Situation 3

In einem mehrstufigen Produktionsprozess werden aus drei Rohstoffen vier Zwischenprodukte gefertigt. Die dafür benötigten Mengen der letzen Periode in m^3 lassen sich der Tabelle entnehmen.

13

Zwischenprodukt / Rohstoff	Z1	Z2	Z3	Z4
R1	100	200	300	20
R2	800	200	40	150
R3	50	30	500	500

Aufgrund gesunkener Nachfrage soll die Produktionsmenge in der kommenden Periode nur noch 80 % betragen.

Stellen Sie die Produktionsmengenmatrix der vergangenen Periode auf und berechnen Sie mit ihrer Hilfe die Produktionsmengen für die kommende Periode.

Kontrollieren Sie Ihr Ergebnis mit dem Taschenrechner.

Lösung

$$\boldsymbol{A}_{\text{alt}} = \begin{pmatrix} 100 & 200 & 300 & 20 \\ 800 & 200 & 40 & 150 \\ 50 & 30 & 500 & 500 \end{pmatrix}$$

$$\boldsymbol{A}_{\text{neu}} = s \cdot \boldsymbol{A}_{\text{alt}}$$

$$\boldsymbol{A}_{\text{neu}} = \begin{pmatrix} 0{,}8 \cdot 100 & 0{,}8 \cdot 200 & 0{,}8 \cdot 300 & 0{,}8 \cdot 20 \\ 0{,}8 \cdot 800 & 0{,}8 \cdot 200 & 0{,}8 \cdot 40 & 0{,}8 \cdot 150 \\ 0{,}8 \cdot 50 & 0{,}8 \cdot 30 & 0{,}8 \cdot 500 & 0{,}8 \cdot 500 \end{pmatrix}$$

$$\boldsymbol{A}_{\text{neu}} = \begin{pmatrix} 80 & 160 & 240 & 16 \\ 640 & 160 & 32 & 120 \\ 40 & 24 & 400 & 400 \end{pmatrix}$$

Die skalare Multiplikation kann auch mit dem Taschenrechner durchgeführt werden.

Zunächst werden im Hauptbildschirm der Skalar und [×] eingegeben.	
Anschließend muss die zu multiplizierende Matrix eingegeben und unter dem gewünschten Namen gespeichert werden.	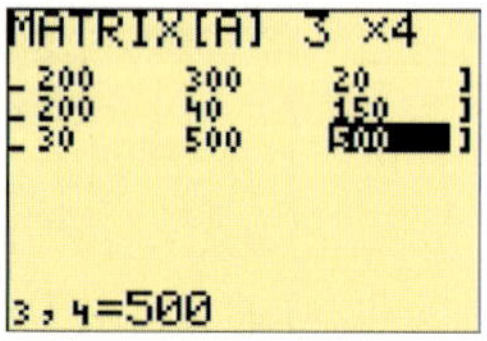
Danach im Hauptbildschirm mit [2ND], [MATRIX], 1:[A] die erste Matrix aufrufen. [ENTER] liefert das gewünschte Ergebnis.	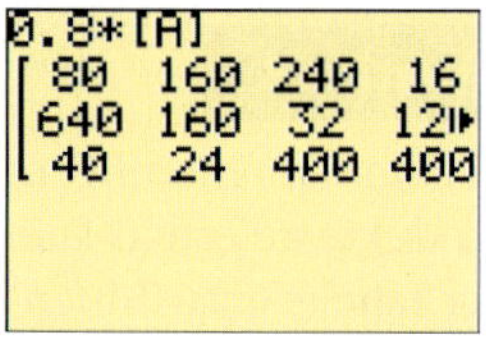

Die Multiplikation von Matrizen wird ab S. 90 ff., im Kapitel Produktionsmengen und Bedarfsplanung erläutert. Die Division ist nicht definiert.

Zusammenfassung

Addition und Subtraktion

- Matrizen können addiert und voneinander subtrahiert werden, wenn sie die gleiche Dimension haben.
- Die Addition und Subtraktion werden elementweise durchgeführt.

$$\boldsymbol{A}+\boldsymbol{B}=\begin{pmatrix} a_{11}\pm b_{11} & a_{12}\pm b_{12} & \cdots & a_{1s}\pm b_{1s} \\ a_{21}\pm b_{21} & a_{22}\pm b_{22} & \cdots & a_{2s}\pm b_{2s} \\ \vdots & \vdots & \ddots & \vdots \\ a_{z1}\pm b_{z1} & a_{z2}\pm b_{z2} & \cdots & a_{zs}\pm b_{zs} \end{pmatrix} \text{ mit } \boldsymbol{A}=\begin{pmatrix} a_{11} & a_{12} & \cdots & a_{1s} \\ a_{21} & a_{22} & \cdots & a_{2s} \\ \vdots & \vdots & \ddots & \vdots \\ a_{z1} & a_{z2} & \cdots & a_{zs} \end{pmatrix} \text{ und } \boldsymbol{B}=\begin{pmatrix} b_{11} & b_{12} & \cdots & b_{1s} \\ b_{21} & b_{22} & \cdots & b_{2s} \\ \vdots & \vdots & \ddots & \vdots \\ b_{z1} & b_{z2} & \cdots & b_{zs} \end{pmatrix}$$

Addition und Subtraktion von Matrizen

Es gilt:

$\boldsymbol{A}+\boldsymbol{B}=\boldsymbol{B}+\boldsymbol{A}$ Vertauschungsgesetz (Kommutativgesetz)

$(\boldsymbol{A}+\boldsymbol{B})+\boldsymbol{C}=\boldsymbol{A}+(\boldsymbol{B}+\boldsymbol{C})=\boldsymbol{A}+\boldsymbol{B}+\boldsymbol{C}$ Verbindungsgesetz (Assoziativgesetz)

$\boldsymbol{A}^{\mathrm{T}}+\boldsymbol{B}^{\mathrm{T}}=(\boldsymbol{A}+\boldsymbol{B})^{\mathrm{T}}$

$\boldsymbol{A}+\boldsymbol{O}=\boldsymbol{O}+\boldsymbol{A}=\boldsymbol{A}$

skalare Multiplikation

- Matrizen können mit einer reellen Zahl, dem Skalar, multipliziert werden.
- Die skalare Multiplikation wird elementweise durchgeführt.

$$s \cdot A = \begin{pmatrix} s \cdot a_{11} & s \cdot a_{12} & \cdots & s \cdot a_{1s} \\ s \cdot a_{21} & s \cdot a_{22} & \cdots & s \cdot a_{2s} \\ \vdots & \vdots & \ddots & \vdots \\ s \cdot a_{z1} & s \cdot a_{z2} & \cdots & s \cdot a_{zs} \end{pmatrix} \text{ mit } A = \begin{pmatrix} a_{11} & a_{12} & \cdots & a_{1s} \\ a_{21} & a_{22} & \cdots & a_{2s} \\ \vdots & \vdots & \ddots & \vdots \\ a_{z1} & a_{z2} & \cdots & a_{zs} \end{pmatrix} \text{ und } s \in \mathbb{R}$$

skalare Multiplikation

Es gilt: $s \cdot A = A \cdot s$ Vertauschungsgesetz (Kommutativgesetz)

$s \cdot (A \pm B) = s \cdot A \pm s \cdot B$ Verteilungsgesetz (Distributivgesetz)

$s \cdot A^T = (s \cdot A)^T$

Übungsaufgaben

1 Die drei Werke eines Industrieunternehmens produzieren aus den gleichen Rohstoffen R1 bis R4 drei unterschiedliche Endprodukte. Um die Produktion möglichst effektiv zu gestalten, wird in jedem Werk nur ein Endprodukt hergestellt. Alle Werke werden aus einem Zentrallager beliefert. In den letzten drei Monaten des vergangenen Jahres haben die Werke folgende Mengen in Hektolitern aus dem Zentrallager erhalten.

Oktober

R \ E	E1	E2	E3
R1	10	8	6
R2	8	4	3
R3	4	12	9
R4	3	8	4

November

R \ E	E1	E2	E3
R1	4	8	4
R2	6	4	3
R3	3	12	5
R4	9	6	8

Dezember

R \ E	E1	E2	E3
R1	6	4	12
R2	7	7	4
R3	5	6	6
R4	9	8	8

Berechnen Sie, wie viele Hektoliter von jedem Rohstoff im letzten Quartal des vergangenen Jahres jeweils insgesamt an die Werke geliefert wurden.

2 Für die Produktion der Endprodukte E1, E2 und E3 werden die Rohstoffe R1, R2 und R3 benötigt. Die benötigten Mengen in Mengeneinheiten im Januar lassen sich der Tabelle entnehmen.

Rohstoff \ Endprodukt	E1	E2	E3
R1	7	8	5
R2	9	6	4
R3	8	4	7

Aufgrund der guten Auftragslage soll die Produktion im Februar um ein Achtel gesteigert werden.

Stellen Sie die Rohstoff-Endprodukt-Matrix (RE-Matrix) für Januar auf und berechnen Sie mit ihrer Hilfe die RE-Matrix für Februar.

3 In einem mehrstufigen Produktionsprozess werden aus unterschiedlichen Rohstoffen (R) zunächst Zwischenprodukte (Z) hergestellt. Die benötigten Mengen lassen sich dem Gozintographen entnehmen.

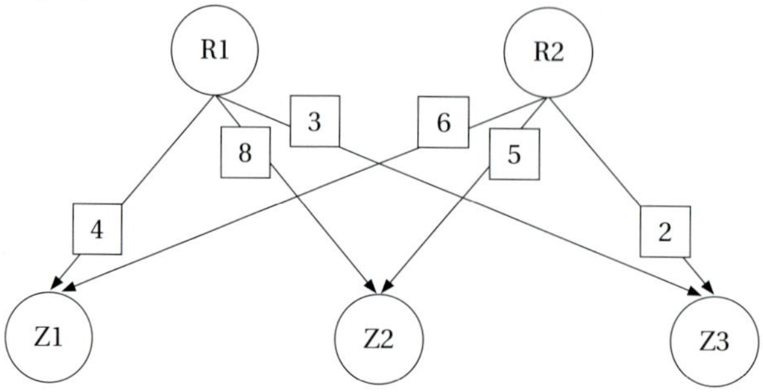

Pro Tag werden jeweils 500 Zwischenprodukte hergestellt.

Berechnen Sie die Rohstoff-Zwischenprodukt-Matrix für den Jahresbedarf, wenn pro Woche 6 Tage und pro Jahr 48 Wochen gearbeitet wird.

4 In einem Industrieunternehmen werden Hochvolt-Akkumulatoren für Elektroautos produziert. In der letzten Produktionsstufe werden aus drei unterschiedlichen Modulen (M) zwei unterschiedliche Akkus (A) zusammengebaut.

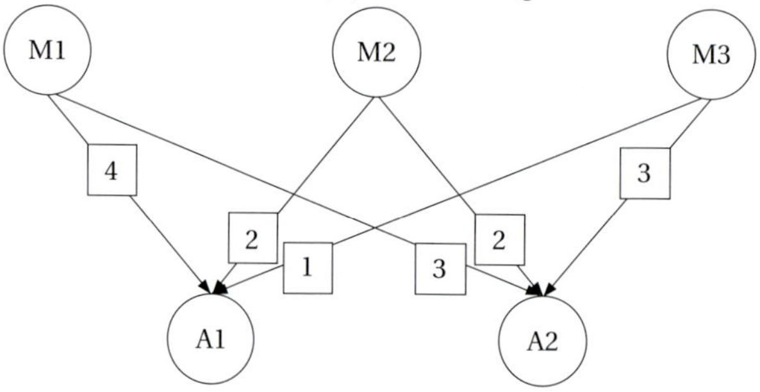

Da die Akkus nur auf Abruf produziert werden, schwankt die Produktionsmenge von Tag zu Tag. In den vergangenen drei Tagen wurden 500, 800 bzw. 750 Akkus gefertigt.

a) Bestimmen Sie zunächst die Bedarfsmatrizen für jeden der drei Tage und berechnen Sie im Anschluss die Gesamtbedarfsmatrix für alle drei Tage.

b) Geben Sie einen schnelleren Rechenweg zur Bestimmung der Gesamtbedarfsmatrix an.

2.1.4 Lineare Gleichungssysteme

Ein **lineares Gleichungssystem** (LGS) ist eine Menge von mindestens zwei linearen Gleichungen, die mehrere unbekannte **Variablen**[1] enthalten und alle gleichzeitig erfüllt werden sollen. Ein LGS mit zwei Gleichungen könnte z. B. so aussehen:

$$4x_1 + 2x_2 = 19$$
$$5x_1 - 3x_2 = 16$$

[1] Platzhalter für eine Zahl.

Ein solches LGS kann auch als Produkt einer Matrix mit einem Spaltenvektor dargestellt werden.

$$\begin{matrix} 4x_1 + 2x_2 = 19 \\ 5x_1 - 3x_2 = 16 \end{matrix} \Leftrightarrow \begin{pmatrix} 4 & 2 \\ 5 & -3 \end{pmatrix} \cdot \begin{pmatrix} x_1 \\ x_2 \end{pmatrix} = \begin{pmatrix} 19 \\ 16 \end{pmatrix}$$

Die Faktoren vor den Variablen x_1 und x_2 werden als **Koeffizienten** bezeichnet. Daher heißt die dargestellte Matrix **Koeffizientenmatrix *A***. Der Vektor der die Lösungen der linearen Gleichungen enthält, in diesem Fall 19 und 16, heißt **Lösungsvektor** $\vec{y}$.

Fasst man die Koeffizientenmatrix ***A*** und den Lösungsvektor $\vec{y}$ in einer Matrix zusammen, so wird die neue Matrix als (um den Lösungsvektor) **erweiterte Koeffizientenmatrix** $A\,|\,\vec{y}$ bezeichnet.

$$A\,|\,\vec{y} = \left(\begin{matrix} 4 & 2 \\ 5 & -3 \end{matrix}\,\middle|\,\begin{matrix} 19 \\ 16 \end{matrix}\right)$$

$$A\,|\,\vec{y} = \left(\begin{matrix} a_{11} & a_{12} & \cdots & a_{1s} \\ a_{21} & a_{22} & \cdots & a_{2s} \\ \vdots & \vdots & \ddots & \vdots \\ a_{z1} & a_{z2} & \cdots & a_{zs} \end{matrix}\,\middle|\,\begin{matrix} y_1 \\ y_2 \\ \vdots \\ y_z \end{matrix}\right)$$

Erweiterte Koeffizientenmatrix

Mit der erweiterten Koeffizientenmatrix und dem **Gauß-Algorithmus**[1)] kann das LGS gelöst werden.

Ziel ist es, die Koeffizientenmatrix, also den Teil der erweiterten Koeffizientenmatrix, der links vom senkrechten Strich steht, in eine obere Dreiecksmatrix umzuformen. Dabei sind drei Äquivalenzumformungen erlaubt.

Art der Umformung	Beispiel
1. Vertauschen von Zeilen.	$\left(\begin{matrix} 4 & 2 \\ 5 & -3 \end{matrix}\,\middle|\,\begin{matrix} 19 \\ 16 \end{matrix}\right) \Leftrightarrow \left(\begin{matrix} 5 & -3 \\ 4 & 2 \end{matrix}\,\middle|\,\begin{matrix} 16 \\ 19 \end{matrix}\right)$
2. Multiplizieren oder Dividieren einer oder mehrerer Zeilen.	$\left(\begin{matrix} 4 & 2 \\ 5 & -3 \end{matrix}\,\middle|\,\begin{matrix} 19 \\ 16 \end{matrix}\right) \begin{matrix} \mid :4 \\ \mid \cdot 2 \end{matrix} \Leftrightarrow \left(\begin{matrix} 1 & 0{,}5 \\ 10 & -6 \end{matrix}\,\middle|\,\begin{matrix} 4{,}75 \\ 32 \end{matrix}\right)$
3. Addieren oder Subtrahieren des Vielfachen einer Zeile zu einer anderen Zeile.	$\left(\begin{matrix} 4 & 2 \\ 5 & -3 \end{matrix}\,\middle|\,\begin{matrix} 19 \\ 16 \end{matrix}\right) \begin{matrix} \mid +2 \cdot \text{II} \\ \end{matrix} \Leftrightarrow \left(\begin{matrix} 14 & -4 \\ 5 & -3 \end{matrix}\,\middle|\,\begin{matrix} 51 \\ 16 \end{matrix}\right)$

Situation 4

In einem Industriebetrieb werden die beiden Rohstoffe *a* und *b* zu einem Zwischenprodukt *y* verarbeitet. Es ist bekannt, dass sich aus 2 ME *a* und 3 ME *b* 22 ME des Zwischenprodukts *y* herstellen lassen. Werden hingegen 6 ME *a* und 7 ME *b* eingesetzt, können 58 ME des Zwischenprodukts *y* produziert werden.

Berechnen Sie mithilfe des Gauß-Algorithmus, wie viele Rohstoffe für genau 1 ME des Zwischenprodukts *y* benötigt werden.

1) nach Carl Friedrich Gauß, deutscher Mathematiker, 1777–1855

Lösung

Die erweiterte Koeffizientenmatrix lautet:

$$\begin{matrix} 2a+3b=22 \\ 6a+7b=58 \end{matrix} \quad \Leftrightarrow \left(\begin{array}{cc|c} 2 & 3 & 22 \\ 6 & 7 & 58 \end{array}\right)$$

Mit den erlaubten Äquivalenzumformungen soll nun der Teil der Matrix, der links neben dem senkrechten Strich steht, in eine obere Dreiecksmatrix umgeformt werden. In diesem Fall muss lediglich unten links eine 0 erzeugt werden.

$$\left(\begin{array}{cc|c} 2 & 3 & 22 \\ 6 & 7 & 58 \end{array}\right) \quad | -3 \cdot \text{I}$$

$$\left(\begin{array}{cc|c} 2 & 3 & 22 \\ 0 & -2 & -8 \end{array}\right)$$

Nun lassen sich die Variablen berechnen.

$$\left(\begin{array}{cc|c} 2 & 3 & 22 \\ 0 & -2 & -8 \end{array}\right) \Leftrightarrow \begin{matrix} 2a+3b=22 \\ 0a-2b=-8 \end{matrix}$$

Berechnung von *b*

$$\begin{aligned} -2b &= -8 \quad |:(-2) \\ b &= 4 \end{aligned}$$

Berechnung von *a*

$$\begin{aligned} 2a + 3b &= 22 \\ 2a + 3 \cdot 4 &= 22 \\ 2a + 12 &= 22 \quad | -12 \\ 2a &= 10 \quad |:2 \\ a &= 5 \end{aligned}$$

Eine Mengeneinheit des Zwischenprodukts y besteht aus 5 Mengeneinheiten vom Rohstoff a und 4 Mengeneinheiten vom Rohstoff b.

Situation 5

Ein Unternehmen produziert aus den drei Rohstoffen a, b und c ein Zwischenprodukt. An drei Tagen wurden unterschiedliche Mengen der Rohstoffe (in ME) verbraucht und die Gesamtkosten für die einzelnen Rohstoffe (in GE) notiert.
Kontrollieren Sie Ihr Ergebnis mit dem Taschenrechner.

	a	*b*	*c*	Kosten
Tag 1	3	4	2	348
Tag 2	5	1	3	402
Tag 3	2	3	6	433

Bestimmen Sie die Kosten für jeweils eine ME der Rohstoffe a, b und c.

Lösung

Die erweiterte Koeffizientenmatrix kann direkt aus der Tabelle entnommen werden:

$$\left(\begin{array}{ccc|c} 3 & 4 & 2 & 348 \\ 5 & 1 & 3 & 402 \\ 2 & 3 & 6 & 433 \end{array}\right)$$

Mit den erlaubten Äquivalenzumformungen soll nun der Teil der Matrix, der links neben dem senkrechten Strich steht, in eine obere Dreiecksmatrix umgeformt werden.

$$\left(\begin{array}{ccc|c} 3 & 4 & 2 & 348 \\ 5 & 1 & 3 & 402 \\ 2 & 3 & 6 & 433 \end{array}\right) \begin{array}{l} \\ |-\frac{5}{3}\cdot \text{I} \\ |-\frac{2}{3}\cdot \text{I} \end{array}$$

$$\left(\begin{array}{ccc|c} 3 & 4 & 2 & 348 \\ 0 & -\frac{17}{3} & -\frac{1}{3} & -178 \\ 0 & \frac{1}{3} & \frac{14}{3} & 201 \end{array}\right) \begin{array}{l} \\ \\ |+\frac{1}{17}\cdot \text{II} \end{array}$$

$$\left(\begin{array}{ccc|c} 3 & 4 & 2 & 348 \\ 0 & -\frac{17}{3} & -\frac{1}{3} & -178 \\ 0 & 0 & \frac{79}{17} & \frac{3239}{17} \end{array}\right) \Leftrightarrow \begin{array}{rcrcrcr} 3a & + & 4b & + & 2c & = & 348 \\ 0a & - & \frac{17}{3}b & - & \frac{1}{3}c & = & -178 \\ 0a & + & 0b & + & \frac{79}{17}c & = & \frac{3239}{17} \end{array}$$

Nun lassen sich die Variablen berechnen.

Berechnung von *c*

$$\frac{79}{17}c = \frac{3239}{17} \quad |:\frac{79}{17}$$
$$c = 41$$

Berechnung von *b*

$$\begin{aligned} -\frac{17}{3}b - \frac{1}{3}c &= -178 \\ -\frac{17}{3}b - \frac{1}{3}\cdot 41 &= -178 \\ -\frac{17}{3}b - \frac{41}{3} &= -178 \quad |+\frac{41}{3} \\ -\frac{17}{3}b &= -\frac{493}{3} \quad |:\left(-\frac{17}{3}\right) \\ b &= 29 \end{aligned}$$

Berechnung von *a*

$$\begin{aligned} 3a + 4b + 2c &= 348 \\ 3a + 4\cdot 29 + 2\cdot 41 &= 348 \\ 3a + 116 + 82 &= 348 \\ 3a + 198 &= 348 \quad |-198 \\ 3a &= 150 \quad |:3 \\ a &= 50 \end{aligned}$$

Eine ME des Rohstoffs *a* kostet 50 GE, eine ME des Rohstoffs *b* kostet 29 GE und eine ME des Rohstoffs *c* kostet 41 GE.

LGS lassen sich auch mit dem Taschenrechner lösen.

Zunächst muss mit [2ND], [MATRIX], EDIT der Buchstabe ausgewählt werden, unter dem die erweiterte Koeffizientenmatrix gespeichert werden soll.

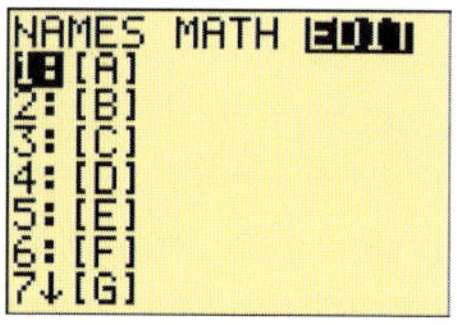

Nun können mit dem Nummernblock und [ENTER] die Dimension und alle Elemente eingegeben werden.

Hinweis: Es wird nur ein Teil der Matrix angezeigt.

Mit [2ND], [QUIT] gelangt man zurück zum Hauptbildschirm. Hier muss mit [2ND], [MATRIX], MATH, B: rref(der Befehl zum Lösen von Gleichungssystemen ausgewählt werden.

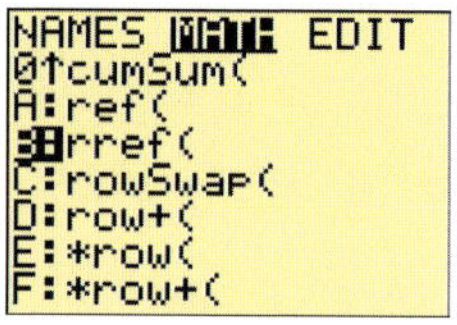

Mit [2ND], [MATRIX], 1:[A] wird nun die entsprechende Matrix ausgewählt. [ENTER] liefert das gewünschte Ergebnis.

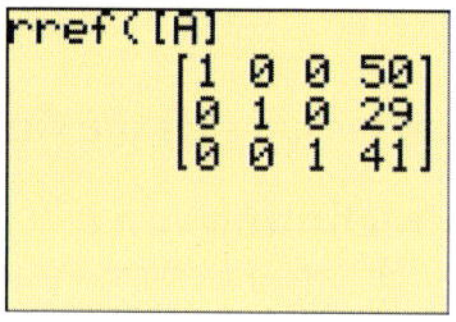

Das dargestellte Ergebnis ist wie folgt zu interpretieren.

$$\begin{pmatrix} 1 & 0 & 0 & 50 \\ 0 & 1 & 0 & 29 \\ 0 & 0 & 1 & 41 \end{pmatrix} \Leftrightarrow \begin{array}{l} 1a + 0b + 0c = 50 \Rightarrow a = 50 \text{ [GE]} \\ 0a + 1b + 0c = 29 \Rightarrow b = 29 \text{ [GE]} \\ 0a + 0b + 1c = 41 \Rightarrow c = 41 \text{ [GE]} \end{array}$$

Zusammenfassung

- Die Gesamtheit von z Gleichungen und s Unbekannten (Variablen) in der Form

$$\begin{array}{l} a_{11} \cdot x_1 + a_{12} \cdot x_2 + \dots + a_{1s} \cdot x_s = y_1 \\ a_{21} \cdot x_1 + a_{22} \cdot x_2 + \dots + a_{2s} \cdot x_s = y_2 \\ \vdots \\ a_{z1} \cdot x_1 + a_{z2} \cdot x_2 + \dots + a_{zs} \cdot x_s = y_z \end{array}$$

  heißt **lineares Gleichungssystem (LGS).**

- LGS können als Produkt einer Matrix und eines Spaltenvektors dargestellt werden:

$$\boldsymbol{A} \cdot \vec{x} = \vec{y} \Leftrightarrow \begin{pmatrix} a_{11} & a_{12} & \dots & a_{1s} \\ a_{21} & a_{22} & \dots & a_{2s} \\ \vdots & \vdots & \ddots & \vdots \\ a_{z1} & a_{z2} & \dots & a_{zs} \end{pmatrix} \cdot \begin{pmatrix} x_1 \\ x_2 \\ \vdots \\ x_s \end{pmatrix} = \begin{pmatrix} y_1 \\ y_2 \\ \vdots \\ y_z \end{pmatrix}$$

- $\boldsymbol{A} \cdot \vec{x} = \vec{y}$ kann als **erweiterte Koeffizientenmatrix $\boldsymbol{A} \mid \vec{y}$** geschrieben werden:

$$\boldsymbol{A} \mid \vec{y} = \left(\begin{array}{cccc|c} a_{11} & a_{12} & \dots & a_{1s} & y_1 \\ a_{21} & a_{22} & \dots & a_{2s} & y_2 \\ \vdots & \vdots & \ddots & \vdots & \vdots \\ a_{z1} & a_{z2} & \dots & a_{zs} & y_z \end{array}\right)$$

- Der linke Teil der erweiterten Koeffizientenmatrix kann mithilfe des Gauß-Algorithmus in eine obere Dreiecksmatrix umgeformt werden: $\left(\begin{array}{cccc|c} b_{11} & b_{12} & \cdots & b_{1s} & c_1 \\ 0 & b_{22} & \cdots & b_{2s} & c_2 \\ \vdots & 0 & \ddots & \vdots & \vdots \\ 0 & \cdots & \cdots & b_{zs} & c_z \end{array}\right)$
- Die Variablen x_1 bis x_s können berechnet werden, wenn die umgeformte Matrix als lineares Gleichungssystem geschrieben wird.

Übungsaufgaben

1 Lösen Sie die linearen Gleichungssysteme mithilfe des Gauß-Algorithmus.

a) $4a + 7b = 61$
$2a + 9b = 69$

b) $5a - 3b = -26{,}5$
$12a + 4b = -58$

c) $-\frac{2}{3}a - \frac{1}{2}b = -\frac{9}{14}$
$\frac{7}{4}a + \frac{3}{9}b = \frac{473}{336}$

d) $4a + 3b + 6c = 74$
$5a + 2b + 7c = 81$
$9a + 5b + 2c = 56$

e) $2a - 3b + 5c = 56$
$-4a + 6b - 3c = -63$
$-3a - 4b + 8c = 67$

f) $-\frac{3}{4}a + \frac{1}{2}b - \frac{2}{7}c = -\frac{4}{49}$
$\frac{2}{7}a - \frac{3}{4}b - \frac{1}{2}c = -\frac{9}{16}$
$\frac{1}{2}a + \frac{3}{4}b - \frac{2}{7}c = \frac{573}{784}$

2 Bestimmen Sie jeweils den Lösungsvektor $\vec{x}$ mithilfe des Gauß-Algorithmus.

a) $\begin{pmatrix} 2 & 3 \\ 7 & 3 \end{pmatrix} \cdot \begin{pmatrix} x_1 \\ x_2 \end{pmatrix} = \begin{pmatrix} 26 \\ 46 \end{pmatrix}$

b) $\begin{pmatrix} -3 & 5 \\ -2 & -2 \end{pmatrix} \cdot \begin{pmatrix} x_1 \\ x_2 \end{pmatrix} = \begin{pmatrix} -6 \\ -20 \end{pmatrix}$

c) $\begin{pmatrix} \frac{1}{2} & \frac{3}{4} \\ \frac{-5}{8} & \frac{2}{3} \end{pmatrix} \cdot \begin{pmatrix} x_1 \\ x_2 \end{pmatrix} = \begin{pmatrix} 0 \\ \frac{77}{24} \end{pmatrix}$

d) $\begin{pmatrix} 1 & 2 & 3 \\ 2 & 3 & 1 \\ 3 & 2 & 1 \end{pmatrix} \cdot \begin{pmatrix} x_1 \\ x_2 \\ x_3 \end{pmatrix} = \begin{pmatrix} 57 \\ 46 \\ 43 \end{pmatrix}$

e) $\begin{pmatrix} -3 & 4 & -5 \\ 2 & 1 & -7 \\ -3 & -5 & 8 \end{pmatrix} \cdot \begin{pmatrix} x_1 \\ x_2 \\ x_3 \end{pmatrix} = \begin{pmatrix} -24 \\ -43 \\ 59 \end{pmatrix}$

f) $\begin{pmatrix} 0{,}25 & 0{,}3 & 0{,}7 \\ -0{,}35 & 0{,}4 & -0{,}5 \\ 0{,}8 & 0{,}1 & 0{,}2 \end{pmatrix} \cdot \begin{pmatrix} x_1 \\ x_2 \\ x_3 \end{pmatrix} = \begin{pmatrix} 7{,}85 \\ -3{,}05 \\ 4{,}5 \end{pmatrix}$

3 Formen Sie die linken Teile der erweiterten Koeffizientenmatrizen mithilfe des Gauß-Algorithmus in obere Dreiecksmatrizen um und bestimmen Sie die Variablen.

a) $\boldsymbol{A}|\vec{b} = \left(\begin{array}{cc|c} 4 & 5 & 52 \\ 3 & 1 & 72 \end{array}\right)$

b) $\boldsymbol{A}|\vec{b} = \left(\begin{array}{cc|c} -3 & 6 & 165 \\ 7 & -5 & -25 \end{array}\right)$

c) $\boldsymbol{A}|\vec{b} = \left(\begin{array}{cc|c} \frac{3}{4} & \frac{1}{2} & 17{,}5 \\ \frac{1}{4} & \frac{2}{3} & 15{,}8\overline{3} \end{array}\right)$

d) $\boldsymbol{A}|\vec{b} = \left(\begin{array}{ccc|c} 3 & 5 & 1 & 38 \\ 2 & 4 & 6 & 44 \\ 4 & 2 & 4 & 40 \end{array}\right)$

e) $\boldsymbol{A}|\vec{b} = \left(\begin{array}{ccc|c} -2 & 4 & 6 & 64 \\ 4 & -7 & 8 & -33 \\ -2 & -3 & -1 & -69 \end{array}\right)$

f) $\boldsymbol{A}|\vec{b} = \left(\begin{array}{ccc|c} \frac{1}{2} & \frac{1}{2} & \frac{2}{7} & 5 \\ \frac{4}{9} & \frac{7}{8} & \frac{1}{3} & \frac{121}{18} \\ \frac{3}{5} & \frac{1}{5} & \frac{3}{8} & 4{,}625 \end{array}\right)$

4 Ein einfaches Produkt der Industrie besteht nur aus zwei Rohstoffen. Werden 12 ME des Rohstoffes R1 und 17 ME des Rohstoffes R2 eingesetzt, betragen die Rohstoffkosten 213 GE. Werden hingegen 20 ME von R1 und 13 ME von R2 verwendet, betragen die Rohstoffkosten 217 GE. Berechnen Sie die Rohstoffpreise in GE/ME.

5 Ein Pharmakonzern produziert aus Hexadryl und Diphtan das Medikament Hexatan. Das Medikament wird als reguläres Produkt und als Hexatan forte mit erhöhter Wirkstoffmenge angeboten. Eine Tablette Hexatan besteht aus 80 mg Hexadryl und 120 mg Diphtan. Die Rohstoffkosten betragen 26 Cent. Bei Hexatan forte ist die Hexadrylmenge um 40 % geringer. Dafür wird doppelt so viel Diphtan eingesetzt wie bei dem Standardpräparat. Die Rohstoffkosten für eine Tablette Hexatan forte betragen 24 Cent.

Wie viel kostet jeweils ein mg der beiden Wirkstoffe?

6 Ein Schokoladenhersteller setzt in der Produktion unter anderem Milchpulver, Kakaomasse und Zucker ein. In drei Sorten werden unterschiedliche Mengen (in ME) verwendet.

	Milchpulver	**Kakaomasse**	**Zucker**
Sorte 1	2	4	8
Sorte 2	4	5	6
Sorte 3	3	3	3

Die Produktionskosten der Sorte 1 betragen 86 GE/ME, die der Sorte 2 betragen 83 GE/ME und die der Sorte 3 betragen 48 GE/ME.

Berechnen Sie die Rohstoffpreise in GE/ME.

7 Ein Zulieferer der Möbelindustrie verpackt Schrauben, Muttern und Nägel in Plastikbeutel. Für das kleine Regal werden jeweils 6 Schrauben und Muttern sowie 10 Nägel benötigt. Das mittlere Regal benötigt doppelt so viele Schrauben wie das kleine Regal, aber nur ein Drittel mehr Muttern. Die Anzahl der Nägel ist hingegen doppelt so hoch. In dem Beutel für das größte Regal sind fünfmal so viele Schrauben wie in dem für das kleine Regal. Die Anzahl der Muttern ist mit der Anzahl der Nägel des mittleren Regals identisch. Darüber hinaus werden so viele Nägel benötigt, wie die Summe der Nägel der beiden kleineren Modelle und der Anzahl der Muttern des mittleren Regals.

Wie viel Gramm wiegt jedes Metallteil, wenn der Beutel für das kleinste Regal 92 g wiegt, der für das mittlere Regal um 76 g schwerer ist und der für das größte Regal mit 396 g am schwersten ist?

8 Lösen Sie die linearen Gleichungssysteme mithilfe des Taschenrechners.

a)
$$\begin{aligned} 2a + 3b + 7c + 8d &= 66 \\ 1a + 5b + 9c + 10d &= 86 \\ 16a + 12b + 11c + 6d &= 193 \\ 4a + 13b + 15c + 14d &= 180 \end{aligned}$$

b)
$$\begin{aligned} -3a + 2b + 7c + 6d &= 73 \\ 3a - 3b - 9c + \tfrac{3}{4}d &= -33 \\ \tfrac{1}{2}a + 2b + 10c + 2d &= 83{,}5 \\ -4a - 2b - 3c - 4d &= -82 \end{aligned}$$

c)
$$\begin{aligned} 4a + 3b - 6c - 2d - 7e &= -50 \\ -2a + 4b - 3c - 5d - 2e &= -55 \\ 9a + 1b + 2c - 4d - 6e &= 16 \\ -3a - 5b - 6c - 8d + 2e &= -156 \\ -5a + 2b - 2c - 9d + 1e &= -96 \end{aligned}$$

9 Bestimmen Sie jeweils den Lösungsvektor $\vec{x}$ mithilfe des Taschenrechners.

a) $\begin{pmatrix} -2 & 4 & 3 & -1 \\ 0 & 2 & 4 & 1 \\ 3 & 2 & 1 & 0 \\ 5 & 6 & 2 & 2 \end{pmatrix} \cdot \begin{pmatrix} x_1 \\ x_2 \\ x_3 \\ x_4 \end{pmatrix} = \begin{pmatrix} 1 \\ 2 \\ 8 \\ -3 \end{pmatrix}$

b) $\begin{pmatrix} \frac{2}{3} & \frac{5}{8} & \frac{1}{2} & \frac{5}{6} \\ \frac{5}{6} & \frac{1}{2} & \frac{2}{3} & \frac{5}{8} \\ \frac{5}{8} & \frac{2}{3} & \frac{5}{6} & \frac{1}{2} \\ \frac{1}{2} & \frac{5}{6} & \frac{5}{8} & \frac{2}{3} \end{pmatrix} \cdot \begin{pmatrix} x_1 \\ x_2 \\ x_3 \\ x_4 \end{pmatrix} = \begin{pmatrix} \frac{251}{144} \\ \frac{27}{16} \\ \frac{977}{576} \\ \frac{127}{72} \end{pmatrix}$

c) $\begin{pmatrix} 1 & 3 & 5 & 4 & 2 \\ 4 & 2 & 1 & 5 & 3 \\ 2 & 5 & 3 & 1 & 4 \\ 5 & 3 & 2 & 4 & 1 \\ 2 & 1 & 4 & 3 & 5 \end{pmatrix} \cdot \begin{pmatrix} x_1 \\ x_2 \\ x_3 \\ x_4 \\ x_5 \end{pmatrix} = \begin{pmatrix} -20 \\ -10 \\ 15 \\ -12 \\ -27 \end{pmatrix}$

10 Bestimmen Sie die Variablen mithilfe des Taschenrechners.

a) $\boldsymbol{A}|\vec{b} = \left(\begin{array}{cccc|c} 1{,}5 & 2{,}3 & 1{,}8 & -3{,}4 & -7{,}11 \\ -2{,}5 & 1{,}6 & 4{,}2 & -1{,}6 & 29{,}06 \\ 3 & 5 & 1 & 8 & -12{,}8 \\ -2 & -3 & -4 & -5 & -16{,}8 \end{array}\right)$

b) $\boldsymbol{A}|\vec{b} = \left(\begin{array}{cccc|c} -2 & -3 & 5 & 1 & -43{,}\overline{3} \\ \frac{1}{2} & -\frac{3}{4} & -2 & 3 & \frac{25}{3} \\ 0{,}5 & 0{,}23 & 0{,}75 & 0{,}\overline{3} & -0{,}16 \\ 1 & 2 & 3 & 4 & 12{,}\overline{6} \end{array}\right)$

c) $\boldsymbol{A}|\vec{b} = \left(\begin{array}{ccccc|c} 12 & 17 & 29 & 35 & 13 & 0{,}312 \\ 21 & 34 & 56 & 19 & 23 & 0{,}452 \\ 65 & 31 & 17 & 11 & 87 & 0{,}635 \\ 36 & 42 & 56 & 24 & 18 & 0{,}502 \\ 78 & 32 & 76 & 23 & 14 & 0{,}515 \end{array}\right)$

11 In einem Industriebetrieb werden aus den fünf Rohstoffen R1 bis R5 die fünf Zwischenprodukte Z1 bis Z5 gefertigt. Die dafür benötigten Mengen (in ME) lassen sich der Tabelle entnehmen.

	Z1	**Z2**	**Z3**	**Z4**	**Z5**
R1	5	3	4	3	3
R2	2	2	2	4	2
R3	3	5	1	1	5
R4	6	1	5	1	6
R5	1	2	2	2	4

Wie viel GE/ME kostet jeder Rohstoff, wenn die Rohstoffkosten für jeweils 1 ME Z1, Z2, Z3, Z4 oder Z5 55 GE, 34 GE, 60 GE, 68 GE oder 42 GE betragen?

12 **Hinweis:** Lesen Sie bei Bedarf zunächst Kapitel 2.1.5.

In einem Industriebetrieb werden in einem zweistufigen Produktionsprozess Rohstoffe (R) und Zwischenprodukte (Z) zu den Endprodukten E1, E2 und E3 verarbeitet.

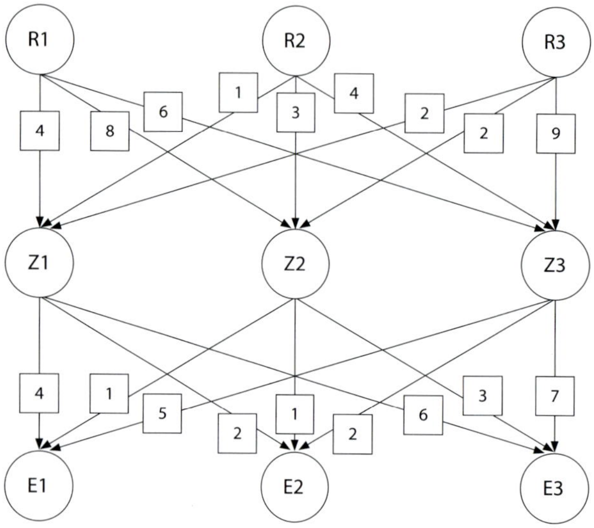

Bestimmen Sie die Preise der Rohstoffe, wenn für die Rohstoffkosten $\vec{k}_R \cdot \boldsymbol{C}_{RE} = (488 \quad 238 \quad 780)$ gilt.

2.1.5 Produktionsmengen und Bedarfsplanung

Eine $\boldsymbol{A}_{RZ}$-Matrix beschreibt die erste Produktionsstufe. Sie wird daher auch häufig **1. Produktionsmatrix** genannt. Die Dimension von $\boldsymbol{A}_{RZ}$ gibt an, wie viele unterschiedliche Rohstoffe (Zeilen) in der ersten Produktionsstufe verwendet bzw. wie viele unterschiedliche Zwischenprodukte (Spalten) hergestellt werden.

$$\boldsymbol{A}_{RZ_{2\times 2}} = \begin{pmatrix} 1 & 2 \\ 3 & 4 \end{pmatrix}_{2\times 2}$$

In der nebenstehenden $\boldsymbol{A}_{RZ}$-Matrix gibt es somit zwei Rohstoffe, die zu zwei Zwischenprodukten verarbeitet werden.

Eine $\boldsymbol{B}_{ZE}$-Matrix beschreibt die zweite Produktionsstufe. Sie wird daher auch häufig **2. Produktionsmatrix** genannt. Analog zu $\boldsymbol{A}_{RZ}$ gibt die Dimension von $\boldsymbol{B}_{ZE}$ an, aus wie vielen unterschiedlichen Zwischenprodukten (Zeilen) wie viele unterschiedliche Endprodukte (Spalten) produziert werden.

$$\boldsymbol{B}_{ZE_{2\times 3}} = \begin{pmatrix} 5 & 6 & 7 \\ 8 & 9 & 10 \end{pmatrix}_{2\times 3}$$

In der nebenstehenden $\boldsymbol{B}_{ZE}$-Matrix gibt es somit zwei Zwischenprodukte, aus denen drei Endprodukte produziert werden.

Werden die beiden Matrizen miteinander multipliziert, so ergibt sich die **Rohstoff-Endprodukt-Matrix** ($\boldsymbol{C}_{RE}$-Matrix), die häufig auch **Bedarfsmatrix** genannt wird.

Matrizen können nur dann miteinander multipliziert werden, wenn die Anzahl der Spalten der ersten Matrix mit der Anzahl der Zeilen der zweiten Matrix übereinstimmt.

Anschaulich: Schreibt man nur die Dimensionen der Matrizen hintereinander, so müssen die beiden „mittleren Zahlen" identisch sein, z. B.: $5 \times n \cdot n \times 3 \Rightarrow 5 \times 3$.

Die Multiplikation von Matrizen ist nicht kommutativ. Es gilt $\boldsymbol{A} \cdot \boldsymbol{B} \neq \boldsymbol{B} \cdot \boldsymbol{A}$. Dies gilt auch dann, wenn sowohl $\boldsymbol{A} \cdot \boldsymbol{B}$ als auch $\boldsymbol{B} \cdot \boldsymbol{A}$ definiert sind.

Matrizen werden mit dem **Falk'schen Schema** miteinander multipliziert.

$\boldsymbol{A}_{\text{RZ}} = \begin{pmatrix} 1 & 2 \\ 3 & 4 \end{pmatrix}$ und $\boldsymbol{B}_{\text{ZE}} = \begin{pmatrix} 5 & 6 & 7 \\ 8 & 9 & 10 \end{pmatrix}$

Falk'sches Schema

		5	6	7
		8	9	10
1	2	$1 \cdot 5 + 2 \cdot 8$	$1 \cdot 6 + 2 \cdot 9$	$1 \cdot 7 + 2 \cdot 10$
3	4	$3 \cdot 5 + 4 \cdot 8$	$3 \cdot 6 + 4 \cdot 9$	$3 \cdot 7 + 4 \cdot 10$

Die Ergebnismatrix hat immer so viele Zeilen wie die erste Matrix und so viele Spalten wie die zweite Matrix.

$$\text{Also ist } \boldsymbol{C}_{\text{RE}} = \begin{pmatrix} 1 \cdot 5 + 2 \cdot 8 & 1 \cdot 6 + 2 \cdot 9 & 1 \cdot 7 + 2 \cdot 10 \\ 3 \cdot 5 + 4 \cdot 8 & 3 \cdot 6 + 4 \cdot 9 & 3 \cdot 7 + 4 \cdot 10 \end{pmatrix}_{2 \times 3}$$
$$= \begin{pmatrix} 21 & 24 & 27 \\ 47 & 54 & 61 \end{pmatrix}_{2 \times 3}$$

		b_{11}	b_{12}	b_{13}
		b_{21}	b_{22}	b_{23}
a_{11}	a_{12}	$a_{11} \cdot b_{11} + a_{12} \cdot b_{21}$	$a_{11} \cdot b_{12} + a_{12} \cdot b_{22}$	$a_{11} \cdot b_{13} + a_{12} \cdot b_{23}$
a_{21}	a_{22}	$a_{21} \cdot b_{11} + a_{22} \cdot b_{21}$	$a_{21} \cdot b_{12} + a_{22} \cdot b_{22}$	$a_{21} \cdot b_{13} + a_{22} \cdot b_{23}$

Multiplikation von Matrizen
(Falk'sches Schema am Beispiel $A_{2\times2} \cdot B_{2\times3}$)

Die Multiplikation von Matrizen kann mit dem Taschenrechner durchgeführt werden[1)].

[1)] vgl. Anhang Nr. 14

Zunächst müssen die Matrizen eingegeben und unter den gewünschten Namen abgespeichert werden.	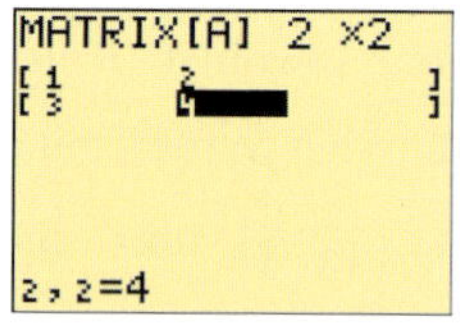 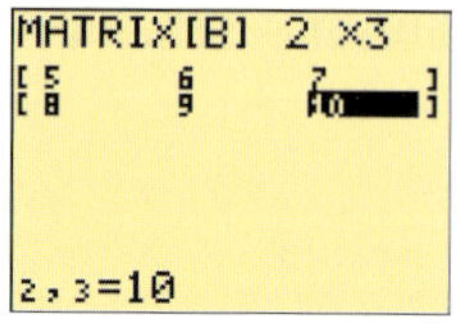
Anschließend im Hauptbildschirm mit 2ND, [MATRIX], 1:[A] die erste Matrix aufrufen. Nun × eingeben und mit 2ND, [MATRIX], 2:[B] die zweite Matrix aufrufen. ENTER liefert das gewünschte Ergebnis.	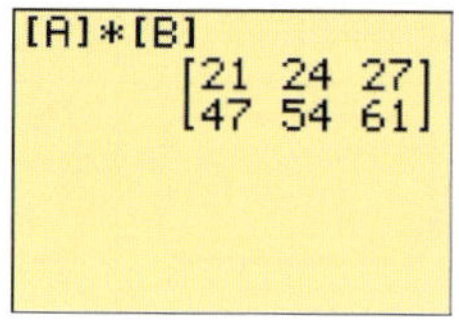

Aus der Dimension der Bedarfsmatrix lässt sich ablesen, dass aus zwei unterschiedlichen Rohstoffen drei unterschiedliche Endprodukte produziert werden.

$$\boldsymbol{C}_{RE\,2\times3} = \begin{pmatrix} 21 & 24 & 27 \\ 47 & 54 & 61 \end{pmatrix}_{2\times3}$$

Die einzelnen Elemente von $\boldsymbol{C}_{RE}$ geben den Rohstoffbedarf der Endprodukte an. So bedeutet $c_{12} = 24$ z. B., dass 24 ME vom Rohstoff R1 benötigt werden, um 1 ME des Endproduktes E2 herzustellen.

$\boldsymbol{A}_{RZ} \cdot \boldsymbol{B}_{ZE} = \boldsymbol{C}_{RE}$
Bedarfsmatrix (Rohstoff-Endprodukt-Matrix)

Situation 6

In einem Industriebetrieb lässt sich der zweistufige Produktionsprozess durch das nebenstehende Verflechtungsdiagramm beschreiben.

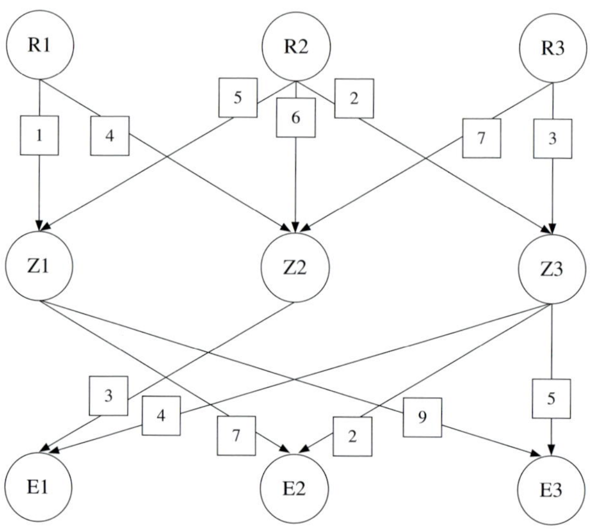

Erstellen Sie die Rohstoff-Zwischenprodukt- sowie die Zwischenprodukt-Endprodukt-Matrix und berechnen Sie den Rohstoffbedarf für jedes Endprodukt.

Lösung

$$A_{RZ} = \begin{pmatrix} 1 & 4 & 0 \\ 5 & 6 & 2 \\ 0 & 7 & 3 \end{pmatrix} \qquad B_{ZE} = \begin{pmatrix} 0 & 7 & 9 \\ 3 & 0 & 0 \\ 4 & 2 & 5 \end{pmatrix}$$

$$C_{RE} = A_{RZ} \cdot B_{ZE} = \begin{pmatrix} 1 & 4 & 0 \\ 5 & 6 & 2 \\ 0 & 7 & 3 \end{pmatrix} \cdot \begin{pmatrix} 0 & 7 & 9 \\ 3 & 0 & 0 \\ 4 & 2 & 5 \end{pmatrix} = \begin{pmatrix} 12 & 7 & 9 \\ 26 & 39 & 55 \\ 33 & 6 & 15 \end{pmatrix}$$

Für die Produktion von 1 ME E3 werden 9 ME von R1 benötigt. Für die Produktion von 1 ME E1 werden 26 ME von R2 benötigt. Die übrigen Elemente sind entsprechend zu interpretieren.

Die **Bedarfsmatrix** (C_{RE}-Matrix) gibt immer nur den Rohstoffbedarf für jeweils eine Mengeneinheit der Endprodukte an. Um den **Rohstoffbedarfsvektor** $\vec{r}$ einer anderen Produktionsmenge bestimmen zu können, muss die Bedarfsmatrix C_{RE} mit dem **Produktionsmengenvektor** $\vec{m}$ multipliziert werden[1].

$$\vec{r} = C_{RE} \cdot \vec{m}$$

Rohstoffbedarfsvektor

Situation 7

Ein Pharmakonzern stellt aus den Chemikalien C1 bis C3 zunächst die Grundmischungen G1 bis G4 her, die dann zu den Medikamenten M1 und M2 weiterverarbeitet werden. Der Produktionsprozess lässt sich durch die beiden nachfolgenden Tabellen beschreiben.

→	G1	G2	G3	G4
C1	5	4	2	6
C2	6	2	8	1
C3	2	4	6	2

→	M1	M1
G1	1	3
G2	4	6
G3	7	2
G4	3	2

Der Pharmakonzern möchte 30 ME vom Medikament M1 und 50 ME vom Medikament M2 herstellen. Berechnen Sie, wie viele ME der drei Chemikalien jeweils benötigt werden (Rohstoffbedarf).

[1] Die Vorgehensweise bei der Multiplikation von Matrizen und Vektoren ist identisch mit der Multiplikation von zwei Matrizen, da Vektoren Matrizen mit nur einer Spalte oder einer Zeile sind.

Lösung

$$\boldsymbol{A}_{\mathrm{CG}} = \begin{pmatrix} 5 & 4 & 2 & 6 \\ 6 & 2 & 8 & 1 \\ 2 & 4 & 6 & 2 \end{pmatrix} \qquad \boldsymbol{B}_{\mathrm{GM}} = \begin{pmatrix} 1 & 3 \\ 4 & 6 \\ 7 & 2 \\ 3 & 2 \end{pmatrix} \qquad \vec{m} = \begin{pmatrix} 30 \\ 50 \end{pmatrix}$$

$$\boldsymbol{C}_{\mathrm{CM}} = \boldsymbol{A}_{\mathrm{CG}} \cdot \boldsymbol{B}_{\mathrm{GM}} = \begin{pmatrix} 5 & 4 & 2 & 6 \\ 6 & 2 & 8 & 1 \\ 2 & 4 & 6 & 2 \end{pmatrix} \cdot \begin{pmatrix} 1 & 3 \\ 4 & 6 \\ 7 & 2 \\ 3 & 2 \end{pmatrix} = \begin{pmatrix} 53 & 55 \\ 73 & 48 \\ 66 & 46 \end{pmatrix}$$

$$\vec{r} = \boldsymbol{C}_{\mathrm{CM}} \cdot \vec{m} = \begin{pmatrix} 53 & 55 \\ 73 & 48 \\ 66 & 46 \end{pmatrix} \cdot \begin{pmatrix} 30 \\ 50 \end{pmatrix} = \begin{pmatrix} 4340 \\ 4590 \\ 4280 \end{pmatrix}$$

Für die Produktion von 30 ME des Medikaments M1 und 50 ME des Medikaments M2 werden 4340 ME der Chemikalie C1, 4590 ME der Chemikalie C2 und 4280 ME der Chemikalie C3 benötigt.

Bislang waren bei allen Aufgaben immer die 1. und 2. Produktionsmatrix bekannt, z. B. $\boldsymbol{A}_{\mathrm{RZ}}$ und $\boldsymbol{B}_{\mathrm{ZE}}$. Die Bedarfsmatrix ließ sich dann als das Produkt von $\boldsymbol{A}_{\mathrm{RZ}}$ und $\boldsymbol{B}_{\mathrm{ZE}}$ bestimmen.

Wenn in einer Aufgabe jedoch nur eine der Produktionsmatrizen $\boldsymbol{A}_{\mathrm{RZ}}$ oder $\boldsymbol{B}_{\mathrm{ZE}}$ und die Bedarfsmatrix $\boldsymbol{C}_{\mathrm{RE}}$ gegeben sind, lässt sich die fehlende Produktionsmatrix mithilfe der **Inversen** der gegebenen Produktionsmatrix bestimmen, wenn die gegebene Produktionsmatrix eine **quadratische Matrix** ist.

Die Division von Matrizen ist nicht definiert. Dennoch lassen sich Gleichungen der Form $\boldsymbol{A} \cdot \boldsymbol{B} = \boldsymbol{C}$ nach $\boldsymbol{A}$ oder $\boldsymbol{B}$ auflösen, wenn für $\boldsymbol{A}$ oder $\boldsymbol{B}$ die **Inverse** $\boldsymbol{A}^{-1}$ oder $\boldsymbol{B}^{-1}$ existiert. Als Inverse wird die Matrix bezeichnet, die als Produkt mit der Ausgangsmatrix die Einheitsmatrix ergibt.

Gibt es zu einer quadratischen Matrix $\boldsymbol{A}$ eine Matrix $\boldsymbol{A}^{-1}$, für die gilt $\boldsymbol{A} \cdot \boldsymbol{A}^{-1} = \boldsymbol{A}^{-1} \cdot \boldsymbol{A} = \boldsymbol{E}$, so ist $\boldsymbol{A}^{-1}$ die Inverse zu $\boldsymbol{A}$.

Gleichungen der Form $\boldsymbol{A} \cdot \boldsymbol{B} = \boldsymbol{C}$ lassen sich dann mithilfe der **links**- oder **rechtsseitigen Multiplikation** nach $\boldsymbol{A}$ oder $\boldsymbol{B}$ auflösen, da die Einheitsmatrix $\boldsymbol{E}$ das neutrale Element der Multiplikation ist.

Linksseitige Multiplikation
(der **linke** Faktor muss eliminiert werden)

$$\begin{aligned} \boldsymbol{A} \cdot \boldsymbol{B} &= \boldsymbol{C} \qquad \Big| \cdot \boldsymbol{A}^{-1} \\ \underbrace{\boldsymbol{A}^{-1} \cdot \boldsymbol{A}} \cdot \boldsymbol{B} &= \boldsymbol{A}^{-1} \cdot \boldsymbol{C} \\ \underbrace{\boldsymbol{E} \cdot \boldsymbol{B}} &= \boldsymbol{A}^{-1} \cdot \boldsymbol{C} \\ \boldsymbol{B} &= \boldsymbol{A}^{-1} \cdot \boldsymbol{C} \end{aligned}$$

Rechtsseitige Multiplikation
(der **rechte** Faktor muss eliminiert werden)

$$\begin{aligned} \boldsymbol{A} \cdot \boldsymbol{B} &= \boldsymbol{C} \qquad \Big| \cdot \boldsymbol{B}^{-1} \\ \boldsymbol{A} \cdot \underbrace{\boldsymbol{B} \cdot \boldsymbol{B}^{-1}} &= \boldsymbol{C} \cdot \boldsymbol{B}^{-1} \\ \underbrace{\boldsymbol{A} \cdot \boldsymbol{E}} &= \boldsymbol{C} \cdot \boldsymbol{B}^{-1} \\ \boldsymbol{A} &= \boldsymbol{C} \cdot \boldsymbol{B}^{-1} \end{aligned}$$

Die quadratische Matrix $\boldsymbol{A}$ besitzt nur dann eine Inverse $\boldsymbol{A}^{-1}$, wenn die **Determinante**[1] der Matrix $\boldsymbol{A}$ ungleich 0 ist. Wenn zu einer quadratischen Matrix eine Inverse existiert, heißt sie **reguläre Matrix**. Existiert keine Inverse, ist also $\det(\boldsymbol{A}) = 0$, heißt sie **singuläre Matrix**.

[1] vgl. S. 73

Für Inversen der Dimension 2 × 2 gilt:

$$A^{-1} = \frac{1}{\det(A)} \cdot \begin{pmatrix} d & -b \\ -c & a \end{pmatrix} = \frac{1}{ad - bc} \cdot \begin{pmatrix} d & -b \\ -c & a \end{pmatrix} \text{ mit } A = \begin{pmatrix} a & b \\ c & d \end{pmatrix}$$

Inverse einer 2×2 -Matrix

Beispiel

$$A = \begin{pmatrix} 1 & 2 \\ 3 & 4 \end{pmatrix}$$

$$A\text{–}1 = \frac{1}{1 \cdot 4 - 2 \cdot 3} \cdot \begin{pmatrix} 4 & -2 \\ -3 & 1 \end{pmatrix} = -\frac{1}{2}\begin{pmatrix} 4 & -2 \\ -3 & 1 \end{pmatrix} = \begin{pmatrix} -2 & 1 \\ 1{,}5 & -0{,}5 \end{pmatrix}$$

Solche Formeln existieren auch für Matrizen mit größeren Dimensionen.

Da die Berechnung jedoch bereits bei einer Matrix der Dimension 3 × 3 sehr aufwendig ist, werden die Inversen von Matrizen, die eine größere Dimension als 2 × 2 besitzen, in der Regel mit dem **Gauß-Jordan-Algorithmus**[1] berechnet. Der Gauß-Jordan-Algorithmus[2] dient zum Lösen linearer Gleichungssysteme[3]. Ziel ist die Umformung $(A|E) \sim (E|A^{-1})$.
Dabei ist $(A|E)$ die um eine Einheitsmatrix der gleichen Dimension erweiterte zu invertierende Matrix.

$$A|E = \left(\begin{array}{cccc|cccc} a_{11} & a_{12} & \cdots & a_{1n} & 1 & 0 & \cdots & 0 \\ a_{21} & a_{22} & \cdots & a_{2n} & 0 & 1 & \cdots & 0 \\ \vdots & \vdots & \ddots & \vdots & \vdots & \vdots & \ddots & \vdots \\ a_{n1} & a_{n2} & \cdots & a_{nn} & 0 & 0 & \cdots & 1 \end{array}\right)$$

Um die Einheitsmatrix erweiterte Matrix $A|E$

Es sind folgende drei Äquivalenzumformungen erlaubt:

1. Vertauschen von Zeilen.
2. Multiplizieren einer oder mehrerer Zeilen mit einem Faktor $s \in \mathbb{R}^*$.
3. Addieren oder Subtrahieren des Vielfachen einer Zeile zu einer anderen.

Beispiel

Gesucht wird die Inverse für die Matrix $A = \begin{pmatrix} 2 & 2 & 2 \\ 4 & 2 & 1 \\ 8 & 4 & 1 \end{pmatrix}$.

$$\left(\begin{array}{ccc|ccc} 2 & 2 & 2 & 1 & 0 & 0 \\ 4 & 2 & 1 & 0 & 1 & 0 \\ 8 & 4 & 1 & 0 & 0 & 1 \end{array}\right) \quad \begin{array}{l} \\ |-2 \cdot \text{I} \\ |-4 \cdot \text{I} \end{array}$$

$$\left(\begin{array}{ccc|ccc} 2 & 2 & 2 & 1 & 0 & 0 \\ 0 & -2 & -3 & -2 & 1 & 0 \\ 0 & -4 & -7 & -4 & 0 & 1 \end{array}\right) \quad \begin{array}{l} |+\text{II} \\ \\ |-2 \cdot \text{II} \end{array}$$

$$\left(\begin{array}{ccc|ccc} 2 & 0 & -1 & -1 & 1 & 0 \\ 0 & -2 & -3 & -2 & 1 & 0 \\ 0 & 0 & -1 & 0 & -2 & 1 \end{array}\right) \quad \begin{array}{l} |-\text{III} \\ |-3 \cdot \text{III} \\ \\ \end{array}$$

---

1) nach den deutschen Mathematikern Carl Friedrich Gauß (1777–1855) und Wilhelm Jordan (1842–1899)

2) Ein Algorithmus ist ein Rechenvorgang, der nach bestimmten, sich wiederholenden Schritten abläuft und nach endlich vielen Wiederholungen zu einer Lösung führt.

3) vgl. Kapitel 2.1.4

$$\left(\begin{array}{ccc|ccc} 2 & 0 & 0 & -1 & 3 & -1 \\ 0 & -2 & 0 & -2 & 7 & -3 \\ 0 & 0 & -1 & 0 & -2 & 1 \end{array}\right) \quad \begin{array}{l} |:2 \\ |:(-2) \\ |\cdot(-1) \end{array}$$

$$\left(\begin{array}{ccc|ccc} 1 & 0 & 0 & -0{,}5 & 1{,}5 & -0{,}5 \\ 0 & 1 & 0 & 1 & -3{,}5 & 1{,}5 \\ 0 & 0 & 1 & 0 & 2 & -1 \end{array}\right)$$

Die Inverse von $\boldsymbol{A} = \begin{pmatrix} 2 & 2 & 2 \\ 4 & 2 & 1 \\ 8 & 4 & 1 \end{pmatrix}$ ist somit $\boldsymbol{A}^{-1} = \begin{pmatrix} -0{,}5 & 1{,}5 & -0{,}5 \\ 1 & -3{,}5 & 1{,}5 \\ 0 & 2 & -1 \end{pmatrix}$.

Inverse Matrizen lassen sich auch mit dem Taschenrechner bestimmen[1].

Zunächst muss eine quadratische Ausgangsmatrix eingegeben und unter dem gewünschten Namen gespeichert werden.

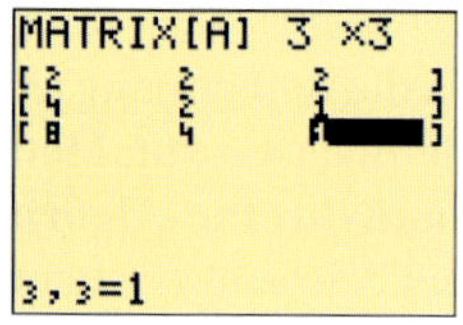

Anschließend im Hauptbildschirm mit [2ND], [MATRIX], 1:[A] die Matrix aufrufen.

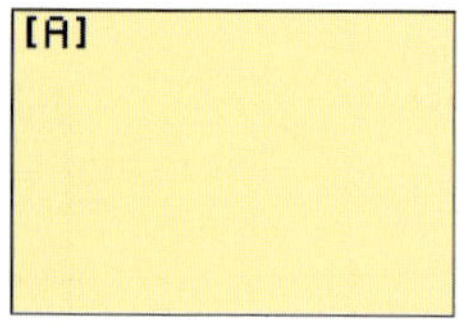

[x^{-1}], [ENTER] liefert die inverse Matrix.

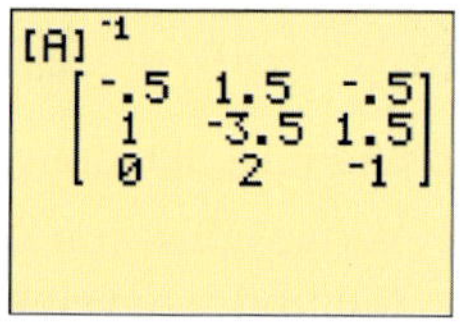

Situation 8

In einem Industriebetrieb werden aus den Rohstoffen R1, R2 und R3 die Zwischenprodukte Z1 und Z2 hergestellt, die dann zu den Endprodukten E1 und E2 weiterverarbeitet werden. Die dafür benötigten Mengen (in ME) lassen sich dem Verflechtungsdiagramm entnehmen.

Bestimmen Sie *a* bis *f* zur Bedarfsmatrix $\boldsymbol{C}_{RE} = \begin{pmatrix} 24 & 20 \\ 31 & 27 \\ 32 & 22 \end{pmatrix}$.

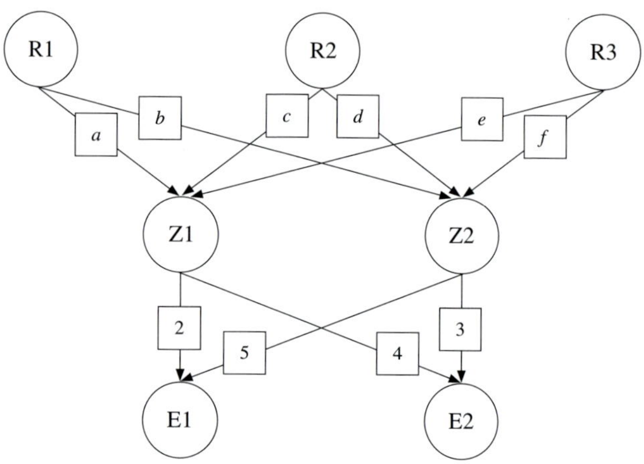

[1] vgl. Anhang Nr. 15

Lösung

Aus dem Verflechtungsdiagramm lässt sich die 2. Produktionsmatrix ($\boldsymbol{B}_{\text{ZE}}$) bestimmen:

$$\boldsymbol{B}_{\text{ZE}} = \begin{pmatrix} 2 & 4 \\ 5 & 3 \end{pmatrix}$$

a bis f sind Elemente der 1. Produktionsmatrix $\boldsymbol{A}_{\text{RZ}} = \begin{pmatrix} a & b \\ c & d \\ e & f \end{pmatrix}$.

Bestimmung der 1. Produktionsmatrix

$$\boldsymbol{A}_{\text{RZ}} \cdot \boldsymbol{B}_{\text{ZE}} = \boldsymbol{C}_{\text{RE}}$$

$$\boldsymbol{A}_{\text{RZ}} \cdot \boldsymbol{B}_{\text{ZE}} \cdot \boldsymbol{B}_{\text{ZE}}^{-1} = \boldsymbol{C}_{\text{RE}} \cdot \boldsymbol{B}_{\text{ZE}}^{-1}$$

$$\boldsymbol{A}_{\text{RZ}} \cdot \boldsymbol{E} = \boldsymbol{C}_{\text{RE}} \cdot \boldsymbol{B}_{\text{ZE}}^{-1}$$

$$\boldsymbol{A}_{\text{RZ}} = \boldsymbol{C}_{\text{RE}} \cdot \boldsymbol{B}_{\text{ZE}}^{-1}$$

$$\boldsymbol{A}_{\text{RZ}} = \boldsymbol{C}_{\text{RE}} \cdot \boldsymbol{B}_{\text{ZE}}^{-1}$$

Bestimmung der 1. Produktionsmatrix
(2. Produktions- und Bedarfsmatrix sind gegeben)

Die Inverse von $\boldsymbol{B}_{\text{ZE}}$ kann mit dem Gauß-Jordan-Algorithmus, mithilfe der Determinante oder dem Taschenrechner bestimmt werden.

Bestimmung der Inversen mit dem Gauß-Jordan-Algorithmus

$$\left(\begin{array}{cc|cc} 2 & 4 & 1 & 0 \\ 5 & 3 & 0 & 1 \end{array}\right) \quad \begin{array}{l} | \cdot 5 \\ | \cdot 2 \end{array}$$

$$\left(\begin{array}{cc|cc} 10 & 20 & 5 & 0 \\ 10 & 6 & 0 & 2 \end{array}\right) \quad \begin{array}{l} \\ | -\text{I} \end{array}$$

$$\left(\begin{array}{cc|cc} 10 & 20 & 5 & 0 \\ 0 & -14 & -5 & 2 \end{array}\right) \quad \begin{array}{l} | \cdot 14 \\ | \cdot 20 \end{array}$$

$$\left(\begin{array}{cc|cc} 140 & 280 & 70 & 0 \\ 0 & -280 & -100 & 40 \end{array}\right) \quad \begin{array}{l} | +\text{II} \\ \end{array}$$

$$\left(\begin{array}{cc|cc} 140 & 0 & -30 & 40 \\ 0 & -280 & -100 & 40 \end{array}\right) \quad \begin{array}{l} | : 140 \\ | : (-280) \end{array}$$

$$\left(\begin{array}{cc|cc} 1 & 0 & -\frac{3}{14} & \frac{2}{7} \\ 0 & 1 & \frac{5}{14} & -\frac{1}{7} \end{array}\right)$$

$$\boldsymbol{A}_{\text{RZ}} = \boldsymbol{C}_{\text{RE}} \cdot \boldsymbol{B}_{\text{ZE}}^{-1} = \begin{pmatrix} 24 & 20 \\ 31 & 27 \\ 32 & 22 \end{pmatrix} \cdot \begin{pmatrix} -\frac{3}{14} & \frac{2}{7} \\ \frac{5}{14} & -\frac{1}{7} \end{pmatrix}$$

$$\boldsymbol{A}_{\text{RZ}} = \begin{pmatrix} 2 & 4 \\ 3 & 5 \\ 1 & 6 \end{pmatrix} = \begin{pmatrix} a & b \\ c & d \\ e & f \end{pmatrix}$$

Situation 9

In einem Industriebetrieb werden aus den Rohstoffen R1 und R2 die Zwischenprodukte Z1 und Z2 hergestellt, die dann zu den Endprodukten E1, E2 und E3 weiterverarbeitet werden. Die dafür benötigten Mengen (in ME) lassen sich dem Verflechtungsdiagramm entnehmen.

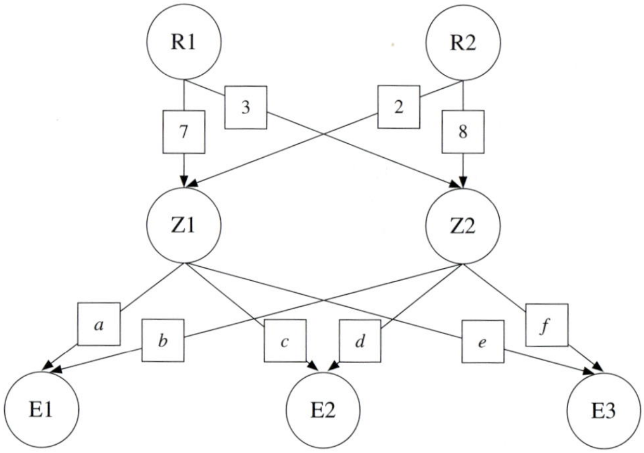

Bestimmen Sie a bis f zur Bedarfsmatrix $\boldsymbol{C}_{\text{RE}} = \begin{pmatrix} 29 & 31 & 39 \\ 44 & 16 & 54 \end{pmatrix}$.

Lösung

Aus dem Verflechtungsdiagramm lässt sich die 1. Produktionsmatrix ($\boldsymbol{A}_{\text{RZ}}$) bestimmen.

$\boldsymbol{A}_{\text{RZ}} = \begin{pmatrix} 7 & 3 \\ 2 & 8 \end{pmatrix}$

a bis f sind Elemente der 2. Produktionsmatrix $\boldsymbol{B}_{\text{ZE}}$.

Bestimmung der 2. Produktionsmatrix

$\boldsymbol{A}_{\text{RZ}} \cdot \boldsymbol{B}_{\text{ZE}} = \boldsymbol{C}_{\text{RE}}$

$\boldsymbol{A}_{\text{RZ}}^{-1} \cdot \boldsymbol{A}_{\text{RZ}} \cdot \boldsymbol{B}_{\text{ZE}} = \boldsymbol{A}_{\text{RZ}}^{-1} \cdot \boldsymbol{C}_{\text{RE}}$

$\boldsymbol{E} \cdot \boldsymbol{B}_{\text{ZE}} = \boldsymbol{A}_{\text{RZ}}^{-1} \cdot \boldsymbol{C}_{\text{RE}}$

$\boldsymbol{B}_{\text{ZE}} = \boldsymbol{A}_{\text{RZ}}^{-1} \cdot \boldsymbol{C}_{\text{RE}}$

$\boldsymbol{B}_{\text{ZE}} = \boldsymbol{A}_{\text{RZ}}^{-1} \cdot \boldsymbol{C}_{\text{RE}}$
Bestimmung der 2. Produktionsmatrix (1. Produktions- und Bedarfsmatrix sind gegeben)

Bestimmung der Inversen mithilfe der Determinante

$$\boldsymbol{A}_{\text{RZ}} = \begin{pmatrix} 7 & 3 \\ 2 & 8 \end{pmatrix}$$

$$\boldsymbol{A}_{\text{RZ}}^{-1} = \frac{1}{7 \cdot 8 - 3 \cdot 2} \cdot \begin{pmatrix} 8 & -3 \\ -2 & 7 \end{pmatrix} = \frac{1}{50} \cdot \begin{pmatrix} 8 & -3 \\ -2 & 7 \end{pmatrix} = \begin{pmatrix} 0{,}16 & -0{,}06 \\ -0{,}04 & 0{,}14 \end{pmatrix}$$

$$\boldsymbol{B}_{\text{ZE}} = \boldsymbol{A}_{\text{RZ}}^{-1} \cdot \boldsymbol{C}_{\text{RE}}$$

$$= \begin{pmatrix} 0{,}16 & -0{,}06 \\ -0{,}04 & 0{,}14 \end{pmatrix} \cdot \begin{pmatrix} 29 & 31 & 39 \\ 44 & 16 & 54 \end{pmatrix}$$

$$\boldsymbol{B}_{\text{ZE}} = \begin{pmatrix} 2 & 4 & 3 \\ 5 & 1 & 6 \end{pmatrix} = \begin{pmatrix} a & c & e \\ b & d & f \end{pmatrix}$$

Zusammenfassung

- Die Matrix A_{RZ} ist die **1. Produktionsmatrix** und beschreibt die erste Produktionsstufe. Ihre Dimension gibt an, wie viele unterschiedliche Rohstoffe (Zeilen) in der ersten Produktionsstufe verwendet und wie viele unterschiedliche Zwischenprodukte (Spalten) hergestellt werden.
- Die Matrix B_{ZE} ist die **2. Produktionsmatrix** und beschreibt die zweite Produktionsstufe. Ihre Dimension gibt an, aus wie vielen unterschiedlichen Zwischenprodukten (Zeilen) wie viele unterschiedliche Endprodukte (Spalten) produziert werden.
- C_{RE} ist die **Bedarfsmatrix**. Die einzelnen Elemente von C_{RE} geben den Rohstoffbedarf der Endprodukte an. Die Anzahl der Zeilen gibt an, wie viele unterschiedliche Rohstoffe verwendet werden. Die Anzahl der Spalten gibt an, wie viele unterschiedliche Endprodukte produziert werden. Es gilt: $A_{RZ} \cdot B_{ZE} = C_{RE}$.
- Multiplikation von Matrizen
  - Matrizen können miteinander multipliziert werden, wenn die Anzahl der Spalten der ersten Matrix mit der Anzahl der Zeilen der zweiten Matrix übereinstimmt.
  - Die Multiplikation von Matrizen ist **nicht** kommutativ: $A \cdot B \neq B \cdot A$
  - Matrizen werden mit dem Falk'schen Schema multipliziert. So gilt für $A_{2\times 2} \cdot B_{2\times 3}$:

	b_{11}	b_{12}	b_{13}
	b_{21}	b_{22}	b_{23}
$a_{11} \quad a_{12}$	$a_{11} \cdot b_{11} + a_{12} \cdot b_{21}$	$a_{11} \cdot b_{12} + a_{12} \cdot b_{22}$	$a_{11} \cdot b_{13} + a_{12} \cdot b_{23}$
$a_{21} \quad a_{22}$	$a_{21} \cdot b_{11} + a_{22} \cdot b_{21}$	$a_{21} \cdot b_{12} + a_{22} \cdot b_{22}$	$a_{21} \cdot b_{13} + a_{22} \cdot b_{23}$

- Der **Rohstoffbedarfsvektor** $\vec{r}$ gibt an, wie viele Rohstoffe für die Produktion einer bestimmten Menge $\vec{m}$ Endprodukte benötigt werden. Es gilt: $C_{RE} \cdot \vec{m} = \vec{r}$
- Inverse Matrix
  - Die Division von Matrizen und Vektoren ist nicht definiert.
  - Gibt es zu einer quadratischen Matrix A eine Matrix A^{-1}, für die gilt $A \cdot A^{-1} = A^{-1} \cdot A = E$, so ist A^{-1} die Inverse zu A.
  - Die quadratische Matrix A besitzt nur dann eine Inverse A^{-1}, wenn die Determinante der Matrix A ungleich 0 ist: $\det(A) \neq 0$
  - $A^{-1} = \frac{1}{\det(A)} \cdot \begin{pmatrix} d & -b \\ -c & a \end{pmatrix} = \frac{1}{ad - bc} \cdot \begin{pmatrix} d & -b \\ -c & a \end{pmatrix}$ mit $A = \begin{pmatrix} a & b \\ c & d \end{pmatrix}$
  - Wenn zu einer quadratischen Matrix eine Inverse existiert, heißt sie **reguläre Matrix**. Existiert keine Inverse, ist also $\det(A) = 0$, heißt sie **singuläre Matrix**.
  - Quadratische Matrizen lassen sich mithilfe des Gauß-Jordan-Algorithmus invertieren. Es gilt: $(A\,|\,E) \sim (E\,|\,A^{-1})$
  - $A \cdot B = C \Leftrightarrow B = A^{-1} \cdot C$
  - $A \cdot B = C \Leftrightarrow A = C \cdot B^{-1}$

- Die 1. Produktionsmatrix kann bei gegebener Bedarfsmatrix und gegebener quadratischer 2. Produktionsmatrix durch $\boldsymbol{A}_{RZ} = \boldsymbol{C}_{RE} \cdot \boldsymbol{B}_{ZE}^{-1}$ bestimmt werden.
- Die 2. Produktionsmatrix kann bei gegebener Bedarfsmatrix und gegebener quadratischer 1. Produktionsmatrix durch $\boldsymbol{B}_{ZE} = \boldsymbol{A}_{RZ}^{-1} \cdot \boldsymbol{C}_{RE}$ bestimmt werden.

Übungsaufgaben

1 In einem Industriebetrieb lässt sich der Produktionsprozess durch die Matrizen $\boldsymbol{A}_{RZ}$ und $\boldsymbol{B}_{ZE}$ beschreiben.

$$\boldsymbol{A}_{RZ} = \begin{pmatrix} 3 & 4 & 1 \\ 5 & 6 & 8 \\ 2 & 7 & 9 \end{pmatrix} \quad \boldsymbol{B}_{ZE} = \begin{pmatrix} 3 & 6 & 3 & 1 \\ 2 & 0 & 2 & 6 \\ 5 & 8 & 0 & 3 \end{pmatrix}$$

Bestimmen Sie die Bedarfsmatrix und interpretieren Sie das Element c_{32} sowie die erste Zeilen- und die zweite Spaltensumme anwendungsbezogen.

2 Bestimmen Sie jeweils die fehlende Matrix.

a) $\boldsymbol{A}_{RZ} \cdot \begin{pmatrix} 4 & 1 \\ 3 & 5 \end{pmatrix} = \begin{pmatrix} 24 & 23 \\ 34 & 17 \end{pmatrix}$

b) $\begin{pmatrix} 4 & 2 & 3 \\ 4 & 6 & 5 \\ 2 & 7 & 1 \end{pmatrix} \cdot \boldsymbol{B}_{ZE} = \begin{pmatrix} 46 & 19 \\ 82 & 37 \\ 49 & 33 \end{pmatrix}$

c) $\begin{pmatrix} 1 & 2 & 3 & 4 \\ 4 & 8 & 6 & 2 \\ 3 & 1 & 4 & 7 \\ 6 & 5 & 2 & 1 \end{pmatrix} \cdot \boldsymbol{B}_{ZE} = \begin{pmatrix} 42 & 44 \\ 84 & 100 \\ 56 & 57 \\ 43 & 55 \end{pmatrix}$

d) $\boldsymbol{A}_{RZ} \cdot \begin{pmatrix} 1 & 3 & 4 \\ 8 & 7 & 9 \end{pmatrix} = \begin{pmatrix} 52 & 54 & 70 \\ 10 & 13 & 17 \end{pmatrix}$

e) $\boldsymbol{A}_{CG} \cdot \begin{pmatrix} 4 & 2 & 3 \\ 8 & 7 & 1 \\ 2 & 5 & 6 \end{pmatrix} = \begin{pmatrix} 52 & 62 & 46 \\ 44 & 33 & 37 \end{pmatrix}$

f) $\begin{pmatrix} 5 & 2 & 1 \\ 3 & 6 & 4 \\ 1 & 4 & 2 \end{pmatrix} \cdot \boldsymbol{B}_{FT} = \begin{pmatrix} 29 & 19 \\ 44 & 53 \\ 22 & 29 \end{pmatrix}$

3 Ein Getränkehersteller produziert aus drei Rohstoffen (R) zunächst drei Zwischenprodukte (Z) in Sirupform, die anschließend zu zwei Multivitaminkonzentraten (E) zusammengemischt werden. Der Verbraucher muss diese zu Hause nur noch mit Wasser verdünnen.

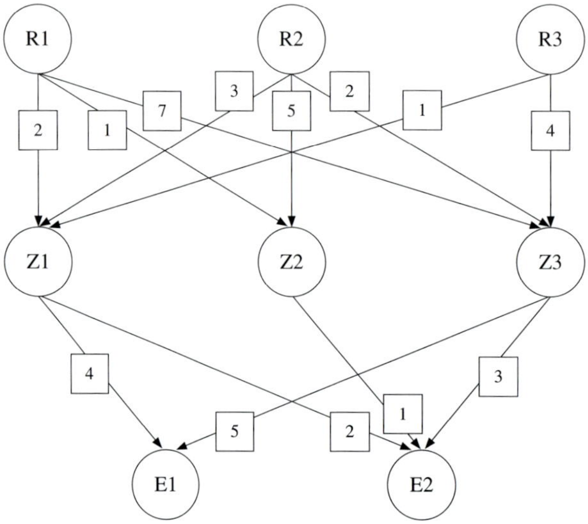

Bestimmen Sie den Rohstoffbedarf der beiden Konzentratsorten, wenn sich der Produktionsprozess durch das dargestellte Verflechtungsdiagramm beschreiben lässt.

4 Ein Schrankhersteller produziert aus Nägeln, Schrauben, Brettern und Leim zunächst die drei Grundkonstruktionen G1, G2 und G3, die anschließend zu sechs ähnlichen Schränken S unterschiedlicher Größe zusammengestellt werden. Die nachfolgenden Tabellen beschreiben den Produktionsprozess eindeutig. Die Mengen sind in ME angegeben.

↱	G1	G2	G3
Schrauben	10	12	15
Nägel	20	14	30
Bretter	3	4	5
Leim	1	1	2

↱	S1	S2	S3	S4	S5	S6
G1	1	0	4	1	2	3
G2	2	3	2	1	2	3
G3	1	2	1	1	2	3

Berechnen Sie die benötigten Rohstoffmengen für jeden der sechs Schränke.

5 In einer Pralinenfabrik werden aus Zucker, Kakaobutter, Kakaomasse und Milchpulver zunächst die Schokoladensorten Bitterschokolade, Milchschokolade und weiße Schokolade hergestellt. Im letzten Produktionsschritt werden die drei Schokoladensorten zu den Pralinen „Tasty“, „Yummy“ und „Delish“ verarbeitet.

100 g Bitterschokolade enthalten 47 g Zucker, 5 g Kakaobutter und 48 g Kakaomasse. Dieselbe Menge Milchschokolade besteht aus 48 g Zucker, 18 g Kakaobutter, 12 g Kakaomasse und 22 g Milchpulver. 100 g weiße Schokolade enthalten 46 g Zucker und 28 g Kakaobutter, der Rest ist Milchpulver.

100 g Tasty-Pralinen bestehen jeweils zur Hälfte aus Bitter- und weißer Schokolade. 100 g Yummy bestehen zu jeweils einem Drittel aus allen drei Sorten und 100 g Delish werden aus 30 g Bitterschokolade, 20 g Milchschokolade und 50 g weißer Schokolade hergestellt.

Zeichnen Sie ein Verflechtungsdiagramm, das den Produktionsprozess der Pralinen beschreibt, und berechnen Sie den Rohstoffbedarf für jeweils 100 g Pralinen.

6 In einem Industriebetrieb lässt sich der Produktionsprozess durch das nachfolgende Verflechtungsdiagramm beschreiben (alle Angaben in ME).

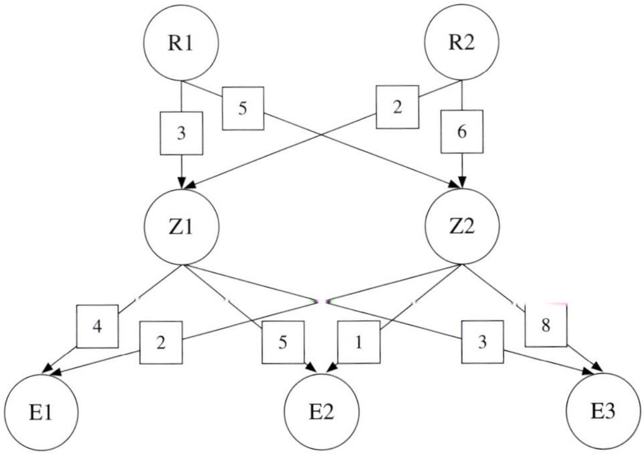

Berechnen Sie den Rohstoffbedarfsvektor, wenn $\vec{m} = \begin{pmatrix} 200 \\ 150 \\ 300 \end{pmatrix}$ ist.

7 Ein Parfumhersteller produziert aus Geranium, Neroli, Tuberose, Bergamotte und Wasser zunächst drei Essenzen (E), aus denen dann die Parfums „Sone", „Arom", „Apansch" und „Erei" hergestellt werden. Eine Drogeriekette bestellt für ihre 135 Filialen alle vier Parfumsorten. Jede Filiale erhält 80 Flacons. Jeweils 20 % sind Sone, 30 % Arom und 10 % Apansch. Der Rest ist Erei.

Berechnen Sie den Rohstoffbedarf des Parfumherstellers, wenn Ihnen diese Daten vorliegen:

↱	E1	E2	E3
Geranium	1	2	1
Neroli	2	3	1
Tuberose	3	3	3
Bergamotte	1	2	1
Wasser	20	50	30

↱	Sone	Arom	Apansch	Erei
E1	1	2	3	1
E2	2	2	1	3
E3	1	2	1	3

8 Ein Lebensmittelkonzern produziert vegetarische Fertiggerichte. Dazu werden aus den Zutaten Erbsen, Möhren, Kartoffeln und Soja zunächst die drei Grundkomponenten gemischt, aus denen dann drei verschiedene Bratlingmassen hergestellt werden.

Für die Grundkomponente 1 werden 2 kg Erbsen, 3 kg Möhren, 5 kg Kartoffeln und 4 kg Soja benötigt. Für die Grundkomponente 2 werden 5 kg Möhren und 2 kg Soja benötigt. Die Grundkomponente 3 setzt sich aus jeweils 3 kg der vier Zutaten zusammen.

In die Bratlingmasse 1 gehen 5 kg, 3 kg und 2 kg der Grundkomponenten 1 bis 3 ein. In die Bratlingmasse 2 gehen 2 kg, 4 kg, und 1 kg der Grundkomponenten 1 bis 3 ein. Die Bratlingmasse 3 besteht zu jeweils 2 kg aus den Grundkomponenten 1 und 2.

Im Lager befinden sich noch 3 Tonnen Erbsen, 4 Tonnen Möhren, 10 Tonnen Kartoffeln sowie 2,5 Tonnen Soja.

Überprüfen Sie, ob sich unter diesen Voraussetzungen noch jeweils 200 ME Bratlingmasse produzieren lassen.

9 In einem Industriebetrieb werden aus drei Rohstoffen (R) zunächst zwei Module (M) gefertigt, die als Grundlage für drei Zwischenprodukte (Z) dienen. Aus den drei Zwischenprodukten werden im dritten Produktionsschritt vier Endprodukte (E) gefertigt. Die in den einzelnen Produktionsstufen benötigten Mengen (in ME) sind in dem nachfolgenden Verflechtungsdiagramm dargestellt.

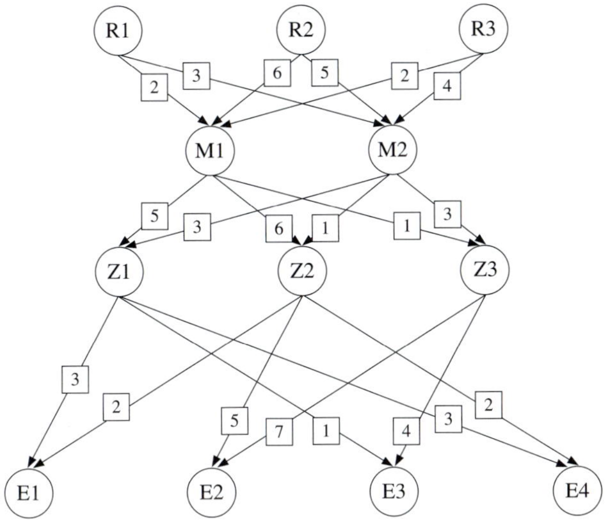

Ein Kunde bestellt bei dem Unternehmen 10 ME von E1, 20 ME von E2 und jeweils 30 ME von E3 und E4. Im Lager befinden sich momentan noch jeweils 10 000 ME der Rohstoffe R1 bis R3.

Berechnen Sie, welche Mengen gegebenenfalls noch nachbestellt werden müssen, um den Auftrag abwickeln zu können.

10 In einem Industriebetrieb werden aus den Rohstoffen R1, R2 und R3 zunächst die Zwischenprodukte Z1, Z2 und Z3 produziert und anschließend zu den vier Endprodukten E1 bis E4 weiterverarbeitet.

Die jeweils benötigten Mengen (in ME) lassen sich dem Verflechtungsdiagramm entnehmen.

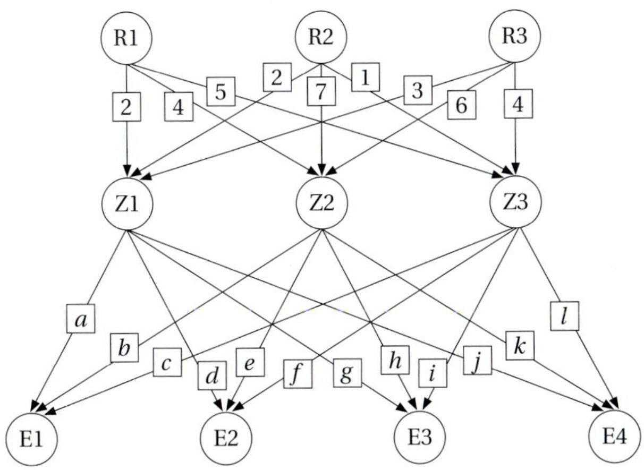

Bestimmen Sie die 2. Produktionsmatrix $\boldsymbol{B}_{ZE}$ und interpretieren sie das Element b_{32} anwendungsbezogen, wenn $\boldsymbol{C}_{RE} = \begin{pmatrix} 36 & 41 & 61 & 43 \\ 43 & 58 & 65 & 43 \\ 47 & 58 & 74 & 54 \end{pmatrix}$ ist.

11 Ein Getränkehersteller produziert die beiden Limonaden L1 und L2. Dazu werden die in Wasser aufgelösten Aromen A1 bis A3 zu den drei Mischungen M1, M2 und M3 zusammengemischt. Anschließend werden aus den Mischungen die Limonaden produziert. Die nachfolgenden Tabellen zeigen die dafür benötigten Mengen (in ME).

↱	M1	M2	M3
A1	2	1	4
A2	3	3	2
A3	2	4	3

↱	L1	L2
A1	27	26
A2	25	26
A3	31	28

Wie viele ME der Mischungen werden für die Limonaden jeweils benötigt?

12 In einem Industriebetrieb werden aus den drei Rohstoffen R1, R2 und R3 die beiden Zwischenprodukte Z1 und Z2 produziert, die dann in einem zweiten Produktionsschritt zu den beiden Endprodukten E1 und E2 weiterverarbeitet werden. Alle Angaben sind in ME.

Die 2. Produktionsstufe lässt sich durch das nachfolgende Verflechtungsdiagramm beschreiben.

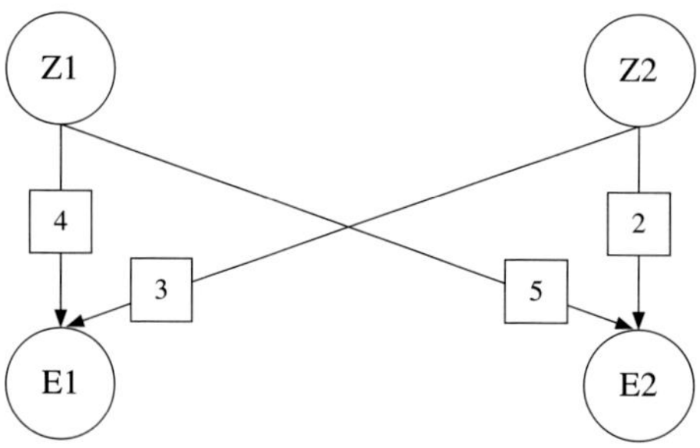

Zeichnen Sie das Verflechtungsdiagramm für die erste Produktionsstufe, wenn folgende Tabelle gilt.

↱	E1	E2
R1	31	30
R2	6	4
R3	27	32

13 Bei einem Industriebetrieb ist ein Großauftrag eingegangen. Ein Kunde hat jeweils eine größere Menge von E1 und E2 bestellt.

Die Endprodukte E1 und E2 werden in einem zweistufigen Produktionsprozess gemäß dem nachfolgenden Verflechtungsdiagramm hergestellt. Alle Angaben in ME.

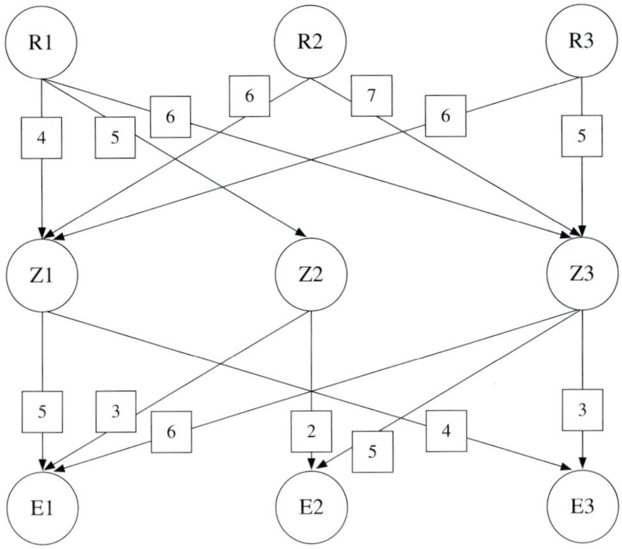

Im Lager befinden sich noch 67 500 ME von R1, 64 000 ME von R2 und 50 000 ME von R3. Durch den Großauftrag wird das Lager komplett geräumt.

Berechnen Sie, wie viel ME der Kunde jeweils von E1 und E2 bestellt hat.

2.1.6 Produktionskosten und Gewinn

Die Rohstoffkosten für jeweils 1 ME der produzierten Endprodukte lassen sich berechnen, indem die Preise der Rohstoffe mit der Bedarfsmatrix ($\boldsymbol{C}_{\text{RE}}$-Matrix) multipliziert werden. Die Preise der Rohstoffe werden als Zeilenvektor dargestellt und mit $\vec{k}_{\text{R}}^{\text{T}}$ bezeichnet. Dabei hat $\vec{k}_{\text{R}}^{\text{T}}$ so viele Elemente, wie unterschiedliche Rohstoffe in der Produktion verwendet werden. Es gilt:

$$\vec{k}_{\text{RE}}^{\text{T}} = \vec{k}_{\text{R}}^{\text{T}} \cdot \boldsymbol{C}_{\text{RE}} \quad \text{bzw.} \quad \vec{k}_{\text{RE}}^{\text{T}} = \vec{k}_{\text{R}}^{\text{T}} \cdot \boldsymbol{A}_{\text{RZ}} \cdot \boldsymbol{B}_{\text{ZE}}$$

Endprodukt-Rohstoff-Kostenvektor
(Rohstoffkosten)

Die Fertigungskosten für die Zwischenprodukte (1. Produktionsstufe) lassen sich berechnen, indem die Herstellkosten der Zwischenprodukte mit der 2. Produktionsmatrix ($\boldsymbol{B}_{\text{ZE}}$-Matrix) multipliziert werden. Die Herstellkosten der Zwischenprodukte werden als Zeilenvektor dargestellt und mit $\vec{k}_{\text{Z}}^{\text{T}}$ bezeichnet. Dabei hat $\vec{k}_{\text{Z}}^{\text{T}}$ so viele Elemente, wie Zwischenprodukte in der Produktion hergestellt werden. Es gilt:

$$\vec{k}_{ZE}^{T} = \vec{k}_{Z}^{T} \cdot \boldsymbol{B}_{ZE}$$

Endprodukt-Zwischenprodukt-Kostenvektor
(Fertigungskosten der 1. Produktionsstufe)

Die Fertigungskosten für die Endprodukte (2. Produktionsstufe) entsprechen den Weiterverarbeitungskosten. Sie werden als Zeilenvektor dargestellt und mit $\vec{k}_{E}^{T}$ bezeichnet. Dabei hat $\vec{k}_{E}^{T}$ so viele Elemente, wie unterschiedliche Endprodukte produziert werden. Es gilt:

$$\vec{k}_{E}^{T}$$

Endproduktkostenvektor
(Fertigungskosten der 2. Produktionsstufe)

Die **variablen Stückkosten**[1] werden berechnet, indem die Rohstoffkosten, sowie die Fertigungskosten der 1. und 2. Produktionsstufe addiert werden. Die variablen Kosten werden als Zeilenvektor dargestellt und mit $\vec{k}_{v}^{T}$ bezeichnet. Dabei hat $\vec{k}_{v}^{T}$ so viele Elemente, wie unterschiedliche Endprodukte produziert werden. Es gilt:

$$\vec{k}_{v}^{T} = \vec{k}_{RE}^{T} + \vec{k}_{ZE}^{T} + \vec{k}_{E}^{T} \quad \text{bzw.} \quad \vec{k}_{v}^{T} = \vec{k}_{R}^{T} \cdot \boldsymbol{C}_{RE} + \vec{k}_{Z}^{T} \cdot \boldsymbol{B}_{ZE} + \vec{k}_{E}^{T}$$

variable Stückkosten

Die **variablen Gesamtkosten** sind das Skalarprodukt aus dem Vektor der variablen Stückkosten $\vec{k}_{v}^{T}$ und dem Produktionsmengenvektor $\vec{m}$ .Das Ergebnis ist eine reelle Zahl, die mit K_v bezeichnet wird. Es gilt:

$$K_v = \vec{k}_{v}^{T} \cdot \vec{m} \quad \text{bzw.} \quad K_v = \left(\vec{k}_{R}^{T} \cdot \boldsymbol{C}_{RE} + \vec{k}_{Z}^{T} \cdot \boldsymbol{B}_{ZE} + \vec{k}_{E}^{T}\right) \cdot \vec{m}$$

variable Gesamtkosten

Die Gesamtkosten berechnen sich, indem die variablen Gesamtkosten K_v und die fixen Gesamtkosten K_f addiert werden. Das Ergebnis ist eine reelle Zahl, die mit K bezeichnet wird. Es gilt:

$$K = K_v + K_f \quad \text{bzw.} \quad K = \left(\vec{k}_{R}^{T} \cdot \boldsymbol{C}_{RE} + \vec{k}_{Z}^{T} \cdot \boldsymbol{B}_{ZE} + \vec{k}_{E}^{T}\right) \cdot \vec{m} + K_f$$

Gesamtkosten

[1] variable Kosten für jeweils eine Mengeneinheit der produzierten Endprodukte

Situation 10

Ein Unternehmen produziert in einem zweistufigen Produktionsprozess aus drei Rohstoffen (R) drei Zwischenprodukte (Z), die zu zwei Endprodukten (E) weiterverarbeitet werden. Die benötigten Mengen (in ME) von Rohstoffen und Zwischenprodukten lassen sich dem Verflechtungsdiagramm entnehmen.

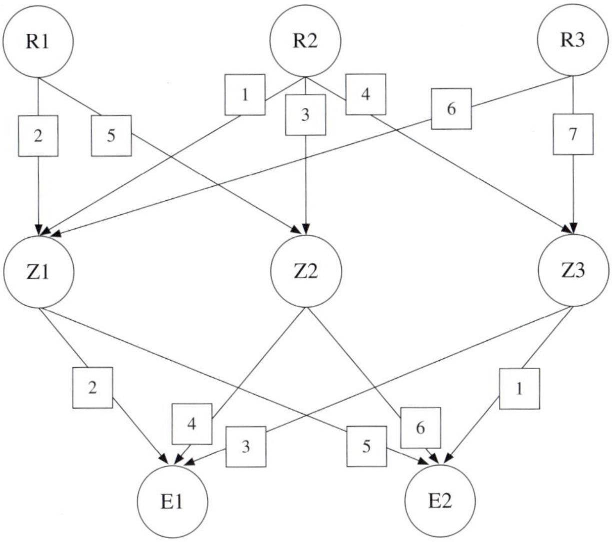

Die **Preise der Rohstoffe** sowie die **Herstellkosten** der Zwischenprodukte und die **Weiterverarbeitungskosten** für die Endprodukte sind jeweils in GE/ME in den drei Tabellen angegeben.

Darüber hinaus fallen in dem Unternehmen **fixe Gesamtkosten**[1] in Höhe von 72 000 GE an.

Berechnen Sie die **Gesamtkosten**[2] für die Herstellung von 100 ME E1 und 200 ME E2.

	R1	R2	R3
Preis	10	12	15

	Z1	Z2	Z3
Kosten	20	10	30

	E1	E2
Kosten	25	50

Lösung

Zunächst müssen anhand des Verflechtungsdiagramms die $\boldsymbol{A}_{RZ}$- und die $\boldsymbol{B}_{ZE}$-Matrix bestimmt werden.

$$\boldsymbol{A}_{RZ} = \begin{pmatrix} 2 & 5 & 0 \\ 1 & 3 & 4 \\ 6 & 0 & 7 \end{pmatrix} \qquad \boldsymbol{B}_{ZE} = \begin{pmatrix} 2 & 5 \\ 4 & 6 \\ 3 & 1 \end{pmatrix}$$

[1] auch Fixkosten, fixe Kosten oder Gesamtfixkosten
[2] auch (gesamte) Produktionskosten

Im zweiten Schritt wird die Bedarfsmatrix $\boldsymbol{C}_{\mathrm{RE}}$ berechnet.

$$\boldsymbol{C}_{\mathrm{RE}} = \boldsymbol{A}_{\mathrm{RZ}} \cdot \boldsymbol{B}_{\mathrm{ZE}} = \begin{pmatrix} 2 & 5 & 0 \\ 1 & 3 & 4 \\ 6 & 0 & 7 \end{pmatrix} \cdot \begin{pmatrix} 2 & 5 \\ 4 & 6 \\ 3 & 1 \end{pmatrix} = \begin{pmatrix} 24 & 40 \\ 26 & 27 \\ 33 & 37 \end{pmatrix}$$

Nun können die Gesamtkosten berechnet werden.

Rohstoffkosten

$$\vec{k}_{\mathrm{R}}^{\mathrm{T}} \cdot \boldsymbol{C}_{\mathrm{RE}} = (10\ 12\ 15) \cdot \begin{pmatrix} 24 & 40 \\ 26 & 27 \\ 33 & 37 \end{pmatrix} = (1047 \quad 1279)$$

Für die Produktion von 1 ME E1 fallen Rohstoffkosten in Höhe von 1 047 GE an. Für 1 ME E2 sind es 1 279 GE.

Fertigungskosten der 1. Produktionsstufe

$$\vec{k}_{\mathrm{Z}}^{\mathrm{T}} \cdot \boldsymbol{B}_{\mathrm{ZE}} = (20 \quad 10 \quad 30) \cdot \begin{pmatrix} 2 & 5 \\ 4 & 6 \\ 3 & 1 \end{pmatrix} = (170 \quad 190)$$

Für die Produktion von 1 ME E1 fallen in der 1. Produktionsstufe Fertigungskosten in Höhe von 170 GE an. Für 1 ME E2 sind es 190 GE.

Fertigungskosten der 2. Produktionsstufe

$$\vec{k}_{\mathrm{E}}^{\mathrm{T}} = (25 \quad 50)$$

Für die Produktion von 1 ME E1 fallen in der 2. Produktionsstufe Fertigungskosten in Höhe von 25 GE an. Für 1 ME E2 sind es 50 GE.

Variable Stückkosten

$$\begin{aligned} \vec{k}_{\mathrm{v}}^{\mathrm{T}} &= \vec{k}_{\mathrm{R}}^{\mathrm{T}} \cdot \boldsymbol{C}_{\mathrm{RE}} + \vec{k}_{\mathrm{Z}}^{\mathrm{T}} \cdot \boldsymbol{B}_{\mathrm{ZE}} + \vec{k}_{\mathrm{E}}^{\mathrm{T}} \\ &= (1\,047 \quad 1\,279) + (170 \quad 190) + (25 \quad 50) \\ \vec{k}_{\mathrm{v}}^{\mathrm{T}} &= (1\,242 \quad 1\,519) \end{aligned}$$

Für die Produktion von 1 ME E1 fallen variable Stückkosten in Höhe von 1 242 GE an. Für 1 ME E2 sind es 1 519 GE.

Variable Gesamtkosten

$$K_{\mathrm{v}} = \vec{k}_{\mathrm{v}}^{\mathrm{T}} \cdot \vec{m} = (1\,242 \quad 1\,519) \cdot \begin{pmatrix} 100 \\ 200 \end{pmatrix} = 428\,000\ [\mathrm{GE}]$$

Für die Produktion von 100 ME E1 und 200 ME E2 fallen variable Gesamtkosten in Höhe von 428 000 GE an.

Gesamtkosten

$$K = K_{\mathrm{v}} + K_{\mathrm{f}} = 428\,000 + 72\,000 = 500\,000\ [\mathrm{GE}]$$

Für die Produktion von 100 ME E1 und 200 ME E2 fallen Gesamtkosten in Höhe von 500 000 GE an.

Die Erlöse E lassen sich berechnen, indem die Verkaufspreise mit den Bestellmengen multipliziert werden. Die Verkaufspreise werden als Zeilenvektor dargestellt und mit $\vec{p}^{\mathrm{T}}$ bezeichnet. Dabei hat der **Preisvektor** $\vec{p}^{\mathrm{T}}$ so viele Elemente, wie es unterschiedliche Endprodukte gibt. Wird ein Endprodukt nicht bestellt, wird dies im Produktionsmengenvektor $\vec{m}$ deutlich,[1] denn das entsprechende Element ist dann 0.

Es gilt:

$$E = \vec{p}^{\mathrm{T}} \cdot \vec{m}$$

Erlös

Der Gewinn ist als die Differenz aus Erlösen E und Gesamtkosten K definiert.

Es gilt:

$$G = E - K$$

oder

$$G = \left[\vec{p}^{\mathrm{T}} - \left(\vec{k}_{\mathrm{R}}^{\mathrm{T}} \cdot \boldsymbol{C}_{\mathrm{RE}} + \vec{k}_{\mathrm{Z}}^{\mathrm{T}} \cdot \boldsymbol{B}_{\mathrm{ZE}} + \vec{k}_{\mathrm{E}}^{\mathrm{T}}\right)\right] \cdot \vec{m} - K_{\mathrm{f}}$$

Gewinn

Situation 11

Ein Chemieunternehmen stellt unter anderem vier farbige Holzschutzlacke her. Dabei werden zunächst aus den Rohstoffen Bindemittel, Pigment, Füllstoff und Lösungsmittel die drei Grundfarben Rot, Gelb und Blau produziert, die dann zu den vier Farben F1 bis F4 zusammengemischt werden. Die dafür benötigten Mengen (in ME) sind in den nachfolgenden Tabellen aufgeführt.

↱	Rot	Gelb	Blau
Bindemittel	2	3	5
Pigment	4	1	5
Füllstoff	2	3	2
Lösungsmittel	2	2	2

↱	F1	F2	F3	F4
Rot	2	5	6	1
Gelb	3	4	5	2
Blau	1	4	2	6

[1] Die Bestellmengen sind identisch mit dem Produktionsmengenvektor $\vec{m}$ da davon ausgegangen wird, dass die bestellte Menge zunächst produziert werden muss.

Eine ME Bindemittel kostet 2 GE, eine ME Pigment 3 GE, eine ME Füllstoff 1 GE und eine ME Lösungsmittel 4 GE.

Die Herstellkosten der Zwischenprodukte betragen jeweils 2 GE/ME, die Weiterverarbeitungskosten für die Endprodukte jeweils 3 GE/ME. Darüber hinaus fallen in dem Betrieb Fixkosten in Höhe von 15 350 GE an.

Ein Baumarkt bestellt von jeder Farbe 50 ME. Die Farben F1 und F2 kosten 500 GE/ME, die Farben F3 und F4 750 GE/ME.

Berechnen Sie den Gewinn, der durch diese Bestellung erzielt wird.

Lösung

Um den Gewinn berechnen zu können, müssen sowohl Erlös als auch die Gesamtkosten bekannt sein.

Erlös

Der Preisvektor $\vec{p}^{\,\mathrm{T}}$ und der Produktionsmengenvektor $\vec{m}$ können direkt der Aufgabenstellung entnommen werden.

$$\vec{p}^{\,\mathrm{T}} = (500 \quad 500 \quad 750 \quad 750) \qquad \vec{m} = \begin{pmatrix} 50 \\ 50 \\ 50 \\ 50 \end{pmatrix}$$

Der Erlös beträgt dann:

$$E = \vec{p}^{\,\mathrm{T}} \cdot \vec{m} = (500 \quad 500 \quad 750 \quad 750) \cdot \begin{pmatrix} 50 \\ 50 \\ 50 \\ 50 \end{pmatrix} = 125\,000 \text{ [GE]}$$

Gesamtkosten

Zunächst werden der Situation alle für die Kosten relevanten Informationen entnommen und die Bedarfsmatrix $\boldsymbol{C}_{\mathrm{RE}}$ berechnet.

$$\vec{k}_{\mathrm{R}}^{\,\mathrm{T}} = (2 \quad 3 \quad 1 \quad 4) \qquad \vec{k}_{\mathrm{Z}}^{\,\mathrm{T}} = (2 \quad 2 \quad 2) \qquad \vec{k}_{\mathrm{E}}^{\,\mathrm{T}} = (3 \quad 3 \quad 3 \quad 3)$$

$$\boldsymbol{A}_{\mathrm{RZ}} = \begin{pmatrix} 2 & 3 & 5 \\ 4 & 1 & 5 \\ 2 & 3 & 2 \\ 2 & 2 & 2 \end{pmatrix} \qquad \boldsymbol{B}_{\mathrm{ZE}} = \begin{pmatrix} 2 & 5 & 6 & 1 \\ 3 & 4 & 5 & 2 \\ 1 & 4 & 2 & 6 \end{pmatrix} \qquad \vec{m} = \begin{pmatrix} 50 \\ 50 \\ 50 \\ 50 \end{pmatrix} \qquad K_{\mathrm{f}} = 15\,350$$

$$\boldsymbol{C}_{\mathrm{RE}} = \boldsymbol{A}_{\mathrm{RZ}} \cdot \boldsymbol{B}_{\mathrm{ZE}} = \begin{pmatrix} 2 & 3 & 5 \\ 4 & 1 & 5 \\ 2 & 3 & 2 \\ 2 & 2 & 2 \end{pmatrix} \cdot \begin{pmatrix} 2 & 5 & 6 & 1 \\ 3 & 4 & 5 & 2 \\ 1 & 4 & 2 & 6 \end{pmatrix} = \begin{pmatrix} 18 & 42 & 37 & 38 \\ 16 & 44 & 39 & 36 \\ 15 & 30 & 31 & 20 \\ 12 & 26 & 26 & 18 \end{pmatrix}$$

Anschließend werden die Gesamtkosten in mehreren Schritten berechnet.

Rohstoffkosten

$$\vec{k}_{\mathrm{R}}^{\,\mathrm{T}} \cdot \boldsymbol{C}_{\mathrm{RE}} = (2 \quad 3 \quad 1 \quad 4) \cdot \begin{pmatrix} 18 & 42 & 37 & 38 \\ 16 & 44 & 39 & 36 \\ 15 & 30 & 31 & 20 \\ 12 & 26 & 26 & 18 \end{pmatrix} = (147 \quad 350 \quad 326 \quad 276)$$

Fertigungskosten der 1. Produktionsstufe

$$\vec{k}_Z^T \cdot \boldsymbol{B}_{ZE} = (2 \quad 2 \quad 2) \cdot \begin{pmatrix} 2 & 5 & 6 & 1 \\ 3 & 4 & 5 & 2 \\ 1 & 4 & 2 & 6 \end{pmatrix} = (12 \quad 26 \quad 26 \quad 18)$$

Fertigungskosten der 2. Produktionsstufe

$$\vec{k}_E^T = (3 \quad 3 \quad 3 \quad 3)$$

Variable Stückkosten

$$\vec{k}_v^T = \vec{k}_R^T \cdot \boldsymbol{C}_{RE} + \vec{k}_Z^T \cdot \boldsymbol{B}_{ZE} + \vec{k}_E^T$$
$$= (147 \quad 350 \quad 326 \quad 276) + (12 \quad 26 \quad 26 \quad 18) + (3 \quad 3 \quad 3 \quad 3)$$
$$\vec{k}_v^T = (162 \quad 379 \quad 355 \quad 297)$$

Variable Gesamtkosten

$$K_v = \vec{k}_v^T \cdot \vec{m} = (162 \quad 379 \quad 355 \quad 297) \cdot \begin{pmatrix} 50 \\ 50 \\ 50 \\ 50 \end{pmatrix} = 59\,650 \text{ [GE]}$$

Gesamtkosten

$$K = K_v + K_f = 59\,650 + 15\,350 = 75\,000 \text{ [GE]}$$

Alternativ können die Gesamtkosten auch in einem Ansatz berechnet werden.

$$K = \left(\vec{k}_R^T \cdot \boldsymbol{A}_{RZ} \cdot \boldsymbol{B}_{ZE} + \vec{k}_Z^T \cdot \boldsymbol{B}_{ZE} + \vec{k}_E^T\right) \cdot \vec{m} + K_f$$

$$= \left[(2 \; 3 \; 1 \; 4) \cdot \begin{pmatrix} 2 & 3 & 5 \\ 4 & 1 & 5 \\ 2 & 3 & 2 \\ 2 & 2 & 2 \end{pmatrix} \cdot \begin{pmatrix} 2 & 5 & 6 & 1 \\ 3 & 4 & 5 & 2 \\ 1 & 4 & 2 & 6 \end{pmatrix} + (2 \; 2 \; 2) \cdot \begin{pmatrix} 2 & 5 & 6 & 1 \\ 3 & 4 & 5 & 2 \\ 1 & 4 & 2 & 6 \end{pmatrix} + (3 \; 3 \; 3 \; 3)\right] \cdot \begin{pmatrix} 50 \\ 50 \\ 50 \\ 50 \end{pmatrix} + 15\,350$$

$$= \left[(2 \; 3 \; 1 \; 4) \cdot \begin{pmatrix} 18 & 42 & 37 & 38 \\ 16 & 44 & 39 & 36 \\ 15 & 30 & 31 & 20 \\ 12 & 26 & 26 & 18 \end{pmatrix} + (12 \; 26 \; 26 \; 18) + (3 \; 3 \; 3 \; 3)\right] \cdot \begin{pmatrix} 50 \\ 50 \\ 50 \\ 50 \end{pmatrix} + 15\,350$$

$$= [(147 \; 350 \; 326 \; 276) + (15 \; 29 \; 29 \; 21)] \cdot \begin{pmatrix} 50 \\ 50 \\ 50 \\ 50 \end{pmatrix} + 15\,350$$

$$= (162 \; 379 \; 355 \; 297) \cdot \begin{pmatrix} 50 \\ 50 \\ 50 \\ 50 \end{pmatrix} + 15\,350$$
$$= 59\,650 + 15\,350$$

$$K = 75\,000 \text{ [GE]}$$

Gewinn

$$G = E - K = 125\,000 - 75\,000 = 50\,000 \text{ [GE]}$$

Wenn der Baumarkt von jeder Farbe 50 ME abnimmt, so ist mit einem Gewinn in Höhe von 50 000 GE zu rechnen.

Zusammenfassung

- Für den Endprodukt-Rohstoff-Kostenvektor (**Rohstoffkosten**) gilt: $\vec{k}_R^T \cdot \boldsymbol{C}_{RE}$ oder $\vec{k}_R^T \cdot \boldsymbol{A}_{RZ} \cdot \boldsymbol{B}_{ZE}$
- Für den Endprodukt-Zwischenprodukt-Kostenvektor (**Fertigungskosten der 1. Produktionsstufe**) gilt: $\vec{k}_Z^T \cdot \boldsymbol{B}_{ZE}$
- Für den Endproduktkostenvektor (**Fertigungskosten der 2. Produktionsstufe**) gilt: $\vec{k}_E^T$
- Für den **Vektor der variablen Stückkosten** $\vec{k}_v^T$ gilt: $\vec{k}_v^T = \vec{k}_R^T \cdot \boldsymbol{C}_{RE} + \vec{k}_Z^T \cdot \boldsymbol{B}_{ZE} + \vec{k}_E^T$ oder $\vec{k}_v^T = \vec{k}_R^T \cdot \boldsymbol{A}_{RZ} \cdot \boldsymbol{B}_{ZE} + \vec{k}_Z^T \cdot \boldsymbol{B}_{ZE} + \vec{k}_E^T$
- Für die **variablen Gesamtkosten** K_v gilt: $K_v = \vec{k}_v^T \cdot \vec{m}$ oder $K_v = (\vec{k}_R^T \cdot \boldsymbol{A}_{RZ} \cdot \boldsymbol{B}_{ZE} + \vec{k}_Z^T \cdot \boldsymbol{B}_{ZE} + \vec{k}_E^T) \cdot \vec{m}$
- Für die **Gesamtkosten** K gilt: $K = K_v + K_f$ oder $K = \left(\vec{k}_R^T \cdot \boldsymbol{A}_{RZ} \cdot \boldsymbol{B}_{ZE} + \vec{k}_Z^T \cdot \boldsymbol{B}_{ZE} + \vec{k}_E^T\right) \cdot \vec{m} + K_f$
- Für den **Erlös** E gilt: $E = \vec{p}^T \cdot \vec{m}$
- Für den **Gewinn** G gilt: $G = E - K$

Übungsaufgaben

1 Ein Unternehmen fertigt aus Chrom (Cr), Nickel (Ni), Molybdän (Mo) und Eisen (Fe) Besteckteile aus Edelstahl. Die dafür benötigten Mengen (in ME) lassen sich der Tabelle entnehmen.

→	Messer	Gabel	Löffel	Kuchengabel	Teelöffel
Cr	3	2,4	2,4	1,8	1,8
Ni	2	1,6	1,6	1,2	1,2
Mo	3	2,4	2,4	1,8	1,8
Fe	5	4	4	3	3

Die Besteckteile (in Stück) werden in einem zweiten Produktionsschritt zu verschiedenen Sets zusammengestellt.

→	6er-Basis	6er-Komplett	12er-Komplett
Messer	6	6	12
Gabel	6	6	12
Löffel	6	6	12
Kuchengabel	0	6	12
Teelöffel	0	6	12

Chrom kostet 5 GE/ME, Nickel 4 GE/ME, Molybdän 8 GE/ME und Eisen 1 GE/ME. Die Produktion eines Messers kostet 1,5 GE, jede Gabel 1,2 GE und jeder Löffel 1 GE. Für das Zusammenstellen und Verpacken eines 6er-Basis-Sets fallen Kosten in Höhe von 1 GE an. Für ein 6er-Komplett-Set 1,5 GE und für das 12er-Komplett-Set 2,5 GE.

Berechnen Sie die Kosten für die Produktion von insgesamt 600 Sets, wenn von jedem Set gleich viele produziert werden sollen und die Fixkosten im Unternehmen 20 000 GE betragen.

2 In einem Industriebetrieb werden in einem zweistufigen Produktionsprozess aus den Rohstoffen R1, R2 und R3 die Zwischenprodukte Z1, Z2 und Z3 und daraus die Endprodukte E1 bis E4 gefertigt. Die benötigten Mengen (in ME) lassen sich dem Verflechtungsdiagramm entnehmen.

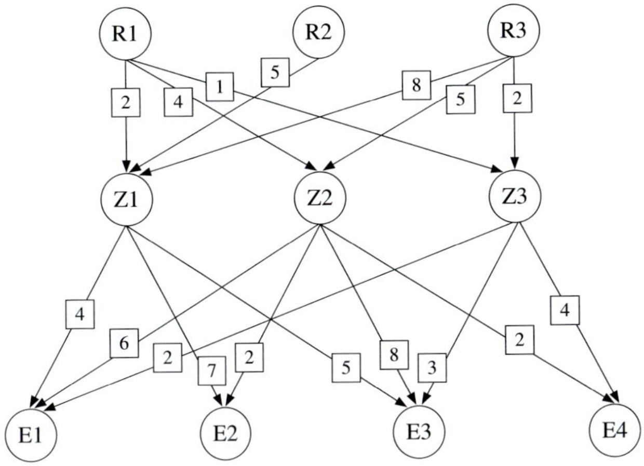

Die Preise und Kosten (in GE/ME) lassen sich den Tabellen entnehmen.

Rohstoff	Preis
R1	2
R2	5
R3	1

Zw.-Prod.	Kosten
Z1	4
Z2	6
Z3	2

Endprod.	Kosten
E1	5
E2	4
E3	6
E4	2

Berechnen Sie die Gesamtkosten für die Produktion von insgesamt 1 000 ME der Endprodukte E1 bis E4, wenn diese im Verhältnis 3:2:1:2 produziert werden und Fixkosten in Höhe von 25 000 GE anfallen.

3 Ein Süßwarenproduzent stellt aus Wasser, Zucker, Kohlensäure und drei verschiedenen Aromastoffen Erfrischungsgetränke her. Zunächst werden 10 ME Wasser, 3 ME Zucker und 1 ME Kohlensäure zu einer Grundmischung G1 verarbeitet, die als Basis für alle Getränke dient. Die anderen Grundmischungen bestehen nur aus Aromen. Die dafür benötigten Mengen (in ME) lassen sich der Tabelle entnehmen.

	G2	G3	G4
Aroma 1	2	1	2
Aroma 2	3	0	5
Aroma 3	0	4	3

Aus den vier Grundmischungen werden die vier Limonaden L1 bis L4 gemischt. Jede Limonade besteht aus 10 ME G1 und mehreren ME Aromamischung. Die benötigten Mengen der Aromamischung (in ME) sind in dem Verflechtungsdiagramm auf der Folgeseite dargestellt.

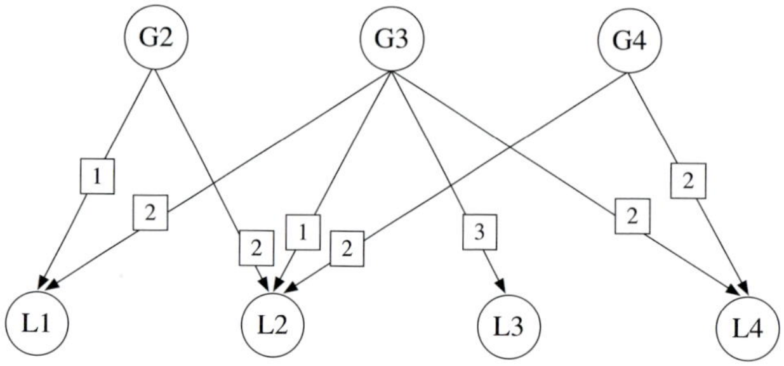

Berechnen Sie die Gesamtkosten der Produktion von jeweils 100 ME der Limonaden L1 bis L4, wenn in der Produktion Fixkosten in Höhe von 8 000 GE anfallen und die Preise und Kosten (in GE/ME) gemäß der tabellarischen Übersicht anfallen.

Rohstoff	Preis
Wasser	2
Zucker	5
Kohlens.	1
Aroma	0,5

Zw.-Prod.	Kosten
G1	2
G2	1
G3	1
G4	1

Endprod.	Kosten
L1	2
L2	3
L3	1
L4	2

4 In einem Industriebetrieb werden in einem zweistufigen Produktionsprozess Rohstoffe zu Zwischenprodukten verarbeitet, die anschließend zu Endprodukten weiterverarbeitet werden.

Es sind bekannt:

$\vec{k}_R^T = (5 \quad 3 \quad 7)$ $\quad \vec{k}_Z^T = (2 \quad 3 \quad 1)$ $\quad \vec{k}_E^T = (8 \quad 10)$ $\quad \vec{m} = \begin{pmatrix} 75 \\ 100 \end{pmatrix}$

$\boldsymbol{A}_{RZ} = \begin{pmatrix} 3 & 5 & 2 \\ 1 & 6 & 4 \\ 8 & 7 & 9 \end{pmatrix}$ $\quad \boldsymbol{B}_{ZE} = \begin{pmatrix} 1 & 4 \\ 2 & 5 \\ 3 & 6 \end{pmatrix}$ $\quad \vec{p}^T = (150 \quad 200)$ $\quad K_f = 8\,450$

Berechnen Sie den Gewinn oder Verlust, der sich für das Unternehmen ergibt.

5 Ein Unternehmen produziert aus drei Rohstoffen in einem zweistufigen Produktionsprozess drei Endprodukte.

Die Rohstoffe R1, R2 und R3 kosten jeweils 3 GE/ME. Für die Erstellung der Zwischenprodukte fallen insgesamt 12 GE/ME an, die sich im Verhältnis 4:3:1 auf drei Zwischenprodukte Z1, Z2 und Z3 verteilen. Die Weiterverarbeitungskosten betragen 5 GE/ME für E1, 3 GE/ME für E2 und 7 GE/ME für E3.

Ein Kunde bestellt von jedem Endprodukt 250 ME. Für die Endprodukte E1 und E2 zahlt der Kunde jeweils 650 GE. Für das Endprodukt E3 ist der Verkaufspreis um 38 % höher.

Berechnen Sie den Gewinn oder Verlust, der sich aus dem Auftrag ergibt, wenn in dem Unternehmen Fixkosten in Höhe von 3 000 GE anfallen und das Verflechtungsdiagramm auf der Folgeseite die benötigten Mengen (in ME) auf jeder Produktionsstufe angibt.

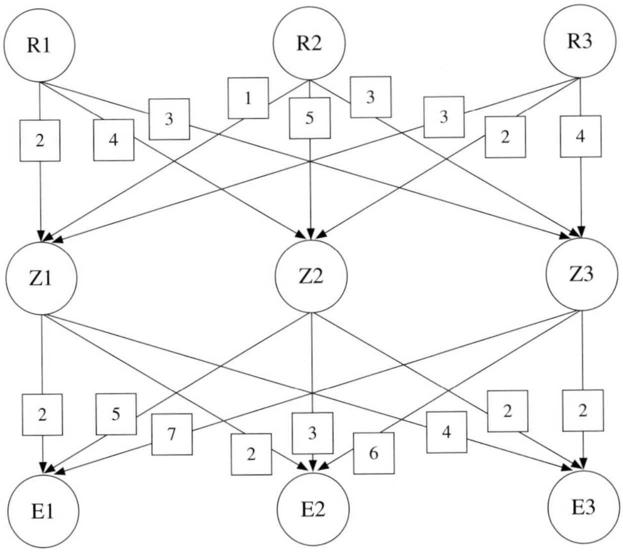

6 Ein Elektronikhersteller produziert aus vier Rohstoffen (R) zunächst drei Grundbausteine (G), die dann zu fünf Zwischenprodukten (Z) weiterverarbeitet werden. Im dritten und letzten Produktionsschritt werden die Zwischenprodukte dann zu drei Endprodukten (E) zusammengesetzt. Die nachfolgenden Tabellen geben die dafür benötigten Mengen (in ME) an.

↱	G1	G2	G3
R1	2	3	5
R2	4	7	4
R3	3	1	6
R4	2	0	3

↱	Z1	Z2	Z3	Z4	Z5
G1	2	3	1	4	2
G2	4	1	1	2	2
G3	3	2	1	5	1

↱	E1	E2	E3
Z1	3	2	2
Z2	1	4	2
Z3	3	6	2
Z4	1	2	2
Z5	4	2	1

Darüber hinaus sind die folgenden Preise und Kosten (in GE/ME) bekannt:

$\vec{k}_R^{\,T} = (2 \quad 4 \quad 3 \quad 1)$ $\qquad$ $\vec{k}_G^{\,T} = (1 \quad 5 \quad 2)$

$\vec{k}_Z^{\,T} = (5 \quad 4 \quad 2 \quad 1 \quad 3)$ $\qquad$ $\vec{k}_E^{\,T} = (10 \quad 14 \quad 12)$

Ein Kunde bestellt 30 ME von E1, 50 ME von E2 und 20 ME von E3.

Berechnen Sie den Gewinn bzw. Verlust aus dem Auftrag, wenn $K_f = 50\,000$ GE und $\vec{p}^{\,T} = (4\,900 \quad 4\,750 \quad 1\,200)$ ist.

2.1.7 Handlungssituationen zu mehrstufigen Materialverflechtungen

Diese Situationen sollen Sie mit den Ihnen zur Verfügung stehenden Rechnern bearbeiten. Besonders wichtig ist die Interpretation Ihrer Ergebnisse.

Handlungssituation 1

Ein Chemieunternehmen hat zwei neuartige Wandfarben für raue und glatte Untergründe entwickelt, von denen sich Graffitis ohne Reinigungsmittel durch feuchtes Abwischen entfernen lassen. Die Produktion findet in zwei Schritten statt. Zunächst werden aus den drei Rohstoffen R1, R2 und R3 die Zwischenprodukte Z1, Z2 und Z3 produziert und anschließend aus den drei Zwischenprodukten die Endprodukte E1 und E2 angemischt. Die dafür benötigten Mengen (in ME) hat die Entwicklungsabteilung in zwei Tabellen festgehalten.

	Z1	Z2	Z3
R1	2	4	1
R2	5	3	2
R3	6	2	1

	E1	E2
Z1	3	2
Z2	2	4
Z3	1	1

Die beiden neuen Produkte sollen von Ihnen auf einer Geschäftsführersitzung präsentiert werden. Bereiten Sie die Daten so auf, dass der Produktionsprozess für die Anwesenden deutlich wird.

Handlungssituation 2

Ein Industrieunternehmen produziert aus drei Rohstoffen drei Zwischenprodukte, die dann zu drei Endprodukten weiterverarbeitet werden. Die Rohstoffpreise sind in der letzten Zeit auf dem Weltmarkt stark angestiegen, deshalb können die Endprodukte auf dem Markt nur noch mit Verlust verkauft werden. Die Forschungs- und Entwicklungsabteilung wurde daher damit beauftragt, den Produktionsprozess zu verändern, um Rohstoffe und damit Kosten einzusparen. Nach drei Monaten präsentiert die Abteilung ihre Ergebnisse.

Alter Produktionsprozess

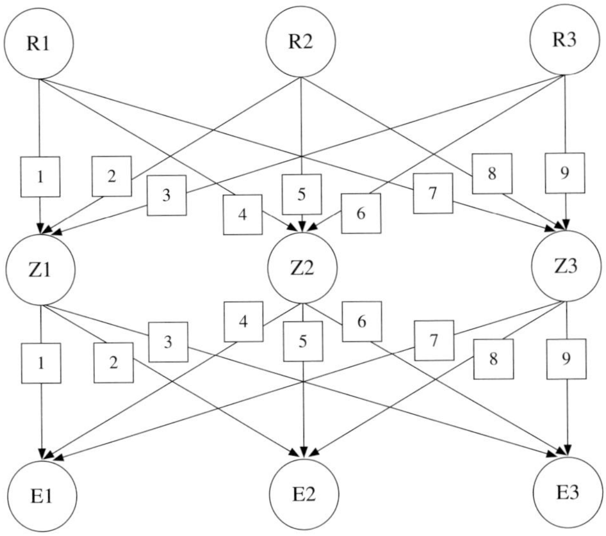

Neuer Produktionsprozess

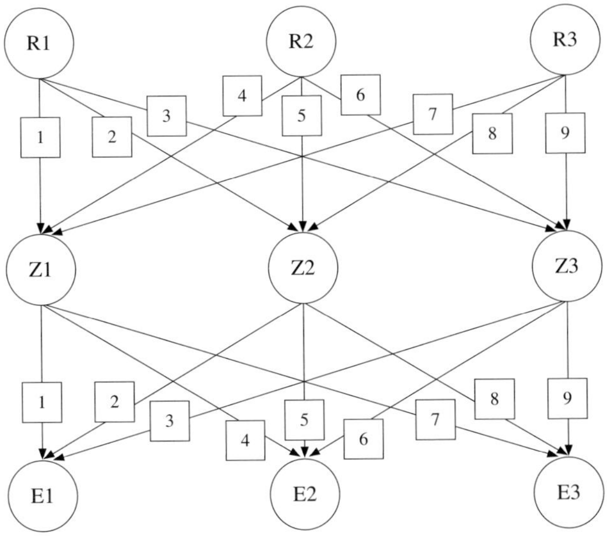

Nach kurzer Durchsicht ist der Geschäftsführer mehr als enttäuscht: „Sie haben in drei Monaten nichts weiter gemacht, als die oberen und unteren Zahlen vertauscht? Jetzt benötigen wir genauso viele Rohstoffe wie vorher!"

Überzeugen Sie den Geschäftsführer vom Gegenteil.

Handlungssituation 3

Ein Möbelfabrikant produziert Einbauküchen in Modulbauweise. Um den Ansprüchen der Kunden gerecht zu werden, gibt es drei unterschiedlich hohe Module, die intern M1, M2 und M3 heißen. Diese können in der Produktion zu vier verschiedenen Schränken gemäß der Tabelle zusammengestellt werden. Diese tragen die Typenbezeichnungen S1, S2, S3 und S4.

	S1	S2	S3	S4
M1	1	2	2	0
M2	1	1	2	3
M3	0	0	1	2

Verkaufsschlager des Herstellers sind die Küchenmodelle „Primo", „Secundo" und „Tertio". Das Modell Primo besteht aus 3 Schränken vom Typ S1, 2 Schränken vom Typ S2 und einem Schrank vom Typ S3. Secundo ist wie das Modell „Primo", verfügt jedoch über 2 weitere Schränke des Typs S3. Das Top-Modell „Tertio" besteht aus den Küchenmodellen „Primo" und „Secundo" sowie einem zusätzlichen Schrank vom Typ S4.

Als Mitarbeiter in einem Möbelhaus sollen Sie für Ihre Kollegen übersichtlich darstellen, welche Module und Schränke für welche Küche benötigt werden, und gleichzeitig berechnen, wie viele Module für jedes der drei Modelle bestellt werden müssen.

Bereiten Sie sich darauf vor, Ihre Ergebnisse auf der in Kürze stattfindenden Besprechung Ihren Kollegen zu präsentieren.

Handlungssituation 4

Ein Konfitüreproduzent produziert aus Erdbeeren (E), Himbeeren (H) und Brombeeren (B) zunächst Fruchtpürees (F), die dann mit Zucker (Z) zu Konfitüre (K) verkocht werden. Bislang kauft der Hersteller die Früchte bei einem Lieferanten mit hervorragender Qualität ein. Nun überlegt der Produzent, die Beeren bei einem günstigeren Lieferanten mit geringerer Qualität einzukaufen.

Eine Testlieferung ergab, dass bei dem neuen Lieferanten ein Teil der Früchte nicht verwendet werden kann. Der Geschäftsführer möchte dennoch an seinem Plan festhalten, da er der Meinung ist, dass die geringere Qualität durch den günstigeren Preis ausgeglichen werden kann.

Helfen Sie dem Geschäftsführer bei seiner Entscheidung, wenn Zucker 1 GE/ME kostet und Ihnen die folgenden Tabellen sowie das Verflechtungsdiagramm auf der Folgeseite zur Verfügung stehen.

Alter Lieferant

	E	H	B
Preis [GE/ME]	3	5	8
verwendbar [%]	100	100	100

Neuer Lieferant

	E	H	B
Preis [GE/ME]	2	3	6
verwendbar [%]	80	50	75

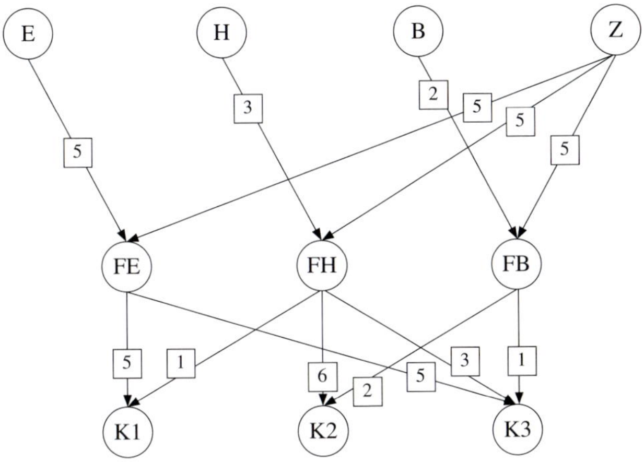

Handlungssituation 5

Ein gewinnorientiertes Industrieunternehmen produziert in einem zweistufigen Produktionsprozess die Endprodukte E1, E2 und E3.

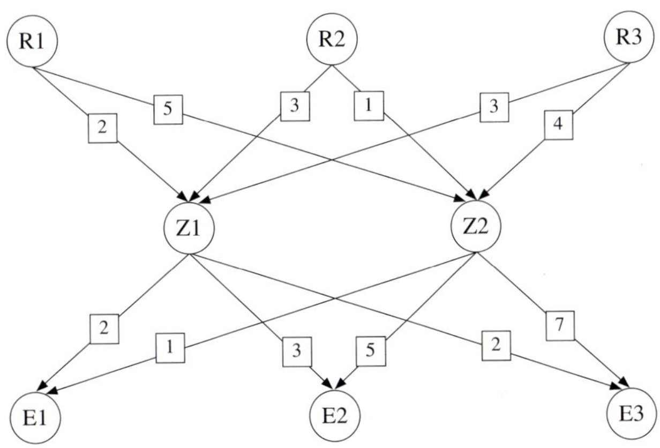

Für die Herstellung werden nur ausgewählte Rohstoffe verwendet, die die Produktion und damit die Endprodukte sehr teuer machen.

Momentan werden die Endprodukte E1, E2 und E3 zu einem Verkaufspreis von 250 GE/ME, 650 GE/ME und 800 GE/ME angeboten. Zu diesem Preis können jeweils 5 000 ME/Monat abgesetzt werden.

Die Geschäftsleitung überlegt, zukünftig günstigere Rohstoffe einzukaufen, um die Produkte billiger anbieten zu können. Aus Umfragen ist bekannt, dass durch Preissenkung um 25 % eine Absatzzunahme auf jeweils 6 000 ME/Monat zu erwarten wäre.

Momentan werden die Rohstoffe R1, R2 und R3 für 5 GE/ME, 8 GE/ME bzw. 10 GE/ME eingekauft. Auf dem Weltmarkt wären diese in geringerer Qualität jedoch schon für 2 GE/ME, 6,8 GE/ME und 7,5 GE/ME verfügbar.

Für die Fertigungskosten der 1. und 2. Produktionsstufe gelten die Vektoren $\vec{k}_Z^T = (3 \quad 5)$ und $\vec{k}_E^T = (5 \quad 2 \quad 12)$.

Bereiten Sie eine Präsentation für die Geschäftsleitung vor, anhand derer eine Entscheidung getroffen werden kann.

Rohstoffkosten in GE/ME	
R1	0,6
R2	0,4
R3	0,1

Fertigungskosten der 1. Produktionsstufe in GE/ME	
Z1	0,5
Z2	0,5
Z3	0,2

Fertigungskosten der 2. Produktionsstufe in GE/ME	
E1	0,4
E2	0,45
E3	0,37

Die Fixkosten betragen 228 GE je Auftrag.

Interpretieren Sie das Element b_{31} der Matrix $\boldsymbol{B}_{ZE}$ im Sachzusammenhang. Bestimmen Sie die variablen Stückkosten je einer ME der Endprodukte.

Berechnen Sie die variablen Kosten für diesen Auftrag.

Begründen Sie rechnerisch, ob Biosaft den Auftrag annehmen sollte.

Im Folgenden verändert sich aufgrund von Ernteschwankungen der Rohstoffpreis für Obst, während die übrigen Preise konstant bleiben.

Bestimmen Sie die für Biosaft maximal akzeptable prozentuale Preissteigerung für Obst, wenn der Gewinn für diesen Auftrag nicht negativ werden soll.

b) Von der Rohstoff-Zwischenproduktmatrix $\boldsymbol{A}_{RZ}$ ist bekannt, dass von Obst viermal so viel zur Produktion einer Mengeneinheit der Obstbasis benötigt wird wie zur Produktion einer Mengeneinheit der Gemüsebasis, hingegen von Gemüse siebenmal so viel zur Produktion einer Mengeneinheit der Gemüsebasis wie zur Produktion einer Mengeneinheit der Obstbasis. Der Rohstoff Wasser wird für die Fertigung der Gemüsebasis nicht benötigt. Bestimmen Sie die fehlende Rohstoff-Zwischenprodukt-Matrix $\boldsymbol{A}_{RZ}$.

Handlungssituation 9[1)]

Ein Neubaugebiet in einer niedersächsischen Kleinstadt soll erschlossen werden, also müssen Rohrleitungen für Wasser (E1) und Abwasser (E2), sowie Leerrohre für Kabel (E3) gelegt werden. Ein Hersteller, der die benötigten Rohre produziert, arbeitet mithilfe eines zweistufigen Produktionsprozesses. Die Angaben erfolgen in Mengeneinheiten (ME) und es gilt $a, b, c \in \mathbb{N}$.

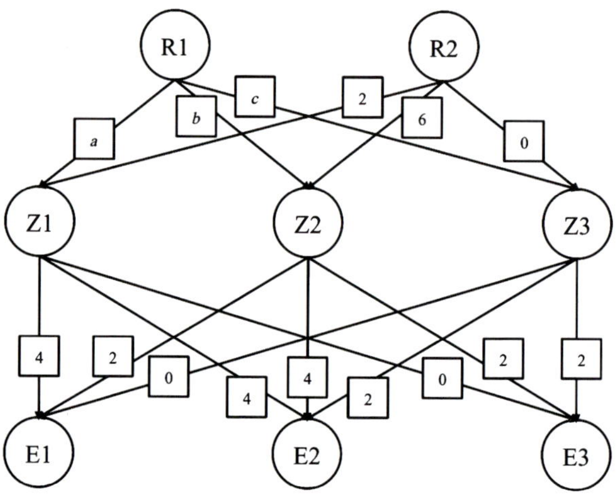

Außerdem liegen weitere Informationen über die Produktion vor. Die Angaben der Vektoren erfolgen in Geldeinheiten pro Mengeneinheit (GE/ME) und die Fixkosten betragen 3 120 GE.

1) in Anlehnung an: Niedersächsisches Kultusministerium (Hrsg.): Zentralabitur 2014, Berufliches Gymnasium Wirtschaft/Gesundheit und Soziales, Rechnertyp GTR, eA, Aufgabe 3A, Nachschreibtermin

$C_{RE} = \begin{pmatrix} 16 & 32 & 16 \\ 20 & 32 & 12 \end{pmatrix}$ $\vec{k}_R^T = (85 \;\; 63)$ $\vec{k}_Z^T = (110 \;\; 85 \;\; 72)$ $\vec{k}_E^T = (210 \;\; 185 \;\; 150)$

Für das Neubaugebiet werden 12 ME von E1, 20 ME von E2 und 15 ME von E3 benötigt.

a) Für den Produktionsprozess benötigt das Unternehmen die vollständigen Angaben. Ermitteln Sie die Rohstoffmengen von R1 für jedes einzelne Zwischenprodukt unter der Bedingung, dass alle drei Zwischenprodukte hergestellt werden sollen und erläutern Sie Ihren Lösungsweg.

b) Die Stadt möchte im Rahmen der Ausschreibung für dieses Baugebiet einen Kostenvoranschlag erhalten. Dabei sollen die variablen Gesamtkosten je Rohrleitungstyp und für alle Rohrleitungen die Gesamtkosten ausgewiesen werden. Bestimmen Sie die benötigten Angaben für den Kostenvoranschlag.

Handlungssituation 10[1)]

Ein Unternehmen, das Rasierwasser herstellt, hat nachfolgenden Produktionszusammenhang. Die Angaben sind in Mengeneinheiten (ME), $a \in [5, 8] \wedge a \in \mathbb{N}$ ist ein Parameter, der die Produktion in unterschiedlichen Ländern widerspiegelt.

	Z1	Z2	Z3
R1	100	200	0
R2	200	200	400
R3	200	300	400
R4	400	300	600

	E1	E2
Z1	8	$2a$
Z2	a	16
Z3	20	a

a) Für den Produktionsprozess und für die Angabe der Inhaltsstoffe auf der Verpackung werden mehrere Informationen benötigt.

Stellen Sie den Produktionsprozess mit allen Werten grafisch dar.

Berechnen Sie die benötigten Mengenangaben der einzelnen Rohstoffe für die Produktion je einer ME der beiden Rasierwasser in Abhängigkeit vom Parameter a.

Geben Sie an, wie viele Rohstoffmengen mindestens und wie viele höchstens für die Produktion je einer ME der Endprodukte vorrätig sein müssen.

b) An ein Werk im Ausland werden 100 ME von Z1, 75 ME von Z2 und 80 ME von Z3 verkauft. Die Einkaufspreise für die Rohstoffe liegen für R1 bei 3 Geldeinheiten pro Mengeneinheit (GE/ME), für R2 bei 3,5 GE/ME, für R3 bei 6 GE/ME und für R4 bei 10 GE/ME.

Der Verkaufspreis pro Zwischenprodukteinheit liegt für Z1 bei 110 % der Rohstoffkosten, für Z2 bei 200 % und für Z3 bei 150 %.

Bestimmen Sie die Höhe des Überschusses, der aus diesem Verkauf resultiert.

c) In einem Land wird mit dem Parameter $a = 6$ produziert. Für die Preiskalkulation benötigt die Unternehmensleitung den Fertigungskostenvektor $\vec{k}_Z^T$ der ersten Produktionsstufe. Bei der Produktion für eine ME von E1 entstehen Fertigungskosten für die Zwischenprodukte in Höhe von 15 GE/ME und für eine ME von E2 in Höhe von 24 GE/ME.

Berechnen Sie das Kostenintervall für Z3.

1) in Anlehnung an: Niedersächsisches Kultusministerium (Hrsg.): Zentralabitur 2014, Berufliches Gymnasium Wirtschaft/Gesundheit und Soziales, Rechnertyp GTR, eA, Aufgabe 3A

Handlungssituation 11[1)]

Das Unternehmen Stahlix stellt für verschiedene Auflieger großer Lastkraftwagen (Gigaliner) besondere Stahlträger her. Diese werden aus den Rohstoffen R1, R2, R3 und R4 in Mengeneinheiten (ME) zu verschiedenen Zwischenbauteilen Z1, Z2 und Z3 in ME, zusammengesetzt und zu den Endprodukten Stahlträger E1, E2 und E3 in ME montiert.

Der mehrstufige Produktionsprozess ist dem Diagramm zu entnehmen.

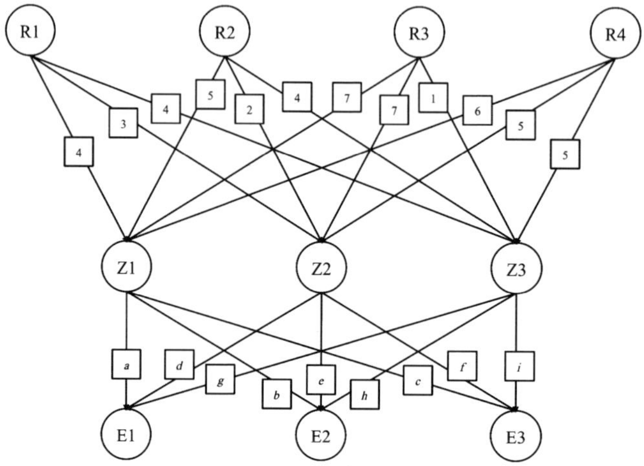

Die Rohstoff-Endprodukt-Matrix $\boldsymbol{C}_{RE}$ lautet $\boldsymbol{C}_{RE} = \begin{pmatrix} 41 & 45 & 47 \\ 42 & 40 & 49 \\ 53 & 67 & 36 \\ 59 & 67 & 63 \end{pmatrix}$

a) Bestimmen Sie die Rohstoff-Zwischenprodukt-Matrix $\boldsymbol{A}_{RZ}$, die Zwischenprodukt-Endprodukt-Matrix $\boldsymbol{B}_{ZE}$ und die fehlenden Werte.

Nach den neuesten gesetzlichen Vorschriften für Gigaliner hat das Unternehmen den Produktionsprozess variieren müssen. Für den Materialfluss gelten nun folgende Matrizen:

$\boldsymbol{A}^*_{RZ} = \begin{pmatrix} 4 & 4 & 3 \\ 7 & 2 & 3 \\ 5 & 5 & 2 \\ 4 & 6 & 2 \end{pmatrix}$, $\boldsymbol{B}^*_{RZ} = \begin{pmatrix} 5 & 1 & 2 \\ 3 & 6 & 1 \\ 3 & 5 & 5 \end{pmatrix}$

b) Die Rohstoffkosten in Geldeinheiten pro Mengeneinheit (GE/ME) können durch $\vec{k}_R^{\,T} = (10 \quad t^2-7 \quad t-5 \quad 9)$ beschrieben werden. Der Parameter $t \in \mathbb{N}$, drückt dabei Schwankungen am Weltmarkt aus, wobei mit steigendem t auch steigende Rohstoffkosten entstehen.

Berechnen Sie die Matrix $\boldsymbol{C}^*_{RZ}$, die sich für die Produktion nach den neuen Vorschriften ergibt.

Geben Sie einen ökonomisch sinnvollen Definitionsbereich für den Parameter t an.

Interne Berechnungen fordern, dass die Rohstoffkosten für eine ME der Endprodukte E1, E2 und E3 insgesamt 20 000 GE nicht übersteigen dürfen, um der Konkurrenz standzuhalten.

Ermitteln Sie, für welche Werte von t diese Vorgabe eingehalten werden kann.

---

1) in Anlehnung an: Niedersächsisches Kultusministerium (Hrsg.): Zentralabitur 2013, Berufliches Gymnasium Wirtschaft/Gesundheit und Soziales, Rechnertyp GTR, eA, Aufgabe 3B, Nachschreibtermin

2.2 Leontief-Modell

2.2.1 Darstellungsarten

In den 1930er-Jahren entwickelte der in München geborene russische Wirtschaftswissenschaftler Wassily Leontief[1)] die sogenannte **Input-Output-Analyse**, mit deren Hilfe die Verflechtungen innerhalb einer Volkswirtschaft beschrieben werden können, wenn diese in **Sektoren** wie Industrie, Landwirtschaft, Dienstleistungen oder Verkehr aufgeteilt wird. Für seine Ausarbeitung erhielt Leontief 1973 den Nobelpreis für Wirtschaftswissenschaften. Das zur Input-Output-Analyse gehörige mathematische Modell wird als **Leontief-Modell** bezeichnet und lässt sich auch auf betriebswirtschaftliche Fragestellungen übertragen[2)].

Mithilfe des Leontief-Modells kann man Aussagen darüber treffen, wie viel **Input** (Faktoreinsatz) innerhalb einer Volkswirtschaft nötig ist, um eine bestimmte Menge an **Output** (Produktionsmenge) bereitzustellen.

Das Modell lässt sich auf vier verschiedene Arten beschreiben, die alle gleichwertig sind und sich jeweils in jede andere Darstellungsart umwandeln lassen.

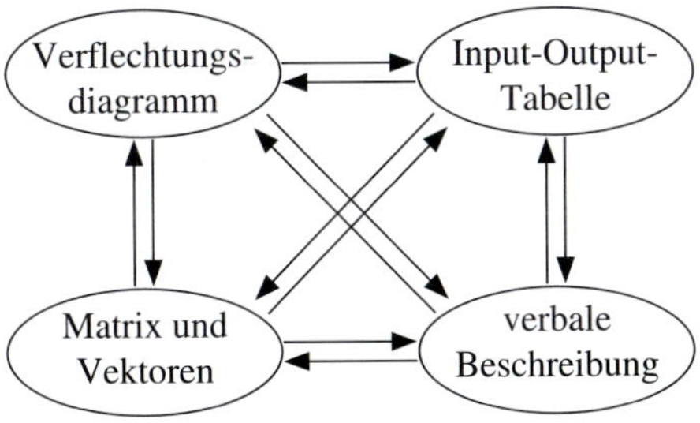

Verflechtungsdiagramm

Mithilfe eines Verflechtungsdiagramms lassen sich die Verflechtungen innerhalb einer Volkswirtschaft übersichtlich darstellen. Der nachfolgende Übergangsgraph zeigt eine Volkswirtschaft mit den drei Sektoren Industrie (I), Landwirtschaft (L) und Verkehr (V) sowie dem Konsum (K).

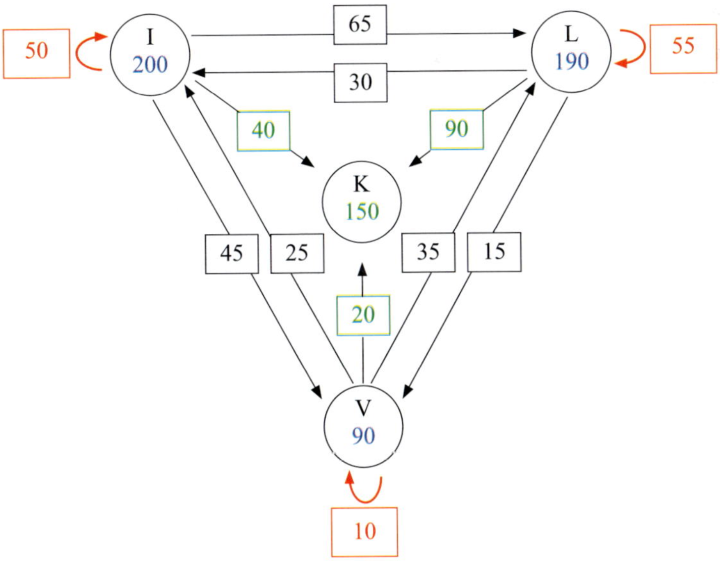

---
1) 1905–1999
2) vgl. S. 128 f.

Die in dem Diagramm angegebenen Zahlen stellen Einheiten dar. Dies sind in der Regel Güter und Dienstleistungen im Wert von Geldeinheiten wie Euro, USD, YEN usw., können aber auch Mengeneinheiten wie kWh, kg, Stück usw. sein.

Aus dem Diagramm wird ersichtlich, dass die Industrie 65 Einheiten an die Landwirtschaft abgibt und im Gegenzug 30 Einheiten von der Landwirtschaft erhält. Der jeweilige **Eigenverbrauch** der drei Sektoren wird durch einen „Bogenpfeil" zum Ausdruck gebracht und beträgt im Falle der Industrie **50** Einheiten. Die jeweilige Gesamtproduktion eines Sektors ist in blau dargestelt.

Die **Gesamtproduktion** der Industrie beträgt 50 + 65 + 45 + 40 = 200 Einheiten. Zusammen stellen die drei Sektoren 40 + 90 + 20 = 150 Einheiten zum **Konsum** zur Verfügung.

Input-Output-Tabelle

Zunächst wird eine Tabelle erstellt, die alle vorhandenen Sektoren enthält.

		Abnehmer		
Produzenten	→	**Industrie (I)**	**Landwirtschaft (L)**	**Verkehr (V)**
	Industrie (I)	50	65	45
	Landwirtschaft (L)	30	55	15
	Verkehr (V)	25	35	10

In dieser Tabelle kann der Eigenverbrauch der drei Sektoren auf der Diagonalen abgelesen werden.

Anschließend wird eine weitere Spalte angefügt, die den Konsum[1)] (K) angibt.

		Abnehmer			
Produzenten	→	**I**	**L**	**V**	**K**
	I	50	65	45	40
	L	30	55	15	90
	V	25	35	10	20

Im letzten Schritt werden die Zeilensummen addiert und in einer Spalte als Gesamtproduktion (G) angegeben.

		Abnehmer				
Produzenten	→	**I**	**L**	**V**	**K**	**G**
	I	50	65	45	40	200
	L	30	55	15	90	190
	V	25	35	10	20	90

Die so entstandene Tabelle wird als **Input-Output-Tabelle** bezeichnet und bietet gegenüber dem Verflechtungsdiagramm den Vorteil, dass sich auch sehr viele Sektoren übersichtlich darstellen lassen.

1) Streng genommen handelt es sich um die Konsumabgaben, also die Menge, die die Produzenten zum Konsum an den Markt abgeben. Im Leontief-Modell wird jedoch davon ausgegangen, dass die gesamte zum Konsum bereitgestellte Menge auch konsumiert wird.

Matrix und Vektoren

Die Input-Output-Tabelle lässt sich auch durch eine Matrix und zwei Vektoren darstellen. Dabei werden die Sektoren als Matrix und der Konsum sowie die Gesamtproduktion als Vektoren dargestellt.

Die **Sektorenmatrix *S*** ist immer eine quadratische Matrix und lautet in diesem Fall $S = \begin{pmatrix} 50 & 65 & 45 \\ 30 & 55 & 15 \\ 25 & 35 & 10 \end{pmatrix}$. Der **Konsumvektor**[1)] wird in der Regel mit $\vec{y}$, der **Gesamtproduktionsvektor** mit $\vec{x}$ benannt. In diesem Fall gilt $\vec{y} = \begin{pmatrix} 40 \\ 90 \\ 20 \end{pmatrix}$ und $\vec{x} = \begin{pmatrix} 200 \\ 190 \\ 90 \end{pmatrix}$.

Verbale Beschreibung

In einer Volkswirtschaft sind die drei Sektoren Industrie, Landwirtschaft und Verkehr nach dem Leontief-Modell miteinander verflochten. Die Industrie produziert insgesamt 200 Einheiten, von denen sie 50 Einheiten selbst verbraucht und 65 Einheiten an die Landwirtschaft und 45 an den Verkehr abgibt. Die übrigen 40 Einheiten werden konsumiert.

Die Landwirtschaft produziert 190 Einheiten, von denen sie 55 selbst verbraucht. Darüber hinaus liefert sie 30 Einheiten an die Industrie und 15 Einheiten an den Verkehr. 90 Einheiten stehen für den Konsum zur Verfügung.

Der Sektor Verkehr produziert 90 Einheiten, von denen 10 selbst verbraucht werden. 25 Einheiten werden an die Industrie und 35 Einheiten an die Landwirtschaft abgegeben. 20 Einheiten werden konsumiert.

Situation 1

Eine Volkswirtschaft besteht aus den drei Sektoren Industrie, Landwirtschaft und Verkehr, die nach dem Leontief-Modell miteinander verknüpft sind.

Die Industrie gibt 40 Einheiten an die Landwirtschaft und 20 Einheiten an den Verkehr ab. Für den Konsum stellt die Industrie 70 Einheiten zur Verfügung. Der Eigenverbrauch beträgt 50 Einheiten.

Die Landwirtschaft gibt 60 Einheiten an den Markt ab und benötigt 45 ihrer erzeugten Einheiten selbst. Jeweils 30 Einheiten werden an die beiden übrigen Sektoren abgegeben.

Der Verkehr gibt 30 % seiner 50 produzierten Einheiten an die Industrie und ein Fünftel seiner Einheiten an die Landwirtschaft ab. Der Eigenbedarf beträgt 5 Einheiten. Der Rest steht für den Konsum zur Verfügung.

Beschreiben Sie die Zusammenhänge in der Volkswirtschaft durch eine geeignete Tabelle, eine Sektoren-Matrix und die dazugehörigen Vektoren sowie durch ein Verflechtungsdiagramm.

Lösung

Tabelle

		Abnehmer				
	↱	I	L	V	K	G
Produzenten	I	50	40	20	70	180
	L	30	45	30	60	165
	V	15	10	5	20	50

1) auch Absatz- oder Marktvektor

Matrix und Vektoren

Sektorenmatrix: $S = \begin{pmatrix} 50 & 40 & 20 \\ 30 & 45 & 30 \\ 15 & 10 & 5 \end{pmatrix}$

Konsumvektor: $\vec{y} = \begin{pmatrix} 70 \\ 60 \\ 20 \end{pmatrix}$

Gesamtproduktionsvektor: $\vec{x} = \begin{pmatrix} 180 \\ 165 \\ 50 \end{pmatrix}$

Verflechtungsdiagramm

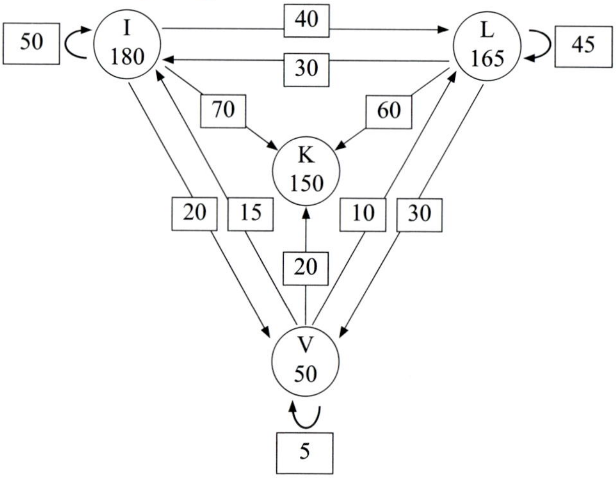

Situation 2

Ein Automobilhersteller produziert in seinem Hauptwerk Pkw (P) und in einem anderen Werk Lkw (L). Die beiden Werke sind nach dem Leontief-Modell miteinander verknüpft. Die produzierten Einheiten lassen sich dem folgenden Verflechtungsdiagramm entnehmen.

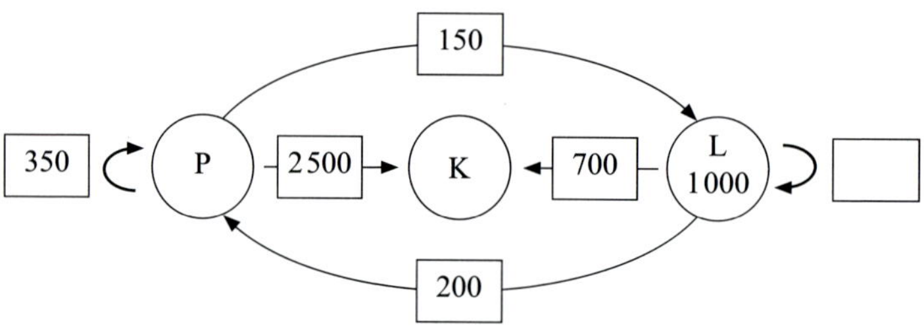

Ergänzen Sie die fehlenden Werte in dem Verflechtungsdiagramm und überführen Sie den Graphen in eine Tabelle, die den Sachverhalt eindeutig beschreibt.

Lösung

Das Pkw-Werk hat einen Eigenverbrauch von 350 Einheiten und gibt weiter 150 Einheiten an das Lkw-Werk sowie 2 500 Einheiten an den Konsum ab. Daher beträgt die Produktion im Pkw-Werk 350 + 150 + 2 500 = 3 000 Einheiten.

Im Lkw-Werk werden 1 000 Einheiten produziert. Davon werden 700 für den Konsum und 200 für das Pkw-Werk zur Verfügung gestellt. Der Eigenverbrauch beträgt daher 1 000 – 700 – 200 = 100 Einheiten.

Insgesamt stehen 2 500 + 700 = 3 200 Einheiten für den Konsum zur Verfügung. Daher ergibt sich das folgende Verflechtungsdiagramm.

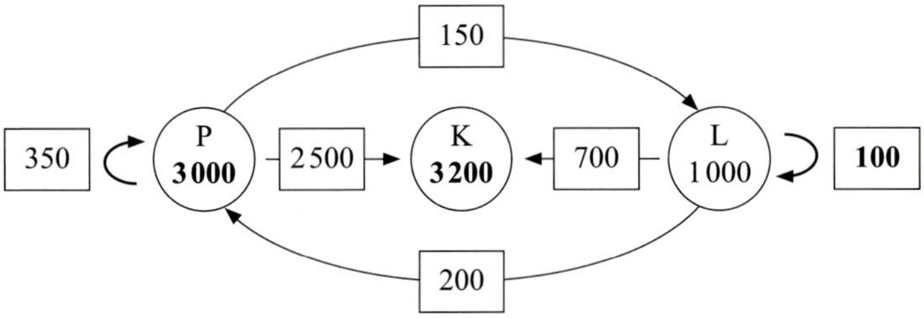

↱	P	L	K	G
P	350	150	2 500	3 000
L	200	100	700	1 000

Zusammenfassung

- Eine Tabelle der Form

↱	s_1	s_2	…	s_n	y_i	x_i
s_1	s_{11}	s_{12}	…	s_{1n}	y_1	x_1
s_2	s_{21}	s_{22}	…	s_{2n}	y_2	x_2
⋮	⋮	⋮	⋱	⋮	⋮	⋮
s_n	s_{n1}	s_{n2}	…	s_{nn}	y_n	x_n

heißt **Input-Output-Tabelle**.

- Es gilt $x_i = s_{i1} + s_{i2} + \ldots + s_{in} + y_i = \sum_{j=1}^{n} s_{ij} + y_i$.
- Die **Sektorenmatrix** $S_{n\times n} = \begin{pmatrix} s_{11} & s_{12} & \cdots & s_{1n} \\ s_{21} & s_{22} & \cdots & s_{2n} \\ \vdots & \vdots & \ddots & \vdots \\ s_{n1} & s_{n2} & \cdots & s_{nn} \end{pmatrix}_{n\times n}$ ist immer eine quadratische Matrix.

  Die Elemente der Hauptdiagonale von **S** geben den **Eigenverbrauch** der Sektoren an.
- Der **Konsumvektor** $\vec{y} = \begin{pmatrix} y_1 \\ y_2 \\ \vdots \\ y_n \end{pmatrix}$ und der **Gesamtproduktionsvektor** $\vec{x} = \begin{pmatrix} x_1 \\ x_2 \\ \vdots \\ x_n \end{pmatrix}$ sind Spaltenvektoren mit jeweils so vielen Elementen wie es Sektoren gibt.

Übungsaufgaben

1 In einer Volkswirtschaft gibt es die drei Sektoren Industrie (I), Dienstleistungen (D) und Energieversorgung (E). Die Verflechtungen lassen sich der Tabelle entnehmen.

↱	I	D	E	K	G
I	100	50	35	215	400
D	40	20	15	185	260
E	500	250	50	300	1100

Erstellen Sie das dazugehörige Verflechtungsdiagramm.

2 Ein Energieversorgungsunternehmen betreibt im Rahmen eines Versuchs einen Solarpark (S) und ein Wasserkraftwerk (W). Der Solarpark kann insgesamt 50 000 kWh Strom erzeugen. Davon gibt er 20 000 kWh an das Wasserkraftwerk ab und verbraucht 10 000 kWh selbst. Das Wasserkraftwerk erzeugt 40 000 kWh Strom und verbraucht davon 20 % selbst. 12 000 kWh werden an den Solarpark geliefert.

Erstellen Sie eine Input-Output-Tabelle und das dazugehörige Verflechtungsdiagramm und berechnen Sie, wie viele kWh insgesamt dem Konsum zur Verfügung stehen.

3 Eine Volkswirtschaft mit den Sektoren Industrie (I), Dienstleistungen (D), Energieversorgung (E) und Landwirtschaft (L) ist nach dem Leontief-Modell miteinander verknüpft. Insgesamt werden in der Volkswirtschaft Güter und Dienstleistungen im Wert von 3 000 GE produziert. Es gilt das nachfolgende Verflechtungsdiagramm.

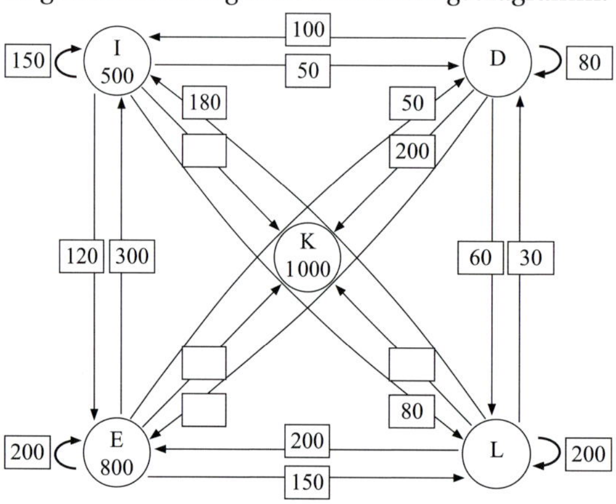

Erstellen Sie eine Tabelle, die die Zusammenhänge beschreibt, berechnen Sie die fehlenden Werte und ergänzen Sie diese in dem Verflechtungsdiagramm.

2.2.2 Veränderung der Produktionsmenge

Situation 3

Ein Industrieunternehmen betreibt in Aachen (A), Berlin (B) und Chemnitz (C) jeweils eine Produktionsstätte. Die betrieblichen Verflechtungen (in GE) lassen sich dem Verflechtungsdiagramm entnehmen.

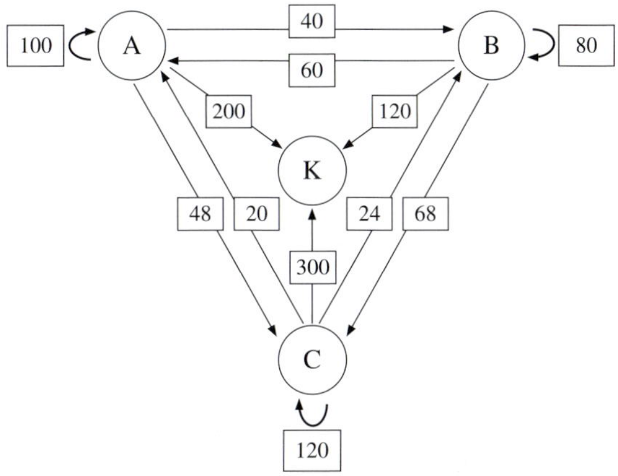

Da das Stammwerk in Aachen nicht ausgelastet ist, soll die Produktion in diesem Werk um 25 % gesteigert werden.

Berechnen Sie, welchen Einfluss diese Entscheidung auf den Konsum hat.

Lösung

Zunächst wird die Input-Output-Tabelle erstellt und der bisherige Gesamtkonsum berechnet.

↱	A	B	C	K	G
A	100	40	48	200	388
B	60	80	68	120	328
C	20	24	120	300	464

Insgesamt können vor der Produktionserhöhung in Aachen Waren im Wert von 200 + 120 + 300 = 620 [GE] an den Markt abgegeben und somit konsumiert werden.

Damit das Stammwerk in Aachen seine Produktion (Output) erhöhen kann, muss der Faktoreinsatz (Input) ebenfalls erhöht werden. Beim Leontief-Modell wird davon ausgegangen, dass eine Produktionssteigerung um 25 % nur dann möglich ist, wenn der Faktoreinsatz ebenfalls um 25 % erhöht wird.

Daher ergibt sich eine neue Input-Output-Tabelle.

↱	A	B	C	K	G
A	100 · 1,25 = 125	40	48	485 – (125 + 40 + 48) = 272	388 · 1,25 = 485
B	60 · 1,25 = 75	80	68	328 – (75 + 80 + 68) = 105	328
C	20 · 1,25 = 25	24	120	464 – (25 + 24 + 120) = 295	464

Der neue Gesamtkonsum beträgt nun 272 + 105 + 295 = 672 [GE]. Dies entspricht einer Steigerung von ca. 8,4 %.

Situation 4

In einer Volkswirtschaft gibt es die Sektoren Energie (E), Industrie (I), Dienstleistung (D) und Verkehr (V). Bisher gelten die folgenden Verflechtungen (in GE).

↱	E	I	D	V	K
E	80	150	30	70	350
I	100	120	20	40	300
D	70	90	50	20	250
V	60	30	40	30	100

Da die Nachfrage nach Energie immer größer geworden ist, beschließt dieser Sektor, seine Produktion um 20 % auszuweiten. Die Nachfrage nach Industriegütern und Dienstleistungen ist jedoch zurückgegangen. Die Industrie drosselt daher die Produktionsmenge um 10 %, der Dienstleistungssektor sogar um 30 %.

Erstellen Sie eine Input-Output-Tabelle, die die zukünftige Situation beschreibt, und berechnen Sie, ob vor oder nach der Produktionsmengenveränderung relativ gesehen mehr konsumiert werden kann.

Lösung

Zunächst müssen die alten Produktionsmengen berechnet werden.

↱	E	I	D	V	K	G
E	80	150	30	70	350	680
I	100	120	20	40	300	580
D	70	90	50	20	250	480
V	60	30	40	30	100	260

Vor der Produktionsmengenveränderung werden Güter und Dienstleistungen im Wert von $680 + 580 + 480 + 260 = 2\,000$ GE produziert und Güter und Dienstleistungen im Wert von $350 + 300 + 250 + 100 = 1\,000$ GE konsumiert. Die Konsumabgabenquote KQ beträgt daher

$KQ = \frac{1\,000}{2\,000} = 50\,\%$.

Da beim Leontief-Modell davon ausgegangen wird, dass sich die Produktionsmengenveränderung im gleichen Maße auch auf die Liefermengen auswirkt, verändern die vier Sektoren ihre Liefermengen an den Sektor Energie um +20 % und an die Sektoren Industrie und Dienstleistung um –10 % und –30 %.

↱	E	I	D	V	K	G
E	96	135	21	70	494	816
I	120	108	14	40	240	522
D	84	81	35	20	116	336
V	72	27	28	30	103	260

Die nun noch mögliche Konsumabgabe an den Markt berechnet sich jeweils aus der Differenz der Gesamtproduktion eines Sektors und der Summe der dazugehörigen Liefermengen an alle Sektoren. Für den Konsum im Sektor E gilt z. B. 816 – (96 + 135 + 21 + 70) = 494 [GE].

Die Konsumabgabenquote nach der Produktionsmengenveränderung beträgt

$KQ = \frac{494+240+116+103}{816+522+336+260} = \frac{953}{1934} \approx 0{,}4928 = 49{,}28\,\%$ und ist damit um 0,72 %-Punkte gesunken.

In der Realität sind Input-Output-Analysen in der Regel deutlich umfangreicher, da Volkswirtschaften wesentlich mehr als zwei, drei oder vier Sektoren haben. Die Auswirkungen, die Produktionsmengenveränderungen auf den Konsum haben, lassen sich dennoch relativ einfach mithilfe von Matrizen und Vektoren lösen.

Für eine Volkswirtschaft mit zwei Sektoren, die nach dem Leontief-Modell miteinander verknüpft sind, könnte die nachfolgende Input-Output-Tabelle gelten.

↱	S_1	S_2	**Konsum y_i**	**Gesamtproduktion x_i**
S_1	$s_{11} = 5$	$s_{12} = 8$	$y_1 = 7$	$x_1 = 20$
S_2	$s_{21} = 6$	$s_{22} = 10$	$y_2 = 9$	$x_2 = 25$

Bislang wurde die Gesamtproduktion jedes Sektors durch die Zeilensumme ermittelt. Der Vektor der Gesamtproduktion $\vec{x}$ lässt sich jedoch auch mit einer Matrizengleichung lösen, wobei $\vec{e}$ ein **Einsvektor**[1] ist.

$$\boldsymbol{S} \cdot \vec{e} + \vec{y} = \vec{x}$$

$$\begin{pmatrix} s_{11} & s_{12} \\ s_{21} & s_{22} \end{pmatrix} \cdot \begin{pmatrix} 1 \\ 1 \end{pmatrix} + \begin{pmatrix} y_1 \\ y_2 \end{pmatrix} = \begin{pmatrix} x_1 \\ x_2 \end{pmatrix}$$

$$\begin{pmatrix} 5 & 8 \\ 6 & 10 \end{pmatrix} \cdot \begin{pmatrix} 1 \\ 1 \end{pmatrix} + \begin{pmatrix} 7 \\ 9 \end{pmatrix} = \begin{pmatrix} 20 \\ 25 \end{pmatrix}$$

Die Gleichung sagt aus, dass S_1 an S_1 5 Einheiten und S_2 an S_1 6 Einheiten liefern muss, damit S_1 20 Einheiten produzieren kann. Außerdem muss S_1 an S_2 8 Einheiten und S_2 an S_2 10 Einheiten liefern, damit S_2 25 Einheiten produzieren kann; jeweils unter Berücksichtigung des angegebenen Konsums.

Wenn die Sektoren S_1 und S_2 nur noch 1 Einheit produzieren möchten, müssen dementsprechend die Liefermengen durch 20 bzw. 25 dividiert werden.

Es gilt dann $\boldsymbol{T} = \begin{pmatrix} \frac{s_{11}}{x_1} & \frac{s_{12}}{x_2} \\ \frac{s_{21}}{x_1} & \frac{s_{22}}{x_2} \end{pmatrix} = \begin{pmatrix} \frac{5}{20} & \frac{8}{25} \\ \frac{6}{20} & \frac{10}{25} \end{pmatrix} = \begin{pmatrix} 0{,}25 & 0{,}32 \\ 0{,}3 & 0{,}4 \end{pmatrix}$.

[1] Als Einsvektor wird ein Vektor beliebiger Dimension bezeichnet, dessen Elemente alle 1 sind.

Die so entstandene Matrix wird als **Technologiematrix**[1] bezeichnet. Ihre Elemente werden als **Produktionskoeffizienten** bezeichnet und lassen sich anwendungsbezogen interpretieren. $t_{11} = 0{,}25$ ist der prozentuale Input des Sektors 1 vom Output des Sektors 1. $t_{21} = 0{,}3$ ist der prozentuale Input des Sektors 2 vom Output des Sektors 1.

$t_{12} = 0{,}32$ ist der prozentuale Input des Sektors 1 vom Output des Sektors 2. $t_{22} = 0{,}4$ ist der prozentuale Input des Sektors 2 vom Output des Sektors 2.

Die Elemente auf der Hauptdiagonale der Technologiematrix $\boldsymbol{T}$ stellen den Eigenverbrauch für 1 Einheit dar.

$$\boldsymbol{T} = \begin{pmatrix} \frac{s_{11}}{x_1} & \frac{s_{12}}{x_2} \\ \frac{s_{21}}{x_1} & \frac{s_{22}}{x_2} \end{pmatrix}$$

Technologiematrix $\boldsymbol{T}$

Mit der Technologiematrix ist es möglich, die realisierbaren Konsumabgaben jedes Sektors für jede beliebige Produktionsmenge zu bestimmen.

Für eine Produktion von x_1 Einheiten benötigt S_1 dann $0{,}25 \cdot x_1$ Einheiten von S_1 und $0{,}3 \cdot x_1$ Einheiten von S_2. Darüber hinaus benötigt S_2 dann $0{,}32 \cdot x_2$ Einheiten von S_1 und $0{,}4 \cdot x_2$ Einheiten von S_2 für die Produktion von x_2 Einheiten. In Matrixschreibweise ergibt sich dann
$\begin{pmatrix} 0{,}25 & 0{,}32 \\ 0{,}3 & 0{,}4 \end{pmatrix} \cdot \begin{pmatrix} x_1 \\ x_2 \end{pmatrix} + \begin{pmatrix} y_1 \\ y_2 \end{pmatrix} = \begin{pmatrix} x_1 \\ x_2 \end{pmatrix}$ oder allgemeingültig
$\begin{pmatrix} \frac{s_{11}}{x_1} & \frac{s_{12}}{x_2} \\ \frac{s_{21}}{x_1} & \frac{s_{22}}{x_2} \end{pmatrix} \cdot \begin{pmatrix} x_1 \\ x_2 \end{pmatrix} + \begin{pmatrix} y_1 \\ y_2 \end{pmatrix} = \begin{pmatrix} x_1 \\ x_2 \end{pmatrix}$ und $\boldsymbol{T} \cdot \vec{x} + \vec{y} = \vec{x}$.

Um den Konsum bestimmen zu können, muss die Gleichung $\boldsymbol{T} \cdot \vec{x} + \vec{y} = \vec{x}$ nach dem Konsumvektor $\vec{y}$ umgestellt werden. $\boldsymbol{T} \cdot \vec{x} + \vec{y} = \vec{x}$. $\quad | -\boldsymbol{T} \cdot \vec{x}$

$\vec{y} = \vec{x} - \boldsymbol{T} \cdot \vec{x}$

In der Regel werden noch zwei weitere, nicht zwingend notwendige Schritte durchgeführt, da $(\boldsymbol{E} - \boldsymbol{T})$ die Grundlage für die **Leontief-Inverse** ist[2].

$\vec{y} = \vec{x} - \boldsymbol{T} \cdot \vec{x}$ | Erweiterung mit der Einheitsmatrix $\boldsymbol{E}$

$\vec{y} = \boldsymbol{E} \cdot \vec{x} - \boldsymbol{T} \cdot \vec{x}$ | $\vec{x}$ ausklammern

$\vec{y} = (\boldsymbol{E} - \boldsymbol{T}) \cdot \vec{x}$

$$\vec{y} = \vec{x} - \boldsymbol{T} \cdot \vec{x} = (\boldsymbol{E} - \boldsymbol{T}) \cdot \vec{x}$$

Konsumvektor $\vec{y}$

[1] auch technologische Matrix, Produktionsmatrix oder Input-Matrix
[2] vgl. S. 138

Situation 5

In einer Volkswirtschaft gibt es die Sektoren Industrie (I), Landwirtschaft (L) und Verkehr (V), die nach dem Leontief-Modell miteinander verknüpft sind. Es gilt die nachfolgende Input-Output-Tabelle.

↱	I	L	V	K	G
I	50	40	20	70	180
L	30	45	30	60	165
V	15	10	5	20	50

Aufgrund von Konjunkturschwankungen wird davon ausgegangen, dass der Industriesektor in der kommenden Periode seine Gesamtproduktion um 30 % steigern wird. Im Gegenzug wird der Verkehr die Produktion um 20 % senken.

Berechnen Sie den Konsumvektor nach der Produktionsmengenveränderung einmal mit und einmal ohne Zuhilfenahme der Technologiematrix.

Lösung

Ohne Technologiematrix

↱	I	L	V	K	G
I	$50 \cdot 1{,}3 = 65$	40	$20 \cdot 0{,}8 = 16$	$234 - (65 + 40 + 16) = 113$	$180 \cdot 1{,}3 = 234$
L	$30 \cdot 1{,}3 = 39$	45	$30 \cdot 0{,}8 = 24$	$165 - (39 + 45 + 24) = 57$	165
V	$15 \cdot 1{,}3 = 19{,}5$	10	$5 \cdot 0{,}8 = 4$	$40 - (19{,}5 + 10 + 4) = 6{,}5$	$50 \cdot 0{,}8 = 40$

$$\vec{y}_{\text{neu}} = \begin{pmatrix} 113 \\ 57 \\ 6{,}5 \end{pmatrix}$$

Mit Technologiematrix

$$\boldsymbol{S} = \begin{pmatrix} 50 & 40 & 20 \\ 30 & 45 & 30 \\ 15 & 10 & 5 \end{pmatrix}, \vec{x}_{\text{alt}} = \begin{pmatrix} 180 \\ 165 \\ 50 \end{pmatrix}$$

$$\boldsymbol{T} = \begin{pmatrix} \frac{50}{180} & \frac{40}{165} & \frac{20}{50} \\ \frac{30}{180} & \frac{45}{165} & \frac{30}{50} \\ \frac{15}{180} & \frac{10}{165} & \frac{5}{50} \end{pmatrix} = \begin{pmatrix} \frac{5}{18} & \frac{8}{33} & \frac{2}{5} \\ \frac{1}{6} & \frac{3}{11} & \frac{3}{5} \\ \frac{1}{12} & \frac{2}{33} & \frac{1}{10} \end{pmatrix}$$

$$\boldsymbol{E} - \boldsymbol{T} = \begin{pmatrix} 1 & 0 & 0 \\ 0 & 1 & 0 \\ 0 & 0 & 1 \end{pmatrix} - \begin{pmatrix} \frac{5}{18} & \frac{8}{33} & \frac{2}{5} \\ \frac{1}{6} & \frac{3}{11} & \frac{3}{5} \\ \frac{1}{12} & \frac{2}{33} & \frac{1}{10} \end{pmatrix} = \begin{pmatrix} \frac{13}{18} & -\frac{8}{33} & -\frac{2}{5} \\ -\frac{1}{6} & \frac{8}{11} & -\frac{3}{5} \\ -\frac{1}{12} & -\frac{2}{33} & \frac{9}{10} \end{pmatrix}$$

$$\vec{x}_{\text{neu}} = \begin{pmatrix} 180 \cdot 1{,}3 \\ 165 \\ 50 \cdot 0{,}8 \end{pmatrix} = \begin{pmatrix} 234 \\ 165 \\ 40 \end{pmatrix}$$

$$\vec{y}_{\text{neu}} = (\boldsymbol{E} - \boldsymbol{T}) \cdot \vec{x}_{\text{neu}} = \begin{pmatrix} \frac{13}{18} & -\frac{8}{33} & -\frac{2}{5} \\ -\frac{1}{6} & \frac{8}{11} & -\frac{3}{5} \\ -\frac{1}{12} & -\frac{2}{33} & \frac{9}{10} \end{pmatrix} \cdot \begin{pmatrix} 234 \\ 165 \\ 40 \end{pmatrix} = \begin{pmatrix} 113 \\ 57 \\ 6{,}5 \end{pmatrix}$$

Zusammenfassung

- Positive oder negative Produktionsmengenveränderungen in einem oder mehreren Sektoren wirken sich im gleichen Maß auf die Liefermengen aller Sektoren aus.
- Die **Konsumabgabe** der einzelnen Sektoren ist die Differenz aus der Gesamtproduktion eines Sektors und der Summe der dazugehörigen Liefermengen. Es gilt:
  $y_i = x_i - (s_{i1} + s_{i2} + \ldots + s_{in}) = x_i - \sum_{j=1}^{n} s_{ij}$
- Die **Konsumabgabenquote** KQ ist $KQ = \frac{\text{Gesamtkonsum}}{\text{Gesamtproduktion}}$.
- Die Technologiematrix $\boldsymbol{T}$ zu einem Leontief-Modell mit zwei Sektoren ist $\boldsymbol{T} = \begin{pmatrix} \frac{s_{11}}{x_1} & \frac{s_{12}}{x_2} \\ \frac{s_{21}}{x_1} & \frac{s_{22}}{x_2} \end{pmatrix}$
- Der **Konsumvektor** $\vec{y}$ gibt an, wie viele Einheiten die einzelnen Sektoren an den Markt abgeben können. Es gilt $\vec{y} = \vec{x} - \boldsymbol{T} \cdot \vec{x} = (\boldsymbol{E} - \boldsymbol{T}) \cdot \vec{x}$.

Übungsaufgaben

1 Ein international agierender Konzern fertigt seine Produkte in China (C) und in Spanien (S). Die beiden Produktionsstandorte sind gemäß dem Verflechtungsdiagramm nach dem Leontief-Modell verknüpft. Die angegebenen Werte stellen Geldeinheiten dar.

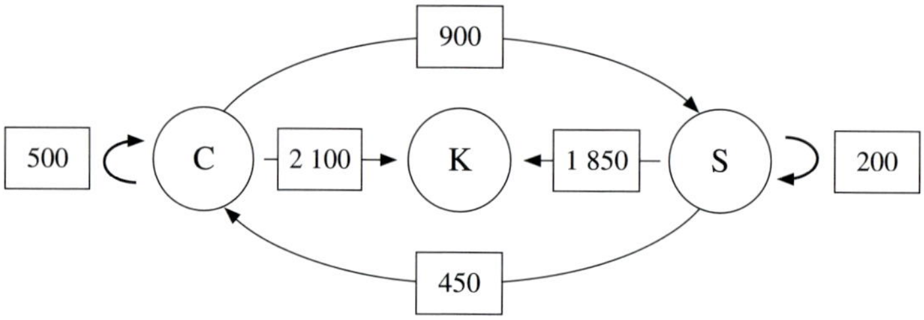

Aufgrund schwankender Nachfrage möchte die Unternehmensleitung die Produktionsmengen in den Werken verändern. In China soll die Produktion um 25 % gesteigert und in Spanien um 10 % verringert werden.

Erstellen Sie die neue Input-Output-Tabelle und das dazugehörige Verflechtungsdiagramm.

2 In einer Volkswirtschaft gibt es die Sektoren Verkehr, Handel und Energie. Der Sektor Verkehr produziert insgesamt 120 Einheiten. Davon werden 30 % selbst verbraucht und jeweils 20 Einheiten an die Sektoren Handel und Energie geliefert. Der Rest steht zum Konsum zur Verfügung.

Der Handelssektor verbraucht 50 Einheiten selbst und gibt 75 Einheiten an den Markt zum Konsum ab. An die Sektoren Verkehr und Energie werden insgesamt 140 Einheiten im Verhältnis 3:4 geliefert.

Der Sektor Energie produziert 360 Einheiten; für den Konsum stellt er die Hälfte seiner Einheiten zur Verfügung. Der Rest verteilt sich gleichmäßig auf die drei Sektoren.

Der Verkehr wird aufgrund der geänderten Wirtschaftslage im kommenden Jahr seine Produktionsmenge um 30 % verringern, der Handel um 40 % erhöhen.

Berechnen Sie die prozentuale Veränderung des Gesamtkonsums, die sich durch die Produktionsmengenveränderung ergeben wird.

3 Die Verflechtungen innerhalb einer Volkswirtschaft lassen sich vereinfacht durch das nachfolgende Diagramm darstellen.

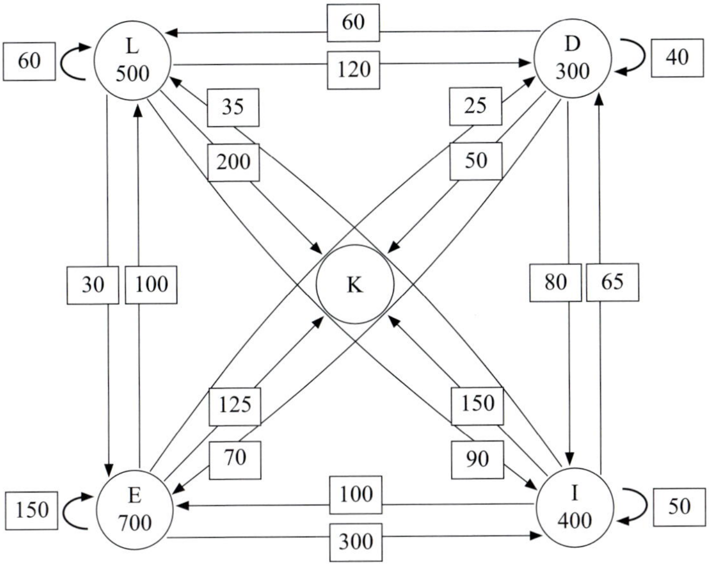

Zukünftig wird der Sektor Landwirtschaft (L) seine Produktionsmenge um Güter im Wert von 300 GE erhöhen.

Berechnen Sie die Konsumabgabenquote vor und nach der Produktionsmengenveränderung.

4 In einer Volkswirtschaft gibt es die Sektoren Industrie (I), Handel (H), Landwirtschaft (L), Verkehr (V), Dienstleistung (D) und Energie (E), die nach dem Leontief-Modell miteinander verknüpft sind. Es gilt die nachfolgende Input-Output-Tabelle.

→	I	H	L	V	D	E	K	G
I	50	80	70	30	20	10	200	460
H	40	35	60	70	50	40	300	595
L	20	10	45	50	30	15	250	420
V	30	20	10	30	50	10	100	250
D	20	15	60	35	10	40	150	330
E	80	20	45	50	30	25	300	550

In der kommenden Periode soll sich die Gesamtproduktion durch den Vektor $\vec{x} = \begin{pmatrix} 500 \\ 600 \\ 400 \\ 200 \\ 330 \\ 500 \end{pmatrix}$ beschreiben lassen. Berechnen Sie, mit welchem Konsum in der kommenden Periode gerechnet wird.

5 Ein Automobilkonzern produziert in seinen drei Werken unterschiedliche Modelle. Die Werke sind nach dem Leontief-Modell miteinander verknüpft. Die Verflechtungen in Geldeinheiten lassen sich der nachfolgenden Tabelle entnehmen.

→	Werk 1	Werk 2	Werk 3
Werk 1	80	150	30
Werk 2	100	120	20
Werk 3	70	90	50

Für den Konzern gilt die Technologiematrix $\boldsymbol{T} = \begin{pmatrix} \frac{2}{17} & \frac{15}{58} & \frac{1}{16} \\ \frac{5}{34} & \frac{6}{29} & \frac{1}{24} \\ \frac{7}{68} & \frac{9}{58} & \frac{5}{48} \end{pmatrix}$.

Der Konzern plant, in der kommenden Periode die Gesamtproduktion in allen drei Werken um jeweils 20 Geldeinheiten zu erhöhen.

Berechnen Sie den Konsumvektor vor und nach der Produktionsmengenveränderung.

2.2.3 Änderung des Konsumverhaltens

Auf den S. 134 ff. wurde gezeigt, dass sich der Konsumvektor im Leontief-Modell durch die Gleichung $\vec{y} = (\boldsymbol{E} - \boldsymbol{T}) \cdot \vec{x}$ berechnen lässt. Wird jedoch der Gesamtproduktionsvektor $\vec{x}$ gesucht, muss die Gleichung entsprechend umgestellt werden.

$$\vec{y} = (\boldsymbol{E} - \boldsymbol{T}) \cdot \vec{x} \qquad | \cdot (\boldsymbol{E} - \boldsymbol{T})^{-1} \text{ (linksseitig)}$$
$$(\boldsymbol{E} - \boldsymbol{T})^{-1} \cdot \vec{y} = (\boldsymbol{E} - \boldsymbol{T})^{-1} \cdot (\boldsymbol{E} - \boldsymbol{T}) \cdot \vec{x}$$
$$(\boldsymbol{E} - \boldsymbol{T})^{-1} \cdot \vec{y} = \boldsymbol{E} \cdot \vec{x}$$
$$(\boldsymbol{E} - \boldsymbol{T})^{-1} \cdot \vec{y} = \vec{x}$$

$\vec{x} = (\boldsymbol{E} - \boldsymbol{T})^{-1} \cdot \vec{y}$
Gesamtproduktionsvektor $\vec{x}$

Die Matrix $(\boldsymbol{E} - \boldsymbol{T})^{-1}$ heißt **Leontief-Inverse**.

Wenn die Leontief-Inverse existiert[1)] und keine negativen Elemente[2)] enthält, dann kann jede beliebige Nachfragemenge (Konsum) befriedigt werden.

Situation 6

Ein Industrieunternehmen hat in Hamburg (H), Erfurt (E) und München (M) jeweils eine Fabrik. Die Fabriken beliefern sich gegenseitig, verbrauchen einen Teil ihrer Produkte selbst und geben den Rest an den Markt ab. Aufgrund der hohen Nachfrage nach den Produkten des Unternehmens werden alle an den Markt abgegebenen Güter tatsächlich konsumiert. Die Produktionsmengen (in Einheiten) lassen sich der Tabelle auf der Folgeseite entnehmen.

10, 15

1) Nur in diesem Fall ist das Gleichungssystem $\vec{x} = (\boldsymbol{E} - \boldsymbol{T})^{-1} \cdot \vec{y}$ eindeutig lösbar.
2) Nur in diesem Fall enthält der Gesamtproduktionsvektor $\vec{x}$ ausschließlich positive Elemente.

→	H	E	M	K	G
H	2	4	12	2	20
E	6	8	6	20	40
M	8	4	18	30	60

Anhand von Umfragen hat die Unternehmensleitung errechnet, dass deutlich mehr Produkte abgesetzt werden könnten.

Berechnen Sie, wie viele Produkte in den drei Fabriken jeweils produziert werden müssten, damit in Hamburg 5 Einheiten, in Erfurt 25 Einheiten und in München 40 Einheiten an den Markt abgegeben werden könnten.

Lösung

Zunächst muss die Technologiematrix $\boldsymbol{T}$ bestimmt werden.

$$\boldsymbol{T} = \begin{pmatrix} \frac{2}{20} & \frac{4}{40} & \frac{12}{60} \\ \frac{6}{20} & \frac{8}{40} & \frac{6}{60} \\ \frac{8}{20} & \frac{4}{40} & \frac{18}{60} \end{pmatrix} = \begin{pmatrix} 0{,}1 & 0{,}1 & 0{,}2 \\ 0{,}3 & 0{,}2 & 0{,}1 \\ 0{,}4 & 0{,}1 & 0{,}3 \end{pmatrix}$$

Die benötigte Leontief-Inverse $(\boldsymbol{E} - \boldsymbol{T})^{-1}$ wird mit dem Taschenrechner bestimmt.

Zunächst muss mit [2ND], [Matrix], MATH, 5:identity([3], [ENTER] eine 3 × 3 -Einheitsmatrix erzeugt und mit [STO], [2ND], 5:[E] als $\boldsymbol{E}$ abgespeichert werden.	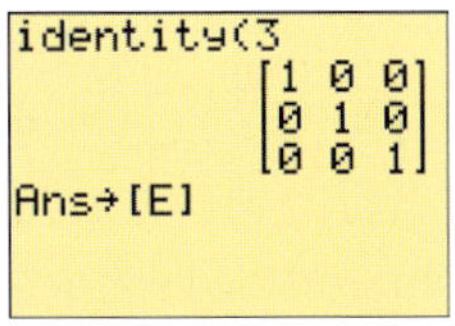
Anschließend wird die Technologiematrix $\boldsymbol{T}$ mit [2ND], [Matrix], Edit, 1:[A], [ENTER] eingegeben. Durch [2ND], [Quit] gelangt man in den Hauptbildschirm.	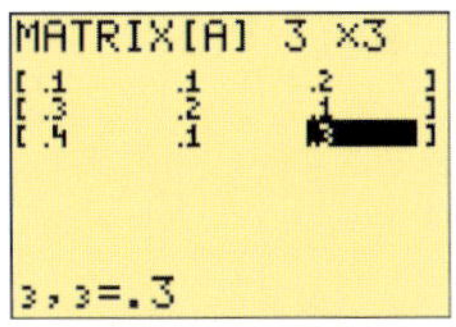
Nun [(], [2ND], [Matrix], 5:[E], [ENTER], [-], [2ND], [Matrix], 1:[A], [ENTER], [)], [x^{-1}] eingeben. [ENTER] liefert die Leontief-Inverse.	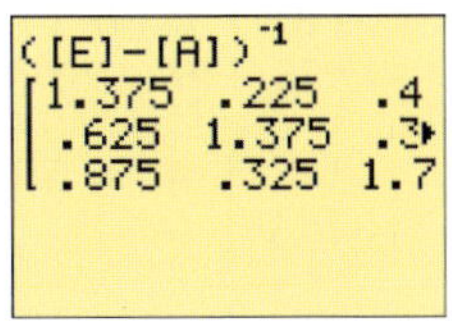

$$\vec{x}_{\text{neu}} = (\boldsymbol{E} - \boldsymbol{T})^{-1} \cdot \vec{y}_{\text{neu}} = \begin{pmatrix} 1{,}375 & 0{,}225 & 0{,}425 \\ 0{,}625 & 1{,}375 & 0{,}375 \\ 0{,}875 & 0{,}325 & 1{,}375 \end{pmatrix} \cdot \begin{pmatrix} 5 \\ 25 \\ 40 \end{pmatrix} = \begin{pmatrix} 29{,}5 \\ 52{,}5 \\ 81{,}5 \end{pmatrix}$$

In Hamburg müssen 29,5 Einheiten, in Erfurt 52,5 Einheiten und in München 81,5 Einheiten produziert werden, um die geforderten Mengen für den Konsum an den Markt abgeben zu können.

Situation 7

In einer Volkswirtschaft gibt es die Sektoren S_1 und S_2, die nach dem Leontief-Modell gemäß dem Verflechtungsdiagramm verknüpft sind.

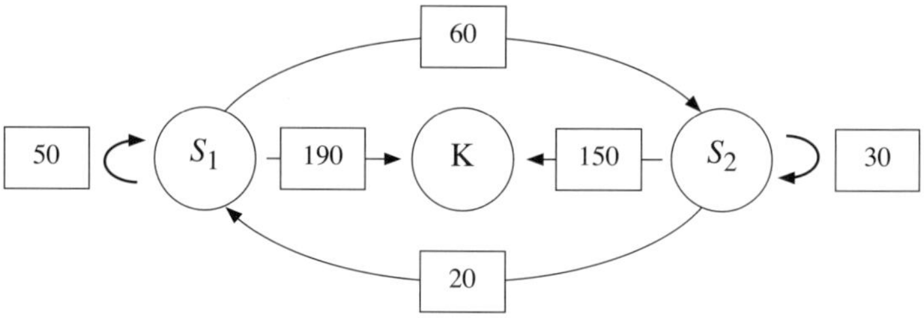

Für die kommende Periode wird davon ausgegangen, dass die Nachfrage nach Gütern der beiden Sektoren auf jeweils 413 Einheiten ansteigt.

Berechnen Sie algebraisch, wie viele Einheiten die beiden Sektoren produzieren müssen, um die neue Nachfrage zu decken, und erstellen Sie das neue Verflechtungsdiagramm.

Lösung

Zunächst wird aus dem Verflechtungsdiagramm eine Input-Output-Tabelle erstellt.

→	S_1	S_2	K	G
S_1	50	60	190	300
S_2	20	30	150	200

Aus der Tabelle lässt sich die Technologiematrix $\boldsymbol{T}$ bestimmen.

$$\boldsymbol{T}=\begin{pmatrix}\frac{50}{300} & \frac{60}{200}\\ \frac{20}{300} & \frac{30}{200}\end{pmatrix}=\begin{pmatrix}\frac{1}{6} & \frac{3}{10}\\ \frac{1}{15} & \frac{3}{20}\end{pmatrix}$$

Nun wird die Leontief-Inverse $(\boldsymbol{E}-\boldsymbol{T})^{-1}$ bestimmt.

$$\boldsymbol{E}-\boldsymbol{T}=\begin{pmatrix}1 & 0\\ 0 & 1\end{pmatrix}-\begin{pmatrix}\frac{1}{6} & \frac{3}{10}\\ \frac{1}{15} & \frac{3}{20}\end{pmatrix}=\begin{pmatrix}\frac{5}{6} & -\frac{3}{10}\\ -\frac{1}{15} & \frac{17}{20}\end{pmatrix}$$

$$\left(\begin{array}{cc|cc}\frac{5}{6} & -\frac{3}{10} & 1 & 0\\ -\frac{1}{15} & \frac{17}{20} & 0 & 1\end{array}\right)\quad \begin{array}{l}|\cdot 6\\ |\cdot(-15)\end{array}$$

$$\left(\begin{array}{cc|cc}5 & -1{,}8 & 6 & 0\\ 1 & -12{,}75 & 0 & -15\end{array}\right)\quad \begin{array}{l}\\ |\cdot 5\end{array}$$

$$\left(\begin{array}{cc|cc}5 & -1{,}8 & 6 & 0\\ 5 & -63{,}75 & 0 & -75\end{array}\right)\quad \begin{array}{l}\\ |-\mathrm{I}\end{array}$$

$$\left(\begin{array}{cc|cc}5 & -1{,}8 & 6 & 0\\ 0 & -61{,}95 & -6 & -75\end{array}\right)\quad \begin{array}{l}|\cdot(-61{,}95)\\ |\cdot(-1{,}8)\end{array}$$

$$\left(\begin{array}{cc|cc}-309{,}75 & 111{,}51 & -371{,}7 & 0\\ 0 & 111{,}51 & 10{,}8 & 135\end{array}\right)\quad \begin{array}{l}|-\mathrm{II}\\ \end{array}$$

$$\left(\begin{array}{cc|cc}-309{,}75 & 0 & -382{,}5 & -135\\ 0 & 111{,}51 & 10{,}8 & 135\end{array}\right)\quad \begin{array}{l}|:(-309{,}75)\\ |:111{,}51\end{array}$$

$$\left(\begin{array}{cc|cc}1 & 0 & \frac{510}{413} & \frac{180}{413}\\ 0 & 1 & \frac{40}{413} & \frac{500}{413}\end{array}\right)$$

Die Leontief-Inverse lautet $(\boldsymbol{E}-\boldsymbol{T})^{-1}=\begin{pmatrix}\frac{510}{413} & \frac{180}{413}\\ \frac{40}{413} & \frac{500}{413}\end{pmatrix}$

Für den Gesamtproduktionsvektor gilt:

$$\vec{x}_{\text{neu}}=(\boldsymbol{E}-\boldsymbol{T})^{-1}\cdot\vec{y}_{\text{neu}}=\begin{pmatrix}\frac{510}{413} & \frac{180}{413}\\ \frac{40}{413} & \frac{500}{413}\end{pmatrix}\cdot\begin{pmatrix}413\\413\end{pmatrix}=\begin{pmatrix}690\\540\end{pmatrix}$$

Um das neue Verflechtungsdiagramm zeichnen zu können, wird zunächst die neue Input-Output-Tabelle benötigt.

Die Abgaben zwischen den Sektoren lassen sich mithilfe des neuen Gesamtproduktionsvektors $\vec{x}_{\text{neu}}=\begin{pmatrix}690\\540\end{pmatrix}$ und der Technologiematrix $\boldsymbol{T}=\begin{pmatrix}\frac{1}{6} & \frac{3}{10}\\ \frac{1}{15} & \frac{3}{20}\end{pmatrix}$ bestimmen.

Da $\boldsymbol{T}=\begin{pmatrix}\frac{s_{11}}{x_1} & \frac{s_{12}}{x_2}\\ \frac{s_{21}}{x_1} & \frac{s_{22}}{x_2}\end{pmatrix}$ ist, gilt:

→	S_1	S_2	K	G
S_1	$\frac{s_{11}}{690}=\frac{1}{6}\Leftrightarrow s_{11}=115$	$\frac{s_{12}}{540}=\frac{3}{10}\Leftrightarrow s_{12}=162$	413	690
S_2	$\frac{s_{21}}{690}=\frac{1}{15}\Leftrightarrow s_{21}=46$	$\frac{s_{22}}{540}=\frac{3}{20}\Leftrightarrow s_{22}=81$	413	540

Daraus ergibt sich das Verflechtungsdiagramm.

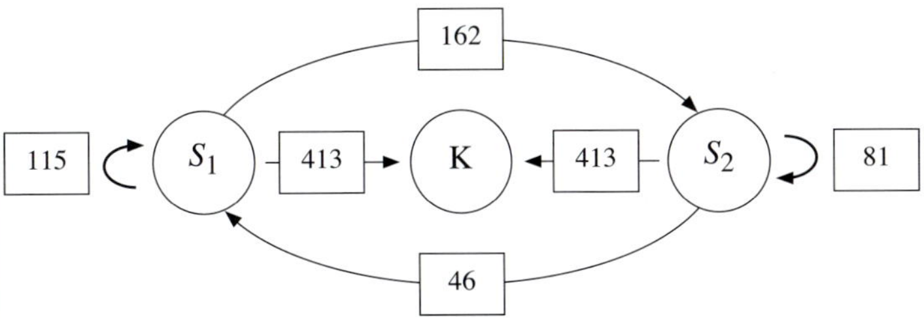

Zusammenfassung

- Der **Gesamtproduktionsvektor** $\vec{x}$ gibt an, wie viele Einheiten in den einzelnen Sektoren produziert werden müssen, um eine vorgegebene Menge zum Konsum bereitstellen zu können. Es gilt $\vec{x}=(\boldsymbol{E}-\boldsymbol{T})^{-1}\cdot\vec{y}$.
- Die Matrix $(\boldsymbol{E}-\boldsymbol{T})^{-1}$ heißt **Leontief-Inverse**.
- Wenn die Leontief-Inverse existiert und keine negativen Elemente enthält, kann jede beliebige Nachfragemenge (Konsum) befriedigt werden.

Übungsaufgaben

1 In einer Volkswirtschaft gibt es die Sektoren S_1 und S_2, die nach dem Leontief-Modell gemäß dem Verflechtungsdiagramm verknüpft sind.

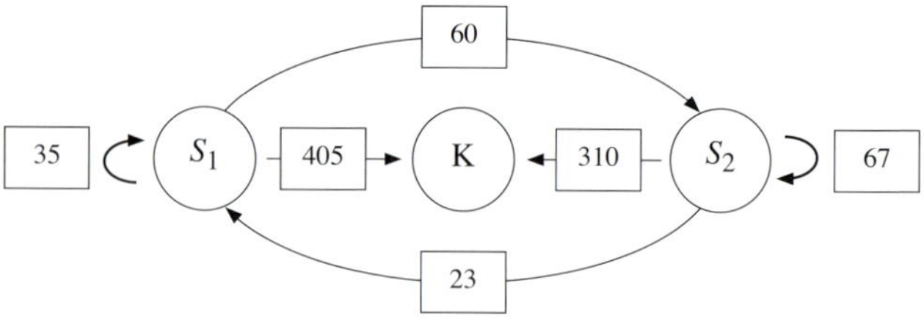

In der kommenden Periode wird davon ausgegangen, dass die Nachfrage nach Gütern des Sektors 1 auf 450 Einheiten ansteigen und nach Gütern des Sektors 2 auf 300 Einheiten zurückgehen wird.

Berechnen Sie, wie viele Einheiten die beiden Sektoren produzieren müssen, um die neue Nachfrage zu decken, und erstellen Sie das neue Verflechtungsdiagramm.

2 Ein Industrieunternehmen hat drei Produktionsstätten. Die Werke beliefern sich gegenseitig, verbrauchen einen Teil ihrer Produkte selbst und geben den Rest an den Markt ab. Die Verflechtungen lassen sich der Input-Output-Tabelle entnehmen.

↱	Werk 1	Werk 2	Werk 3	Konsum	G
Werk 1	30	60	100	110	300
Werk 2	90	120	100	110	420
Werk 3	30	180	0	90	300

Anhand von Umfragen hat die Unternehmensleitung errechnet, dass deutlich mehr Produkte abgesetzt werden könnten.

Berechnen Sie, wie viele Produkte in den drei Fabriken jeweils produziert werden müssten, damit die Werke 1 bis 3 zukünftig 130, 150 und 100 Einheiten für den Konsum bereitstellen können.

3 In einer Volkswirtschaft gibt es die Sektoren Industrie (I), Banken (B), Energie (E) und Verkehr (V). Die Güter- und Dienstleistungsströme in Geldeinheiten lassen sich dem Verflechtungsdiagramm entnehmen.

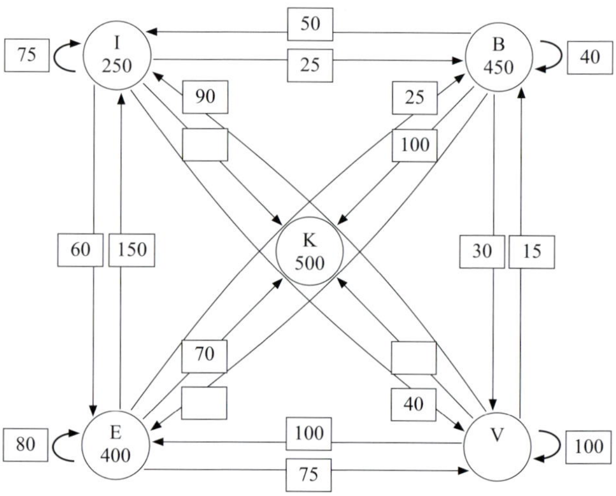

In der nächsten Periode sollen die Sektoren Industrie und Verkehr ihre Abgabe an den Markt um jeweils 30 % erhöhen. Die beiden übrigen Sektoren hingegen planen einen Rückgang der Konsumabgaben um jeweils 20 %.

Berechnen Sie, wie viele Einheiten die vier Sektoren jeweils produzieren müssen, um die geplanten Konsumabgaben realisieren zu können.

4 In einer Volkswirtschaft mit drei Sektoren gilt die Leontief-Inverse $(\boldsymbol{E}-\boldsymbol{T})^{-1} = \begin{pmatrix} \frac{10}{7} & \frac{5}{7} & \frac{5}{7} \\ \frac{5}{6} & \frac{13}{6} & 1 \\ \frac{1}{2} & 1 & \frac{3}{2} \end{pmatrix}$.
In der vergangenen Periode ließ sich die Gesamtproduktionsmenge durch den Vektor $\vec{x} = \begin{pmatrix} 1\,500 \\ 1\,633{,}\overline{3} \\ 1\,250 \end{pmatrix}$ beschreiben. Es wird davon ausgegangen, dass die Nachfrage in der kommenden Periode nach den Gütern und Dienstleistungen des Sektors 1 um 25 % und die des Sektors 2 um 30 % ansteigen wird.

Berechnen Sie den neuen Gesamtproduktionsvektor $\vec{x}_{\text{neu}}$.

2.2.4 Leontief-Modell mit Parametern

Situation 8

Ein Industriebetrieb mit zwei Standorten ist nach dem Leontief-Modell miteinander verknüpft. Die Abgaben untereinander und an den Markt (in GE) lassen sich dem Verflechtungsdiagramm entnehmen.

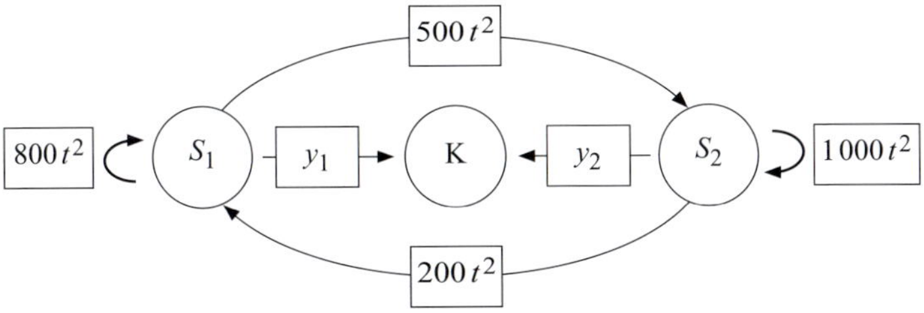

a) Bestimmen Sie den Konsumvektor $\vec{y}_t = \begin{pmatrix} y_1 \\ y_2 \end{pmatrix}$, wenn sich die Gesamtproduktion durch den Vektor $\vec{x}_t = \begin{pmatrix} 200t \\ 500t \end{pmatrix}$ beschreiben lässt.

b) Berechnen Sie die maximale Gesamtkonsumabgabe an den Markt.

c) Zeichnen Sie das zu Aufgabenteil b) gehörige Verflechtungsdiagramm.

Lösung

a) Zunächst wird die Input-Output-Tabelle aufgestellt.

→	S_1	S_2	y_i	x_i
S_1	$800t^2$	$500t^2$	y_1	$200t$
S_2	$200t^2$	$1\,000t^2$	y_2	$500t$

Nun lassen sich die Elemente y_1 und y_2 durch einfache Subtraktion bestimmen.

$y_1 = x_1 - s_{11} - s_{12} = 200\,t - 800\,t^2 - 500\,t^2 = -1\,300\,t^2 + 200\,t$

$y_2 = x_2 - s_{21} - s_{22} = 500\,t - 200\,t^2 - 1\,000\,t^2 = -1\,200\,t^2 + 500\,t$

$\vec{y} = \begin{pmatrix} -1\,300\,t^2 + 200\,t \\ -1\,200\,t^2 + 500\,t \end{pmatrix}$

b) Die möglichen Gesamtkonsumabgaben lassen sich durch die Summe der Elemente des Vektors $\vec{y}_t$ bestimmen.

$Y(t) = -1\,300t^2 + 200t + (-1\,200t^2 + 500t)$

$Y(t) = -2\,500t^2 + 700t$

Gesucht ist das Maximum dieser Funktion.

$Y'(t) = 0 \wedge Y''(t) < 0$

$Y'(t) = -5\,000t + 700$

$-5\,000t + 700 = 0 \quad | -700$

$-5\,000t = -700 \quad | : (-5\,000)$

$t = 0{,}14$

$Y''(t) = -5\,000 < 0 \Rightarrow$ Hochpunkt

Die maximale Konsumabgabe wird somit erreicht, wenn $t = 0{,}14$ ist. Um die Höhe der Konsumabgaben zu bestimmen, muss dieser Wert noch in die Funktion eingesetzt werden.

$Y(t) = -2\,500t^2 + 700t$

$Y(0{,}14) = -2\,500 \cdot 0{,}14^2 + 700 \cdot 0{,}14 = 49$ [GE]

Es können maximal 49 GE zum Konsum an den Markt abgegeben werden.

c) Zunächst werden für die neue Input-Output-Tabelle die Konsumabgaben der beiden Standorte an den Markt benötigt.

Für S_1 gilt:

$Y_{S_1}(t) = -1\,300t^2 + 200t$

$Y_{S_1}(0{,}14) = -1\,300 \cdot 0{,}14^2 + 200 \cdot 0{,}14 = 2{,}52 = y_1$

Für S_2 gilt:

$Y_{S_2}(t) = -1\,200t^2 + 500t$

$Y_{S_2}(0{,}14) = -1\,200 \cdot 0{,}14^2 + 500 \cdot 0{,}14 = 46{,}48 = y_2$

↱	S_1	S_2	y_i	x_i
S_1	$800 \cdot 0{,}14^2 = 15{,}68$	$500 \cdot 0{,}14^2 = 9{,}8$	2,52	$200 \cdot 0{,}14 = 28$
S_2	$200 \cdot 0{,}14^2 = 3{,}92$	$1\,000 \cdot 0{,}14^2 = 19{,}6$	46,48	$500 \cdot 0{,}14 = 70$

Nun kann das neue Verflechtungsdiagramm erstellt werden.

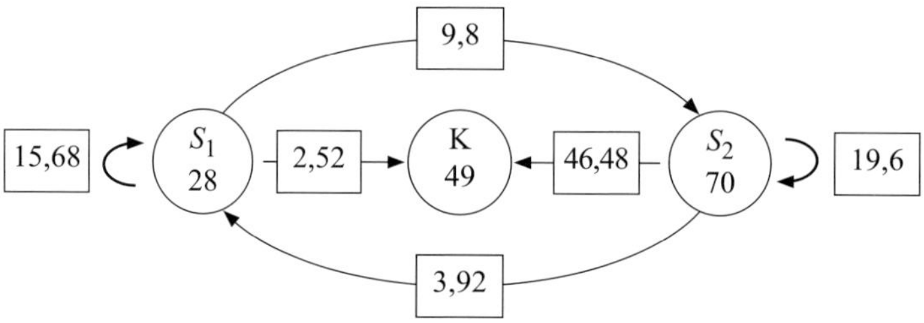

Situation 9

In einer Volkswirtschaft gibt es die drei Sektoren S_1, S_2 und S_3, die nach dem Leontief-Modell miteinander verknüpft sind. Es gilt die Input-Output-Tabelle.

10, 15

↱	S_1	S_2	S_3	y_i	x_i
S_1	s_{11}	s_{12}	s_{13}	10	x_1
S_2	s_{21}	s_{22}	s_{23}	$50-2t$	x_2
S_3	s_{31}	s_{32}	s_{33}	t^2	x_3

a) Bestimmen Sie den Gesamtproduktionsvektor $\vec{x}_t = \begin{pmatrix} x_1 \\ x_2 \\ x_3 \end{pmatrix}$, wenn die Technologiematrix

$\boldsymbol{T} = \begin{pmatrix} 0{,}4 & 0{,}1 & 0{,}4 \\ 0{,}2 & 0{,}2 & 0{,}2 \\ 0{,}1 & 0{,}3 & 0{,}2 \end{pmatrix}$ lautet.

b) Berechnen Sie die minimale Gesamtproduktionsmenge in Geldeinheiten, mit der sich die gewünschten Konsumabgaben $\vec{y}$ realisieren lassen.

c) Zeichnen Sie das zu Aufgabenteil b) gehörige Verflechtungsdiagramm.

Lösung

a) Für den Gesamtproduktionsvektor gilt: $\vec{x}_t = (\boldsymbol{E} - \boldsymbol{T})^{-1} \cdot \vec{y}_t$

Zunächst wird die Leontief-Inverse mit dem Taschenrechner berechnet.

Zunächst muss mit 2ND, [Matrix], MATH, 5:identity(3, ENTER eine 3 × 3-Einheitsmatrix erzeugt und mit STO, 2ND, 5:[E] als $\boldsymbol{E}$ abgespeichert werden.

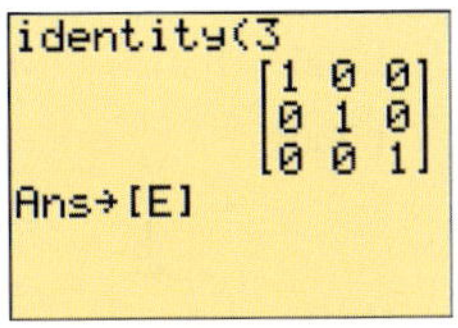

Anschließend wird die Technologiematrix $\boldsymbol{T}$ mit 2ND, [Matrix], Edit, 1:[A], ENTER eingegeben. Durch 2ND, [Quit] gelangt man in den Hauptbildschirm.

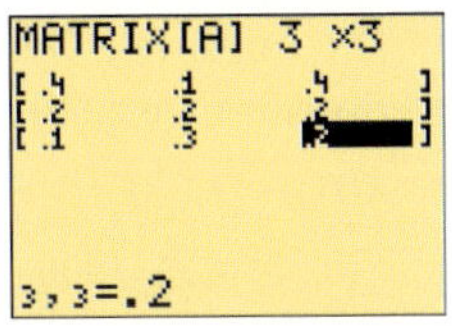

Nun (, 2ND, [Matrix], 5:[E], ENTER, -, 2ND, [Matrix], 1:[A], ENTER,), x^{-1} eingeben.

ENTER liefert die Leontief-Inverse.

Mit MATH, 1:Frac kann diese in Brüche umgeformt werden. ENTER liefert das gewünschte Ergebnis.

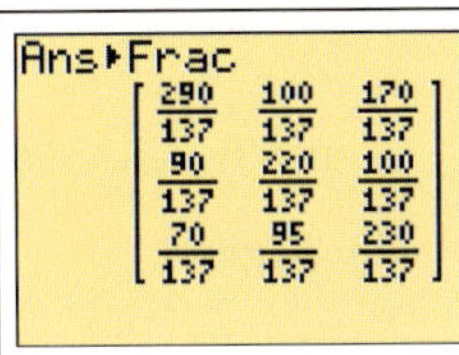

$$\vec{x}_t = (\boldsymbol{E}-\boldsymbol{T})^{-1}\cdot\vec{y}_t$$

$$= \frac{1}{137}\begin{pmatrix} 290 & 100 & 170 \\ 90 & 220 & 100 \\ 70 & 95 & 230 \end{pmatrix}\cdot\begin{pmatrix} 10 \\ 50-2t \\ t^2 \end{pmatrix}$$

$$= \frac{1}{137}\begin{pmatrix} 290\cdot 10 + 100\cdot(50-2t) + 170t^2 \\ 90\cdot 10 + 220\cdot(50-2t) + 100t^2 \\ 70\cdot 10 + 95\cdot(50-2t) + 230t^2 \end{pmatrix}$$

$$= \frac{1}{137}\begin{pmatrix} 2\,900 + 5\,000 - 200t + 170t^2 \\ 900 + 11\,000 - 440t + 100t^2 \\ 700 + 4\,750 - 190t + 230t^2 \end{pmatrix}$$

$$\vec{x}_t = \frac{1}{137}\begin{pmatrix} 170t^2 - 200t + 7\,900 \\ 100t^2 - 440t + 11\,900 \\ 230t^2 - 190t + 5\,450 \end{pmatrix}$$

b) Die minimale Gesamtproduktionsmenge lässt sich durch die Summe der Elemente des Vektors $\vec{x}_1$ bestimmen.

$$X(t) = \frac{1}{137}(170t^2 - 200t + 7\,900 + 100t^2 - 440t + 11\,900 + 230t^2 - 190t + 5\,450)$$

$$X(t) = \frac{1}{137}(500t^2 - 830t + 25\,250)$$

Gesucht ist das Minimum dieser Funktion.

$$X'(t) = 0 \ \wedge \ X''(t) > 0$$

$$X'(t) = \frac{1}{137}(1\,000t - 830)$$

$$\frac{1}{137}(1\,000t - 830) = 0 \qquad |\cdot 137$$

$$1\,000t - 830 = 0 \qquad |+830$$

$$1\,000t = 830 \qquad |:1\,000$$

$$t = 0{,}83$$

$$X''(t) = \frac{1\,000}{137} > 0 \Rightarrow \text{Tiefpunkt}$$

Die minimale Gesamtproduktionsmenge wird erreicht, wenn $t = 0{,}83$ ist. Um die Produktionsmenge zu bestimmen, muss dieser Wert noch in die Funktion eingesetzt werden.

$$X(t) = \frac{1}{137}(500t^2 - 830t + 25\,250)$$

$$X(0{,}83) = \frac{1}{137}(500\cdot 0{,}83^2 - 830\cdot 0{,}83 + 25\,250) \approx \underline{181{,}79}\ [\text{GE}]$$

Es werden Güter im Wert von mindestens 181,79 GE benötigt, um die gewünschte Konsumabgabe realisieren zu können.

c) Zunächst werden für die neue Input-Output-Tabelle die einzelnen Produktionsmengen der drei Sektoren benötigt.

Für S_1 gilt:

$$X_{S_1}(t) = \frac{1}{137}(170t^2 - 200t + 7\,900)$$

$$X_{S_1}(0{,}83) = \frac{1}{137}(170\cdot 0{,}83^2 - 200\cdot 0{,}83 + 7\,900) \approx 57{,}31 = x_1$$

Für S_2 gilt:

$$X_{S_2}(t) = \frac{1}{137}(100t^2 - 440t + 11\,900)$$

$$X_{S_2}(0{,}83) = \frac{1}{137}(100\cdot 0{,}83^2 - 440\cdot 0{,}83 + 11\,900) \approx 84{,}69 = x_2$$

Für S_3 gilt:

$X_{S_3}(t) = \frac{1}{137}(230t^2 - 190t + 5\,450)$

$X_{S_3}(0{,}83) = \frac{1}{137}(230 \cdot 0{,}83^2 - 190 \cdot 0{,}83 + 5\,450) \approx 39{,}79 = x_3$

Da $\boldsymbol{T} = \begin{pmatrix} \frac{s_{11}}{x_1} & \frac{s_{12}}{x_2} & \frac{s_{13}}{x_3} \\ \frac{s_{21}}{x_1} & \frac{s_{22}}{x_2} & \frac{s_{23}}{x_3} \\ \frac{s_{31}}{x_1} & \frac{s_{32}}{x_2} & \frac{s_{33}}{x_3} \end{pmatrix} = \begin{pmatrix} 0{,}4 & 0{,}1 & 0{,}4 \\ 0{,}2 & 0{,}2 & 0{,}2 \\ 0{,}1 & 0{,}3 & 0{,}2 \end{pmatrix}$ und $\vec{x} = \begin{pmatrix} x_1 \\ x_2 \\ x_3 \end{pmatrix} \approx \begin{pmatrix} 57{,}31 \\ 84{,}69 \\ 39{,}79 \end{pmatrix}$ ist, gilt beispielhaft für die Elemente der ersten Zeile:

1. Spalte: $\frac{s_{11}}{57{,}31} = 0{,}4 \Leftrightarrow s_{11} = 22{,}924$
2. Spalte: $\frac{s_{12}}{84{,}69} = 0{,}1 \Leftrightarrow s_{12} = 8{,}469$
3. Spalte: $\frac{s_{13}}{39{,}79} = 0{,}4 \Leftrightarrow s_{13} = 15{,}916$

Die übrigen Elemente der Sektorenmatrix $\boldsymbol{S}$ lassen sich entsprechend berechnen.

Der Konsumvektor lautet $\vec{y}_t = \begin{pmatrix} 10 \\ 50 - 2t \\ t^2 \end{pmatrix}$.

So lassen sich die Konsumabgaben jedes Sektors für $t = 0{,}83$ berechnen.

$y_2 = 50 - 2 \cdot 0{,}83 = 48{,}34$

$y_3 = 0{,}83^2 = 0{,}6889$

Nun lässt sich die neue Input-Output-Tabelle aufstellen.

⮣	S_1	S_2	S_3	y_i	x_i
S_1	22,924	8,469	15,916	10	57,31
S_2	11,462	16,938	7,958	48,34	84,69
S_3	5,731	25,407	7,958	0,6889	39,79

Die Abweichungen in den Zeilensummen sind rundungsbedingt.

Es ergibt sich das Verflechtungsdiagramm.

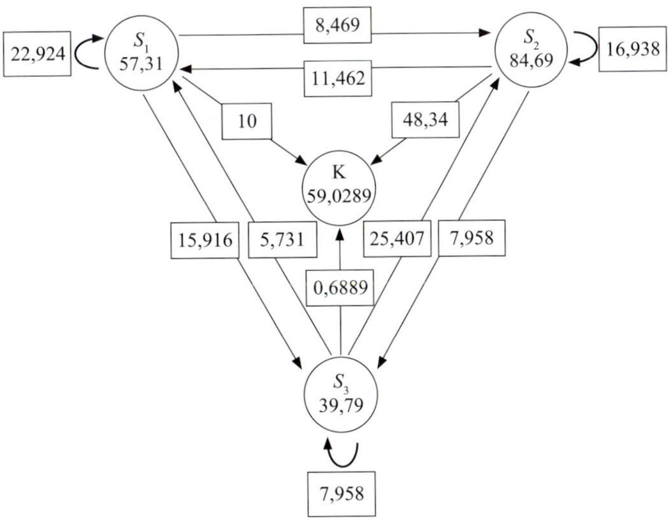

Situation 10

Ein Kraftfahrzeughersteller betreibt in Hamburg (H) und Stuttgart (S) jeweils ein Automobilwerk. Die beiden Werke sind nach dem Leontief-Modell miteinander verknüpft. Das Stammwerk in Hamburg produziert 30 % mehr als das Werk in Stuttgart. Dennoch stellen beide Werke gleich viel für den Konsum zur Verfügung.

Die Technologiematrix lautet $\boldsymbol{T}_t = \begin{pmatrix} 0{,}5 & 0{,}1t \\ 0{,}2t & 0{,}4t \end{pmatrix}$.

a) Berechnen Sie, für welchen Parameterwert von t sich die Vorgaben erfüllen lassen.

b) Zeichnen Sie mithilfe Ihres Ergebnisses aus Aufgabenteil a) ein Verflechtungsdiagramm für den Fall, dass beide Werke Güter im Wert von jeweils 23 500 GE an den Markt abgeben.

Lösung

a) Für den Konsumvektor gilt $\vec{y} = (\boldsymbol{E} - \boldsymbol{T}) \cdot \vec{x}$. Da Hamburg ($x_1$) 30 % mehr produzieren soll als Stuttgart (x_2), ist $x_1 = 1{,}3x_2$. Beide Unternehmen sollen jedoch gleich viel an den Markt abgeben. Daher gilt $y_1 = y_2$:

$$\begin{pmatrix} y_2 \\ y_2 \end{pmatrix} = \left(\begin{pmatrix} 1 & 0 \\ 0 & 1 \end{pmatrix} - \begin{pmatrix} 0{,}5 & 0{,}1t \\ 0{,}2t & 0{,}4t \end{pmatrix}\right) \cdot \begin{pmatrix} 1{,}3x_2 \\ x_2 \end{pmatrix}$$

$$\begin{pmatrix} y_2 \\ y_2 \end{pmatrix} = \begin{pmatrix} 0{,}5 & -0{,}1t \\ -0{,}2t & 1-0{,}4t \end{pmatrix} \cdot \begin{pmatrix} 1{,}3x_2 \\ x_2 \end{pmatrix}$$

$$y_2 = 0{,}5 \cdot 1{,}3x_2 - 0{,}1t \cdot x_2$$

$$y_2 = -0{,}2t \cdot 1{,}3x_2 + (1 - 0{,}4t) \cdot x_2$$

Die beiden Terme werden nun gleichgesetzt, um t zu bestimmen.

$0{,}5 \cdot 1{,}3x_2 - 0{,}1t \cdot x_2 = -0{,}2t \cdot 1{,}3x_2 + (1 - 0{,}4t) \cdot x_2$	ausmultiplizieren
$0{,}65x_2 - 0{,}1tx_2 = -0{,}26tx_2 + x_2 - 0{,}4tx_2$	zusammenfassen
$0{,}65x_2 - 0{,}1tx_2 = -0{,}66tx_2 + x_2$	$\vert -0{,}65x_2$
$-0{,}1tx_2 = -0{,}66tx_2 + 0{,}35x_2$	$\vert +0{,}66tx_2$
$0{,}56tx_2 = 0{,}35x_2$	$\vert :0{,}56$
$tx_2 = 0{,}625x_2$	$\vert :x_2$ für $x_2 \neq 0$
$t = 0{,}625$	

Für $t = 0{,}625$ lassen sich die Vorgaben erfüllen.

b) Um das Verflechtungsdiagramm zeichnen zu können, müssen zunächst der neue Produktionsvektor $\vec{x}_{\text{neu}}$ und die Sektorenmatrix $\boldsymbol{S}$ bestimmt werden.

Da $t = 0{,}625$ und $\boldsymbol{T}_t = \begin{pmatrix} 0{,}5 & 0{,}1t \\ 0{,}2t & 0{,}4t \end{pmatrix}$ ist, gilt:

$$\boldsymbol{T}_{0{,}625} = \begin{pmatrix} 0{,}5 & 0{,}1 \cdot 0{,}625 \\ 0{,}2 \cdot 0{,}625 & 0{,}4 \cdot 0{,}625 \end{pmatrix} = \begin{pmatrix} 0{,}5 & 0{,}0625 \\ 0{,}125 & 0{,}25 \end{pmatrix}$$

Für den Produktionsvektor $\vec{x}$ gilt: $\vec{x} = (\boldsymbol{E} - \boldsymbol{T})^{-1} \cdot \vec{y}$

$$\vec{x} = \left(\begin{pmatrix} 1 & 0 \\ 0 & 1 \end{pmatrix} - \begin{pmatrix} 0{,}5 & 0{,}0625 \\ 0{,}125 & 0{,}25 \end{pmatrix}\right)^{-1} \cdot \begin{pmatrix} 23\,500 \\ 23\,500 \end{pmatrix}$$

$$\vec{x} = \begin{pmatrix} 0{,}5 & -0{,}0625 \\ -0{,}125 & 0{,}75 \end{pmatrix}^{-1} \cdot \begin{pmatrix} 23\,500 \\ 23\,500 \end{pmatrix}$$

Die Leontief-Inverse wird mit dem Taschenrechner berechnet.

Zunächst muss mit [2ND], [Matrix], MATH, 5:identity([2], [ENTER] eine 2 × 2-Einheitsmatrix erzeugt und mit [STO], [2ND], 5:[E] als ***E*** abgespeichert werden.

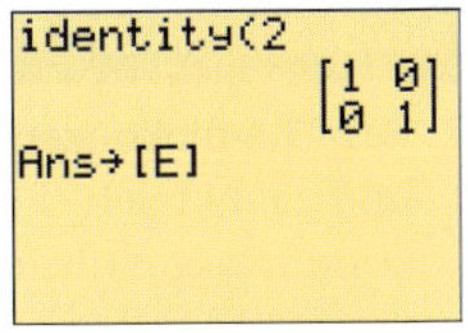

Anschließend wird die Technologiematrix ***T*** mit [2ND], [Matrix], Edit, 1:[A], [ENTER] eingegeben. Durch [2ND], [Quit] gelangt man in den Hauptbildschirm.

Nun [(], [2ND], [Matrix], 5:[E], [ENTER], [-], [2ND], [Matrix], 1:[A], [ENTER], [)], [x^{-1}] eingeben. [ENTER] liefert die Leontief-Inverse.

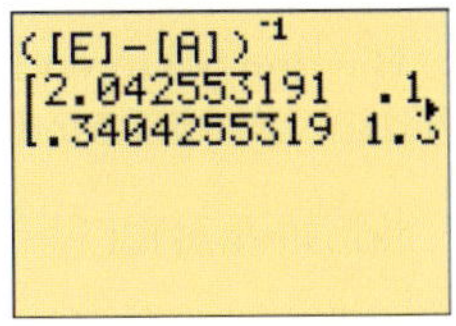

Mit [MATH], 1:Frac kann diese in Brüche umgeformt werden. [ENTER] liefert das gewünschte Ergebnis.

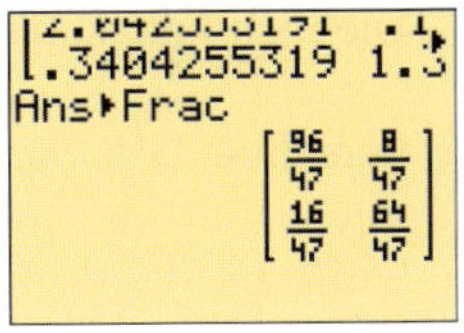

$$\vec{x} = \frac{1}{47}\begin{pmatrix} 96 & 8 \\ 16 & 64 \end{pmatrix} \cdot \begin{pmatrix} 23\,500 \\ 23\,500 \end{pmatrix}$$

$$\vec{x} = \begin{pmatrix} 52\,000 \\ 40\,000 \end{pmatrix}$$

Nun können die Elemente der Sektorenmatrix ***S*** berechnet werden.

Da $\boldsymbol{T} = \begin{pmatrix} \frac{s_{11}}{x_1} & \frac{s_{12}}{x_2} \\ \frac{s_{21}}{x_1} & \frac{s_{22}}{x_2} \end{pmatrix} = \begin{pmatrix} 0{,}5 & 0{,}0625 \\ 0{,}125 & 0{,}25 \end{pmatrix}$ und $\vec{x} = \begin{pmatrix} x_1 \\ x_2 \end{pmatrix} = \begin{pmatrix} 52\,000 \\ 40\,000 \end{pmatrix}$ ist, gilt:

$\frac{s_{11}}{52\,000} = 0{,}5 \Leftrightarrow s_{11} = 26\,000$ $\quad \frac{s_{12}}{4\,000} = 0{,}0625 \Leftrightarrow s_{12} = 2\,500$

$\frac{s_{21}}{52\,000} = 0{,}125 \Leftrightarrow s_{21} = 6\,500$ $\quad \frac{s_{22}}{40\,000} = 0{,}25 \Leftrightarrow s_{22} = 10\,000$

Es ergibt sich als Input-Output-Tabelle:

↱	H	S	y_i	x_i
H	26 000	2 500	23 500	52 000
S	6 500	10 000	23 500	40 000

Die Tabelle führt zum Verflechtungsdiagramm (in 1 000 GE).

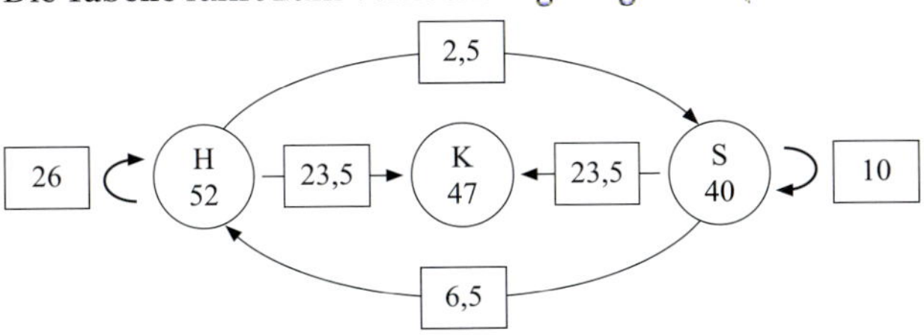

Übungsaufgaben

1 Ein Chemiekonzern produziert seine Waren in seinen beiden Werken in Deutschland (D) und Frankreich (F). Die beiden Werke sind nach dem Leontief-Modell miteinander verknüpft. Es gilt die Input-Output-Tabelle (in GE).

→	D	F	y_i	x_i
D	$300t^2$	$200t^2$	y_1	$3\,000t$
F	$200t$	$1\,000t^2$	y_2	$5\,000t$

Berechnen Sie die maximale Gesamtkonsumabgabe an den Markt und zeichnen Sie das dazugehörige Verflechtungsdiagramm.

2 Die drei Sektoren Industrie (I), Handel (H) und Banken (B) einer Volkswirtschaft sind nach dem Leontief-Modell miteinander verknüpft. Die Abgabe an den Markt lässt sich durch den Konsumvektor $\vec{y}_t = \begin{pmatrix} 2t^2 \\ 80 - t \\ 200 - 4t \end{pmatrix}$ beschreiben.

Die Technologiematrix lautet $\boldsymbol{T} = \begin{pmatrix} 0{,}2 & 0{,}1 & 0{,}5 \\ 0{,}3 & 0{,}2 & 0{,}1 \\ 0{,}4 & 0{,}2 & 0{,}2 \end{pmatrix}$.

Berechnen Sie, wie hoch die Gesamtproduktionsmenge (in GE) mindestens sein muss, damit sich die Abgaben an den Markt realisieren lassen, und zeichnen Sie das dazugehörige Verflechtungsdiagramm.

3 Ein Industrieunternehmen hat in Berlin (B), Düsseldorf (D) und Nürnberg (N) jeweils eine Niederlassung, die nach dem Leontief-Modell miteinander verknüpft sind. Insgesamt produzieren die drei Niederlassungen Güter im Wert von 260 GE.

Die genauen Verflechtungen lassen sich dem Diagramm entnehmen.

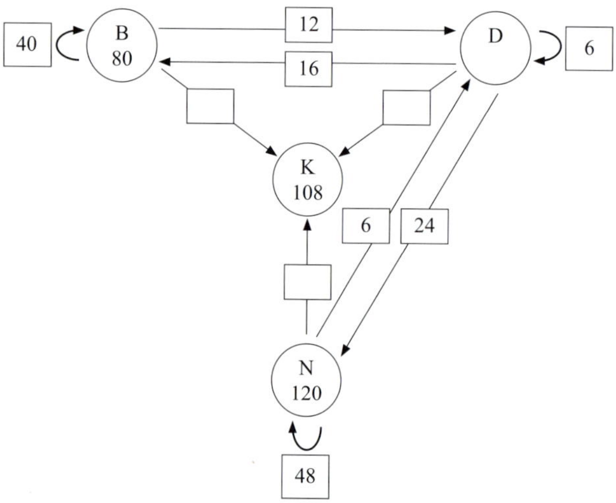

Aufgrund der schlechten wirtschaftlichen Lage hat die Unternehmensleitung beschlossen, dass die Niederlassung in Düsseldorf geschlossen werden soll, da sie die geringste Konsumabgabe an den Markt zur Verfügung stellt.

a) Überprüfen Sie rechnerisch, ob die Entscheidung der Unternehmensleitung korrekt ist.

b) Die Nürnberger Niederlassung soll zukünftig 20 % mehr als die Niederlassung in Berlin produzieren, beide Niederlassungen sollen jedoch gleich viel an den Markt abgeben.

Berechnen Sie unter diesen Voraussetzungen den Parameter t, wenn die Technologiematrix nach der Schließung $\boldsymbol{T}_t = \begin{pmatrix} t & \frac{2}{3}t \\ \frac{1}{3}t & 0{,}4 \end{pmatrix} \begin{matrix} \text{Nürnberg} \\ \text{Berlin} \end{matrix}$ lautet. (≙)

c) Nehmen Sie an, nach der Veränderung gelte der Konsumvektor $\vec{y}_{\text{neu}} = \begin{pmatrix} 60 \\ 60 \end{pmatrix}$. Zeichnen Sie für diesen Fall das Verflechtungsdiagramm.

2.2.5 Handlungssituationen zum Leontief-Modell

Diese Situationen sollen Sie mit den Ihnen zur Verfügung stehenden Rechnern bearbeiten. Besonders wichtig ist die Interpretation Ihrer Ergebnisse.

Handlungssituation 1

Ein Industriebetrieb besitzt die drei Produktionsstandorte Aachen, Bremen und Cottbus, die insgesamt 2,5 Millionen Stück eines Gutes pro Periode produzieren. Die Standorte beliefern sich gegenseitig, verbrauchen einen Teil ihrer produzierten Güter selbst und geben den Rest an den Markt zum Konsum ab. Lagerhaltung findet nicht statt.

Für eine in Kürze stattfindende Sitzung der Geschäftsführung sollen Sie die Verflechtungen adressatengerecht aufbereiten. Die Daten gehen aus betriebsinternen Aufzeichnungen hervor:

Aachen produziert insgesamt 850 000 Stück. 30 % werden für den Eigenbedarf benötigt. Jeweils 200 000 Stück werden an die beiden übrigen Standorte abgegeben.

Bremen produziert 20 % mehr als Aachen. Ein Viertel der Produktion wird für den Eigenbedarf benötigt. An den Markt können 350 000 Stück abgegeben werden. Cottbus erhält darüber hinaus 250 000 Stück.

Cottbus benötigt 180 000 Stück für den Eigenbedarf. Der Rest der Produktion verteilt sich zu gleichen Teilen auf Aachen, Bremen und den Markt.

Bereiten Sie die Daten grafisch auf.

Handlungssituation 2

In einer Volkswirtschaft gibt es die Sektoren Industrie (I), Landwirtschaft (L), Dienstleistungen (D) und Banken (B), die nach dem Leontief-Modell miteinander verknüpft sind. Die genauen Verflechtungen (in GE) lassen sich dem Verflechtungsdiagramm entnehmen.

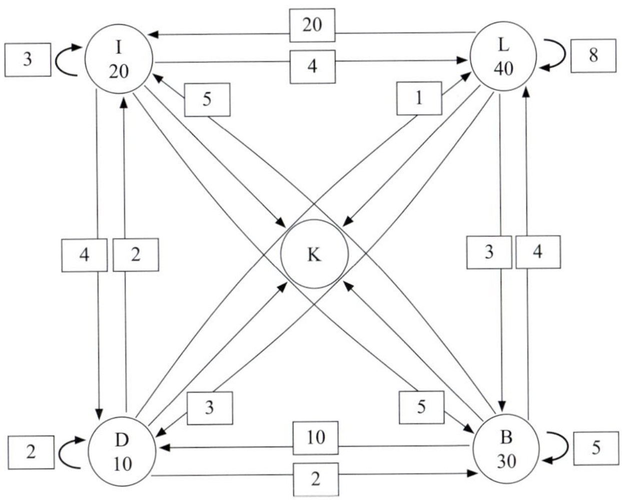

Die Wirtschaftsweisen des Landes gehen davon aus, dass die Bevölkerung im kommenden Jahr die Nachfrage in allen vier Sektoren massiv erhöhen wird, und mahnen, dass es zu Produktionsengpässen in bestimmten Bereichen kommen könnte.

Der Wirtschaftsminister gibt sich im Staatsfernsehen gelassen und prahlt damit, dass die Wirtschaft des Landes auch diese Herausforderung meistern wird.

Welcher Aussage ist mehr Glauben zu schenken?

Handlungssituation 3

In einem Land gibt es die volkswirtschaftlichen Sektoren Industrie (I), Landwirtschaft (L) und Verkehr (V). Alle drei Sektoren sind nach dem Leontief-Modell miteinander verflochten.

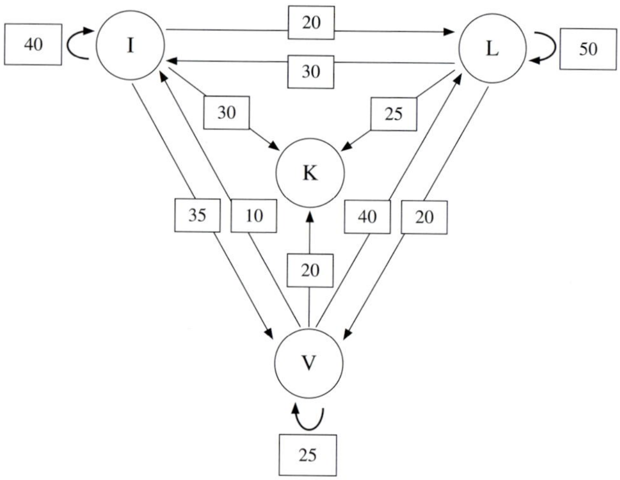

Der Wirtschaftsminister des Landes verkündet stolz, dass die Industrie ihre Produktion im kommenden Jahr um 50% erhöhen wird. Schließlich seien die Industrieunternehmen die Stütze der Nation und eine höhere Produktion würde letztendlich auch der Bevölkerung zugutekommen.

Die Opposition hingegen ist skeptisch. Ihr Sprecher gibt bekannt, dass in diesem Fall zukünftig insgesamt noch weniger Güter und Dienstleistungen zur freien Verfügung an den Markt abgegeben werden.

Welche der beiden Behauptungen ist korrekt?

Handlungssituation 4

Ein großes Industrieunternehmen hat in Freiburg, Berlin, Köln und Dresden jeweils eine Produktionsstätte, die nach dem Leontief-Modell miteinander verknüpft sind.

Ein Teil der Verflechtungen lässt sich der Tabelle entnehmen.

→	Freiburg	Berlin	Köln	Dresden
Freiburg	30	50	20	50
Berlin	20	30	30	10
Köln	30	30	30	30
Dresden	50	40	20	30

Der Geschäftsführer gibt auf einer Betriebsversammlung bekannt, dass sich alle Niederlassungen im vergangenen Jahr zwar hinsichtlich ihrer Konsumabgabenquote KQ verbessern konnten, dass das Hauptziel einer erreichten Durchschnittsquote von mindestens 36% dennoch knapp verfehlt wurde.

Stimmt die Aussage des Geschäftsführers, wenn die einzelnen Produktionsstätten die tabellierten Quoten erreichen konnten?

	Freiburg	Berlin	Köln	Dresden
KQ [%]	25	50	40	30

Handlungssituation 5[1)]

Die drei Zweigwerke Werk 1 (W1), Werk 2 (W2) und Werk 3 (W3) eines Unternehmens sind gemäß dem Leontief-Modell miteinander verbunden. Die Gesamtproduktion von Werk 2 umfasst Güter und Dienstleistungen im Wert von 1000 Geldeinheiten (GE) und die von Werk 3 beträgt 500 GE. Die Technologie-Matrix lautet $\boldsymbol{A} = \begin{pmatrix} 0{,}05 & 0{,}2 & 0{,}2 \\ 0{,}1 & 0{,}3 & 0{,}1 \\ 0{,}2 & 0{,}2 & 0{,}2 \end{pmatrix}$.

Das Unternehmen plant Umstrukturierungen und erstellt für die Abteilungsleiterkonferenz einer Unternehmenspräsentation mit Informationen über die Verflechtungen der Werke und die Planungen der nächsten Perioden.

a) Für die aktuelle Produktionsperiode soll die Verflechtung der Werke grafisch aufbereitet werden. Vervollständigen Sie das Diagramm.

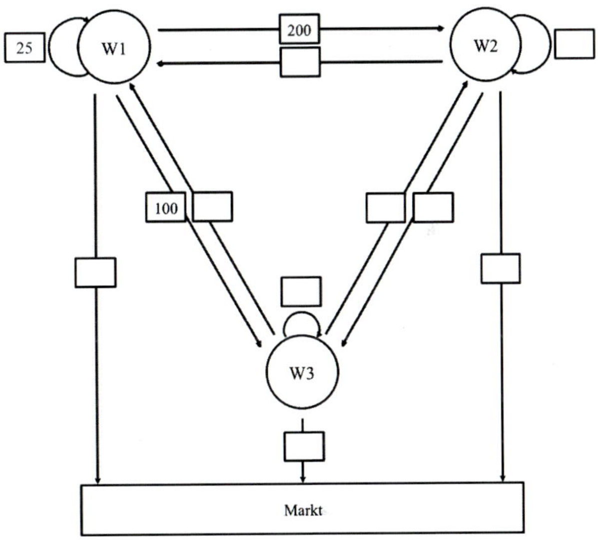

Im Rahmen der Präsentation soll auch der Ausblick für die nächste Produktionsperiode gegeben werden. Dafür werden einige Angaben benötigt.

Die Marktabgabe in der nächsten Produktionsperiode soll Güter und Dienstleistungen in Höhe von 922 GE von Werk 1 sowie jeweils 461 GE von Werk 2 und Werk 3 umfassen.

Berechnen Sie die Gesamtproduktion der Güter und Dienstleistungen in GE, die benötigt werden, damit diese Marktabgaben realisiert werden können.

Bestimmen Sie die prozentuale Steigerung der Gesamtproduktion von Werk 1 gegenüber der aktuellen Periode.

b) In der dritten Produktionsperiode muss die Produktion in Werk 2 gedrosselt werden; wegen Modernisierungsmaßnahmen können nur noch Güter und Dienstleistungen im Wert von 500 GE erbracht werden. Aufgrund langfristiger Lieferverträge müssen dennoch Güter und Dienstleistungen in Höhe von 135 GE von Werk 1 und 40 GE von Werk 3 an den Markt geliefert werden.

Berechnen Sie für die Angaben in der Präsentation die Marktabgabe von Werk 2.

[1)] in Anlehnung an: Niedersächsisches Kultusministerium (Hrsg.): Zentralabitur 2017, Berufliches Gymnasium Wirtschaft/Gesundheit und Soziales, Rechnertyp GTR, eA, Aufgabe 3A

Handlungssituation 6[1)]

Das Statistische Bundesamt ist Herausgeber der „Input-Output-Rechnung im Überblick“ und bildet darin die Verflechtungen der einzelnen Sektoren der Bundesrepublik Deutschland nach dem Leontief-Modell ab. Die folgende Tabelle ist ein Auszug aus der zusammengefassten „Input-Output-Tabelle [...] der inländischen Produktion und Importe zu Herstellungspreisen in Mrd. Euro“ (GE):

von \ nach		Output				
		Landwirtschaft	Industrie	Dienstleistung	Konsum	Produktion
Input	Landwirtschaft	8,2	32,6	3,6	26,8	71,2
	Industrie	12,4	972,2	159,5	1 541,6	2 685,7
	Dienstleistung	11,4	350,5	726,2	1 452,5	2 540,6

Die Regierung und die Opposition nutzen solche Daten zur Beurteilung der konjunkturellen Entwicklung und für ihr wirtschaftspolitisches Handeln. Die Opposition ist der Ansicht, dass die Krisen im nahen Ausland einen Teil der Konsumenten stark verunsichern und dass somit die konjunkturelle Erholung in Deutschland gefährdet sei: „Wenn es uns gelingt Anreize zu schaffen, sodass die Industrie ihre Produktion um 5 % erhöht, dann wird der gesamte Konsum ebenfalls um 5 % steigen.“ Die Bundesregierung hingegen setzt auf eine Produktionssteigerung in allen Bereichen in Höhe von 2 % und kontert, dass dies zu einem deutlich höheren Konsum führe.

a) Stellen Sie die in der Tabelle dargestellten Zusammenhänge in einem Verflechtungsdiagramm dar.

Überprüfen Sie die These der Opposition, indem Sie die prozentuale Veränderung des gesamten Konsums ermitteln.

Wenn der Vorschlag der Bundesregierung umgesetzt wird, dann ergibt sich der Konsumvektor $\vec{y} = \begin{pmatrix} 27{,}336 \\ 1572{,}432 \\ 1481{,}550 \end{pmatrix}$.

Berechnen Sie die prozentuale Veränderung der Marktabgabe und vergleichen Sie die Ergebnisse der beiden Prognosen.

b) Um den zukünftigen Konsum zu simulieren, verwendet das Statistische Bundesamt eine vereinfachte Technologie-Matrix $\boldsymbol{A} = \begin{pmatrix} 0{,}1 & 0{,}1 & 0{,}1 \\ 0{,}2 & 0{,}4 & 0{,}4 \\ 0{,}2 & 0{,}1 & 0{,}2 \end{pmatrix}$.

Da keine genauen Angaben über die Nachfrage im übernächsten Wirtschaftsjahr gemacht werden können, wird mittelfristig eine Produktion von Landwirtschaft, Industrie und Dienstleistung im Verhältnis 1 : 5 : 3 zugrunde gelegt.

---

1) in Anlehnung an: Niedersächsisches Kultusministerium (Hrsg.): Zentralabitur 2015, Berufliches Gymnasium Wirtschaft/Gesundheit und Soziales, Rechnertyp GTR, eA, Aufgabe 3A

Ermitteln Sie den neuen Produktionsvektor $\vec{x}_{neu}$, wenn die Marktabgabe aller drei Bereiche insgesamt auf 4 000 GE steigen soll.

Erstellen Sie die dazugehörige Input-Output-Tabelle.

Handlungssituation 7[1]

Drei Abteilungen eines Kosmetik-Unternehmens sind nach dem Leontief-Modell miteinander verflochten. Die Leontief-Inverse lautet $(\boldsymbol{E}-\boldsymbol{A})^{-1} = \begin{pmatrix} \frac{220}{87} & \frac{30}{29} & \frac{70}{87} \\ \frac{65}{87} & \frac{55}{29} & \frac{80}{87} \\ \frac{100}{87} & \frac{40}{29} & \frac{190}{87} \end{pmatrix}$.

a) Die Abteilung 1 (Herstellung von Cremes) kann in der nächsten Periode Güter in Höhe von insgesamt 200 Geldeinheiten (GE) produzieren. Abteilung 2 (Herstellung von Badezusätzen) hat eine Gesamtproduktion in Höhe von 100 GE und Abteilung 3 (Herstellung von Schminke) von 200 GE.

Erstellen Sie das zugehörige Verflechtungsdiagramm, um die Produktionszusammenhänge zu veranschaulichen.

b) Die Abteilung 3 stellt in der nächsten Periode aufgrund von geänderten Produktionsabläufen Güter in Höhe von 87 GE für den Konsum bereit. Die Abteilung 1 muss ihre Marktabgabe auf 43,5 GE verringern. Die Abteilung 2 kann ihre Gesamtproduktion konstant bei einem Wert von 100 GE belassen.

Untersuchen Sie den neuen Produktionsprozess.

Handlungssituation 8[2]

In der Volkswirtschaft von XLAND sind die Sektoren S1, S2 und S3 nach dem Leontief-Modell miteinander verflochten.

Die Inputmatrix $\boldsymbol{A}$ ist mit $\boldsymbol{A} = \begin{pmatrix} \frac{1}{6} & \frac{1}{8} & \frac{2}{24} \\ \frac{2}{6} & \frac{1}{8} & \frac{1}{24} \\ \frac{2}{6} & \frac{4}{8} & \frac{10}{24} \end{pmatrix}$ bekannt.

In der vergangenen Periode produzierte Sektor S1 6 Mengeneinheiten (ME), Sektor S2 8 ME und Sektor S3 24 ME.

a) Interpretieren Sie das Element a_{23} der Inputmatrix $\boldsymbol{A}$.

Jeder Sektor plante eine Marktabgabe von mindestens 4 ME. Untersuchen Sie, ob diese Planung mit der gegebenen Produktion umgesetzt werden konnte.

Stellen Sie die gesamtwirtschaftliche Verflechtung der vergangenen Periode von XLAND grafisch dar.

---

1) in Anlehnung an: Niedersächsisches Kultusministerium (Hrsg.): Zentralabitur 2012, Berufliches Gymnasium Wirtschaft/Gesundheit und Soziales, Rechnertyp GTR, eA, Aufgabe 3B, Nachschreibtermin

2) in Anlehnung an: Niedersächsisches Kultusministerium (Hrsg.): Zentralabitur 2013, Berufliches Gymnasium Wirtschaft/Gesundheit und Soziales, Rechnertyp GTR, eA, Aufgabe 3B

b) Für die aktuelle Periode soll der Sektor S1 4,5 ME, der Sektor S2 12 ME und der Sektor S3 7 ME für den Markt bereitstellen.

Bestimmen Sie die notwendige prozentuale Produktionsmengenänderung je Sektor.

Für die folgende Periode sind folgende Vorgaben zu beachten: Die Produktionsmengen der einzelnen Sektoren sind nicht bekannt, es gilt aber, dass die Produktionsmengen der Sektoren S1 und S2 gleich groß sein sollen. Die Abgabe an den Markt soll für Sektor S1 13 ME und für Sektor S2 11 ME betragen.

Bestimmen Sie die Produktionsmengen der einzelnen Sektoren sowie die Marktabgabe des Sektors S3.

c) Für die Volkswirtschaft von YLAND sind die zwei Sektoren SB1 und SB2 nach dem Leontief-Modell miteinander verflochten. Für die Input-Matrix $\boldsymbol{B}_k$ gilt $\boldsymbol{B}_k = \begin{pmatrix} \frac{3}{8} & \frac{1}{6} + 2k \\ \frac{1}{8} & \frac{1}{2} - 2k \end{pmatrix}$. In der letzten Periode produzierte Sektor SB1 8 ME und der Sektor SB2 6 ME. Der Parameter k gibt die Veränderung in der Produktion an, die aufgrund neuer Produktionsverfahren zu erwarten ist. Es gilt $k \in \mathbb{R}_{\geq 0}$.

Bestimmen Sie alle Werte, die der Parameter k im Sachzusammenhang annehmen kann. Berechnen Sie den Parameter k so, dass beide Sektoren jeweils 3 ME an den Markt abgeben.

eA 2.3 Käufer- und Wählerverhalten

eA 2.3.1 Darstellungsarten

In der Realität gibt es bei Entscheidungen meist mehrere sinnvolle Wahlmöglichkeiten. So können Konsumenten (Käufer) in der Regel zwischen zahlreichen Einzelhändlern oder Produkten wählen und politisch interessierte Menschen (Wähler) können der Partei ihre Stimme geben, die sie für die beste halten.

Da sich die Vorlieben einiger Käufer und Wähler von Zeit zu Zeit ändern und diese zu einer Alternative wechseln, ist es von großem Interesse, welchen Einfluss das Wechselverhalten dieser Personen kurz- oder auch langfristig auf die aktuelle Situation haben wird.

Mithilfe von **Markow-Ketten**[1] und der Matrizenrechnung können solche Probleme gelöst werden. Eine Markow-Kette ist ein **stochastischer Prozess**[2], der Zustandsänderungen innerhalb eines geschlossenen Systems mit mindestens zwei verschiedenen Wahlmöglichkeiten modelliert, beispielsweise das Käufer- und Wählerverhalten.

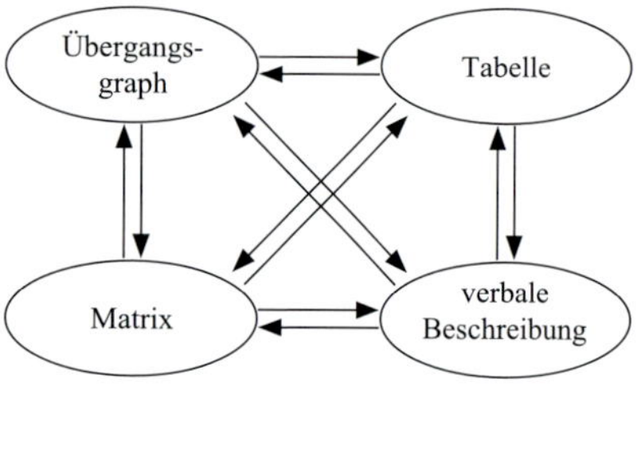

Markow-Ketten lassen sich auf vier verschiedene Arten beschreiben, die alle gleichwertig sind und sich jeweils in jede andere Darstellungsart umwandeln lassen.

---

[1] Nach Andrei Markow, russischer Mathematiker (1856–1922)

[2] mathematische Beschreibung von zeitlich geordneten, zufälligen Vorgängen

Übergangsgraph

Mithilfe eines **Übergangsgraphen** lassen sich auch komplexere Verhaltensmuster übersichtlich darstellen. Der nachfolgende Übergangsgraph zeigt das **Wechselverhalten** bei den drei zur Verfügung stehenden Wahlmöglichkeiten A, B und C.

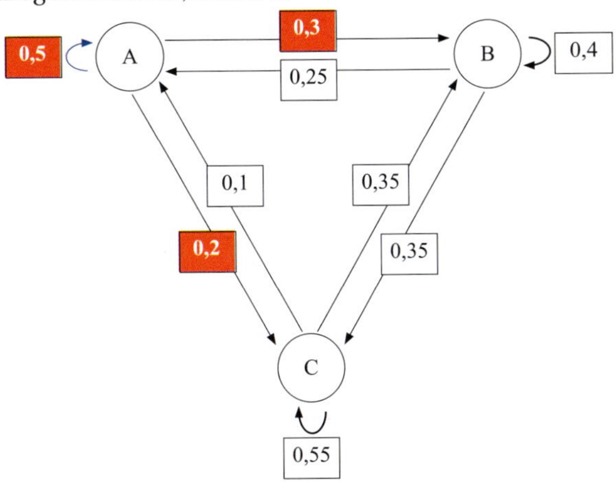

Die Summen der an den Pfeilen angegebenen Werte der Wahlmöglichkeiten A, B oder C ergeben immer[1] den Wert 1 = 100 %. So ist z. B. 0,5 + 0,3 + 0,2 = 1.

Es wird deutlich, dass 0,3 = 30 % aller Beteiligten von A zu B wechseln. 20 % wechseln von A zu C und 50 % bleiben A treu. Letzteres wird durch einen Bogenpfeil zum Ausdruck gebracht.

Die übrigen Werte sind entsprechend zu interpretieren.

Tabelle

Die in dem Übergangsgraphen enthaltenen Informationen lassen sich auch mithilfe einer Tabelle darstellen.

→	A	B	C
A	0,5	0,3	0,2
B	0,25	0,4	0,35
C	0,1	0,35	0,55

Matrix

Das Wechselverhalten lässt sich auch mithilfe einer sogenannten **Übergangsmatrix** darstellen. Egal, wie viele Wahlmöglichkeiten zur Verfügung stehen, die Übergangsmatrix ist immer eine quadratische, reguläre und **stochastische Matrix**, die in der Regel mit dem Buchstaben ***A*** benannt wird.

$$\boldsymbol{A} = \begin{pmatrix} 0{,}5 & 0{,}3 & 0{,}2 \\ 0{,}25 & 0{,}4 & 0{,}35 \\ 0{,}1 & 0{,}35 & 0{,}55 \end{pmatrix}$$

Eine stochastische Matrix ist eine Matrix, bei der die Zeilensumme[2] 1 ist.

---

1) Eine Ausnahme besteht nur, wenn absolute Werte gegeben sind, anhand derer die Prozentwerte zunächst noch berechnet werden müssen. Vgl. Situation 2 auf S. 159.

2) Je nach Darstellungsart, z. B. durch transponieren, kann auch die Spaltensumme 1 sein.

So ist z. B. 0,5 + 0,3 + 0,2 = 1. Die in der Matrix enthaltenen Elemente stellen die sogenannten **Übergangswerte** dar. Sie können jede reelle Zahl annehmen, die im Intervall [0;1] liegt. Die Elemente der **Hauptdiagonalen** stellen die relativen Anteile oder Wahrscheinlichkeiten für „Stammkunden" oder „Stammwähler" dar.

Verbale Beschreibung

Es stehen die drei Wahlmöglichkeiten A, B und C zur Wahl. Die Hälfte aller Personen, die aktuell A gewählt haben, bleibt A immer treu. 30 % wechseln von A zu B und 20 % von A zu C. Gleichzeitig wechselt ein Viertel aller B-Wähler zu A. 40 % bleiben B treu und 35 % wechseln von B zu C. 10 % der C-Wähler wechseln zu A und 35 % wechseln zu B. 55 % bleiben C treu.

Situation 1

In einer Kleinstadt gibt es Discounter von Adli (A), Dill (D) und Nenpy (N). Drei Viertel aller Adli-Kunden sind Stammkunden und kaufen immer wieder bei diesem Discounter. Lediglich 20 % der Kunden wechseln nach einem Einkauf zu Dill, der Rest wechselt nach einem Einkauf zu Nenpy.

Die Dill-Kunden sind weniger treu, lediglich 40 % sind Stammkunden. Der Rest wechselt nach dem Kauf im gleichen Verhältnis zu Adli und Nenpy.

Nenpy lebt in erster Linie von Laufkundschaft. Nur ein Fünftel der Kunden sind Stammkunden. 30 % wechseln nach einem Einkauf zu Adli und die verbleibende Hälfte kauft beim nächsten Mal bei Dill.

Beschreiben Sie das Kaufverhalten der Discounterkunden durch eine Tabelle, eine Matrix und einen Übergangsgraphen.

Lösung

Tabelle

↱	A	D	N
A	0,75	0,2	0,05
D	0,3	0,4	0,3
N	0,3	0,5	0,2

Matrix

$$A = \begin{pmatrix} 0{,}75 & 0{,}2 & 0{,}05 \\ 0{,}3 & 0{,}4 & 0{,}3 \\ 0{,}3 & 0{,}5 & 0{,}2 \end{pmatrix}$$

Übergangsgraph

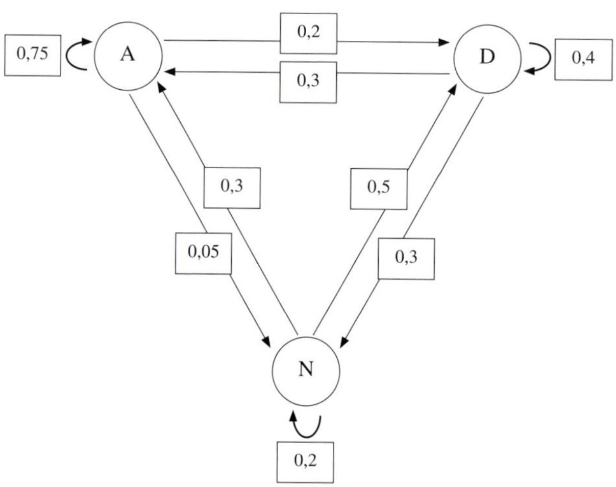

Situation 2

In einem Dorf mit 800 wahlberechtigten Einwohnern, die alle immer zur Wahl gehen, soll ein neuer Dorfsprecher gewählt werden. Zur Wahl stehen Frau Ahlers (A), Herr Behrend (B) und Frau Clausen (C). Eine Befragung aller Wahlberechtigten ergab, dass nicht alle bei ihrer Wahl aus dem letzten Jahr bleiben werden. Der Übergangsgraph zeigt das Ergebnis der Befragung.

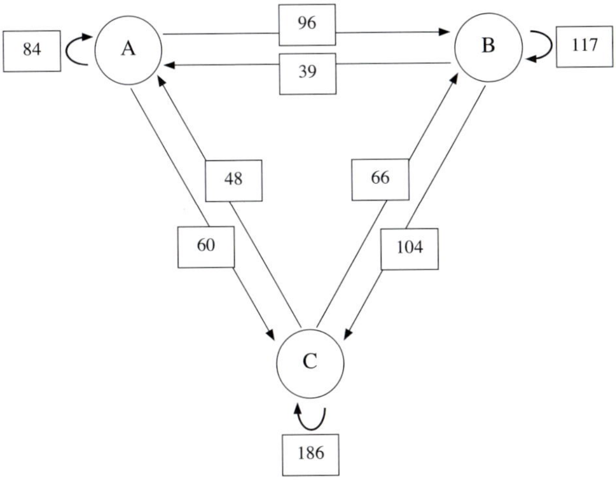

Erstellen Sie einen Übergangsgraphen mit Prozentwerten und die dazugehörige Übergangsmatrix ***A***.

Lösung

Zunächst muss die Anzahl der Personen berechnet werden, die Frau Ahlers entweder treu bleibt oder zu Herrn Behrend oder Frau Clausen wechselt. Für die beiden anderen Kandidaten gilt dies entsprechend.

Frau Ahlers: $84 + 96 + 60 = 240$
Herr Behrend: $39 + 117 + 104 = 260$
Frau Clausen: $48 + 66 + 186 = 300$

Offensichtlich hatte Frau Ahlers bei der Wahl im letzten Jahr 240 der insgesamt 800 Stimmen erhalten. Wenn von diesen 240 Personen sie im diesen Jahr wieder 84 wählen wollen, entspricht dies $\frac{84}{240} = 0{,}35 = 35\,\%$. Bei der Berechnung der übrigen Prozentwerte ist entsprechend zu verfahren.

Für Herrn Behrend und Frau Clausen gilt dies ebenso, außer dass die Grundwerte 260 und 300 Personen sind.

→	A	B	C
A	$\frac{84}{240} = 0{,}35$	$\frac{96}{240} = 0{,}4$	$\frac{60}{240} = 0{,}25$
B	$\frac{39}{260} = 0{,}15$	$\frac{117}{260} = 0{,}45$	$\frac{104}{260} = 0{,}4$
C	$\frac{48}{300} = 0{,}16$	$\frac{66}{300} = 0{,}22$	$\frac{186}{300} = 0{,}62$

Daher ergibt sich der folgende Übergangsgraph:

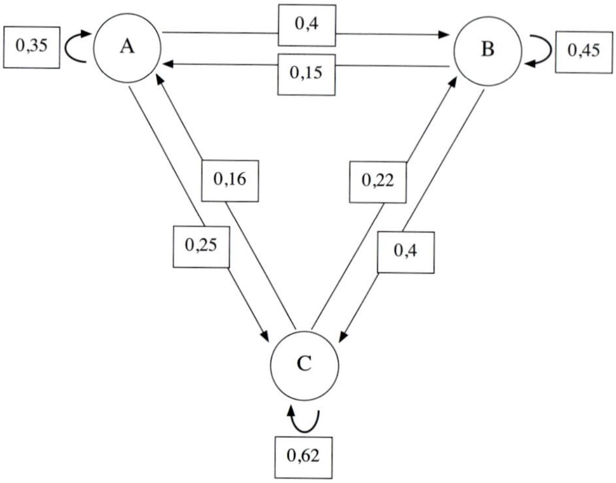

Die Übergangsmatrix $\boldsymbol{A}$ lautet dann $\boldsymbol{A} = \begin{pmatrix} 0{,}35 & 0{,}4 & 0{,}25 \\ 0{,}15 & 0{,}45 & 0{,}4 \\ 0{,}16 & 0{,}22 & 0{,}62 \end{pmatrix}$.

Zusammenfassung

Eine **Übergangsmatrix *A*** beschreibt das Wechselverhalten der **Käufer** oder **Wähler**. Übergangsmatrizen sind **quadratische, reguläre** und **stochastische Matrizen**. Die Elemente der Hauptdiagonalen geben die relativen Anteile der Stammkunden bzw. die Wahrscheinlichkeiten für einen Stammwähler an.

Übungsaufgaben

1 Der Mobiltelefonhersteller Abble (A) produziert ein Smartphone. Auf dem Markt ist Sumsang (S) der einzige ernstzunehmende Mitbewerber.

Beide Hersteller überarbeiten ihr Topmodell einmal im Jahr. Der nachfolgende Übergangsgraph zeigt das jährliche Wechselverhalten der Kunden.

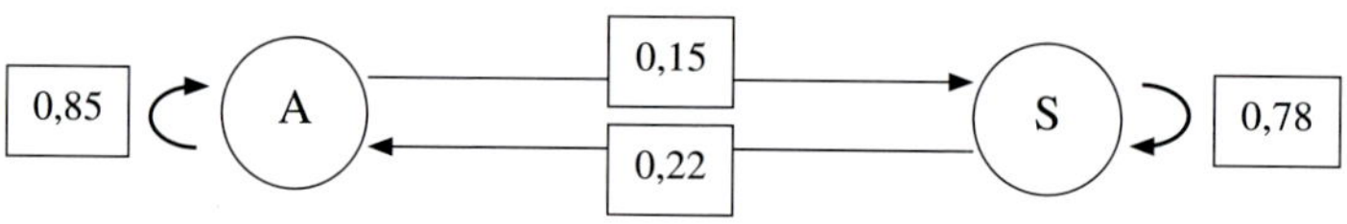

a) Wie hoch ist der Anteil der Stammkunden bei Sumsang?

b) Erstellen Sie die zum Übergangsgraphen gehörige Übergangsmatrix $\boldsymbol{A}$.

c) Beschreiben Sie das Wechselverhalten verbal.

2 Bei einer Betriebsratswahl soll der neue Betriebsratsvorsitzende gewählt werden. Zur Wahl stehen Frau Specht sowie die Herren Matthiesen und Werner.

Aus der Vergangenheit ist bekannt, dass 60 % der Anhänger von Frau Specht ihr treu bleiben werden, 15 % hingegen wechseln zu Herrn Matthiesen, der Rest zu Herrn Werner. Herr Matthiesen wird erfahrungsgemäß 30 % seiner Stimmen an Frau Specht abgeben müssen und nur 35 % behalten. Herr Werner ist als bisheriger Betriebsratsvorsitzender sehr beliebt und wird nach betriebsinternen Umfragen nur 8 % an Frau Specht und 7 % an Herrn Matthiesen abgeben müssen.

Erstellen Sie anhand der Ihnen zur Verfügung stehenden Daten einen Übergangsgraphen und die dazugehörige Übergangsmatrix $\boldsymbol{A}$.

3 In einem chinesischen Restaurant werden Bratnudeln angeboten. Der Gast kann dabei wählen, ob er die Bratnudeln mit Hühner- (H), Rind- (R), Enten- (E) oder Schweinefleisch (S) essen möchte.

Die Vorlieben der Gäste ändern sich von Besuch zu Besuch und lassen sich dem nachfolgenden Übergangsgraphen entnehmen.

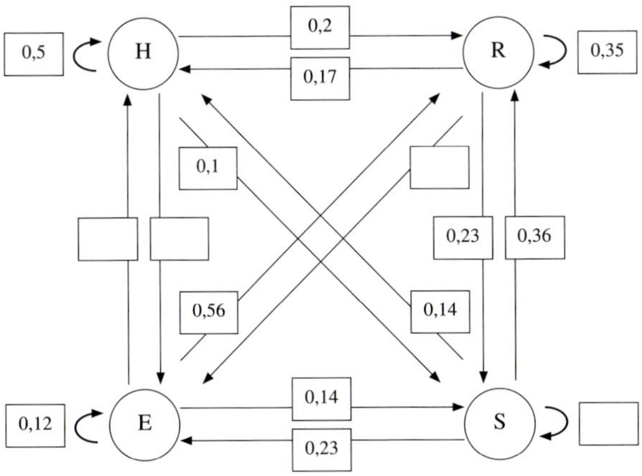

Stellen Sie die Übergangsmatrix $\boldsymbol{A}$ auf und interpretieren Sie das Element a_{23} anwendungsbezogen.

A 2.3.2 Fixvektor

Situation 3

In einem großen Imbiss an einem Flughafen werden seit Kurzem Käse- (K) und Wurstbrötchen (W) angeboten. Dem Imbissbetreiber ist aufgefallen, dass die Beschäftigten des Flughafens offensichtlich beide Sorten probieren. Allerdings wechselt das Kaufverhalten der Kunden täglich.

Um in den nächsten Tagen und langfristig immer ausreichend Brötchen beider Sorten vorrätig zu haben, hat der Imbissbetreiber das Kaufverhalten genau protokolliert.

Heutiger Verkauf:

Belag	Anzahl (in Stück)	Anteil
Käse	266	35 %
Wurst	494	65 %
$\sum$	760	100 %

Wechselverhalten:

→	K	W
K	0,8	0,2
W	0,3	0,7

a) Berechnen Sie die Verkaufsanteile für morgen, übermorgen und in drei Tagen.

b) Berechnen Sie, wie hoch die Verkaufsanteile in sechs Wochen und in einem halben Jahr (180 Tage) sein werden.

Lösung

a) Heute betrug der Anteil der Käsebrötchen 35 % und der Anteil der Wurstbrötchen 65 %. Diese Verteilung wird **Anfangsverteilung** genannt und in der Regel mit $\vec{v}_0^{\,T}$ benannt. In diesem Fall ist $\vec{v}_0^{\,T} = (0{,}35 \quad 0{,}65)$.

Das Wechselverhalten lässt sich durch die Übergangsmatrix $\boldsymbol{A}$ darstellen. In diesem Fall ist $\boldsymbol{A} = \begin{pmatrix} 0{,}8 & 0{,}2 \\ 0{,}3 & 0{,}7 \end{pmatrix}$.

Um die morgige Verteilung zu berechnen, muss der Vektor der Anfangsverteilung $\vec{v}_0^{\,T}$ mit der Übergangsmatrix $\boldsymbol{A}$ multipliziert werden.

$$\vec{v}_1^{\,T} = \vec{v}_0^{\,T} \cdot \boldsymbol{A} = (0{,}35 \quad 0{,}65) \cdot \begin{pmatrix} 0{,}8 & 0{,}2 \\ 0{,}3 & 0{,}7 \end{pmatrix} = (0{,}475 \quad 0{,}525)$$

Wenn die Aufzeichnungen des Imbissbetreibers stimmen, werden morgen 47,5 % aller verkauften Brötchen mit Käse und 52,5 % mit Wurst belegt sein.

Für den übermorgigen Tag muss nun die morgige Verteilung $\vec{v}_1^{\,T}$ mit der Übergangsmatrix $\boldsymbol{A}$ multipliziert werden.

$$\vec{v}_2^{\,T} = \vec{v}_1^{\,T} \cdot \boldsymbol{A} = (0{,}475 \quad 0{,}525) \cdot \begin{pmatrix} 0{,}8 & 0{,}2 \\ 0{,}3 & 0{,}7 \end{pmatrix} = (0{,}5375 \quad 0{,}4625)$$

Übermorgen wird der Anteil der Käsebrötchen 53,75 % und der der Wurstbrötchen 46,25 % betragen.

Für die Verteilung in drei Tagen muss die Verteilung von übermorgen $\vec{v}_2$ erneut mit der Übergangsmatrix $\boldsymbol{A}$ multipliziert werden.

$$\vec{v}_3^{\,T} = \vec{v}_2^{\,T} \cdot \boldsymbol{A} = (0{,}5375 \quad 0{,}4625) \cdot \begin{pmatrix} 0{,}8 & 0{,}2 \\ 0{,}3 & 0{,}7 \end{pmatrix} = (0{,}56875 \quad 0{,}43125)$$

In drei Tagen ist mit Verkaufsanteilen von 56,875 % bei Käse- und 43,125 % bei Wurstbrötchen zu rechnen.

b) Betrachtet man die Lösung zu Aufgabenteil a), dann wird deutlich, dass die Berechnung der Folgeverteilung immer mithilfe der vorangegangenen Verteilung und der Übergangsmatrix $\boldsymbol{A}$ erfolgt.

Offensichtlich gilt:

$$\begin{aligned} \vec{v}_1^{\,T} &= & &\vec{v}_0^{\,T} \cdot \boldsymbol{A} & & \\ \vec{v}_2^{\,T} = \vec{v}_1^{\,T} \cdot \boldsymbol{A} &= & &\vec{v}_0^{\,T} \cdot \boldsymbol{A} \cdot \boldsymbol{A} &= &\vec{v}_0^{\,T} \cdot \boldsymbol{A}^2 \\ \vec{v}_3^{\,T} = \vec{v}_2^{\,T} \cdot \boldsymbol{A} &= & &\vec{v}_0^{\,T} \cdot \boldsymbol{A} \cdot \boldsymbol{A} \cdot \boldsymbol{A} &= &\vec{v}_0^{\,T} \cdot \boldsymbol{A}^3 \\ \vec{v}_n^{\,T} = \vec{v}_{n-1}^{\,T} \cdot \boldsymbol{A} &= & &\vec{v}_0^{\,T} \cdot \boldsymbol{A} \cdot \boldsymbol{A} \cdot \ldots \cdot \boldsymbol{A} &= &\vec{v}_0^{\,T} \cdot \boldsymbol{A}^n \end{aligned}$$

Da sechs Wochen 42 Tage haben, gilt in diesem Fall:

$$\vec{v}_{42}^{\,T} = \vec{v}_0^{\,T} \cdot \boldsymbol{A}^{42} = (0{,}35 \quad 0{,}65) \cdot \begin{pmatrix} 0{,}8 & 0{,}2 \\ 0{,}3 & 0{,}7 \end{pmatrix}^{42}$$

Die Berechnung wird mit dem Taschenrechner durchgeführt.

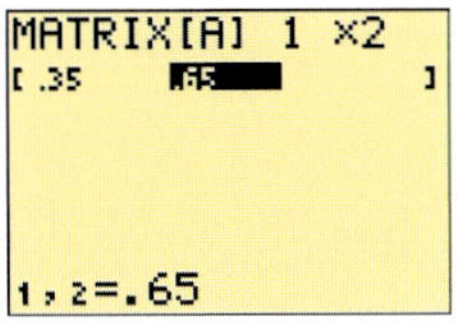

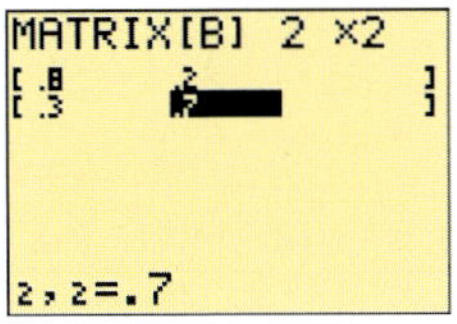

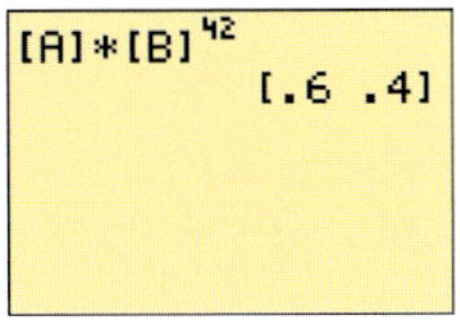

$\vec{v}_{42}^{\,T} = (0{,}6 \quad 0{,}4)$

In sechs Wochen wird der Verkaufsanteil der Käsebrötchen 60 % und der der Wurstbrötchen 40 % betragen.

Für die Verkaufsanteile in einem halben Jahr (180 Tage) gilt dann laut Taschenrechner:

$$\vec{v}_{180}^{\,T} = \vec{v}_0^{\,T} \cdot \boldsymbol{A}^{180} = (0{,}35 \quad 0{,}65) \cdot \begin{pmatrix} 0{,}8 & 0{,}2 \\ 0{,}3 & 0{,}7 \end{pmatrix}^{180} = (0{,}6 \quad 0{,}4)$$

In einem halben Jahr wird der Verkaufsanteil der Käsebrötchen 60 % und der Wurstbrötchen 40 % betragen.

Vergleicht man die beiden Ergebnisse aus Aufgabenteil b) der vorangegangenen Situation 3, so fällt auf, dass das Ergebnis in beiden Fällen identisch ist. Ab einem bestimmten Zeitpunkt scheinen sich die Verkaufsanteile nicht mehr zu verändern. Ist dies der Fall, so wird der entstandene Vektor **Fixvektor** genannt und in der Regel mit $\vec{v}_{\infty}^{\,T}$ benannt.

Allgemein gilt für den Fixvektor:

$$\vec{v}_{\infty}^{\,T} = \lim_{n \to \infty} \vec{v}_0^{\,T} \cdot \boldsymbol{A}^n$$

Fixvektor

Der Fixvektor kann mithilfe des Taschenrechners sehr einfach bestimmt werden. Es muss lediglich für n eine relativ große ganze Zahl eingesetzt werden. Anschließend wird das Ergebnis notiert und die nächstgrößere ganze Zahl für n eingesetzt. Sind die Ergebnisvektoren identisch, so stellen diese den Fixvektor dar.

Beispiel

$\vec{v}_0^{\,T} = (0{,}38 \quad 0{,}62)$ und $\boldsymbol{A} = \begin{pmatrix} 0{,}27 & 0{,}73 \\ 0{,}16 & 0{,}84 \end{pmatrix}$

Hinweis: Bei der angegebenen Taschenrechner-Eingabe entspricht [A] $\vec{v}_0^{\,T}$ und [B] $\boldsymbol{A}$.

$$\vec{v}_{100}^{\,T} = \vec{v}_{101}^{\,T} = \begin{pmatrix} \frac{16}{89} & \frac{73}{89} \end{pmatrix} \Rightarrow \vec{v}_{\infty}^{\,T} = \begin{pmatrix} \frac{16}{89} & \frac{73}{89} \end{pmatrix}$$

Der Fixvektor kann aber auch algebraisch bestimmt werden.

Situation 4

Ein Hersteller für Flüssigseife bietet seine erfolgreichste Sorte in den Düften Apfelfrisch (A) und Sommerbrise (S) an.

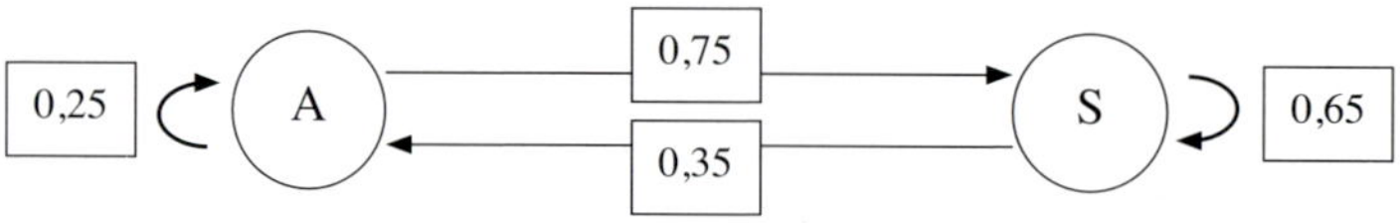

Bestimmen Sie algebraisch den Fixvektor und interpretieren Sie Ihr Ergebnis anwendungsbezogen.

Lösung

Auf S. 162 wurde deutlich, dass $\vec{v}_1^{\,T} = \vec{v}_0^{\,T} \cdot \boldsymbol{A}$ und $\vec{v}_2^{\,T} = \vec{v}_1^{\,T} \cdot \boldsymbol{A}$ und $\vec{v}_3^{\,T} = \vec{v}_2^{\,T} \cdot \boldsymbol{A}$ ist.

Wird diese Art der Berechnung sehr oft wiederholt, so nähert sich der „Ergebnisvektor“ (z. B. $\vec{v}_3^{\,T}$) immer mehr dem „Ausgangsvektor“ (z. B. $\vec{v}_2^{\,T}$) an. Daher muss es einen Vektor geben, der sowohl „Ergebnis-“ als auch „Ausgangsvektor“ ist.

Formal ausgedrückt muss $(v_1 \quad v_2) \cdot \boldsymbol{A} = (v_1 \quad v_2)$ gelten. $(v_1 \quad v_2)$ ist dann der Fixvektor $\vec{v}_\infty^{\,T}$.

Da die Summe aller Elemente der Anfangsverteilung $\vec{v}_0$ 1 ist, ist $v_2 = 1 - v_1$.

Daher gilt $(v_1 \quad 1 - v_1) \cdot \boldsymbol{A} = (v_1 \quad 1 - v_1)$.

In diesem Fall ist $\boldsymbol{A} = \begin{pmatrix} 0{,}25 & 0{,}75 \\ 0{,}35 & 0{,}65 \end{pmatrix}$.

Somit ergibt sich die Gleichung $(v_1 \quad 1 - v_1) \cdot \begin{pmatrix} 0{,}25 & 0{,}75 \\ 0{,}35 & 0{,}6 \end{pmatrix} = (v_1 \quad 1 - v_1)$.

v_1 lässt sich nun berechnen.

$0{,}25v_1 + (1 - v_1) \cdot 0{,}35 = v_1$	ausmultiplizieren
$0{,}25v_1 + 0{,}35 - 0{,}35v_1 = v_1$	zusammenfassen
$-0{,}1v_1 + 0{,}35 = v_1$	$\mid +0{,}1v_1$
$0{,}35 = 1{,}1v_1$	$\mid :1{,}1$
$0{,}3\overline{18} = v_1$	
$v_2 = 1 - v_1 = 1 - 0{,}3\overline{18} = 0{,}6\overline{81}$	

Langfristig werden sich ca. 32 % der Kunden für den Duft „Apfelfrisch“ und ca. 68 % aller Kunden für den Duft „Sommerbrise“ entscheiden.

Situation 5

Ein Busunternehmer bietet Reisen nach München (M), Berlin (B) und Köln (K) an. Aus seinen Aufzeichnungen geht hervor, dass mindestens die Hälfte der Kundschaft, die schon einmal eine Reise in eine der drei Städte unternommen hat, beim nächsten Mal die gleiche Reise bucht. Das gesamte Wahlverhalten der Kunden lässt sich dem Übergangsgraphen auf der Folgeseite entnehmen.

Bestimmen Sie algebraisch den Fixvektor und interpretieren Sie Ihr Ergebnis anwendungsbezogen.

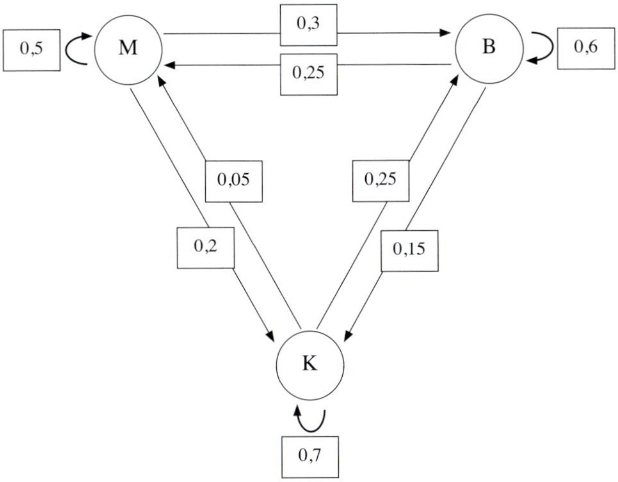

Lösung

$(v_1 \quad v_2 \quad v_3) \cdot \boldsymbol{A} = (v_1 \quad v_2 \quad v_3)$

$(v_1 \quad v_2 \quad 1-(v_1+v_2)) \cdot \boldsymbol{A} = (v_1 \quad v_2 \quad 1-(v_1+v_2))$

$(v_1 \quad v_2 \quad 1-v_1-v_2) \cdot \boldsymbol{A} = (v_1 \quad v_2 \quad 1-v_1-v_2)$

$$\boldsymbol{A} = \begin{pmatrix} 0{,}5 & 0{,}3 & 0{,}2 \\ 0{,}25 & 0{,}6 & 0{,}15 \\ 0{,}05 & 0{,}25 & 0{,}7 \end{pmatrix}$$

$$(v_1 \quad v_2 \quad 1-v_1-v_2) \cdot \begin{pmatrix} 0{,}5 & 0{,}3 & 0{,}2 \\ 0{,}25 & 0{,}6 & 0{,}15 \\ 0{,}05 & 0{,}25 & 0{,}7 \end{pmatrix} = (v_1 \quad v_2 \quad 1-v_1-v_2)$$

Das durch die Multiplikation entstehende lineare Gleichungssystem kann nun beispielsweise durch das Gleichsetzungsverfahren gelöst werden.

I	$0{,}5v_1 + 0{,}25v_2 + (1-v_1-v_2) \cdot 0{,}05 = v_1$	
II	$0{,}3v_1 + 0{,}6v_2 + (1-v_1-v_2) \cdot 0{,}25 = v_2$	
I	$0{,}5v_1 + 0{,}25v_2 + (1-v_1-v_2) \cdot 0{,}05 = v_1$	ausmultiplizieren
	$0{,}5v_1 + 0{,}25v_2 + 0{,}05 - 0{,}05v_1 - 0{,}05v_2 = v_1$	zusammenfassen
	$0{,}45v_1 + 0{,}2v_2 + 0{,}05 = v_1$	$\mid -0{,}45v_1$
	$0{,}2v_2 + 0{,}05 = 0{,}55v_1$	$\mid : 0{,}55$
III	$\frac{4}{11}v_2 + \frac{1}{11} = v_1$	
II	$0{,}3v_1 + 0{,}6v_2 + (1-v_1-v_2) \cdot 0{,}25 = v_2$	ausmultiplizieren
	$0{,}3v_1 + 0{,}6v_2 + 0{,}25 - 0{,}25v_1 - 0{,}25v_2 = v_2$	zusammenfassen
	$0{,}05v_1 + 0{,}35v_2 + 0{,}25 = v_2$	$\mid -v_2$
	$0{,}05v_1 - 0{,}65v_2 + 0{,}25 = 0$	$\mid -0{,}05v_1$
	$-0{,}65v_2 + 0{,}25 = -0{,}05v_1$	$\mid : (-0{,}05)$
IV	$13v_2 - 5 = v_1$	

III = IV $\quad \frac{4}{11}v_2 + \frac{1}{11} = 13v_2 - 5 \qquad | -\frac{4}{11}v_2$

$\frac{1}{11} = \frac{139}{11}v_2 - 5 \qquad | +5$

$\frac{56}{11} = \frac{139}{11}v_2 \qquad | : \frac{139}{11}$

$\frac{56}{139} = v_2 \approx 0{,}4029 = 40{,}29\,\%$ $\qquad$ einsetzen in IV

$13 \cdot \frac{56}{139} - 5 = v_1 \Leftrightarrow \frac{33}{139} = v_1 \approx 0{,}2374 = 23{,}74\,\%$

$v_3 = 1 - v_1 - v_2 = 1 - \frac{33}{139} - \frac{56}{139} = \frac{50}{139} \approx 0{,}3597 = 35{,}97\,\%$

Langfristig werden ca. 23,74 % aller Kunden nach München, ca. 40,29 % aller Kunden nach Berlin und ca. 35,97 % aller Kunden nach Köln reisen.

Zusammenfassung

- Existiert ein Grenzwert zu dem Ausdruck $\lim_{n\to\infty} \vec{v}_0^{\,T} \cdot \boldsymbol{A}^n$, so wird das Ergebnis **Fixvektor** $\vec{v}_\infty^{\,T}$ genannt. Dabei ist $\vec{v}_0^{\,T}$ die **Anfangsverteilung** und $\boldsymbol{A}$ die stochastische Matrix, die das **Wechselverhalten** der Beteiligten angibt.
- Die Elemente v_1 bis v_n des Fixvektors $\vec{v}_\infty^{\,T}$ geben dann die langfristig zu erwartenden Anteile an.
- Der Fixvektor kann durch das Lösen eines Gleichungssystems algebraisch bestimmt werden:

$$(v_1 \quad v_2 \quad \cdots \quad v_n) \cdot \begin{pmatrix} a_{11} & a_{12} & \cdots & a_{1n} \\ a_{21} & a_{22} & \cdots & a_{2n} \\ \vdots & \vdots & \ddots & \vdots \\ a_{n1} & a_{n2} & \cdots & a_{nn} \end{pmatrix} = (v_1 \quad v_2 \quad \cdots \quad v_n)$$

Übungsaufgaben

1 Ein kleiner Gemischtwarenladen bietet seinen Kunden Akazien- und Wildblütenhonig an. In einer Umfrage wurde herausgefunden, dass aktuell 40 % der Dorfbewohner Akazienhonig kaufen. Der Rest kauft Wildblütenhonig. Erfahrungsgemäß ändert sich das Einkaufsverhalten der Dorfbewohner wöchentlich. Das Wechselverhalten ist aus der Tabelle ersichtlich.

↱	Akazienhonig	Wildblütenhonig
Akazienhonig	0,65	0,35
Wildblütenhonig	0,5	0,5

a) Zeichnen Sie den dazugehörigen Übergangsgraphen.
b) Berechnen Sie algebraisch die Verkaufsanteile nach zwei Wochen.
c) Berechnen Sie algebraisch, wie sich die Verkaufsanteile langfristig entwickeln werden.

2 In einem Theater wird ein Theaterstück aufgeführt. Zwischen jedem der vier Akte ist eine Pause, in der im Foyer Sekt (S) und Orangensaft (O) ausgeschenkt wird. Das Wechselverhalten der 500 Theaterbesucher lässt sich durch den nachfolgenden Übergangsgraphen beschreiben.

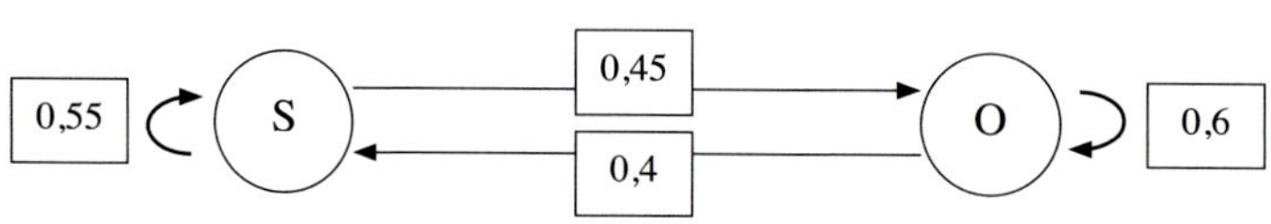

Berechnen Sie, wie viele Gläser Sekt und Orangensaft etwa für die jeweiligen Pausen vorbereitet werden sollten, wenn jeder der Gäste pro Pause ein Glas trinkt und vor dem Beginn 400 Gläser Sekt und 100 Gläser Orangensaft ausgeschenkt wurden.

3 In einem Land findet in einem Jahr die Wahl einer neuen Regierung statt. Neben den beiden großen Parteien ABP und BDR werden auch noch drei andere Parteien antreten.

Das Säulendiagramm zeigt Ergebnisse der letzten Wahl.

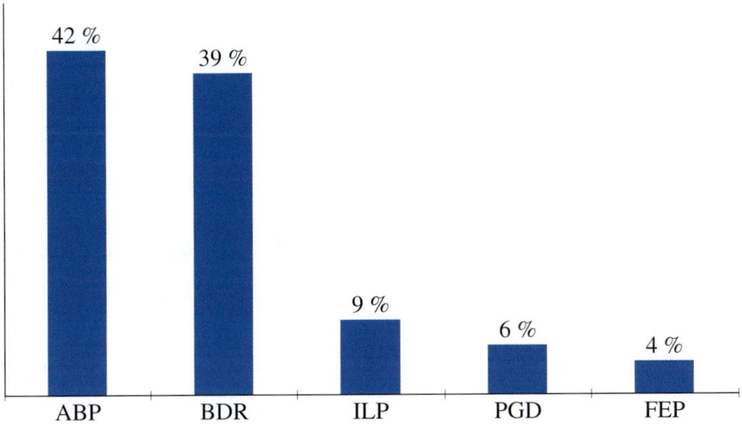

Ein Meinungsforschungsinstitut hat herausgefunden, dass sich ein Jahr vor der Wahl zahlreiche Wahlberechtigte noch nicht sicher sind, welche Partei sie wählen werden. Das Wahlverhalten der Wähler scheint laut der monatlich durchgeführten Umfragen jedoch relativ konstant zu sein.

↱	ABP	BDR	Andere
ABP	0,35	0,47	0,18
BDR	0,6	0,3	0,1
Andere	0,4	0,25	0,35

Berechnen Sie, wie hoch die Stimmanteile der beiden großen Parteien bei der nächsten Wahl voraussichtlich sein werden.

4 Ein Edelrestaurant in Nürnberg bietet seit mehreren Jahren sehr erfolgreich Fünf-Gänge-Menüs an. Beim Hauptgang hat der Gast die Wahl zwischen rotem Fleisch (R), Geflügel (G) oder Fisch (F).

Der in Nürnberg ansässige Gourmetclub e.V. hat 60 Mitglieder und besucht das Restaurant einmal pro Woche. Dem Restaurantbetreiber ist aufgefallen, dass einige der Gäste von Woche zu Woche einen anderen Hauptgang bestellen, während andere Gäste immer die gleiche Wahl treffen.

Das Wechselverhalten lässt sich durch den Übergangsgraphen auf der Folgeseite beschreiben.

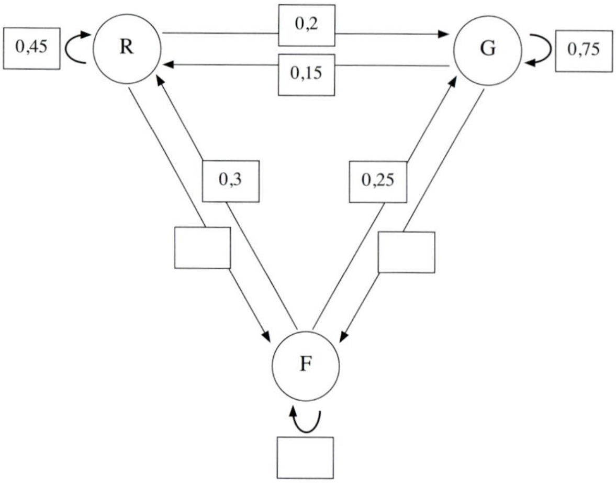

Der Restaurantbetreiber möchte ungefähr wissen, wie viele Hauptgerichte jeder Art er vorbereiten soll, wenn beim letzten Besuch 20 Mitglieder des Gourmetclubs rotes Fleisch, 30 Mitglieder Geflügel und der Rest Fisch gewählt hat.

Berechnen Sie die benötigte Anzahl der Hauptgerichte

a) für den nächsten Besuch;
b) für den Besuch in einem Monat;
c) für die langfristige Bestellung, wenn das Wechselverhalten konstant bleibt.

5 Ein Automobilkonzern produziert seine Fahrzeuge in zahlreichen Farben. Die drei beliebtesten Farben bei Leasing-Fahrzeugen sind Weiß, Schwarz und Silber. Aktuell sind 20 % aller Fahrzeuge weiß und jeweils 25 % schwarz oder silber. Die restlichen Fahrzeuge haben eine andere Farbe.

Erfahrungsgemäß entscheidet sich jeweils genau die Hälfte aller Leasing-Kunden jedes Mal für die gleiche Farbe, der Rest wechselt. Eine betriebsinterne Auswertung hat das durch den Übergangsgraphen dargestellte Leasingverhalten ergeben.

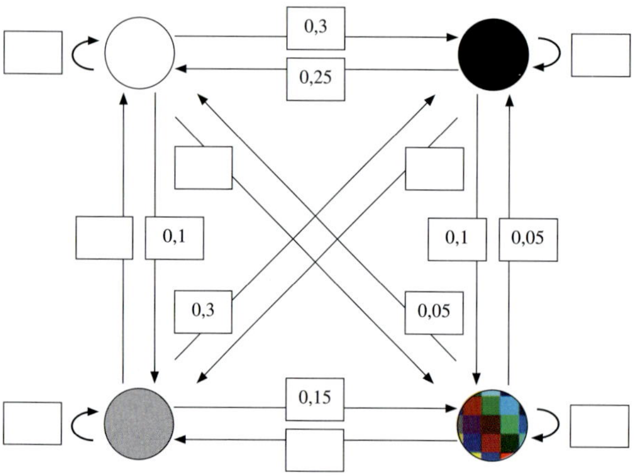

Berechnen Sie, wie sich die Farbanteile bei Leasing-Fahrzeugen langfristig entwickeln werden.

eA 2.3.3 Grenzmatrix

Situation 6

In Lampukistan stehen nur zwei Parteien zur Wahl, die APS und die IBP. Die Lampuken wählen jedes Jahr eine neue Regierung. Dabei sind die Vorlieben in den drei größten Städten sehr unterschiedlich.

In Kolandria erhielten die beiden Parteien bei der letzten Wahl jeweils genau 50 % aller Stimmen. In Dufrant erhielt die APS 75 % und die IBP nur 25 %. In der Hauptstadt Porada Ninfu hingegen stimmten nur 5 % für die APS und 95 % für die Partei des aktuellen Staatschefs Ibrahim Barotschew IBP.

Das Wahlverhalten ist in den drei Städten jedoch vollkommen identisch und lässt sich durch den Übergangsgraphen beschreiben.

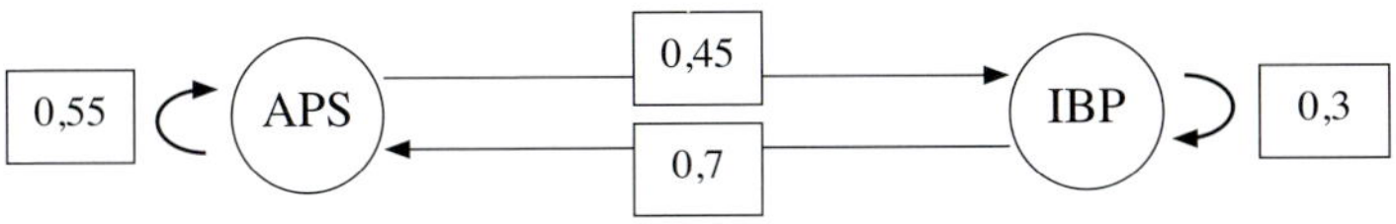

Berechnen Sie, wie sich die Stimmanteile der beiden Parteien in den drei Städten langfristig entwickeln werden.

Lösung

Kolandria

$\vec{v}_{0K}^{T} = (0{,}5 \quad 0{,}5)$

$A = \begin{pmatrix} 0{,}55 & 0{,}45 \\ 0{,}7 & 0{,}3 \end{pmatrix}$

$\vec{v}_{\infty K}^{T} = \lim\limits_{n \to \infty} \vec{v}_{0K}^{T} \cdot A^n$

$\vec{v}_{\infty K}^{T} = \left(\frac{14}{23} \ \frac{9}{23}\right)$

$\vec{v}_{\infty K}^{T} \approx (0{,}61 \quad 0{,}39)$

Dufrant

$\vec{v}_{0D}^{T} = (0{,}75 \quad 0{,}25)$

$A = \begin{pmatrix} 0{,}55 & 0{,}45 \\ 0{,}7 & 0{,}3 \end{pmatrix}$

$\vec{v}_{\infty D}^{T} = \lim\limits_{n \to \infty} \vec{v}_{0D}^{T} \cdot A^n$

$\vec{v}_{\infty D}^{T} = \left(\frac{14}{23} \ \frac{9}{23}\right)$

$\vec{v}_{\infty D}^{T} \approx (0{,}61 \quad 0{,}39)$

Porada Ninfu

$\vec{v}_{0P}^{T} = (0{,}05 \quad 0{,}95)$

$A = \begin{pmatrix} 0{,}55 & 0{,}45 \\ 0{,}7 & 0{,}3 \end{pmatrix}$

$\vec{v}_{\infty P}^{T} = \lim\limits_{n \to \infty} \vec{v}_{0P}^{T} \cdot A^n$

$\vec{v}_{\infty P}^{T} = \left(\frac{14}{23} \ \frac{9}{23}\right)$

$\vec{v}_{\infty P}^{T} \approx (0{,}61 \quad 0{,}39)$

Hinweis: Die Berechnungen wurden mit dem Taschenrechner durchgeführt.

Offensichtlich ist der Fixvektor $\vec{v}_{\infty}^{T}$, also die langfristige Verteilung, unabhängig von der Anfangsverteilung $\vec{v}_{0}^{T}$. Daher lässt sich der Fixvektor auch ohne die Anfangsverteilung bestimmen.

Dies ist immer dann möglich, wenn der Ausdruck $\lim\limits_{n \to \infty} A^n$ einen Grenzwert hat. Ist dies der Fall, so wird der Grenzwert **Grenzmatrix** A_∞ genannt. Die Grenzmatrix hat so viele identische Zeilen, wie es Wahlmöglichkeiten gibt. Die Summe aller Elemente einer Zeile ist 1. Jede Zeile der Grenzmatrix ist identisch mit dem Fixvektor $\vec{v}_{\infty}$.

$$A_\infty = \lim_{n \to \infty} A^n = \begin{pmatrix} v_1 & v_2 & \cdots & v_n \\ v_1 & v_2 & \cdots & v_n \\ \vdots & \vdots & \ddots & \vdots \\ v_1 & v_2 & \cdots & v_n \end{pmatrix} \text{ mit } (v_1 \quad v_2 \quad \cdots \quad v_n) = \vec{v}_{\infty}^{T}$$

Grenzmatrix

Die Grenzmatrix für Situation 6 kann mithilfe des Taschenrechners sehr einfach bestimmt werden. Es muss in dem Term $\boldsymbol{A}^n$ lediglich für n eine relativ große ganze Zahl eingesetzt werden. Anschließend wird das Ergebnis notiert und die nächstgrößere ganze Zahl für n eingesetzt. Sind die Ergebnismatrizen identisch, so stellen diese die Grenzmatrix dar.

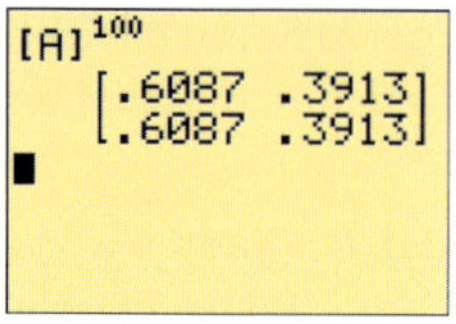

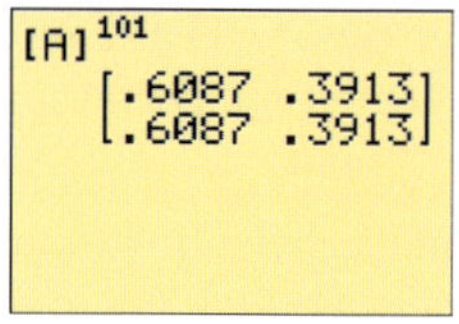

Wegen $\boldsymbol{A}^{100} = \boldsymbol{A}^{101} = \begin{pmatrix} \frac{14}{23} & \frac{9}{23} \\ \frac{14}{23} & \frac{9}{23} \end{pmatrix} \approx \begin{pmatrix} 0{,}6087 & 0{,}3913 \\ 0{,}6087 & 0{,}3913 \end{pmatrix}$ ist $\begin{pmatrix} \frac{14}{23} & \frac{9}{23} \\ \frac{14}{23} & \frac{9}{23} \end{pmatrix}$ die Grenzmatrix $\boldsymbol{A}_\infty$.

Zusammenfassung

- Existiert ein Grenzwert zu dem Ausdruck $\lim\limits_{n\to\infty} \boldsymbol{A}^n$, so wird das Ergebnis **Grenzmatrix** $\boldsymbol{A}_\infty = \begin{pmatrix} v_1 & v_2 & \cdots & v_n \\ v_1 & v_2 & \cdots & v_n \\ \vdots & \vdots & \ddots & \vdots \\ v_1 & v_2 & \cdots & v_n \end{pmatrix}$ genannt.
- Dabei gibt jede der identischen Zeilen der Grenzmatrix den Fixvektor $\vec{v}_\infty^{\,T}$ wieder. Die Elemente v_1 bis v_n der Grenzmatrix $\boldsymbol{A}_\infty$ geben dann die langfristig zu erwartenden Anteile an.

Übungsaufgaben

1 In Deutschland wird der Hamburger-Markt weitestgehend von den Anbietern GB und FK dominiert. In einer Umfrage wurde herausgefunden, dass die Kunden der Meinung sind, dass die Qualität der Produkte schlechter geworden ist. Daher gaben zahlreiche Kunden an, dass sie zukünftig bei der anderen Kette einkaufen werden. Eine Fachzeitschrift hat die Ergebnisse der Umfrage ausgewertet und verdichtet und einen Übergangsgraphen abgedruckt.

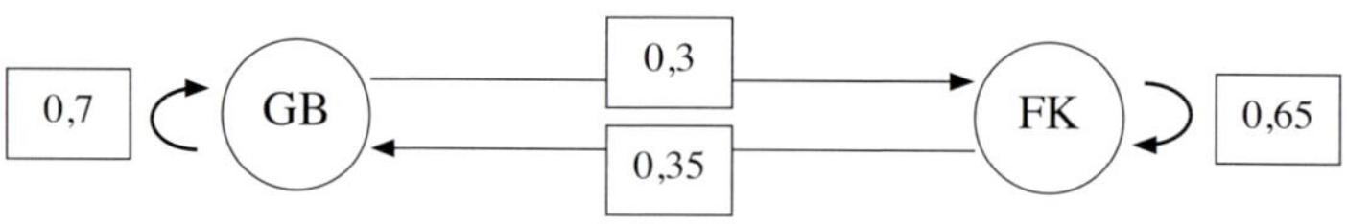

Wie werden sich die Marktanteile der beiden Hamburger-Anbieter langfristig entwickeln, wenn sich das Wechselverhalten der Käufer nicht ändert?

2 Ein Rasiererhersteller produziert Rasierer mit zwei, drei oder vier Klingen (K). Aus der Verkaufszahlenauswertung ist bekannt, dass die überwiegend männlichen Kunden von Zeit zu Zeit zwischen den angebotenen Produkten wechseln. Das Wechselverhalten lässt sich durch den Übergangsgraphen auf der Folgeseite beschreiben.

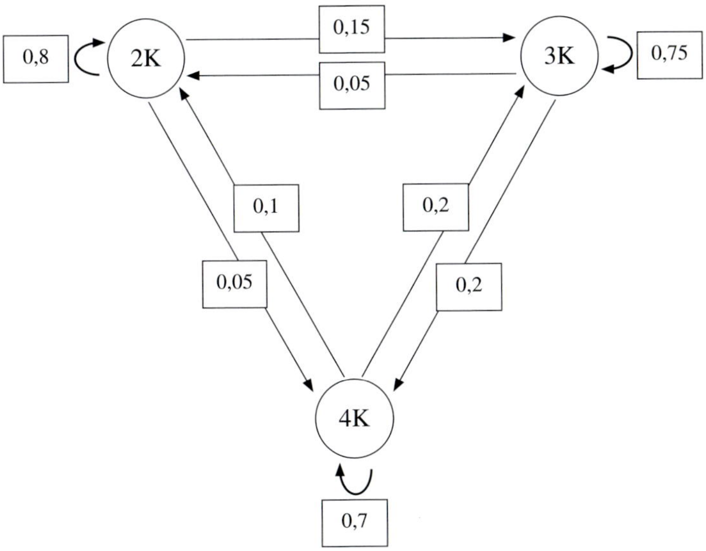

Wie werden sich die Verkaufsanteile der drei Rasierer langfristig entwickeln?

3 In einem Land stehen drei Parteien zur Wahl. Dabei handelt es sich um die Alternative Sozialistische Union ASU, die Ökologisch Liberalen Demokraten ÖLD und das Bündnis freier Wähler BFW. Traditionell verfügt die ASU mit 85 % über einen sehr hohen Anteil an Stammwählern. Lediglich 10 % wechseln erfahrungsgemäß zur ÖLD, der Rest zu dem freien Wählerbündnis. Die ÖLD hingegen schaffte es in der Vergangenheit nicht, die Wähler langfristig an sich zu binden. Nur 30 % bleiben der Partei seit Jahren treu. Die restlichen Wähler wechseln jeweils zur Hälfte zu den anderen Parteien. Außerdem kam in einer repräsentativen Umfrage heraus, dass ein Viertel aller Anhänger des freien Wählerbündnisses zur ASU abwandern will. Ein weiteres Drittel will zukünftig die ÖLD wählen.

Berechnen Sie, wie sich die Stimmanteile der drei Parteien langfristig entwickeln werden.

4 In Deutschland sind zahlreiche Medikamente gegen Kopfschmerzen erhältlich, die als Grundwirkstoff entweder Acetylsalicylsäure (A), Paracetamol (P), Ibuprofen (I) oder Naproxen (N) enthalten. In einer repräsentativen Umfrage gaben 80 % aller Acetylsalicylsäure-Käufer an, dass sie beim nächsten Mal wieder ein Medikament mit diesem Wirkstoff kaufen würden. Bei den Paracetamol-Käufern waren es drei Viertel, bei den Ibuprofen-Käufern 60 % und dem Wirkstoff Naproxen würde die Hälfte der Kunden treu bleiben.

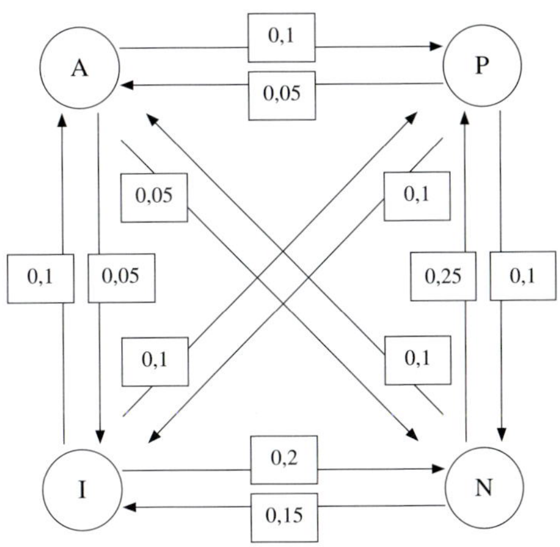

Die restlichen Ergebnisse der Umfrage sind in dem nachfolgenden Graphen dargestellt.

Untersuchen Sie, ob es langfristig zu einer stabilen Verteilung der Marktanteile kommen wird.

5 Ein Lebensmittelhersteller produziert unter anderem energiespendende Gele für Triathleten in sechs verschiedenen Geschmacksrichtungen. Das Kaufverhalten der Kunden ist in der Tabelle dargestellt.

↱	Erdbeere	Banane	Kirsche	Apfel	Vanille	Schoko
Erdbeere	0,27	0,18	0,15	0,2	0,08	0,12
Banane	0,13	0,16	0,05	0,24	0,17	0,25
Kirsche	0,12	0,13	0,23	0,14	0,3	0,08
Apfel	0,2	0,1	0,3	0,12	0,14	0,14
Vanille	0,15	0,21	0,4	0,1	0,11	0,03
Schoko	0,08	0,12	0,05	0,15	0,2	0,4

Der Lebensmittelhersteller möchte zukünftig nur noch die vier langfristig am häufigsten nachgefragten Geschmacksrichtungen anbieten.

Treffen Sie anhand einer geeigneten Berechnung die Entscheidung, welche beiden Geschmacksrichtungen aus dem Sortiment genommen werden sollten.

eA 2.3.4 Handlungssituationen zum Käufer- und Wählerverhalten

Diese Situationen sollen Sie mit denen Ihnen zur Verfügung stehenden Rechnern bearbeiten. Besonders wichtig ist dabei die Interpretation Ihrer Ergebnisse.

Handlungssituation 1

In einer Kleinstadt haben die Supermarktketten EXAKT, PRIKAUF und GIGA jeweils eine Filiale. EXAKT hat in der Kleinstadt aktuell einen Marktanteil von 45 %. Der Rest verteilt sich zu gleichen Teilen auf die beiden Mitbewerber.

GIGA wurde vor Kurzem von einem Großkonzern übernommen, der nun damit begonnen hat, die Filialen zu modernisieren. Aus einem internen Papier geht hervor, dass nur die Filialen modernisiert werden sollen, die in ihrem Einzugsgebiet langfristig einen Marktanteil in Höhe von mindestens 44 % haben werden. Liegt der Marktanteil bereits bei mindestens 44 % oder kann dieser innerhalb von vier Wochen erreicht werden, wird der entsprechende Supermarkt nicht nur modernisiert, sondern auch deutlich vergrößert.

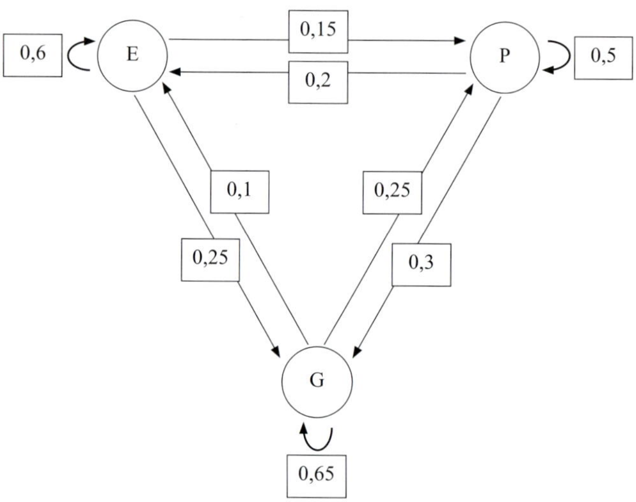

Bereiten Sie sich darauf vor, auf der in Kürze stattfindenden Geschäftsführersitzung die Entscheidung für die Kleinstadt zu präsentieren, wenn sich das wöchentliche Wechselverhalten der Kunden durch den Übergangsgraphen auf der vorherigen Seite beschreiben lässt.

Handlungssituation 2

Der Kurswert einer Aktie ist unter anderem davon abhängig, wie groß der Marktanteil eines Unternehmens ist. Der Markt für zivile Frachtflugzeuge wird von zwei börsennotierten Anbietern abgedeckt. Dabei handelt es sich zum einen um die europäische LUFRA AG und zum anderen um die US-amerikanische AIRCARGO Inc. Aktuell beträgt der Marktanteil der LUFRA AG 40 % und der der AIRCARGO Inc. 60 %.

Frau Schneider und Herr Werner sind Geschäftsführer eines Postdienstleistungsunternehmens und möchten in eines der beiden Unternehmen investieren. Frau Schneider, die auf das schnelle Geld aus ist, meint, dass auf jeden Fall in das US-amerikanische Unternehmen investiert werden sollte, da sie den größeren Marktanteil haben. Herr Werner hingegen ist ein langfristiger Anleger und glaubt fest an das Potenzial der LUFRA AG.

Helfen Sie den beiden Geschäftsführern bei ihrer Entscheidung, indem Sie beide Varianten anschaulich darstellen. Nutzen Sie dazu die nachfolgenden, von Ihnen im Internet recherchierten Daten.

Käufer würden das nächste Frachtflugzeug wieder bei der ... kaufen:

LUFRA AG	AIRCARGO Inc.
70 %	50 %

Durchschnittlich kaufen die Kunden alle sechs Monate ein neues Frachtflugzeug.

Handlungssituation 3

In einem demokratischen Land waren lange Zeit nur drei Parteien an der Regierung beteiligt, die alle zwei Jahre neu gewählt wird. Bei den beiden letzten Wahlen trat mit der DDP eine kleine Außenseiterpartei an, die kaum Chancen auf einen Wahlerfolg hatte. Erstaunlicherweise erhielt die Partei bei der letzten Wahl dennoch 9 % aller Stimmen und scheiterte damit nur knapp an der 10 %-Hürde des Landes.

Die restlichen 91 % der Stimmen verteilten sich im Verhältnis 4:2:1 auf die ADP, BDP und CDP.

Im aktuellen Wahlkampf brüstet sich der Parteivorsitzende der DDP damit, dass seine Partei dieses Mal den Einzug in das Parlament ganz sicher schaffen wird. Der Vorsitzende der CDP glaubt nicht daran. Die BDP glaubt zwar auch an einen Einzug der DDP in das Parlament, hält einen Stimmenanteil von mehr als 12 % jedoch für unrealistisch. Die ADP ist sogar der Meinung, dass sie auch in 50 Jahren noch die stärkste Kraft im Parlament sein wird.

Das Verhalten der Wähler scheint sehr konstant zu sein und lässt sich durch den Übergangsgraphen auf der Folgeseite beschreiben.

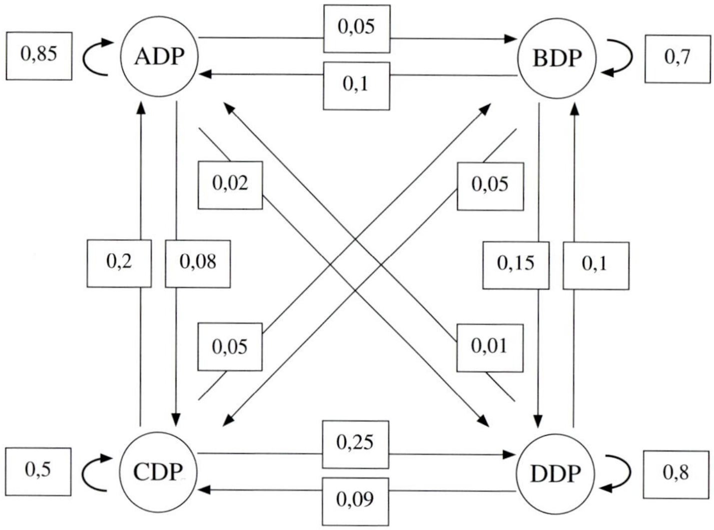

Welchen Aussagen der Parteien ist Glauben zu schenken?

Handlungssituation 4

Die Teeproduzenten „Pilton“ und „Semmser“ haben ihre Produktion umgestellt und sind nun geschmacklich ähnlicher zu „Tee-Tasse“. Deshalb haben sich die Marktanteile in der letzten Zeit verändert. Der Marktanteil von „Tee-Tasse“ ist demnach deutlich zurückgegangen und beträgt nur noch 24,5 %. „Pilton“ verfügt über 33 % Marktanteil, der Rest wird von „Semmser“ abgedeckt.

Marktbeobachtungen haben ergeben, dass die Kunden vierteljährlich die Teemarke wechseln. Das Verhalten ist im Übergangsgraphen dargestellt.

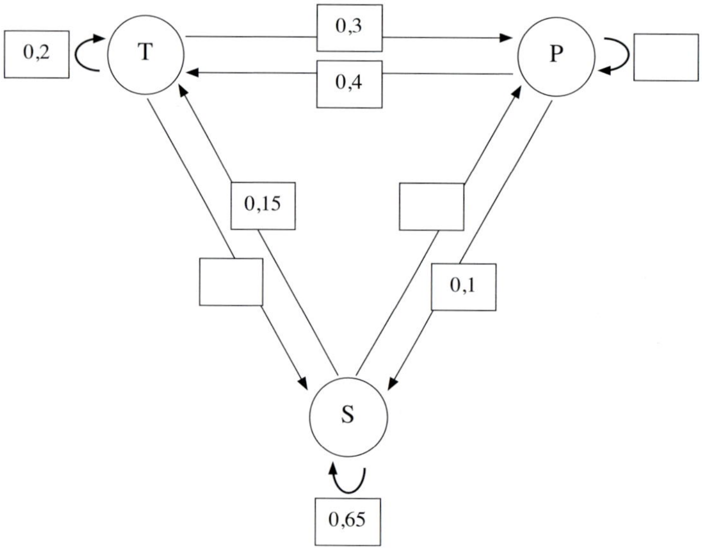

Ein Kapitalgeber von „Tee-Tasse“ ist beunruhigt und spricht mit dessen Geschäftsführer. Dieser antwortet:

„Ach wissen Sie, vor drei Monaten waren wir noch der Marktführer. So ist das eben im Tee-Geschäft. Das Kaufverhalten der Kunden wird sich aller Voraussicht nach so schnell auch nicht ändern. Wir haben aber schon nachgerechnet und bleiben ganz entspannt. Laut unseren Berechnungen werden wir langfristig wieder der Marktführer werden.“

Überprüfen Sie die beiden Behauptungen des Geschäftsführers.

Handlungssituation 5

Eine Molkerei produziert Sahne-, Erdbeer- und Himbeerjoghurt. Vor längerer Zeit hat die Molkerei einen lang angelegten Konsumententest mit 10 000 Käufern gestartet. Zu Beginn des Tests kauften nur 10 % der Kunden Sahnejoghurt, die Hälfte Erdbeerjoghurt und der Rest Himbeerjoghurt.

Im Rahmen des Tests wurde festgestellt, dass sich das Kaufverhalten zugunsten des Sahnejoghurts verändert hat. Im vergangenen Monat wurde folgendes Einkaufsverhalten (Kundenanzahl) beobachtet.

von \ nach	Sahnejoghurt	Erdbeerjoghurt	Himbeerjoghurt
Sahnejoghurt	1 500	1 800	1 200
Erdbeerjoghurt	900	1 400	1 700
Himbeerjoghurt	600	500	400

Der Geschäftsführer der Molkerei schlägt vor, zukünftig keinen Sahnejoghurt mehr zu produzieren, da der Anteil der verkauften Sahnejoghurts langfristig nicht mehr als 20 % erreichen wird.

Überzeugen Sie den Geschäftsführer vom Gegenteil, wenn die Beobachtungen des letzten Monats auf die Zukunft übertragen werden sollen.

Handlungssituation 6[1)]

In einer niedersächsischen Kleinstadt mit 70 000 Einwohnern sollen die Baugebiete, die in 10 Perioden benötigt werden, ausgewiesen werden. Dazu benötigt der Stadtrat Erkenntnisse über die Bevölkerungswanderung und über die Wünsche in Bezug auf die Wohngebiete. Die Stadt hat die Möglichkeit in der Nähe der Innenstadt (Innenstadtnähe W1), in einem angrenzenden Waldgebiet (Naturwohngebiet W2) und auf ehemaligen Feldern am Rand der Stadt (Neubaugebiet W3) Baugebiete auszuschreiben. Ähnliche Wohngebiete existieren jetzt schon. Zurzeit lebt 10 % der Bevölkerung in Innenstadtnähe, 35 % in Naturwohngebieten und 55 % der Bevölkerung in Neubaugebieten. Man geht davon aus, dass sich das Wechselverhalten in den betrachteten Perioden nicht ändert.

---

1) in Anlehnung an: Niedersächsisches Kultusministerium (Hrsg.): Zentralabitur 2014, Berufliches Gymnasium Wirtschaft/Gesundheit und Soziales, Rechnertyp GTR, eA, Aufgabe 3B

b) Durch weitere Marketingstrategien erzielen die Unternehmen Denkel und Brogta eine deutlich höhere Kundenbindung, sodass sich das Übergangsverhalten jetzt folgendermaßen darstellt:

von \ nach	Denkel	Brogta	andere Hersteller
Denkel	0,9	0	0,1
Brogta	0	0,8	0,2
andere Hersteller	0	0,5	0,5

Mehrere Monate nach Beginn der Marketingstrategien haben sich im Januar die Marktanteile $\vec{v}_{neu}^{T} = (0{,}3051 \quad 0{,}4068 \quad 0{,}2881)$ ergeben.

Ermitteln Sie die Marktanteile im Vormonat Dezember.

Untersuchen Sie die zukünftige langfristige Verteilung der Marktanteile.

Beurteilen Sie die langfristige Entwicklung der Marktanteile unter Berücksichtigung der neuen Käuferwanderungen.

Handlungssituation 9[1)]

Für die zukünftige Marktpositionierung ihrer Automodelle hat ein großes Automobilunternehmen eine Untersuchung über Käuferwanderungen zwischen den verschiedenen Automodellen erstellen lassen. Das Kaufverhalten für die Modelle auf dem deutschen und dem europäischen Markt sah zu Beginn der Untersuchung wie folgt aus:

	Käufer Benzinfahrzeug	Käufer Dieselfahrzeug	Käufer Erdgasfahrzeug
Deutschland	0,45	0,35	0,20
Europa	0,50	0,35	0,15

Deutschland

von \ nach	Käufer Benzinfahrzeug	Käufer Dieselfahrzeug	Käufer Erdgasfahrzeug
Käufer Benzinfahrzeug	0,48	a	0,04
Käufer Dieselfahrzeug	0,22	0,48	b
Käufer Erdgasfahrzeug	0,05	0,45	c

1) in Anlehnung an: Niedersächsisches Kultusministerium (Hrsg.): Zentralabitur 2010, Berufliches Gymnasium Wirtschaft/Gesundheit und Soziales, Rechnertyp GTR, eA, Block 2A, Aufgabe 2

Europa

von \ nach	**Käufer Benzinfahrzeug**	**Käufer Dieselfahrzeug**	**Käufer Erdgasfahrzeug**
Käufer Benzinfahrzeug	0,55	0,40	0,05
Käufer Dieselfahrzeug	0,40	0,55	0,05
Käufer Erdgasfahrzeug	0,07	0,33	0,60

a) Ermitteln Sie in der Tabelle für Deutschland die Koeffizienten a, b und c mit $a, b, c \in [0; 1]$.

Interpretieren Sie die Bedeutung der Zeileneintragungen in der Tabelle für Deutschland allgemein und anhand eines Beispiels.

Berechnen Sie, wie die Käuferwanderung in Deutschland nach drei Jahren aussieht, und erstellen Sie das zugehörige Übergangsdiagramm.

Vergleichen Sie die Zusammensetzung der Konsumentenverteilung nach 20 Jahren zwischen den Konsumenten auf dem europäischen und dem deutschen Markt.

b) Ermitteln Sie die Werte des stabilen Kaufverhaltens der deutschen Konsumenten unter der Voraussetzung, dass die Übergangsverteilung konstant bleibt und interpretieren Sie Ihre Ergebnisse.

3 Lernbereich: Daten und Zufall

Viele Dinge im täglichen Leben sind eindeutig zu bestimmen und eindeutig vorherzusehen. Zahlreiche andere Dinge im Leben sind weder eindeutig zu bestimmen noch eindeutig vorhersehbar. Sie sind vom Zufall abhängig.

Die Wahrscheinlichkeitsrechnung modelliert reale Fragestellungen mathematisch und hat die Aufgabe „vorherzusagen“, wie wahrscheinlich ein vom Zufall abhängiger Ausgang eintritt. Beispiele für solche Fragestellung sind die Wahrscheinlichkeit,

- beim Samstagslotto den Lottojackpot zu knacken,
- bei einem Wurf mit zwei Würfeln zweimal die gleiche Augenzahl zu erhalten,
- bei einer Stichprobe ein defektes Bauteil auszuwählen,
- eine vierstellige PIN beim erstem Mal richtig zu erraten,
- in einem Eierkarton höchstens 5 zerbrochene Eier zu finden.

3.1 Zufall und Wahrscheinlichkeit

3.1.1 Grundbegriffe der Wahrscheinlichkeitsrechnung

Vorhandene Daten, können mithilfe der Wahrscheinlichkeitsrechnung ausgewertet werden. Zufällige Ereignisse lassen sich so mathematisch beschreiben.

In einem Industriebetrieb werden Reißzwecken in den Farben blau, gelb und rot hergestellt. Im Rahmen der Qualitätssicherung entnimmt ein Mitarbeiter der laufenden Produktion eine Reißzwecke. Da die Farbe der Reißzwecke nicht vorausgesagt werden kann und die Entnahme – zumindest theoretisch – unendlich oft wiederholt werden könnte, bezeichnet man ein solches Experiment als **Zufallsexperiment**[1].

Die möglichen Ausgänge des Zufallsexperiments, in diesem Fall blau (b), gelb (g) und rot (r), heißen **Ergebnisse** $\boldsymbol{e_i}$. Die Menge aller möglichen Ergebnisse wird als **Ergebnismenge**[2] S bezeichnet. Man schreibt $S = \{b; g; r\}$.

$S = \{e_1; e_2; \ldots; e_n\}$
Ergebnismenge *S* mit *n* möglichen Ergebnissen *e*

Entnimmt der Mitarbeiter mit einem Griff zwei Reißzwecken, so umfasst die Ergebnismenge deutlich mehr Ergebnisse.

Beachtet man bei zwei Reißzwecken und drei Farben die Reihenfolge, so gibt es neun mögliche **Variationen**.

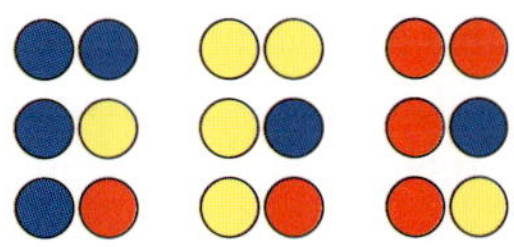

Im betrachteten Fall ist die Reihenfolge egal, da die Reißzwecken „mit einem Griff“ gezogen werden, daher gibt es nur sechs **Kombinationen**.

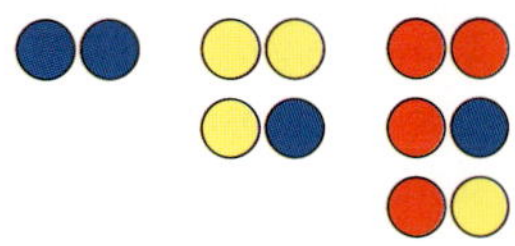

Die Ergebnismenge der Kombinationen lautet daher $S_K = \{bb; gg; gb; rr; rb; rg\}$. Teilmengen aus der Ergebnismenge nennt man **Ereignis *E***. Ein mögliches Ereignis wäre z. B. „zwei gleichfarbige Reißzwecken“. Das Ereignis $E_1 = \{bb; gg; rr\}$ hätte dann drei Ergebnisse. Enthält ein Ereignis nur ein Ergebnis, z. B. das Ereignis „zwei gelbe Reißzwecken“, also $E_2 = \{gg\}$, so nennt man es **Elementarereignis**. Ein Ereignis, welches das genaue Gegenteil zu einem Ereignis E darstellt, z. B. „keine zwei gelben Reißzwecken“ nennt man **Gegenereignis** $\overline{E}$ (gelesen: nicht E).

Situation 1

In einem Süßwarenbetrieb werden Dreiecke (D), Kreise (K), Rechtecke (R) und Quadrate (Q) aus Fruchtgummi produziert, gemischt und in Tüten verpackt. Kurz vor dem Verpacken entnimmt ein Mitarbeiter der Qualitätssicherung der laufenden Produktion mit einem Griff zwei Fruchtgummifiguren.

---

1) auch Zufallsversuch

2) auch Ergebnisraum, häufig wird die Ergebnismenge auch mit Ω (Omega) benannt

a) Erläutern Sie anhand dieser Qualitätskontrolle die Fachbegriffe:
- Zufallsexperiment
- Ergebnis
- Ergebnismenge
- Ereignis
- Elementarereignis
- Variation
- Kombination

b) Geben Sie die zu den Ereignissen gehörigen Mengen an:
- E_1: „genau ein Quadrat“
- E_2: „nur Polyeder“
- E_3: „mindestens ein Kreis“

Lösung

a) Das Ziehen von zwei Fruchtgummifiguren lässt sich theoretisch unendlich oft wiederholen. Weil die Figuren schon gemischt sind, lässt sich der Ausgang der Ziehung nicht vorhersagen, daher handelt es sich um ein **Zufallsexperiment**. Bei zwei Figuren in vier Formen gibt es 16 mögliche **Variationen**. Da der Mitarbeiter die Figuren „mit einem Griff“ zieht, gibt es nur 10 **Kombinationen**. Diese Kombinationen sind die möglichen Ausgänge des Zufallsexperiments und heißen **Ergebnisse**. Die Menge aller Ergebnisse heißt **Ergebnismenge** S = {DD; DK; DR; DQ; KK; KR; KQ; RR; RQ; QQ}. Eine Teilmenge, z. B. „nur Vierecke“, heißt **Ereignis** E_V = {RR; RQ; QQ}. Hat das Ereignis nur ein Ergebnis, z. B. „nur Kreise“ E_K = {KK}, so heißt es **Elementarereignis**.

b) E_1 = {DQ; KQ; RQ} E_2 = {DD; DR; DQ; RR; RQ; QQ} E_3 = {DK; KK; KR; KQ}

In der Einführungsphase wurden im Lernbereich beschreibende Statistik die Begriffe relative und absolute Häufigkeit im Zusammenhang mit Merkmalsausprägungen x_i eingeführt. Auch in der Wahrscheinlichkeitsrechnung gibt es den Begriff Häufigkeit. Dieser wird im Zusammenhang mit Ergebnissen e_i verwendet.

Wird ein Zufallsergebnis n-mal durchgeführt, so wird die Anzahl des Auftretens eines Ergebnisses e_i als absolute Häufigkeit n_i bezeichnet. Die Anzahl des Auftretens des Ergebnisses e_i (absolute Häufigkeit n_i) im Verhältnis zu der Anzahl aller Ausgänge des Zufallsexperiments (n) ist die **relative Häufigkeit** $h(e_i)$.

$$h(e_i) = \frac{n_i}{n}$$

relative Häufigkeit $h(e_i)$ des Ergebnisses e_i bei n-maliger Wiederholung des Zufallsexperiments

Situation 2

Ein Industriebetrieb stellt Spielwürfel für Casinos her. Im Gegensatz zu normalen Spielwürfeln haben Casinowürfel keine abgerundeten Ecken und müssen sehr genau gefertigt werden. Ziel des Produktionsprozesses ist es, dass jede der sechs Seiten bei sehr häufigem Würfeln mit der gleichen Häufigkeit oben liegt.

Im Rahmen der Qualitätssicherung wird mit einem Würfel von einer neuen Maschine zunächst 10-mal, dann 100-mal, dann 1 000-mal gewürfelt und die Ergebnisse in Tabellen festgehalten.

10-mal ($n = 10$)

e_i	n_i
⚀	2
⚁	1
⚂	1
⚃	2
⚄	2
⚅	2

100-mal ($n = 100$)

e_i	n_i
⚀	17
⚁	12
⚂	16
⚃	18
⚄	20
⚅	17

1 000-mal ($n = 1\,000$)

e_i	n_i
⚀	169
⚁	166
⚂	168
⚃	164
⚄	169
⚅	164

a) Bestimmen Sie die relativen Häufigkeiten $h(e_i)$ und stellen Sie diese in einer Häufigkeitsverteilung dar.

b) Beschreiben Sie anhand des Würfelexperiments den Begriff Wahrscheinlichkeit.

Lösung

a) 10-mal ($n = 10$)

e_i	n_i	$h(e_i)$
⚀	2	0,2
⚁	1	0,1
⚂	1	0,1
⚃	2	0,2
⚄	2	0,2
⚅	2	0,2

100-mal ($n = 100$)

e_i	n_i	$h(e_i)$
⚀	17	0,17
⚁	12	0,12
⚂	16	0,16
⚃	18	0,18
⚄	20	0,20
⚅	17	0,17

1 000-mal ($n = 1\,000$)

e_i	n_i	$h(e_i)$
⚀	169	0,169
⚁	166	0,166
⚂	168	0,168
⚃	164	0,164
⚄	169	0,169
⚅	164	0,164

Lässt sich jedem Ergebnis e_i der Ergebnismenge S der Form $S = \{e_1; e_2; e_3; ...; e_n\}$ genau eine absolute Häufigkeit n_i oder genau eine relative Häufigkeit $h(e_i)$ zuordnen, so heißt diese Funktion Häufigkeitsverteilung.

b) Man erwartet, dass jede Würfelseite gleich oft – nämlich jeweils in einem Sechstel aller Fälle – oben liegt. In Aufgabenteil a) erkennt man, dass sich die Werte immer stärker $\frac{1}{6} = 0{,}1\overline{6} = 16{,}\overline{6}\,\%$ annähern.

Wird ein Zufallsexperiment sehr oft wiederholt, so nähert sich die relative Häufigkeit $h(e_i)$ des Ergebnisses e_i einem bestimmten Wert an. Ist die Anzahl der Wiederholungen theoretisch unendlich groß, so wird diese Näherung als Wahrscheinlichkeit $P(e_i)$ angenommen (Empirisches Gesetz der großen Zahlen). Der Buchstabe P steht für probability, dem englischen Begriff für Wahrscheinlichkeit.

Sowohl die relativen Häufigkeiten, als auch die Wahrscheinlichkeiten liegen immer zwischen 0 und 1, also zwischen 0 % und 100 %.

Relative Häufigkeit	**Wahrscheinlichkeit**
$0 \le h(e_i) \le 1$ oder $0\,\% \le h(e_i) \le 100\,\%$ Ist die relative Häufigkeit 0, so ist das Ergebnis während des Zufallsversuches nicht aufgetreten. Ist sie 1, so trat nur dieses Ergebnis auf.	$0 \le P(e_i) \le 1$ oder $0\,\% \le P(e_i) \le 100\,\%$ Ist die Wahrscheinlichkeit 0, so wird dieses Ergebnis nie auftreten (**unmögliches Ergebnis**). Ist die Wahrscheinlichkeit 1, so wird dieses Ergebnis immer auftreten (**sicheres Ergebnis**).
Beispiele Ein Würfel wird dreimal geworfen. Es kommen folgende Ergebnisse:  Die relative Häufigkeit $h(e_i)$ ist in allen drei Fällen gleich und beträgt $\frac{1}{3}$. Ein Würfel wird dreimal geworfen. Es erscheint: 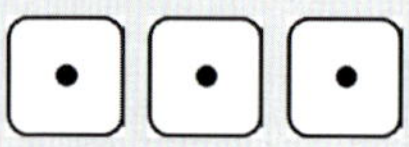. Die relative Häufigkeit für eine Eins ist 100 %, also $h(\text{Eins}) = 1$.	**Beispiele** Ein Würfel wird einmal geworfen. Es kann nur eins der Ergebnisse kommen:  Die Wahrscheinlichkeit $P(e_i)$ ist in allen sechs Fällen gleich und beträgt $\frac{1}{6}$. Eine andere Zahl zu werfen ist unmöglich. Die Wahrscheinlichkeit dafür ist 0 %, also $P(\text{keine 1 bis 6}) = 0$. Ein weißer Würfel wird einmal geworfen. Dass die nach oben zeigende Seite weiß ist, ist sicher. Die Wahrscheinlichkeit dafür beträgt 100 %, also $P(\text{weiß}) = 1$.

Lässt sich jedem Ergebnis e_i der Ergebnismenge S der Form $S = \{e_1; e_2; e_3; \ldots; e_n\}$ genau eine Wahrscheinlichkeit $P(e_i)$ zuordnen, so heißt diese Funktion **Wahrscheinlichkeitsverteilung**, wenn die folgenden zwei Bedingungen erfüllt sind:

1. $0 \le P(e_i) \le 1$
2. $P(e_1) + P(e_2) + P(e_3) + \ldots + P(e_n) = 1$

Zusammenfassung

- **Zufallsexperiment**: Ein Vorgang, der – zumindest theoretisch – unendlich oft wiederholt werden kann und dessen Ausgang nicht vorhersehbar ist.
- **Ergebnis** e_i: möglicher Ausgang eines Zufallsexperiments.
- **Ergebnismenge** $S = \{e_1; e_2; ...; e_n\}$: Menge aller Ergebnisse eines Zufallsexperiments.
- **Ereignis** E: Teilmenge der Ergebnismenge.
- **Elementarereignis**: Ereignis mit nur einem Ergebnis.
- **Variation**: Auswahl von Objekten mit Beachtung der Reihenfolge.
- **Kombination**: Auswahl von Objekten ohne Beachtung der Reihenfolge.
- **Relative Häufigkeit**: $h(e_i) = \frac{n_i}{n}$.
- Lässt sich jedem Ergebnis der Ergebnismenge S der Form $S = \{e_1; e_2; ...; e_n\}$ genau eine Wahrscheinlichkeit $P(e_i)$ zuordnen, so heißt diese Funktion **Wahrscheinlichkeitsverteilung**, wenn die Bedingungen $0 \leq P(e_i) \leq 1$ und $\sum_{i=1}^{n} P(e_i) = 1$ erfüllt sind.

Übungsaufgaben

1 Auf einem Jahrmarkt steht ein Glücksrad mit fünf gleich großen Sektoren, an dem für 3,00 € einmal gedreht werden darf. Ein Sektor trägt die Aufschrift „Hauptgewinn“ ein Sektor die Aufschrift „Trostpreis“. Die anderen Sektoren tragen die Aufschrift „leider verloren“.

Ein Besucher des Jahrmarkts hat sich beim Ordnungsamt darüber beschwert, dass seiner Meinung nach an dem Stand mit dem oben beschriebenen Glücksrad kaum Gewinne ausgegeben werden. Herr G. Nauer vom Ordnungsamt protokolliert einen Tag lang nach jedem Drehen die Position, an der das Glücksrad stoppt. Die Ausgänge des Zufallsexperiments hat er in einer Tabelle festgehalten.

„leider verloren“	„Trostpreis“	„Hauptgewinn“
288	108	98

a) Bestimmen Sie für jede der drei Ausgangsmöglichkeiten die festgestellte relative Häufigkeit.

b) Bestimmen Sie Wahrscheinlichkeiten für die Ausgänge des Zufallsexperiments mit dem Glücksrad und begründen Sie, warum diese von den unter a) bestimmten Werten abweichen.

c) Stellen Sie die zum dem Glücksrad gehörige Wahrscheinlichkeitsverteilung auf.

2 In einem Werk für Computerbauteile werden Prozessoren hergestellt. Zur Qualitätssicherung werden alle Prozessoren vor der Auslieferung auf Funktionstüchtigkeit untersucht. Dabei ist ein Prozessor entweder einwandfrei (E) oder defekt (D). Die Maschine kontrolliert mithilfe zweier Messfühler immer zwei Prozessoren gleichzeitig. Geben Sie die Ergebnismenge an.

3 Ein Auszubildender in einem Handwerksbetrieb hält drei Werkzeuge in einer Hand. Einen Hammer (H), eine Zange (Z) und einen Inbusschlüssel (I). Er gibt die drei Werkzeuge nacheinander seinem Meister.

a) Geben Sie die Ergebnismenge an.

b) Nehmen Sie an, der Meister benötigt beim ersten Mal einen Hammer. Geben Sie das Ereignis E „erst beim letzten Mal ist es das richtige Werkzeug“ an.

4 Auf einem Bauernhof werden Eier in Kartons zu zehn Stück verpackt.

a) Geben Sie für einen Karton die Ergebnismenge an, die die mögliche Anzahl zerbrochener Eier (Z) beschreibt.

b) Geben Sie das Ereignis E_1 „es ist höchstens ein Ei zerbrochen“ an.

c) Geben Sie das Ereignis E_2 „mehr als ein Drittel der Eier sind zerbrochen“ an.

d) Geben Sie das Ereignis E_3 „es sind mehr als ein Viertel aber höchstens die Hälfte der Eier zerbrochen“ an.

5 Im Rahmen einer Umfrage in einem Stadtteil wird festgestellt, dass die dort lebenden Familien (Vater, Mutter und Kind(er)) im Durchschnitt zwei Kinder und maximal sechs Kinder haben.

a) Geben Sie die Anzahl der Kinder in Familien als Ergebnismenge S_1 an.

b) Geben Sie das Ereignis E_1 „die Familie hat überdurchschnittlich viele Kinder“ an.

c) Geben Sie das Ereignis E_2 „die Anzahl der Kinder ist gerade“ an.

6 Ein Unternehmen produziert Handtücher in weiß (w), rot (r) und blau (b) und verpackt diese nebeneinander in Doppelpacks. Enthält ein Doppelpack zwei unterschiedliche aber bunte Handtücher, so beträgt der Verkaufspreis 10,00 €. Zwei gleichfarbige bunte Handtücher werden für 7,50 € angeboten. Enthält ein Doppelpack mindestens ein weißes Handtuch, beträgt der Verkaufspreis nur noch 5,00 €. Die Hälfte aller Doppelpacks enthält mindestens ein weißes Handtuch. Der Anteil der Doppelpacks mit zwei gleichfarbig bunten Handtüchern ist doppelt so hoch wie der mit zwei unterschiedlichen aber bunten Handtüchern.

a) Geben Sie die Ergebnismenge der Doppelpacks in Abhängigkeit der Farbe an.

b) Geben Sie das Ereignis E_1 an, dessen Elemente den niedrigsten Verkaufspreis haben.

c) Geben Sie das Ereignis E_2 an, dessen Elemente einen überdurchschnittlichen Verkaufspreis haben.

3.1.2 Einstufige Zufallsexperimente

Situation 3

Ein Industrieunternehmen produziert Spielautomaten in denen Scheiben mit unterschiedlichen Farben verbaut werden. In dem Modell LA-PLA, welches die CE-Norm erfüllt, werden zwei unterschiedliche Scheiben gemäß der Abbildung verbaut. Im Rahmen der Qualitätskontrolle werden die Automaten getestet.

a) Bestimmen Sie die Wahrscheinlichkeit, dass bei einmaligem Drehen der linken Scheibe „nicht rot“ kommt.

b) Bestimmen Sie die Wahrscheinlichkeit, dass bei einmaligem Drehen an der rechten Scheibe „blau“ kommt.

Lösung

a) Die linke Scheibe hat drei Sektoren in rot (r), gelb (g) und blau (b). Die Ergebnismenge lautet daher $S_L = \{r; g; b\}$.

Gesucht ist die Wahrscheinlichkeit, dass das Ereignis *E* „nicht rot" eintritt.

1. Möglichkeit

„nicht rot" tritt ein, wenn „gelb" oder „blau" eintritt. Die Wahrscheinlichkeit für „gelb" ist 50 %, die Wahrscheinlichkeit für „blau" ist 25 %. Die Wahrscheinlichkeit für „nicht rot" ist daher $P(E) = 50\,\% + 25\,\% = 75\,\%$.

2. Möglichkeit

„nicht rot" ist das Gegenereignis zu „rot". Definiert man das Ereignis „rot" als *E*, so schreibt man für das Gegenereignis „nicht rot" $\overline{E}$ (gelesen: nicht *E*). Für die Gegenwahrscheinlichkeit eines Ereignisses gilt:

$P(\overline{E}) = 1 - P(E)$
Gegenwahrscheinlichkeit

Die Wahrscheinlichkeit für „rot" ist 25 %. Die Wahrscheinlichkeit für das Ereignis „nicht rot" ist daher $P(\overline{E}) = 1 - P(E) = 100\,\% - 25\,\% = 1 - 0{,}25 = 0{,}75 = 75\,\%$.

b) Die rechte Scheibe hat fünf Sektoren, die alle gleich groß sind. Die Wahrscheinlichkeit für jeden Sektor ist daher ebenfalls gleich groß. Zufallsexperimente, bei denen jedes Ergebnis die gleiche Wahrscheinlichkeit hat, heißen **Laplace-Experimente**[1].

Die Wahrscheinlichkeiten für ein Ergebnis *e* oder ein Ereignis *E* lassen sich bei Laplace-Experimenten sehr einfach berechnen.

$P(e) = \frac{1}{\text{Anzahl aller möglichen Ergebnisse}} = \frac{1}{\lvert S \rvert}$
Laplace-Formel zur Berechnung der Wahrscheinlichkeit eines Ergebnisses *e*

$P(E) = \frac{\text{Anzahl der günstigen Ergebnisse}}{\text{Anzahl aller möglichen Ergebnisse}} = \frac{\lvert E \rvert}{\lvert S \rvert}$
Laplace-Formel zur Berechnung der Wahrscheinlichkeit eines Ereignisses *E*

Die Ergebnismenge des rechten Glücksrades lautet $S = \{r_1; r_2; g; b_1; b_2\}$. Sie beinhaltet fünf Ergebnisse. Man schreibt $\lvert S \rvert = 5$.

Das Ereignis „blau" hat zwei günstige Ergebnisse $E = \{b_1; b_2\}$. Man schreibt $\lvert E \rvert = 2$.

Die Wahrscheinlichkeit für das Ereignis *E* „blau" ist somit $P(E) = \frac{\lvert E \rvert}{\lvert S \rvert} = \frac{2}{5} = 0{,}4 = 40\,\%$.

---

[1] nach Pierre Simon Marquis de Laplace, französischer Mathematiker (1749–1827)

Situation 4

Zwei unterschiedliche Würfel werden gleichzeitig geworfen. Wie groß ist die Wahrscheinlichkeit für die Ereignisse?

A: Ein Pasch wird gewürfelt.
B: Die Augensumme ist neun.
C: Das Produkt der Augen ist eine Primzahl.

Lösung

Es gibt insgesamt 36 unterschiedliche Ergebnisse:

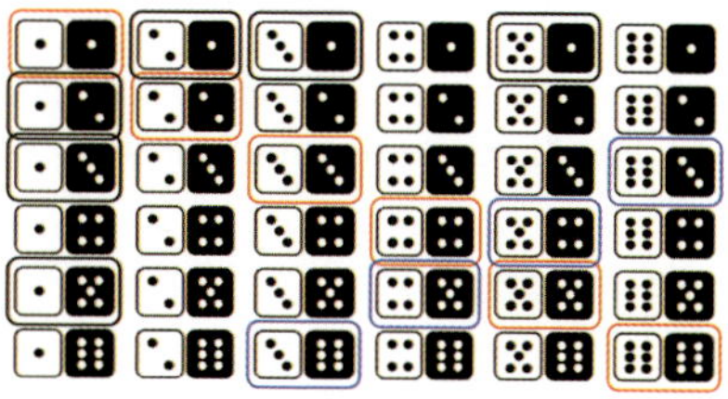

Für das Ereignis A gibt es **sechs**, für das Ereignis B **vier** und für das Ereignis C **sechs** günstige Möglichkeiten. Daraus folgt:

$P(A) = \frac{6}{36} = 16{,}\overline{6}\,\%$

$P(B) = \frac{4}{36} = 11{,}\overline{1}\,\%$

$P(C) = \frac{6}{36} = 16{,}\overline{6}\,\%$

Situation 5

Das Unternehmen Brezel Böning aus Bremen stellt neben einfachen großen Brezeln auch Knabbergebäck her. Besonders beliebt ist dabei die Mischung „Sweet and Salty", die zu gleichen Teilen aus kleinen Zuckerbrezeln (Z) und kleinen Salzbrezeln (S) besteht. Ein Arbeiter am Fließband entnimmt der laufenden Produktion mit einem Griff drei Brezeln und legt diese zur optischen Kontrolle nebeneinander vor sich ab.

Brezel Böning Bremen

Wie groß ist die Wahrscheinlichkeit, dass

A: dreimal die gleiche Sorte nebeneinander liegt,
B: genau zwei Salzbrezeln dabei sind,
C: in der Stichprobe beide Sorten vorhanden sind?

Lösung

Insgesamt enthält die Ergebnismenge acht verschiedene Ergebnisse. Die Ergebnismenge lautet: S = {SSS; SSZ; SZS; SZZ; ZZZ; ZZS; ZSZ; ZSS}. Die Wahrscheinlichkeit für jedes der acht Ergebnisse beträgt $\frac{1}{8}$.

Für das Ereignis A gibt es zwei, für das Ereignis B drei Möglichkeiten. Für C gibt es sechs Möglichkeiten.

$P(A) = P(\text{SSS}) + P(\text{ZZZ}) = \frac{1}{8} + \frac{1}{8} = \frac{2}{8} = 0{,}25 = 25\,\%$

Es gibt **zwei** günstige und **acht** mögliche Ergebnisse.

$P(B) = P(\text{SSZ}) + P(\text{SZS}) + P(\text{ZSS}) = \frac{1}{8} + \frac{1}{8} + \frac{1}{8} = \frac{3}{8} = 0{,}375 = 37{,}5\,\%$

Es gibt **drei** günstige und **acht** mögliche Ergebnisse.

$P(C) = P(\text{SSZ}) + P(\text{SZS}) + P(\text{ZSS}) + P(\text{ZZS}) + P(\text{ZSZ}) + P(\text{SZZ}) = \frac{1}{8} + \frac{1}{8} + \frac{1}{8} + \frac{1}{8} + \frac{1}{8} + \frac{1}{8} = \frac{6}{8} = 0{,}75 = 75\,\%$

Es gibt **sechs** günstige und **acht** mögliche Ergebnisse.

Da das Ereignis C das Gegenereignis von A darstellt, lässt sich die Wahrscheinlichkeit auch durch $P(C) = P(\overline{A}) = 1 - P(A) = 1 - \frac{2}{8} = \frac{6}{8} = 0{,}75 = 75\,\%$ bestimmen.

Zusammenfassung

- Gegenwahrscheinlichkeit: $P(\overline{E}) = 1 - P(E)$
- Wahrscheinlichkeit eines Laplace-Ergebnisses e: $P(e) = \frac{1}{|S|}$
- Wahrscheinlichkeit eines Laplace-Ereignisses E: $P(E) = \frac{|E|}{|S|}$

Übungsaufgaben

1 Im Rahmen einer Werbeaktion veranstaltet ein Einzelhändler ein Gewinnspiel mit drei Glücksrädern.

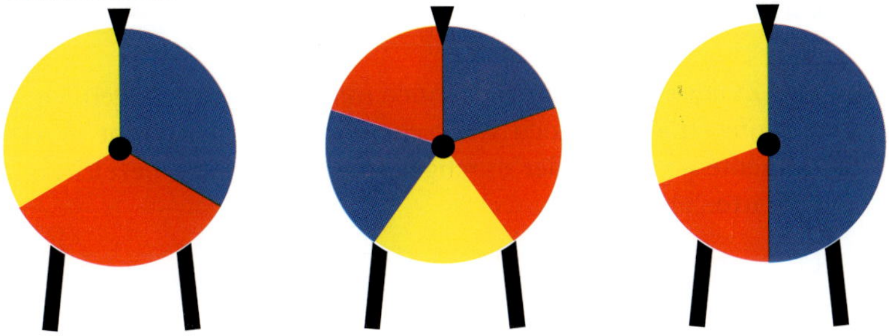

a) Begründen Sie, bei welchem Glücksrad es sich um ein Laplace-Glücksrad handelt.

b) Wie groß ist die Wahrscheinlichkeit, dass beim linken Glücksrad „nicht blau" kommt?

c) Wie groß ist beim mittleren Glücksrad die Wahrscheinlichkeit, dass „blau" kommt?

d) An welchem Glücksrad sollten Sie spielen, wenn Sie nur bei „rot" gewinnen?

2 In einer Großbäckerei werden täglich 5 000 Brötchen produziert, von denen 850 mit Sesamkörnern (S), 750 mit Mohn (M) und 1 400 mit Kürbiskernen (K) bestreut werden. Die restlichen Brötchen sind „normale" Brötchen (N). Wie groß ist die Wahrscheinlichkeit, dass ein zufällig ausgewähltes Brötchen

a) kein Sesambrötchen ist?

b) kein „normales" Brötchen ist?

c) mit Kürbiskernen oder Sesamkörnern bestreut ist?

3 In einem Industriebetrieb werden Spielsteine für Dame in schwarz (s) und weiß (w) in gleicher Menge produziert. Ein Mitarbeiter entnimmt der laufenden Produktion zwei Spielsteine und legt diese nebeneinander auf den Tisch. Berechnen Sie die Wahrscheinlichkeit für die Entnahme zwei gleichfarbiger Spielsteine.

4 An einer Befragung im Rahmen der Marktforschung nehmen 25 männliche (m) und 25 weibliche (w) Personen teil. Die Testleitung stellt den Teilnehmern zufällig drei Fragen, wobei es möglich ist, dass alle drei Fragen der gleichen Person gestellt werden.

a) Geben Sie die Ergebnismenge an.

b) Wie groß ist die Wahrscheinlichkeit, dass die erste Frage einer weiblichen Person gestellt wird?

c) Wie groß ist die Wahrscheinlichkeit, dass genau zwei der drei Fragen männlichen Personen gestellt werden?

5 Bei einem Möbelproduzenten besteht der Metallsatz für einen Regalbausatz aus jeweils einem Tütchen mit Schrauben, einem mit Muttern und einem mit Nägeln. Ein Tütchen mit Schrauben wiegt 80 g, mit Muttern 70 g und mit Nägeln 60 g. Da die Mitarbeiter hin und wieder versehentlich nach einem falschen Tütchen greifen, wird jeder Metallsatz vor dem Verpacken automatisch durch eine Waage kontrolliert. Hat er nicht exakt das erforderliche Gewicht von 210 g, wird er aussortiert.

Bestimmen Sie die Wahrscheinlichkeit dafür, dass ein Metallsatz nicht aussortiert wird und trotzdem nicht alle drei für den Zusammenbau erforderlichen Tütchen enthält.

3.1.3 Mehrstufige Zufallsexperimente

Sämtliche bisher untersuchten Zufallsexperimente bestanden nur aus einem einzigen Zug, einem Wurf oder einem Versuch. Häufig müssen jedoch Wahrscheinlichkeiten bestimmt werden, bei denen mehrere Zufallsexperimente nacheinander durchgeführt werden. Man bezeichnet sie als **mehrstufige Zufallsexperimente**.

Beispiel

Das wahrscheinlich geläufigste mehrstufige Zufallsexperiment ist das Lottospiel „6 aus 49". Ziel eines jeden Lottospielers sind „6 Richtige". Dabei werden nacheinander sechs Kugeln aus dem Ziehungsgerät entnommen. Bei jeder der sechs Ziehungen hängt es vom Zufall ab, welche Zahl gezogen wird. Zum ersten Zug befinden sich 49 Kugeln in der Urne. Die Wahrscheinlichkeit, dass die erste gezogene Kugel eine der sechs vorher getippten ist, beträgt $\frac{6}{49}$. Nun sind nur noch 48 Kugeln in der Urne. Die nächste gezogene muss eine der noch offenen fünf getippten Zahlen sein. Die Wahrscheinlichkeit beim zweiten Zug beträgt somit $\frac{5}{48}$. Für die nachfolgenden vier Ziehungen gilt dies dementsprechend.

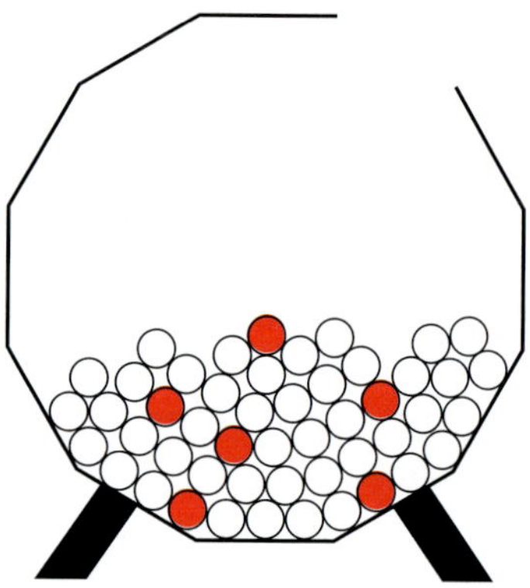

Die Wahrscheinlichkeit, dass alle vorher getippten 6 Zahlen erscheinen, ist also $\frac{6}{49} \cdot \frac{5}{48} \cdot \frac{4}{47} \cdot \frac{3}{46} \cdot \frac{2}{45} \cdot \frac{1}{44} \approx 0{,}000007\,\%$. Um den Jackpot zu gewinnen, muss noch die Superzahl (null bis neun) stimmen. Die Chance Lottomillionär zu werden, ist also noch einmal um das Zehnfache geringer. Sie ist ungefähr 1 : 140 000 000.

Um bei größeren mehrstufigen Zufallsversuchen nicht den Überblick zu verlieren und die Wahrscheinlichkeit eines **Ergebnisses** oder **Ereignisses** möglichst einfach bestimmen zu können, kann die Ergebnismenge mit einem **Baumdiagramm**[1] dargestellt werden.

Baumdiagramme dienen der anschaulichen Darstellung mehrstufiger Zufallsexperimente.

---

[1] häufig auch Ergebnisbaum genannt

Beispiele

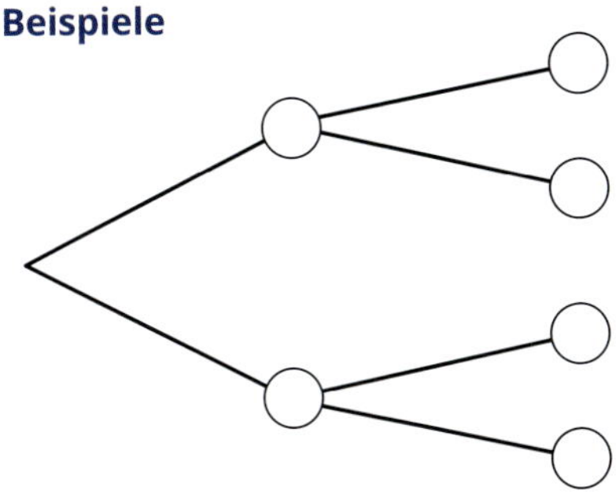

horizontales 2-stufiges Baumdiagramm
(4 mögliche Ergebnisse)

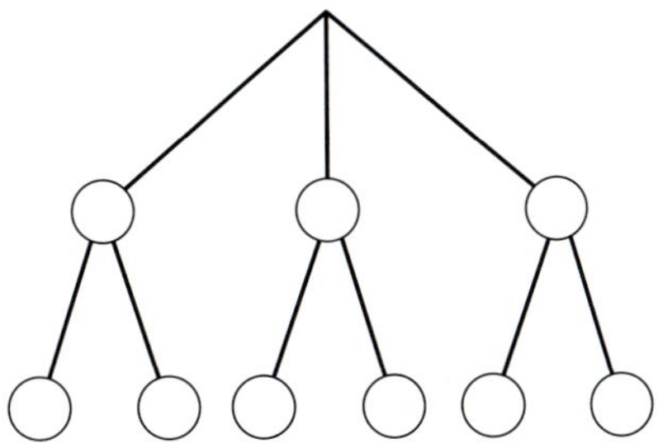

vertikales 2-stufiges Baumdiagramm
(6 mögliche Ergebnisse)

Jeder Pfad, das ist ein Weg über Äste des Baumdiagramms, stellt ein Ergebnis des Zufallsexperiments dar. Die Wahrscheinlichkeiten jedes Ergebnisses lassen sich mit den **Pfadregeln** einfach berechnen.

Pfadmultiplikationsregel (1. Pfadregel)

Liegen die **Einzelwahrscheinlichkeiten** eines Elementarereignisses E **auf einem Pfad**, so lässt sich die Wahrscheinlichkeit des Ereignisses E durch **Multiplikation** der Einzelwahrscheinlichkeiten berechnen.

Pfadadditionsregel (2. Pfadregel)

Liegen die **Einzelwahrscheinlichkeiten** eines Ereignisses E **auf mehreren Pfaden**, so lässt sich die Wahrscheinlichkeit des Ereignisses E durch **Addition** der Wahrscheinlichkeiten der zugehörigen Pfade berechnen.

Situation 6

Bei einer Aktiengesellschaft sollen Aufsichtsratsvorsitz und Stellvertretung neu besetzt werden. Es wird **nacheinander** gewählt, weil nicht eine Person beide Ämter innehaben darf. Vier Kandidaten stehen zur Wahl: Herr Albers, Herr Behrens, Frau Cersten und Frau Dellinger. Wie groß ist die Wahrscheinlichkeit, dass

A: beide Positionen von Männern besetzt werden,
B: beide Positionen von Frauen besetzt werden oder
C: unter den gewählten Personen beide Geschlechter vertreten sein werden?

Lösung

Bei der Situation handelt es sich um ein **mehrstufiges Zufallsexperiment**, weil beide Wahlgänge **nacheinander** ausgeführt werden. Da vier Kandidaten zur Wahl stehen, gibt es beim ersten Wahlgang vier mögliche Ausgänge. Es wird jedoch lediglich zwischen männlich (M) und weiblich (W) unterschieden. Daher gibt es sowohl im ersten als auch im zweiten Wahlgang jeweils zwei Möglichkeiten, also insgesamt $2 \cdot 2 = 4$, diese sind MM, MW, WW und WM. Die Ergebnismenge S lautet demnach $S = \{MM; MW; WW; WM\}$.

Zur Berechnung der jeweiligen Wahrscheinlichkeit wird der Wahlablauf mithilfe eines Baumdiagramms dargestellt.

A:

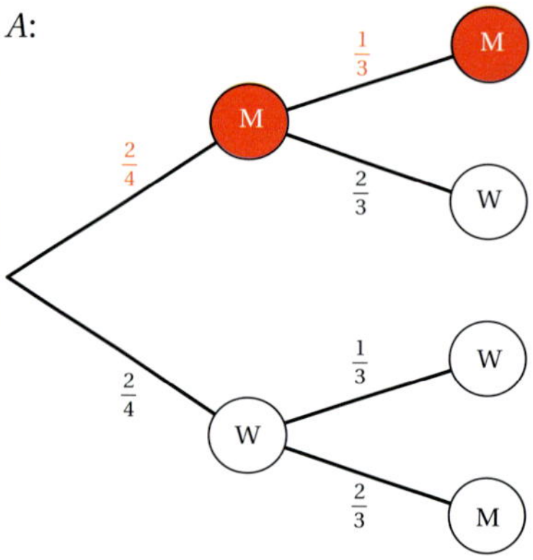

Für den Vorsitz gibt es 4 Kandidaten, von denen 2 männlich sind. Die Wahrscheinlichkeit für einen Mann beträgt daher $\frac{2}{4}$. Für die Stellvertretung gibt es nur noch 3 Kandidaten, von denen nur noch 1 männlich ist. Die Wahrscheinlichkeit für einen Mann beträgt daher $\frac{1}{3}$. Die Chance, dass beide Positionen von Männern besetzt werden, beträgt dann:

$P(A) = P(\text{MM}) = \frac{2}{4} \cdot \frac{1}{3} = \frac{2}{12} = \frac{1}{6} = 0{,}1\overline{6} = 16{,}\overline{6}\,\%$.

Die Einzelwahrscheinlichkeiten werden multipliziert, weil sie auf einem Pfad liegen.

B:

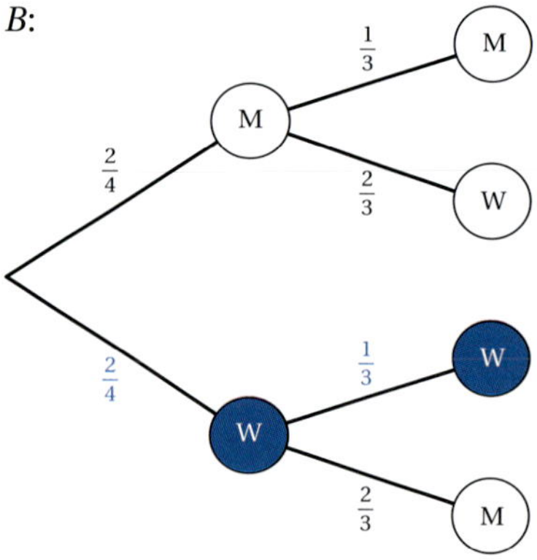

Für den Vorsitz gibt es 4 Kandidaten, von denen 2 weiblich sind. Die Wahrscheinlichkeit für eine Frau beträgt daher $\frac{2}{4}$. Für den Posten der Stellvertretung gibt es nur noch 3 Kandidaten, von denen nur noch 1 weiblich ist. Die Wahrscheinlichkeit für eine Frau beträgt daher $\frac{1}{3}$. Die Chance, dass sowohl Vorsitz als auch Stellvertretung von Frauen besetzt werden, beträgt dann:

$P(B) = P(\text{WW}) = \frac{2}{4} \cdot \frac{1}{3} = \frac{2}{12} = \frac{1}{6} = 0{,}1\overline{6} = 16{,}\overline{6}\,\%$.

Die Einzelwahrscheinlichkeiten werden multipliziert, weil sie auf einem Pfad liegen.

Im dritten Fall geht es nur darum, dass beide Geschlechter vorhanden sind. Welche der beiden Personen Vorsitzende oder Stellvertreter wird, spielt keine Rolle. In diesem Fall treffen zwei der vier Ergebnisse zu, entweder MW oder WM. Beide Wahrscheinlichkeiten lassen sich wie in den beiden vorherigen Fällen berechnen.

C:

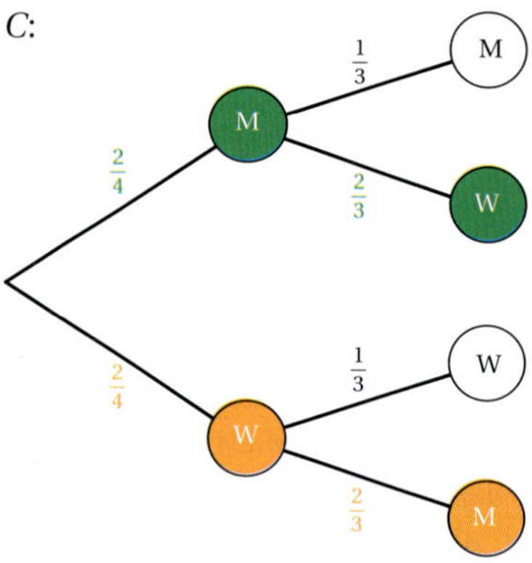

Die Chance auf einen vorsitzenden Mann beträgt $\frac{2}{4}$ und eine stellvertretende Frau tritt dann in $\frac{2}{3}$ der Fälle auf. Die Wahrscheinlichkeit beträgt also $P(\text{MW}) = \frac{2}{4} \cdot \frac{2}{3} = \frac{4}{12} = \frac{1}{3}$.

Für den umgekehrten Fall gilt dies analog:
$P(\text{WM}) = \frac{2}{4} \cdot \frac{2}{3} = \frac{4}{12} = \frac{1}{3}$.

Da beide Ergebnisse möglich sind, ist die Wahrscheinlichkeit für das Ereignis C: $P(C) = \frac{1}{3} + \frac{1}{3} = \frac{2}{3} = 0{,}\overline{6} = 66{,}\overline{6}\,\%$.

Die Einzelwahrscheinlichkeiten für die Ergebnisse MW und WM müssen **multipliziert** werden, da sie jeweils **auf einem Pfad liegen**. Die Wahrscheinlichkeiten für das Ereignis C müssen **addiert** werden, da die Ergebnisse MW und WM auf **unterschiedlichen Pfaden** liegen.

Situation 7

Bei einer Aktiengesellschaft sollen Aufsichtsratsvorsitz und Stellvertretung neu besetzt werden. Es wird nacheinander gewählt, weil nicht eine Person beide Ämter innehaben darf. Vier Kandidaten stehen zur Wahl: Herr Albers, Herr Behrens, Frau Cersten und Frau Dellinger. Wie groß ist die Wahrscheinlichkeit, dass

A: Herr Albers Vorsitzender und Herr Behrens Stellvertreter wird,
B: beide Positionen von Frauen besetzt werden,
C: unter den beiden gewählten Personen beide Geschlechter vertreten sein werden?

Lösung

Bei der Situation handelt es sich um einen **mehrstufigen Zufallsversuch**, weil die zwei Wahlgänge **nacheinander** stattfinden. Da vier Kandidaten zur Wahl stehen und diese jeweils nur einen Posten besetzen können, gibt es beim ersten Wahlgang 4 und im zweiten Wahlgang nur noch 3 mögliche Ausgänge. Also gibt es insgesamt $4 \cdot 3 = 12$ Möglichkeiten.

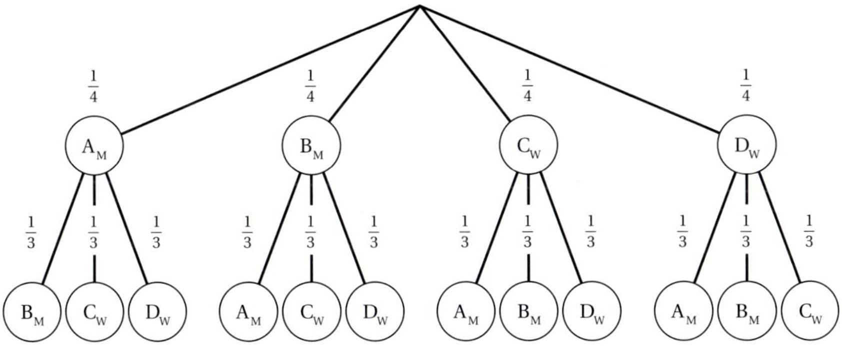

A:

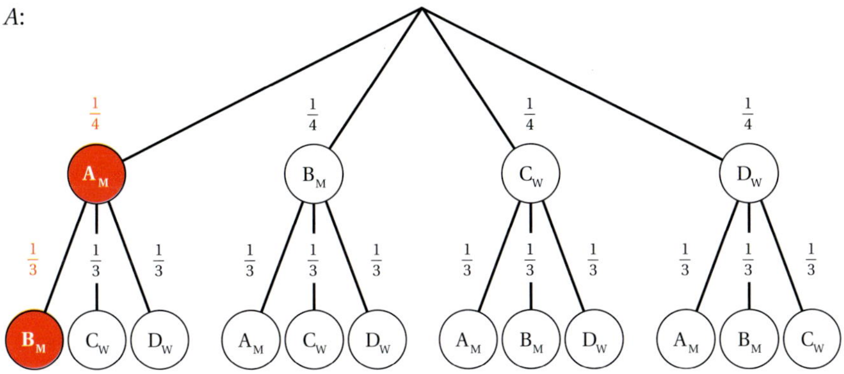

$P(A_M B_M) = \frac{1}{4} \cdot \frac{1}{3} = \frac{1}{12} = 0{,}08\overline{3} = 8{,}\overline{3}\,\%$

Die Wahrscheinlichkeit, dass Herr Albers Vorsitzender und Herr Behrens Stellvertreter werden, beträgt $8{,}\overline{3}\,\%$.

B:

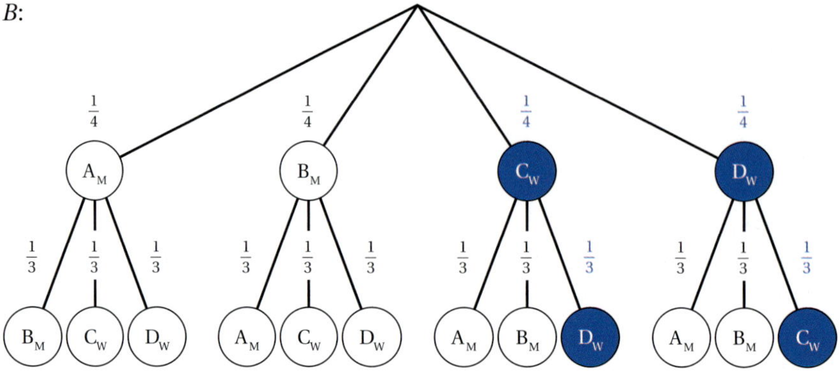

$P(C_W D_W) = \frac{1}{4} \cdot \frac{1}{3} = \frac{1}{12}$

$P(D_W C_W) = \frac{1}{4} \cdot \frac{1}{3} = \frac{1}{12}$

$P(B) = \frac{1}{12} + \frac{1}{12} = \frac{2}{12} = \frac{1}{6} = 0{,}1\overline{6} = 16{,}\overline{6}\,\%$

Die Wahrscheinlichkeit, dass beide Positionen von Frauen besetzt sind, beträgt $16{,}\overline{6}\,\%$.

C:

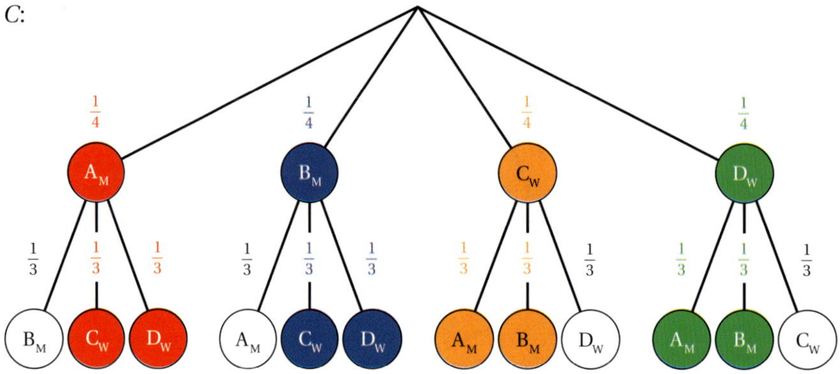

$P(A_M C_W) = \frac{1}{4} \cdot \frac{1}{3} = \frac{1}{12}$

$P(A_M D_W) = \frac{1}{4} \cdot \frac{1}{3} = \frac{1}{12}$

$P(B_M C_W) = \frac{1}{4} \cdot \frac{1}{3} = \frac{1}{12}$

$P(B_M D_W) = \frac{1}{4} \cdot \frac{1}{3} = \frac{1}{12}$

$P(C_W A_M) = \frac{1}{4} \cdot \frac{1}{3} = \frac{1}{12}$

$P(C_W B_M) = \frac{1}{4} \cdot \frac{1}{3} = \frac{1}{12}$

$P(D_W A_M) = \frac{1}{4} \cdot \frac{1}{3} = \frac{1}{12}$

$P(D_W B_M) = \frac{1}{4} \cdot \frac{1}{3} = \frac{1}{12}$

$P(C) = 8 \cdot \frac{1}{12} = \frac{8}{12} = \frac{2}{3} = 0{,}\overline{6} = 66{,}\overline{6}\,\%$

Die Wahrscheinlichkeit, dass beide Geschlechter vertreten sind, beträgt $66{,}\overline{6}\,\%$.

Zusammenfassung

- Ein Zufallsexperiment, bei dem mehrere Zufallsexperimente nacheinander durchgeführt werden, heißt **mehrstufiges Zufallsexperiment**.
- Mehrstufige Zufallsexperimente lassen sich mithilfe von Baumdiagrammen anschaulich darstellen. Ein Weg über mehrere zusammenhängende Äste eines Baumdiagramms wird als **Pfad** bezeichnet.
- Liegen die **Einzelwahrscheinlichkeiten** eines Elementarereignisses E **auf einem Pfad**, so lässt sich die Wahrscheinlichkeit des Ereignisses E durch **Multiplikation** der Einzelwahrscheinlichkeiten berechnen (**Pfadmultiplikationsregel, 1. Pfadregel**).
- Liegen die **Einzelwahrscheinlichkeiten** eines Ereignisses E auf **mehreren Pfaden**, so lässt sich die Wahrscheinlichkeit des Ereignisses E durch **Addition** der Wahrscheinlichkeiten der zugehörigen Pfade berechnen (**Pfadadditionsregel, 2. Pfadregel**).

Übungsaufgaben

1 An einer Betriebsratswahl nehmen 26 Frauen und 14 Männer teil. Es werden ein Vorsitzender und ein Stellvertreter gewählt. Bestimmen Sie mit einem Baumdiagramm die Wahrscheinlichkeit dafür, dass

a) $P(A)$: beide Personen weiblich sein werden.

b) $P(B)$: beide Personen männlich sein werden.

c) $P(C)$: beide Geschlechter vertreten sein werden.

d) $P(D)$: mindestens eine Person weiblich sein wird.

2 Während eines Produktionsprozesses werden Tiefkühl-Sahnetorten dreimal geprüft. Bei der ersten Kontrolle überprüft ein Metalldetektor, ob sich losgelöste Maschinenteile in der Torte befinden. Dies ist in 0,2 % aller Torten der Fall und führt zum Aussortieren. Anschließend überprüft eine Waage das Gewicht der Torte. In 95 % aller Fälle stimmt das Gewicht mit der Sollvorgabe überein, sonst wird sie ebenfalls aussortiert. Zu guter Letzt wird die Temperatur kontrolliert. Auch hier wird aussortiert, wenn die Vorgaben nicht eingehalten werden. In der Regel ist die Temperatur bei 98 % aller Torten in Ordnung. Berechnen Sie die Wahrscheinlichkeit, dass

a) $P(A)$: eine Torte fehlerfrei ist.

b) $P(B)$: eine Torte aussortiert wird.

3 Ein Staubsaugervertreter klingelt nacheinander an drei Haustüren. Die Chance, einen Staubsauger zu verkaufen, beträgt jedes Mal 10 %. Zeichnen Sie ein Baumdiagramm und bestimmen Sie die Wahrscheinlichkeit, dass der Vertreter

a) $P(A)$: keinen Staubsauger verkauft.

b) P(B): mehr als einen Staubsauger verkauft.

c) $P(C)$: beim dritten Mal einen Staubsauger verkauft.

4 Berechnen Sie mit dem Baumdiagramm die gesuchten Wahrscheinlichkeiten.

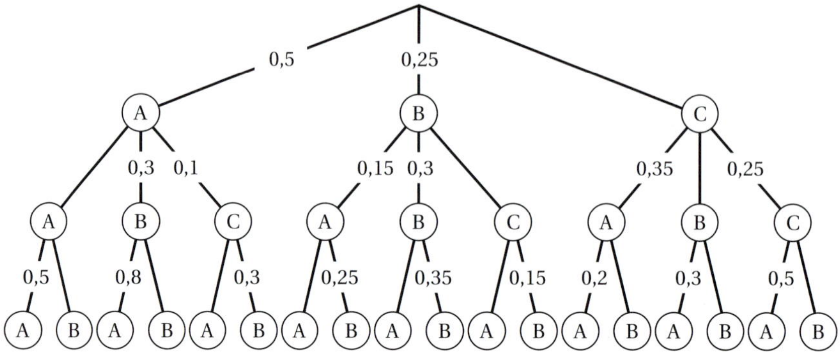

a) P(AAA) b) P(ABC) c) P(BCB) d) P(CBB)

e) $P(E)$ f) $P(F)$ g) $P(G)$ h) $P(H)$

Ereignisse der Aufgabenteile e)–h)

E: „genau 2 B“ F: „mindestens 1 C“ G: „maximal 2 A“ H: „genau 2 C“

5 In einer Wurstfabrik werden Leberwurst, Teewurst und Zwiebelwurst produziert. Ein Mitarbeiter nimmt nacheinander blind drei Sorten Wurst vom Fließband und packt diese zu einem „Schlemmerpaket“ zusammen. Berechnen Sie die Wahrscheinlichkeit, dass im Schlemmerpaket

a) $P(A)$: alle drei Wurstorten enthalten sind.

b) $P(B)$: nur zwei Sorten enthalten sind.

c) $P(C)$: nur Teewurst und Leberwurst enthalten sind.

d) $P(D)$: Teewurst und Leberwurst enthalten sind.

6 Ein Zulieferer der Elektronikindustrie stellt Kondensatoren, Widerstände und Leuchtdioden im Verhältnis 5 : 3 : 2 her. Um auf Kundenbestellungen zukünftig schneller reagieren zu können, sollen jeweils drei zufällig herausgegriffene Produkte in Tütchen verpackt und mit einem Aufkleber versehen werden, auf dem eine Bestellnummer und der Preis zu lesen sind. Ein Kondensator kostet 1,20 €, ein Widerstand 0,70 € und eine Leuchtdiode 0,10 €.

a) Erstellen Sie ein Baumdiagramm.

b) Wie viele unterschiedliche Aufkleber muss das Unternehmen drucken?

c) Bestimmen Sie die Wahrscheinlichkeit P(C) dafür, dass ein Tütchen maximal 1,50 € kostet.

7 Ein Unternehmen produziert Kunststoffbecher in den Farben rot, gelb und blau und verpackt diese zufällig gestapelt in Dreier-Packs. Berechnen Sie die Anteile in der Produktion und erstellen Sie ein Kreisdiagramm, das die Anteile der Farben in der Produktion darstellt, wenn die Wahrscheinlichkeiten P(RGB) = 0,03 und P(BBR) = 0,02 bekannt sind.

3.1.4 Bedingte Wahrscheinlichkeit

Situation 8

Der Fersehsender „Deutsche Röhre“ plant die neue Spielshow „Grautöne“ mit dem Moderator Heinrich Lohse. Am Ende der Show soll der Kandidat aus einer Urne mit jeweils fünf asphaltgrauen (A) und betongrauen (B) Kugeln zwei Kugeln ziehen. Haben beide Kugeln den gleichen Grauton, so gewinnt er einen hohen Geldbetrag. Der Sender möchte, dass die Chance, das Geld zu gewinnen, möglichst gering ist.

a) Berechnen Sie, ob es aus Sicht des Senders besser ist, wenn die erste Kugel nach dem Ziehen zurückgelegt wird oder nicht.

b) Erläutern Sie anhand des Beispiels den Begriff „bedingte Wahrscheinlichkeit“.

Lösung

a)

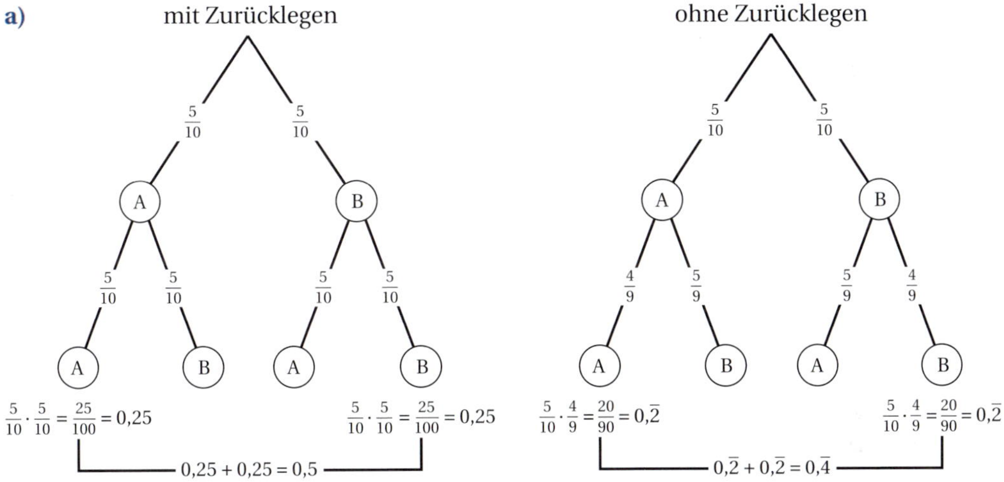

Gemäß der Pfadregeln ist die Wahrscheinlichkeit, dass beide Kugeln den gleichen Grauton haben werden, ohne Zurücklegen geringer. Der Fernsehsender sollte sich daher für diese Variante entscheiden.

b) Die **bedingte Wahrscheinlichkeit** bezeichnet in der Wahrscheinlichkeitsrechnung die Wahrscheinlichkeit für das Eintreten eines Ereignisses unter der Bedingung, dass vorher ein anderes Ereignis bereits eingetreten ist. Bei mehrstufigen Zufallsexperimenten können ab der zweiten Stufe bedingte Wahrscheinlichkeiten auftreten. Wird die zweite Kugel ohne Zurücklegen der ersten Kugel gezogen, so verändert sich die Wahrscheinlichkeit dafür beim zweiten Zug eine Kugel mit dem gleichen Grauton zu ziehen. Sie wird durch das erste Ereignis bedingt.

Bedingte Wahrscheinlichkeiten spielen in der Realität eine große Rolle, da es häufig von großem Interesse ist, welchen Einfluss eine Größe oder ein Sachverhalt auf eine andere Größe bzw. einen anderen Sachverhalt hat. Um Missverständnisse zu vermeiden, kommt der Formulierung und Sprechweise eine besondere Bedeutung zu.

$P_A(B)$
Bedingte Wahrscheinlichkeit

Man sagt „P von B nach A“ oder „Die Wahrscheinlichkeit für das Ereignis B unter der Bedingung, dass das Ereignis A bereits eingetreten ist“. A wird als **bedingendes Ereignis**, B als **bedingtes Ereignis** bezeichnet.

Bedingte Wahrscheinlichkeiten lassen sich durch eine Formel berechnen, die sich mithilfe der ersten Pfadregel in Verbindung mit einem **Baumdiagramm** oder einer **Vier-Felder-Tafel** herleiten lässt.

Baumdiagramm

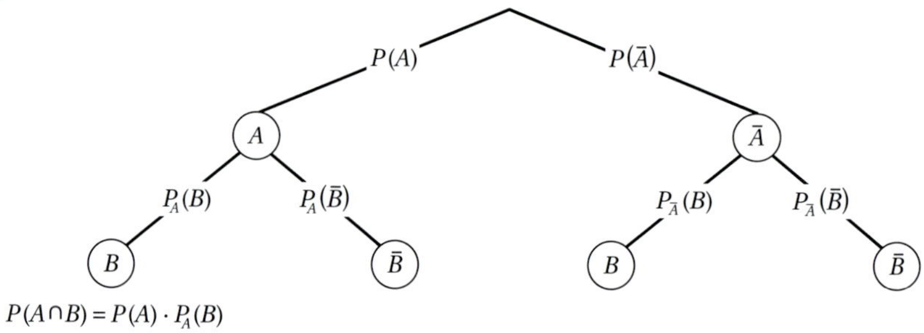

Gemäß der 1. Pfadregel[1] werden Wahrscheinlichkeiten, die auf einem Pfad liegen, miteinander multipliziert. Daher gilt $P(A \cap B) = P(A) \cdot P_A(B)$. $A \cap B$ ist die Schnittmenge[2] von A und B und steht dafür, dass die Ereignisse A und B gemeinsam auftreten. Stellt man die Gleichung nach $P_A(B)$ um, so ergibt sich:

$P_A(B) = \dfrac{P(A \cap B)}{P(A)}$
Bedingte Wahrscheinlichkeit

Vier-Felder-Tafel

Eine Vier-Felder-Tafel ist eine Tabelle, in der Wahrscheinlichkeiten oder absolute oder relative Häufigkeiten für das gemeinsame Auftreten von zwei Merkmalen angegeben werden.

	A	$\overline{A}$	Σ
B	$P(A \cap B)$	$P(\overline{A} \cap B)$	$P(B)$
$\overline{B}$	$P(A \cap \overline{B})$	$P(\overline{A} \cap \overline{B})$	$P(\overline{B})$
Σ	$P(A)$	$P(\overline{A})$	1

Auch in diesem Fall gilt unter Beachtung der 1. Pfadregel $P_A(B) = \dfrac{P(A \cap B)}{P(A)}$.

[1] vgl. S. 191

[2] Seltener auch Schnitt oder Durchschnitt. Nicht zu verwechseln mit dem arithmetischen Mittel $\overline{x}$.

Situation 9

Eine Molkerei produziert für einen Discounter Joghurt in den Geschmacksrichtungen Apfel (A) und Banane (B). Der Anteil der Apfeljoghurts in der Produktion beträgt 60 %. Die Joghurts werden auf Stiegen mit 12 Bechern Apfel- und 8 Bechern Bananenjoghurt verpackt. Im Rahmen der Qualitätssicherung werden nacheinander blind zwei Becher entnommen.

a) Begründen Sie, warum sich auch bei Qualitätskontrollen zwischen den Modellen mit und ohne Zurücklegen unterscheiden lässt.

b) Interpretieren Sie $P_A(B)$.

c) Nehmen Sie an, beide entnommenen Becher sind Bananenjoghurt. Berechnen Sie, ob es wahrscheinlicher ist, dass diese beiden Becher der laufenenden Produktion oder einer Stiege entnommen wurden.

Lösung

a) Bei Qualitätskontrollen werden entnommene Becher nicht wieder zurückgelegt, da so die Chance besteht, denselben Becher ein weiteres Mal zu ziehen. Dennoch lässt sich auch im Rahmen einer Qualitätskontrolle zwischen den beiden Modellen mit und ohne Zurücklegen unterscheiden. Wird ein Becher der laufenden Produktion entnommen, so hat die Sorte des ersten entnommenen Bechers keinen Einfluss auf die Wahrscheinlichkeit, beim zweiten Mal wieder diese Sorte zu ziehen. Dies entspricht dem Modell mit Zurücklegen. Wird der Becher hingegen einer Stiege entnommen, so beeinflusst der erste entnommene Becher die Wahrscheinlichkeit für eine bestimmte Sorte beim zweiten Becher. Es handelt sich um eine bedingte Wahrscheinlichkeit. Dies entspricht dem Modell ohne Zurücklegen.

b) $P_A(B)$ beschreibt die Wahrscheinlichkeit einen Bananenjoghurt zu ziehen, unter der Voraussetzung, dass zuvor bereits ein Apfeljoghurt gezogen wurde.

c)

laufende Produktion (mit Zurücklegen)

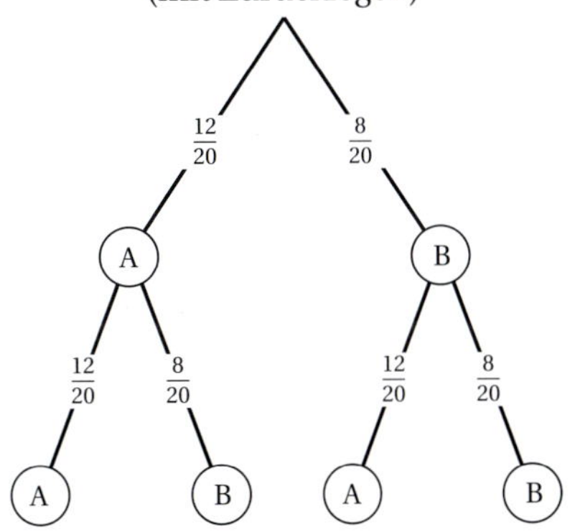

$\frac{8}{20} \cdot \frac{8}{20} = \frac{64}{400} = 0{,}16$

eine Stiege (ohne Zurücklegen)

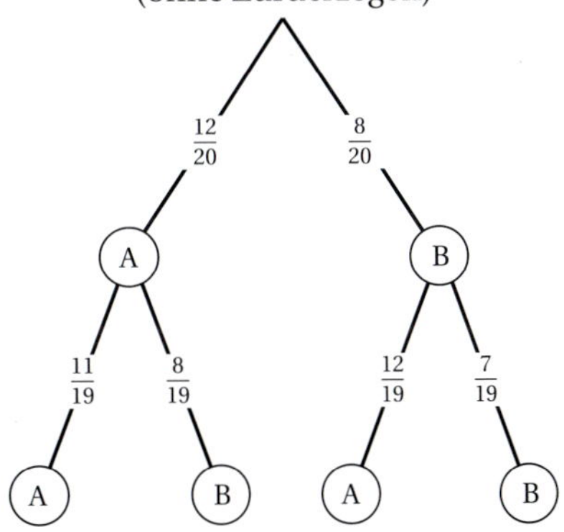

$\frac{8}{20} \cdot \frac{7}{19} = \frac{56}{380} = 0{,}1474$

Gemäß der Pfadregeln ist die Wahrscheinlichkeit, dass die beiden Becher der laufenden Produktion entnommen wurden, größer.

Zusammenfassung

- Die **bedingte Wahrscheinlichkeit** bezeichnet in der Wahrscheinlichkeitsrechnung die Wahrscheinlichkeit für das Eintreten eines Ereignisses B unter der Bedingung, dass vorher das Ereignis A bereits eingetreten ist. Man schreibt $P_A(B)$. A wird als **bedingendes Ereignis**, B als **bedingtes Ereignis** bezeichnet.
- Es gilt $P_A(B) = \frac{P(A \cap B)}{P(A)}$. Dabei ist $A \cap B$ ist die Schnittmenge[1] von A und B und steht dafür, dass die Ereignisse A und B gemeinsam auftreten.

Übungsaufgaben

1 Auf einem Volksfest können aus einer Kugeltrommel mit 150 roten, 200 blauen und 50 goldenen Kugeln nacheinander zwei Kugeln gezogen werden. Sind beide Kugeln rot oder beide Kugeln blau, so erhält der Spieler einen Kleingewinn. Sind beide Kugeln goldfarben, so erhält er freie Auswahl.

a) Berechnen Sie, ob es aus Sicht des Spielers besser ist, wenn er die erste Kugel nach dem Ziehen zurücklegt oder nicht.

b) Erläutern Sie anhand des Beispiels den Begriff „bedingte Wahrscheinlichkeit“.

2 Ein Hersteller für Gesellschaftsspiele hat für eins seiner erfolgreichsten Spiele zwei neue Minierweiterungen produziert. Dabei handelt es sich um die Erweiterungen „Adelige“ (A) und „Barbaren“ (B). Aufgrund einer Marktforschungsstudie werden dreimal so viele Barbaren-Erweiterungen wie Adelige-Erweiterungen produziert. In einem Karton erhält der Spielwarenfachhandel jeweils 20 Erweiterungen. Davon sind 15 Barbaren- und 5 Adelige-Erweiterungen. Im Rahmen der Qualitätssicherung werden nacheinander blind zwei Erweiterungen entnommen und nach dem Kontrollieren nicht wieder zurückgelegt.

a) Begründen Sie, wie sich unter den genannten Umständen dennoch das Modell mit Zurücklegen beschreiben lässt.

b) Interpretieren Sie $P_B(A)$.

c) Nehmen Sie an, die beiden entnommenen Erweiterungen sind unterschiedlich. Berechnen Sie, ob es wahrscheinlicher ist, dass die beiden Erweiterungen der laufenden Produktion oder einem Karton entnommen wurden.

3 Im Rahmen eines Zulassungsverfahrens nehmen 8 500 Personen an einem Medikamententest teil. Dabei soll überprüft werden, ob das Medikament Nebenwirkungen aufweist. Die Ergebnisse des Tests lassen sich der Tabelle entnehmen.

	M	$\overline{M}$	Σ
N	510	4 590	5 100
$\overline{N}$	2 550	850	3 400
Σ	3 060	5 440	8 500
Legende:	M: Medikament genommen N: Nebenwirkung trat auf	$\overline{M}$: Placebo genommen $\overline{N}$: Nebenwirkung trat nicht auf	

[1] Seltener auch Schnitt oder Durchschnitt. Nicht zu verwechseln mit dem arithmetischen Mittel $\bar{x}$.

a) Berechnen Sie die Wahrscheinlichkeit dafür, dass ein Teilnehmer Nebenwirkungen hat, unter der Voraussetzung, dass er das Medikament genommen hat.

b) Berechnen Sie die Wahrscheinlichkeit, dass ein Teilnehmer keine Nebenwirkungen hat, wenn er das Placebo genommen hat.

4 In einem Möbelhaus werden genauso viele Frauen wie Männer unter 25 Jahren nach ihren Einkaufsgewohnheiten befragt. Dabei ist für das Möbelhaus von Interesse, ob die Person bereits Kinder hat oder nicht. Es ist bekannt, dass jeder achte Mann unter 25 Jahren bereits Vater ist. Bei den Frauen ist der Anteil doppelt so hoch. Berechnen Sie die Wahrscheinlichkeit, dass eine zufällig ausgewählte kinderlose Person ein Mann ist.

5 Ein Süßwarenhersteller benötigt für die Produktion von Marzipan Mandeln. Drei Viertel der Mandeln bezieht der Hersteller aus der Türkei, den Rest aus dem Iran. Erfahrungsgemäß ist bei den türkischen Mandeln 1 % verdorben. Bei der Ware aus dem Iran ist der Anteil verdorbener Mandeln dreimal so hoch. Berechnen Sie die Wahrscheinlichkeit, dass

a) eine einwandfreie Mandel aus dem Iran stammt,

b) eine verdorbene Mandel aus der Türkei stammt.

6 In einer Universitätsklinik werden alle eingelieferten Patienten einem Schnelltest zur Erkennung einer Viruserkrankung unterzogen. Erfahrungsgemäß leiden 0,5 % aller eingelieferten Patienten unter diesem Virus. Der Test ist sehr zuverlässig. In 99,5 % aller Fälle wird eine erkrankte Person als krank erkannt. Jedoch wird auch 1 % aller gesunden Patienten als krank identifiziert. Berechnen Sie mit welcher Wahrscheinlichkeit,

a) ein als gesund eingestufter Patient in Wirklichkeit krank ist,

b) ein als krank eingestufter Patient in Wirklichkeit gesund ist.

3.1.5 Unabhängigkeit von Ereignissen

Situation 10

Im Rahmen einer Qualitätskontrolle führt ein Hersteller von Hautpflegeprodukten eine Wirksamkeitsstudie eines Balsams gegen Akne mit 10 000 Probanden durch. Die Ergebnisse der Studie lassen sich der Tabelle entnehmen.

	A	$\overline{A}$	Σ
B	600	5 400	6 000
$\overline{B}$	3 000	1 000	4 000
Σ	3 600	6 400	10 000
Legende	A: Akne vorhanden B: Balsam verwendet	$\overline{A}$: Akne nicht vorhanden $\overline{B}$: Balsam nicht verwendet	

a) Berechnen Sie die Wahrscheinlichkeit dafür, dass ein Proband unter Akne leidet, unter der Bedingung, dass er den Balsam verwendet hat.

b) Berechnen Sie die Wahrscheinlichkeit dafür, dass ein Proband nicht unter Akne leidet, unter der Bedingung, dass der Balsam nicht verwendet wurde.

Lösung

a) Gesucht ist $P_B(A)$.

6 000 von 10 000 Probanden benutzen den Balsam. Von ihnen haben 600 dennoch Akne.

Daher gilt: $P_B(A) = \frac{P(A \cap B)}{P(B)} = \frac{\frac{600}{10\,000}}{\frac{6\,000}{10\,000}} = \frac{600}{6\,000} = 0{,}1 = 10\,\%$.

b) Gesucht ist $P_{\overline{B}}(\overline{A})$.

4 000 von 10 000 Probanden benutzen den Balsam nicht. Von ihnen haben 1 000 trotzdem keine Akne. Daher gilt: $P_{\overline{B}}(\overline{A}) = \frac{P(\overline{A} \cap \overline{B})}{P(\overline{B})} = \frac{\frac{1\,000}{10\,000}}{\frac{4\,000}{10\,000}} = \frac{1\,000}{4\,000} = 0{,}25 = 25\,\%$.

Zwischen $P_B(A)$, also der Wahrscheinlichkeit, dass jemand unter Akne leidet, obwohl er den Balsam benutzt hatte, und $P_A(B)$, also der Wahrscheinlichkeit dafür, dass jemand den Balsam benutzt, nachdem bekannt ist, dass er Akne hat, besteht ein Zusammenhang.

$P(A \cap B)$ ist die Wahrscheinlichkeit dafür, dass die Ereignisse A und B gemeinsam auftreten. Ob dabei zuerst überprüft wird, ob der Proband Akne hat oder den Balsam benutzt, spielt keine Rolle. Daher ist $P(A \cap B) = P(B \cap A)$.

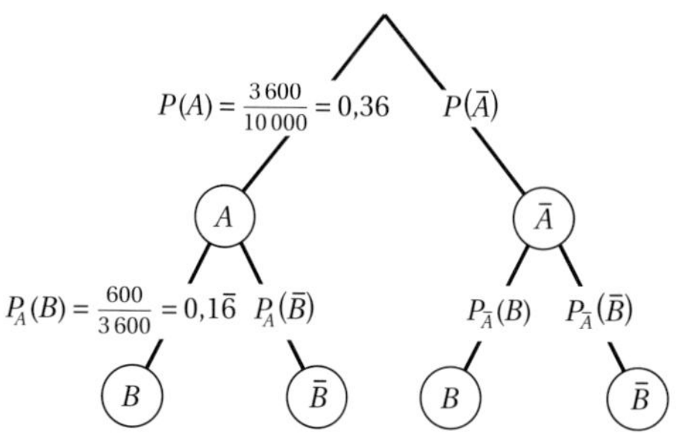

$P(A \cap B) = P(A) \cdot P_A(B)$
$P(A \cap B) = 0{,}36 \cdot 0{,}1\overline{6} = 0{,}06$

Die Wahrscheinlichkeit dafür, dass eine Person Akne hat und den Balsam benutzt, ist $P(A \cap B) = 0{,}06$.

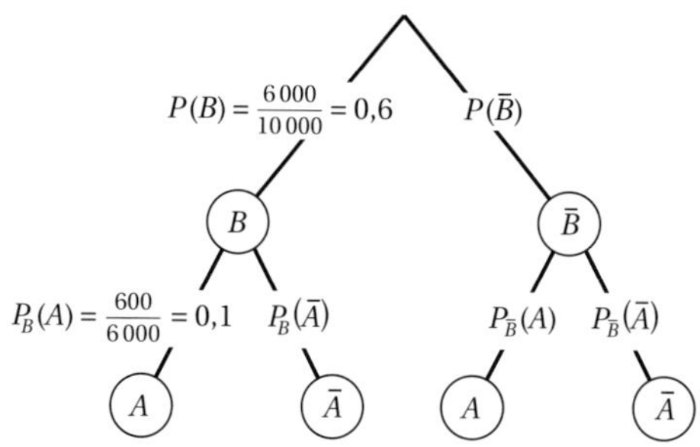

$P(B \cap A) = P(B) \cdot P_B(A)$
$P(B \cap A) = 0{,}6 \cdot 0{,}1 = 0{,}06$

Die Wahrscheinlichkeit dafür, dass eine Person den Balsam benutzt und Akne hat, ist $P(B \cap A) = 0{,}06$.

Daher ist $P_A(B) = \frac{P(A \cap B)}{P(A)} = \frac{P(B \cap A)}{P(A)} = \frac{P(B) \cdot P_B(A)}{P(A)}$.

Dieser Zusammenhang wird als Satz von Bayes[1)] bezeichnet.

[1)] nach Thomas Bayes, englischer Mathematiker (1701–1761)

$$P_A(B) = \frac{P(B) \cdot P_B(A)}{P(A)}$$

Satz von Bayes

Sind lediglich die bedingten Wahrscheinlichkeiten sowie die Wahrscheinlichkeit des bedingenden Ereignisses $P(A)$ bekannt, so lässt sich $P(B)$ durch das **Gesetz der totalen Wahrscheinlichkeit** berechnen.

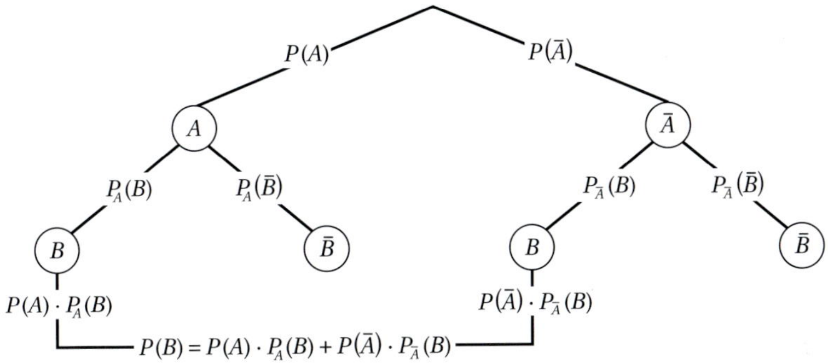

$$P(B) = P(A) \cdot P_A(B) + P(\bar{A}) \cdot P_{\bar{A}}(B)$$

Gesetz der totalen Wahrscheinlichkeit

Situation 11

In einem Industrieunternehmen werden LED-Fernsehgeräte produziert und vor dem Verpacken durch ein selbst entwickeltes Testverfahren auf Funktion überprüft. Erfahrungsgemäß weisen 2 % aller produzierten Geräte einen Defekt auf. Leider funktioniert der Test nicht fehlerfrei. Die Maschine sortiert mit einer Wahrscheinlichkeit von 3 % ein einwandfreies Gerät als defekt aus. Jedes hundertste defekte Gerät wird hingegen als einwandfrei eingestuft und nicht aussortiert.

Berechnen Sie, mit welcher Wahrscheinlichkeit

a) ein Gerät der laufenden Produktion aussortiert wird,

b) ein aussortiertes Gerät tatsächlich defekt ist,

c) ein nicht aussortiertes Gerät nicht defekt ist.

Lösung

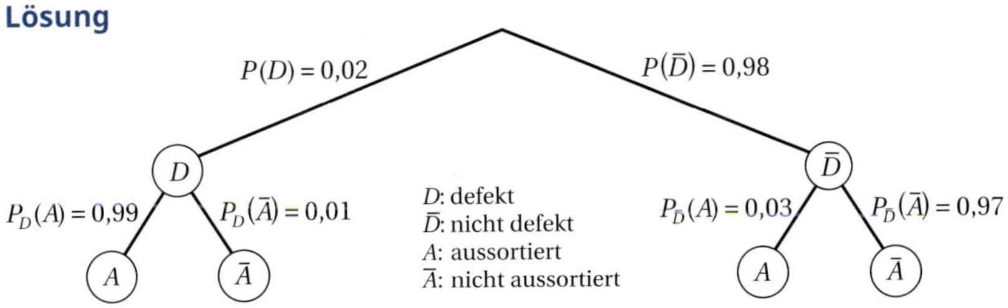

a) Gesucht ist die Wahrscheinlichkeit, dass ein Gerät aussortiert wird. Ob es defekt oder einwandfrei ist, spielt keine Rolle. Gesucht ist somit $P(A)$. Es gilt das Gesetz der totalen Wahrscheinlichkeit:

$P(A) = P(D) \cdot P_D(A) + P(\overline{D}) \cdot P_{\overline{D}}(A)$

$P(A) = 0{,}02 \cdot 0{,}99 + 0{,}98 \cdot 0{,}03$

$P(A) = 0{,}0198 + 0{,}0294 = 0{,}0492$

Die Wahrscheinlichkeit, dass ein Gerät aussortiert wird, beträgt 4,92 %.

b) Gesucht ist die Wahrscheinlichkeit, dass ein Gerät defekt ist, unter der Bedingung, dass es bereits aussortiert wurde.

Es gilt der Satz von Bayes:

$$P_A(D) = \frac{P(D) \cdot P_D(A)}{P(A)} = \frac{P(D) \cdot P_D(A)}{P(D) \cdot P_D(A) + P(\overline{D}) \cdot P_{\overline{D}}(A)}$$

$$P_A(D) = \frac{0{,}02 \cdot 0{,}99}{P(A)} = \frac{0{,}02 \cdot 0{,}99}{0{,}02 \cdot 0{,}99 + 0{,}98 \cdot 0{,}03}$$

$$P_A(D) = \frac{0{,}0192}{0{,}0198 + 0{,}0294} = \frac{0{,}0192}{0{,}0492} \approx 0{,}3902$$

Mit einer Wahrscheinlichkeit von ca. 39,02 % ist ein Gerät, das aussortiert wurde, auch tatsächlich defekt. Dies heißt im Umkehrschluss, dass mehr als 60 % aller Geräte, die aussortiert wurden, gar nicht defekt waren.

c) Gesucht ist die Wahrscheinlichkeit, dass ein Gerät einwandfrei, also nicht defekt ist, unter der Bedingung, dass es auch nicht aussortiert wurde.

Es gilt der Satz von Bayes:

$$P_{\bar{A}}(\overline{D}) = \frac{P(\overline{D}) \cdot P_{\overline{D}}(\bar{A})}{P(\bar{A})} = \frac{P(\overline{D}) \cdot P_{\overline{D}}(\bar{A})}{P(D) \cdot P_D(\bar{A}) + P(\overline{D}) \cdot P_{\overline{D}}(\bar{A})}$$

$$P_{\bar{A}}(\overline{D}) = \frac{0{,}98 \cdot 0{,}97}{P(\bar{A})} = \frac{0{,}98 \cdot 0{,}97}{0{,}02 \cdot 0{,}01 + 0{,}98 \cdot 0{,}97}$$

$$P_{\bar{A}}(\overline{D}) = \frac{0{,}9506}{0{,}0002 + 0{,}9506} = \frac{0{,}9506}{0{,}9508} \approx 0{,}9998$$

Mit einer Wahrscheinlichkeit von ca. 99,98 % sind nicht aussortierte Geräte auch tatsächlich einwandfrei. Wenn davon ausgegangen wird, dass alle nicht aussortierten Geräte in den Handel kommen, beträgt die Wahrscheinlichkeit, ein defektes Gerät zu kaufen, lediglich 0,02 %.

Obwohl es in der Praxis häufig von großem Interesse ist, welchen Einfluss das Eintreten eines Ereignisses auf das Eintreten eines anderen Ereignisses hat, gibt es zahlreiche Zufallsexperimente, bei denen das Eintreten eines Ereignisses gar keinen Einfluss auf das nachfolgende Ereignis hat. Ist dies der Fall, so bezeichnet man die Ereignisse als unabhängig.

Dabei unterscheidet man zwischen **kausaler** (sachlicher) und **stochastischer** (wahrscheinlichkeitstheoretischer) Unabhängigkeit.

Zwei Ereignisse A und B sind voneinander stochastisch unabhängig, wenn der Multiplikationssatz für unabhängige Ereignisse gilt.

$$P(A \cap B) = P(A) \cdot P(B)$$

Multiplikationssatz für unabhängige Ereignisse

Alternativ lässt sich stochastische Unabhängigkeit auch durch $P_B(A) = P(A)$ oder $P_A(B) = P(B)$ feststellen, da die Wahrscheinlichkeiten für das Eintreten von A bzw. B offensichtlich nicht durch das vorherige Eintreten von B bzw. A beeinflusst werden.

Die stochastische Unabhängigkeit ist immer symmetrisch. Das heißt, wenn A stochastisch unabhängig von B ist, dann ist B auch stochastisch unabhängig von A und umgekehrt. Diese Eigenschaft ist bei einer kausalen Abhängigkeit nicht gegeben.

Situation 12

Ein Textilunternehmen produziert mit dem gleichen Anteil Herrensakkos in den Farben schwarz (s) und grau (g). Ein Kunde hat 10 schwarze und 5 graue Sakkos bestellt. Im Rahmen der Qualitätssicherung werden zwei zufällig ausgewählte Sakkos überprüft.

Überprüfen Sie die beiden Ereignisse A und B auf Unabhängigkeit.

a) Die beiden Sakkos werden der laufenden Produktion entnommen.
A: Das erste Sakko ist schwarz.
B: Die Sakkos haben zwei unterschiedliche Farben.

b) Die beiden Sakkos werden der laufenden Produktion entnommen.
A: Das erste Sakko ist schwarz.
B: Das zweite Sakko ist schwarz.

c) Die beiden Sakkos werden der versandfertigen Ware des Kunden entnommen.
A: Das erste Sakko ist schwarz.
B: Die Sakkos haben zwei unterschiedliche Farben.

d) Die beiden Sakkos werden der versandfertigen Ware des Kunden entnommen.
A: Das erste Sakko ist schwarz.
B: Das zweite Sakko ist schwarz.

Lösung

a) Die Ergebnismenge lautet: $S = \{ss, sg, gs, gg\}$.

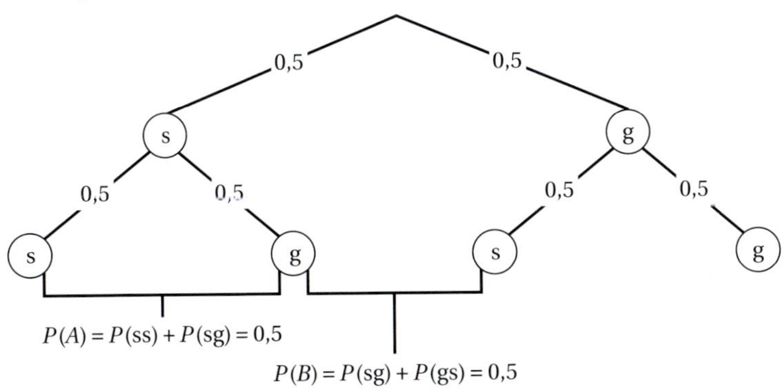

Die Wahrscheinlichkeit, dass das erste Sakko schwarz ist, beträgt
$P(A) = P(\text{ss}) + P(\text{sg}) = 0{,}5 \cdot 0{,}5 + 0{,}5 \cdot 0{,}5 = 0{,}25 + 0{,}25 = 0{,}5 = 50\,\%$.

Die Wahrscheinlichkeit, dass die Sakkos unterschiedliche Farben haben, beträgt
$P(B) = P(\text{sg}) + P(\text{gs}) = 0{,}5 \cdot 0{,}5 + 0{,}5 \cdot 0{,}5 = 0{,}25 + 0{,}25 = 0{,}5 = 50\,\%$.

Das Ereignis $A \cap B$, beschreibt den Fall, dass das erste Sakko schwarz ist und gleichzeitig beide Sakkos unterschiedliche Farben haben. Dies lässt sich nur realisieren, wenn das erste Sakko schwarz und das zweite Sakko grau ist. $A \cap B$ ist daher $P(\text{sg}) = 0{,}5 \cdot 0{,}5 = 0{,}25 = 25\,\%$.

Es gilt $P(A) \cdot P(B) = 0{,}5 \cdot 0{,}5 = 0{,}25 = 25\,\% = P(A \cap B)$. Die Ereignisse A und B sind **stochastisch unabhängig**.

Das Ereignis B ist aber **kausal abhängig** vom Ereignis A, da die Farbe des ersten Sakkos den Ausgang von Ereignis B mitbestimmt.

Hinweis
Die stochastische Unabhängigkeit lässt sich auch durch $P_B(A) = \frac{P(A \cap B)}{P(B)} = \frac{0{,}25}{0{,}5} = 0{,}5 = P(A)$ beweisen.

b) Die Ergebnismenge lautet: $S = \{\text{ss, sg, gs, gg}\}$.

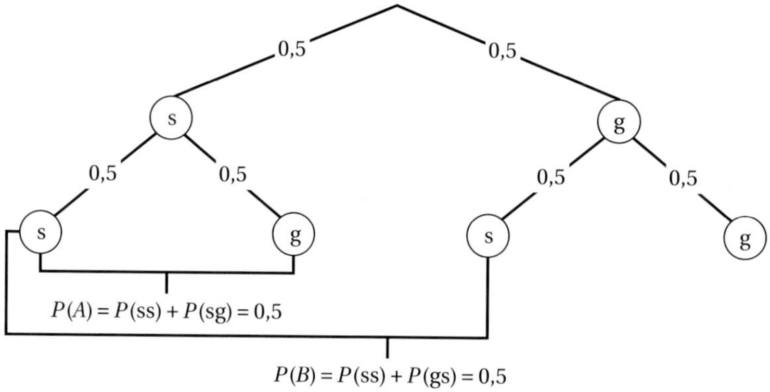

Die Wahrscheinlichkeit, dass das erste Sakko schwarz ist, beträgt
$P(A) = P(\text{ss}) + P(\text{sg}) = 0{,}5 \cdot 0{,}5 + 0{,}5 \cdot 0{,}5 = 0{,}25 + 0{,}25 = 0{,}5 = 50\,\%$.

Die Wahrscheinlichkeit dafür, dass das zweite Sakko schwarz ist, beträgt
$P(B) = P(\text{ss}) + P(\text{gs}) = 0{,}5 \cdot 0{,}5 + 0{,}5 \cdot 0{,}5 = 0{,}25 + 0{,}25 = 0{,}5 = 50\,\%$.

Das Ereignis $A \cap B$, beschreibt den Fall, dass sowohl das erste als auch das zweite Sakko schwarz ist. $P(A \cap B)$ entspricht daher $P(\text{ss}) = 0{,}5 \cdot 0{,}5 = 0{,}25 = 25\,\%$.

Es gilt: $P(A) \cdot P(B) = 0{,}5 \cdot 0{,}5 = 0{,}25 = 25\,\% = P(A \cap B)$. Die Ereignisse A und B sind **stochastisch unabhängig**.

Das Ereignis B ist auch **kausal unabhängig** vom Ereignis A, da die Farbe des ersten Sakkos den Ausgang von Ereignis B nicht mitbestimmt.

Hinweis
Die stochastische Unabhängigkeit lässt sich auch durch $P_B(A) = \frac{P(A \cap B)}{P(B)} = \frac{0{,}25}{0{,}5} = 0{,}5 = P(A)$ beweisen.

c) Die Ergebnismenge lautet: $S = \{ss, sg, gs, gg\}$.

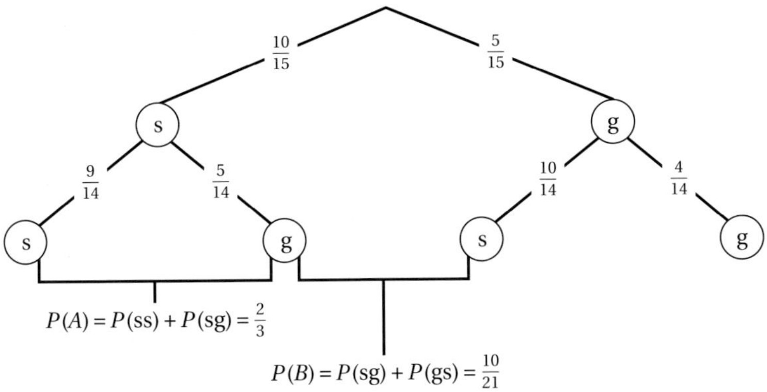

Die Wahrscheinlichkeit, dass das erste Sakko schwarz ist, beträgt

$P(A) = P(ss) + P(sg) = \frac{10}{15} \cdot \frac{9}{14} + \frac{10}{15} \cdot \frac{5}{14} = \frac{90}{210} + \frac{50}{210} = \frac{2}{3} = 66{,}\overline{6}\,\%$.

Die Wahrscheinlichkeit, dass die Sakkos unterschiedliche Farben haben, beträgt

$P(B) = P(sg) + P(gs) = \frac{10}{15} \cdot \frac{5}{14} + \frac{5}{15} \cdot \frac{10}{14} = \frac{50}{210} + \frac{50}{210} = \frac{10}{21} \approx 47{,}62\,\%$.

Das Ereignis $A \cap B$ beschreibt den Fall, dass das erste Sakko schwarz ist und gleichzeitig beide Sakkos unterschiedliche Farben haben. Dies lässt sich nur realisieren, wenn das erste Sakko schwarz und das zweite Sakko grau ist.

$P(A \cap B)$ ist daher $P(sg) = \frac{10}{15} \cdot \frac{5}{14} = \frac{50}{210} = \frac{5}{21} \approx 23{,}81\,\%$.

Es gilt $P(A \cap B) = \frac{5}{21}$ und $P(A) \cdot P(B) = \frac{2}{3} \cdot \frac{10}{21} = \frac{20}{63}$. Die Wahrscheinlichkeiten stimmen nicht überein. Die Ereignisse A und B sind **stochastisch abhängig**.

Das Ereignis B ist auch **kausal abhängig** vom Ereignis A, da die Farbe des ersten Sakkos den Ausgang von Ereignis B mitbestimmt.

Hinweis
Die stochastische Abhängigkeit lässt sich auch durch $P_B(A) = \frac{P(A \cap B)}{P(B)} = \frac{\frac{5}{21}}{\frac{10}{21}} = \frac{1}{2} \neq \frac{2}{3} = P(A)$ beweisen.

d) Die Ergebnismenge lautet: $S = \{ss, sg, gs, gg\}$.

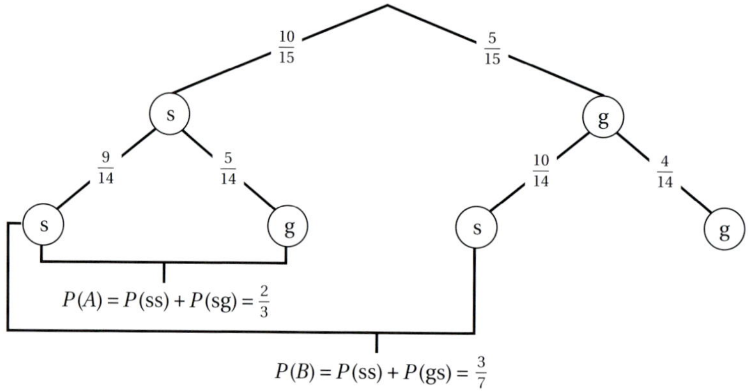

Die Wahrscheinlichkeit, dass das erste Sakko schwarz ist, beträgt
$P(A) = P(ss) + P(sg) = \frac{10}{15} \cdot \frac{9}{14} + \frac{10}{15} \cdot \frac{5}{14} = \frac{90}{210} + \frac{50}{210} = \frac{2}{3} = 66{,}\overline{6}\,\%$.

Die Wahrscheinlichkeit dafür, dass das zweite Sakko schwarz ist, beträgt
$P(B) = P(ss) + P(gs) = \frac{10}{15} \cdot \frac{9}{14} + \frac{5}{15} \cdot \frac{10}{14} = \frac{2}{3} = 66{,}\overline{6}\,\%$.

Das Ereignis $A \cap B$ beschreibt den Fall, dass sowohl das erste als auch das zweite Sakko schwarz ist. $P(A \cap B)$ entspricht daher $P(ss) = \frac{10}{15} \cdot \frac{9}{14} = \frac{3}{7} = 42{,}86\,\%$.

Es gilt $P(A \cap B) = \frac{3}{7}$ und $P(A) \cdot P(B) = \frac{2}{3} \cdot \frac{2}{3} = \frac{4}{9}$. Die Ereignisse A und B sind **stochastisch abhängig**.

Das Ereignis B ist aber **kausal unabhängig** vom Ereignis A, da die Farbe des ersten Sakkos den Ausgang von Ereignis B nicht mitbestimmt.

Hinweis
Die stochastische Abhängigkeit lässt sich auch durch $P_B(A) = \frac{P(A \cap B)}{P(B)} = \frac{\frac{3}{7}}{\frac{2}{3}} \neq \frac{2}{3} = P(A)$ beweisen.

Situation 13

Ein Erfrischungsgetränkehersteller bietet zwei unterschiedliche Sorten von Cola mit Süßungsmitteln an, die unter den Namen „Leicht“ und „Null“ für Frauen und Männer vermarktet werden. In einer Umfrage wurden zufällig ausgewählte Personen befragt, welche der beiden Cola-Sorten sie bevorzugen. Die Ergebnisse der Umfrage lassen sich der Tabelle entnehmen.

	„Leicht“	**„Null“**
Männer	1222	1128
Frauen	1378	1272

Der Hersteller behauptet, dass die Wahl stark vom Geschlecht abhängt. Sie bezweifeln dies. Überprüfen Sie rechnerisch, ob der Hersteller recht hat.

Lösung

Wenn die bevorzugte Sorte nicht vom Geschlecht abhängig wäre, müsste für die Sorte „Leicht" $P(L) = P_M(L) = P_F(L)$ und für die Sorte „Null" $P(N) = P_M(N) = P_F(N)$ gelten.

Insgesamt wurden $1\,222 + 1\,128 = 2\,350$ Männer und $1\,378 + 1\,272 = 2\,650$ Frauen also $2\,350 + 2\,650 = 5\,000$ Personen befragt. Von diesen 5 000 Personen gaben $1\,222 + 1\,378 = 2\,600$ Personen an, dass sie die Sorte „Leicht" bevorzugen. Daraus folgt, dass der Rest der Befragten $5\,000 - 2\,600 = 2\,400$ die Sorte „Null" der Sorte „Leicht" vorzieht.

Die Wahrscheinlichkeit, dass eine der 5 000 Personen die Sorte „Leicht" bevorzugt, beträgt daher $P(L) = \frac{2\,600}{5\,000} = 0{,}52 = 52\,\%$.

Die Wahrscheinlichkeit, dass einer der 2 350 Männer die Sorte „Leicht" bevorzugt, ist $P_M(L) = \frac{1\,222}{2\,350} = 0{,}52 = 52\,\%$.

Die Wahrscheinlichkeit, dass eine der 2 650 Frauen die Sorte „Leicht" bevorzugt, ist $P_F(L) = \frac{1\,378}{2\,650} = 0{,}52 = 52\,\%$.

Offensichtlich ist $P(L) = P_M(L) = P_F(L) = 0{,}52 = 52\,\%$. Da sich die Wahrscheinlichkeiten nicht gegenseitig beeinflussen, sind die Ereignisse stochastisch unabhängig. Das Geschlecht spielt keine Rolle, wenn ein „Leicht"-Trinker gewählt wird (kausale Unabhängigkeit).

Alternativ lässt sich die stochastische Unabhängigkeit auch mit dem Multiplikationssatz für unabhängige Ereignisse beweisen.

$P(M) = \frac{2\,350}{5\,000} = 0{,}47 = 47\,\%$ $\quad P(L) = \frac{2\,600}{5\,000} = 0{,}52 = 52\,\%$

$P(M \cap L) = \frac{1\,222}{5\,000} = 0{,}2444 = 24{,}44\,\%$ $\quad P(M) \cdot P(L) = 0{,}47 \cdot 0{,}52 = 0{,}2444 = 24{,}44\,\%$

Es gilt $P(M \cap L) = P(M) \cdot P(L)$.

Hinweis

In der Realität würde man auch bei sehr ähnlichen Anteilen bzw. Wahrscheinlichkeiten (z. B. $P(L) = 0{,}52$ und $P_M(L) = 0{,}524$ und $P_F(L) = 0{,}516$) eher davon ausgehen, dass die Wahl der Sorte nicht vom Geschlecht abhängt.

Zusammenfassung

- Zwischen $P_A(B)$ und $P_B(A)$ gibt es einen Zusammenhang, der als **Satz von Bayes** bezeichnet wird. Es gilt: $P_A(B) = \frac{P(B) \cdot P_B(A)}{P(A)}$
- Hat das Eintreten eines Ereignisses A auf den Ausgang des Ereignisses B keinen Einfluss, so bezeichnet man die Ereignisse A und B als **unabhängig** voneinander. Dabei wird zwischen **stochastischer** (wahrscheinlichkeitstheoretischer) und **kausaler** (sachlicher) **Unabhängigkeit** unterschieden.
- Zwei Ereignisse sind genau dann stochastisch unabhängig, wenn $P(A \cap B) = P(A) \cdot P(B)$ bzw. $P_B(A) = P(A)$ bzw. $P_A(B) = P(B)$.

Übungsaufgaben

1 Für das Jubiläum einer großen deutschen Fluggesellschaft werden Luftballons in den Farben gelb und blau hergestellt. 80 % aller produzierten Luftballons sind gelb, der Rest ist blau. Vor dem Verpacken werden die Farben vermischt und in Tüten verpackt. Kurz vor dem Verpacken werden der laufenden Produktion zwei Luftballons entnommen.

Überprüfen Sie die beiden Ereignisse A und B auf Unabhängigkeit.

a) A: Der erste Ballon ist gelb. B: Der zweite Ballon ist blau.

b) A: Mindestens ein Ballon ist gelb. B: Die beiden Ballons haben eine unterschiedliche Farbe.

2 In einer groß angelegten Studie soll überprüft werden, ob der regelmäßige Konsum von stark zuckerhaltigen Getränken langfristig zu Diabetes führt. In einer Langzeitstudie mit 4385 Teilnehmern konsumierten 877 regelmäßig stark zuckerhaltige Getränke. Am Ende der Studie wurde bei 15 Personen Diabetes diagnostiziert. 20 % der an Diabetes erkrankten Personen waren gleichzeitig Konsumenten, die regelmäßig stark zuckerhaltige Getränke konsumierten.

Untersuchen Sie, ob sich aus den Ergebnissen der Studie ein Zusammenhang zwischen dem regelmäßigen Konsum von stark zuckerhaltigen Getränken und dem Risiko, an Diabetes zu erkranken, ableiten lässt.

3 In einer Großstadt leben eine halbe Million Menschen. Ein Viertel von ihnen ist Raucher. Es ist bekannt, dass 500 Einwohner unter Lungenkrebs leiden.

Untersuchen Sie, ob das Rauchen einen Einfluss auf das Risiko hat, an Lungenkrebs zu erkranken, wenn bekannt ist, dass 250 der rauchenden Einwohner Lungenkrebs haben.

4 Der Zigarettenkonsum unter Jugendlichen hat stark abgenommen. Laut aktuellen Umfragen rauchen nur noch 28 % aller Jugendlichen. Die Bundeszentrale für gesundheitliche Aufklärung hat nun eine Studie in Auftrag gegeben, bei der untersucht werden soll, ob Jugendliche ohne Abitur häufiger zur Zigarette greifen als Jugendliche mit Abitur. Leider sind fast alle Ergebnisse bei der Auswertung verloren gegangen.

	Abitur A	**kein Abitur $\overline{A}$**	Σ
Raucher R	0,126		
Nichtraucher $\overline{R}$			
Σ		0,55	

Ergänzen Sie die fehlenden Werte in der Tabelle und überprüfen Sie, ob der Schulabschluss Einfluss auf den Zigarettenkonsum hat.

5 In einer Druckerei werden 20 000 Plakate für eine Werbekampagne an zwei Druckern gleichzeitig produziert. Einer der Drucker ist ein Hochleistungsdrucker und kann in der gleichen Zeit dreimal so viele Plakate drucken wie das Standardmodell. Erfahrungsgemäß ist bei dem Hochleistungsgerät jedes fünfzigste Plakat aufgrund der Druckgeschwindigkeit mangelhaft.

Wie hoch ist der Ausschussanteil des Standarddruckers, wenn ein mangelhaftes Plakat mit einer Wahrscheinlichkeit von $\frac{15}{17} \approx 88{,}24\,\%$ vom Hochleistungsdrucker stammt?

3.1.6 Handlungssituationen zu Zufall und Wahrscheinlichkeit

Die folgenden Situationen sollen Sie mit den Ihnen zur Verfügung stehenden Rechnern bearbeiten. Besonders wichtig ist die Interpretation Ihrer Ergebnisse.

Handlungssituation 1

Ein Verein mit 23 Mitgliedern möchte einen neuen Vorsitzenden und Stellvertreter wählen. Zur Wahl stehen zwei Männer und eine Frau. Kurz vor der Wahl beschwert sich ein weibliches Mitglied darüber, dass die Chance, dass genau eine Frau in den Vorstand gewählt wird nur halb so groß ist, wie die Chance, dass genau ein Mann in den Vorstand gewählt wird. Ein männliches Mitglied widerspricht ihr und behauptet, die Chance wäre gleich groß. Schlichten Sie den Streit zwischen den beiden Personen.

Handlungssituation 2

Auf einer Wahlkampfveranstaltung lässt sich der Vorsitzende einer Umweltpartei zu folgender Aussage provozieren. „Dieselfahrzeuge erhöhen das Krebsrisiko! Wir brauchen daher eine verbindliche Elektroautoquote!" Der Pressesprecher eines großen Automobilkonzerns hält dagegen und präsentiert Zahlen einer hausinternen Untersuchung, in der Personen, die überdurchschnittlich oft Dieselabgasen ausgesetzt waren, und andere auf Krebserkrankungen hin verglichen wurden.

	D	$\overline{D}$	Σ
K	6	7	13
$\overline{K}$	4587	5400	9987
Σ	4593	5407	10000
Legende:	D: häufig Dieselabgasen ausgesetzt $\overline{D}$: nicht häufig Dieselabgasen ausgesetzt K: Krebserkrankung $\overline{K}$: keine Krebserkrankung		

„Wie Sie sehen können, gab es nur 6 Personen in unserer Testgruppe, die überdurchschnittlich oft Abgasen eines Dieselfahrzeugs ausgesetzt waren und an Krebs erkrankt sind, während es bei den anderen mehr als 16 % mehr waren!"

Der Redakteur einer Lokalzeitung möchte einen möglichst objektiven Bericht erstatten. Helfen Sie ihm bei der notwendigen Auswertung der Daten.

Handlungssituation 3

Herr P. Nibel vom Bundesamt für Statistik und Herr G. Witter vom Deutschen Wetterdienst machen gemeinsam eine 28-tägige Urlaubsreise. Beim ersten gemeinsamen Abendessen isst Herr Nibel nicht auf. Herr Witter weißt ihn deshalb darauf hin, dass es am nächsten Tag regnen wird. Herr Nibel ist skeptisch und entgegnet, dass es keinerlei Zusammenhang zwischen Resten auf dem Teller und dem Wetter des nächsten Tages gäbe. Er beschließt dennoch, eine Statistik zu führen. Am Ende des Urlaubs ist Herr Nibel überrascht. An 21 Tagen hat es nicht geregnet. An 8 Tagen hatte er sein Abendessen komplett aufgegessen. An 5 Tagen regnete es am nächsten Tag, wenn er sein Abendessen am Tag zuvor nicht aufgegessen hatte. Herr Nibel gibt seinem Kollegen daher recht. Dieser lacht nur und entgegnet: „Mit deinen Aufzeichnungen lässt sich eine Abhängigkeit nicht belegen!“ Herr Nibel ist sich sicher, dass er sich nicht verrechnet hat, und daher wütend über die Aussage seines Freundes.

Schlichten Sie den Streit zwischen den beiden Herren.

Handlungssituation 4

Ein Hersteller von individuell ausgebauten Limousinen lässt die Fahrzeuge vor der Auslieferung an seine Kunden normalerweise durch einen seiner vier Qualitätskontrolleure begutachten. Die vier Personen finden einen Fehler mit 98%-iger, 97%-iger, 96%-iger bzw. 95%-iger Sicherheit. Ein Scheich aus Dubai wäre bereit 50 Fahrzeuge abzunehmen, wenn ihm garantiert werden könnte, dass ein Auto mit einer Wahrscheinlichkeit von 99,9% fehlerfrei ist. Der Hersteller würde den Auftrag gerne annehmen. Wie kann der Hersteller mit seinen Kontrolleuren dem Scheich die gewünschte Qualität liefern?

Handlungssituation 5

Seit Jahren gibt es in den USA einen scheinbar großen Zusammenhang zwischen der Scheidungsrate im US-Bundesstaat Maine und dem Pro-Kopf-Margarinekonsum der Amerikaner. Die Korrelation, also die Beziehung zwischen den beiden Merkmalen, ist mit über 99% sehr groß.

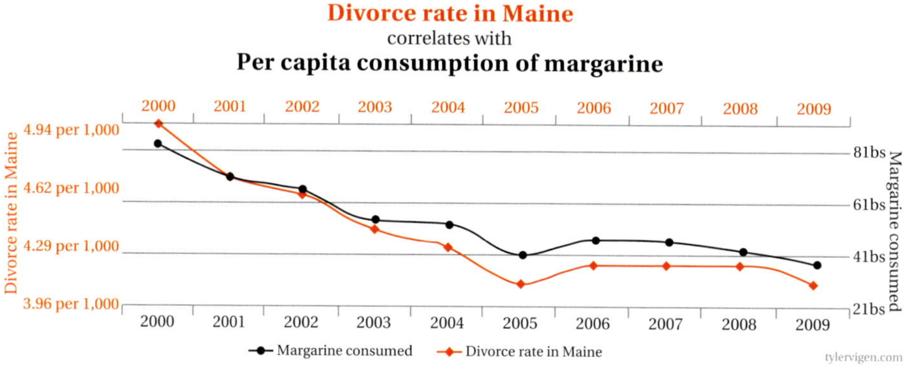

Der US-amerikanische Präsident sieht durch diese Fakten die Margarinewirtschaft bedroht und plant per Eildekret, Scheidungen in Maine anzuordnen. Ein Sprecher der U.S. Food and Drug Administration FDA, der Behörde für Lebens- und Arzneimittel, hält diesen Schritt für übertrieben. Mit alternativen Fakten will er aufzeigen, dass keinerlei Abhängigkeit besteht.

Er lässt daher in Maine am 4. Juli, dem Unabhängigkeitstag, eine repräsentative Umfrage unter 1 776 Einwohnern durchführen.

	M	$\overline{M}$	Σ
G	618	206	824
$\overline{G}$	714	238	952
Σ	1 332	444	1 776
Legende:	M: Margarinekonsument G: geschieden	$\overline{M}$: kein Margarinekonsument $\overline{G}$: nicht geschieden	

Wie sollte sich der Präsident entscheiden?

Handlungssituation 6[1)]

Der Kaffeeautomatenhersteller Coffeemade produziert Kaffeeautomaten für verschiedene Reiseunternehmen.

Für die weitere Planung ist nur das Trinkverhalten bezüglich Kaffee und Cappuccino von Bedeutung. Es wurden zwei Umfragen in Auftrag gegeben.

Ergebnis der Umfrage 1

Bei der Befragung zum Trinkverhalten waren $\frac{4}{9}$ der Befragten männlich. Von diesen männlichen Teilnehmern tranken $\frac{3}{4}$ Cappuccino. Von den weiblichen Teilnehmern tranken $\frac{4}{5}$ Kaffee.

Ergebnisse der Umfrage 2

$\frac{5}{9}$ der Befragten tranken Kaffee. Unter den Kaffeetrinkern hatten die Frauen einen Anteil von $\frac{4}{5}$. Cappuccino wurde zu $\frac{3}{4}$ von Männern getrunken.

Untersuchen Sie mithilfe geeigneter Darstellungen, ob sich die Aussagen der beiden Umfragen widersprechen.

Handlungssituation 7[2)]

In Niedersachsen gibt es das große Naturschutzgebiet Lüneburger Heide, in dem Heidschnuckenherden zu Hause sind. Die ortsansässigen Touristenvereine werben mit den resultierenden Produkten und bieten Besuche bei den Herden an.

Die Herde am Wilseder Berg besteht aus 300 Tieren, davon sind 50 Böcke, also männliche Tiere. Die Hütehunde müssen die Tiere, die sich von der Herde absondern, wieder einfangen, damit die Touristen nicht erschreckt werden. 12 % der weiblichen und 20 % der männlichen Tiere verlassen ab und zu die Herde.

Stellen Sie den vollständigen Sachverhalt grafisch dar.

1) in Anlehnung an: Niedersächsisches Kultusministerium (Hrsg.): Zentralabitur 2013, Berufliches Gymnasium Wirtschaft/Gesundheit und Soziales, Rechnertyp GTR, eA, Aufgabe 2B, Auszug

2) in Anlehnung an: Niedersächsisches Kultusministerium (Hrsg.): Zentralabitur 2014, Nachschreibtermin, Berufliches Gymnasium Wirtschaft/Gesundheit und Soziales, Rechnertyp GTR, eA, Aufgabe 2B, Auszug

Untersuchen Sie die Aussagen des Tourismusverbandes: „Genießen Sie unsere Schnuckenherden in der freien Natur! Unsere Wanderwege sind sicher, da die Wahrscheinlichkeit, dass Sie auf ein entlaufenes Tier treffen, unter 10 % liegt. Sie können sicher sein, dass es sich bei Dreiviertel der entlaufenen Tiere um eine weibliche Schnucke handelt. Streicheln und füttern Sie die Tiere bitte nicht, sondern setzen Sie Ihre Wanderung in Ruhe fort. [...]"

Handlungssituation 8[1)]

Im Rahmen des Qualitätsmanagements in einem Maschinenbau-Unternehmen werden unterschiedliche Aspekte in der Produktion untersucht. Die Produktion des Unternehmens besteht aus den drei Abteilungen Gießerei (G), Schlosserei (S) und Montage (M). In dem Unternehmen gibt es 270 jüngere Mitarbeiter (J) unter 40 Jahren und 230 ältere Mitarbeiter (A) über 40 Jahren. 170 Mitarbeiter arbeiten in der Gießerei, davon sind 120 jüngere Mitarbeiter. In der Schlosserei arbeiten 17 jüngere und 80 ältere Mitarbeiter.

Für die langfristige Personalplanung soll die Altersstruktur in den Abteilungen genauer betrachtet werden. Stellen Sie dazu den beschriebenen Sachverhalt in geeigneter Weise grafisch dar.

Bestimmen Sie die Wahrscheinlichkeiten der Ereignisse:

(1) Ein Mitarbeiter ist ein jüngerer Mitarbeiter.

(2) Ein Mitarbeiter arbeitet in der Schlosserei.

(3) Ein Mitarbeiter ist ein jüngerer Mitarbeiter und er arbeitet in der Schlosserei.

(4) Ein Mitarbeiter ist ein älterer Mitarbeiter unter der Voraussetzung, dass der Mitarbeiter in der Gießerei arbeitet.

Interpretieren Sie Ihre Ergebnisse in Bezug auf die langfristige Personalplanung.

Handlungssituation 9[2)]

Die Bäckerei Brofit hat eine Maschine zur Herstellung von Eiweißbrötchen angeschafft.

Der Inhaber der Bäckerei hat 400 Kunden seiner Bäckerei zur Einführung der neuen Eiweißbrötchen befragt. 30 % der befragten Kunden haben bereits Eiweißbrot gekauft. Von den Kunden, die bereits Eiweißbrot kaufen, kaufen 100 nur die neuen Eiweißbrötchen, jeder Zehnte kauft nur Fitnessbrötchen und der Rest kauft nur andere Sorten. Von den Kunden, die bisher kein Eiweißbrot kaufen, entscheiden sich 20 % nur für die neuen Eiweißbrötchen und der Rest jeweils zu gleichen Teilen entweder nur für die Fitnessbrötchen oder nur für die anderen Brötchensorten.

Stellen Sie den Sachverhalt grafisch dar.

Bestimmen Sie die Wahrscheinlichkeit dafür, dass von den befragten Kunden

A: ein zufällig ausgewählter Kunde Eiweißbrötchen kaufen würde;

B: ein zufällig ausgewählter Kunde sowohl Eiweißbrot als auch Eiweißbrötchen kaufen würde;

C: ein zufällig ausgewählter Kunde kein Eiweißbrot, aber Eiweiß- oder Fitnessbrötchen kaufen würde.

---

1) in Anlehnung an: Niedersächsisches Kultusministerium (Hrsg.): Zentralabitur 2012, Berufliches Gymnasium Wirtschaft/Gesundheit und Soziales, Rechnertyp GTR, eA, Aufgabe 2B, Auszug

2) in Anlehnung an: Niedersächsisches Kultusministerium (Hrsg.): Zentralabitur 2013, Berufliches Gymnasium Wirtschaft/Gesundheit und Soziales, Rechnertyp GTR, eA, Aufgabe 2B, Nachschreibtermin, Auszug

Handlungssituation 10[1]

Ein Reiseveranstalter bietet Besichtigungsfahrten in modernen Luxusbussen an. Aus Erfahrung weiß der Veranstalter, dass 52,8 % der angemeldeten Personen weiblich sind und an der Fahrt teilnehmen. 2,8 % der angemeldeten Personen sind männlich und nehmen nicht an der Fahrt teil. Weiterhin ist bekannt, dass 40 % aller angemeldeten Personen männlich sind.

Erstellen Sie für die geplanten Besichtigungsfahrten ein vollständiges Baumdiagramm.

Bestimmen Sie die Wahrscheinlichkeit dafür, dass

(1) eine angemeldete Person an der Reise nicht teilnimmt und weiblich ist;

(2) eine angemeldete Person an der Reise nicht teilnimmt;

(3) eine angemeldete Person an der Reise teilnimmt und männlich ist.

Handlungssituation 11[2]

Der Hersteller SO-NIE stellt auf der Messe GamesCom seine neue Spielkonsole vor.

Vor dem Versand der Spielkonsolen wird jedes Gerät dreimal geprüft. Bei der ersten Prüfung wurde festgestellt, dass 10 % der Gehäuse defekt sind. Die zweite Prüfung hat ergeben, dass bei 4 % aller Konsolen die Software nicht richtig installiert ist, und bei der dritten Prüfung ergab sich, dass 3 % aller Netzgeräte defekt sind.

Stellen Sie den Prüfungsablauf mithilfe eines Baumdiagramms dar.

Berechnen Sie die Wahrscheinlichkeit dafür, dass eine beliebige Konsole

(1) alle drei Fehler aufweist;

(2) genau einen der drei Fehler aufweist.

Erläutern Sie die Regeln, mit deren Hilfe Sie die beiden Wahrscheinlichkeiten ermittelt haben.

3.2 Allgemeine diskrete Wahrscheinlichkeitsverteilungen

3.2.1 Zufallsgröße

Bei einem Zufallsexperiment ist dessen Ausgang häufig nur von nachrangiger Bedeutung. Dies ist immer dann der Fall, wenn jedem Ergebnis des Zufallsexperiments eine reelle Zahl zugeordnet wird und streng betrachtet nur diese für den Betrachter von Interesse ist.

Beispiel

Ein Unternehmen produziert kleine LC-Displays mit einer Auflösung von 200 × 100 Pixel. Um den hohen Qualitätsansprüchen der Kunden gerecht zu werden, gelangen die Displays mit einem Stückverkaufspreis in Höhe von 30,00 € nur in den Fachhandel, wenn maximal drei von 20 000 Pixeln

[1] in Anlehnung an: Niedersächsisches Kultusministerium (Hrsg.): Zentralabitur 2011, Berufliches Gymnasium Wirtschaft/Gesundheit und Soziales, Rechnertyp GTR, eA, Block 2A, Aufgabe 1, Nachschreibtermin, Auszug

[2] in Anlehnung an: Niedersächsisches Kultusministerium (Hrsg.): Zentralabitur 2011, Berufliches Gymnasium Wirtschaft/Gesundheit und Soziales, Rechnertyp GTR, eA, Block 2B, Aufgabe 1, Nachschreibtermin, Auszug

Fehler aufweisen. Bei mehr als drei aber maximal zehn Pixelfehlern gelangen die Displays als B-Ware unter anderem Namen zum Stückpreis von 15,00 € zu Sonderpostenhändlern. Bei mehr als 10 Pixelfehlern werden die Geräte vernichtet. Der Erlös der mangelhaften Geräte beträgt 0,00 € pro Stück.

Wird nun der laufenden Produktion ein Display entnommen und auf Pixelfehler überprüft, ist nur interessant, zu welchem Preis sich das Bauteil verkaufen lässt. Dabei spielt es keine Rolle, ob das Display sechs sieben oder neun Pixelfehler hat, dann ist es nur als B-Ware zu einem Preis von 15,00 € pro Stück verkäuflich.

In diesem Fall wird jedem Ergebnis der theoretischen Ergebnismenge $S = \{0; 1; 2; \ldots; 20\,000\}$ genau eine reelle Zahl einer Wertemenge W zugeordnet. In diesem Fall einem Element aus $W = \{0; 15; 30\}$.

Diese Art der Zuordnung wird als **Zufallsgröße**[1] bezeichnet. In der Regel wird die Zufallsgröße mit X bezeichnet und dieses eindeutig definiert. In diesem Fall beschreibt die Zufallsgröße X den „Verkaufserlös eines Displays". $X = 15$ bedeutet somit, dass sich das kontrollierte Display für 15,00 € verkaufen lässt. Man sagt auch: Die Zufallsgröße nimmt den Wert 15 (€) an.

In diesem Fall gibt es die folgenden Zuordnungen

$0 \mapsto 30$	$4 \mapsto 15$	$11 \mapsto 0$
$1 \mapsto 30$	$5 \mapsto 15$	$12 \mapsto 0$
$2 \mapsto 30$	$\vdots$	$\vdots$
$3 \mapsto 30$	$10 \mapsto 15$	$20\,000 \mapsto 0$

Eine Zuordnung in der Art, dass jedem Ergebnis e_i der Ergebnismenge $S = \{e_1; e_2; e_3; \ldots; e_n\}$ genau eine reelle Zahl der Wertemenge $W = \{x_1; x_2; \ldots\}$ zugeordnet wird ($e_i \mapsto x_j$), also $X(e_i) = x_j$, heißt **Zufallsgröße**. Ist die Wertemenge endlich oder unendlich, aber dennoch abzählbar, wird die Zuordnung als **diskrete** Zufallsgröße bezeichnet. Ist sie nicht abzählbar, heißt sie **stetige** Zufallsgröße.

3.2.2 Wahrscheinlichkeitsverteilungen diskreter Zufallsgrößen

Häufig ist nicht nur von Interesse, welchen Wert die Zufallsgröße bei einem bestimmten Ergebnis annimmt, sondern wie groß die Wahrscheinlichkeit dafür ist. Solche Fragestellungen lassen sich mit der **Wahrscheinlichkeitsverteilung der Zufallsgröße** klären. Die Wahrscheinlichkeiten für das Eintreten der einzelnen Ergebnisse werden dabei häufig aus empirisch ermittelten Häufigkeiten[2] hergeleitet. Sämtliche Aufgaben in den folgenden Kapiteln sind so zu interpretieren.

Situation 1

Ein Unternehmen produziert kleine LC-Displays mit einer Auflösung von 200 × 100 Pixel. Um den hohen Qualitätsansprüchen der Kunden gerecht zu werden, gelangen die Geräte mit einem Stückverkaufspreis in Höhe von 30,00 € nur in den Fachhandel, wenn sie maximal drei Pixelfehler aufweisen. Bei mehr als drei aber maximal zehn Pixelfehlern gelangen die Displays als B-Ware unter anderem Namen zum Stückpreis von 15,00 € zu Sonderpostenhändlern. Bei mehr als 10 Pixelfehlern werden die Geräte vernichtet. Der Erlös der mangelhaften Geräte beträgt 0,00 € pro Stück.

17

[1] auch Zufallsvariable

[2] vgl. S. 184

Bei der täglichen Qualitätskontrolle werden zehn Displays auf die Anzahl der Pixelfehler überprüft. Die nachfolgende Tabelle weist die Ergebnisse aus:

Anzahl der Pixelfehler	2	0	1	3	5	2	6	0	0	12

Bestimmen Sie die Wahrscheinlichkeitsverteilung der Zufallsgröße X, wenn X den „Verkaufserlös eines Displays" beschreibt. Kontrollieren Sie Ihre Ergebnisse mit dem Taschenrechner.

Lösung

Von den zehn untersuchten Displays erfüllen **sieben** die Qualitätsanforderungen des Unternehmens komplett und werden zu einem Verkaufspreis von 30,00 € pro Stück ausgeliefert. **Zwei** Displays mit fünf oder sechs Pixelfehlern werden als B-Ware eingestuft und erzielen somit einen Verkaufserlös in Höhe von jeweils 15,00 €. Nur **ein** Display wird vernichtet.

n_i	7	2	1
X: Verkaufserlös je Display [€]	30	15	0
$P(X = x_i) = \frac{n_i}{n}$	$\frac{7}{10} = 0{,}7$	$\frac{2}{10} = 0{,}2$	$\frac{1}{10} = 0{,}1$

Die Menge aller Wertepaare $(X; P(X = x_i))$ wird als **Wahrscheinlichkeitsverteilung der Zufallsgröße X** bezeichnet.

Die Grafik zeigt, dass es am wahrscheinlichsten ist, dass ein Display den vollen Verkaufserlös in Höhe von 30,00 € erwirtschaftet.

Eine Vernichtung des Gerätes ist anhand der Stichprobe nur in 10 % aller Fälle zu erwarten.

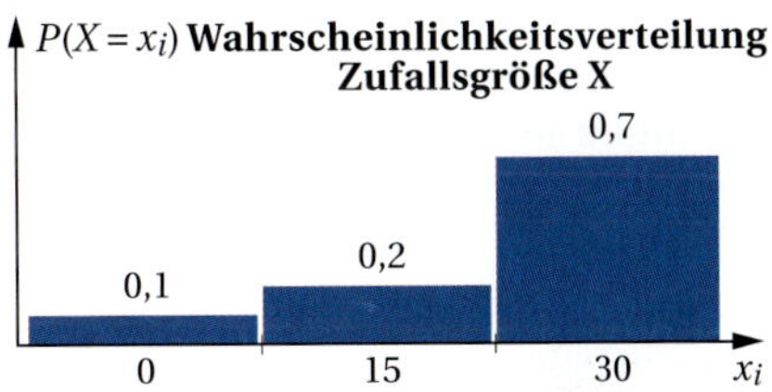

Rechnergestützte Lösung

Der Taschenrechner kann mithilfe von Listen Wahrscheinlichkeitsverteilungen verarbeiten. Dies ist insbesondere bei größeren Stichprobenumfängen sinnvoll.

Die vorhandenen Werte werden in zwei Listen eingegeben, hier L1 und L2. (L1 $\mapsto$ Verkaufserlös je Display, L2 $\mapsto n_i$) STAT, ENTER Anschließend die gewünschten Werte eingeben, jeder Wert muss mit ENTER bestätigt werden.	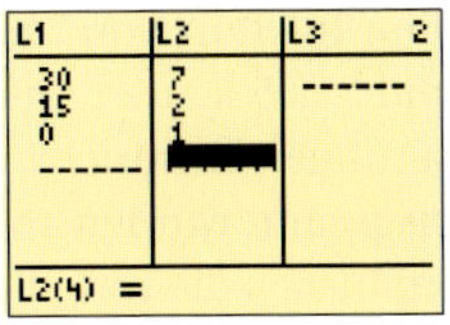
Die Wahrscheinlichkeit jedes Wertes der Zufallsgröße wird bestimmt mit: $P(X = x_i) = \frac{n_i}{n}$ Jedes der Elemente in L2 muss daher durch den gesamten Stichprobenumfang dividiert werden. Der Stichprobenumfang n ist die Summe aller Elemente in L2. Dies kann durch 2ND, [List], MATH, 5:sum(, 2ND, [L2]) berechnet werden.	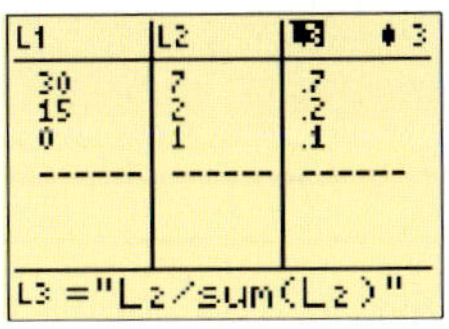

Anschließend kann die Liste drei „umbenannt“ werden. Es ist wie bei einem Tabellenkalkulationsprogrammmöglich, als Listenname eine Formel einzugeben, in diesem Fall **„L2/sum(L2)“**. Die Anführungszeichen bewirken, dass beim Verändern der Werte die Wahrscheinlichkeiten automatisch neu berechnet werden (dynamisch). Nun werden durch ENTER sofort alle Werte berechnet.	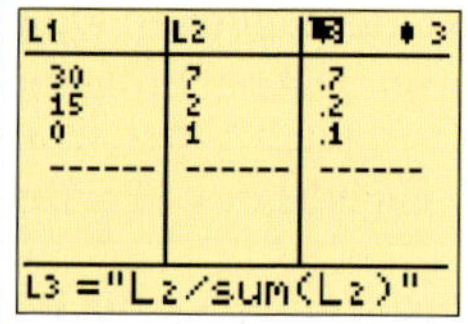
Bei Bedarf kann die Verteilung auch durch ein Histogramm dargestellt werden. Nehmen Sie dazu die Einstellungen gemäß der Abbildung vor.	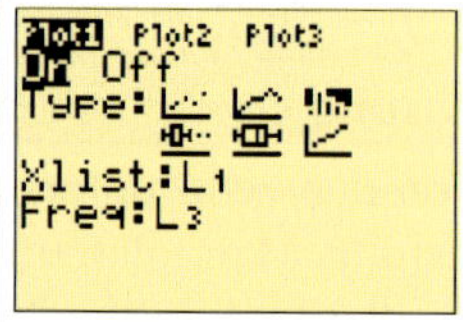
GRAPH liefert das Histogramm. **Hinweis** Eventuell muss durch WINDOW oder ZOOM die Fenstereinstellung angepasst werden.	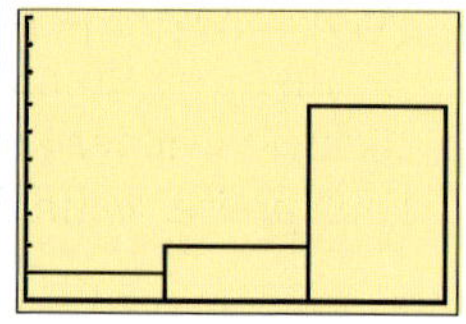

Situation 2

In einem Zementwerk wird Zement in Säcke mit einem Sollgewicht von 25 kg abgefüllt. Die Herstellkosten eines Sackes betragen 1,20 €. Der Toleranzbereich bei der Befüllung beträgt 2 ‰. Jeder Sack wird vor dem Stapeln auf Europaletten automatisch gewogen. Liegt das Gewicht (in g) nicht im Toleranzbereich wird der Sack aussortiert und es entstehen zusätzliche Kosten in Höhe von 0,25 €. Die Zufallsgröße X beschreibt die „Herstellkosten eines Sackes“.

Bestimmen Sie die Wahrscheinlichkeitsverteilung der Zufallsgröße X anhand der Daten einer Tagesproduktion.

g	**$24{,}925 \le x < 24{,}95$**	**$24{,}95 \le x < 24{,}975$**	**$24{,}975 \le x < 25{,}025$**	**$25{,}025 \le x < 25{,}05$**
n_i	229	2 324	18 495	1 852

Lösung

Eine Toleranz von 2 ‰ entspricht einer Abweichung von 50 g, sodass Säcke zwischen 24,95 kg und 25,05 kg den Anforderungen entsprechen. Die Herstellkosten eines Sacks, der den Anforderungen entspricht, betragen 1,20 €. Für alle anderen Säcke betragen die Herstellkosten 1,45 €. Insgesamt wurden an diesem Tag 22 900 Säcke abgefüllt, von denen 229 aussortiert wurden. So ergibt sich die Verteilung:

Herstellkosten [€] je Sack x_i	1,20	1,45
$P(X = x_i)$	$\frac{22\,671}{22\,900} = 0{,}99$	$\frac{229}{22\,900} = 0{,}01$

Lässt sich jedem Wert x_i, den die Zufallsgröße X annehmen kann, genau eine Wahrscheinlichkeit $P(X = x_i)$ zuordnen, so heißt diese Funktion **Wahrscheinlichkeitsverteilung der Zufallsgröße X**, wenn die folgenden Bedingungen erfüllt sind:

1. $0 \le P(X = x_i) \le 1$
2. $\sum_{i=1}^{n} P(X = x_i) = 1$

Übungsaufgaben

1 In einem metallverarbeitenden Betrieb sollen aus großen Stahlblechen Quadrate mit einer Fläche von 625 cm^2 ausgestanzt werden. Die Maschine arbeitet aufgrund eines Einstellfehlers nicht exakt. Als Stichprobe wurden der laufenden Produktion einige Bleche entnommen und kontrolliert.

Fläche [cm^2]	610,09	620,01	625	630,01	676
Anzahl [Stück]	2	6	30	9	1

Bestimmen Sie die Wahrscheinlichkeitsverteilung für die Kantenlänge als Zufallsgröße X.

2 In einem Café werden verschiedene Torten angeboten. An einem zufällig ausgewählten Verkaufstag bestellen 16 Personen „Bienenstich", 25 Personen „Sachertorte", 12 Personen „Frankfurter Kranz" und 34 Gäste die Spezialität des Hauses: „Schwarzwälder Kirschtorte". Bestimmen Sie die Wahrscheinlichkeitsverteilung für die Verkaufspreise, wenn die Tageseinahmen aus dem Tortenverkauf 291,50 € betragen.

Preisliste	
Bienenstich	2,50 €/Stück
Frankfurter Kranz	2,90 €/Stück
Sachertorte	3,50 €/Stück
Schwarzwälder Kirschtorte	€/Stück

3 Ein Getränkeproduzent vertreibt seine Erfrischungsgetränke in PET-Einwegflaschen, die alle aus dem gleichen Rohling für 3 Cent pro Stück produziert werden. Das Getränk wird in Flaschen der Größen 330 ml, 500 ml sowie 1 Liter, 1,25 Liter und 2 Liter abgefüllt und die Herstellung kostet 0,30 € pro Liter.

Vor einem Supermarkt werden 150 zufällig ausgewählte Kunden zu ihrem Einkaufsverhalten befragt. 68 entschieden sich für die mittlere Größe, 12 für die kleinste und 20 für die größte Flasche. Die restlichen Befragten verteilten sich gleichmäßig auf die übrigen Größen.

Bestimmen Sie die Wahrscheinlichkeitsverteilung der Zufallsgröße X: Herstellkosten je befüllter PET-Einwegflasche.

4 Ein Arbeitsloser kostet den deutschen Staat durchschnittlich 1 500,00 € pro Monat. Bei einer Umfrage in Niedersachsen wurden 500 ehemalige Arbeitslose befragt, wie lange sie jeweils arbeitslos waren. Das Kreisdiagramm zeigt das Ergebnis der Umfrage.

Geben sie die Wahrscheinlichkeitsverteilung für die voraussichtlichen Kosten eines Arbeitslosen an.

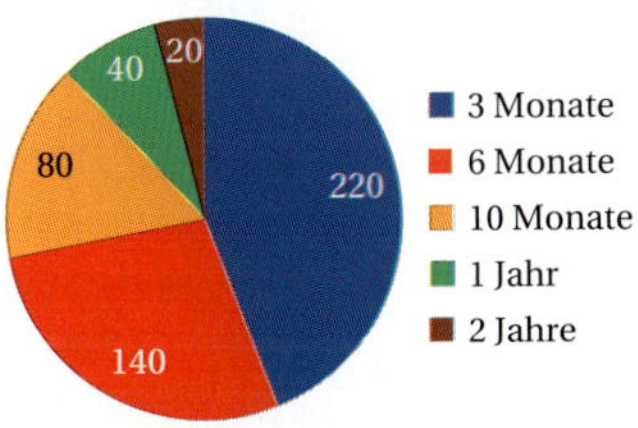

5 Im Rahmen einer Qualitätskontrolle untersucht der Lagerleiter eines Obstgroßhändlers eine Lieferung Erdbeeren aus Marokko. Jede angelieferte Schale hat ein Sollgewicht von 250 g. Insgesamt wird 1 t Erdbeeren angeliefert. Die Qualität ist für den Händler von entscheidender Bedeutung. Für eine Schale der Handelsklasse I (HK I) erhält der Händler im Verkauf 0,85 €, für HK II 0,60 € und für HK III lediglich 0,25 €. 2 % aller Stiegen à 16 Schalen aus Marokko werden kontrolliert. Davon entsprechen 64 Schalen der HK I, 8 Schalen der HK II und 6 Schalen der HK III, der Rest ist unverkäuflich. Bestimmen Sie die Wahrscheinlichkeitsverteilung der Zufallsgröße X: Verkaufspreis je Schale aus dem Verkauf marokkanischer Erdbeeren.

3.2.3 Erwartungswert diskreter Zufallsgrößen

Häufig interessieren bei einem Zufallsexperiment weniger die Einzelwahrscheinlichkeiten der Ergebnisse, sondern vielmehr, welche langfristige Auswirkung das gesamte Zufallsexperiment haben wird. So ist es beispielsweise bei einem Glücksspiel für den Spieler von großem Interesse, ob er langfristig gewinnen oder verlieren wird. Die Einzelwahrscheinlichkeiten der Gewinnklassen sind von geringer Bedeutung. Auch wirtschaftlich ist diese Frage von großer Bedeutung. So ist es für einen Unternehmer vor allem relevant, ob der Verkauf seiner Produkte langfristig zu einem Gewinn führt oder nicht.

Mithilfe des Erwartungswertes $E(X)$ der Zufallsgröße X lassen sich solche Fragestellungen beantworten. Die Berechnung ähnelt der des gewichteten arithmetischen Mittels. Der Unterschied liegt vor allem in der zeitlichen Dimension. Während das gewichtete arithmetische Mittel vergangenheitsorientiert ist, handelt es sich bei dem Erwartungswert sozusagen um das zukünftig und langfristig zu erwartende, gewichtete arithmetische Mittel.

$$E(X) = x_1 \cdot P(X = x_1) + x_2 \cdot P(X = x_2) + x_3 \cdot P(X = x_3) + \ldots + x_n \cdot P(X = x_n) = \sum_{i=1}^{n} x_i \cdot P(X = x_i)$$

Erwartungswert der Zufallsgröße *X*

Situation 3

An einem Bahnhofskiosk sollen zukünftig neben Zeitschriften und Getränken auch vier warme Snacks angeboten werden. Die Bahnreisenden sollen dann zwischen Frikadellen, Pommes frites und Curry- oder Bockwurst wählen können. Der Kioskbetreiber möchte wissen, wie hoch die Einnahmen pro Jahr aus dem Snackverkauf ausfallen werden. Während einer einmonatigen Testphase hat er diese Mengen verkauft:

	Frikadelle	Pommes frites	Currywurst	Bockwurst
Preis/Stück [€]	1,50	1,80	2,70	2,40
Menge [Stück]	120	200	180	100

Berechnen Sie den Erwartungswert $E(X)$ und interpretieren Sie Ihr Ergebnis.
Kontrollieren Sie Ihr Ergebnis mit dem Taschenrechner.

Lösung

Zunächst muss die Wahrscheinlichkeitsverteilung der Zufallsgröße X: „Verkaufspreis eines Snacks" bestimmt werden.

	Frikadelle	Pommes frites	Currywurst	Bockwurst
x_i	1,5	1,8	2,7	2,4
n_i	120	200	180	100
$P(X = x_i)$	$\frac{120}{600} = 0{,}2$	$\frac{200}{600} = 0{,}\overline{3}$	$\frac{180}{600} = 0{,}3$	$\frac{100}{600} = 0{,}1\overline{6}$

Anschließend kann der Erwartungswert berechnet werden:
$E(X) = 1{,}5 \cdot 0{,}2 + 1{,}8 \cdot 0{,}\overline{3} + 2{,}7 \cdot 0{,}3 + 2{,}4 \cdot 0{,}1\overline{6} = 2{,}11$

Der Erwartungswert $E(X)$ entspricht den zu erwartenden Einnahmen aus einem Snackverkauf. In diesem Fall betragen die durchschnittlichen Einnahmen, die aus dem Verkauf eines der vier Snacks entstehen 2,11 €. Man sagt: Der Erwartungswert nimmt den Wert 2,11 an.

Setzt man voraus, dass die Wahrscheinlichkeitsverteilung der Testphase auch zukünftig gilt, so lassen sich die vermutlichen jährlichen Einnahmen sehr einfach berechnen.

Während der einmonatigen Testphase wurden insgesamt 600 Snacks zu einem Durchschnittspreis von 2,11 € verkauft. Daher betragen die zu erwartenden Einnahmen pro Jahr
$600 \cdot 2{,}11 \cdot 12 = 15\,192{,}00$ [€].

Rechnergestützte Lösung

Die vorhandenen Werte werden in zwei Listen eingegeben, hier L1 und L2. (L1 ↦ Preis, L2 ↦ $P(X = x_i)$)

[STAT], [ENTER]

Anschließend die gewünschten Werte eingeben, jeder Wert muss mit [ENTER] bestätigt werden.

Anschließend kann der Erwartungswert berechnet werden. Weil die Berechnung der des gewichteten arithmetischen Mittels ähnelt, wird der gesuchte Wert als $\bar{x}$ ausgegeben.

[STAT], [CALC], 1:1-Var Stats mit [ENTER] auswählen und die entsprechenden Listen durch [2ND], [L1], [,], [2ND], [L2] auswählen. [ENTER] liefert nun verschiedene Kennwerte der Listen.

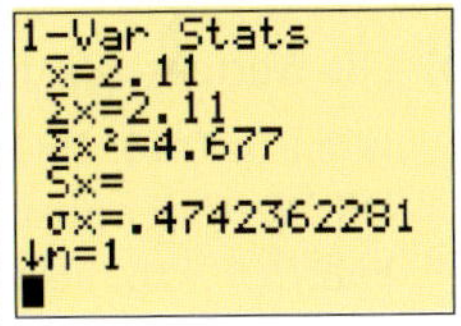

Situation 4

Auf dem Münchener Viktualienmarkt bietet ein Obsthändler an sechs Tagen in der Woche Flugpapaya aus Brasilien zu einem Verkaufspreis von 6,00 € pro Stück an. Für jeden Geschäftstag kauft der Händler zehn Früchte frisch auf dem Münchener Großmarkt für 3,50 € pro Stück ein. Die Nachfrage nach Papayas schwankt zufällig und ist an machen Tagen größer als das Angebot, an anderen Tagen ist die Verkaufsmenge sehr gering.

letzte Woche	Mo	Di	Mi	Do	Fr	Sa
Verkaufsmenge [Stück]	5	9	5	6	8	10

a) Berechnen Sie anhand der Ihnen zur Verfügung stehenden Daten den zu erwartenden Gewinn des Obsthändlers aus dem Papayaverkauf an einem beliebigen Tag des Jahres.

b) Berechnen Sie $P(X > 0)$ und interpretieren Sie Ihr Ergebnis anwendungsbezogen.

Lösung

a) Im ersten Schritt wird die Zufallsvariable X als „Gewinn aus dem Papayaverkauf" definiert und anschließend der Gewinn pro Tag berechnet.

Für den Freitag ergibt sich beispielsweise folgende Rechnung
Gewinn = Erlöse – Kosten, also $8 \cdot 6{,}00 - 10 \cdot 3{,}50 = 13{,}00$ [€].

	Mo	Di	Mi	Do	Fr	Sa
X: Gewinn (in €)	–5	19	–5	1	13	25

Im zweiten Schritt wird die Wahrscheinlichkeitsverteilung aufgestellt.

x_i	–5	19	1	13	25	Σ
n_i	2	1	1	1	1	6
$P(X=x_i)$	$\frac{2}{6}=0{,}\overline{3}$	$\frac{1}{6}=0{,}1\overline{6}$	$\frac{1}{6}=0{,}1\overline{6}$	$\frac{1}{6}=0{,}1\overline{6}$	$\frac{1}{6}=0{,}1\overline{6}$	1

Nun lässt sich der Erwartungswert mithilfe der bereits von S. 220 bekannten Formel für den Erwartungswert $E(X)$ der Zufallsgröße X durch $\sum_{i=1}^{n} x_i \cdot P(X=x_i)$ bestimmen:

$E(X) = -5 \cdot 0{,}\overline{3} + 19 \cdot 0{,}1\overline{6} + 1 \cdot 0{,}1\overline{6} + 13 \cdot 0{,}1\overline{6} + 25 \cdot 0{,}1\overline{6} = 8$

Der Obsthändler kann nach dem Verkauf der letzten Woche an einem Tag mit einem Gewinn in Höhe von 8,00 € aus dem Papayaverkauf rechnen.

b) Die Wertemenge W umfasst in diesem Beispiel fünf Elemente:

$W = \{-5; 1; 13; 19; 25\}$. Der Wert des negativen Elementes bedeutet einen Verlust dieser Höhe. Die Werte der positiven Elemente stehen für einen Gewinn jener Höhe. Gesucht ist in diesem Fall $P(X > 0)$, also die Wahrscheinlichkeit, dass die Zufallsgröße einen Wert annimmt, der größer als 0 ist. Da die Zufallsgröße als Gewinn aus dem Papayaverkauf definiert ist, wird die Wahrscheinlichkeit gesucht, mit der der Obsthändler aus dem Verkauf von Papayas Gewinn erzielt. Dies ist nach Aufgabenteil a) in vier Fällen jeweils mit der Wahrscheinlichkeit $P = 0{,}1\overline{6}$ der Fall. Die Wahrscheinlichkeit P, dass der Händler Gewinn (G) erzielt beträgt somit $P(G) = 4 \cdot 0{,}1\overline{6} = 0{,}\overline{6} = 66{,}\overline{6}\,\%$.

Zusammenfassung

Kann die Zufallsgröße X die Werte $x_1; x_2; \ldots; x_n$ annehmen und lässt sich jedem Wert x_i eine Wahrscheinlichkeit $P(X=x_i)$ zuordnen, so lässt sich der Erwartungswert $E(X)$ mithilfe der Formel $E(X) = \sum_{i=1}^{n} x_i \cdot P(X=x_i)$ berechnen. Häufig wird statt $E(X)$ auch μ[1] oder μ_x verwendet.

Übungsaufgaben

1 In einem Betrieb wurden zufällig 20 repräsentative Mitarbeiter, entsprechend 16 %, gefragt, wie viele Überstunden sie in der vergangenen Woche geleistet haben.

Überstunden	0	1	2	3	4
$P(X=x_i)$	0,3	0,2	0,25	0,15	0,1

Wie viele Überstunden sind in dem Betrieb innerhalb einer Woche insgesamt zu erwarten?

[1] 12. Buchstabe des griechischen Alphabets, gelesen: mü

2 In einer Möbelmanufaktur werden hochwertige Echtholzstühle in reiner Handarbeit gefertigt. Am Ende des Produktionsprozesses wird jeder Stuhl mit mehreren Schichten Klarlack versehen. Ein Kunde bestellt für ein Luxusrestaurant 120 dieser Stühle. Um mögliche Lackschäden weitestgehend zu vermeiden, findet die Lackierung erst kurz vor der Auslieferung statt. Direkt nach dem Beginn der Lackierarbeiten erkundigt sich der Kunde telefonisch nach dem frühestmöglichen Abholtermin. Der Leiter der Endkontrolle hat bei den ersten fünf Stühlen schriftlich festgehalten, wie lange der Lackiervorgang gedauert hat.

Stuhl	1	2	3	4	5
Zeit (in min)	20	22	17	23	18

Welche Auskunft geben Sie dem Anrufer nach Rücksprache mit dem Leiter der Endkontrolle, wenn der Lackierer täglich acht Stunden arbeitet?

3 Nach dem Abitur hat eine Schülerin die Möglichkeit, bei zwei vergleichbaren Betrieben ein Praktikum zu absolvieren. Die Bruttogehälter der Praktikanten sind tabellarisch dargestellt.

	Betrieb A				**Betrieb B**			
X: Bruttogehalt (in €)	1 200	1 450	1 320	1 840	1 300	1 480	1 650	1 380
$P(X=x_i)$ bzw. n_i	0,2	0,4	0,25	0,15	1	3	5	4

a) Bei welchem der beiden Betriebe sollte die Schülerin das Praktikum beginnen, wenn die finanziellen Interessen im Vordergrund stehen?

b) Bei welchem der beiden Betriebe ist die Wahrscheinlichkeit größer, mehr als 1 400,00 € monatlich zu verdienen, und wie hoch ist diese Wahrscheinlichkeit?

4 Als Leiter der Abteilung Schadensregulierung Nord III einer Versicherung liegen ihnen zwei Statistiken vor.

Schadensfälle und Versicherungssumme Bereich Nord III 2018

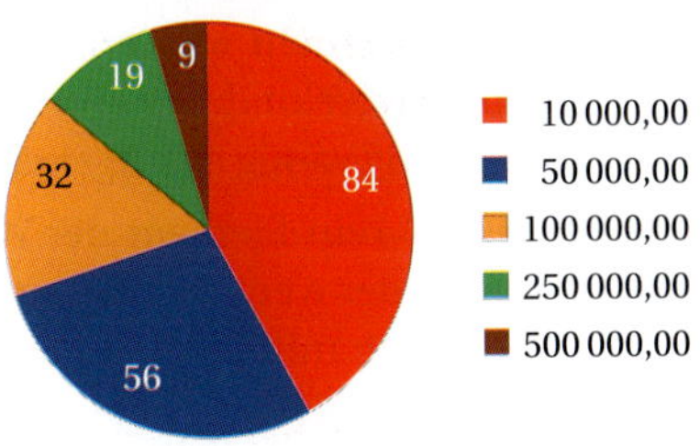

Anzahl Schadensfälle Bereich Nord III

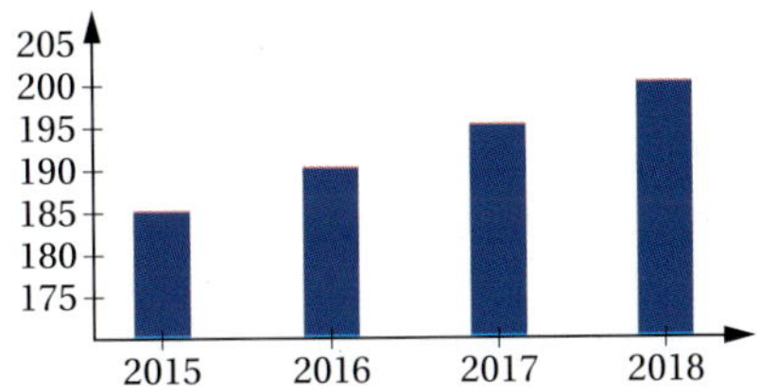

Ihr Vorgesetzter bittet Sie, anhand der beiden Statistiken abzuschätzen, wie viel Geld für das Jahr 2019 zur Schadensregulierung eingeplant werden sollte.

5 Auf einer zwei Hektar großen Obstplantage wachsen in gleichmäßigen Abständen Apfelbäume die durchschnittlich 75 kg Früchte tragen. Leider sind die Bäume mit Schädlingen befallen. Um den Ernteausfall besser abschätzen zu können, wurde eine Parzelle (s. Abb.) kontrolliert. Die Stärke des Schädlingsbefalls wird auf einer Skala von 0 bis 10 festgehalten. Ist der Wert größer als 5, ist es betriebswirtschaftlich nicht mehr sinnvoll, die einwandfreien Früchte auszusortieren, und die Ernte des Baumes fällt komplett aus. Der Wert 3 auf der Skala bedeutet, dass 30 % aller Früchte des entsprechenden Baumes unverkäuflich sind. Für die übrigen Werte gilt dies entsprechend. Berechnen Sie aus der repräsentativen Befallskontrolle der Parzelle, für wie viel Kilo Äpfel der Plantage eine betriebswirtschaftlich sinnvolle Verwertung erwartet werden kann.

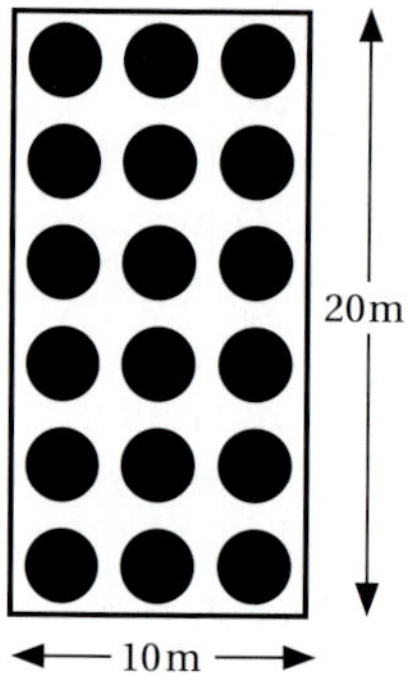

Befallstärke	0	1	2	3	4	5	6	7	8	9	10
Anzahl	1	1	3	1	2	1	2	2	2	2	1

3.2.4 Standardabweichung und Streuungsintervall diskreter Zufallsgrößen

Beispiel

Auf einer Baustelle soll von einem Brett ein 20 cm langes Stück abgesägt werden. Wird dies mit einer Kreissäge mit Längenanschlag durchgeführt so wird jedes der Stücke exakt 20 cm lang sein. Auch im Durchschnitt haben diese Stücke dann eine Länge von 20 cm. Bei jedem weiteren Stück wird dann ebenfalls eine Länge von 20 cm erwartet. Daher ist der Erwartungswert in diesem Fall $E(X) = 20$ cm. Wird die gleiche Aufgabe einem erfahrenen Zimmermann mit einem Fuchsschwanz gestellt, so wird es seltener oder eventuell gar nicht vorkommen, dass ein Teilstück exakt 20 cm lang ist. Vielmehr werden die Werte um die vorgegebenen 20 cm streuen. Wenn aber sehr viele Holzstücke untersucht werden, so ist es durchaus möglich, dass der Erwartungswert exakt 20 cm ist, da sich positive und negative Abweichungen gegenseitig aufheben. Der Erwartungswert allein ist daher häufig wenig aussagekräftig.

In den meisten Fällen ist der Erwartungswert $E(X)$ der Zufallsgröße X kein Element der Wertemenge $W = \{x_1; x_2; \ldots; x_n\}$. Vielmehr streuen die einzelnen Werte mehr oder weniger stark um den Erwartungswert. Wie stark die durchschnittliche Abweichung ist, lässt sich mithilfe der Standardabweichung $\sigma(X)$ beschreiben.

Um die Standardabweichung der Zufallsgröße $\sigma(X)$ berechnen zu können, wird die Varianz der Zufallsgröße $V(X)$ benötigt. Die beiden Formeln entsprechen im Wesentlichen der empirischen Varianz und der empirischen Standardabweichung aus dem Lernbereich „Beschreibende Statistik“. Die Varianz dient lediglich zur Berechnung der Standardabweichung. Sie lässt sich nicht sinnvoll anwendungsbezogen interpretieren.

$$V(X) = \sum_{i=1}^{n} (x_i - E(X))^2 \cdot P(X = x_i)$$

Varianz der Zufallsgröße X

$$\sigma(X) = \sqrt{V(X)} = \sqrt{\sum_{i=1}^{n} (x_i - E(X))^2 \cdot P(X = x_i)}$$

Standardabweichung der Zufallsgröße X

Situation 5

Wegen stark gesunkener Nachfrage muss ein Zulieferer der Automobilindustrie eine seiner beiden Spritzgussmaschinen verkaufen. Im Betrieb soll die Maschine bleiben, die erwartungsgemäß zuverlässiger produzieren wird. Die betriebsinternen Aufzeichnungen der vergangenen vier Monate werden ausgewertet:

Ausschuss Maschine A
Kapazität (1 000 Stück/Monat)

Monat	März	April	Mai	Juni
Stück	20	0	10	30

Ausschuss Maschine B
Kapazität (1 000 Stück/Monat)

Monat	März	April	Mai	Juni
Stück	15	17	12	16

Begründen Sie rechnerisch, welche der beiden Maschinen das Unternehmen verkaufen sollte, wenn in jedem Monat die Maschinenlaufzeit identisch war.

Kontrollieren Sie Ihre Ergebnisse mit dem Taschenrechner.

Lösung

Zunächst wird für beide Maschinen der Erwartungswert der Zufallsgröße X „Anzahl der Ausschussteile pro Monat" berechnet.

$$E(X_A) = 20 \cdot \frac{1}{4} + 0 \cdot \frac{1}{4} + 10 \cdot \frac{1}{4} + 30 \cdot \frac{1}{4} = 15$$

$$E(X_B) = 15 \cdot \frac{1}{4} + 17 \cdot \frac{1}{4} + 12 \cdot \frac{1}{4} + 16 \cdot \frac{1}{4} = 15$$

Würde man nur den Erwartungswert betrachten, käme man zu dem Ergebnis, dass beide Maschinen gleich zuverlässig arbeiten. Betrachtet man jedoch die einzelnen Monate, so wird deutlich, dass die Ergebnisse bei der Maschine A deutlich stärker um den Erwartungswert streuen, als dies bei Maschine B der Fall ist. Daher wird zusätzlich die Standardabweichung der Zufallsgröße $\sigma(X)$ berechnet.

$$\sigma(X_A) = \sqrt{(20-15)^2 \cdot \frac{1}{4} + (0-15)^2 \cdot \frac{1}{4} + (10-15)^2 \cdot \frac{1}{4} + (30-15)^2 \cdot \frac{1}{4}} \approx 11{,}18$$

$$\sigma(X_B) = \sqrt{(15-15)^2 \cdot \frac{1}{4} + (17-15)^2 \cdot \frac{1}{4} + (12-15)^2 \cdot \frac{1}{4} + (16-15)^2 \cdot \frac{1}{4}} \approx 1{,}87$$

Das Unternehmen sollte Maschine B behalten. Zwar ist auf den ersten Blick zu erwarten, dass beide Maschinen durchschnittlich gleich viel Ausschuss produzieren, bei Maschine B ist die Abweichung jedoch wesentlich geringer. Durchschnittlich beträgt die Abweichung vom Erwartungswert nur etwa 2 Bauteile.

Rechnergestützte Lösung

Die vorhandenen Werte werden in eine Liste eingegeben, hier L1 (Werte der Maschine A).

[STAT], [ENTER]

Dann werden die gewünschten Werte eingegeben, jeder Wert muss mit [ENTER] bestätigt werden.

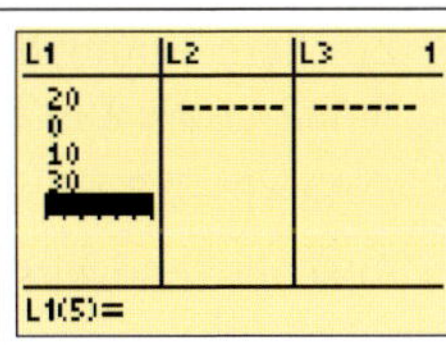

Anschließend kann die Standardabweichung berechnet werden.

[STAT], [CALC], 1:1-Var Stats mit [ENTER] auswählen und die entsprechende Liste durch [2ND], [L1], [,] auswählen. [ENTER] liefert nun verschiedene Kennwerte der Liste.

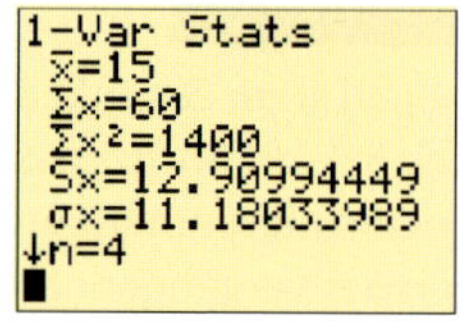

Für Maschine B müssen die beiden Schritte erneut durchgeführt werden.

Für das 1σ-Streuungsintervall um den Erwartungswert gilt:

$$[E(X)-\sigma(X); E(X)+\sigma(X)]$$

1σ-Streuungsintervall um den Erwartungswert

Werte in diesem Intervall, werden als „normal", „üblich" oder „charakteristisch" bezeichnet.

Situation 6

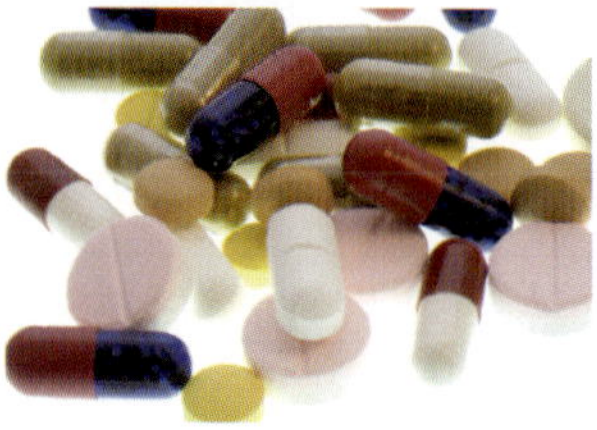

Ein Pharmakonzern testete zahlreiche neue Medikamente an Freiwilligen. Jeder Patient erhielt in der Vergangenheit für die Teilnahme 2 000,00 €. Die Geschäftsführung möchte nun stattdessen nur noch 500,00 € pro Teilnehmer bezahlen, zuzüglich weiteren 600,00 € je auftretender Nebenwirkung. Die repräsentativen Ergebnisse der letzten Studien lassen sich der nachfolgenden Tabelle entnehmen.

22

Anzahl der Nebenwirkungen x_i	0	1	2	3	4
$P(X=x_i)$	0,3	0,4	0,2	0,07	0,03

a) Berechnen Sie die Standardabweichung $\sigma(X)$ und interpretieren Sie Ihr Ergebnis anwendungsbezogen. Kontrollieren Sie Ihr Ergebnis mit dem Taschenrechner.

b) Bestimmen Sie das 1σ-Streuungsintervall um den Erwartungswert a und begründen Sie rechnerisch, ob der Vorschlag der Geschäftsführung aus betriebswirtschaftlicher Sicht sinnvoll ist.

Lösung

a) Zur Berechnung der Standardabweichung wird zunächst der Erwartungswert benötigt. Die Zufallsgröße X ist hier die „Anzahl der Nebenwirkungen".

$E(X)=0\cdot 0{,}3+1\cdot 0{,}4+2\cdot 0{,}2+3\cdot 0{,}07+4\cdot 0{,}03=1{,}13$

Anschließend wird die Standardabweichung berechnet:

$\sigma(X)=\sqrt{\sum_{i=1}^{5}(x_i-E(X))^2\cdot P(X=x_i)}=\sqrt{1{,}0331}\approx 1{,}02$

Die Standardabweichung $\sigma\approx 1{,}02$ sagt aus, dass die Anzahl der Nebenwirkungen bei den Testpersonen durchschnittlich um etwa 1 Nebenwirkung nach oben oder unten abweicht.

b) $[E(X) - \sigma(X); E(X) + \sigma(X)]$

$[1{,}13 - 1{,}02; 1{,}13 + 1{,}02]$

$[0{,}11; 2{,}15]$

Die Anzahl der Nebenwirkungen liegt im Normalfall zwischen etwa 0 und etwa 2 Nebenwirkungen. Selbst wenn zukünftig alle Patienten durchschnittlich 2 Nebenwirkungen hätten, lägen die Kosten mit 500 + 2 · 600 = 1 700 [€] immer noch 300,00 € unter den bisherigen 2000,00 €. Der Vorschlag der Geschäftsführung ist sinnvoll.

Rechnergestützte Lösung

Die vorhandenen Werte werden in zwei Listen eingegeben, hier L1 und L2. (L1 ↦ Anzahl, L2 ↦ $P(X = x_i)$)

[STAT], [ENTER]

Dann werden die gewünschten Werte eingegeben, jeder Wert muss mit [ENTER] bestätigt werden.

Anschließend kann die Standardabweichung berechnet werden.

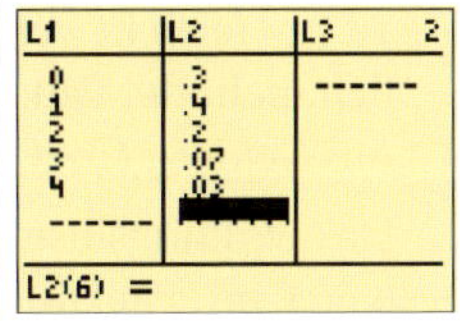

[STAT], [CALC], 1:1-Var Stats mit [ENTER] auswählen und die entsprechenden Listen durch

[2ND], [L1], [,], [2ND], [L2] auswählen. [ENTER] liefert nun verschiedene Kennwerte der Listen.

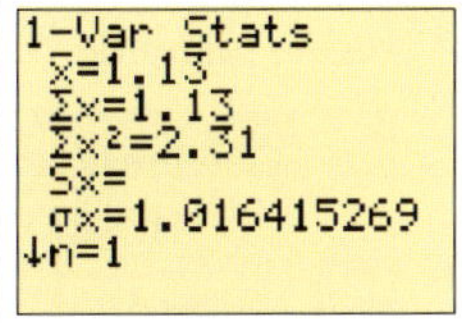

Zusammenfassung

Kann die Zufallsgröße X die Werte $x_1; x_2; \ldots; x_n$ annehmen und hat den Erwartungswert $E(X)$, dann lässt sich die Standardabweichung $\sigma(X)$ mithilfe der Formel $\sigma(X) = \sqrt{V(X)}$ berechnen. $V(X)$ bezeichnet die Varianz der Zufallsgröße X und lässt sich durch die Formel

$V(X) = \sum_{i=1}^{n} (x_i - E(X))^2 \cdot P(X = x_i)$ berechnen.

Werte, die innerhalb des 1σ-Streuungsintervalls $[E(X) - \sigma(X); E(X) + \sigma(X)]$ liegen, werden häufig als „normal", „üblich" oder „charakteristisch" bezeichnet.

Übungsaufgaben

1 Der Geschäftsführer eines italienischen Eiscafés möchte den erwarteten Bedarf an Speiseeis an einem normalen Sommertag mit 250 Gästen berechnen. Dazu hat er in den vergangenen Wochen eine Liste geführt.

Anzahl Kugeln je Gast x_i	1	2	3	4	5
$P(X = x_i)$	0,12	0,17	0,5	0,13	0,08

Mit welcher Verkaufsmenge kann der Geschäftsführer im Normalfall rechnen?

2 In einer Garnfabrik wird Baumwolle zu Garn versponnen und auf Rollen mit einer Solllänge von 325 m aufgespult. Im Rahmen der Qualitätssicherung werden 50 Rollen überprüft. Davon hatten zwei Drittel exakt die geforderte Länge. Ein Viertel war entweder um 2 % zu lang oder zu kurz, wobei der Anteil der Rollen mit zu wenig Garn doppelt so hoch war wie der mit zu viel Garn. Die restlichen Rollen waren alle 5 % zu kurz.

Bestimmen Sie das Intervall der „gewöhnlichen Garnlänge“.

3 In seiner Werbung verspricht der Hersteller einer Diätpille, dass die Kunden auch ohne ausreichende Bewegung und gesunde Ernährung auf jeden Fall 10 kg Gewicht verlieren werden. Ist dies nachweislich nicht der Fall, so erhält der Kunde einen Teil seines Geldes gemäß nebenstehender Grafik zurück.

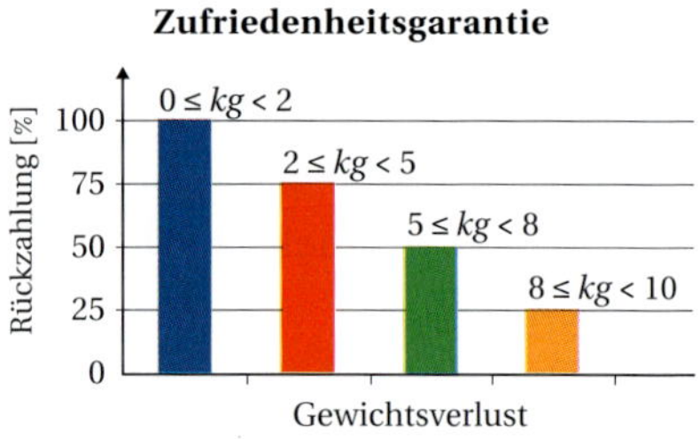

Das wirkungslose Produkt kostet in der Herstellung 6,50 € pro Packung und wird für 30,00 € pro Packung verkauft. In welchem Bereich ist der Gewinn des Unternehmens im Normalfall zu erwarten, wenn jährlich 100 000 Packungen abgesetzt werden können und eine repräsentative Testreihe die folgende Wahrscheinlichkeitsverteilung ergeben hat?

Gewichtsverlust (in kg) x_i	$0 \leq x_i < 2$	$2 \leq x_i < 5$	$5 \leq x_i < 8$	$8 \leq x_i < 10$	$x_i \geq 10$
$P(X = x_i)$	0,3	0,25	0,2	0,15	0,1

4 Die Temperatur T (in °C) des Essens in einem Restaurant ist abhängig von der Zeit t (in min), die von der Fertigstellung in der Küche bis zum Servieren beim Gast vergeht, und lässt sich im Intervall [0; 5] durch die Funktionsgleichung $T(t) = (t - 5)^2 + 60$ beschreiben. Die prozentuale Höhe des Trinkgeldes M ist wiederum abhängig von der Temperatur, die das Essen beim Servieren hat und lässt sich im Intervall [50; 85] durch die Funktionsgleichung $M(T) = 0{,}005\ T^2 - 12{,}5$ beschreiben. Die Kellner bringen das Essen in der Regel gemäß nachfolgender Tabelle an den Tisch.

t (in min) x_i	1	2	3	4	5
$P(X = x_i)$	0,1	0,2	0,4	0,2	0,1

Bestimmen Sie, in welchem prozentualen Rahmen sich das Trinkgeld des Kellners normalerweise bewegen wird.

5 In einer Papierfabrik wird Papier in den Größen DIN A4 und DIN A5 der Stärke 80 g/m² in Pakete à 500 Stück verpackt. Das Unternehmen verwendet dafür zwei unterschiedliche Maschinen.

a) Welche der beiden Maschinen arbeitet durchschnittlich genauer?

b) Wie viele Blätter Papier befinden sich anhand Ihrer Berechnungen durchschnittlich in einem Paket der Größe DIN A4?

c) Welche Anzahl von Blättern in einem Paket der Größe DIN A4 würden Sie als normal bezeichnen?

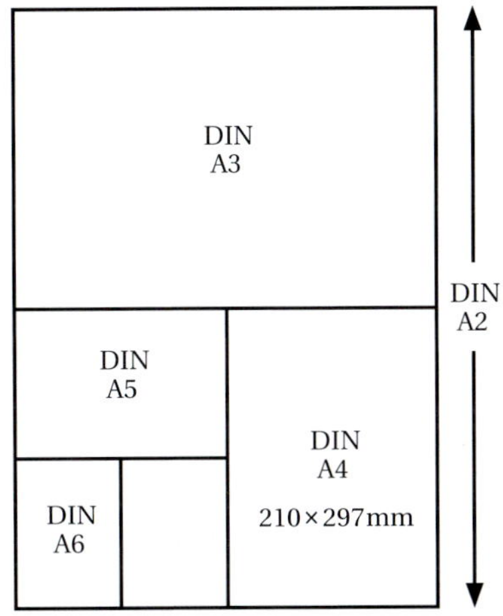

	Maschine DIN A4			
X: Gewicht (in g)	2485	2500	2520	2545
$P(X = x_i)$ bzw. n_i	0,2	0,4	0,25	0,15

Maschine DIN A5			
1180	1195	1250	1380
20	41	400	45

3.2.5 Handlungssituationen zu allgemeinen diskreten Wahrscheinlichkeitsverteilungen

Die folgenden Situationen sollen Sie mit den Ihnen zur Verfügung stehenden Rechnern bearbeiten. Besonders wichtig ist die Interpretation Ihrer Ergebnisse.

Handlungssituation 1

Ein Elektronikhersteller stellt neuartige LED-Fernseher her, die zu einem Verkaufspreis von 499,00 € in den Handel kommen. Die Panels sollen von einem externen Hersteller angeliefert werden. Zur Wahl stehen zwei unterschiedlich teure Anbieter mit abweichenden Qualitätsstandards. Beim Anbieter A kostet ein Panel 150,00 €, beim Anbieter B werden nur 120,00 € verlangt.

Die Qualität der Panels lässt sich den nachfolgenden Wahrscheinlichkeitsverteilungen entnehmen.

Anbieter A

Anteil defekter LED (in %) x_i	$0 \leq x_i < 0{,}2$	$0{,}2 \leq x_i < 0{,}5$	$0{,}5 \leq x_i < 0{,}75$	$0{,}75 \leq x_i < 1$	$x_i \geq 1$
$P(X = x_i)$	80 %	10 %	5 %	4 %	1 %

Anbieter B

Anteil defekter LED (in %) x_i	$0 \le x_i < 0{,}2$	$0{,}2 \le x_i < 0{,}5$	$0{,}5 \le x_i < 0{,}75$	$0{,}75 \le x_i < 1$	$x_i \ge 1$
$P(X = x_i)$	50 %	30 %	10 %	8 %	2 %

Der Elektronikhersteller kann die Panels verwenden, wenn der Anteil der defekten LEDs weniger als 0,75 % beträgt. Pro Jahr werden 1 500 verwertbare Panels in der Produktion benötigt.

Bereiten Sie sich darauf vor, auf der kommenden Geschäftsführersitzung eine geeignete Lieferantenempfehlung auszusprechen.

Handlungssituation 2

Ein Hamburger Gemüsehändler beschickt an jeweils zwei Wochentagen drei unterschiedliche Wochenmärkte in Altona, Bergedorf und Eimsbüttel. Aus Zeitgründen kann er zukünftig seine Waren nur noch auf zwei Märkten anbieten. Auf allen Märkten bietet der Händler die gleichen Gemüsesorten an, die Nachfrage ist jedoch unterschiedlich groß. Aus seiner langjährigen Erfahrung weiß er, dass sich das Nachfrageverhalten seiner Kunden durch drei Wahrscheinlichkeitsverteilungen beschreiben lässt.

Altona

Gemüse	Möhren	Kartoffeln	Bohnen	Zwiebeln	Paprika	Tomaten
$P(X = x_i)$	10 %	15 %	12 %	20 %	13 %	30 %

Bergedorf

Gemüse	Möhren	Kartoffeln	Bohnen	Zwiebeln	Paprika	Tomaten
$P(X = x_i)$	15 %	10 %	17 %	25 %	19 %	14 %

Eimsbüttel

Gemüse	Möhren	Kartoffeln	Bohnen	Zwiebeln	Paprika	Tomaten
$P(X = x_i)$	13 %	17 %	10 %	18 %	22 %	20 %

Auf jedem der drei Wochenmärkte verkauft der Händler durchschnittlich 200 kg Gemüse. Die Preise sind auf allen Märkten gleich:

Gemüse	Möhren	Kartoffeln	Bohnen	Zwiebeln	Paprika	Tomaten
Preis (in €/kg) x_i	1,50	1,00	2,00	0,80	3,00	3,50

Aufgrund der örtlichen Gegebenheiten sind die Marktstände auf allen drei Wochenmärkten unterschiedlich groß. Die Größe der Stände und die Standgebühren sind abgebildet. Angefangene Quadratmeter müssen voll bezahlt werden.

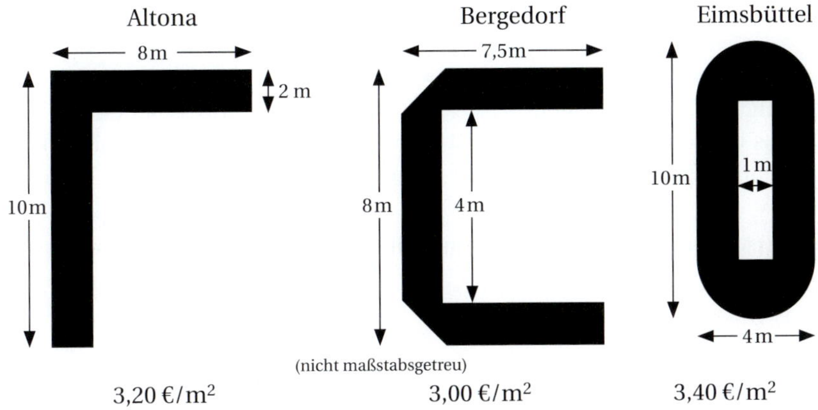

Für welche beiden Wochenmärkte sollte sich der Gemüsehändler entscheiden?

Handlungssituation 3

Ein Schausteller möchte für seinen Glücksspielbetrieb ein neues Glücksrad kaufen, da er der Meinung ist, dass die Kunden bei dem alten zu viel gewinnen. Der Kunde darf für 3,00 € zweimal hintereinander an dem Glücksrad drehen. Stoppt das Glücksrad zweimal auf der gleichen Farbe, gewinnt er einen Preis im Wert von 8,00 €.

Die Frau des Schaustellers ist dagegen, weil Sie der Meinung ist, dass das neue Glücksrad noch schlechter für den Schaustellerbetrieb wäre. Schlichten Sie den Streit zwischen dem Ehepaar.

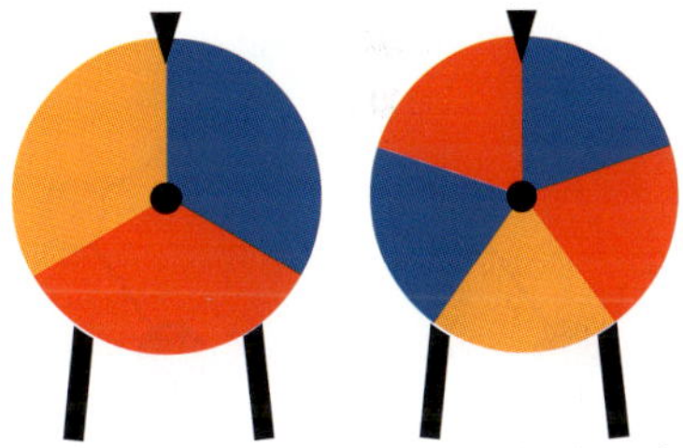

3.3 Binomialverteilung

3.3.1 Einzel- und kumulierte Wahrscheinlichkeiten binomialverteilter Zufallsgrößen

In der Realität gibt es bei Zufallsexperimenten häufig nur zwei mögliche Ausgänge. So ist ein Los auf dem Jahrmarkt entweder ein „Treffer“ oder eine „Niete“, beim Münzwurf fällt Kopf oder Zahl oder ein im Rahmen der Qualitätssicherung kontrolliertes Bauteil ist „defekt“ oder „einwandfrei“. Zufallsexperimente dieser Art werden als Bernoulli-Experimente[1] bezeichnet.

- Ein Zufallsexperiment mit nur zwei möglichen Ausgängen heißt **Bernoulli-Experiment**.
- Wird ein Bernoulli-Experiment n-mal durchgeführt und ändern sich die Wahrscheinlichkeiten für die beiden Ausgänge dabei nicht, so handelt es sich um eine **Bernoulli-Kette der Länge *n***.
- Eine Wahrscheinlichkeitsverteilung, der ein Bernoulli-Experiment zu Grunde liegt, heißt **Binomialverteilung**. Die Binomialverteilung ist eine **diskrete** Wahrscheinlichkeitsverteilung. Die dazugehörige Zufallsgröße ist **binomialverteilt** und kann nur ganzzahlige Werte annehmen.

[1] nach Jacob. I. Bernoulli, schweizer Mathematiker und Physiker (1655 – 1705)

Situation 1

In einem Industriebetrieb werden die Prototypen eines neuen Hochleistungsakkus für Smartphones produziert. Aufgrund des noch nicht ausgereiften Produktionsprozesses sind nur 60 % der produzierten Akkus einwandfrei (E), der Rest ist defekt (D). Im Rahmen der Qualitätskontrolle werden der laufenden Produktion zufällig vier Akkus entnommen und auf ihre Funktion überprüft.

Berechnen Sie die Wahrscheinlichkeit dafür, dass genau drei der kontrollierten Akkus einwandfrei sind.

Lösung

Als binomialverteilte Zufallsgröße X wird „Anzahl der einwandfreien Akkus" definiert. Gesucht ist somit die Wahrscheinlichkeit dafür, dass die Zufallsgröße X den Wert 3 annimmt. Man schreibt $P(X = 3)$. Um alle Ausgänge des Zufallsexperiments übersichtlich darzustellen, wird ein Baumdiagramm erstellt.

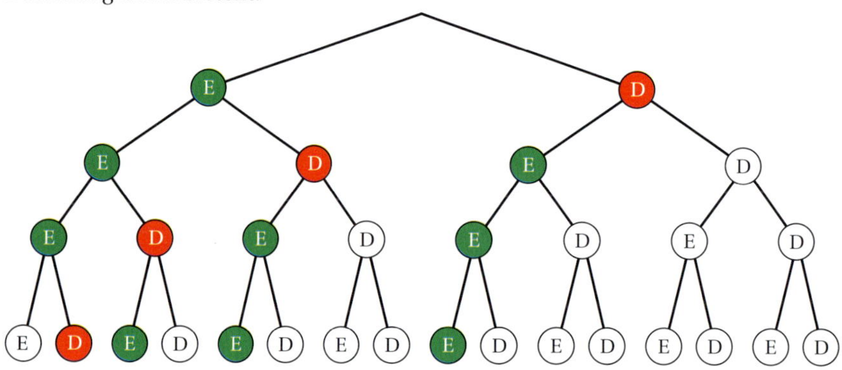

Insgesamt gibt es 16 unterschiedliche Möglichkeiten für den Ausgang des Zufallsexperiments. Vier davon erfüllen die Bedingung, dass genau drei der vier kontrollierten Akkus defekt sind. Die Wahrscheinlichkeit für jeden der vier Pfade lässt sich mithilfe der **1. Pfadregel** berechnen.

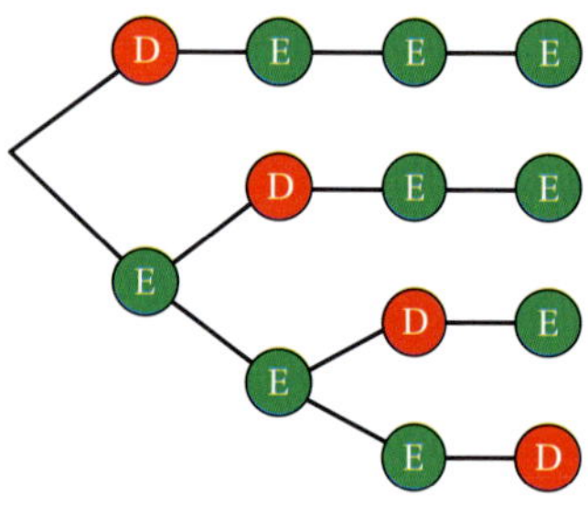

$P(\text{DEEE})$ $0{,}4 \cdot 0{,}6 \cdot 0{,}6 \cdot 0{,}6 = 0{,}0864$

$P(\text{EDEE})$ $0{,}6 \cdot 0{,}4 \cdot 0{,}6 \cdot 0{,}6 = 0{,}0864$

$P(\text{EEDE})$ $0{,}6 \cdot 0{,}6 \cdot 0{,}4 \cdot 0{,}6 = 0{,}0864$

$P(\text{EEED})$ $0{,}6 \cdot 0{,}6 \cdot 0{,}6 \cdot 0{,}4 = 0{,}0864$

Die Wahrscheinlichkeit ist in jedem der vier Fälle gleich groß, da jedes Mal dreimal die Wahrscheinlichkeit für einen einwandfreien Akku (0,6) mit der Wahrscheinlichkeit für einen defekten Akku (0,4) multipliziert wird. Die Reihenfolge spielt dabei keine Rolle. Daher lässt sich die Wahrscheinlichkeit eines Pfades auch verkürzt durch $0{,}6^3 \cdot 0{,}4 = 0{,}0864$ berechnen.

Da es vier solcher Pfade gibt, lässt sich die Wahrscheinlichkeit mithilfe der **2. Pfadregel** berechnen. $P(X = 3) = 0{,}0864 + 0{,}0864 + 0{,}0864 + 0{,}0864 = 0{,}3456 = 34{,}56\,\%$.

Verkürzt dargestellt: $P(X = 3) = 4 \cdot 0{,}0864 = 0{,}3456 = 34{,}56\,\%$.

Gerade bei größeren Stichproben ist es sehr aufwendig, ein Baumdiagramm mit allen Möglichkeiten zu erstellen und die Äste, die die aufgestellte Bedingung erfüllen, durchzuzählen. In der oben angeführten Situation 1 sollen Akkus nicht mehrfach kontrolliert werden. Darüber hinaus ist es egal, in welcher Reihenfolge ein „Treffer", in diesem Fall ein einwandfreier Akku, oder eine „Niete", in diesem Fall ein defekter Akku, auftritt. Die Anzahl der Pfade (Möglichkeiten) bei einer Stichprobe ohne Zurücklegen und ohne Beachtung der Reihenfolge, lässt sich mithilfe des Binomialkoeffizienten $\binom{n}{k}$ (sprich: n über k) berechnen.

$$\binom{n}{k} = \frac{n!}{k! \cdot (n-k)!}$$

Binomialkoeffizient

Dabei steht das Ausrufezeichen „!" für Fakultät und meint das Produkt aller von 0 unterschiedlichen natürlichen Zahlen kleiner oder gleich der vor dem Ausrufezeichen stehenden Zahl[1]. So ist beispielsweise $5! = 5 \cdot 4 \cdot 3 \cdot 2 \cdot 1 = 120$.

Das „n" steht für die Anzahl der Ziehungen, also für die Länge der Bernoulli-Kette. In Situation 1 hatte die Bernoulli-Kette die Länge 4, da es vier Ziehungen gab.

Das „k" steht für die Anzahl der Treffer in Situation 1, also einwandfreie Akkus. Dort wurden Ausgänge mit 3 Treffern betrachtet.

Die Anzahl der Pfade, die die Bedingung erfüllen, dass es bei 4 Ziehungen genau 3 Treffer gibt, ist daher $\binom{4}{3} = \frac{4!}{3! \cdot (4-3)!} = \frac{4!}{3! \cdot 1!} = \frac{4 \cdot \cancel{3} \cdot \cancel{2} \cdot \cancel{1}}{\cancel{3} \cdot \cancel{2} \cdot \cancel{1} \cdot 1} = \frac{4}{1} = 4$

Die Wahrscheinlichkeit aus Situation 1 lässt sich daher auch direkt ohne Erstellung eines Baumdiagramms berechnen:

$P(X=3) = \binom{4}{3} \cdot 0{,}6^3 \cdot 0{,}4^1 = 0{,}3456 = 34{,}56\,\%$

Allgemein gilt:

$$P(X=k) = B_{n;p}(k) = \binom{n}{k} \cdot p^k \cdot (1-p)^{n-k}$$

Formel von Bernoulli (Einzelwahrscheinlichkeiten binomialverteilter Zufallsgrößen)

Dabei ist:

X: Zufallsgröße
n: Anzahl der Ziehungen/Wiederholungen
k: Anzahl der Treffer
p: Trefferwahrscheinlichkeit
$1-p$: Gegenwahrscheinlichkeit[2] (Nietenwahrscheinlichkeit)

Einzelwahrscheinlichkeiten binomialverteilter Zufallsgrößen sind nur von den Parametern n, p und k abhängig. Statt $P(X=k)$ schreibt man daher meist $B_{n;p}(k)$.

---

1) per Definition ist $0! = 1$
2) statt $1-p$ wird auch häufig q verwendet

Situation 2

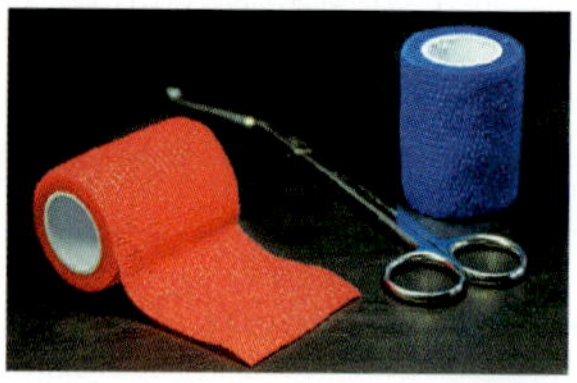

In einer Fabrik werden elastische Fixierbinden in rot und blau zu gleichen Anteilen produziert. Die Binden in zwei Farben werden gemischt und für Krankenhäuser zufällig in Kartons mit 10 Stück verpackt. Im Rahmen einer Qualitätskontrolle wird ein Karton geöffnet und überprüft, wie viele rote Fixierbinden enthalten sind.

a) Berechnen Sie für jede mögliche Anzahl roter Fixierbinden in einem 10er-Karton die Wahrscheinlichkeit. Kontrollieren Sie Ihr Ergebnis mit dem Taschenrechner. 23, 25

b) Stellen Sie Ihre Ergebnisse mithilfe eines Histogramms dar und beschreiben Sie Auffälligkeiten. Kontrollieren Sie Ihr Ergebnis mit dem Taschenrechner. 25, 26

Lösung

a) Gesucht ist die Wahrscheinlichkeitsverteilung der binomialverteilten Zufallsgröße X „Anzahl der roten Fixierbinden in einem 10er-Karton". Weil sich 10 Fixierbinden in einem Karton befinden, ist die Anzahl der Versuche $n = 10$. Weil die Fixierbinden zu gleichen Anteilen produziert werden, ist die Trefferwahrscheinlichkeit $p = 0{,}5$. k beschreibt die Anzahl der Treffer und kann Werte in dem Intervall [0; 10] annehmen. 0 Treffer würde bedeuten, dass sich gar keine rote Fixierbinde in dem Karton befindet. 10 Treffer würde bedeuten, dass alle Fixierbinden in dem Karton rot sind. Die Zufallsgröße ist daher $B_{10;\,0,5}(k)$-verteilt.

Jede dieser 11 Möglichkeiten lässt sich mit der Formel $B_{n;p}(k) = \binom{n}{k} \cdot p^k \cdot (1-p)^{n-k}$ für Einzelwahrscheinlichkeiten binomialverteilter Zufallsgrößen berechnen.

Die Wahrscheinlichkeit dafür, dass es in einem 10er-Karton 0 „Treffer" gibt, ist:

$B_{10;\,0,5}(0) = \binom{10}{0} \cdot 0{,}5^0 \cdot (1-0{,}5)^{10-0} \approx 0{,}00098 = 0{,}0098\,\%$

Die Wahrscheinlichkeit dafür, dass es in einem 10er-Karton genau 1 „Treffer" gibt, ist:

$B_{10;\,0,5}(1) = \binom{10}{1} \cdot 0{,}5^1 \cdot (1-0{,}5)^{10-1} \approx 0{,}00977 = 0{,}977\,\%$ usw.

Der Taschenrechner bietet dafür eine gesonderte Funktion.

Im Hauptbildschirm zunächst mit [2ND], [DISTR], A:binompdf(, [ENTER] den entsprechende Befehl auswählen. Unter trials die Anzahl der Ziehungen, unter p die Trefferwahrscheinlichkeit und unter x die Anzahl der Treffer jeweils über den Nummernblock mit [ENTER] eingeben.	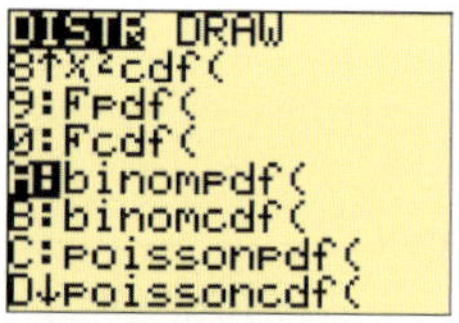
Zweimaliges [ENTER] liefert den gewünschten Wert.	

Wenn wie in dieser Situation die gesamte Wahrscheinlichkeitsverteilung aufgestellt werden soll, dann können mehrere Einzelwahrscheinlichkeiten auch auf einmal berechnet werden.

Als Erstes müssen alle Werte für k mit [STAT], 1:EDIT in die Liste L1 eingegeben werden.

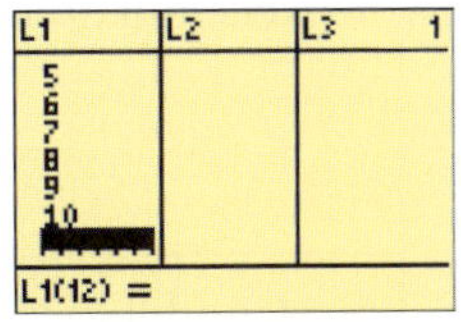

Als Nächstes muss mit den Cursor-Tasten der Listenkopf von L2 markiert werden.

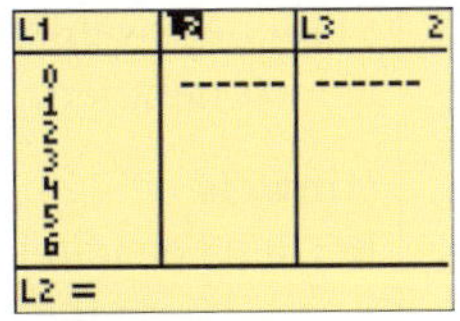

Durch die Eingabe [2ND], [DISTR], A:binompdf(das Fenster für die Einzelwahrscheinlichkeitsberechnung binomialverteilter Zufallsgrößen wählen.

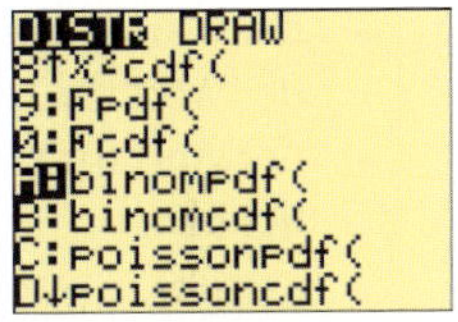

Unter trials die Anzahl der Ziehungen, unter p die Trefferwahrscheinlichkeit und unter x mit [2ND], [L1] die Liste mit den zuvor ausgefüllten Werten für k eingeben.

[ENTER] liefert die Wahrscheinlichkeitsverteilung.

Die Wahrscheinlichkeitsverteilung (mit jeweils auf vier Nachkommastellen gerundeten Wahrscheinlichkeiten) lautet:

k	0	1	2	3	4	5
$B_{10;0,5}(k)$	0,0010	0,0098	0,0439	0,1172	0,2051	0,2461

k	6	7	8	9	10
$B_{10;0,5}(k)$	0,2051	0,1172	0,0439	0,0098	0,0010

b) Die größte Trefferwahrscheinlichkeit ist bei 5 Treffern.

Die Wahrscheinlichkeiten 0 und 10, 1 und 9, 2 und 8 usw. Treffer ist immer identisch.

Das Histogramm ist symmetrisch.

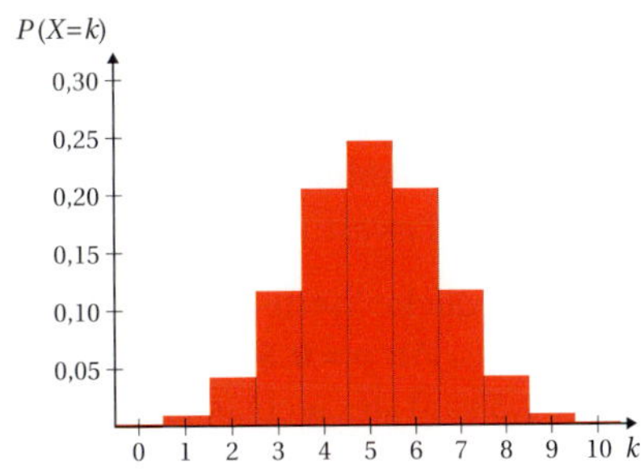

Histogramme können mit dem Taschenrechner erstellt werden.

<table>
<tr><td>Als Erstes wie unter Aufgabenteil a) beschrieben die Wahrscheinlichkeitsfunktion erstellen.</td><td>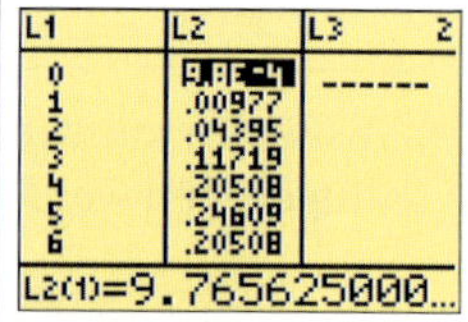
</td></tr>
<tr><td>Im Hauptbildschirm mit [2ND], [STAT PLOT], 1:Plot1 den Statistikplotter auswählen und die Einstellungen nach den drei Abbildungen vornehmen.

Hinweis
Bei den Fenstereinstellungen ist zu beachten, dass
▸ die Werte für Xmin und Ymin immer 0 sind,
▸ der Wert für Xmax immer $n + 1$ ist,
▸ der Wert für Xscl immer 1 ist,
▸ der Wert für Ymax immer größer ist als die höchste Wahrscheinlichkeit.</td><td>

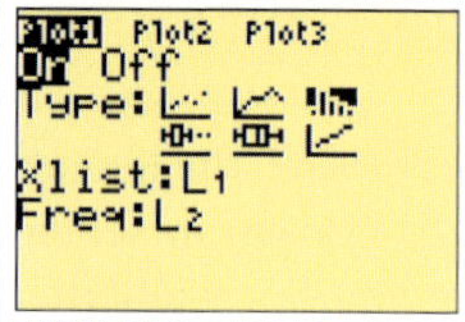

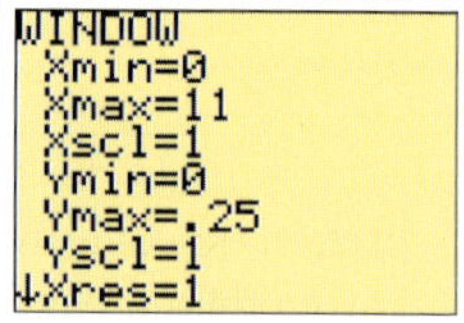
</td></tr>
<tr><td>GRAPH liefert das gewünschte Histogramm.

Hinweis
Sie müssen vorher alle Eingaben im Y-Editor löschen.</td><td>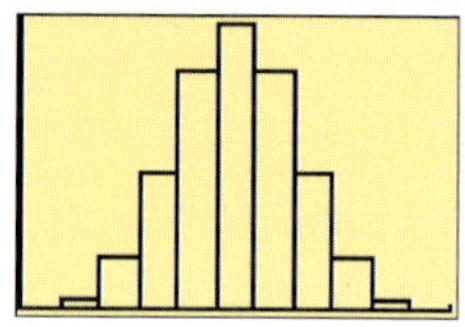</td></tr>
</table>

Ein Histogramm ermöglicht die grafische Darstellung von Häufigkeits- und Wahrscheinlichkeitsverteilungen. Das Histogramm ähnelt dem Säulendiagramm. Bei einem Säulendiagram spiegelt die Höhe jeder Säule (Rechteck) die Häufig- oder Wahrscheinlichkeit einer Merkmalsausprägung wider. Die Breite jedes Rechtecks spielt dabei keine Rolle.

Bei einem Histogramm wird die Wahrscheinlichkeit durch die Fläche eines Rechtsecks angegeben. Die Rechtecke können dabei, in Abhängigkeit der Klassierung der Daten, unterschiedliche Breiten haben. Im Gegensatz zum Säulendiagramm werden die Rechtecke direkt nebeneinander – also ohne Abstand zwischen den einzelnen Rechtecken – dargestellt.

Für Histogramme von Wahrscheinlichkeitsverteilungen binomialverteilter Zufallsgrößen wird in der Regel die Klassenbreite 1 gewählt, sodass für jede Trefferanzahl ein einzelnes Rechteck gezeichnet wird. Da in einer Stichprobe vom Umfang n auch 0 Treffer möglich sind, hat ein solches Histogramm $\boldsymbol{n + 1}$ Rechtecke. Der Erwartungswert wird durch das Rechteck mit der größten Höhe dargestellt. In Abhängigkeit des Erwartungswerts „wandert“ das Histogramm auf der x-Achse nach links (kleiner Erwartungswert) bzw. nach rechts (großer Erwartungswert).

Unterschiedliche Werte für die Trefferwahrscheinlichkeit p wirken sich auf die Form des Histogramms aus. Für $\boldsymbol{p = 0{,}5}$ sind sie symmetrisch zum Erwartungswert. Ist $\boldsymbol{p > 0{,}5}$ sind sie „linkssteil“, für $\boldsymbol{p < 0{,}5}$ sind sie „rechtssteil“.

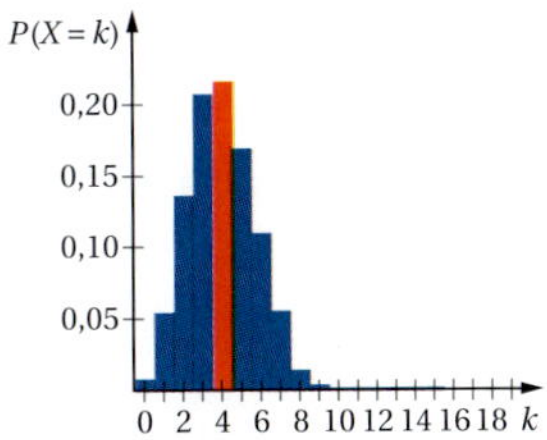

linkssteil $p_{\text{links}} = 0{,}25$

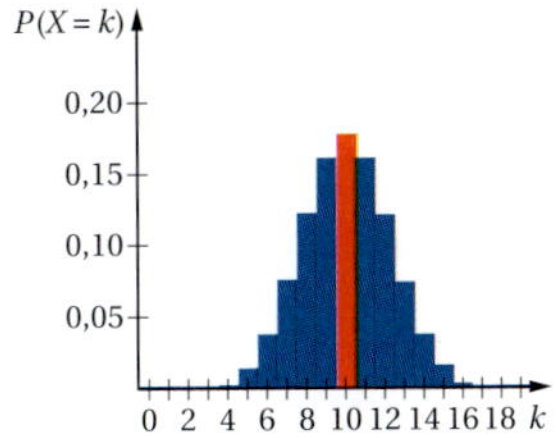

symmetrisch $p = 0{,}5$

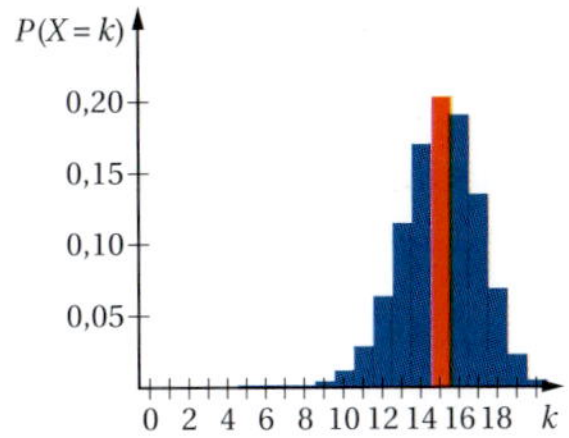

rechtssteil $p_{\text{rechts}} = 0{,}75$

Die linkssteile und die rechtssteile Verteilung sind spiegelverkehrt zueinander für $p_{\text{links}} + p_{\text{rechts}} = 1$. Deshalb gilt: $B_{20;\,0,25}(2) = 0{,}0669 = B_{20;\,0,75}(18)$ oder allgemein:

$B_{n;\,p}(k) = B_{n;\,1-p}(n-k)$
symmetrische Einzelwahrscheinlichkeiten binomialverteilter Zufallsgrößen

Der Flächeninhalt jeder Säule in einem Histogramm gibt die Wahrscheinlichkeit für die dazugehörigen Treffer an. Der kumulierte Flächeninhalt aller Säulen ist $1 = 100\,\%$.

Situation 3

In einem Industriebetrieb werden maschinell gefertige Gläser mithilfe eines Roboters in Kartons mit jeweils 20 Stück verpackt. Aufgrund eines Einstellfehlers ist die Greifkraft des Roboterarms zu stark. 20 % der Gläser gehen daher beim Verpacken kaputt.

24

a) Stellen Sie die Wahrscheinlichkeitsverteilung mithilfe eines Histogramms dar und beschreiben Sie Besonderheiten.

b) Berechnen Sie die Wahrscheinlichkeit dafür, dass maximal zwei kaputte Gläser in dem Karton sind und verdeutlichen Sie dies in dem unter Aufgabenteil a) erstellten Histogramm. Kontrollieren Sie Ihr Ergebnis mit dem Taschenrechner.

Lösung

Die Zufallsgröße X wird als „Anzahl kaputter Gläser in einem Karton“ definiert.

a) Die größte Trefferwahrscheinlichkeit ist bei 4 Treffern.

Ab 12 Treffern sind die Wahrscheinlichkeiten so klein, dass die Säulen nicht mehr dargestellt werden.

Das Histogramm ist linkssteil.

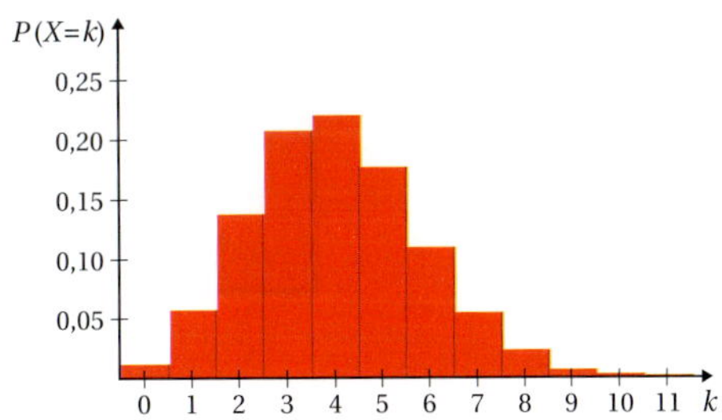

b) Gesucht ist $P(X \leq 2) = P(X=0) + P(X=1) + P(X=2) = \sum_{k=0}^{2} P(X=k)$.

$P(X=0) = B_{20;0,2}(0) \approx 0{,}0115$
$P(X=1) = B_{20;0,2}(1) \approx 0{,}0576$
$P(X=2) = B_{20;0,2}(2) \approx 0{,}1369$
$P(X \leq 2) \approx 0{,}0115 + 0{,}0576 + 0{,}1369 = 0{,}206 = 20{,}6\,\%$

Die Wahrscheinlichkeit, dass in einem Karton höchstens zwei Gläser kaputt sind, beträgt ca. 20,6 %.

Aufaddierte Wahrscheinlichkeiten werden als **kumulierte Wahrscheinlichkeiten** bezeichnet. Sie lassen sich mit dem Taschenrechner bestimmen.

Im Hauptbildschirm zunächst mit [2ND], [DISTR], B:binomcdf(, ENTER den entsprechende Befehl auswählen. Unter trials die Anzahl der Ziehungen, unter p die Trefferwahrscheinlichkeit und unter x die Anzahl der maximal erlaubten Treffer jeweils über den Nummernblock mit [ENTER] eingeben.	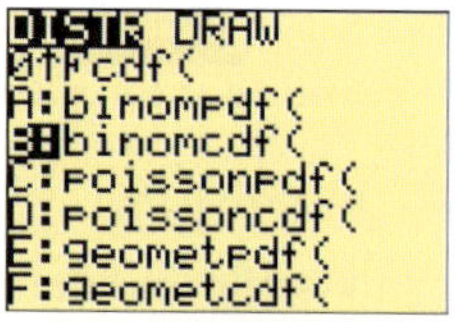 
Zweimaliges [ENTER] liefert den gewünschten Wert.	

Die Abweichung von der Summe der Einzelwahrscheinlichkeiten ist rundungsbedingt.

Die Wahrscheinlichkeit für $P(X \leq 2)$ entspricht dem Flächeninhalt der drei blauen Säulen.

Man schreibt statt $P(X \leq 2)$ daher meist $F_{20;0,2}(2)$.

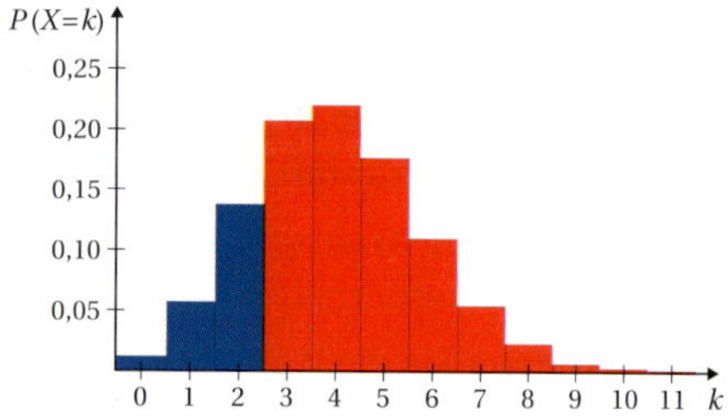

Allgemein gilt:

$$P(X \leq k) = F_{n;p}(k) = \sum_{i=0}^{k} \binom{n}{i} \cdot p^i \cdot (1-p)^{n-i}$$

Formel von Bernoulli
(kumulierte Wahrscheinlichkeiten binomialverteilter Zufallsgrößen)

Dabei ist:

X: Zufallsgröße
n: Anzahl der Ziehungen/Wiederholungen
k: Anzahl der Treffer
p: Trefferwahrscheinlichkeit
$1-p$: Gegenwahrscheinlichkeit[1] (Nietenwahrscheinlichkeit)

[1] statt $1-p$ wird auch häufig q verwendet

Zusammenfassung

- Ein Zufallsexperiment mit nur zwei möglichen Ausgängen heißt **Bernoulli-Experiment**.
- Wird ein Bernoulli-Experiment n-mal durchgeführt und ändern sich die Wahrscheinlichkeiten für die beiden Ausgänge dabei nicht, so handelt es sich um eine **Bernoulli-Kette der Länge n**.
- Eine Wahrscheinlichkeitsverteilung, der ein Bernoulli-Experiment zugrunde liegt, heißt **Binomialverteilung**. Die Binomialverteilung ist eine **diskrete** Wahrscheinlichkeitsverteilung. Die dazugehörige Zufallsgröße ist **binomialverteilt** und kann nur ganzzahlige Werte annehmen.
- Einzelwahrscheinlichkeiten lassen sich mithilfe der Formel $P(X = k) = B_{n;p}(k) = \binom{n}{k} \cdot p^k \cdot (1-p)^{n-k}$ berechnen.
- Kumulierte Wahrscheinlichkeiten lassen sich mithilfe der Formel $P(X \leq k) = F_{n;p}(k) = \sum_{i=0}^{k} \binom{n}{i} \cdot p^i \cdot (1-p)^{n-i}$ berechnen.

Ablesen aus den Tabellen zur Binomialverteilung

Die Binomialverteilung wurde in der Literatur erstmalig 1911 von dem schottischen Statistiker George Udny Yule erwähnt, bekannt ist sie jedoch schon seit dem 17. Jahrhundert. Zu Beginn des 20. Jahrhunderts, und natürlich auch drei Jahrhunderte vorher zu Zeiten Bernoullis, waren die rechnerischen Möglichkeiten deutlich beschränkter als heute.

Da weder Computer oder Taschenrechner bereits erfunden waren, mussten sämtliche Wahrscheinlichkeiten händisch berechnet werden. Da dies bei großen Stichproben häufig sehr lange dauerte und die Binomialverteilung in der Mathematik eine wichtige Rolle spielt, wurden für bestimmte Stichprobenumfänge Tabellen angefertigt, aus denen die gesuchten Wahrscheinlichkeiten abgelesen werden konnten.

Auch heute werden diese Tabellen noch häufig verwendet, da nicht alle Taschenrechner die benötigten Funktionen zur Berechnung einzelner oder kumulierter Wahrscheinlichkeiten beherrschen.

Im Folgenden wird daher für $P(X = k)$ beispielhaft erläutert, wie sich bestimmte Wahrscheinlichkeiten aus solchen Tabellen ablesen lassen. Der Ablesevorgang für Wahrscheinlichkeiten der Form $P(X \leq k)$ lässt sich auf die entsprechenden Tabellen übertragen. Im Anhang befinden sich zahlreiche Tabellen für $B_{n;p}(k)$ und $F_{n;p}(k)$.

Ablesen einfacher Wahrscheinlichkeiten

Zur Berechnung einfacher Wahrscheinlichkeiten werden die Parameter n, p und k benötigt. Gesucht ist die Wahrscheinlichkeit, dass bei der Entnahme von zehn Gummibärchen aus laufender Produktion genau fünf rot sind, wenn die Wahrscheinlichkeit für rot 25 % beträgt ($B_{10;0,25}(5)$).

Gemäß der Formel von Bernoulli ergibt sich:

$P(X=5) = \binom{10}{5} \cdot \mathbf{0{,}25^5} \cdot (1-0{,}75)^{10-5} \approx \mathbf{0{,}0584}$ $\qquad P(X=k) = B_{n;p}(k) = \binom{n}{k} \cdot p^k \cdot (1-p)^{n-k}$

		p						
n	**k**	**0,01**	**0,05**	**0,1**	**0,25**	**0,5**		
10	**0**	0,9044	5987	3487	0563	0010	**10**	10
	1	0914	3151	3874	1877	0098	**9**	
	2	0042	0746	1937	2816	0439	**8**	
	3	0001	0105	0574	2503	1172	**7**	
	4		0010	0112	1460	2051	**6**	
	5		0001	0015	0584	2461	**5**	
	6			0001	0162	2051	**4**	
	7				0031	1172	**3**	
	8				0004	0439	**2**	
	9					0098	**1**	
	10					0010	**0**	
		0,99	**0,95**	**0,9**	**0,75**	**0,5**	**k**	**n**
		p						

Hinweis

Nicht aufgeführte Werte sind auf vier Stellen nach dem Komma gerundet null.

Ist die Wahrscheinlichkeit für einen Treffer größer als 0,5, müssen die Werte mit den **grau** hinterlegten Werten bestimmt werden: $B_{10;0,9}(8) \approx \mathbf{0{,}1937}$

Übungsaufgaben

Hinweis: Lesen Sie bei Bedarf vorher das Kapitel 3.3.2.

1 Mit einer Wahrscheinlichkeit von 1 % ist eine Sicherung in einem Elektrogerät defekt. Berechnen Sie die Wahrscheinlichkeit, dass unter 200 kontrollierten Geräten

a) genau zwei eine defekte Sicherung haben.
b) zwei oder drei eine defekte Sicherung haben.
c) mindestens zwei aber höchstens fünf eine defekte Sicherung haben.

2 In einem Restaurant werden drei unterschiedliche Desserts angeboten. 40 % aller Gäste wählen Eis, ein Viertel Pudding, die übrigen Gäste entscheiden sich für Kuchen. Berechnen Sie die Wahrscheinlichkeit, dass unter 50 Gästen

a) genau 15 Kuchen bestellen werden.
b) genau 25 Pudding oder Kuchen bestellen werden.
c) genau 30 keinen Pudding bestellen werden.

3 In einem Industrieunternehmen werden maschinell Weingläser produziert. In 15 % aller produzierten Gläser befinden sich Lufteinschlüsse, sodass sie unverkäuflich sind und wieder eingeschmolzen werden. Berechnen Sie die Wahrscheinlichkeit, dass unter 250 kontrollierten Gläsern

a) mehr als 80 % einwandfrei sind.
b) höchstens 40 wieder eingeschmolzen werden müssen.
c) mindestens 200 aber maximal 90 % einwandfrei sind.

4 In einem Industriebtrieb werden Gummibärchen à 6,25 g in rot, grün, gelb und weiß zu gleichen Teilen produziert, gemischt und anschließend in Tüten à 250 g verpackt. Berechnen Sie die Wahrscheinlichkeit, dass in einer zufällig ausgewählten Tüte

a) genau 25 % aller Bärchen rot sind.
b) der Anteil roter Bärchen größer ist, als er gemäß der Produktion sein sollte.
c) der Anteil roter Bärchen mehr als 50 % beträgt.

5 Ein Automobilkonzern produziert zum 100-jährigen Jubiläum einen Kleinwagen als Sondermodell. Berechnen Sie anhand der Werte aus dem Vorjahr (Kreisdiagramm) die Chance, dass von 100 Kunden

a) genau drei Viertel eine der drei häufigsten Farben bestellen.
b) mehr als jeder fünfte Kunde ein rotes Auto bestellt.
c) kein Kunde ein braunes oder grünes Auto bestellt.

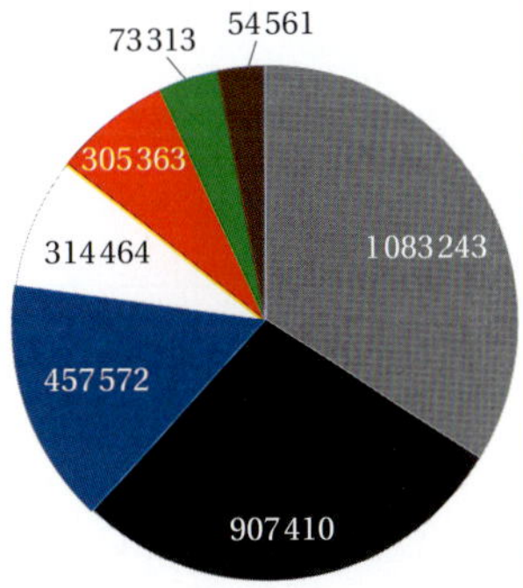

6 Bei einem großen Industrieunternehmen haben sich mehr als 1 000 Personen auf zehn freie Ausbildungsplätze beworben. Die Bewerber sollen daher im Rahmen eines Ankreuztests überprüft werden. Zur Wahl stehen 20 Fragen mit jeweils zwei Antwortmöglichkeiten oder 14 Fragen mit jeweils drei Antwortmöglichkeiten. Begründen Sie, für welchen der Tests sich der Bewerber entscheiden sollte, wenn er nur rät und zum Bestehen mehr als die Hälfte der Fragen richtig beantwortet werden muss.

7 Im aktuellen Jahr beförderte ein Nahverkehrsbetrieb bisher 3 437 500 Fahrgäste. Durch regelmäßige Kontrollen wurden 27 500 Schwarzfahrer auf frischer Tat ertappt. Insgesamt stiegen die Einnahmen aus den Bußgeldern im Vergleich zum Vorjahreszeitraum um 10 %. Damals betrugen sie eine Million Euro. Berechnen Sie die Wahrscheinlichkeit, dass die Einnahmen aus Bußgeldern in einem voll besetzten Bus mit 50 Sitzplätzen

a) genau 120,00 € betragen.
b) mehr als 180,00 € betragen.
c) weniger als 240,00 € betragen.

8 In einem Musikfachgeschäft wird das neue Album eines Künstlers als Standard-CD oder limitierte Version mit zusätzlicher DVD verkauft. Lediglich 20 % aller Kunden entscheiden sich für die limitierte Version, die mit 19,50 € genau 30 % teurer ist als die Standard-CD. Berechnen Sie die Wahrscheinlichkeit, dass die Einnahmen bei 100 verkauften Einheiten

a) genau 1 590,00 € betragen, wenn viermal so viel Standard-CDs wie limiterte Versionen verkauft werden.
b) größer als 1 500,00 € sein werden.

9 Ein Pharmakonzern hat ein neues Medikament gegen Kopfschmerzen entwickelt. Vor der Markteinführung wurde das Medikament an 1 400 Probanden getestet. Die überwiegende Zahl der Versuchspersonen gab an, dass die Kopfschmerzen nach der Einnahme des Medikaments vollständig verschwunden waren. Allerdings klagten auch zahlreiche Probanden über Nebenwirkungen.

	kN	Ü	N	J	S
kN	1 288	0	0	0	0
Ü	0	14	5	1	0
N	0	5	35	9	13
J	0	1	9	28	0
S	0	0	13	0	7
Legende:	kN: keine Nebenwirkungen, Ü: Übelkeit, N: Nasenbluten, J: Juckreiz, S: Schwindelgefühl				

Berechnen Sie die Wahrscheinlichkeit, dass unter 100 Käufern

a) maximal zehn unter Übelkeit leiden werden.

b) bei mindestens 20 aber weniger als 30 mehr als eine Nebenwirkung auftreten wird.

c) mehr als 90 % keinerlei Nebenwirkungen verspüren werden.

10 In einem Unternehmen werden schwarze Socken mithilfe einer neuartigen Strickmaschine hergestellt. Diese ist zwar deutlich schneller, jedoch hat eine von zwanzig Socken einen Webfehler. Ein Kaufhaus hat 50 Kartons zu jeweils 30 Paar bestellt. Berechnen Sie die Wahrscheinlichkeit dafür, dass

a) in einem Karton weniger als drei Socken mit Webfehlern enthalten sind.

b) ein Karton weniger als drei Paare mit Webfehlern enthält.

c) die Lieferung mehr als drei Kartons mit Webfehlern enthält.

3.3.2 Verhältniszeichen

Für die Berechnung von Wahrscheinlichkeiten binomialverteilter Zufallsgrößen gibt es nur zwei Formeln. Zum einen für **genau *k* Treffer** und zum anderen für **höchstens *k* Treffer**. Die übrigen Fälle (weniger als *k* Treffer, mehr als *k* Treffer, mindestens *k* Treffer und sämtliche Kombinationsmöglichkeiten) müssen daher auf eine der beiden Formeln zurückgeführt werden.

$$P(X = k) = B_{n;p}(k) = \binom{n}{k} \cdot p^k \cdot (1-p)^{n-k}$$

Einzelwahrscheinlichkeiten binomialverteilter Zufallsgrößen

$$P(X \leq k) = F_{n;p}(k) = \sum_{i=0}^{k} \binom{n}{i} \cdot p^i \cdot (1-p)^{n-i}$$

kumulierte Wahrscheinlichkeiten binomialverteilter Zufallsgrößen

Bei den Beispielen a) bis e) gelten für die Parameter n, p und k:

$n = 10$ $\qquad p = 0{,}6$ $\qquad k \in \mathbb{N}$

a) „genau 3"

Zahlenbeispiel: $P(X = 3)$ — allgemeine Formel: $P(X = k)$

k	**0**	**1**	**2**	**3**	**4**	**5**	**6**	**7**	**8**	**9**	**10**
P(X = k)	0,0001	0,0016	0,0106	0,0425	0,1115	0,2007	0,2508	0,215	0,1209	0,0403	0,006
Σ =				**0,0425**							

b) „höchstens 3"

Zahlenbeispiel: $P(X \leq 3)$ — allgemeine Formel: $P(X \leq k)$

k	**0**	**1**	**2**	**3**	**4**	**5**	**6**	**7**	**8**	**9**	**10**
P(X = k)	0,0001	0,0016	0,0106	0,0425	0,1115	0,2007	0,2508	0,215	0,1209	0,0403	0,006
Σ =	**0,0548**										

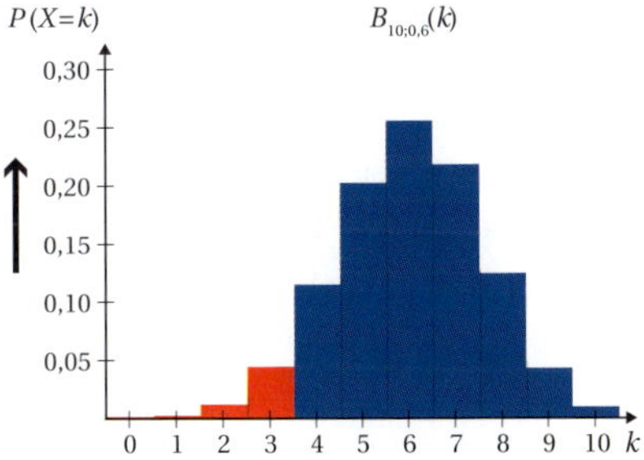

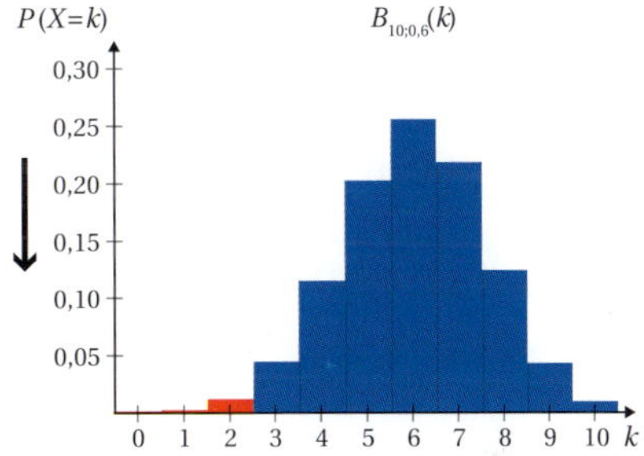

c) „weniger als 3"

Zahlenbeispiel: $P(X < 3) = P(X \leq 2)$ — allgemeine Formel: $P(X < k) = P(X \leq k - 1)$

k	**0**	**1**	**2**	**3**	**4**	**5**	**6**	**7**	**8**	**9**	**10**
P(X = k)	0,0001	0,0016	0,0106	0,0425	0,1115	0,2007	0,2508	0,215	0,1209	0,0403	0,006
Σ =	**0,0123**										

d) „mindestens 3"

Zahlenbeispiel: $P(X \geq 3) = 1 - P(X \leq 2)$ — allgemeine Formel: $P(X \geq k) = 1 - P(X \leq k - 1)$

k	**0**	**1**	**2**	**3**	**4**	**5**	**6**	**7**	**8**	**9**	**10**
P(X = k)	0,0001	0,0016	0,0106	0,0425	0,1115	0,2007	0,2508	0,215	0,1209	0,0403	0,006
Σ =				**0,9877**							

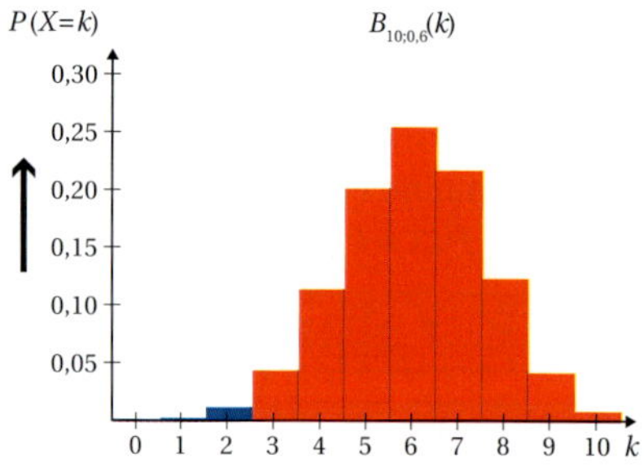

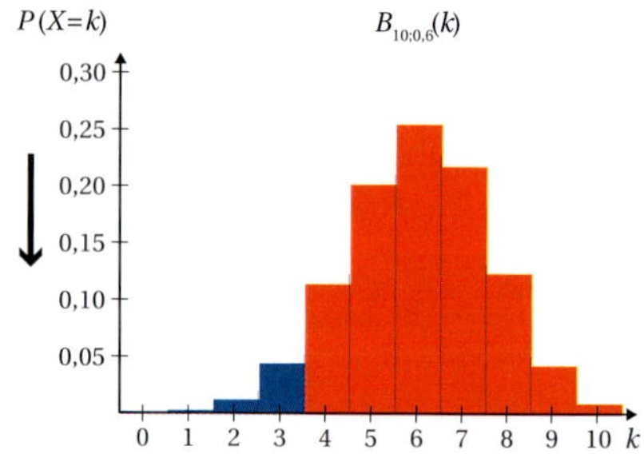

e) „mehr als 3"

Zahlenbeispiel: $P(X > 3) = 1 - P(X \leq 3)$

allgemeine Formel: $P(X > k) = 1 - P(X \leq k)$

k	**0**	**1**	**2**	**3**	**4**	**5**	**6**	**7**	**8**	**9**	**10**
***P*(*X* = *k*)**	0,0001	0,0016	0,0106	0,0425	0,1115	0,2007	0,2508	0,215	0,1209	0,0403	0,006
Σ =								**0,9452**			

Kombination der Verhältniszeichen

Bei den Beispielen f) bis i) gilt für die Parameter n, p, k sowie a und b:

$n = 10$ $\quad$ $p = 0{,}6$ $\quad$ $k, a \in \mathbb{N} \wedge b \in \mathbb{N}^*$

f) „mehr als drei und höchstens 6"

Zahlenbeispiel: $P(3 < X \leq 6) = P(X \leq 6) - P(X \leq 3)$

allgemeine Formel: $P(a < X \leq b) = P(X \leq b) - P(X \leq a)$

k	**0**	**1**	**2**	**3**	**4**	**5**	**6**	**7**	**8**	**9**	**10**
***P*(*X* = *k*)**	0,0001	0,0016	0,0106	0,0425	0,1115	0,2007	0,2508	0,215	0,1209	0,0403	0,006
Σ =						**0,563**					

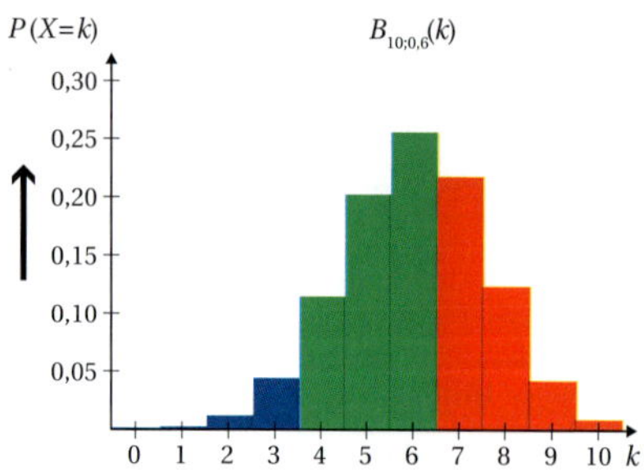

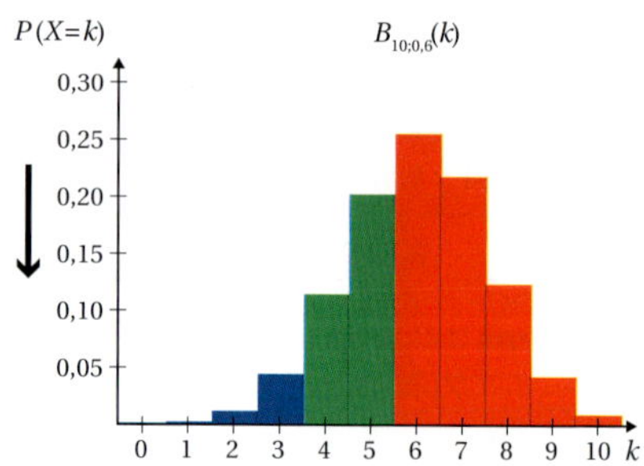

g) „mehr als 3 und weniger als 6“

Zahlenbeispiel: $P(3 < X < 6) = P(X \leq 5) - P(X \leq 3)$

allgemeine Formel: $P(a < X < b) = P(X \leq b-1) - P(X \leq a)$

k	**0**	**1**	**2**	**3**	**4**	**5**	**6**	**7**	**8**	**9**	**10**
***P*(*X* = *k*)**	0,0001	0,0016	0,0106	0,0425	0,1115	0,2007	0,2508	0,215	0,1209	0,0403	0,006
Σ =					**0,3122**						

h) „mindestens 3 und höchstens 6“

Zahlenbeispiel: $P(3 \leq X \leq 6) = P(X \leq 6) - P(X \leq 2)$

allgemeine Formel: $P(a \leq X \leq b) = P(X \leq b) - P(X \leq a-1)$

k	**0**	**1**	**2**	**3**	**4**	**5**	**6**	**7**	**8**	**9**	**10**
***P*(*X* = *k*)**	0,0001	0,0016	0,0106	0,0425	0,1115	0,2007	0,2508	0,215	0,1209	0,0403	0,006
Σ =					**0,6055**						

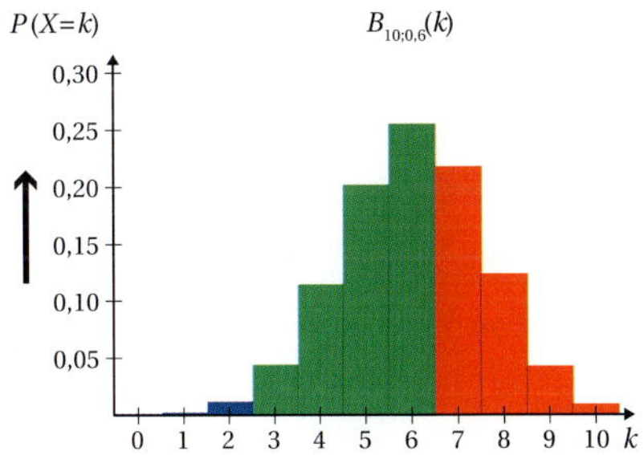

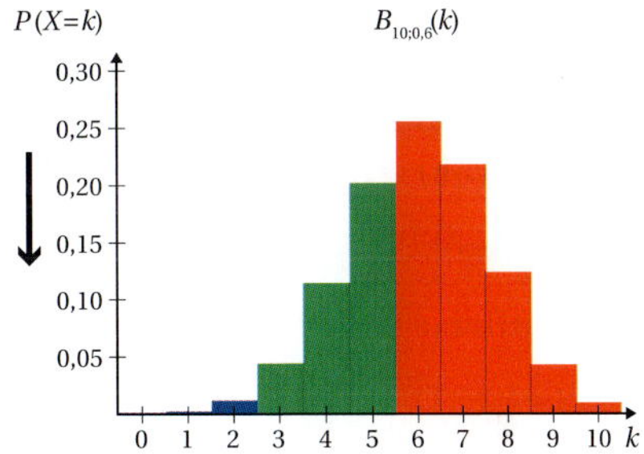

i) „mindestens 3 und weniger als 6“

Zahlenbeispiel: $P(3 \leq X < 6) = P(X \leq 5) - P(X \leq 2)$

allgemeine Formel: $P(a \leq X < b) = P(X \leq b-1) - P(X \leq a-1)$

k	**0**	**1**	**2**	**3**	**4**	**5**	**6**	**7**	**8**	**9**	**10**
***P*(*X* = *k*)**	0,0001	0,0016	0,0106	0,0425	0,1115	0,2007	0,2508	0,215	0,1209	0,0403	0,006
Σ =					**0,3547**						

Symbolik für das Intervall	Bezeichnung für das Intervall	X liegt im Intervall wenn	umgangssprachliche Beschreibung
$[0; k]$	(ab)geschlossen	$X \leq k$	höchstens k
$[0; k)$	(rechtsseitig) halboffen	$X < k$	weniger als k
$[k; n]$	(ab)geschlossen	$X \geq k$	mindestens k
$(k; n]$	(linksseitig) halboffen	$X > k$	mehr als k
$(a; b]$	(linksseitig) halboffen	$a < X \leq b$	mehr als a und höchstens b
$(a; b)$	offen	$a < X < b$	mehr als a und weniger als b
$[a; b]$	(ab)geschlossen	$a \leq X \leq b$	mindestens a und höchstens b
$[a; b)$	(rechtsseitig) halboffen	$a \leq X < b$	mindestens a und weniger als b

Zusammenfassung

- Für **Einzelwahrscheinlichkeiten** binomialverteilter Zufallsgrößen gilt:
  $P(X=k) = B_{n;p}(k) = \binom{n}{k} \cdot p^k \cdot (1-p)^{n-k}$
- Für **kumulierte Wahrscheinlichkeiten** binomialverteilter Zufallsgrößen gilt:
  $P(X \leq k) = F_{n;p}(k) = \sum_{i=0}^{k} \binom{n}{i} \cdot p^i \cdot (1-p)^{n-i}$
- Alle anderen Fälle (weniger als k Treffer, mindestens k Treffer, mehr als k Treffer und sämtliche Kombinationsmöglichkeiten) müssen auf eine der beiden Formeln zurückgeführt werden. Es gilt:
  - **weniger als *k* Treffer**
    $P(X < k) = P(X \leq k-1) = F_{n;p}(k-1)$
  - **mindestens *k* Treffer**
    $P(X \geq k) = 1 - P(X \leq k-1) = 1 - F_{n;p}(k-1)$
  - **mehr als *k* Treffer**
    $P(X > k) = 1 - P(X \leq k) = 1 - F_{n;p}(k)$
  - **mehr als *a* und höchstens *b* Treffer**
    $P(a < X \leq b) = P(X \leq b) - P(X \leq a)$
  - **mehr als *a* und weniger als *b* Treffer (zwischen *a* und *b* Treffer)**
    $P(a < X < b) = P(X \leq b-1) - P(X \leq a)$
  - **mindestens *a* und höchstens *b* Treffer**
    $P(a \leq X \leq b) = P(X \leq b) - P(X \leq a-1)$
  - **mindestens *a* und weniger als *b* Treffer**
    $P(a \leq X < b) = P(X \leq b-1) - P(X \leq a-1)$

Übungsaufgaben

1 Berechnen Sie für $n = 30$ und $p = 0{,}4$.

a) $P(X = 15)$ b) $P(X > 12)$ c) $P(X \leq 24)$
d) $P(X < 3)$ e) $P(X \geq 10)$ f) $P(X < n)$
g) $P(X = n \cdot p)$ h) $P(X \leq 40\,p)$ i) $P(X > 100\,p^2)$

2 Berechnen Sie für $n = 25$ und $p = 0{,}2$.

a) $P(10 < X < 15)$ b) $P(8 \leq X \leq 12)$
c) $P(4 \leq X < 9)$ d) $P(5 < X \leq 10)$
e) $P(17 \geq X > 11)$ f) $P(10\,p \leq X < n - 10)$
g) $P(n \cdot p > X > 2)$ h) $P(10\,p^2 \cdot \sqrt{n} \leq X \leq 10 \cdot B_{2;0{,}5}(1))$
i) $P\left(\frac{\sqrt{n}}{10} + \sqrt{\frac{n}{10\,p} - \frac{n}{100}} < X \leq 30\,p\right)$

3 Berechnen Sie jeweils die Wahrscheinlichkeit.

a) $n = 10;\ p = 0{,}8;\ k = 7$ b) $n = 20;\ p = 0{,}5;\ k < 9$
c) $n = 75;\ p = \frac{4}{7};\ k \geq 40$ d) $n = 15;\ p = \frac{5}{n};\ k > 2$
e) $n = 49;\ p = \sqrt{n}\,\%;\ k \leq 3$ f) $n = 24;\ p = 0{,}35;\ 10 < k < 14$
g) $n = 100;\ p = 0{,}75;\ 70 \leq k \leq 80$ h) $n = 35;\ p = \frac{n}{10\,k};\ 6 < k < 8$
i) $n = 27;\ p = \frac{\sqrt[3]{n}}{4},\ 0 < k < 21$

3.3.3 Erwartungswert binomialverteilter Zufallsgrößen

Grundsätzlich lässt sich der Erwartungswert $E(X)$ bei der Binomialverteilung mit der gleichen Formel[1)] berechnen wie bei jeder anderen Wahrscheinlichkeitsverteilung.

Situation 4

Im Rahmen eines Konsumententests werden vier zufällig ausgesuchte Personen ($n = 4$) befragt, ob sie bei einem neuen umweltfreundlichen Reinigungsmittel Zitronen- oder Apfelduft bevorzugen. Es ist bekannt, dass die Wahrscheinlichkeit für beide Varianten jeweils 50 % **($p = 0{,}5$)** beträgt.

a) Berechnen Sie, wie viele Personen, die den Zitronenduft bevorzugen, zu erwarten sind?

b) Zeigen Sie eine Möglichkeit auf, mit der der Erwartungswert binomialverteilter Zufallsgrößen einfacher bestimmt werden kann.

Lösung

a)

x_i	0	1	2	3	4
$P(X = x_i)$	0,0625	0,25	0,375	0,25	0,0625

1) vgl. S. 220

Auf den ersten Blick ist zu erkennen, dass die Wahrscheinlichkeit dafür, dass sich genau zwei Personen für den Zitronenduft entscheiden mit 37,5 % am größten ist. Dies deckt sich auch mit dem Gefühl, dass bei einer Wahrscheinlichkeit von 50 % und einer Anzahl von vier Testpersonen sich vermutlich die Hälfte, also genau zwei Personen, für den Zitronenduft entscheiden werden.

Die Formel für den Erwartungswert $E(X) = \sum_{i=1}^{n} x_i \cdot P(X = x_i)$ liefert das gleiche Ergebnis:

$E(X) = 0 \cdot 0{,}0625 + 1 \cdot 0{,}25 + 2 \cdot 0{,}375 + 3 \cdot 0{,}25 + 4 \cdot 0{,}0625 = 2$

b) Im Falle der Binomialverteilung lässt sich der Erwartungswert jedoch deutlich einfacher durch $E(X) = \mu = n \cdot p$ bestimmen.

Teilt man den oben beschriebenen Konsumententest mit vier Personen in vier Tests mit jeweils nur einer Person auf, so handelt es sich jeweils um eine Bernoulli-Kette der Länge $n = 1$.

Die Chance, dass sich der Konsument für Zitronenduft entscheidet, beträgt 50 %. In diesem Fall gibt es **einen** Treffer. Die Wahrscheinlichkeit, dass er sich nicht für Zitronenduft entscheidet, beträgt ebenfalls 50 %. In diesem Fall gibt es **keinen** Treffer:

x_i	**1**	**0**
$P(X = x_i)$	$0{,}5 \mathrel{\hat{=}} p$	$0{,}5 \mathrel{\hat{=}} 1 - p$

Für den Erwartungswert $E_1(X)$ gilt dann $E_1(X) = 0 \cdot (1 - 0{,}5) + 1 \cdot 0{,}5 = 0{,}5$. Da vier gleichartige Tests durchgeführt werden, gilt für den gesamten Konsumententest mit vier Personen $E_4(X) = 4 \cdot (0 \cdot (1 - 0{,}5) + 1 \cdot 0{,}5) = 4 \cdot 0{,}5 = 2$.

Allgemein gilt also für den Erwartungswert bei der Binomialverteilung $E(X) = n \cdot p$. Da es sich um einen „besonderen" Erwartungswert mit einer eigenen Formel handelt, wird für den Erwartungswert der Binomialverteilung in der Regel der griechische Kleinbuchstabe μ (mü) verwendet.

$E(X) = \mu = n \cdot p$
Erwartungswert binomialverteilter Zufallsgrößen

Übungsaufgaben

1 Bei einer Qualitätskontrolle werden 250 Energiesparlampen überprüft. Die Wahrscheinlichkeit, dass eine der Lampen nicht leuchtet, beträgt 5 %. Berechnen Sie, wie viele defekte Energiesparlampen zu erwarten sind.

2 Auf einem gebührenpflichtigen Parkplatz parken erfahrungsgemäß 15 % aller Autofahrer ohne gültigen Parkschein. Eine Mitarbeiterin des Ordnungsamtes nimmt morgens 12 Überweisungsträger mit, um sie Falschparkern hinter den Scheibenwischer zu stecken. Berechnen Sie, wie viele Autos die Dame vermutlich an diesem Tag kontrollieren wird.

3 Der Geschäftsführer eines Restaurants hat für eine Hochzeitsgesellschaft insgesamt 168 Hauptgerichte vorbereitet. Der Anteil der Fleischgerichte ist doppelt so hoch wie jener der Fischgerichte. Berechnen Sie die Wahrscheinlichkeit die der Geschäftsführer annimmt, dass einer der Gäste Fisch bestellt.

4 Ein Einzelhändler benötigt für einen wichtigen Kunden 30 kg Austern bester Qualität. Erfahrungsgemäß sind 3 % der 60 g schweren Austern bereits tot und ungenießbar.

a) Berechnen Sie, wie viele ungenießbare Austern beim Einkauf zu erwarten sind.

b) Berechnen Sie, wie viele Austern der Einzelhändler auf dem Großmarkt einkaufen sollte, damit der Kunde erwartungsgemäß 30 kg einwandfreie Austern erhält.

5 Ein Meinungsforschungsinstitut hat 5 000 Niedersachsen telefonisch befragt, ob sie lieber Schokoladen- oder Vanillepudding essen. Dabei bevorzugten 1 460 Personen Schokoladengeschmack, die restlichen Befragten gaben im Verhältnis 6 : 4 an, dass sie entweder Vanillegeschmack bevorzugen oder gar keinen Pudding mögen. Für einen Discounter werden Stiegen mit 20 Bechern gepackt. Berechnen Sie, wie viele dieser Becher Vanillepudding enthalten sollten.

6 Auf der Hauptversammlung einer Aktiengesellschaft werden 1 800 Personen erwartet. Dafür werden Schinken-, Käse- und Mettbrötchen vorbereitet. In den vergangenen Jahren waren die vegetarischen Brötchen nur halb so beliebt wie die beiden anderen Varianten. Wobei die Mettbrötchen immer dreimal schneller als die Schinkenbrötchen aufgebraucht waren. Für jede Person soll ein Brötchen vorbereitet werden.

Berechnen Sie, wie viele Schinken-, Käse- und Mettbrötchen jeweils vorbereitet werden sollten.

3.3.4 Varianz und Standardabweichung binomialverteilter Zufallsgrößen

Wie beim Erwartungswert im vorherigen Kapitel können sowohl die Varianz als auch die Standardabweichung binomialverteilter Zufallsgrößen mit den bereits bekannten Formeln, wie bei anderen Wahrscheinlichkeitsverteilungen, berechnet werden.[1]

Situation 5

Bei einer Bank nehmen aktuell 40 % aller Kunden (**$p = 0{,}4$**) einen Konsumentenkredit in Anspruch, die restlichen 60 % ($1 - p = q$) sind schuldenfrei. Es werden fünf zufällig vom Computer ausgewählte Kunden im System überprüft.

a) Berechnen Sie, wie viele Kunden mit einem Konsumentenkredit zu erwarten sind und welche Abweichung Sie als „normal" bezeichnen würden.

b) Zeigen Sie eine Möglichkeit auf, mit der die Standardabweichung binomialverteilter Zufallsgrößen einfacher bestimmt werden kann.

Lösung

a)

x_i	0	1	2	3	4	5
$P(X = x_i)$	0,07776	0,2592	0,3456	0,2304	0,0768	0,01024

Zunächst wird für die Berechnung der Varianz und der Standardabweichung der Erwartungswert benötigt. Dieser ist $\mu = n \cdot p = 5 \cdot 0{,}4 = 2$, also ist bei zwei von fünf Kunden zu erwarten, dass diese einen Konsumentenkredit in Anspruch nehmen.

[1] vgl S. 224

Mithilfe der Formel $V(X) = \sum_{i=1}^{n} (x_i - \mu)^2 \cdot P(X = x_i)$ lässt sich nun die Varianz berechnen.

$V(X) = (0 - 2)^2 \cdot 0{,}07776 + (1 - 2)^2 \cdot 0{,}2592 + \ldots + (5 - 2)^2 \cdot 0{,}01024 = 1{,}2$

Für die Standardabweichung gilt $\sigma(X) = \sqrt{V(X)} = \sqrt{1{,}2} \approx 1{,}1$.

Wird der Versuch mehrfach wiederholt, beträgt die Abweichung durchschnittlich 1,1, also etwa 1 Person. Normal sind somit Ergebnisse, die im Intervall [1; 3] liegen.

b) Im Falle der Binomialverteilung lassen sich die Varianz $V(X)$ und die Standardabweichung $\sigma(X)$ jedoch deutlich einfacher mithilfe der Formeln $V(X) = n \cdot p \cdot q$ oder $\sigma(X) = \sqrt{n \cdot p \cdot q}$ bestimmen, wobei $q = 1 - p$ ist.

Teilt man die oben beschriebene Untersuchung mit fünf Kunden in fünf Untersuchungen mit jeweils nur einem Kunden auf, so handelt es sich um je eine Bernoulli-Kette der Länge $n = 1$.

Die Chance, dass der Kunde einen Konsumentenkredit in Anspruch nimmt, beträgt 40 % **($p = 0{,}4$)**. In diesem Fall gibt es **einen** Treffer. Die Wahrscheinlichkeit, dass er schuldenfrei ist, beträgt 60 % ($1 - p = 0{,}6$). In diesem Fall gibt es **keinen** Treffer. Es gilt die nachfolgende Wahrscheinlichkeitsverteilung:

x_i	**1**	**0**
$P(X = x_i)$	$0{,}4 \triangleq p$	$0{,}6 \triangleq 1 - p$

Für diesen besonderen Fall gilt $\mu = n \cdot p = 1 \cdot 0{,}4 = 0{,}4 = p$. In der Formel für die Berechnung der Varianz kann daher der Erwartungswert μ durch die Wahrscheinlichkeit p ersetzt werden. Es gilt:

$V_1(X) = \sum_{i=1}^{n} (x_i - \mu)^2 \cdot P(X = x_i) = \sum_{i=1}^{n} (x_i - p)^2 \cdot P(X = x_i)$

Bezogen auf die Wahrscheinlichkeitsverteilung ergibt sich:

$V_1(X) = (0 - 0{,}4)^2 \cdot 0{,}6 + (1 - 0{,}4)^2 \cdot 0{,}4 = 0{,}24$

Da fünf gleichartige Untersuchungen durchgeführt werden, gilt für den Gesamtversuch mit fünf Kunden:

$V_5(X) = 5 \cdot \left((0 - 0{,}4)^2 \cdot 0{,}6 + (1 - 0{,}4)^2 \cdot 0{,}4\right) = 5 \cdot 0{,}24 = 1{,}2$

Allgemein gilt:

$$
\begin{aligned}
V(X) &= n \cdot \left((0 - p)^2 \cdot (1 - p) + (1 - p)^2 \cdot p\right) && \text{ausmultiplizieren} \\
&= n \cdot (p^2 \cdot (1 - p) + (1 - 2p + p^2) \cdot p) && \text{ausmultiplizieren} \\
&= n \cdot (p^2 - p^3 + p - 2p^2 + p^3) && \text{zusammenfassen} \\
&= n \cdot (p - p^2) && p \text{ ausklammern} \\
&= n \cdot p \cdot (1 - p) && 1 - p \text{ durch } q \text{ ersetzen} \\
V(X) &= n \cdot p \cdot q
\end{aligned}
$$

$V(X) = \sigma^2(X) = n \cdot p \cdot q$
Varianz binomialverteilter Zufallsgrößen

Für die Standardabweichung $\sigma(X)$ gilt:

$\sigma(X) = \sigma = \sqrt{n \cdot p \cdot q}$
Standardabweichung binomialverteilter Zufallsgrößen

Zusammenfassung

Die Varianz $V(X)$ und die Standardabweichung σ einer binomialverteilten Zufallsgröße X lassen sich mit den Formeln $V(X) = n \cdot p \cdot q$ und $\sigma = \sqrt{n \cdot p \cdot q}$ berechnen.

Werte, die innerhalb des Intervalls $[\mu - \sigma; \mu + \sigma]$ liegen, werden häufig als „normal", „üblich" oder „charakteristisch" bezeichnet.

Übungsaufgaben

1 Berechnen Sie die jeweils fehlende Größe in der Formel $\sigma = \sqrt{n \cdot p \cdot q}$.

a) $n = 20$	$p = 0{,}5$	b) $\sigma = 5$	$n = 100$	c) $\sigma = 3$	$p = 0{,}25$
d) $\sigma = 7$	$n = 448$	e) $n = 150$	$p = 0{,}75$	f) $\sigma = 6$	$p = 0{,}4$
g) $n = 6000$	$p = 0{,}\overline{6}$	h) $\sigma = 8$	$p = 0{,}8$	i) $\sigma = 12$	$n = 900$

2 Bei einem Einstellungstest bei einem großen Industrieunternehmen bestehen in der Regel 85 % aller Teilnehmer den Mathematikteil. Der Politikteil wird nur von halb so vielen Personen bestanden. Berechnen Sie für den Fall, dass 200 Personen an dem Test teilnehmen, die Standardabweichung für den Politikteil und interpretieren Sie Ihr Ergebnis.

3 Bei einer Qualitätskontrolle liegt der Ausschussanteil erfahrungsgemäß bei 12,5 %. Berechnen Sie, wie viele Bauteile untersucht wurden, wenn die durchschnittliche Abweichung vom Erwartungswert 7 Bauteile beträgt.

4 Ein Unternehmen produziert dunkel- und hellgraue Dübel. Der Produktion werden zufällig 150 Dübel entnommen. Die Zahl der dunkelgrauen Dübel weicht durchschnittlich um 6 vom Erwartungswert ab. Berechnen Sie, wie hoch der Anteil der dunkel- und hellgrauen Dübel in der Produktion ist.

5 Ein Großhändler versendet seine Pakete mit zwei unterschiedlichen Lieferdiensten. Im vergangenen Monat wurden 200 Pakete mit DPL und 350 Pakete mit UHS verschickt. Bei DPL kamen 4 der Pakete zu spät beim Kunden an. Bei UHS waren es 7 Pakete. Berechnen Sie, welcher der beiden Paketdienste zuverlässiger ist.

6 Im vergangenen Jahr führte die Polizei an einer stark befahrenen Kreuzung fünf Tage lang eine Geschwindigkeitskontrolle durch. Jeden Tag wurden 3000 Fahrzeuge kontrolliert. Insgesamt wurden 120 Verstöße festgestellt. Durchschnittlich wurde gegen jeden Fahrer ein Bußgeld in Höhe von 40,00 € verhängt. An der gleichen Kreuzung soll nun ein festes Gerät zur Geschwindigkeitsüberwachung aufgestellt werden. Berechnen Sie, in welchem Bereich sich die jährlichen Einnahmen der Stadtverwaltung im Normalfall befinden werden.

7 Ein Nussgroßhändler verkauft jedes Jahr 25 Tonnen Haselnüsse, die er entweder aus der Türkei oder Italien importieren kann. Ein Kilogramm türkischer Haselnüsse kostet in der Türkei im Einkauf 1,20 €. In Italien sind sie 25 % teurer. Bei den italienischen Nüssen beträgt der Ausschussanteil lediglich 1 %, bei der Ware aus der Türkei ist er doppelt so hoch. Die Nüsse werden für 4,00 €/kg in Deutschland verkauft. Berechnen Sie für beide Varianten das Gewinnintervall $[\mu - \sigma; \mu + \sigma]$ und entscheiden Sie, aus betriebswirtschaftlicher Sicht, aus welchem Land zukünftig importiert werden sollte.

8 Für einen Wurstgroßhändler wird grobe und feine Leberwurst in Kartons auf Paletten verpackt. Berechnen Sie, wie viele Kartons der Großhändler erhält, wenn der Anteil der groben Leberwurst 20 % beträgt und für gewöhnlich zwischen 72 und 88 der Kartons grobe Leberwurst enthalten.

9 In der Kantine eines mittelständischen Betriebes werden jeden Mittag ein vegetarisches und ein „normales" Gericht angeboten. Normalerweise bestellen drei Viertel aller Angestellten die Variante mit Fleisch. Berechnen Sie, wie viele Personen in dem Betrieb arbeiten, wenn im Normalfall nicht weniger als 315 „normale" Gerichte bestellt werden.

10 In einem Unternehmen mit 1 600 Mitarbeitern stehen für den Betriebsratsvorsitzenden zwei Kandidaten zur Wahl. Der bisherige Amtsinhaber ist sich seines Sieges sicher und gibt in einem Interview bekannt, dass er im Normalfall mit nicht weniger als 1 264 Stimmen rechnet. Berechnen Sie, wie viel Prozent der Stimmen der Kandidat erwartet.

3.3.5 Prognoseintervalle (Schluss von der Grundgesamtheit auf die Stichprobe)

In der Realität sind Anteile einer bestimmten Eigenschaft einer Grundgesamtheit, z. B. Käufer einer bestimmten Sorte eines Produkts, Fehlerquoten, Geschlechteranteile etc. häufig durch absolute oder relative Häufigkeiten bekannt. Mithilfe von **Prognoseintervallen**[1] ist es möglich, Aussagen darüber zu treffen, mit wie vielen „Treffern" innerhalb einer Stichprobe mit einer bestimmten **Sicherheitswahrscheinlichkeit** zu rechnen ist. Je breiter ein Prognoseintervall ist, desto wahrscheinlicher ist das Eintreffen der dazugehörigen Prognose. Darüber hinaus lassen sich Aussagen darüber treffen, ob ein vermuteter Anteil von einer Grundgesamtheit mit einer vorliegenden Stichprobe **verträglich** ist.

Prognoseintervalle grafisch und tabellarisch bestimmen

Situation 6

Ein Chemieunternehmen produziert seit Jahren Weichspüler in den Sorten „Sommerfrische" und „Frühlingszauber". Anhand der Auswertung der Verkaufszahlen des vergangenen Jahres bevorzugen 50 % aller Kunden die Variante „Sommerfrische".

Im Rahmen eines hausinternen Tests werden 100 Personen befragt, welche Sorte Weichspüler sie bevorzugen. Ermitteln Sie näherungsweise grafisch das Prognoseintervall für die Sorte „Sommerfrische", bestimmen Sie anschließend eine tabellarische Lösung und interpretieren Sie Ihr Ergebnis anwendungsbezogen. In beiden Fällen gilt eine Sicherheitswahrscheinlichkeit von mindestens 90 %.

Lösung

Die Zufallsgröße X: „Anzahl der Personen, die ‚Sommerfrische' bevorzugen" ist $B_{100;0,5}(k)$-verteilt. Wenn innerhalb der Grundgesamtheit 50 % aller Kunden „Sommerfrische" bevorzugen, dann ist zu erwarten, dass innerhalb der Stichprobe ähnlich viele Personen diesen Duft bevorzugen. Der Erwartungswert ist daher $\mu = n \cdot p = 100 \cdot 0{,}5 = 50$ Personen und hat die höchste Einzelwahrscheinlichkeit.

[1] Eine Prognose ist eine Voraussage über Entwicklungen in der Zukunft.

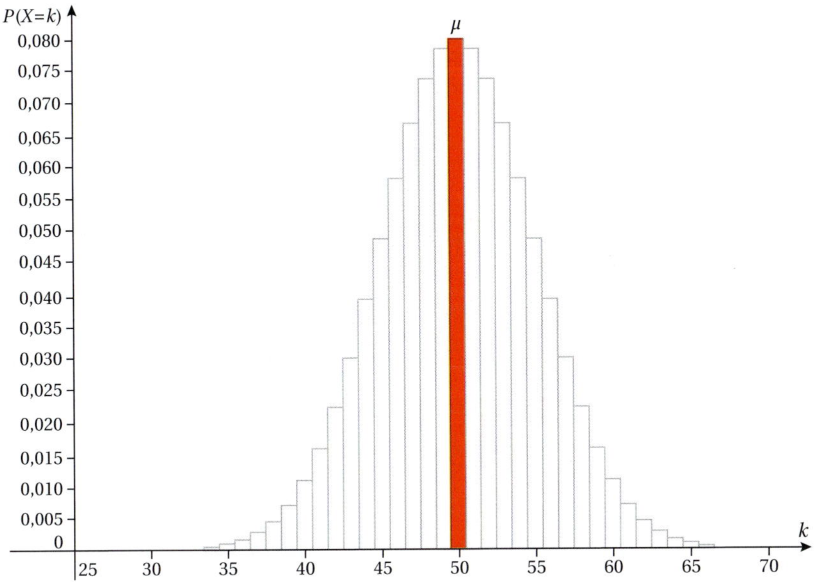

Die Anzahl der Personen, die innerhalb der Stichprobe die Sorte „Sommerfrische“ bevorzugen, hängt jedoch vom Zufall ab. Daher wird die Anzahl der Personen, die „Sommerfrische“ bevorzugen, nach oben oder unten von diesem Wert abweichen.

Wie dem Histogramm zu entnehmen ist, sind Werte, die stark vom Erwartungswert abweichen, unwahrscheinlicher als Abweichungen, die dicht am Erwartungswert liegen. Da die Werte, die im Prognoseintervall liegen mit großer Wahrscheinlichkeit eintreffen sollen (Sicherheitswahrscheinlichkeit von mindestens 90 %), darf die **Irrtumswahrscheinlichkeit** α in diesem Fall maximal 10 % betragen. Einfach ausgedrückt: Die Werte, die außerhalb der beiden größten noch zulässigen Abweichungen vom Erwartungswert liegen, dürfen insgesamt maximal eine Wahrscheinlichkeit von 10 % haben.

Die Irrtumswahrscheinlichkeit α wird häufig auch als **Signifikanzniveau** bezeichnet. In diesem Fall ist $\alpha \leq 10\,\%$. Die Abweichung nach links (Werte unterhalb des Erwartungswertes) bzw. rechts (Werte oberhalb des Erwartungswertes) beträgt daher jeweils $\frac{\alpha}{2} \leq 5\,\% = 0{,}05$.

Um die Grenzen des Prognoseintervalls grafisch bestimmen zu können, müssen die binomialverteilten Einzelwahrscheinlichkeiten so lange aufaddiert werden, bis die kumulierte Wahrscheinlichkeit der Werte links und rechts vom Erwartungswert jeweils maximal 5 % beträgt.

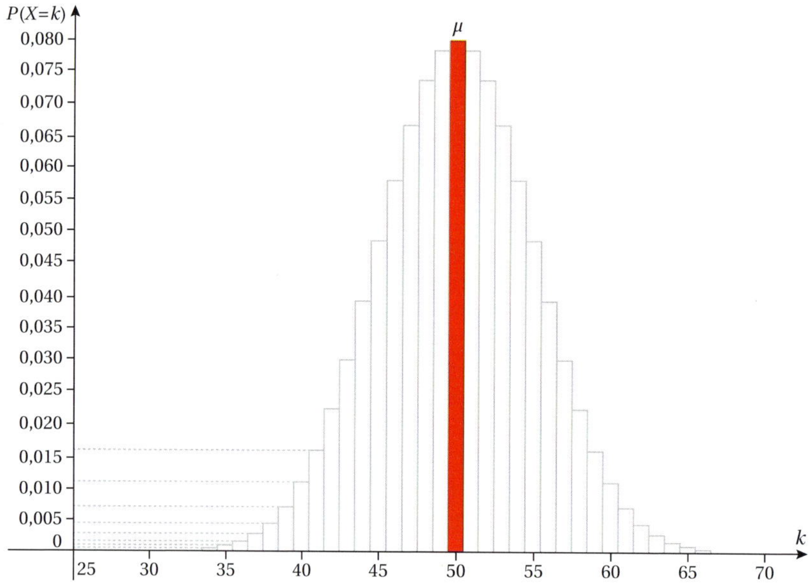

Sehr kleine und sehr große Werte von k sind praktisch unbedeutend, da ihre Einzelwahrscheinlichkeit nahezu 0 ist. Für die Werte $k = 35$ bis $k = 41$ gilt laut der Abbildung:

Einzel-wahrscheinlichkeit	**kumulierte Wahrscheinlichkeit**
$B_{100;0,5}(35) \approx 0{,}001$	0,001
$B_{100;0,5}(36) \approx 0{,}002$	0,003
$B_{100;0,5}(37) \approx 0{,}003$	0,006
$B_{100;0,5}(38) \approx 0{,}005$	0,011
$B_{100;0,5}(39) \approx 0{,}007$	0,018
$B_{100;0,5}(40) \approx 0{,}011$	0,029
$B_{100;0,5}(41) \approx 0{,}016$	0,045
$B_{100;0,5}(42) \approx 0{,}022$	0,067

Die Wahrscheinlichkeit für genau 42 Treffer liegt bei ca. 0,022. Die kumulierte Wahrscheinlichkeit würde dann mit 0,067 = 6,7 % die erlaubte halbe Irrtumswahrscheinlichkeit von maximal 0,05 = 5 % deutlich überschreiten. Die linke Grenze des Prognoseintervalls liegt daher bei 42, also um 8 Treffer vom Erwartungswert nach links verschoben.

Aufgrund der Symmetrieeigenschaften liegt die rechte Grenze um 8 Treffer vom Erwartungswert nach rechts verschoben.

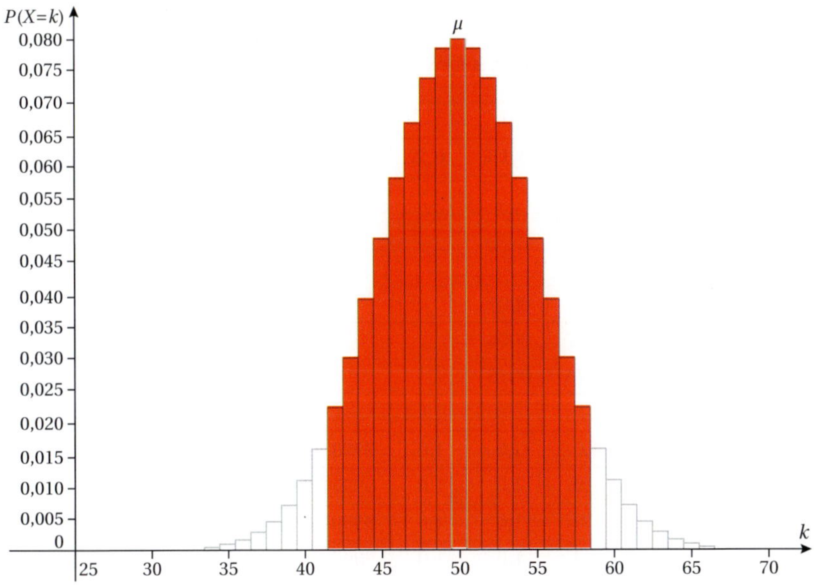

Das Prognoseintervall ist damit [42; 58].

Die Grenzen eines Prognoseintervalls lassen sich auch mithilfe von Tabellen zur Binomialverteilung bestimmen. Das Ablesen dieser Tabelle wird ab S. 239 erklärt. Im Anhang finden sich zahlreiche Tabellen zur Binomialverteilung.

$$P(X \leq k) = F_{n;p}(k) = \sum_{i=0}^{k} \binom{n}{i} \cdot p^i \cdot (1-p)^{n-i}$$

Bei grau hinterlegten Werten für k und n gilt: $P(X \leq k) = 1$ – abgelesener Wert.

		p										
n	**k**	**0,01**	**0,02**	**0,05**	**0,1**	**0,15**	**0,2**	**0,25**	**$\frac{1}{3}$**	**0,5**		
100	**0**	0,3660	1326	0059							**99**	100
	1	7358	4033	0371	0003						**98**	
	2	9206	6767	1183	0019						**97**	
	3	9816	8590	2578	0078	0001					**96**	
	4	9966	9492	4360	0237	0004					**95**	
	5	9995	9845	6160	0576	0016					**94**	
	⋮	⋮	⋮	⋮	⋮	⋮					**⋮**	
	39	1,0	1,0	1,0	1,0	1,0	1,0	9993	9034	0176	**60**	
	40	1,0	1,0	1,0	1,0	1,0	1,0	9997	9341	0284	**59**	
	41	1,0	1,0	1,0	1,0	1,0	1,0	9999	9566	0443	**58**	
	42	1,0	1,0	1,0	1,0	1,0	1,0	9999	9724	0666	**57**	
	43	1,0	1,0	1,0	1,0	1,0	1,0	1,0	9831	0967	**56**	
	44	1,0	1,0	1,0	1,0	1,0	1,0	1,0	9900	1356	**55**	
	⋮	⋮	⋮	⋮	⋮	⋮	⋮	⋮	⋮	⋮	**⋮**	
	55	1,0	1,0	1,0	1,0	1,0	1,0	1,0	1,0	8644	**44**	
	56	1,0	1,0	1,0	1,0	1,0	1,0	1,0	1,0	9033	**43**	
	57	1,0	1,0	1,0	1,0	1,0	1,0	1,0	1,0	9334	**42**	
	58	1,0	1,0	1,0	1,0	1,0	1,0	1,0	1,0	9557	**41**	
	59	1,0	1,0	1,0	1,0	1,0	1,0	1,0	1,0	9716	**40**	
	60	1,0	1,0	1,0	1,0	1,0	1,0	1,0	1,0	9824	**39**	
		0,99	**0,98**	**0,95**	**0,9**	**0,85**	**0,8**	**0,75**	**$\frac{2}{3}$**	**0,5**	**k**	**n**
		p										

Bei $k = 41$ Treffern liegt die kumulierte Wahrscheinlichkeit mit $0{,}0443 = 4{,}43\,\%$ noch unter der geforderten halben Irrtumswahrscheinlichkeit von maximal 5 %. Bei $k = 42$ Treffern wäre sie mit $0{,}0666 = 6{,}66\,\%$ überschritten. Die linke Grenze des Prognoseintervalls liegt daher bei $k = 42$ Treffern.

Bei $k = 57$ Treffern beträgt die kumulierte Wahrscheinlichkeit $0{,}9334 = 93{,}34\,\%$. Die halbe Irrtumswahrscheinlichkeit beträgt somit noch $1 - 0{,}9334 = 0{,}666 = 6{,}66\,\%$ und damit über den maximal erlaubten 5 %. Bei $k = 58$ Treffern beträgt der Rest nur noch $1 - 0{,}9557 = 0{,}443 = 4{,}43\,\%$ und liegt damit unter den erlaubten 5 %. Die rechte Grenze des Prognoseintervalls liegt daher bei 58 Treffern.

Das Prognoseintervall ist damit [42; 58].

Wenn der Anteil der Personen, die „Sommerfrische" bevorzugen, in der Grundgesamtheit genau 50 % beträgt, dann befinden sich – mit einer Sicherheitswahrscheinlichkeit von 90 % – in einer Stichprobe vom Umfang $n = 100$ Personen mindestens 42 und maximal 58 Personen, die den Duft „Sommerfrische" bevorzugen.

Situation 7

Ein Unternehmen plant, ein neues Produkt in zwei Varianten auf den Markt zu bringen. Einmal als Premiumprodukt und einmal als günstiges Produkt, welches unter einem anderen Namen über Discounter vertrieben werden soll.

Der Hersteller vermutet, dass er auf dem Premiummarkt bei Markteinführung nur einen Marktanteil von 24% erreichen wird. Im Discounterbereich rechnet er aufgrund der besonderen Eigenschaften seines Produktes damit, dass aus dem Stand ein Marktanteil von 80% erreicht werden kann.

Vor der Markteinführung werden im Rahmen zweier Konsumententests potentielle Kunden der beiden Märkte zu dem Produkt befragt.

Von 100 potentiellen Discounterkunden gaben 73 an, dass sie das Produkt kaufen würden. Bei den Premiumkunden waren es 8 von 68.

a) Bestimmen Sie mit einer Sicherheitswahrscheinlichkeit von 99%, ob der vermutete Marktanteil im Discountermarkt mit dem Stichprobenergebnis verträglich ist.

b) Bestimmen Sie mit einer Sicherheitswahrscheinlichkeit von 95%, ob der vermutete Marktanteil im Premiummarkt mit dem Stichprobenergebnis verträglich ist. Kontrollieren Sie Ihr Ergebnis mit dem Taschenrechner.

Lösung

a) Die Zufallsgröße X: „Anzahl der Personen, die das Discounterprodukt kaufen" ist $B_{100;0,8}(k)$-verteilt. Wenn der Marktanteil im Discountermarkt wie vermutet 80% betragen sollte, dann sind innerhalb der Stichprobe $\mu = n \cdot p = 100 \cdot 0{,}8 = 80$ Personen zu erwarten. Das Ergebnis der Stichprobe hängt jedoch auch vom Zufall ab.

Die Irrtumswahrscheinlichkeit α soll in diesem Fall lediglich 1% betragen. Die Abweichung nach oben bzw. unten beträgt daher jeweils $\frac{\alpha}{2} \leq 0{,}5\,\% = 0{,}005$.

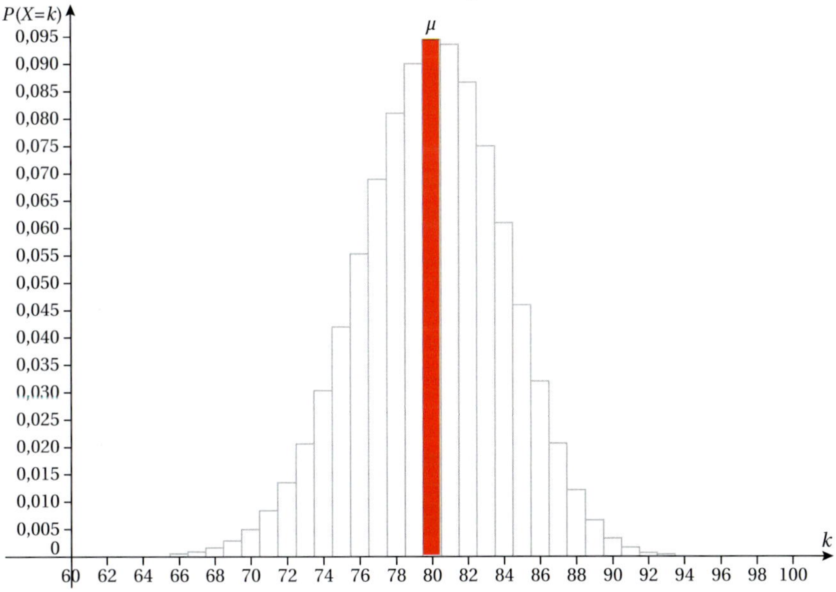

Da $p \neq 0{,}5$ ist, ist die Verteilung nicht symmetrisch. Daher muss die halbe Irrtumswahrscheinlichkeit auf beiden Seiten einzeln überprüft werden.

Offensichtlich liegt die Einzelwahrscheinlichkeit für 70 Treffer bereits über 0,005. Die linke Grenze des Prognoseintervalls muss daher unter 70 liegen. Ob sie bei 68 oder 69 liegt, lässt sich grafisch nicht eindeutig bestimmen.

Auch die Einzelwahrscheinlichkeit für 89 Treffer liegt über 0,005. Daher muss die rechte Grenze über 89 liegen. Ob sie bei 90 oder 91 liegt, lässt sich grafisch nicht eindeutig bestimmen.

Die in der Stichprobe erhaltenen 73 Treffer liegen aber in jedem Fall innerhalb des Prognoseintervalls, wenn man eine Sicherheitswahrscheinlichkeit von 99 % zugrunde legt.

Tabellarisch lassen sich die Grenzen des Prognoseintervalls besser bestimmen.

$P(X \leq k) = F_{n;p}(k) = \sum_{i=0}^{k} \binom{n}{i} \cdot p^i \cdot (1-p)^{n-i}$

Bei grau hinterlegten Werten für k und n gilt: $P(X \leq k) = 1 -$ abgelesener Wert.

		p										
n	*k*	0,01	0,02	0,05	0,1	0,15	0,2	0,25	$\frac{1}{3}$	0,5		
100	0	0,3660	1326	0059							**99**	**100**
	1	7358	4033	0371	0003						**98**	
	2	9206	6767	1183	0019						**97**	
	3	9816	8590	2578	0078	0001					**96**	
	4	9966	9492	4360	0237	0004					**95**	
	5	9995	9845	6160	0576	0016					**94**	
	6	9999	9959	7660	1172	0047	0001				**93**	
	7	1,0	9991	8720	2061	0122	0003				**92**	
	8	1,0	9998	9369	3209	0275	0009				**91**	
	9	1,0	1,0	9718	4513	0551	0023				**90**	
	10	1,0	1,0	9885	5832	0994	0057	0001			**89**	
	11	1,0	1,0	9957	7030	1635	0126	0004			**88**	
	⋮	⋮	⋮	⋮	⋮	⋮	⋮	⋮	⋮		⋮	
	29	1,0	1,0	1,0	1,0	9999	9888	8505	2093		**70**	
	30	1,0	1,0	1,0	1,0	1,0	9939	8962	2766		**69**	
	31	1,0	1,0	1,0	1,0	1,0	9969	9307	3525	0001	**68**	
	32	1,0	1,0	1,0	1,0	1,0	9984	9554	4344	0002	**67**	
	33	1,0	1,0	1,0	1,0	1,0	9993	9724	5188	0004	**66**	
	⋮	⋮	⋮	⋮	⋮	⋮	⋮	⋮	⋮	⋮	⋮	
	49	1,0	1,0	1,0	1,0	1,0	1,0	1,0	9996	4602	**50**	
		0,99	**0,98**	**0,95**	**0,9**	**0,85**	**0,8**	**0,75**	$\frac{2}{3}$	**0,5**	***k***	***n***
		p										

Bei $k = 68$ Treffern liegt die kumulierte Wahrscheinlichkeit mit $1 - 0{,}9969 = 0{,}0031 = 0{,}31\,\%$ noch unter der erlaubten halben Irrtumswahrscheinlichkeit von 0,5 %. Bei $k = 69$ Treffern wäre sie mit $1 - 0{,}9939 = 0{,}0061 = 0{,}61\,\%$ überschritten. Die linke Grenze des Prognoseintervalls liegt daher bei 69 Treffern.

Bei $k = 89$ Treffern beträgt die halbe Irrtumswahrscheinlichkeit $0{,}0057 = 0{,}57\,\%$ und liegt damit über der erlaubten halben Irrtumswahrscheinlichkeit von 0,5 %. Bei $k = 90$ Treffern beträgt die halbe Irrtumswahrscheinlichkeit $0{,}0023 = 0{,}23\,\%$. Die rechte Grenze liegt daher bei 90 Treffern.

Das Prognoseintervall ist damit [69; 90].

Die in der Stichprobe erhaltenen 73 Treffer liegen innerhalb des Prognoseintervalls. Dies bedeutet jedoch **nicht**, dass der Marktanteil tatsächlich 80 % betragen wird. Es gibt lediglich keinen Anlass dafür, an dem Wert zu zweifeln. Man sagt: **Das Ergebnis der Stichprobe ist mit dem vermuteten Anteil der Grundgesamtheit verträglich**.

Werte die außerhalb des 99 %-Prognoseintervalls liegen, wären nicht mit dem vermuteten Marktanteil von 80 % verträglich. In diesem Fall würde man sagen, dass die Werte **hochsignifikant**[1] vom Erwartungswert abweichen. Man würde in diesem Fall annehmen, dass der vermutete Marktanteil nicht 80 % beträgt.

b) Die Zufallsgröße X: „Anzahl der Personen, die das Premiumprodukt kaufen" ist $B_{68;\,0,24}(k)$-verteilt. Wenn der Marktanteil im Premium wie vermutet 24 % betragen sollte, dann sind innerhalb der Stichprobe $\mu = n \cdot p = 68 \cdot 0{,}24 \approx 16$ Personen zu erwarten. Das Ergebnis der Stichprobe hängt jedoch auch vom Zufall ab.

Die Irrtumswahrscheinlichkeit α soll in diesem Fall 5 % betragen. Die Abweichung nach oben bzw. unten beträgt daher jeweils $\frac{\alpha}{2} \leq 2{,}5\,\% = 0{,}025$.

Da $p \neq 0{,}5$ ist, ist die Verteilung nicht symmetrisch. Daher muss die halbe Irrtumswahrscheinlichkeit auf beiden Seiten einzeln überprüft werden.

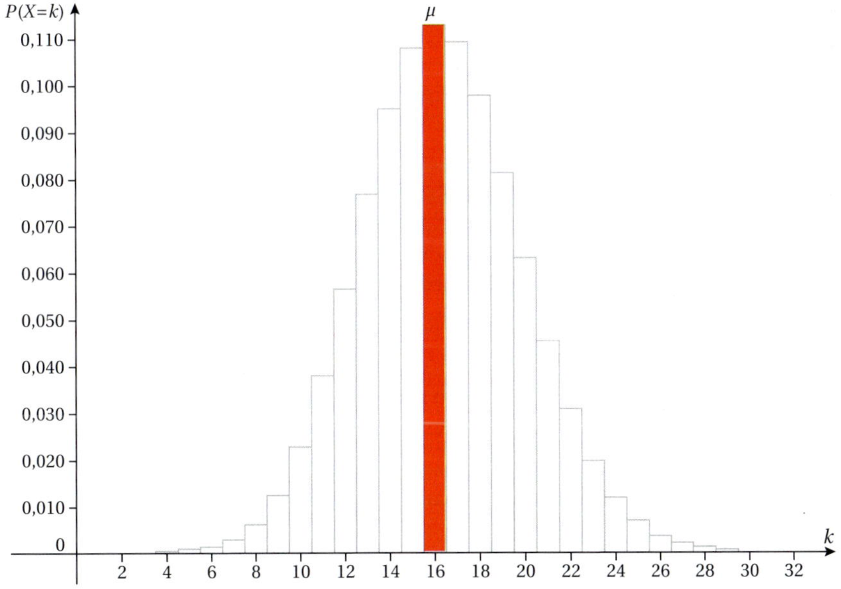

[1] signifikant: von Bedeutung

Die Einzelwahrscheinlichkeit für genau 11 Treffer ist größer als 2,5 %. Die linke Grenze des Prognoseintervalls muss daher unter 11 liegen. Einzelwahrscheinlichkeiten unter 6 Treffern spielen fast keine Rolle. Für $k = 6$ bis $k = 10$ gilt laut der Abbildung:

Einzel-wahrscheinlichkeit	kumulierte Wahrscheinlichkeit
$B_{68;0,24}(6) \approx 0{,}001$	0,001
$B_{68;0,24}(7) \approx 0{,}002$	0,003
$B_{68;0,24}(8) \approx 0{,}006$	0,009
$B_{68;0,24}(9) \approx 0{,}0125$	0,0215
$B_{68;0,24}(10) \approx 0{,}0225$	0,044

Bis 9 Treffer liegt die halbe Irrtumswahrscheinlichkeit noch unter den erlaubten 2,5 %. Bei 10 Treffern wäre sie bereits überschritten. Daher liegt die linke Grenze des Prognoseintervalls bei 10 Treffern.

Die Einzelwahrscheinlichkeit für genau 22 Treffer ist größer als 2,5 %. Die rechte Grenze des Prognoseintervalls muss daher über 22 liegen. Einzelwahrscheinlichkeiten über 28 Treffern spielen fast keine Rolle. Für $k = 28$ bis $k = 23$ gilt laut der Abbildung:

Einzel-wahrscheinlichkeit	kumulierte Wahrscheinlichkeit
$B_{68;0,24}(28) \approx 0{,}001$	0,001
$B_{68;0,24}(27) \approx 0{,}002$	0,003
$B_{68;0,24}(26) \approx 0{,}003$	0,006
$B_{68;0,24}(25) \approx 0{,}006$	0,012
$B_{68;0,24}(24) \approx 0{,}01$	0,022
$B_{68;0,24}(23) \approx 0{,}02$	0,042

Ab 24 Treffern liegt die halbe Irrtumswahrscheinlichkeit unter den erlaubten 2,5 %. Bei 23 Treffern wäre sie noch überschritten. Daher liegt die rechte Grenze des Prognoseintervalls bei 23 Treffern.

Das Prognoseintervall ist damit [10; 23].

Die in der Stichprobe erhaltenen 8 Treffer liegen **nicht** innerhalb des Prognoseintervalls. Das Ergebnis der Stichprobe ist daher **nicht** mit dem vermuteten Anteil der Grundgesamtheit **verträglich**.

Werte, die außerhalb eines 90 %-Prognosintervalls liegen, weichen **signifikant** vom Erwartungswert ab.

Da das Ergebnis der Stichprobe links vom Prognoseintervall liegt, wird der Marktanteil des Premiumprodukts vermutlich geringer als 24 % sein.

Die Grenzen dieses Prognoseintervalls lassen sich nur bedingt tabellarisch ermitteln. In der Regel liegen Binomialtabellen nur für bestimmte Werte von n[1] und p[2] vor. Mithilfe des Taschenrechners lassen sich die Prognoseintervalle für beliebige n und p tabellarisch bestimmen.

Im Hauptbildschirm mit Y= den Y-Editor aufrufen.

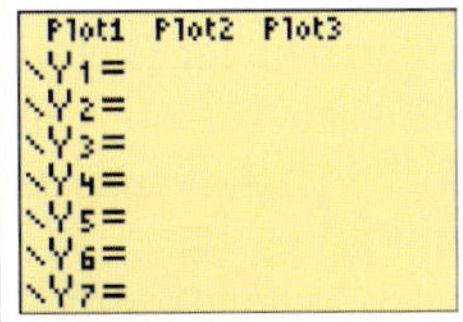

Unter Y1 durch 2ND, [DISTR], B:binomcdf(den Befehl für kumulierte binomialverteilte Wahrscheinlichkeiten aufrufen.

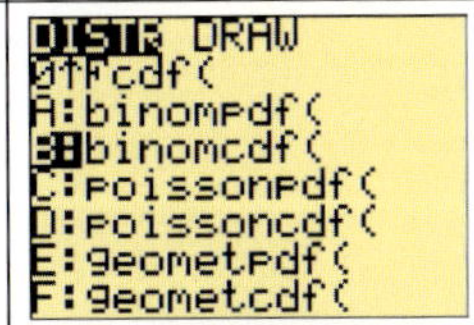

Unter trials den Stichprobenumfang n, unter p die relative Häufigkeit der Eigenschaft der Grundgesamtheit und unter x value mit X X eintragen. Alle Werte müssen jeweils mit ENTER bestätigt werden.

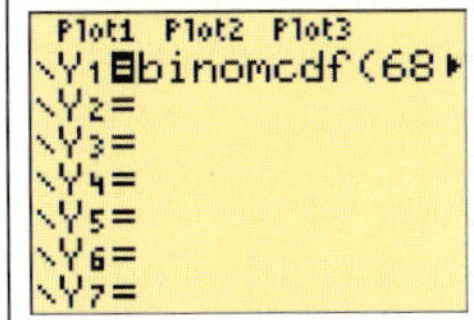

Unter Y2 zunächst 1, - eingeben und anschließend durch 2ND, [DISTR], B:binomcdf(erneut den Befehl für kumulierte binomialverteilte Wahrscheinlichkeiten aufrufen. Unter trials, p und x value die Eintragungen nicht verändern, sondern nur jeweils mit ENTER bestätigen.

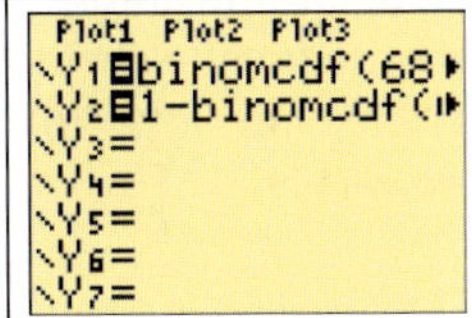

2ND, [TABLE] öffnet ein Tabellenfenster.

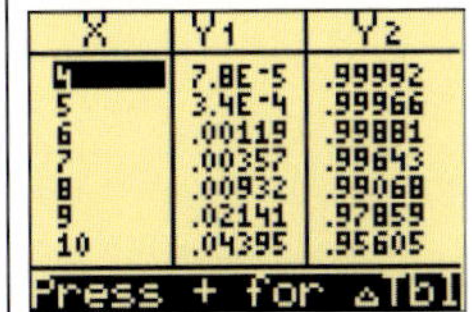

Nun mit den Cursortasten solange nach unten drücken, bis in der Spalte Y1 die halbe Irrtumswahrscheinlichkeit exakt erreicht, oder zum ersten mal **über**schritten wird. Der dazugehörige Wert in der Spalte X entspricht der linken Grenze des Prognoseintervalls.

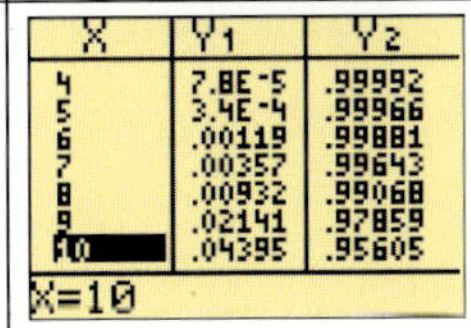

Mit den Cursortasten solange weiter nach unten drücken, bis in der Spalte Y2 die halbe Irrtumswahrscheinlichkeit exakt erreicht, oder zum ersten Mal **unter**schritten wird. Der dazugehörige Wert in der Spalte X entspricht der rechten Grenze des Prognoseintervalls.

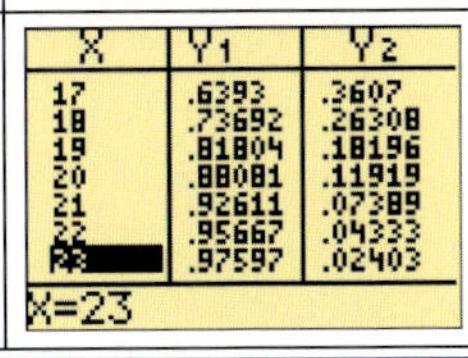

1) Übliche Werte für n sind 2; 5; 10; 25; 50; 100.

2) Übliche Werte für p sind 0,01; 0,02; 0,05; 0,1; 0,15; 0,2; 0,25; $\frac{1}{3}$; 0,5 sowie die dazugehörigen Gegenwahrscheinlichkeiten.

eA Prognoseintervalle mit Sigmaregeln berechnen

Die grafische Bestimmung von Prognoseintervallen ist sehr zeitaufwendig und – wenn der Stichprobenumfang relativ groß ist – auch sehr ungenau.

Die tabellarische Bestimmung ist ohne einen Taschenrechner nur möglich, wenn eine Tabelle vorliegt, in der der Stichprobenumfang n und die Trefferwahrscheinlichkeit p gemeinsam vorhanden sind. Prognoseintervalle lassen sich mithilfe von Sigmaregeln jedoch auch mathematisch berechnen. Voraussetzung ist, dass die sogenannte Laplace-Bedingung erfüllt ist.

$$\sqrt{n \cdot p \cdot q} = \sigma > 3$$

Laplace-Bedingung

Die Abbildung zeigt die Wahrscheinlichkeitsverteilung einer $B_{100;0,5}(k)$-verteilten Zufallsgröße.

Wie zu erkennen ist, liegen in dem Intervall $[\mu - 3 \cdot \sigma; \mu + 3 \cdot \sigma]$ praktisch alle für die Gesamtwahrscheinlichkeit relevanten Einzelwahrscheinlichkeiten.

Mithilfe des Faktors[1] c lassen sich Prognoseintervalle der Form $[\mu - c \cdot \sigma; \mu + c \cdot \sigma]$ mit beliebiger Sicherheitswahrscheinlichkeit bestimmen.

Gebräuchlich sind $1{,}64\sigma$-, $1{,}96\sigma$- und $2{,}58\sigma$-Umgebungen um den Erwartungswert, da diese einer Sicherheitswahrscheinlichkeit (Irrtumswahrscheinlichkeit) von 90% (10%), 95% (5%) bzw. 99% (1%) entsprechen.

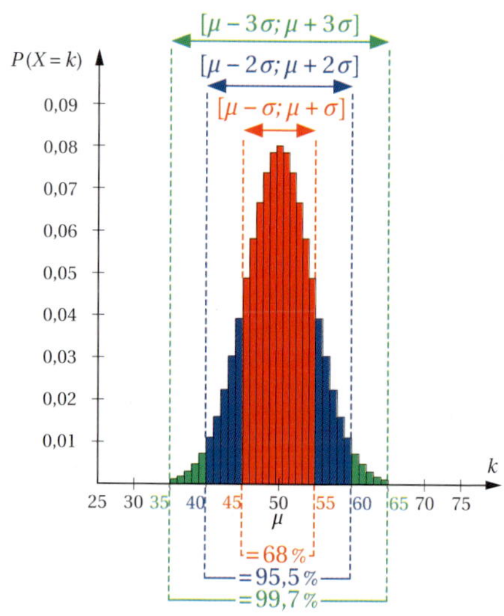

$$P(X \in [\mu - 1{,}64 \cdot \sigma; \mu + 1{,}64 \cdot \sigma]) \approx 0{,}9 = 90\,\%$$

90%-Prognoseintervall

$$P(X \in [\mu - 1{,}96 \cdot \sigma; \mu + 1{,}96 \cdot \sigma]) \approx 0{,}95 = 95\,\%$$

95%-Prognoseintervall

$$P(X \in [\mu - 2{,}58 \cdot \sigma; \mu + 2{,}58 \cdot \sigma]) \approx 0{,}99 = 99\,\%$$

99%-Prognoseintervall

[1] Der Faktor c lässt sich zu einer gegebenen Sicherheitswahrscheinlichkeit mithilfe der Normalverteilung berechnen (vgl. S. 311).

Situation 8

Ein Industrieunternehmen produziert Dreifachsteckdosen mit Schukostecker in weiß, schwarz und grau. Laut Auskunft des Geschäftsführers sind 50 % aller produzierten Dreifachsteckdosen weiß, 30 % sind schwarz und 20 % braun.

Im Rahmen einer Qualitätskontrolle werden 200 Dreifachsteckdosen untersucht.

a) Berechnen Sie algebraisch, wie viele weiße Dreifachsteckdosen mit einer Sicherheitswahrscheinlichkeit von 90 % in der Stichprobe zu erwarten sind.

b) Berechnen Sie algebraisch und mit dem Taschenrechner, wie viele schwarze Dreifachsteckdosen mit einer Sicherheitswahrscheinlichkeit von 95 % in der Stichprobe zu erwarten sind.

c) In der Stichprobe waren 26 braune Dreifachsteckdosen. Bestimmen Sie mit einer Sicherheitswahrscheinlichkeit von 99 %, ob der vom Geschäftsführer angegebene Produktionsanteil der braunen Dreifachsteckdosen mit dem Stichprobenergebnis verträglich ist. Verwenden Sie dazu den Taschenrechner.

Lösung

a) Die Zufallsgröße X „Anzahl weißer Dreifachsteckdosen“ ist $B_{200;0,5}(k)$-verteilt. Für den Erwartungswert μ und die Standardabweichung σ gilt:

$\mu = n \cdot p = 200 \cdot 0{,}5 = 100$

$\sigma = \sqrt{n \cdot p \cdot q} = \sqrt{200 \cdot 0{,}5 \cdot 0{,}5} = \sqrt{50} \approx 7{,}07$

Da $\sigma > 3$, ist die Laplace-Bedingung erfüllt.

Eine Sicherheitswahrscheinlichkeit von 90 % entspricht $c = 1{,}64$. Das Prognoseintervall ist dann:

$[\mu - 1{,}64 \cdot \sigma; \mu + 1{,}64 \cdot \sigma]$

$[100 - 1{,}64 \cdot 7{,}07; 100 + 1{,}64 \cdot 7{,}07]$

$[100 - 11{,}59; 100 + 11{,}59]$

$[88{,}41; 111{,}59]$

Die Zufallsgröße kann nur ganzzahlige Werte annehmen. Weil große Abweichungen vom Erwartungswert unwahrscheinlicher sind als kleine, wird zum Erwartungswert gerundet. Man spricht vom Runden zur „sicheren Seite“. Das gerundete Prognoseintervall ist [89; 111].

Wenn der Produktionsanteil weißer Dreifachsteckdosen genau 50 % beträgt, sind innerhalb der Stichprobe mit einer Sicherheitswahrscheinlichkeit von 90 % mindestens 89 und höchstens 111 weiße Dreifachsteckdosen zu erwarten.

b) Die Zufallsgröße X „Anzahl schwarzer Dreifachsteckdosen“ ist $B_{200;0,3}(k)$-verteilt. Für den Erwartungswert μ und die Standardabweichung σ gilt:

$\mu = n \cdot p = 200 \cdot 0{,}3 = 60$

$\sigma = \sqrt{n \cdot p \cdot q} = \sqrt{200 \cdot 0{,}5 \cdot 0{,}7} = \sqrt{42} \approx 6{,}48$

Da $\sigma > 3$, ist die Laplace-Bedingung erfüllt.

Die Sicherheitswahrscheinlichkeit soll 95 % betragen.

Prognoseintervalle lassen sich mit dem Taschenrechner berechnen.

Zunächst mit STAT, TESTS, A:1-Prop-ZInt... den entsprechenden Befehl auswählen.	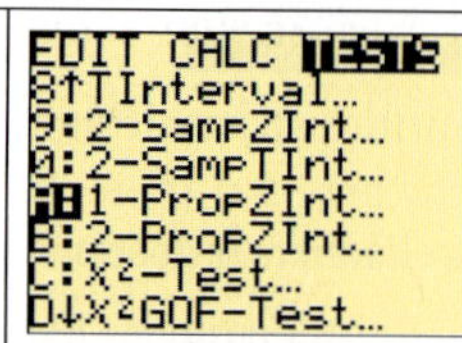
Unter x den Erwartungswert μ unter n den Stichprobenumfang n und unter C-Level die Sicherheitswahrscheinlichkeit eingeben und jeweils mit ENTER bestätigen.	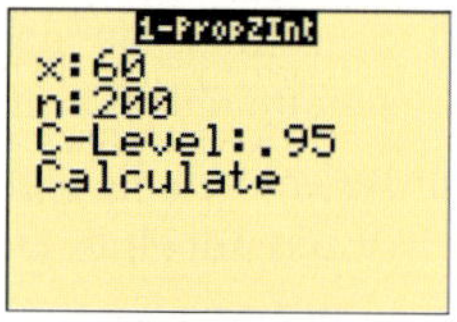
ENTER liefert das Prognoseintervall mit relativen Häufigkeiten. $\hat{p}$ ist die relative Häufigkeit der Eigenschaft der Grundgesamtheit.	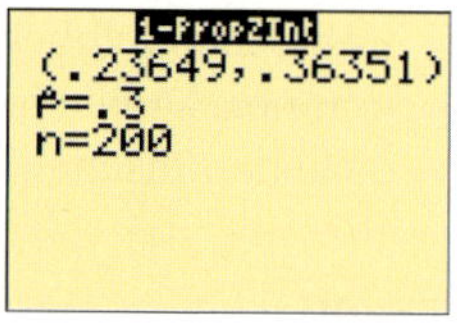
Die Multiplikation mit dem Stichprobenumfang n liefert das gewünschte Prognoseintervall.	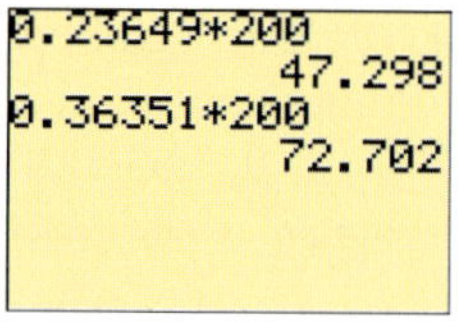

Die algebraische Berechnung liefert:

$[\mu - 1{,}96 \cdot \sigma; \mu + 1{,}96 \cdot \sigma]$

$[60 - 1{,}96 \cdot 6{,}48; 100 + 1{,}96 \cdot 6{,}48]$

$[60 - 12{,}7; 60 + 12{,}7]$

$[47{,}31; 72{,}7]$

$[48; 72]$

Hinweis

Die Abweichungen sind rundungsbedingt.

Wenn der Produktionsanteil schwarzer Dreifachsteckdosen genau 30 % beträgt, sind innerhalb der Stichprobe mit einer Sicherheitswahrscheinlichkeit von 95 % mindestens 48 und höchstens 72 schwarze Dreifachsteckdosen zu erwarten. Werte, die außerhalb des 95 %-Prognoseintervalls liegen, weichen **signifikant** vom Erwartungswert ab.

c) Die Zufallsgröße X „Anzahl brauner Dreifachsteckdosen" ist $B_{200;0,2}(k)$-verteilt. Für den Erwartungswert μ und die Standardabweichung σ gilt:

$\mu = n \cdot p = 200 \cdot 0{,}2 = 40$

$\sigma = \sqrt{n \cdot p \cdot q} = \sqrt{200 \cdot 0{,}2 \cdot 0{,}8} = \sqrt{32} \approx 5{,}66$

Da $\sigma > 3$, ist die Laplace-Bedingung erfüllt.

Die Sicherheitswahrscheinlichkeit soll 99 % betragen.

Der Taschenrechner liefert:

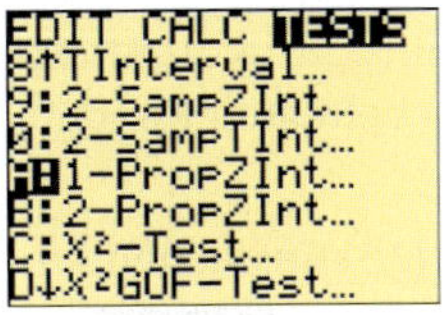

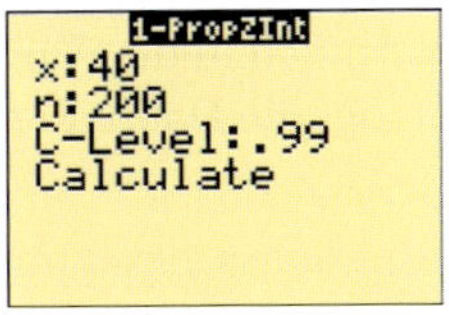

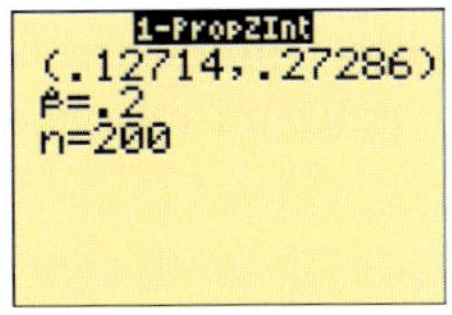

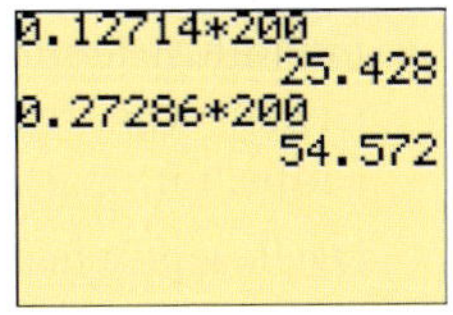

Das gerundete Prognoseintervall lautet [26; 54]. Da in der Stichprobe 26 braune Dreifachsteckdosen waren und diese Anzahl innerhalb des 99 %-Prognoseintervalls liegt, gibt es keinen Grund, an der Aussage des Geschäftsführers zu zweifeln, dass der Produktionsanteil brauner Dreifachsteckdosen 20 % beträgt, da das Stichprobenergebnis **nicht hochsignifikant** vom Erwartungswert abweicht. Es ist aber **kein** Beweis für die Richtigkeit der Aussage des Geschäftsführers.

Zusammenfassung

- Mithilfe von **Prognoseintervallen** ist es möglich, Aussagen darüber zu treffen, mit wie vielen „Treffern" innerhalb einer Stichprobe mit einer bestimmten Sicherheitswahrscheinlichkeit zu rechnen ist, wenn die relative oder absolute Häufigkeit einer bestimmten Eigenschaft innerhalb der Grundgesamtheit bekannt ist **(Schluss von der Grundgesamtheit auf die Stichprobe)**.
- Je breiter ein solches Intervall ist, desto wahrscheinlicher ist das Eintreffen der dazugehörigen Prognose.
- Prognoseintervalle lassen sich grafisch und/oder tabellarisch bestimmen.
- Wenn die **Laplace-Bedingung** $\sqrt{n \cdot p \cdot q} = \sigma > 3$ erfüllt ist, lassen sich Prognoseintervalle mithilfe von **Sigmaregeln** berechnen.
  90 %-Prognoseintervall: $P(X \in [\mu - 1{,}64 \cdot \sigma; \mu + 1{,}64 \cdot \sigma]) \approx 0{,}9 = 90\,\%$
  95 %-Prognoseintervall: $P(X \in [\mu - 1{,}96 \cdot \sigma; \mu + 1{,}96 \cdot \sigma]) \approx 0{,}95 = 95\,\%$
  99 %-Prognoseintervall: $P(X \in [\mu - 2{,}58 \cdot \sigma; \mu + 2{,}58 \cdot \sigma]) \approx 0{,}99 = 99\,\%$
- Mit Prognoseintervallen lassen sich Aussagen weder widerlegen, noch verifizieren. Liegt ein Stichprobenergebnis außerhalb des Prognoseintervalls, so ist es – je nach gewählter Irrtumswahrscheinlichkeit – jedoch sehr unwahrscheinlich, dass die zuvor getroffene Aussage stimmt.
- Werte, die außerhalb eines **95 %**-Prognoseintervalls liegen, werden als **signifikant** abweichend vom Erwartungswert bezeichnet.
- Werte, die außerhalb eines **99 %**-Prognoseintervalls liegen, werden als **hochsignifikant** abweichend vom Erwartungswert bezeichnet.

Übungsaufgaben

1 Ein Industrieunternehmen produziert Scheuermilch in den Varianten „Citrus“ und „Apfel“. Gemäß einer repräsentativen Umfrage bevorzugt die Hälfte der 100 befragten Kunden den Citrusduft.

Die Rezeptur des Citrusduftes wurde verändert, sodass dieser nun keine künstlichen Aromastoffe mehr enthält. Der Hersteller geht davon aus, dass auch der neue, sehr ähnliche Duft von der Hälfte der Konsumenten bevorzugt werden wird.

Bestimmen Sie grafisch und tabellarisch das dazugehörige Prognoseintervall. Gehen Sie dabei von einer Sicherheitswahrscheinlichkeit von 95 % aus. Interpretieren Sie Ihr Ergebnis anwendungsbezogen.

2 Ein Reiseanbieter vertreibt Rundreisen mit einer Dauer von 7 und 14 Tagen. Laut eigener Angabe buchen 70 % aller Kunden eine 7-tägige Rundreise. Der Rest bucht für 14 Tage.

Im Rahmen der Qualitätssicherung werden 100 Kunden aus der Kundendatei zufällig ausgewählt. 65 von ihnen hatten eine kurze Rundreise gebucht, der Rest eine lange.

a) Bestimmen Sie mit einer Sicherheitswahrscheinlichkeit von 95 %, ob die Angaben des Reiseanbieters hinsichtlich der 7-tägigen Rundreisen mit dem Stichprobenergebnis vereinbar sind.

b) Bestimmen Sie mit einer Sicherheitswahrscheinlichkeit von 90 %, ob die Angaben des Reiseanbieters hinsichtlich der 14-tägigen Rundreisen mit dem Stichprobenergebnis vereinbar sind.

3 In der Endkontrolle eines Herstellers für Gartengeräte werden vor der Verpackung jeden Tag 100 Rasenmäher auf Lackfehler überprüft. Die Kontrolleure übersehen mit einer Wahrscheinlichkeit von 2 % kleine Lackfehler an einem Rasenmäher. Bestimmen Sie mit einer Sicherheitswahrscheinlichkeit von 95 %, mit wie vielen Rasenmähern mit Lackfehlern pro Tag zu rechnen ist.

4 Ein Sonderpostenhändler hat bei einem Hersteller mehrere tausend Sektgläser in 50er-Kartons eingekauft. Jedes vierte Glas der Gesamtlieferung ist kaputt. Bestimmen Sie das 90 %-Prognoseintervall für einen Karton und interpretieren Sie Ihr Ergebnis anwendungsbezogen.

5 Ein Toilettenpapierhersteller wirbt damit, dass auf 75 % aller seiner Rollen mehr als die versprochenen 200 Blatt sind. Herr P. Nibel hat im vergangenen Jahr 124 Rollen Toilettenpapier verbraucht und dokumentiert, dass sich nur auf 85 davon mehr als 200 Blatt Papier befanden. Er möchte nun einen Beschwerdebrief an den Hersteller verfassen. Um sich dabei nicht zu blamieren, möchte er sich zu 99 % sicher sein mit seiner Aussage. Bestimmen Sie das entsprechende Prognoseintervall und interpretieren Sie Ihr Ergebnis im Sachzusammenhang.

eA **6** Ein Unternehmen in der Papierindustrie produziert Schreibblöcke mit komplett weißem, kariertem und liniertem Papier. Aus den Produktionsplänen geht hervor, dass 70 % aller produzierten Blöcke liniert, 20 % kariert und der Rest komplett weiß ist.

Im Rahmen einer Qualitätskontrolle werden 250 Blöcke untersucht.

a) Berechnen Sie, wie viele karierte Blöcke mit einer Sicherheitswahrscheinlichkeit von 95 % in der Stichprobe zu erwarten sind.

b) Berechnen Sie, wie viele linierte Blöcke mit einer Sicherheitswahrscheinlichkeit von 96 % in der Stichprobe zu erwarten sind,

c) In der Stichprobe sind 18 komplett weiße Blöcke. Bestimmen Sie mit einer Sicherheitswahrscheinlichkeit von 97,5 %, ob der angegebene Produktionsanteil mit dem Stichprobenergebnis verträglich ist.

eA **7** Es ist bekannt, dass die Hälfte aller Fahrgäste Fahrscheinautomaten nicht sicher bedienen kann. Berechnen Sie, wie viele Personen bei einer Befragung von 500 zufällig ausgewählten Fahrgästen mit einer Sicherheitswahrscheinlichkeit von 90 %, 95 % bzw. 99 % angeben werden, dass sie Probleme beim Fahrscheinkauf am Automaten haben.

eA **8** Ein Pharmakonzern möchte ein neues Medikament in den Handel bringen. Das Medikament wird seitens der Behörden nur zugelassen, wenn der Anteil der Personen mit Nebenwirkungen mit einer Sicherheitswahrscheinlichkeit von mindestens 99 % maximal 3 % beträgt. Im Rahmen der Zulassung wird das Medikament in einer repräsentativen Studie an 2 500 Freiwilligen getestet. 50 von ihnen klagten über Nebenwirkungen.

Berechnen Sie das dazugehörige Prognoseintervall und entscheiden Sie sich anhand Ihres Ergebnisses begründet für oder gegen eine Zulassung.

eA **9** Ein Unternehmen verkauft Spielzeug in Schokoladeneiern. In jedem achten Ei befindet sich eine von zehn gleich seltenen Sammelfiguren. Die Eier werden in Tiefziehfolien zu 24 Stück verpackt. In einem Karton befinden sich drei Tiefziehfolien und auf einer Europapalette 36 Kartons. Einem Sammler fehlt noch genau eine ganz bestimmte der zehn Figuren. Er kauft daher im Großmarkt eine ganze Europapalette. Berechnen Sie, mit einer Sicherheitswahrscheinlichkeit von 99 %, wie viele der gesuchten Figuren der Sammler erhalten wird.

eA **10** In einem Industriebetrieb wird Nuss-Nougat-Creme hergestellt. Der Ausschussanteil beträgt laut Lieferant 2 %. Über einen längeren Zeitraum werden den Lieferungen insgesamt 500 kg Haselnüsse entnommen und untersucht. 484 kg waren einwandfrei.

Berechnen Sie mit einer Sicherheitswahrscheinlichkeit von 98 %, ob die Aussagen des Lieferanten mit der Stichprobe verträglich sind.

3.3.6 Handlungssituationen zur Binomialverteilung

Die folgenden Situationen sollen Sie mit den Ihnen zur Verfügung stehenden Rechnern bearbeiten. Besonders wichtig ist die Interpretation Ihrer Ergebnisse.

Handlungssituation 1

Ein Hersteller von Glücksspielgeräten stellt auf der Glücksspielmesse in Düsseldorf sein neuestes Gerät vor.

Der Spieler erhält bei einem Einsatz von 2,50 € eine Kugel, die er oben in den Trichter fallen lässt. Je nachdem, in welches der Fächer die Kugel fällt, erhält der Spieler den angezeigten Gewinn. Das Gerät soll im Verkauf 9 999,00 € kosten.

Aufgrund des hohen Preises ist das Interesse an dem Gerät bisher relativ gering. Überzeugen Sie die Fachbesucher, dass es sich um ein sehr lukratives Gerät handelt.

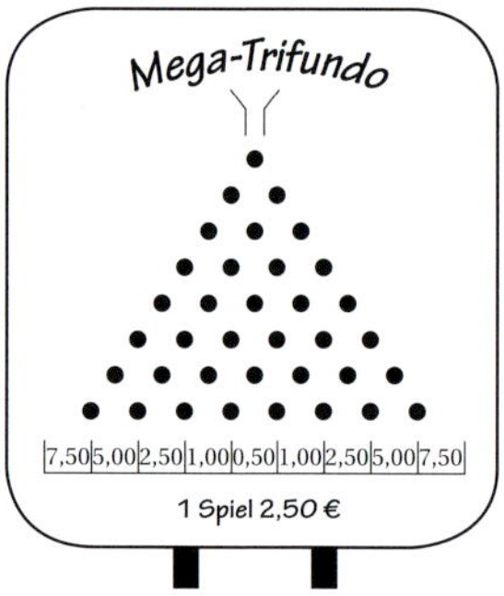

Handlungssituation 2

In einem Industriebetrieb werden zur Zeit drei Maschinen eingesetzt, die Kunststoffformteile für einen Automobilkonzern produzieren. Die drei Maschinen arbeiten sehr zuverlässig. Obwohl es sich um sehr filigrane Bauteile handelt, beträgt die Ausschussquote bei den Maschinen höchstens ein Prozent. Die Kapazitäten und den Anteil der fehlerhaften Bauteile zeigt die Tabelle.

	Maschine A	Maschine B	Maschine C
Kapazität (in Stück/Tag)	6 000	5 000	7 000
Fehleranteil	0,5 %	0,4 %	1 %
Kosten je Bauteil (in €)	0,15	0,16	0,14

Aufgrund der gesunkenen Nachfrage von lediglich 10 000 Stück pro Tag, sollen in der Produktion nur noch zwei der drei Maschinen eingesetzt werden. Unterbreiten Sie der Geschäftleitung einen begründeten Vorschlag, welche der drei Maschinen stillgelegt werden sollte und geben Sie anschließend eine Produktionsempfehlung ab, damit der Kunde im Normalfall die täglich erforderliche Menge erhält.

Handlungssituation 3

Ein Hersteller für Hotel- und Gastronomieporzellan garantiert seinen Kunden, dass die angelieferte Ware durchschnittlich zu 98 % einwandfrei ist. Für die Eröffnung eines neuen Hotels hat der Direktor 950 Essteller, 600 Suppenteller, 800 Kaffeegedecke bestehend aus Teller, Tasse und Untertasse sowie 50 weitere Teile bestellt. Bei der Wareneingangskontrolle wird ein Karton mit 48 Tellern überprüft, von denen vier Mängel aufweisen. Der Direktor fordert den Hersteller daher per Fax auf, schriftlich zu der mangelhaften Qualität und seinen Versprechungen Stellung zu nehmen. Der Hersteller faxt lediglich einen Satz zurück: „Bisher gibt es keinen Grund, an unserer Qualitätsgarantie zu zweifeln." Überzeugen Sie den Hoteldirektor, dass der Hersteller im Recht ist.

Handlungssituation 4

Ein Kunde in einem Reisebüro möchte im August eine 14-tägige Urlaubsreise nach Paraguay buchen. Der Reisende befürchtet, dass es mehr als die Hälfte der Reisezeit regnen könnte. Die Filialleiterin möchte die lukrative Reise gern verkaufen und garantiert dem Kunden nach der Einsicht in die Klimatabelle von Paraguay für den Fall, dass seine Befürchtungen wahr werden, den gesamten Reisepreis zurückzuerstatten.

	Jan	Feb	Mär	Apr	Mai	Jun	Jul	Aug	Sep	Okt	Nov	Dez
Ø Regentage	8	6	6	7	6	6	5	4	7	8	8	7

Am Ende seines Urlaubs kommt der Kunde in das Reisebüro zurück und weist nach, dass er aufgrund des schlechten Wetters die überwiegende Zeit im Hotel verbringen musste. Der Geschäftsführer überlegt nun, die Filialleiterin abzumahnen, da sie seiner Meinung nach damit rechnen musste, dass es oft regnen würde. Überzeugen Sie den Geschäftsführer, die Mahnung nicht auszusprechen.

Handlungssituation 5

Ein Berufspendler benutzt für seinen Arbeitsweg an 200 Tagen im Jahr die öffentlichen Verkehrsmittel einer Verkehrsgemeinschaft. Jede Fahrstrecke kostet durchschnittlich 2,00 €. Erfahrungsgemäß wird ein Schwarzfahrer in 5 % aller Fälle erwischt und muss in diesem Fall ein erhöhtes Beförderungsentgelt in Höhe von 60,00 € bezahlen. Die Gesellschafter der Verkehrsgemeinschaft diskutieren auf einer Betriebsversammlung darüber, ob die Strafe für Schwarzfahrer erhöht werden soll. Unterstützen Sie die Gesellschafter bei der Entscheidungsfindung.

Handlungssituation 6

In einer Fahrradmanufaktur im Ausland wird an 250 Tagen im Jahr jeweils 10 Stunden lang gearbeitet. Jeden Tag werden 1 000 Rahmen hergestellt. Der Hersteller hat bisher auf reine Handarbeit gesetzt, sodass die Rahmen manuell zusammengeschweißt wurden. Jeder Schweißer benötigt pro Rahmen 30 Minuten und verdient 8,60 € pro Stunde. Die Anzahl fehlerhafter Schweißnähte (SN) ist bei diesem Verfahren aufgrund der Erfahrung der Mitarbeiter vernachlässigbar klein.

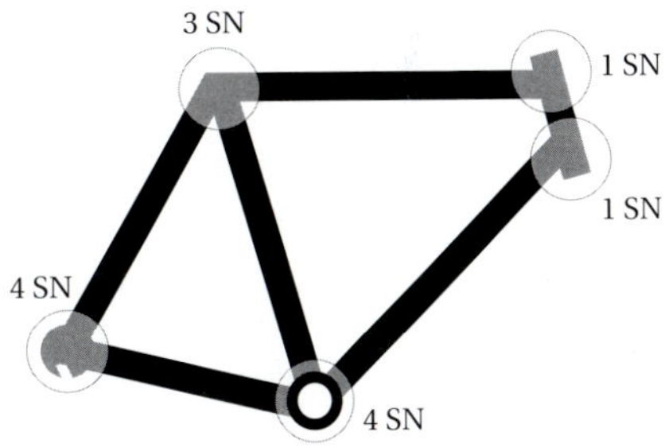

Die Unternehmensleitung überlegt nun, statt der manuellen Fertigung einen Roboter einzusetzen, da dieser deutlich schneller arbeitet und pro Jahr lediglich Betriebskosten in Höhe von 10 000 € verursacht.

Von den Schweißnähten, die der Roboter fertigt, sind jedoch 2 % fehlerhaft. Die Anzahl der Schweißnähte an einem Rahmen zeigt die Abbildung.

Die Kosten für die Reparatur einer defekten Schweißnaht betragen 10,00 €. Außerdem fallen bei einer Reklamation pro Rahmen Handlingskosten in Höhe von 25,00 € an. Hat ein Rahmen mehr als 3 defekte Schweißnähte wird er gegen einen neuen ersetzt. Die Kosten betragen dann 90,00 €.

Als Mitglied des Betriebsrates wollen Sie die Anschaffung des Roboters unbedingt verhindern. Überzeugen Sie die Geschäftsleitung, an der manuellen Fertigung festzuhalten.

Handlungssituation 7[1)]

Tennisbälle des Unternehmens Dropplob werden aus einer Kautschukmischung geformt und auf zwei Maschinen weiterverarbeitet. Maschine A beschichtet die Bälle mit einem gelben Filz, während Maschine B orangefarbene Bälle produziert. Vor der Beschichtung werden die Bälle von der jeweiligen Maschine mit einem Innendruck von 2,2 bar gefüllt. Nach der Herstellung werden die Bälle durch einen Prüfautomaten auf Gewicht, Druck und Filzoberflächenbeschaffenheit geprüft.

Bei der bisherigen Produktion weisen 2% der Bälle erhebliche und 2% der Bälle geringfügige Mängel auf.

Die Geschäftsführung fordert, dass die Qualität der Produktion verbessert werden soll, wenn bei einer Kontrolle von 100 Bällen zwei der drei überprüften Wahrscheinlichkeiten über 5% liegen:

- Genau 5 Bälle weisen erhebliche Mängel auf.
- Mindestens 5 Bälle mit geringfügigen Mängeln werden gefunden.
- Es befinden sich in der Stichprobe mehr als 5 und höchstens 10 Bälle mit Mängeln.

Entscheiden Sie, ob die Qualität der Produktion verbessert werden muss.

Berechnen Sie die Anzahl der Bälle, die der Produktion mindestens entnommen werden muss, damit mit einer Wahrscheinlichkeit von mindestens 95% mindestens ein Ball mit erheblichen Mängeln auftritt.

Handlungssituation 8[2)]

Ein Biolandwirt bietet für unterschiedliche Familienfeiern in seinen Scheunen Räumlichkeiten, Speisen und Getränke an. Damit er den Einkauf und die Zubereitung für die nächste Hochzeitsfeier planen kann, klärt er mit den Gastgebern unterschiedliche Aspekte. Es werden 100 Personen an der Feier teilnehmen. Die weiteren Ergebnisse sind in der Tabelle dargestellt.

Wahrscheinlichkeit der Getränkewahl	
Wein	$p = 0{,}5$
Bier	$p = 0{,}35$
Softdrinks	$p = 0{,}8$

Die Getränke ordert der Wirt bei einem Getränkehandel. Für die Bestellung benötigt er unterschiedliche Angaben.

Ermitteln Sie die Wahrscheinlichkeiten für die Ergebnisse:

E_1: Mehr als 60, aber weniger als 80 Gäste trinken Wein.
E_2: Weniger als 70 Gäste trinken Softdrinks.
E_3: Mehr als 50 Gäste trinken Bier.

Beurteilen Sie auf der Grundlage Ihrer Ergebnisse, welche Rückschlüsse der Wirt für seine Getränkebestellung daraus ziehen kann.

---

1) in Anlehnung an: Niedersächsisches Kultusministerium (Hrsg.): Zentralabitur 2015, Nachschreibtermin, Berufliches Gymnasium Wirtschaft/Gesundheit und Soziales, Rechnertyp GTR, eA, Aufgabe 2B, Auszug

2) in Anlehnung an: Niedersächsisches Kultusministerium (Hrsg.): Zentralabitur 2014, Berufliches Gymnasium Wirtschaft/Gesundheit und Soziales, Rechnertyp GTR, eA, Aufgabe 2B, Auszug

Handlungssituation 9[1)]

Das Unternehmen Schob stellt für den Heimwerkerbedarf Bohrmaschinen und Bandschleifer her. Für die nächste Sommersaison sollen gezielt Werbungen versendet werden.

Eine Umfrage hat ergeben, dass 320 Kunden einer Baumarktkette noch keine der beiden Maschinen besitzen, und dass die Wahrscheinlichkeit dafür, dass einer dieser Kunden sich eine Bohrmaschine kauft, bei 15 % liegt, und dass die Wahrscheinlichkeit dafür, dass sich einer dieser Kunden einen Bandschleifer kauft, bei 9 % liegt.

Das Unternehmen Schob will der Baumarktkette einen Rabatt gewähren, wenn diese im Rahmen der Werbeaktion für die 320 Kunden mindestens 50 Bohrmaschinen abnimmt. Ein weiterer Rabatt wird eingeräumt, wenn mindestens 20 Bandschleifer abgenommen werden.

Untersuchen Sie, wie groß die Wahrscheinlichkeiten für die Gewährung der einzelnen Rabatte sind.

Berechnen Sie die Wahrscheinlichkeit dafür, dass einer der ausgewählten Kunden beide Geräte kauft.

Handlungssituation 10[2)]

Der Schraubenhersteller Vürth hat eine neue Maschine in Betrieb genommen. In der Einrichtungsphase wird die Maschine eingestellt.

Nach der Herstellung werden die Schrauben in Kartons zu je 100 Stück gefüllt und verkauft. Es hat sich herausgestellt, dass 2 % der produzierten Schrauben fehlerhaft und damit unbrauchbar sind. Vürth garantiert, dass in einem Karton höchstens 5 fehlerhafte Schrauben enthalten sind. Andernfalls gilt ein Karton als mangelhaft und Vürth verspricht seinen Kunden hierfür einen 5-Euro-Warengutschein.

Bestimmen Sie den Gesamtbetrag für Warengutscheine in einem Geschäftsjahr, den Vürth erwarten kann, wenn mit 100 000 verkauften Kartons kalkuliert wird und nur 60 % der berechtigten Kunden den Gutschein einfordern.

Ein Kunde hat gerade 10 Kartons mit Schrauben gekauft. Berechnen Sie die Wahrscheinlichkeit dafür, dass unter diesen Kartons mindestens 4 Kartons mit nur fehlerfreien Schrauben sind.

Handlungssituation 11[3)]

Der Lebensmittelhersteller Snack-König stellt Chips und Flips her, die in Kartons mit jeweils 10 Tüten verpackt werden. Zur Qualitätskontrolle werden unterschiedliche Prüfungen durchgeführt.

Der Hersteller stellt das Produktionsverfahren durch eine Ersatzinvestition um. Eine neue Maschine zeigt in Bezug auf die Tütenverschließung eine Ausfallwahrscheinlichkeit von 3 %.

---

1) in Anlehnung an: Niedersächsisches Kultusministerium (Hrsg.): Zentralabitur 2014, Berufliches Gymnasium Wirtschaft/Gesundheit und Soziales, Rechnertyp GTR, eA, Aufgabe 2A, Auszug

2) in Anlehnung an: Niedersächsisches Kultusministerium (Hrsg.): Zentralabitur 2013, Berufliches Gymnasium Wirtschaft/Gesundheit und Soziales, Rechnertyp GTR, eA, Aufgabe 2A, Auszug

3) in Anlehnung an: Niedersächsisches Kultusministerium (Hrsg.): Zentralabitur 2012, Nachschreibtermin, Berufliches Gymnasium Wirtschaft/Gesundheit und Soziales, Rechnertyp GTR, eA, Block 2, Aufgabe 2A, Auszug

Situation 1

In einem Industriebetrieb werden Kartoffeln zu unterschiedlichen Produkten verarbeitet. Aus produktionstechnischen Gründen dürfen die Kartoffeln maximal 9,4 cm lang sein. Aufgrund zahlreicher vorangegangener Lieferungen ist bekannt, dass die angelieferten Kartoffeln durchschnittlich eine Länge von 8 cm haben. Die durchschnittliche Abweichung beträgt genau 1 cm. Jede Kartoffel wird durch eine Maschine automatisch gemessen und in die entsprechende Klasse einsortiert.

Berechnen Sie die Wahrscheinlichkeit, dass eine zufällig ausgewählte Kartoffel in dem Betrieb verarbeitet werden kann.

Lösung

Die Zufallsgröße X „Länge einer Kartoffel in cm" ist normalverteilt mit dem Erwartungswert $\mu = 8$ und der Standardabweichung $\sigma = 1$.

Der Hersteller kann die Kartoffel nur dann verarbeiten, wenn sie maximal 9,4 cm lang ist. Gesucht ist somit $P(X \leq 9{,}4)$.

Geringe Messgenauigkeit

Nehmen wir an, die Maschine hätte lediglich eine Messgenauigkeit von 1 cm, und die Kartoffeln würden immer in die nächst höhere Klasse einsortiert werden. Wäre eine Kartoffel 7,2 cm lang, so würde sie sie in die Klasse von 7 bis 8 cm einsortieren. Es ergäbe sich nebenstehende Verteilung. Die Wahrscheinlichkeit, dass eine Kartoffel größer als 7 cm aber maximal 8 cm lang ist, beträgt etwa 40 %.

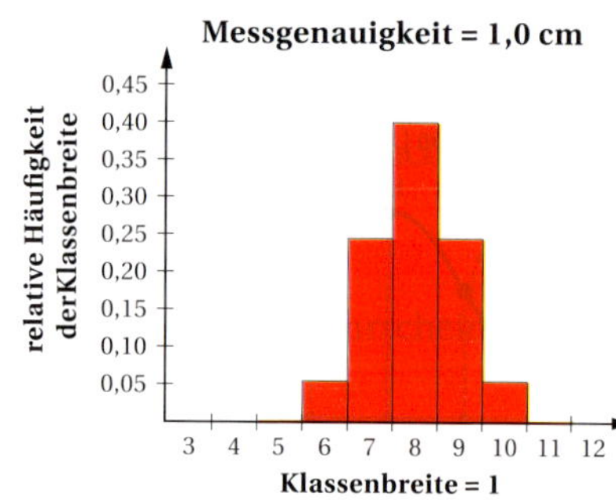

Mittlere Messgenauigkeit

Würde eine Maschine mit einer Messgenauigkeit von 0,5 cm eingesetzt werden, die nach dem gleichen Muster in Klassen einsortiert, so ergäbe sich ein Histogramm mit doppelt so vielen Balken, die jeweils nur noch halb so breit wären. Die Wahrscheinlichkeit, dass eine Kartoffel größer als 7,5 cm aber maximal 8 cm lang ist, beträgt in etwa 20 %, da die Balken nur noch eine Breite von 0,5 haben.

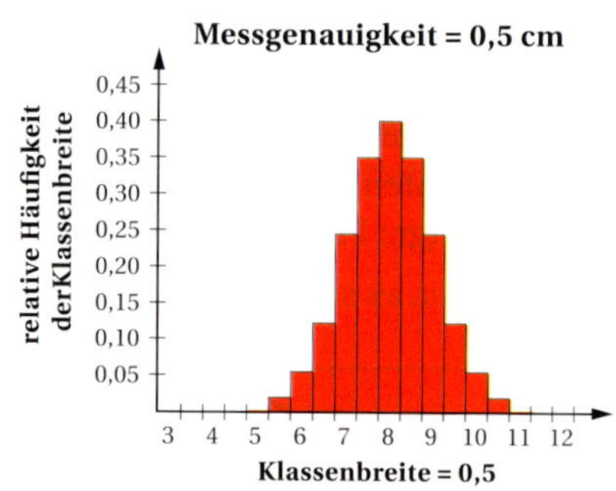

Hohe Messgenauigkeit

Wäre die Maschine in der Lage, die Länge auf einen Millimeter genau zu bestimmen, dann ergäbe sich ein Histogramm mit sehr vielen schmalen Balken. Die Wahrscheinlichkeit dafür, dass eine Kartoffel größer als 7,9 cm, aber maximal 8 cm lang ist, beträgt nun ca. 4 %, da die Balken nur noch eine Breite von 0,1 haben. Mit steigender Messgenauigkeit nähert sich das Histogramm immer mehr der Gauß'schen Glockenkurve an.

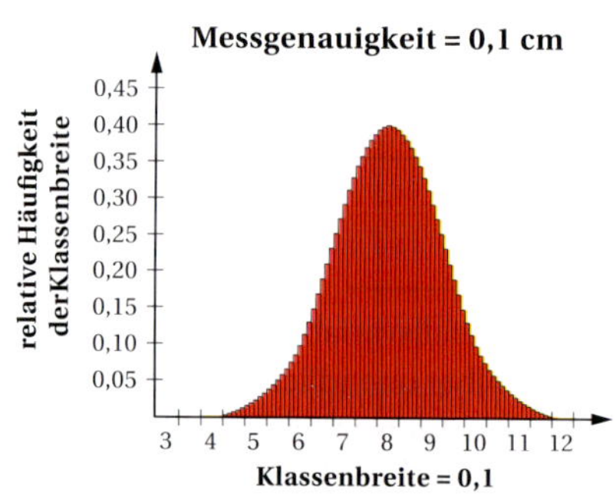

Theoretisch unendliche Meßgenauigkeit

Würde man die Messgenauigkeit der Maschinen theoretisch unendlich steigern, so würden die dazugehörigen Klassen immer schmaler werden. Es ergäbe sich eine perfekte Glockenkurve, die sich durch die Dichtefunktion der Normalverteilung

$\varphi(x) = \frac{1}{\sigma \cdot \sqrt{2\pi}} \cdot e^{-\frac{1}{2}\left(\frac{x-\mu}{\sigma}\right)^2}$ beschreiben lässt.

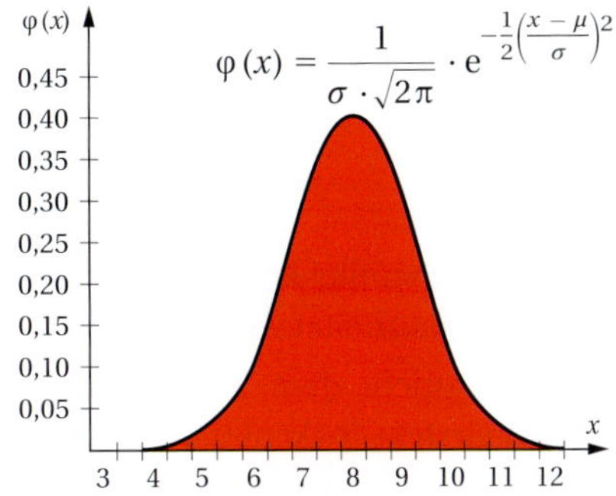

Dabei ist in diesem Fall der Erwartungswert $\mu = 8$ und die Standardabweichung $\sigma = 1$. Der Flächeninhalt der roten Fläche unterhalb der Glockenkurve lässt sich mithilfe der Integralrechung bestimmen und beträgt 1. Dabei handelt es sich um ein uneigentliches Integral, weil der Graph der Glockenfunktion die x-Achse nicht schneidet, die Fläche nach links und rechts ist unbegrenzt:

$$\int_{-\infty}^{+\infty} \varphi(x)\,dx = \frac{1}{\sigma \cdot \sqrt{2\pi}} \cdot \int_{-\infty}^{+\infty} e^{-\frac{1}{2}\left(\frac{x-\mu}{\sigma}\right)^2}\,dx = 1$$

Integral der Dichtefunktion der Normalverteilung

Das uneigentliche Integral der Dichtefunktion lässt sich nicht auf eine elementare Stammfunktion zurückführen.[1] Mithilfe von Tabellen[2], deren Werte auf der Verteilungsfunktion beruhen oder geeigneter Hilfsmittel wie Computersoftware oder einem Taschenrechner, ist es heutzutage jedoch sehr einfach möglich, die gesuchten Wahrscheinlichkeiten zu bestimmen oder zu berechnen.

Zumindest theoretisch kann die Länge einer Kartoffel unendlich klein, aber nicht negativ sein. Für die gesuchte Wahrscheinlichkeit ergibt sich das Integral:

$$P(X \leq 9{,}4) = P(0 \leq X \leq 9{,}4) = \frac{1}{\sigma \cdot \sqrt{2\pi}} \cdot \int_{0}^{9{,}4} e^{-\frac{1}{2}\left(\frac{x-8}{1}\right)^2}\,dx$$

Mit [2ND], [DISTR], 2:normalcdf(die Normalverteilung wählen und mit [ENTER] bestätigen. Hinter dem Befehl normalcdf(verbirgt sich die **Verteilungsfunktion Φ**.	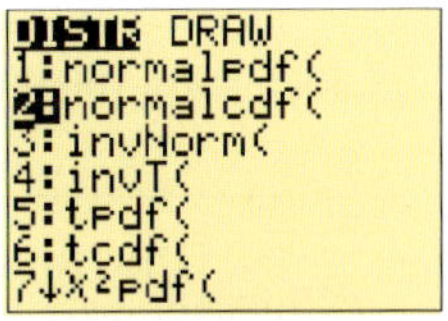
Unter lower die linke und unter upper die rechte Grenze jeweils über den Nummernblock eingeben und mit [ENTER] bestätigen. Beim Erwartungswert μ und der Standardabweichung σ ebenso verfahren.	

1) Die gesuchten Funktionswerte lassen sich mit geeigneten Näherungsverfahren wie z. B. der numerischen Integration bestimmen. Integrationsmethoden werden in diesem Buch nicht behandelt.

2) In der Regel nur für die Standardnormalverteilung, vgl. Kapitel 3.4.2

Zweimaliges [ENTER] liefert die Wahrscheinlichkeit.

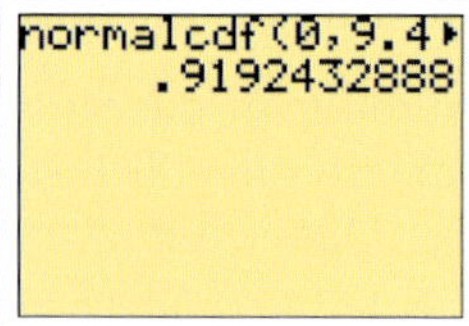

Die Wahrscheinlichkeit, dass eine zufällig ausgewählte Kartoffel verarbeitet werden kann, beträgt ca. 91,92 %.

Dies entspricht dem Flächeninhalt der roten Fläche unterhalb der Glockenkurve.

Der nicht eingefärbte Teil unter der Kurve stellt den Anteil der Kartoffeln dar, die nicht verarbeitet werden können. Er lässt sich aus dem Flächeninhalt 1 leicht berechnen:

$1 - 0{,}9192 = 0{,}0808 = 8{,}08\,\%$.

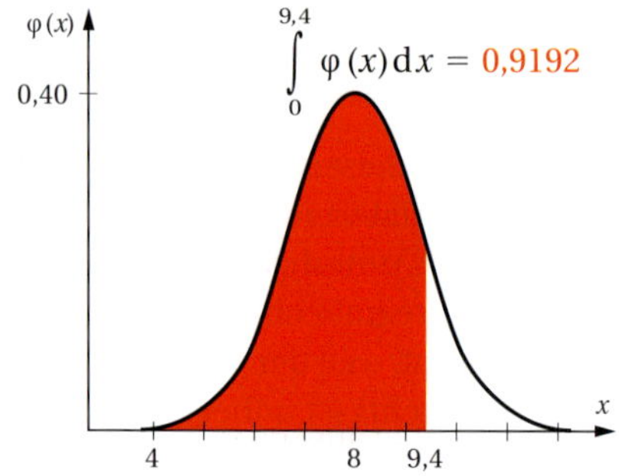

Situation 2

In einem Motorenwerk werden Hochleistungsmotoren für einen Sportwagenhersteller produziert. Eine CNC-Maschine fräst die Zylinder mit einem Durchmesser von 100 mm. Die Maschine arbeitet dabei durchschnittlich mit einer Genauigkeit von einem Tausendstel Millimeter. Der Sportwagenhersteller erlaubt Fertigungstoleranzen von 0,0025 mm. Berechnen Sie die Wahrscheinlichkeit, dass ein zufällig ausgewählter Zylinder den Anforderungen des Sportwagenherstellers entspricht.

29

Lösung

Die Zufallsvariable X „Durchmesser des Zylinders in mm" ist normalverteilt mit $\mu = 100$ und $\sigma = 0{,}001$, da es zumindest theoretisch möglich wäre, den Durchmesser des Zylinders beliebig exakt zu bestimmen. Gesucht ist in diesem Fall die Wahrscheinlichkeit, dass die Abweichung maximal 0,0025 mm beträgt. Ob der Zylinder dabei größer oder kleiner als 100 mm ist, spielt dabei keine Rolle: Gesucht wird $P(99{,}9975 \le X \le 100{,}0025)$.

$$P(99{,}9975 \le X \le 100{,}0025) = \frac{1}{0{,}001 \cdot \sqrt{2\pi}} \cdot \int_{99{,}9975}^{100{,}0025} e^{-\frac{1}{2}\left(\frac{x-100}{0{,}001}\right)^2} \, dx$$

Mit [2ND], [DISTR], 2:normalcdf(die Normalverteilung wählen und mit [ENTER] bestätigen.

Hinter dem Befehl normalcdf(verbirgt sich die **Verteilungsfunktion Φ**.

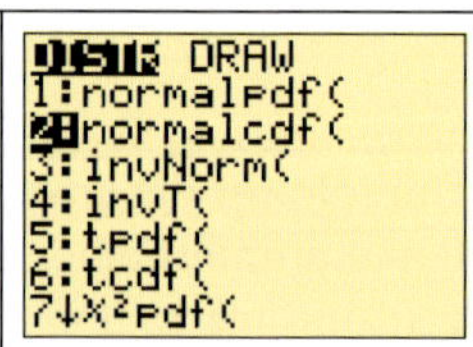

Unter lower die linke und unter upper die rechte Grenze jeweils über den Nummernblock eingeben und mit ENTER bestätigen. Beim Erwartungswert μ und der Standardabweichung σ ebenso verfahren.	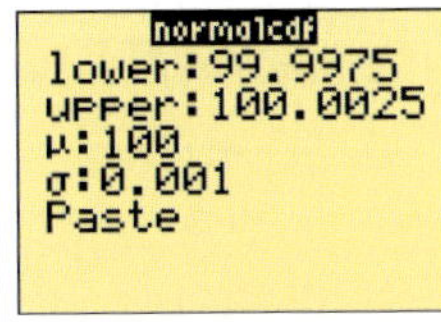
Zweimaliges ENTER liefert die Wahrscheinlichkeit.	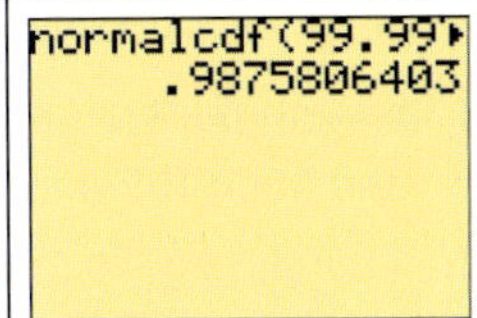

Die Wahrscheinlichkeit, dass der Zylinder den Qualitätsanforderungen genügt, beträgt etwa 98,76 %.

Dies entspricht dem Flächeninhalt der roten Fläche unterhalb der Glockenkurve.

Der nicht eingefärbte Teil unter der Kurve stellt den Anteil der Zylinder dar, die außerhalb der Fertigungstoleranzen liegen. Er lässt sich aus dem Flächeninhalt 1 leicht berechnen:

$1 - 0{,}9876 = 0{,}0124 = 1{,}24\,\%$.

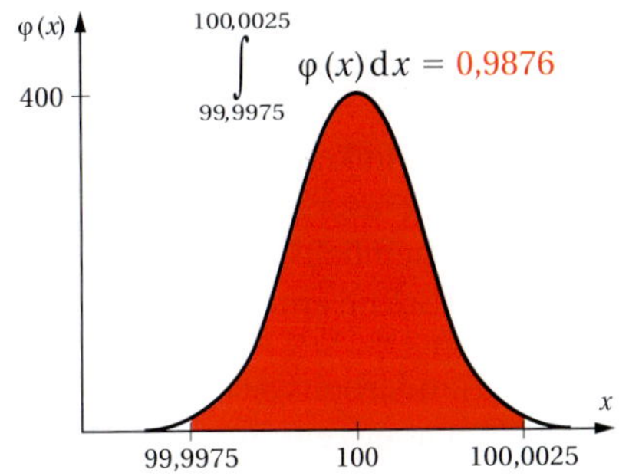

Zusammenfassung

- Lässt sich die Wahrscheinlichkeitsverteilung einer Zufallsgröße mit dem Erwartungswert μ und der Standardabweichung σ durch die **Dichtefunktion** $\varphi(x) = \frac{1}{\sigma \cdot \sqrt{2\pi}} \cdot e^{-\frac{1}{2}\left(\frac{x-\mu}{\sigma}\right)^2}$ beschreiben, so ist die Zufallsgröße normalverteilt.
- Das **Integral der Dichtefunktion** der Normalverteilung (Flächeninhalt unter der Kurve) ist $\int_{-\infty}^{+\infty} \varphi(x)\,dx = \frac{1}{\sigma \cdot \sqrt{2\pi}} \cdot \int_{-\infty}^{+\infty} e^{-\frac{1}{2}\left(\frac{x-\mu}{\sigma}\right)^2} dx = 1$
- Wahrscheinlichkeiten der Form $P(x_1 \le X \le x_2)$ lassen sich mithilfe der **Verteilungsfunktion der Normalverteilung** $\Phi(x) = \frac{1}{\sigma \cdot \sqrt{2\pi}} \cdot \int_{-\infty}^{x} e^{-\frac{1}{2}\left(\frac{x-\mu}{\sigma}\right)^2} dx$ berechnen.

Übungsaufgaben

1 Bestimmen Sie mithilfe des Taschenrechners.

a) $P(3 \le X \le 5)$; $\mu = 4$; $\sigma = 1{,}5$

b) $P(17{,}5 \le X \le 22{,}3)$; $\mu = 19$; $\sigma = 3$

c) $P(175 \le X \le 185)$; $\mu = 180$; $\sigma = 12$

d) $P(16{,}75 \le X \le 43{,}12)$; $\mu = 35$; $\sigma = 5$

e) $P(\mu - 2\sigma \le X \le \mu + 3\sigma)$; $\mu = 8$; $\sigma = 1{,}5$

f) $P(x_i \le X \le 2\,x_i)$; $\mu = \frac{3x_i}{2}$; $\sigma = \frac{x_i}{2}$

2 Eine normalverteilte Zufallsgröße hat den Erwartungswert $\mu = 10$ und die Standardabweichung $\sigma = \sqrt{3{,}5}$. Bestimmen Sie, wie viel Prozent aller Werte in das jeweilige Intervall fallen.

a) $[\mu - \sigma; \mu + \sigma]$ b) $[\mu - 2\sigma; \mu + 2\sigma]$
c) $[\mu - 1{,}5\sigma; \mu + 1{,}5\sigma]$ d) $[\mu - 1{,}75\sigma; \mu + 1{,}75\sigma]$
e) $[\mu - \frac{4}{3}\sigma; \mu + \frac{7}{8}\sigma]$ f) $[\mu - 0{,}6\sigma; \mu + 0{,}75\sigma]$
g) $[\mu - \sqrt{\sigma}; \mu + \sqrt{\sigma}]$ h) $\left[\mu - \frac{\sigma}{\mu}; \mu + \frac{\mu}{\sigma}\right]$

3 Begründen Sie ohne Taschenrechner, welches der beiden Ereignisse wahrscheinlicher ist und überprüfen Sie Ihr Ergebnis mit dem Taschenrechner.

a) $P(4{,}5 \leq X \leq 9{,}5)$; $\mu = 7$; $\sigma = 2{,}5$ ∨ $P(5 \leq X \leq 11)$; $\mu = 8$; $\sigma = 1$
b) $P(5 \leq X \leq 10)$; $\mu = 7{,}5$; $\sigma = 7{,}5$ ∨ $P(5 \leq X \leq 10)$; $\mu = 7{,}5$; $\sigma = 2{,}5$
c) $P\left(\frac{3}{4} \leq X \leq \frac{5}{4}\right)$; $\mu = 1$; $\sigma = \frac{1}{8}$ ∨ $P\left(\frac{4}{8} \leq X \leq \frac{12}{8}\right)$; $\mu = 1$; $\sigma = \frac{1}{4}$
d) $P(a \leq X \leq 2a)$; $\mu = 1{,}5a$; $\sigma = 0{,}5a$ ∨ $P(a \leq X \leq 3a)$; $\mu = 2a$; $\sigma = 0{,}5a$

4 In einer Molkerei wird Sahne in Flaschen mit einer Sollfüllmenge von 500 ml abgefüllt. Die Maschine arbeitet durchschnittlich mit einer Genauigkeit von ±2 ml. Berechnen Sie die Wahrscheinlichkeit, dass eine zufällig ausgewählte Flasche mindestens 495 ml und maximal 505 ml Sahne enthält.

5 Ein Handarbeitsgeschäft produziert handgezogene Bienenwachskerzen. Durchschnittlich gelingt es der erfahrenen Mitarbeiterin, dass die Kerzen 250 g wiegen. Da es sich um ein Naturprodukt handelt, schwankt das Gewicht jedoch um 3 %. Berechnen Sie die Wahrscheinlichkeit, dass eine fertige Kerze mindestens 248 g und maximal 252 g wiegt.

6 Ein Kunde bittet an einem Schlachtertresen im Supermarkt um ein Viertelpfund „Thüringer Mett“. Die Verkäuferin kann die gewünschte Menge in der Regel exakt abschätzen. Ihre Abweichung beträgt lediglich 2 %. Berechnen Sie die Wahrscheinlichkeit, dass das Gesamtgewicht des Metts nur um maximal 2 % von der gewünschten Menge abweicht.

7 Eine Manufaktur stellt mundgeblasene Weingläser mit einem Inhalt von 250 ml her. Aus produktionstechnischen Gründen weicht der Inhalt durchschnittlich um 2,5 % vom vorgegebenen Wert ab. Hat ein Glas weniger als 245 ml oder mehr als 255 ml Inhalt, so wird es wieder eingeschmolzen. Berechnen Sie die Wahrscheinlichkeit, dass ein Glas nicht den Qualitätsanforderungen entspricht.

8 In einem metallverarbeitenden Betrieb werden Aluminiumwürfel mit einer Kantenlänge von 15 cm gefertigt. Aufgrund eines Einstellfehlers der Maschine weicht die Kantenlänge durchschnittlich um 1 mm ab. Berechnen Sie die Wahrscheinlichkeit, dass ein Würfel mindestens 9,1 kg und maximal 9,15 kg wiegt, wenn Aluminium eine Dichte von 2,7 g/cm³ hat.

9 Ein Taxiunternehmer hat ausgerechnet, dass eine Fahrt von der Herderstraße in die Baltusallee normalerweise 12,30 € kostet. Aufgrund des unterschiedlich starken Verkehrsaufkommens schwankt dieser Wert durchschnittlich um 1,50 €. Ein Kunde hat lediglich 10,00 € dabei. Berechnen Sie die Wahrscheinlichkeit, dass das Geld ausreichen wird.

eA 3.4.2 Standardnormalverteilung

Die Standardnormalverteilung ist eine Normalverteilung mit dem Erwartungswert $\mu = 0$ und der Standardabweichung $\sigma = 1$. Werden die Werte der beiden Parameter in die Dichtefunktion der Normalverteilung eingesetzt, ergibt sich:

$$\varphi(x) = \frac{1}{1 \cdot \sqrt{2\pi}} \cdot e^{-\frac{1}{2}\left(\frac{x-0}{1}\right)^2} = \frac{1}{\sqrt{2\pi}} \cdot e^{-\frac{1}{2}x^2}$$

Um herauszustellen, dass es sich um eine besondere Normalverteilung handelt, wird in der Regel bei der Standardnormalverteilung für die Variable ein z anstelle von x verwendet.

Daher gilt für die **Dichtefunktion der Standardnormalverteilung**:

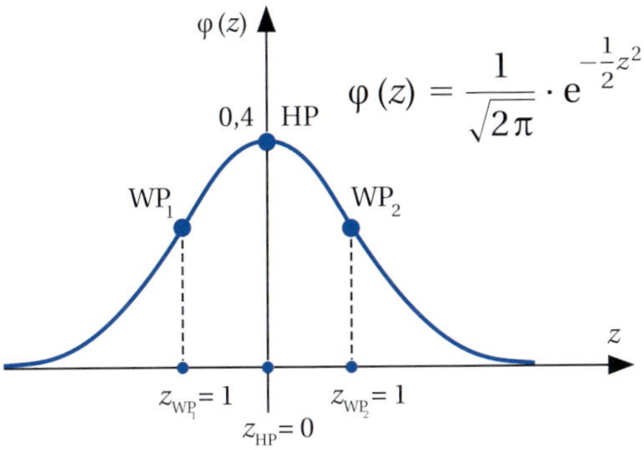

$$\varphi(z) = \frac{1}{\sqrt{2\pi}} \cdot e^{-\frac{1}{2}z^2}$$

Dichtefunktion der Standardnormalverteilung

Dabei wird der Term $\frac{x-\mu}{\sigma}$ durch z ersetzt. Dieser Übergang wird **Standardisieren** genannt.

Für die **Verteilungsfunktion der Standardnormalverteilung** gilt dementsprechend:

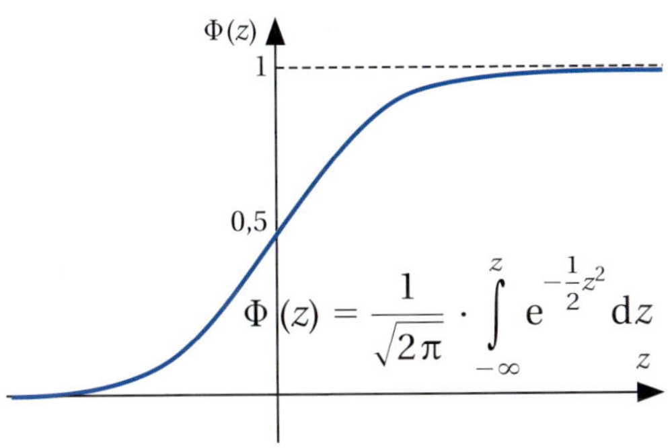

$$\Phi(z) = \frac{1}{\sqrt{2\pi}} \cdot \int_{-\infty}^{z} e^{-\frac{1}{2}z^2} \, dz$$

Verteilungsfunktion der Standardnormalverteilung

Jede „allgemeine" Normalverteilung lässt sich auf die Standardnormalverteilung zurückführen. Da sich die Dichtefunktion nicht auf eine elementare Stammfunktion zurückführen lässt, liegen die Funktionswerte von $\Phi(z)$ für $0 \le z \le 3{,}99$ in Tabellenform[1)] vor.

Wahrscheinlichkeiten der Formen $P(Z \le z)$ und $P(z_1 \le Z \le z_2)$ lassen sich nun mit den Formeln und der Tabelle im Anhang berechnen:

$$P(Z \le z) = \frac{1}{\sqrt{2\pi}} \cdot \int_{-\infty}^{z} e^{-\frac{1}{2}z^2} \, dz = \Phi(z) \text{ mit } z = \frac{x-\mu}{\sigma}$$

$$P(z_1 \le Z \le z_2) = \frac{1}{\sqrt{2\pi}} \cdot \int_{z_1}^{z_2} e^{-\frac{1}{2}z^2} \, dz = \Phi(z_2) - \Phi(z_1) \text{ mit } z_2 = \frac{x_2-\mu}{\sigma} \text{ und } z_1 = \frac{x_1-\mu}{\sigma}$$

1) Ein Beispiel zum Ablesen der Tabellenwerte befindet sich auf S. 280.

Situation 3

Im Eingangsbereich eines Lebensmitteldiscounters steht ein Automat, an dem verschiedene Kaffeespezialitäten gekauft werden können. Der Automat ist so eingestellt, dass in einen Becher mit einem maximalen Volumen von 218 ml genau 200 ml abgefüllt werden sollen. Da sich in letzter Zeit zahlreiche Kunden darüber beschwert haben, dass die Becher nicht die angegebene Menge enthalten, wird eine Stichprobe genommen. Es stellt sich heraus, dass die Füllmenge der Becher durchschnittlich um 12 ml nach oben und unten vom Sollwert abweicht.

Kunden können ihr Geld zurückfordern, wenn in einem Becher weniger als 185 ml enthalten sind oder der Becher übergelaufen ist.

Berechnen Sie mithilfe der Standardnormalverteilung die Wahrscheinlichkeit, dass ein Kunde sein Geld nicht zurückfordern kann. Kontrollieren Sie Ihr Ergebnis mit dem Taschenrechner.

Lösung

Die Zufallsgröße X „Füllmenge eines Bechers in ml" ist normalverteilt mit $\mu = 200$ und $\sigma = 12$. Ein Kunde kann sein Geld nicht zurückfordern, wenn der Becher mindestens 185 ml und maximal 218 ml enthält. Gesucht ist daher die Wahrscheinlichkeit $P(185 \leq X \leq 218)$. Es gilt:

$$P(z_1 \leq Z \leq z_2) = \frac{1}{\sqrt{2\pi}} \cdot \int_{z_1}^{z_2} e^{-\frac{1}{2}z^2}\, dz = \Phi(z_2) - \Phi(z_1) \text{ mit } z_2 = \frac{x_2 - \mu}{\sigma} \text{ und } z_1 = \frac{x_1 - \mu}{\sigma}$$

$$z_2 = \frac{x_2 - \mu}{\sigma} = \frac{218 - 200}{12} = 1{,}5$$

$$z_1 = \frac{x_1 - \mu}{\sigma} = \frac{185 - 200}{12} = -1{,}25$$

$$P(-1{,}25 \leq Z \leq 1{,}5) = \Phi(1{,}5) - \Phi(-1{,}25)$$

$\Phi(1{,}5)$ und $\Phi(-1{,}25)$ lassen sich aus der Tabelle zur Standardnormalverteilung ablesen.

Auszug[1)]

z	0	0,01	0,02	0,03	0,04	0,05	0,06	0,07	0,08	0,09
0,0	0,5000	5040	5080	5120	5160	5199	5239	5279	5319	5359
0,1	5398	5438	5478	5517	5557	5596	5636	5675	5714	5753
0,2	5793	5832	5871	5910	5948	5987	6026	6064	6103	6141
⋮	⋮	⋮	⋮	⋮	⋮	⋮	⋮	⋮	⋮	⋮
1,1	8643	8665	8686	8708	8729	8749	8770	8790	8810	8830
1,2	8849	8869	8888	8907	8925	8944	8962	8980	8997	9015
1,3	9032	9049	9066	9082	9099	9115	9131	9147	9162	9177
1,4	9192	9207	9222	9236	9251	9265	9279	9292	9306	9319
1,5	9332	9345	9357	9370	9382	9394	9406	9418	9429	9441
1,6	9452	9463	9474	9484	9495	9505	9515	9525	9535	9545
⋮	⋮	⋮	⋮	⋮	⋮	⋮	⋮	⋮	⋮	⋮
2,3	9893	9896	9898	9901	9904	9906	9909	9911	9913	9916
2,4	9918	9920	9922	9925	9927	9929	9931	9932	9934	9936

1) Die gesamte Tabelle befindet sich im Anhang.

Da der Graph der Dichtefunktion der Standardnormalverteilung achsensymmetrisch zur y-Achse ist, lassen sich auch die Wahrscheinlichkeiten für negative z-Werte mithilfe der Tabelle berechnen. Es gilt: $\Phi(-z) = 1 - \Phi(z)$.

$\Phi(1{,}5) = 0{,}9332$

$\Phi(-1{,}25) = 1 - \Phi(1{,}25) = 1 - 0{,}8944 = 0{,}1056$

$P(-1{,}25 \le Z \le 1{,}5) = \Phi(1{,}5) - \Phi(-1{,}25) = 0{,}9332 - 0{,}1056 = 0{,}8276 = 82{,}76\,\%$

Die Wahrscheinlichkeit, dass ein Becher nicht beanstandet werden kann, beträgt 82,76 %.

Die Wahrscheinlichkeit lässt sich auch mit dem Taschenrechner berechnen.

Mit [2ND], [DISTR], 2:normalcdf(die Normalverteilung wählen und mit [ENTER] bestätigen.	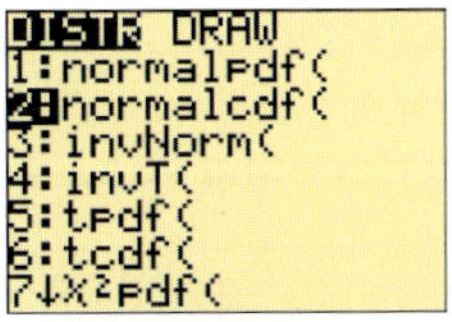
Unter lower die linke und unter upper die rechte Grenze jeweils über den Nummernblock eingeben und mit [ENTER] bestätigen. Beim Erwartungswert μ und der Standardabweichung σ ebenso verfahren.	
Zweimaliges [ENTER] liefert die Wahrscheinlichkeit.	

Die Abweichung ist rundungsbedingt, da in der Tabelle zur Standardnormalverteilung nur vier Nachkommastellen angegeben sind.

Es ist umgekehrt möglich, zu gegebenen Wahrscheinlichkeiten die entsprechenden Werte für z zu bestimmen. Dies ist sowohl mit der Tabelle, als auch mit dem Taschenrechner möglich.

Beispiel

Gesucht ist der Wert von z, sodass $\Phi(z) = 0{,}975$ gilt.

Bestimmung von *z* mit dem Taschenrechner[1]

Zunächst im Hauptbildschirm mit [2ND], [DISTR], 3:invNorm(den entsprechenden Befehl auswählen.	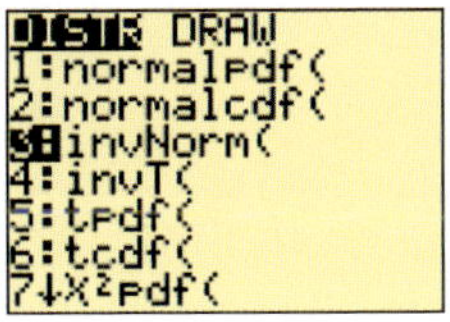

30

[1] vgl. Anhang Nr. 30

Unter area den Wert für $\Phi(z)$ eingeben und mit ENTER bestätigen. Beim Erwartungswert μ und der Standardabweichung σ ebenso verfahren.	
Zweimaliges ENTER liefert das Ergebnis.	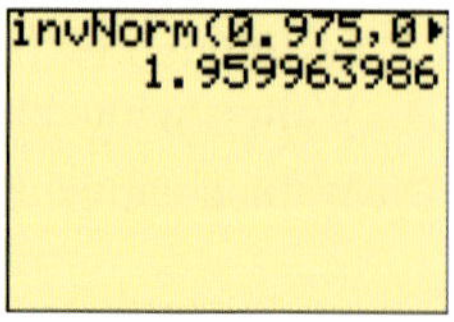

Bestimmung von *z* mithilfe der Tabelle

z	0	0,01	0,02	0,03	0,04	0,05	0,06	0,07	0,08	0,09
0,0	0,5000	5040	5080	5120	5160	5199	5239	5279	5319	5359
0,1	5398	5438	5478	5517	5557	5596	5636	5675	5714	5753
...	...	...	...	...	...	...	...	...	...	...
1,8	9641	9649	9656	9664	9671	9678	9686	9693	9699	9706
1,9	9713	9719	9726	9732	9738	9744	9750	9756	9761	9767
2,0	9772	9778	9783	9788	9793	9798	9803	9808	9812	9817
...	...	...	...	...	...	...	...	...	...	...
3,8	9999	9999	9999	9999	9999	9999	9999	9999	9999	9999
3,9	1	1	1	1	1	1	1	1	1	1

Zusammenfassung

- Die **Standardnormalverteilung** ist eine Normalverteilung mit dem Erwartungswert $\mu = 0$ und der Standardabweichung $\sigma = 1$.
- Die **Dichtefunktion** der Standardnormalverteilung ist $\varphi(z) = \frac{1}{\sqrt{2\pi}} \cdot e^{-\frac{1}{2}z^2}$.
- Die **Verteilungsfunktion** der Standardnormalverteilung ist $\Phi(z) = \frac{1}{\sqrt{2\pi}} \cdot \int_{-\infty}^{z} e^{-\frac{1}{2}z^2} \, dz$.
- Wahrscheinlichkeiten der Form $P(z_1 \leq Z \leq z_2)$ lassen sich mithilfe der Formel $\Phi(z_2) - \Phi(z_1)$ bestimmen. Dabei ist $z_2 = \frac{x_2 - \mu}{\sigma}$ und $z_1 = \frac{x_1 - \mu}{\sigma}$.

Übungsaufgaben

1 Bestimmen Sie die Wahrscheinlichkeiten mit dem Taschenrechner.

a) $P(-1{,}5 \leq X \leq 1{,}5)$ b) $P(-1{,}32 \leq X \leq 1{,}32)$ c) $P(-2{,}46 \leq X \leq 2{,}46)$
d) $P(-10 \leq X \leq 10)$ e) $P(-0{,}45 \leq X \leq 2{,}12)$ f) $P(-1{,}88 \leq X \leq 1{,}95)$

2 Bestimmen Sie die Wahrscheinlichkeiten mit der Tabelle im Anhang.

a) $P(-1{,}2 \leq X \leq 1{,}2)$ b) $P(-1{,}96 \leq X \leq 1{,}96)$ c) $P(-2{,}66 \leq X \leq 2{,}66)$
d) $P(-4{,}5 \leq X \leq 3{,}6)$ e) $P(-0{,}32 \leq X \leq 0{,}64)$ f) $P(-0{,}55 \leq X \leq -0{,}1)$

3 Bestimmen Sie das zur Wahrscheinlichkeit gehörige z mit dem Taschenrechner.

a) $\Phi(z) = 0{,}95$ b) $\Phi(z) = 0{,}73$ c) $\Phi(z) = 0{,}85$
d) $\Phi(z) = 32\,\%$ e) $\Phi(z) = \frac{3}{4}$ f) $\Phi(z) = \sqrt{0{,}0625}$

4 Bestimmen Sie das zur Wahrscheinlichkeit gehörige z mit der Tabelle im Anhang.

a) $\Phi(z) = 0{,}96$ b) $\Phi(z) = 0{,}77$ c) $\Phi(z) = 0{,}80$
d) $\Phi(z) = 98{,}9\,\%$ e) $\Phi(z) = \frac{2}{3}$ f) $\Phi(z) = \sqrt{0{,}95}$

5 In einem Industriebetrieb wird Fruchtsaft in Flaschen abgefüllt. Die Maschine ist so eingestellt, dass sie 750 ml Saft in jede Flasche füllt. Tatsächlich weicht die Füllmenge durchschnittlich um 10 ml ab. Berechnen Sie die Wahrscheinlichkeit, dass in einer zufällig ausgewählten Flasche mindestens 745 ml und maximal 755 ml Saft enthalten sind.

6 Ein Parkettthersteller erhält von einem Sägewerk Eichenbretter. Die Ware wird nur angenommen, wenn der Feuchtigkeitsgehalt der Bretter zwischen 8 % und 10 % liegt. Für gewöhnlich haben die angelieferten Bretter eine Restfeuchtigkeit von 8,5 %, mit einer durchschnittlichen Abweichung von einem Zehntel. Berechnen Sie die Wahrscheinlichkeit dafür, dass eine Lieferung nicht angenommen wird.

7 Ein Spezialitätenhändler erhält aus Frankreich weiße Trüffel, die er zu einem Preis von 9 500,00 €/kg in seinem Geschäft verkauft. Die Trüffel sind durchschnittlich 20 g schwer. Da es sich um ein Naturprodukt handelt, schwankt das Gewicht durchschnittlich um 30 %. Ein Kunde betritt mit 200,00 € Bargeld das Geschäft. Berechnen Sie die Wahrscheinlichkeit, dass der Kunde einen zufällig ausgewählten Trüffel bar bezahlen kann.

8 Ein Pharmakonzern testet an 2 500 Probanden ein neues Schmerzmittel. Jeder Testteilnehmer erhält pauschal 1 000,00 €. Treten bei dem Probanden nachweisbare Nebenwirkungen auf, so erhält dieser zusätzlich weitere 2 000,00 €. Bei vorangegangenen Tests des gleichen Umfangs wurden bei durchschnittlich 200 Personen Nebenwirkungen nachgewiesen. Allerdings schwankte dieser Wert durchschnittlich um 28 %. Berechnen Sie die Wahrscheinlichkeit, dass insgesamt mehr als 3 Mio. € ausgezahlt werden müssen.

9 Zur Schadensregulierung hat eine Versicherung auf Grundlage der diesjährigen durchschnittlichen monatlichen Schadensanzahl für Juli 450 000,00 € eingeplant.

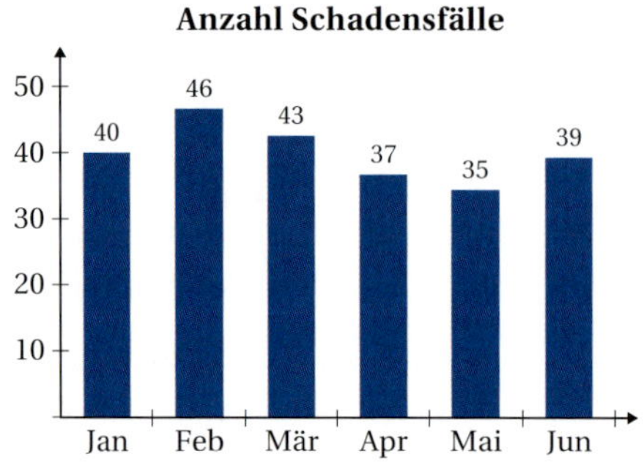

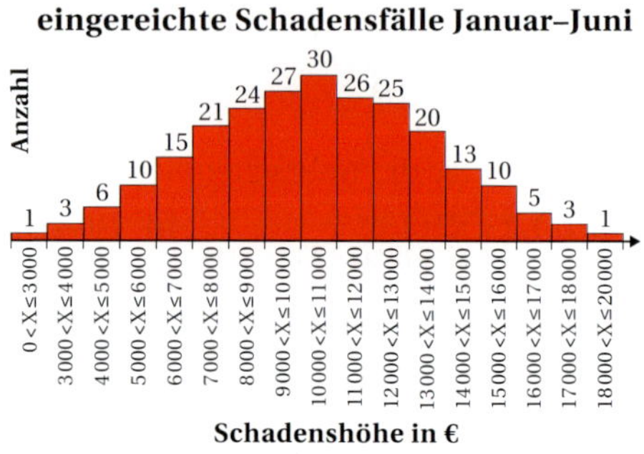

Berechnen Sie die Wahrscheinlichkeit, dass dieser Betrag ausreichen wird.

10 Um die Auslastung der eigenen Flugzeuge zu steigern, möchte eine Fluggesellschaft zukünftig mehr Tickets verkaufen, als Sitzplätze vorhanden sind. Die Anzahl der Fluggäste, die nicht rechtzeitig zum Abflug erscheinen, ist näherungsweise normalverteilt. Erfahrungsgemäß erscheinen pro Monat 250 000 Fluggäste nicht rechtzeitig, wobei die Abweichung durchschnittlich 24 % beträgt. Berechnen Sie, wie viele Tickets die Fluggesellschaft pro Monat verkaufen kann, wenn pro Monat 3 000 000 Sitzplätze zur Verfügung stehen und das Risiko, einen Gast nicht befördern zu können, maximal 5 % betragen soll.

eA 3.4.3 Approximation der Binomialverteilung durch die Normalverteilung

In der Realität sind Stichproben häufig sehr groß. Ein großer Nachteil der Binomialverteilung ist, dass sich einzelne und vor allem kumulierte Wahrscheinlichkeiten wie $F_{100;0,5}(60)$ ohne geeignete Taschenrechner oder Computerprogramme nicht, oder nur sehr aufwendig berechnen lassen, weil nur für sehr wenige Werte von n Tabellen vorliegen. Während sich $F_{100;0,5}(60)$ aus einer der Tabellen im Anhang ablesen ließe, wäre es bei $F_{64;0,5}(34)$ nicht möglich.

Die Binomialverteilung lässt sich jedoch unter bestimmten Vorraussetzungen durch die Normalverteilung approximieren[1].

Stellt man unterschiedliche Binomialverteilungen grafisch als Histogramme dar, so fällt auf, dass sie sich bei einem größer werdenden Stichprobenumfang n immer stärker einer Glockenform annähern.

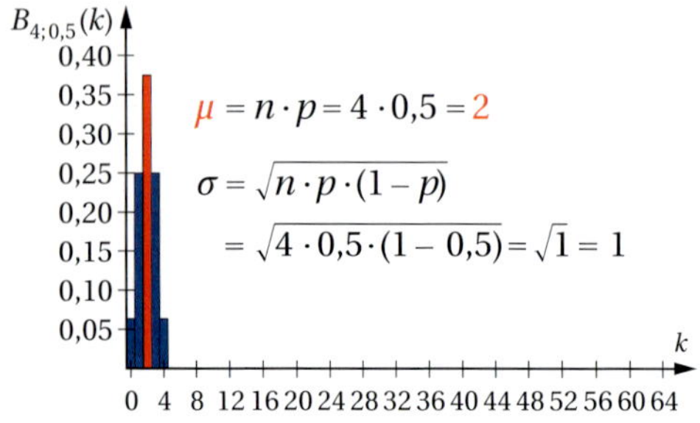

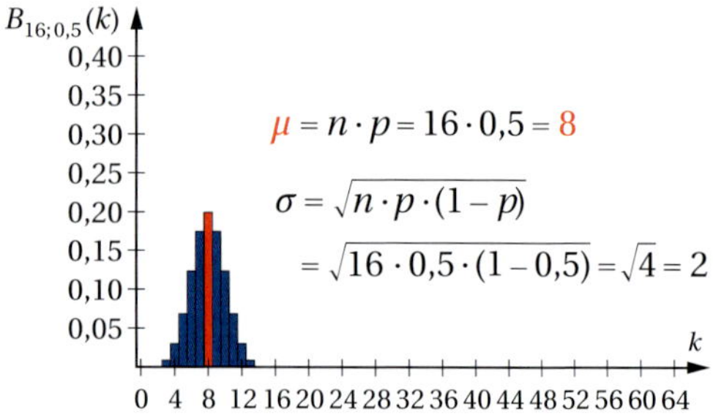

[1] Approximation: angenäherte Bestimmung

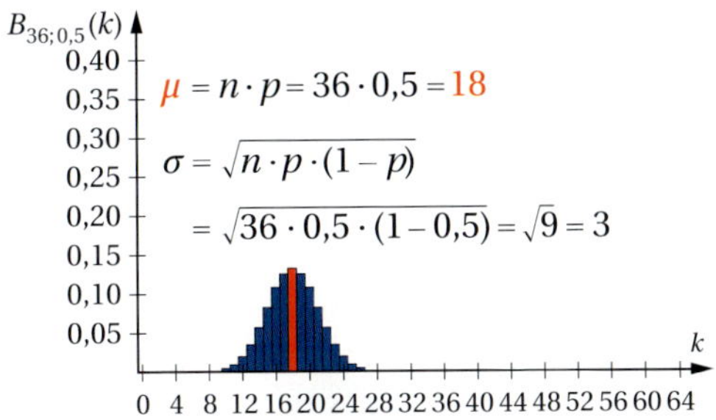

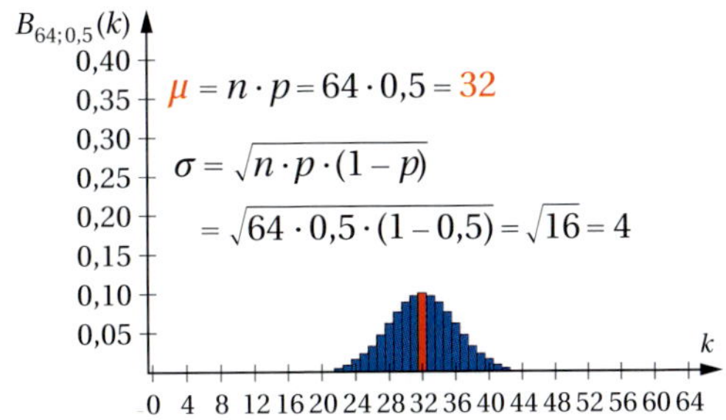

Die Höhe der einzelnen Säulen wird mit zunehmendem Stichprobenumfang immer geringer, weil der gesamte Flächeninhalt aller Säulen immer 1 also 100 % beträgt und die Anzahl der Säulen dem größer werdenden Stichprobenumfang n entspricht. Darüber hinaus verschiebt sich das Histogramm weiter nach rechts, da sich der Erwartungswert binomialverteilter Zufallsgrößen mithilfe der Formel $\mu = n \cdot p$ also in diesem Fall durch $\mu = 0{,}5\, n$ berechnen lässt.

Die so entstehende Glockenform entspricht im Wesentlichen der Gauß'schen Glockenkurve, die durch die Funktionsgleichung $\varphi(x) = \frac{1}{\sqrt{2\pi}} \cdot e^{-\frac{1}{2}x^2}$ beschrieben wird.

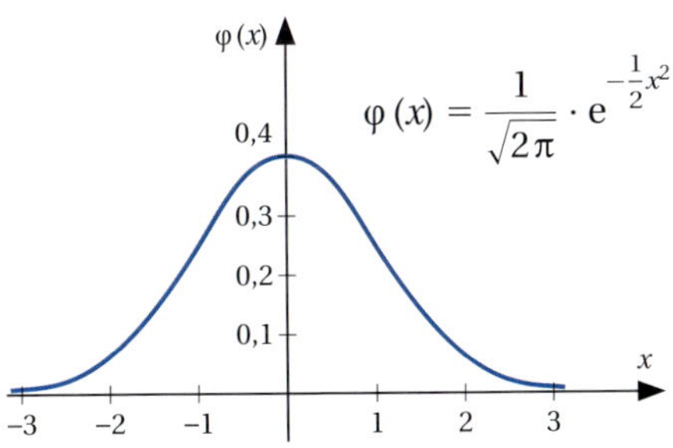

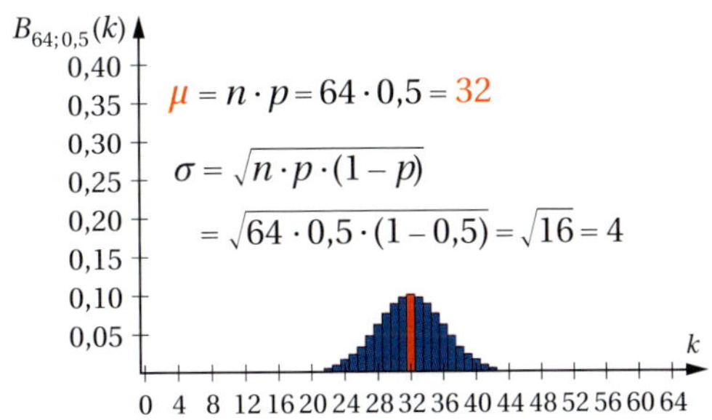

Die Fläche unterhalb der Gauß'schen Glockenkurve lässt sich durch Integration bestimmen:

$$\int_{-\infty}^{+\infty} \varphi(x)\,dx = \frac{1}{\sqrt{2\pi}} \cdot \int_{-\infty}^{+\infty} e^{-\frac{1}{2}x^2}\,dx = 1$$

Integral der Dichtefunktion

Der Flächeninhalt aller Säulen im Histogramm einer Binomialverteilung ist ebenfalls 1.

1730 gelang es dem französischen Mathematiker Abraham de Moivre (1667–1754) für $p = 0{,}5$ durch drei Schritte das Histogramm so zu transformieren, dass es „unter“ die Gauß'sche Glockenkurve passt.

1. Schritt

Das Histogramm wird um 32, den Erwartungswert μ, nach links auf der Abszissenachse verschoben. Dadurch ändert sich die Gesamtfläche der Rechtecke nicht. Die Säulenbreite beträgt weiterhin 1 und die Säulenhöhe entspricht $B_{64;0,5}(k)$.

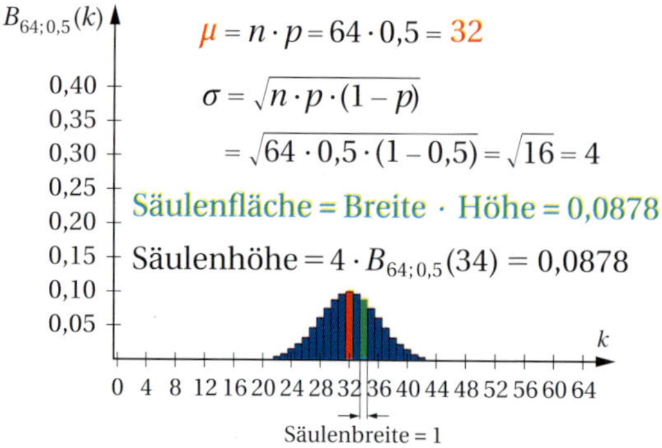

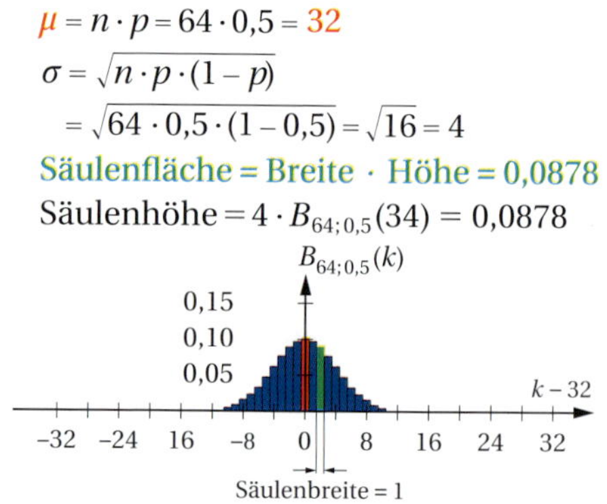

2. Schritt

Das Histogramm wird um 4, also die Standardabweichung σ in x-Richtung zusammengeschoben. Dadurch ist jede Säule nur noch 0,25 breit.

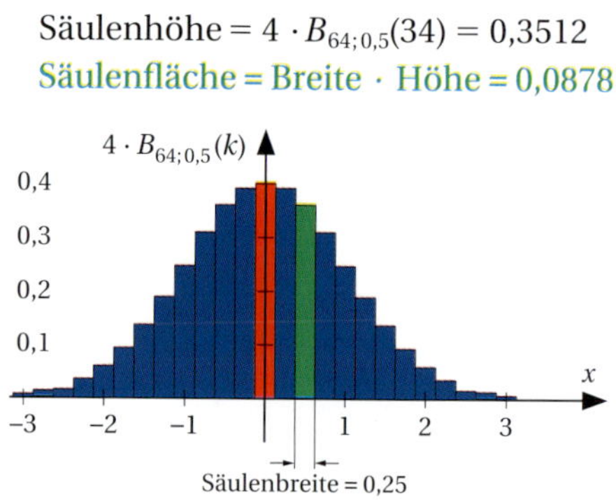

3. Schritt

Damit die Säulenfläche sich nicht ändert, muss diese in der Höhe vervierfacht werden. Die Säulenhöhe entspricht dann $4 \cdot B_{64;0,5}(k)$.

Stellt man nun sowohl den Graphen der Funktionsgleichung $\varphi(X) = \frac{1}{\sqrt{2\pi}} \cdot e^{-\frac{1}{2}x^2}$ sowie das angepasste Histogramm gemeinsam in einem Koordinatensystem dar, so wird deutlich, dass sich beide sehr ähnlich sind. Der Funktionsgraph verläuft dabei jeweils durch die Mitte der Säulen.

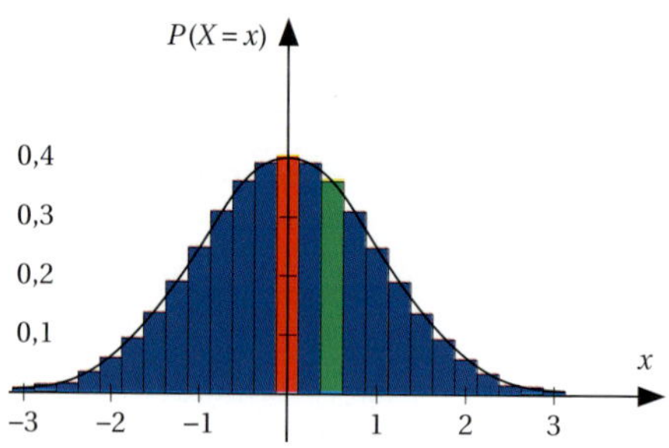

Während sich aus dem Histogramm nur Wahrscheinlichkeiten für ganzzahlige Werte entnehmen lassen und die Menge dieser ganzzahligen Werte abzählbar unendlich ist (**diskrete Werte**), lassen sich mithilfe der Glockenkurve und der dazugehörigen Funktionsgleichung Wahrscheinlichkeiten für jeden Wert x bestimmen (**stetige Werte**). Die Menge der Werte ist nicht abzählbar, da zwischen zwei Werten unendlich viele weitere liegen.

Situation 4

In einem Industriebetrieb wird Zartbitter- und Vollmilchschokolade zu gleichen Anteilen produziert und zufällig in Kartons mit jeweils 50 Tafeln verpackt. Berechnen Sie mithilfe der Binomialverteilung exakt und mithilfe der Normalverteilung näherungsweise die Wahrscheinlichkeit, dass in einem Karton mindestens 24 und maximal 26 Tafeln Vollmilchschokolade enthalten sind.

23, 28
24, 29

Kontrollieren Sie Ihre Ergebnise mit dem Taschenrechner.

Lösung

Gesucht ist $P(24 \leq X \leq 26) = P(X = 24) + P(X = 25) + P(X = 26)$, das ist die Wahrscheinlichkeit für entweder 24, 25, oder 26 Tafeln Vollmilchschokolade in einem zufällig ausgewählten Karton. Die Zufallsgröße X „Anzahl der Tafeln Vollmilchschokolade" ist binomialverteilt und hat den Erwartungswert $\mu = n \cdot p = 50 \cdot 0{,}5 = 25$ und die Standardabweichung

$\sigma = \sqrt{n \cdot p \cdot q} = \sqrt{50 \cdot 0{,}5 \cdot (1 - 0{,}5)} \approx 3{,}54$.

Binomialverteilung	Normalverteilung
$P_B(X = x_i) = \binom{n}{x_i} \cdot p^{x_i} \cdot (1-p)^{n-x_i}$	$P_N(X = x_i) = \frac{1}{\sigma \cdot \sqrt{2\pi}} \cdot e^{-\frac{1}{2}\left(\frac{x-\mu}{\sigma}\right)^2}$ Mit $\mu = n \cdot p = 50 \cdot 0{,}5 = 25$ und $\sigma = \sqrt{n \cdot p \cdot q}$ $= \sqrt{50 \cdot 0{,}5 \cdot (1-0{,}5)} \approx 3{,}54$ gilt: $P_N(X = x)$ $= \frac{1}{\sqrt{n \cdot p \cdot q} \cdot \sqrt{2\pi}} \cdot e^{-\frac{1}{2}\left(\frac{x-n \cdot p}{\sqrt{n \cdot p \cdot q}}\right)^2}$
$P_B(X = 24) = \binom{50}{24} \cdot 0{,}5^{24} \cdot 0{,}5^{26}$ $\approx 0{,}1080$	$P_N(X = 24)$ $= \frac{1}{3{,}54 \cdot \sqrt{2\pi}} \cdot e^{-\frac{1}{2}\left(\frac{24-25}{3{,}54}\right)^2} \approx 0{,}1083$
$P_B(X = 25) = \binom{50}{25} \cdot 0{,}5^{25} \cdot 0{,}5^{25}$ $\approx 0{,}1123$	$P_N(X = 25)$ $= \frac{1}{3{,}54 \cdot \sqrt{2\pi}} \cdot e^{-\frac{1}{2}\left(\frac{25-25}{3{,}54}\right)^2} \approx 0{,}1127$
$P_B(X = 26) = \binom{50}{26} \cdot 0{,}5^{26} \cdot 0{,}5^{24}$ $\approx 0{,}1080$	$P_N(X = 26)$ $= \frac{1}{3{,}54 \cdot \sqrt{2\pi}} \cdot e^{-\frac{1}{2}\left(\frac{26-25}{3{,}54}\right)^2} \approx 0{,}1083$

x_i	$P_B(X = x)$
24	0,1080
25	0,1123
26	0,1080
Σ	0,3283

x_i	$P_N(X = x)$
24	0,1083
25	0,1127
26	0,1083
Σ	0,3293

Die gesuchte Wahrscheinlichkeit beträgt in beiden Fällen etwa 33 %.

Die Wahrscheinlichkeiten lassen sich auch mit dem Taschenrechner bestimmen.

Variante 1

Binomialverteilung

Durch [2ND], [DISTR], A:binompdf(, [ENTER] den Befehl für Einzelwahrscheinlichkeiten binomialverteilter Zufallsgrößen auswählen.	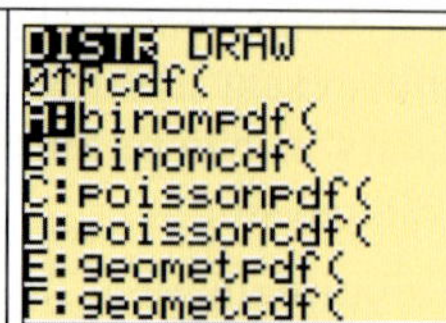	
Unter trials den Stichprobenumfang n, unter p die Trefferwahrscheinlichkeit p und unter x value die Anzahl der Treffer k eingeben und jeweils mit [ENTER] bestätigen.		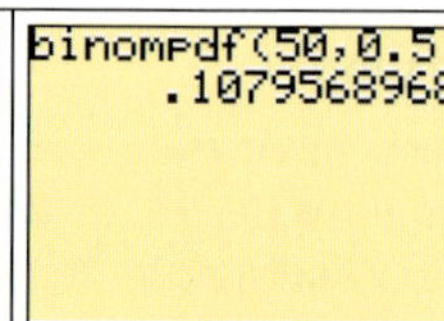
	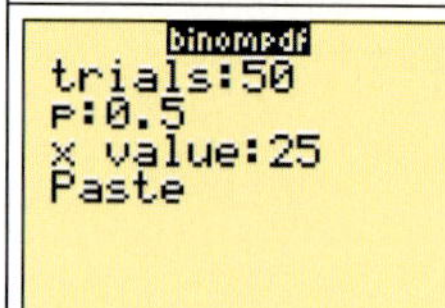	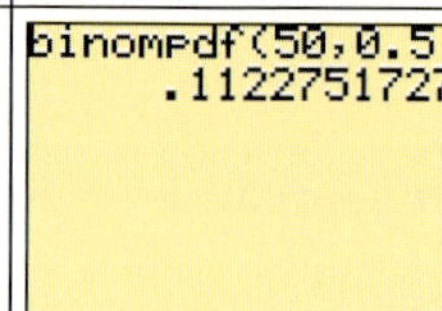
		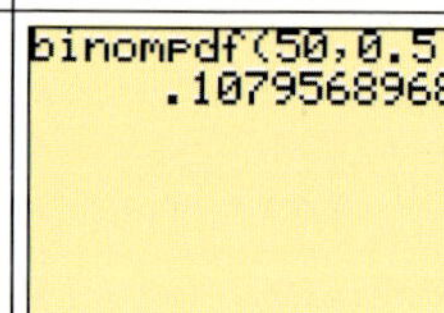
Anschließend müssen die drei Werte addiert werden.	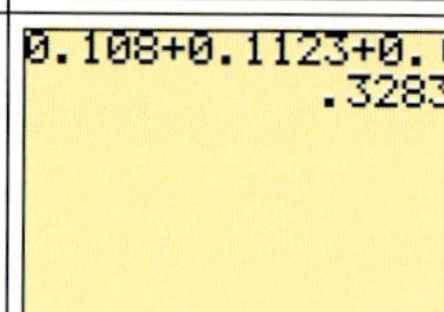	

Normalverteilung

Durch [2ND], [DISTR], 1:normalpdf(, [ENTER] den Befehl für Einzelwahrscheinlichkeiten normalverteilter Zufallsgrößen auswählen.	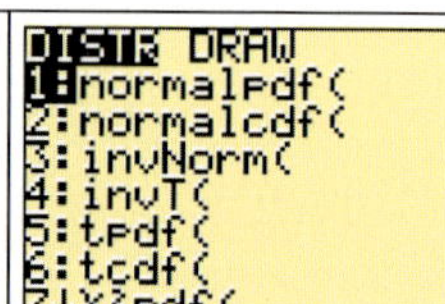

<table>
<tr><td rowspan="3">Unter x value die Anzahl der Treffer k, unter μ den Erwartungswert und unter σ die Standardabweichung eingeben und jeweils mit [ENTER] bestätigen.</td><td>
</td><td>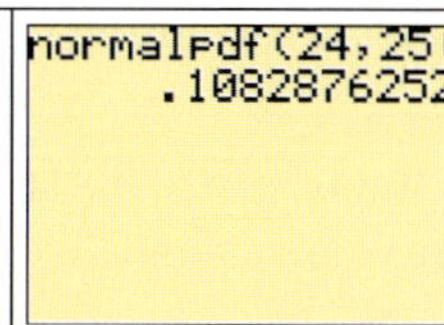
</td></tr>
<tr><td>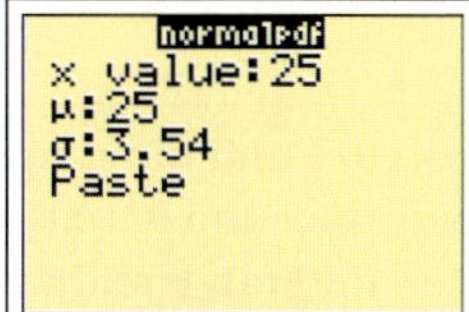
</td><td>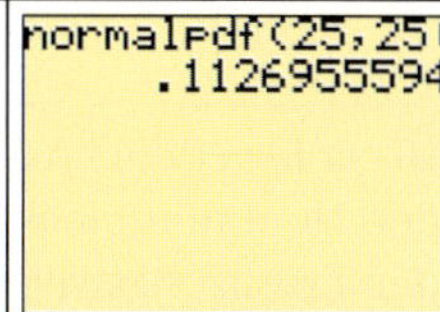
</td></tr>
<tr><td>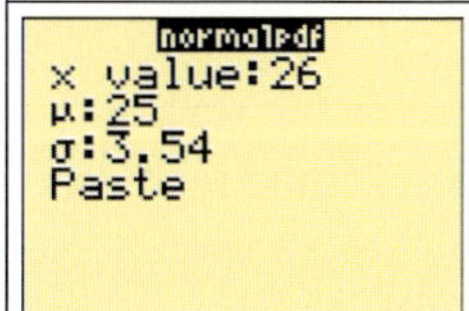
</td><td>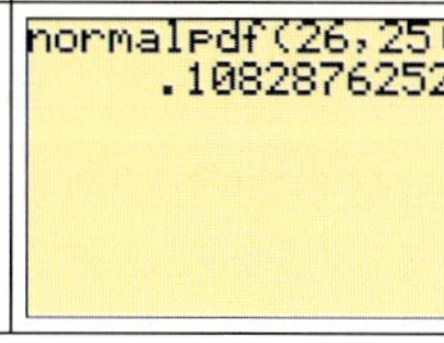
</td></tr>
<tr><td>Anschließend müssen die drei Werte addiert werden.</td><td>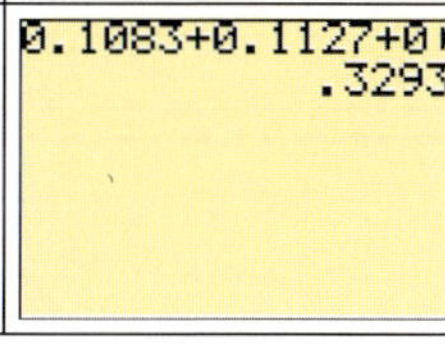
</td><td></td></tr>
</table>

Variante 2

Binomialverteilung $P(24 \leq X \leq 26) = F_{50;\,0,5}(26) - F_{50;\,0,5}(23)$

<table>
<tr><td>Durch [2ND], [DISTR], B:binomcdf(, [ENTER] den Befehl für kumulierte Wahrscheinlichkeiten binomialverteilter Zufallsgrößen auswählen.</td><td>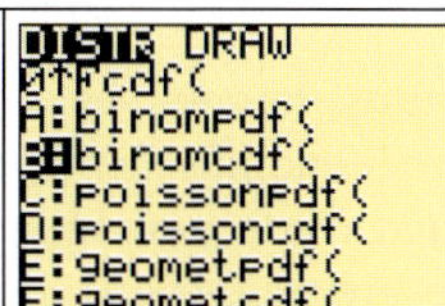
</td><td></td></tr>
<tr><td>Für die rechte Grenze unter trials den Stichprobenumfang n, unter p die Trefferwahrscheinlichkeit p und unter x value die Anzahl der Treffer k eingeben und jeweils mit [ENTER] bestätigen. Anschließend [-] eingeben.</td><td>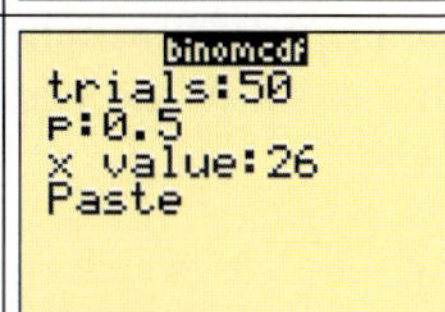
</td><td>
</td></tr>
<tr><td>Durch [2ND], [DISTR], B:binomcdf(, [ENTER] den Befehl für kumulierte Wahrscheinlichkeiten binomialverteilter Zufallsgrößen auswählen.</td><td>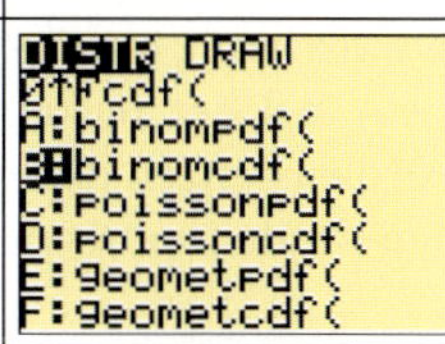
</td><td></td></tr>
<tr><td>Für die linke Grenze unter trials den Stichprobenumfang n, unter p die Trefferwahrscheinlichkeit p und unter x value die Anzahl der Treffer $k - 1$ eingeben und jeweils mit [ENTER] bestätigen. [ENTER] liefert das gewünschte Ergebnis.</td><td>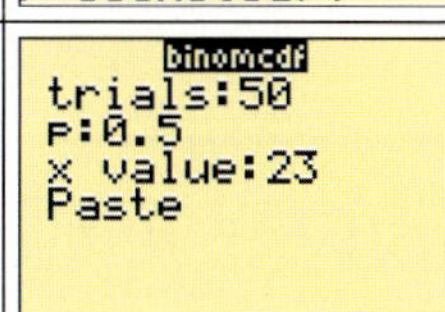
</td><td>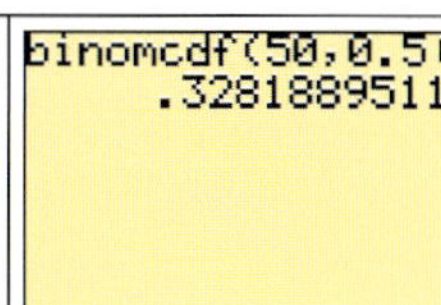
</td></tr>
</table>

Normalverteilung $P(24 \leq X \leq 26) = \frac{1}{3{,}54 \cdot \sqrt{2\pi}} \cdot \int_{24}^{26} e^{-\frac{1}{2}\left(\frac{x-25}{3{,}54}\right)^2} \mathrm{d}x$

Durch [2ND], [DISTR], 2:normalcdf(, [ENTER] den Befehl für kumulierte Wahrscheinlichkeiten normalverteilter Zufallsgrößen auswählen.	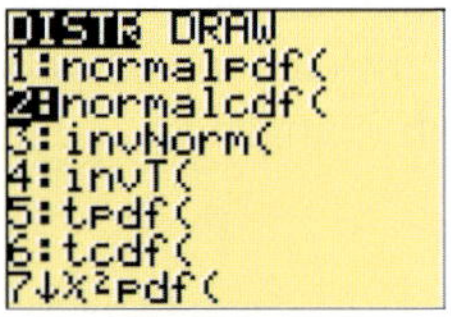
Unter lower die linke Grenze und unter upper die rechte Grenze über den Nummernblock eingeben und jeweils mit [ENTER] bestätigen. Für den Erwartungswert und die Standardabweichung ebenso vorgehen.	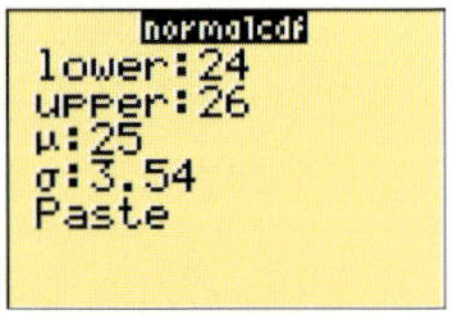
[ENTER] liefert das gewünschte Ergebnis.	

Die in Situation 4 mithilfe der Verteilungsfunktion der Normalverteilung und der Binomialverteilung errechneten Werte weichen stark voneinander ab.

Die Abweichung lässt sich stark verringern, wenn bei den Intervallgrenzen ein Korrekturglied berücksichtigt wird. Dabei werden beide Intervallgrenzen jeweils um 0,5 nach außen verschoben. Diese Verschiebung der Grenzen wird als **Stetigkeitskorrektur** bezeichnet.

Begründung

Bei der **Binomialverteilung** handelt es sich um eine **diskrete** Verteilung. Die Merkmalsausprägungen können daher nur ganzzahlige Werte annehmen. Jeder der drei roten Balken hat die Breite 1. Die Höhe der Balken entspricht dabei der jeweiligen Wahrscheinlichkeit. Die Summe der Flächeninhalte ist somit die Wahrscheinlichkeit für $P(24 \leq X \leq 26) = 0{,}3282$.

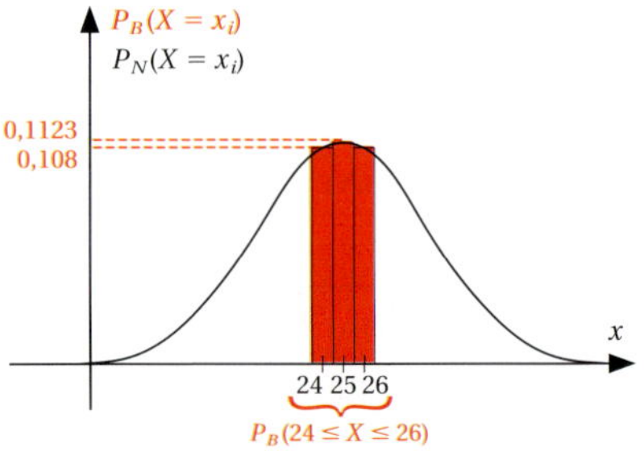

Bei der **Normalverteilung** handelt es sich um eine **stetige** Verteilung. Theoretisch sind auch Zwischenwerte möglich. Wird nun die Fläche zwischen 24 und 26 berechnet (schwarze Fläche) bleibt ein Teil der Balken frei. Es erscheint offensichtlich, dass die Grenzen daher jeweils um 0,5 nach außen verschoben werden müssen, um die Näherung zu verbessern.

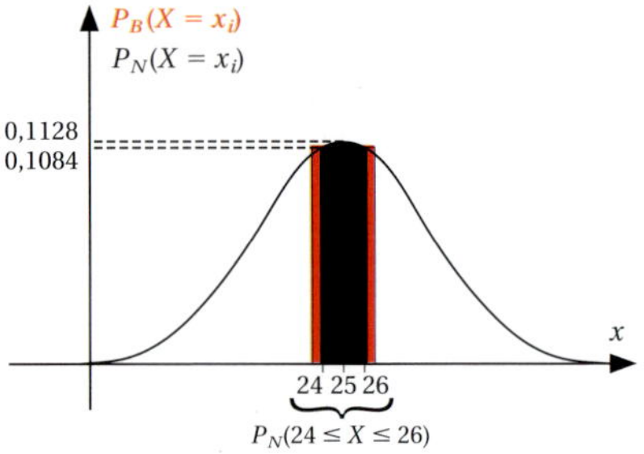

$$P(x_1 \leq X \leq x_2) = \Phi\left(\frac{x_2 + 0{,}5 - \mu}{\sigma}\right) - \Phi\left(\frac{x_1 - 0{,}5 - \mu}{\sigma}\right)$$

Näherungsformel von de Moivre-Laplace mit Stetigkeitskorrektur

Die Approximation der Binomialverteilung durch die Normalverteilung ist zulässig, wenn die Laplace-Bedingung erfüllt ist.

$\sqrt{n \cdot p \cdot q} = \sigma > 3$
Laplace-Bedingung

In Situation 4 beträgt die Standardabweichung $\sigma = 3{,}54 > 3$, so kann das Integral nun mit den neuen Grenzen 23,5 und 26,5 berechnet werden[1]:

$$P_N(23{,}5 \le X \le 26{,}5) = \frac{1}{3{,}54 \cdot \sqrt{2\pi}} \cdot \int_{23{,}5}^{26{,}5} e^{-\frac{1}{2}\left(\frac{x-25}{3{,}54}\right)^2} dx \approx 0{,}3282$$

Die Stetigkeitskorrektur lässt sich auch auf die Standardnormalverteilung übertragen, sodass das Berechnen von Wahrscheinlichkeiten binomialverteilter Zufallsgrößen – insbesondere bei großen Stichprobenumfängen – deutlich vereinfacht wird.

$$P(z_1 \le Z \le z_2) = \frac{1}{\sqrt{2\pi}} \cdot \int_{z_1}^{z_2} e^{-\frac{1}{2}z^2} dz = \Phi(z_2) - \Phi(z_1)$$

$$\text{mit} \quad z_2 = \frac{x_2 - \mu}{\sigma} \quad \text{und} \quad z_1 = \frac{x_1 - \mu}{\sigma}$$

$$z_2 = \frac{26{,}5 - 25}{3{,}54} \approx 0{,}42 \qquad z_1 = \frac{23{,}5 - 25}{3{,}54} \approx -0{,}42$$

rechnerisch mit Tabelle	**Taschenrechner**
$P(-0{,}42 \le Z \le 0{,}42) = \Phi(0{,}42) - \Phi(-0{,}42)$ $= \Phi(0{,}42) - (1 - \Phi(0{,}42))$ $= 0{,}6628 - (1 - 0{,}6628)$ $P(-0{,}42 \le Z \le 0{,}42) = 0{,}3256$	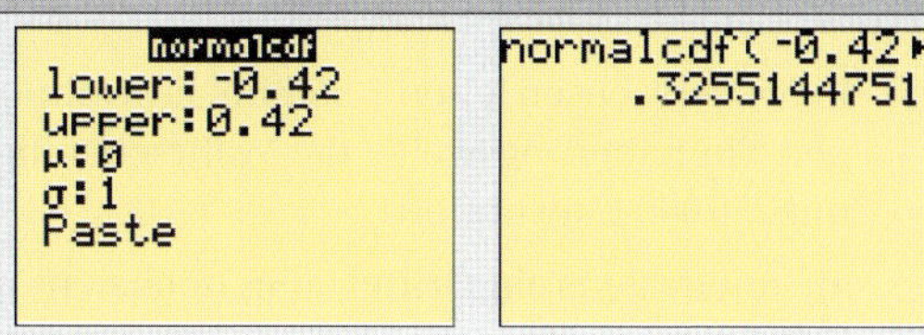 normalcdf lower:-0.42 upper:0.42 μ:0 σ:1 Paste normalcdf(-0.42 .3255144751

Die Abweichungen sind auf Rundung der Werte für z_1 und z_2 zurückzuführen, weil Tabellenwerte nur für zwei Nachkommastellen vorliegen.

[1] vgl. Anhang Nr. 29

Zusammenfassung

- Ist eine Zufallsgröße X binomialverteilt, so lassen sich Wahrscheinlichkeiten der Form $P(x_1 \le X \le x_2)$ für hinreichend große Werte von n mithilfe der **Näherungsformel** $P(x_1 \le X \le x_2) = \Phi\left(\frac{x_2 + 0{,}5 - \mu}{\sigma}\right) - \Phi\left(\frac{x_1 - 0{,}5 - \mu}{\sigma}\right)$ von **de Moivre-Laplace** berechnen.
- Die **Approximation** der Binomialverteilung durch die Normalverteilung liefert brauchbare Werte, wenn die Laplace-Bedingung $\sqrt{n \cdot p \cdot q} = \sigma > 3$ erfüllt ist.

Übungsaufgaben

1 Berechnen Sie die Wahrscheinlichkeit näherungsweise mithilfe der Normalverteilung.

a) $F_{50;0,3}(12)$ b) $F_{2\,800;0,6}(1700)$ c) $F_{100;0,25}(20)$
d) $F_{75;\,0,15}(10)$ e) $F_{798;\frac{7}{13}}(110)$ f) $F_{1\,600;\frac{1}{10}}(\mu + \sigma)$

2 Berechnen Sie die Wahrscheinlichkeit näherungsweise mithilfe der Normalverteilung.

a) $B_{30;0,5}(15)$ b) $B_{55;0,6}(28)$ c) $B_{100;0,37}(40)$
d) $B_{67;\,0,18}(10)$ e) $B_{38;\frac{9}{20}}(17)$ f) $B_{64;\frac{1}{2}}\left(\frac{\mu}{\sigma}\right)$

3 Berechnen Sie die Wahrscheinlichkeit näherungsweise mithilfe der Normalverteilung, wenn die Zufallsvariable binomialverteilt mit $n = 100$ und $p = 0{,}5$ ist.

a) $k = 48$ b) $k \le 50$ c) $k < 45$
d) $k > 54$ e) $48 \le k \le 52$ f) $47 < k \le 51$
g) $44 \le k < 47$ h) $42 < k < 56$

4 In einem Industriebetrieb beträgt die Ausschussquote 2 %. Berechnen Sie näherungsweise die Wahrscheinlichkeit, dass von täglich 5 000 produzierten Einheiten

a) höchstens 125 Ausschuss sind.
b) höchstens 2 % Ausschuss sind.
c) mindestens 80 aber weniger als 120 Ausschuss sind.
d) weniger als 95 Ausschuss sind.

5 In Niedersachsen leben 7,95 Mio. Einwohner, von denen 3,99 Mio. evangelisch sind. Berechnen Sie näherungsweise die Wahrscheinlichkeit, dass in einer repräsentativen Großstadt mit 250 000 Einwohnern

a) mindestens ein Drittel, aber höchstens die Hälfte evangelisch ist.
b) mehr als 60 % nicht evangelisch ist.
c) der Anteil der Protestanten exakt dem der Grundgesamtheit entspricht.

6 Ein Marktforschungsinstitut verschickt einen Fragebogen im Auftrag eines Telekommunikationsanbieters an 10 000 zufällig ausgewählte Haushalte in Deutschland. Die Rücklaufquote beträgt 12,5 %. Eine Woche später ruft der Telekommunikationanbieter 2 % aller Haushalte an, die einen Fragebogen erhalten haben. Berechnen Sie näherungsweise die Wahrscheinlichkeit, dass unter den Angerufenen

a) mehr als 20 den Fragebogen ausgefüllt und zurückgeschickt haben.
b) genau 25 den Fragebogen ausgefüllt und zurückgeschickt haben.
c) mehr als 170 den Fragebogen nicht ausgefüllt und zurückgeschickt haben.

7 Eine Baumarktkette hat auf dem Großmarkt 25 Rollwagen mit Stiefmütterchen zu einem Sonderpreis gekauft, da laut Verkäufer 15 % der Blumen bereits vertrocknet sind.

Draufsicht

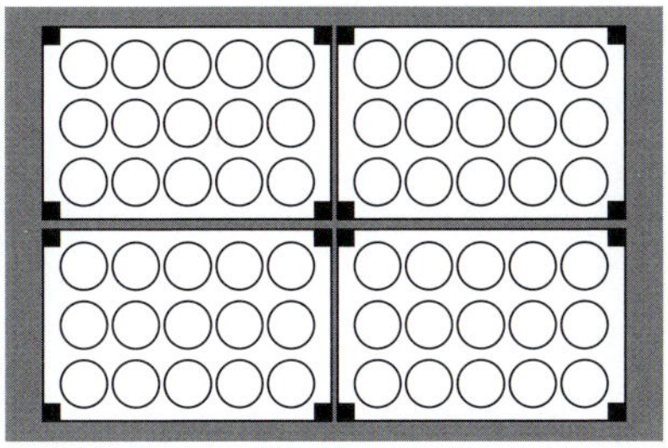

Seitenansicht

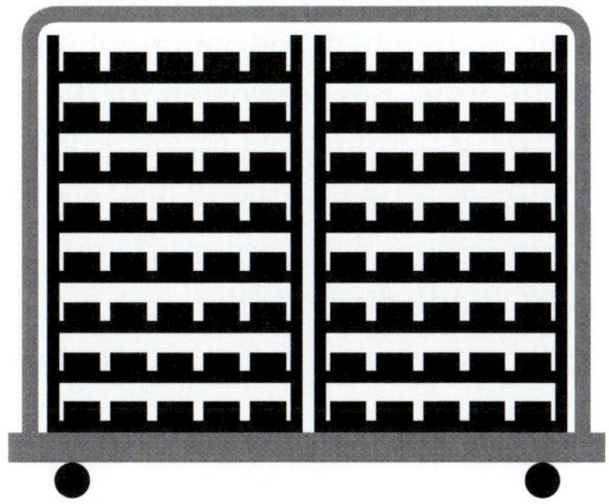

Im Rahmen der Eingangskontrolle werden 5 ‰ aller Pflanzen kontrolliert.

a) Berechnen Sie näherungsweise und exakt, wie groß die Wahrscheinlichkeit ist, dass unter den kontrollierten Pflanzen zwischen 15 % und 20 % vertrocknet sind.

b) Begründen Sie warum die Abweichung im Aufgabenteil a) so groß ist.

eA 3.4.4 Handlungssituationen zur Normalverteilung

Die folgenden Situationen sollen Sie mit den Ihnen zur Verfügung stehenden Rechnern bearbeiten. Besonders wichtig ist die Interpretation Ihrer Ergebnisse.

Handlungssituation 1

Die Bundeswehr bildet an einem Standort alle drei Monate 500 neue Rekruten aus. Jeder Wehrdienstleistende erhält zwei paar Kampfstiefel. Um die Lagerkosten möglichst gering zu halten, sollen zukünftig besonders kleine und besonders große Stiefel nicht mehr eingelagert, sondern bei Bedarf bestellt werden. Aus den vergangenen zwei Jahren ist bekannt, dass der männliche Durchschnittssoldat die Schuhgröße 44 hat. Dabei beträgt die Abweichung ±2 Schuhgrößen.

Die Standortverwaltung beschließt daher, zukünftig für männliche Soldaten nur noch Kampfstiefel in den Größen 41 bis 47 vorrätig zu halten. Beurteilen Sie den Vorschlag kritisch.

Handlungssituation 2

In einem Reisebüro plant ein extrem wetterfühliger Kunde für den August eine Reise nach Brasilien. Die Mitarbeiterin im Reisebüro entnimmt der Klimatabelle für Rio de Janeiro, dass die Durchschnittstemperatur im August 22 °C beträgt. An gewöhnlichen Tagen schwankt diese Temperatur um ±3 °C. Der Kunde möchte die Reise nur antreten, wenn die Chance, dass es kälter als 16 °C oder wärmer als 28 °C ist, geringer als 25 % ist.

Wie sollten Sie den wetterfühligen Kunden beraten?

Handlungssituation 3

Ein Sternekoch benötigt für eine Gala im Dezember 4 kg frische Brombeeren. Da diese im Winter in Deutschland nur schwer zu bekommen sind, telefoniert er bereits 6 Wochen vor der Veranstaltung mit zahlreichen Spezialitätenhändlern aus aller Welt und recherchiert darüber hinaus Preise im Internet, um die Kosten für die Früchte besser kalkulieren zu können.

Nach dreitägiger Recherche liegen ihm zahlreiche Angebote vor. Die Lieferanten bieten die Ware durchschnittlich zu einem Preis von 3,00 € je 200-g-Schale an. Allerdings weichen die Preise durchschnittlich um 40 % vom mittleren Preis ab. Der Koch plant daher Kosten zwischen 50,00 € und 75,00 € für die Beeren ein.

Überzeugen Sie den Sternekoch, dass das Budget mit großer Wahrscheinlichkeit nicht ausreichen wird.

Handlungssituation 4

Bei einem Fast-Food-Konzern werden die Mitarbeiter mit Arbeitskleidung ausgestattet. Die Körpergröße der Mitarbeiter ist annähernd normalverteilt. Der durchschnittliche Mitarbeiter ist bei einer durchschnittlichen Abweichung von 7 cm 172 cm groß und hat einen Taillenumfang von 95 cm. Die Mitarbeiterinnen sind um 20 % schmaler. Dabei schwankt der Taillenumfang bei den Damen durchschnittlich um 8 cm. Der Konzern hält Herrengrößen von 44 bis 58 und Damengrößen von 34 bis 52 bereit. Die Herrengröße H ist abhängig von der Körpergröße x_1 und lässt sich für die bereitgehaltenen Größen durch die Funktionsgleichung $H(x_1) = x_1 - 130$ beschreiben. Die Damengrößen D werden durch den Taillenumfang x_2 berechnet. Für die vorrätigen Größen gilt die Funktionsgleichung $D(x_2) = 0{,}5\,x_2 + 2$.

Überzeugen Sie die Geschäftsleitung davon, dass die Herren gegenüber den Damen deutlich benachteiligt sind.

Handlungssituation 5[1)]

Der Kaffeeautomatenhersteller Coffeemade produziert Kaffeeautomaten für verschiedene Reiseunternehmen. Bei einer der Maschinen ist die Füllmenge normalverteilt mit $\mu = 205$ und $\sigma = 14$. Eine Becherbefüllung unter 175 ml oder über 230 ml führt zu Kundenbeschwerden.

Bestimmen Sie die Wahrscheinlichkeit dafür, dass sich Kunden beschweren.

Das Bechervolumen beträgt 230 ml. Ein Kunde verwendet zur Reinigung durchschnittlich 2 Servietten, wenn die Flüssigkeit übergelaufen ist.

Beurteilen Sie, ob bei 1 000 Becherfüllungen pro Tag 50 Servietten pro Tag als Vorrat ausreichen.

1) in Anlehnung an: Niedersächsisches Kultusministerium (Hrsg.): Zentralabitur 2013, Berufliches Gymnasium Wirtschaft/Gesundheit und Soziales, Rechnertyp GTR, eA, Aufgabe 2B, Auszug

Handlungssituation 6[1]

Die Fluggesellschaft ULT hat verschiedene Flugzeugtypen mit unterschiedlich großem Sitzplatzangebot in ihrer Flotte. Der Flugzeugtyp A350-300 kann maximal 300 Passagiere pro Flug befördern.

Während der Flüge reichen die Stewardessen den Fluggästen ein Erfrischungsgetränk. Dazu werden Becher mit einer Füllmenge von 200 Milliliter (ml) verwendet. Bei der Befüllung treten Abweichungen vom Sollwert auf. Die Abweichungswerte sind normalverteilt mit einem negativen Erwartungswert von –1,96 ml und einer Standardabweichung von 3,65 ml. Eine Unterbefüllung wird durch negative Abweichungswerte ausgedrückt.

Bestimmen Sie die Wahrscheinlichkeit dafür, dass ein gefüllter Becher mindestens 3 % weniger Flüssigkeit enthält als vorgesehen.

Handlungssituation 7[2]

In Niedersachsen gibt es das große Naturschutzgebiet Lüneburger Heide, in dem Heidschnuckenherden zu Hause sind. Die ortsansässigen Touristenvereine werben mit den resultierenden Produkten und bieten Besuche bei den Herden an.

In der Region Lüneburg werden Wollprodukte aus Schnuckenwolle hergestellt. Damit die Nachfrage der Touristen immer befriedigt werden kann, werden bestimmte Wollmengen benötigt. Dies führt dazu, dass die Schnucken nach ihrer Haarlänge zum Scheren ausgewählt werden. Für die Schur werden Schnucken benötigt, deren Haarlänge bei mindestens 17 cm liegt.

Die mittlere Haarlänge der Schnucken von Herde A liegt bei 15 cm und schwankt je nach Alter und Größe der Tiere um $\sigma = 4$ cm. Schnucken in Herde B, deren Haare eine bestimmte Länge überschreiten, sind für die Produktion nicht mehr geeignet. Es sollen 40 % der Tiere für die Schur geeignet sein. Die Herde besteht aus Tieren, deren Haarlänge einen Mittelwert von 16,5 cm und eine Schwankung von 4 cm aufweist.

Bestimmen Sie die Wahrscheinlichkeit dafür, dass ein zufällig ausgewähltes Tier aus Herde A für die Schur geeignet ist.

Berechnen Sie das Intervall der Haarlänge der für die Schur geeigneten Schnucken in Herde B

Ermitteln Sie die Haarlänge, die ein Tier aus Herde A mindestens besitzen muss, wenn unabhängig von der Mindesthaarlänge von 17 cm ebenfalls 40 % der Tiere geschoren werden sollen.

---

1) in Anlehnung an: Niedersächsisches Kultusministerium (Hrsg.): Zentralabitur 2014, Nachschreibtermin, Berufliches Gymnasium Wirtschaft/Gesundheit und Soziales, Rechnertyp GTR, eA, Aufgabe 2A, Auszug

2) in Anlehnung an: Niedersächsisches Kultusministerium (Hrsg.): Zentralabitur 2014, Nachschreibtermin, Berufliches Gymnasium Wirtschaft/Gesundheit und Soziales, Rechnertyp GTR, eA, Aufgabe 2B, Auszug

Handlungssituation 8[1)]

In einem niedersächsischen Hafen ist ein altes Segelschiff als Museum umgebaut worden und soll demnächst eröffnet werden. Die voraussichtliche Anzahl der verkauften Eintrittskarten pro Tag sei näherungsweise normalverteilt mit $\mu = 100$ und $\sigma = 20$.

Der Museumsdirektor benötigt für die weitere Planung verschiedene Angaben. Er hat mit seinem Team folgende Vereinbarungen getroffen:

1. Wenn die Wahrscheinlichkeit dafür, dass am Tag mehr als 120 Eintrittskarten verkauft werden, größer als 30 % ist, dann muss eine zweite Kasse eröffnet werden.
2. Wenn die Wahrscheinlichkeit dafür, dass am Tag weniger als 30 Eintrittskarten verkauft werden, größer als 10 % ist, dann wird keine Cafeteria eingerichtet.
3. Wenn die Wahrscheinlichkeit dafür, dass mehr als 80 und weniger als 120 Eintrittskarten verkauft werden, größer als 50 % ist, muss ein Museumspädagoge eingestellt werden; wenn die Wahrscheinlichkeit für mindestens 150 Besucher sogar größer als 5 % ist, müssen zwei Museumspädagogen eingestellt werden.

Untersuchen Sie, welche der drei Vereinbarungen umgesetzt werden müssen.

Handlungssituation 9[2)]

Tennisbälle des Unternehmens Dropplob werden aus einer Kautschukmischung geformt und auf zwei Maschinen weiterverarbeitet. Maschine A beschichtet die Bälle mit einem gelben Filz, während Maschine B orangefarbene Bälle produziert. Vor der Beschichtung werden die Bälle von der jeweiligen Maschine mit einem Innendruck von 2,2 bar gefüllt. Nach der Herstellung werden die Bälle durch einen Prüfautomaten auf Gewicht, Druck und Filzoberflächenbeschaffenheit geprüft.

Das geforderte Gewicht eines Tennisballs beträgt 57 g. In der Qualitätskontrolle werden Abweichungen von bis zu ± 1 g toleriert. Aus der Auswertung der Qualitätsprotokolle bezüglich des Ballgewichtes hat sich ergeben, dass 68,3 % der Produktion ein Gewicht zwischen 56,6 g und 57,4 g aufweist.

Wenn der Ausschussanteil der Produktion über 2 % liegt, muss die Produktion angepasst werden.

Untersuchen Sie, ob die Produktion angepasst werden muss.

---

1) in Anlehnung an: Niedersächsisches Kultusministerium (Hrsg.): Zentralabitur 2015, Nachschreibtermin, Berufliches Gymnasium Wirtschaft/Gesundheit und Soziales, Rechnertyp GTR, eA, Aufgabe 2A, Auszug

2) in Anlehnung an: Niedersächsisches Kultusministerium (Hrsg.): Zentralabitur 2015, Nachschreibtermin, Berufliches Gymnasium Wirtschaft/Gesundheit und Soziales, Rechnertyp GTR, eA, Aufgabe 2B, Auszug

Handlungssituation 10[1]

Im Rahmen des Qualitätsmanagements in einem Maschinenbau-Unternehmen werden unterschiedliche Aspekte in der Produktion untersucht.

Für die Montage der Endprodukte werden Metallstifte von einem Zulieferer benötigt. Damit in der Montage die Geräte in konstanter Qualität hergestellt werden können, müssen die Stifte des Zulieferers bestimmte Qualitätskriterien erfüllen. Die Länge der Metallstifte soll mit einem Erwartungswert von 300 mm und einer Varianz von 240,25 mm^2 normalverteilt sein.

Langjährige Erfahrung hat gezeigt, dass für die Qualitätskontrolle der Stifte keine umfangreichen Stichproben notwendig sind, sondern dass es ausreicht, wenn ein Metallstift zufällig entnommen wird. Die Lieferung muss zurückgewiesen werden, wenn die Länge des entnommenen Metallstiftes um mehr als 1σ nach unten oder um mehr als 2σ nach oben vom Erwartungswert abweicht.

Geben Sie an, in welchem Intervall die Länge eines zufällig entnommenen Metallstiftes liegen muss, damit die Lieferung nicht zurückgewiesen wird. Berechnen Sie die Wahrscheinlichkeit dafür, dass die Länge eines Metallstiftes in diesem Intervall liegt.

Geben Sie an, wie groß die Wahrscheinlichkeit ist, dass die Lieferung zurückgeschickt werden muss.

eA 3.5 Konfidenzintervalle (Schluss von der Stichprobe auf die Grundgesamtheit)

In Kapitel 3.3.5 Prognoseintervalle wurde der Schluss von der Grundgesamtheit auf die Stichprobe erläutert. In der Realität sind Anteile einer bestimmten Eigenschaft, z. B. Geschlecht, Farbe, Größe etc. der Grundgesamtheit häufig nicht bekannt. Mithilfe wahrscheinlichkeitstheoretischer Überlegungen und Berechnungen ist es jedoch möglich anhand von Stichproben eine Bandbreite oder ein Intervall beliebiger Genauigkeit festzulegen, in dem sich der „wahre" Anteil einer bestimmten Eigenschaft innerhalb der Grundgesamtheit mit einer beliebigen Sicherheitswahrscheinlichkeit befinden wird. Ein solches Intervall wird als Konfidenz-[2] oder Vertrauensintervall bezeichnet.

Konfidenzintervalle fallen im Sachgebiet Stochastik in den Bereich der beurteilenden Statistik.

Die wichtigsten Grundbegriffe der beurteilenden Statistik werden anhand eines einfachen Beispiels erläutert. Die einzelnen Begriffe werden im Rahmen von Beispielaufgaben aufgegriffen.

Beispiel

Eine Fast-Food-Kette möchte eine für die Produktionsmenge **verwertbare** Aussage darüber treffen, wie groß die Wahrscheinlichkeit ist, dass die Kunden in Hamburg einen neuen Burger kaufen würden. An einem Konsumententest in Hamburg nehmen daher zufällig ausgewählte Kunden teil und werden nach einer Verkostung zu ihrer Kaufbereitschaft befragt.

---

1) in Anlehnung an: Niedersächsisches Kultusministerium (Hrsg.): Zentralabitur 2012, Berufliches Gymnasium Wirtschaft/Gesundheit und Soziales, Rechnertyp GTR, eA, Aufgabe 2B, Auszug

2) von lateinisch confidere: vertrauen

Die Gesamtheit aller Kunden in Hamburg wird als **Grundgesamtheit** bezeichnet. Um ein absolut exaktes Ergebnis zu erhalten, müsste der Konzern alle Kunden befragen. Dies wäre eine **Vollerhebung**. Es wird allerdings nur ein Teil der Kunden befagt, daher spricht man von einer **Teilerhebung**. Da die Kunden zufällig ausgewählt wurden, handelt es sich um eine **Stichprobe**. Die Anzahl der befragten Personen bezeichnet man als **Stichprobenumfang**. Wenn die Stichprobe die gleichen Eigenschaften hat wie die Grundgesamtheit, also Essgewohnheiten, Einkommen etc., dann spricht man von einer **repräsentativen Stichprobe**.

eA 3.5.1 Idee der Konfidenzintervalle

In der Realität werden Daten sehr häufig als (repräsentative) Stichproben erhoben, die dann als Grundlage für Aussagen über die Grundgesamtheit herangezogen werden. Das eigentliche Problem ist die sehr geringe Wahrscheinlichkeit, dass die Ergebnisse von einer Stichprobe und der Grundgesamtheit exakt übereinstimmen.

Nehmen wir an, die Fast-Food-Kette würde jeden ihrer 50 000 Hamburger Kunden befragen. Es wäre nun möglich, dass genau 4 950 Kunden den neuen Burger kaufen würden. Dies entspricht einer relativen Häufigkeit von $h(x_i) = \frac{n_i}{n} = \frac{4950}{50000} = 0{,}099 = 9{,}9\,\%$.

Nähme man stattdessen 10 repräsentative Stichproben mit einem Umfang von jeweils 5 000 Personen, so könnten sich folgende relative Wahrscheinlichkeiten ergeben.

Stichprobe	1	2	3	4	5	6	7	8	9	10
$h(x_i)$	9,5 %	10,1 %	10 %	9,9 %	10,3 %	10,2 %	9,7 %	10,3 %	9,4 %	10,6 %

Die Tabelle zeigt, dass möglicherweise nur eine Stichprobe das identische Ergebnis liefert. Daher ist es nicht möglich, anhand einer Stichprobe eine genaue Aussage über die Grundgesamtheit zu treffen.

Wie bereits erwähnt, ist es aber möglich, ein Konfidenzintervall beliebiger Genauigkeit festzulegen, in dem sich der Wert der Grundgesamtheit wahrscheinlich befindet.

Nehmen wir an, der Fast-Food-Konzern hätte lediglich 5 000 Kunden befragt und die Befragung hätte ergeben, dass 10 % den neuen Burger kaufen würden. Nun könnten z. B. drei unterschiedliche Aussagen aufgestellt werden.

1. Der Anteil der Grundgesamtheit beträgt ebenfalls genau 10 %.
2. Der Anteil der Grundgesamtheit liegt zwischen 0 % und 100 %.
3. Der Anteil der Grundgesamtheit liegt zwischen 9 % und 11 %.

Die erste Aussage ist sehr unwahrscheinlich. Die zweite Aussage ist auf jeden Fall richtig, aber wenig sinnvoll, da anhand dieser Zahlen nicht geplant werden kann. Die dritte Aussage scheint brauchbar zu sein. Es fehlt jedoch eine Angabe darüber, mit welcher relativen Häufigkeit der wahre Anteilswert der Grundgesamtheit von diesem Intervall überdeckt wird. Dieser Wert wird als **Sicherheits- oder Vertrauenswahrscheinlichkeit** bezeichnet. Die Wahrscheinlichkeit, dass der Anteilswert der

Grundgesamtheit nicht in diesem Intervall liegt, heißt **Irrtumswahrscheinlichkeit**. Irrtumswahrscheinlichkeit und Sicherheitswahrscheinlichkeit ergeben zusammen immer 100 %.

Bei der ersten Aussage muss wegen des sehr kleinen Intervalls die Vertrauenswahrscheinlichkeit sehr gering und die Irrtumswahrscheinlichkeit im Gegenzug sehr hoch sein, wie zur Tabelle überlegt wurde. Bei der zweiten Aussage hingegen ist es genau umgekehrt. Aus den vorangegangenen Überlegungen ergibt sich, dass die Vertrauenswahrscheinlichkeit und Intervallbreite zusammenhängen.

Je breiter das Intervall, desto größer ist die Sicherheitswahrscheinlichkeit und desto kleiner ist die Irrtumswahrscheinlichkeit.

Wie dicht der tatsächliche Wert der Grundgesamtheit an dem Stichprobenwert liegt, hängt dabei ganz entscheidend vom **Stichprobenumfang** und dem **Standardfehler**, der Standardabweichung einer oder mehrerer Stichprobenergebnisse, ab. Es gilt:

Je **größer** der **Stichprobenumfang**, desto unwahrscheinlicher ist es, dass der Stichprobenwert weit vom Wert der Grundgesamtheit entfernt ist.

Je **kleiner** der **Standardfehler** ist, desto unwahrscheinlicher ist es, dass der Stichprobenwert weit vom Wert der Grundgesamtheit entfernt ist.

Der Anteil der Grundgesamtheit wird häufig als „wahrer" Anteil bezeichnet.

Ein angegebenes Konfidenzintervall lässt sich nur dann sinnvoll interpretieren, wenn die dazugehörige Sicherheitswahrscheinlichkeit, also die relative Häufigkeit, mit der das Konfidenzintervall den wahren Wert der Grundgesamtheit überdeckt, angegeben ist. Üblich sind Sicherheitswahrscheinlichkeiten von 90 %, 95 % und 99 %. Es ist aber möglich, das Intervall für jede beliebige Vertrauenswahrscheinlichkeit zu bestimmen.

eA

3.5.2 Konfidenzintervalle zu konkreten Sicherheitswahrscheinlichkeiten

Zu jedem Konfidenzintervall gehört eine Sicherheitswahrscheinlichkeit. Die nebenstehende Grafik ist bereits aus dem Kapitel 3.3.5 Prognoseintervalle bekannt. Sie zeigt die Wahrscheinlichkeitsverteilung einer binomialverteilten Zufallsgröße mit $n = 100$ und $p = 0{,}5$.

Es ist gut zu erkennen, dass in dem Intervall **$[\mu - 3\sigma; \mu + 3\sigma]$** praktisch alle für die Gesamtwahrscheinlichkeit relevanten Einzelwahrscheinlichkeiten enthalten sind. Die Gesamtwahrscheinlichkeit aller Werte, die außerhalb des Intervalls liegen, ist annähernd 0.

Die Näherungen werden mit zunehmendem Stichprobenumfang n immer besser. Neben den drei in der Grafik gezeigten Sigma-Regeln werden häufig die drei σ-Umgebungen $1{,}64\sigma \triangleq 90\,\%$, $1{,}96\sigma \triangleq 95\,\%$ und $2{,}58\sigma \triangleq 99\,\%$ verwendet.

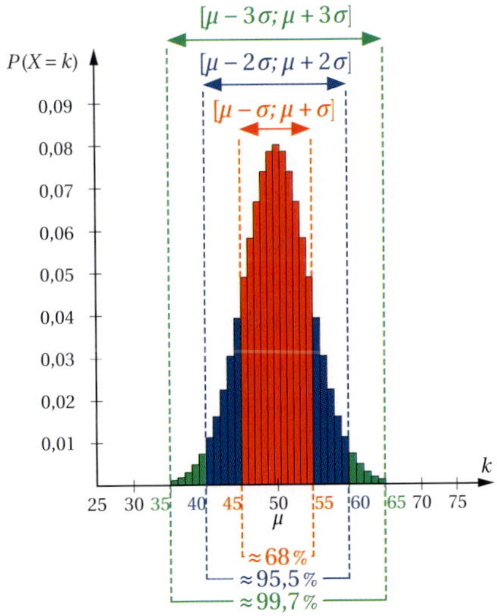

Die Wahrscheinlichkeiten, die mit einer Sicherheit von 90%, 95% bzw. 99% in das dazugehörige Konfidenzintervall fallen, lassen sich mithilfe der nachfolgenden Formel berechnen.

$$|p-h| \leq c \cdot \sqrt{\frac{p-p^2}{n}} \quad \text{mit} \quad h=\frac{X}{n}$$

Wahrscheinlichkeiten innerhalb eines Konfidenzintervalls

Wobei c für die jeweilige Breite der Sigma-Umgebung steht:
$90\,\% \mathrel{\widehat{=}} c = 1{,}64$ oder $95\,\% \mathrel{\widehat{=}} c = 1{,}96$ oder $99\,\% \mathrel{\widehat{=}} c = 2{,}58$

Das Konfidenzintervall I lautet:

$$I=\left[\frac{\frac{c^2}{2n}+h-c\cdot\sqrt{\frac{c^2}{4n^2}+\frac{h(1-h)}{n}}}{\frac{c^2}{n}+1};\frac{\frac{c^2}{2n}+h+c\cdot\sqrt{\frac{c^2}{4n^2}+\frac{h(1-h)}{n}}}{\frac{c^2}{n}+1}\right]$$

exakt bestimmtes Konfidenzintervall

Situation 1

In einem kunststoffverarbeitenden Betrieb werden rote und grüne Plastikeimer produziert. Als Stichprobe werden der laufenden Produktion 100 Eimer entnommen. Genau die Hälfte dieser Eimer ist rot. Berechnen Sie mit einer Sicherheitswahrscheinlichkeit von 95%, wie groß der Anteil der roten Eimer in der Produktion ist.

Lösung

Zunächst wird die Zufallsgröße X: „Anzahl roter Eimer" definiert. Die relative Häufigkeit dafür, dass ein Eimer der Stichprobe rot ist, beträgt somit $h(x_i) = h = \frac{X}{n} = \frac{50}{100} = 0{,}5 = 50\,\%$. Darüber hinaus werden der Erwartungswert μ und der Standardfehler, also die Standardabweichung der Stichprobe σ, benötigt.

Für binomialverteilte Zufallsgrößen gilt $\mu = n \cdot p$. Die Wahrscheinlichkeit p ist in diesem Fall jedoch nicht bekannt. Nach dem empirischen Gesetz großer Zahlen[1)] nähert sich die relative Häufigkeit h mit steigendem Stichprobenumfang jedoch immer weiter dem Wert von p an. Daher gilt für den Erwartungswert $\mu = n \cdot h = 100 \cdot 0{,}5 = 50$. Für die Standardabweichung gilt dementsprechend $\sigma = \sqrt{n \cdot h \cdot (1-h)} = \sqrt{100 \cdot 0{,}5 \cdot (1-0{,}5)} = 5$. Außerdem gehört zum 95%-Vertrauensintervall die 1,96 σ-Umgebung.

Unterstellt man nun, dass der anhand der Stichprobe ermittelte Anteil von 50% dem wahren Anteil roter Eimer entspricht, so würde sich folgendes Histogramm ergeben:

1) vgl. S. 184

Ein Ergebnis von 50 roten Eimern ist mit der vermuteten Wahrscheinlichkeit von 50% vereinbar, da es im $1{,}96\sigma$-Intervall um den Erwartungswert liegt. Dies bedeutet aber nicht, dass der Wert der Stichprobe mit dem wahren Wert der Grundgesamtheit übereinstimmen muss.

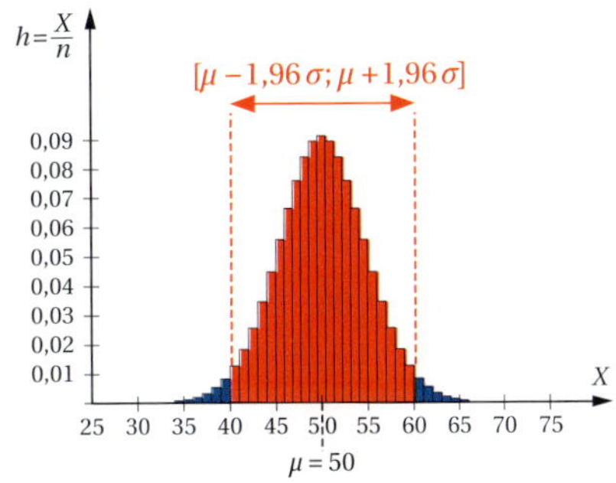

Gesucht sind nun alle Wahrscheinlichkeiten, bei denen der Erwartungswert innerhalb des $1{,}96\sigma$-Intervall liegt.

Verringert man die Wahrscheinlichkeit, so verschiebt sich das Histogramm auf der x-Achse nach links. Die geringste Wahrscheinlichkeit, die mit der Stichprobe vereinbar ist, liegt bei 41%, da der **ursprüngliche Erwartungswert** 50 nun gerade noch „rechts im Intervall" liegt.

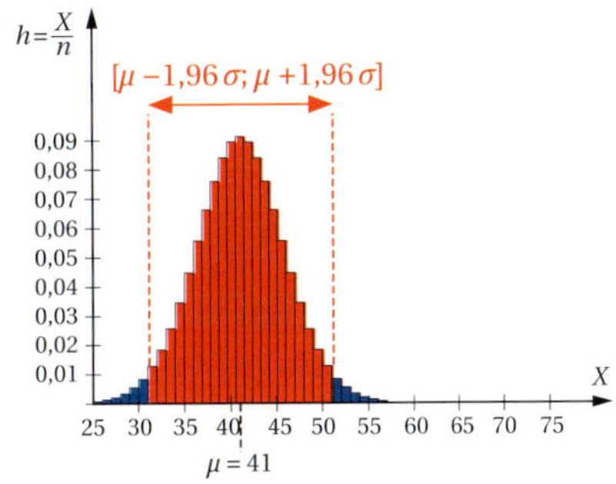

Erhöht man die Wahrscheinlichkeit, so verschiebt sich das Histogramm auf der x-Achse nach rechts.

Die maximale Wahrscheinlichkeit, die mit der Stichprobe vereinbar ist, liegt bei 59%, da der **ursprüngliche Erwartungswert** 50 nun gerade noch „links im Intervall" liegt.

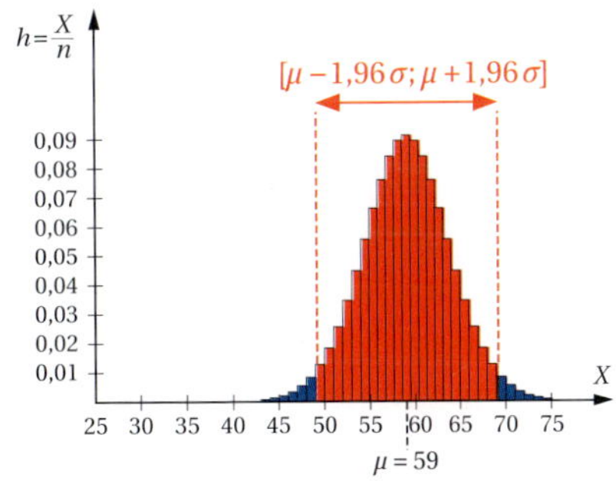

Das 95%-Konfidenzintervall umfasst somit alle Werte zwischen 41% und 59%. Der Anteil der roten Eimer in der Produktion beträgt daher mit einer Sicherheitswahrscheinlichkeit von 95% mindestens 41% und maximal 59%.

Das Problem lässt sich aber nicht nur grafisch, sondern auch algebraisch lösen. Gesucht ist zunächst das Intervall $[\mu - 1{,}96\sigma; \mu + 1{,}96\sigma]$ oder anders ausgedrückt $\mu - 1{,}96 \cdot \sigma \le X \le \mu + 1{,}96 \cdot \sigma$.

Wegen $\mu = n \cdot p$ und $\sigma = \sqrt{n \cdot p \cdot (1-p)}$ gilt:

$n \cdot p - 1{,}96 \cdot \sqrt{n \cdot p \cdot q} \le X \le n \cdot p + 1{,}96 \cdot \sqrt{n \cdot p \cdot q}$

Durch einige Umformungen lassen sich nun die Wahrscheinlichkeiten, die in dem Vertrauensintervall liegen, exakt bestimmen.

$$n \cdot p - 1{,}96 \cdot \sqrt{n \cdot p \cdot q} \le X \le n \cdot p + 1{,}96 \cdot \sqrt{n \cdot p \cdot q}$$

Der Anteil der Stichprobe ist $\frac{X}{n}$, daher muss durch n dividert werden.

$$p - 1{,}96 \cdot \frac{\sqrt{n \cdot p \cdot (1-p)}}{n} \le \frac{X}{n} \le p + 1{,}96 \cdot \frac{\sqrt{n \cdot p \cdot (1-p)}}{n}$$

$\frac{X}{n}$ entspricht der relativen Häufigkeit h.

$$p - 1{,}96 \cdot \frac{\sqrt{n \cdot p \cdot (1-p)}}{n} \le h \le p + 1{,}96 \cdot \frac{\sqrt{n \cdot p \cdot (1-p)}}{n}$$

Im Zähler wird $\sqrt{n}$ ausgeklammert.

$$p - 1{,}96 \cdot \frac{\sqrt{n} \cdot \sqrt{p \cdot (1-p)}}{n} \le h \le p + 1{,}96 \cdot \frac{\sqrt{n} \cdot \sqrt{p \cdot (1-p)}}{n}$$

n wird durch $\sqrt{n} \cdot \sqrt{n}$ ersetzt, um kürzen zu können.

$$p - 1{,}96 \cdot \frac{\sqrt{n} \cdot \sqrt{p \cdot (1-p)}}{\sqrt{n} \cdot \sqrt{n}} \le h \le p + 1{,}96 \cdot \frac{\sqrt{n} \cdot \sqrt{p \cdot (1-p)}}{\sqrt{n} \cdot \sqrt{n}}$$

$\sqrt{n}$ kürzen.

$$p - 1{,}96 \cdot \frac{\sqrt{p \cdot (1-p)}}{\sqrt{n}} \leq h \leq p + 1{,}96 \cdot \frac{\sqrt{p \cdot (1-p)}}{\sqrt{n}}$$ Wurzelgesetz anwenden.

$$p - 1{,}96 \cdot \sqrt{\frac{p \cdot (1-p)}{n}} \leq h \leq p + 1{,}96 \cdot \sqrt{\frac{p \cdot (1-p)}{n}}$$ Die Klammer unter der Wurzel ausmultiplizieren.

$$p - 1{,}96 \cdot \sqrt{\frac{p-p^2}{n}} \leq h \leq p + 1{,}96 \cdot \sqrt{\frac{p-p^2}{n}}$$ Als Ungleichung geschrieben ergibt sich:

$$|p-h| \leq 1{,}96 \cdot \sqrt{\frac{p-p^2}{n}}$$ Aus der Formel wird ersichtlich, dass mit steigendem Stichprobenumfang n das Konfidenzintervall schmaler wird.

Durch Einsetzen der Werte $h = \frac{X}{n} = \frac{50}{100} = 0{,}5$ und $n = 100$ lassen sich nun die Wahrscheinlichkeiten, die innerhalb des 95%-Konfidenzintervalls liegen, berechnen.

$|p-0{,}5| \leq 1{,}96 \cdot \sqrt{\frac{p-p^2}{100}}$ quadrieren

$(p-0{,}5)^2 \leq 1{,}96^2 \cdot \frac{(p-p^2)}{100}$ $| \cdot 100$

$100(p-0{,}5)^2 \leq 1{,}96^2 \cdot (p-p^2)$ Binomische Formel und quadrieren

$100(p^2-p+0{,}25) \leq 3{,}8416(p-p^2)$ ausmultiplizieren

$100p^2 - 100p + 25 \leq 3{,}8416p - 3{,}8416p^2$ $|-(3{,}8416p - 3{,}8416p^2)$

$103{,}8416p^2 - 103{,}8416p + 25 \leq 0$ $|:103{,}8416$

$p^2 - p + 0{,}24075 \leq 0$ p-q-Formel

$$p_{1/2} = -\frac{p}{2} \pm \sqrt{\left(\frac{p}{2}\right)^2 - q} = -\frac{-1}{2} \pm \sqrt{\left(\frac{-1}{2}\right)^2 - 0{,}24075}$$

$$p_1 = 0{,}5 - \sqrt{0{,}00925} \approx 0{,}4038 \wedge p_2 = 0{,}5 + \sqrt{0{,}00925} \approx 0{,}5962$$

p muss also Werte innerhalb des Konfidenzintervalls [0,4038; 0,5962] annehmen, damit die Bedingung $|p-0{,}5| \leq 1{,}96\sqrt{\frac{p-p^2}{100}}$ erfüllt ist. Das Stichprobenergebnis $\frac{X}{n} = \frac{50}{100} = 0{,}5 = 50\,\%$ ist mit Anteilswerten der Grundgesamtheit zwischen 40,38% und 59,62% verträglich.

Der wahre Anteil roter Eimer beträgt mit einer Sicherheitswahrscheinlichkeit von 95% mindestens 40,38% und maximal 59,62%.

Das gleiche Ergebnis erhält man, wenn das Konfidenzintervall direkt berechnet wird.

$$I = \left[\frac{\frac{c^2}{2n} + h - c \cdot \sqrt{\frac{c^2}{4n^2} + \frac{h(1-h)}{n}}}{\frac{c^2}{n} + 1}; \frac{\frac{c^2}{2n} + h + c \cdot \sqrt{\frac{c^2}{4n^2} + \frac{h(1-h)}{n}}}{\frac{c^2}{n} + 1}\right]$$

$$I = \left[\frac{\frac{1{,}96^2}{2 \cdot 100} + 0{,}5 - 1{,}96 \cdot \sqrt{\frac{1{,}96^2}{4 \cdot 100^2} + \frac{0{,}5 \cdot (1-0{,}5)}{100}}}{\frac{1{,}96^2}{100} + 1}; \frac{\frac{1{,}96^2}{2 \cdot 100} + 0{,}5 + 1{,}96 \cdot \sqrt{\frac{1{,}96^2}{4 \cdot 100^2} + \frac{0{,}5 \cdot (1-0{,}5)}{100}}}{\frac{1{,}96^2}{100} + 1}\right]$$

$$I = \left[\frac{0{,}519208 - 1{,}96 \cdot \sqrt{0{,}00259604}}{1{,}038416}; \frac{0{,}519208 + 1{,}96 \cdot \sqrt{0{,}00259604}}{1{,}038416}\right]$$

$I \approx [0{,}4038; 0{,}5962]$

Konfidenzintervalle lassen sich exakt mit dem Taschenrechner mit zwei unterschiedlichen grafischen Ansätzen lösen. Dem einen Ansatz liegt eine Parabel, dem anderen eine Ellipse zu Grunde. Daher werden diese Ansätze häufig als **Parabelansatz** bzw. als **Ellipsenansatz** bezeichnet.

Zur Erläuterung der beiden Ansätze wird auf die Daten von S. 300 zurückgegriffen.

Parabelansatz

Dafür wird die auf S. 302 hergeleitete Formel in eine quadratische Ungleichung umgeformt.

$$|p - 0{,}5| \leq 1{,}96 \cdot \sqrt{\frac{p - p^2}{100}} \qquad | \text{ quadrieren}$$

$$(p - 0{,}5)^2 \leq 1{,}96^2 \cdot \frac{p - p^2}{100} \qquad | \cdot 100$$

$$100\,(p - 0{,}5)^2 \leq 1{,}96^2 \cdot (p - p^2) \qquad | - 1{,}96^2 \cdot (p - p^2)$$

$$100\,(p - 0{,}5)^2 - 1{,}96^2 \cdot (p - p^2) \leq 0$$

Der Graph des Terms ist eine nach oben geöffnete Parabel. Es werden die Funktionswerte (Wahrscheinlichkeiten) gesucht, die kleiner oder gleich 0 sind. Zwischen den Nullstellen sind die Funktionswerte kleiner als 0, da der Graph unterhalb der Abszissenachse verläuft.

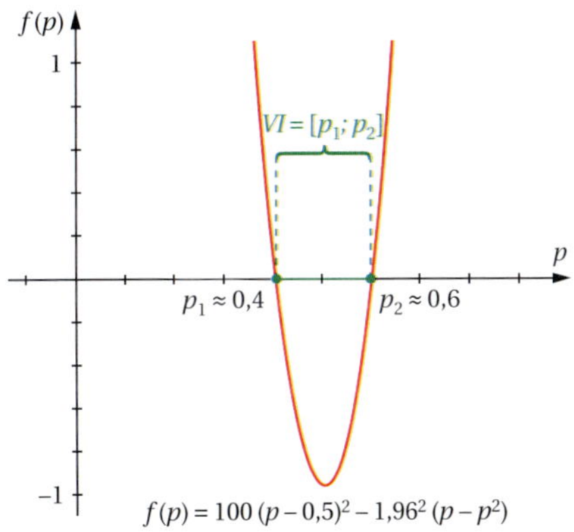

Daher bilden die beiden Nullstellen des Graphen die linke und rechte Grenze des Konfidenzintervalls. Die Nullstellen lassen sich nun mithilfe des Taschenrechners bestimmen.

Zunächst wird der durch Umformung entstandene Term in den Y-Editor eingegeben.	
Anschließend lassen sich durch [2ND], [CALC], 2:zero die beiden Nullstellen berechnen.	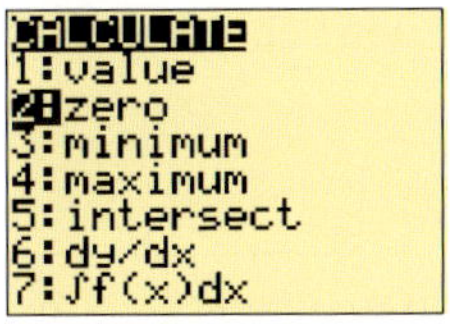
Cursor erst links der Nullstelle setzen, [ENTER], dann rechts der Nullstelle, [ENTER], [ENTER]. Die zweite Nullstelle wird dementsprechend bestimmt.	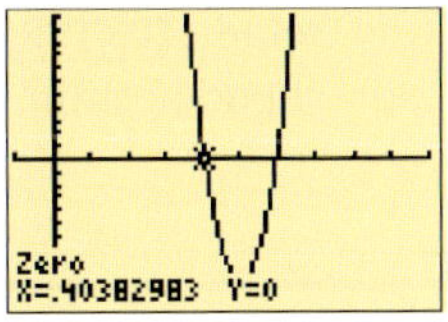

Ellipsenansatz

Im Gegensatz zum Parabelansatz wird die auf S. 302 hergeleitete Formel nicht in eine quadratische Ungleichung umgeformt, sondern der vorangegangene Schritt $\left(p - 1{,}96 \cdot \sqrt{\frac{p-p^2}{100}} \le h \le p + 1{,}96 \cdot \sqrt{\frac{p-p^2}{100}}\right)$ in zwei Teilgleichungen zerlegt:

$$\boldsymbol{h = p - 1{,}96 \cdot \sqrt{\frac{p-p^2}{100}}} \qquad \boldsymbol{h = p + 1{,}96 \cdot \sqrt{\frac{p-p^2}{100}}}$$

Auf S. 300 lag der relative Anteil roter Eimer bei 50 %, daher ist $h = 50\,\%$. Somit ergibt sich in diesem Fall:

$$\boldsymbol{0{,}5 = p - 1{,}96 \cdot \sqrt{\frac{p-p^2}{100}}} \qquad \boldsymbol{0{,}5 = p + 1{,}96 \cdot \sqrt{\frac{p-p^2}{100}}}$$

Die Graphen des roten und blauen Terms bilden dann jeweils den oberen oder unteren Teil einer Ellipse. Die in der Stichprobe ermittelte relative Häufigkeit wird zusätzlich als waagerechte Gerade in das Koordinatensystem eingezeichnet. Die Schnittstellen dieser Geraden mit der Ellipse bilden die linke und die rechte Grenze des Vertrauensintervalls.

Die Intervallgrenzen lassen sich nun mithilfe des Taschenrechners bestimmen.

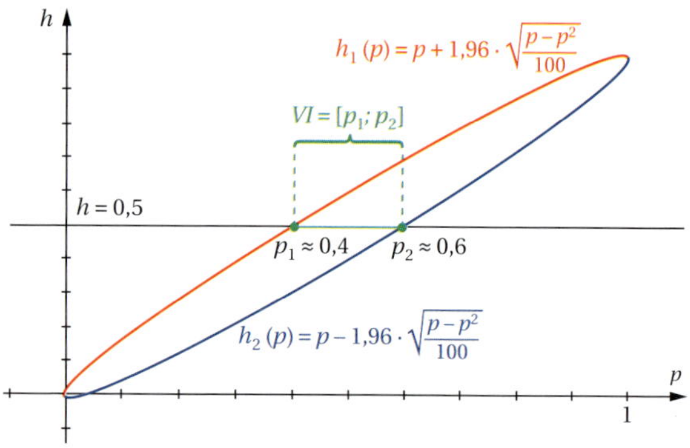

Zunächst müssen die beiden Terme $p + 1{,}96 \cdot \sqrt{\frac{p-p^2}{100}}$ und $p - 1{,}96 \cdot \sqrt{\frac{p-p^2}{100}}$ sowie die relative Häufigkeit der Stichprobe $h = 0{,}5$ in den Y-Editor eingegeben werden.

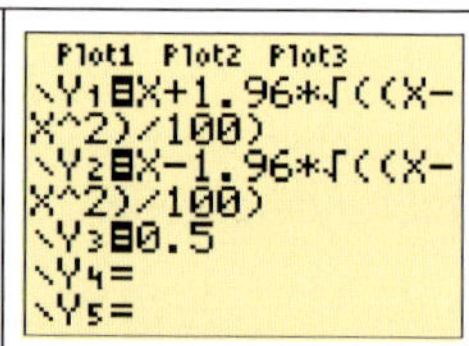

Anschließend lassen sich durch [2ND], [CALC], 5: intersect die beiden Schnittstellen berechnen.

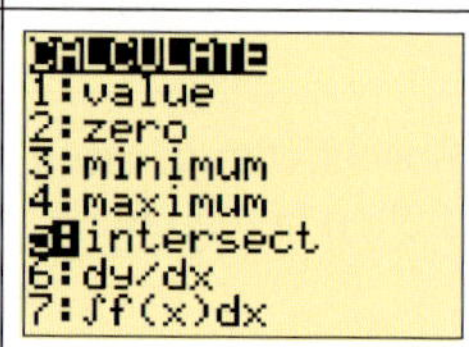

Mit dem Cursor die „obere Ellipsenhälfte" auswählen, [ENTER], dann die Gerade, [ENTER], [ENTER]. Die zweite Schnittstelle wird dementsprechend bestimmt.

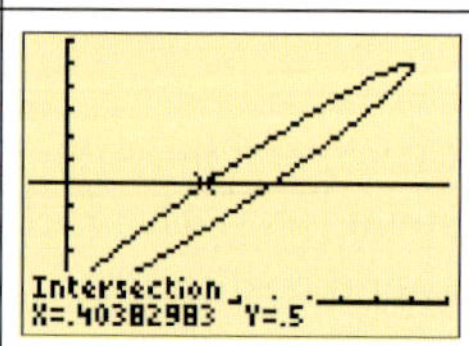

Allgemein gilt:

$$I = [p_1; p_2] \text{ mit } p_{1;2} \text{ aus } f(p) = n(p-h)^2 - c^2(p-p^2) \leq 0 \text{ und } h = \frac{X}{n}$$

Konfidenzintervall mit Parabelansatz

$$I = [p_1; p_2] \text{ mit } \begin{array}{l} p_1 \text{ aus } h = p + c \cdot \sqrt{\dfrac{p-p^2}{n}} \\ p_2 \text{ aus } h = p - c \cdot \sqrt{\dfrac{p-p^2}{n}} \end{array} \text{ und } h = \frac{X}{n}$$

Konfidenzintervall mit Ellipsenansatz

Wobei c in beiden Fällen für die jeweilige Breite der Sigma-Umgebung steht.

Sowohl die Berechnung der Wahrscheinlichkeiten, die innerhalb des Konfidenzintervalls liegen, als auch die direkte Berechnung des Konfidenzintervalls sind relativ aufwendig. Daher bedient man sich bei großen Stichproben oder relativen Häufigkeiten die in der Nähe von 0,5 liegen einer **Näherung**. Das Konfidenzintervall lässt sich dann direkt angeben.

$$I = \left[h - c \cdot \sqrt{\frac{h-h^2}{n}}; h + c \cdot \sqrt{\frac{h-h^2}{n}}\right]$$

näherungsweise bestimmtes Konfidenzintervall

Die Näherung liefert brauchbare Werte für $n > 1\,000$. Bei kleineren Stichproben ist die Näherung nur geeignet, wenn $0{,}3 \leq h \leq 0{,}7$ gilt.

Situation 2

Durch Marktanalysen ist bekannt, dass eine Fast-Food-Kette in Hamburg 50 000 Kunden hat. Mit einer groß angelegten Werbekampagne soll ein neuer Burger eingeführt werden. Um die Produktionsmenge zu bestimmen, wurden daher im Vorfeld 5 000 zufällig ausgewählte Kunden einem Konsumententest unterzogen. 500 von ihnen gaben an, den neuen Burger kaufen zu wollen. Anhand dieser Stichprobe soll festgelegt werden, wie viele Burger für 50 000 Kunden produziert werden müssen. Die Geschäftsführung möchte nur sehr ungern kaufwillige Kunden nicht bedienen können und plant mit einer Sicherheitswahrscheinlichkeit von 99 %.

Berechnen Sie exakt und näherungsweise, wie viele Burger für 50 000 Kunden produziert werden sollten. Kontrollieren Sie Ihre Ergebnisse mit dem Taschenrechner.

31

Lösung

Gesucht ist das 99 %-Konfidenzintervall. Die dazugehörige Breite der Sigma-Umgebung ist 2,58.

Der Stichprobenumfang beträgt 5 000 Personen. Das Stichprobenergebnis ist $\frac{X}{n} = \frac{500}{5\,000} = 0{,}1$.

Durch Einsetzen in die jeweiligen Formeln ergibt sich:

Exakte Lösung	Näherungslösung
$\lvert p-h \rvert \leq 2{,}58 \cdot \sqrt{\frac{p-p^2}{n}}$ $\lvert p-0{,}1 \rvert \leq 2{,}58 \cdot \sqrt{\frac{p-p^2}{5\,000}}$ $5\,000 \cdot (p-0{,}1)^2 \leq 6{,}6564\,(p-p^2)$ $5\,000\,p^2 - 1\,000\,p + 50 \leq 6{,}6564\,p - 6{,}6564\,p^2$ $5\,006{,}6564\,p^2 - 1\,006{,}6564\,p + 50 \leq 0$ $p_1 \approx 0{,}0896$ und $p_2 \approx 0{,}1115$ $I = [0{,}0896; 0{,}1115]$	$I = \left[h - c \cdot \sqrt{\frac{h-h^2}{n}}; h + c \cdot \sqrt{\frac{h-h^2}{n}}\right]$ $I = \left[0{,}1 - 2{,}58 \cdot \sqrt{\frac{0{,}1-0{,}01}{5\,000}}; 0{,}1 + 2{,}58 \cdot \sqrt{\frac{0{,}1-0{,}01}{5\,000}}\right]$ $I = [0{,}1 - 0{,}0109; 0{,}1 + 0{,}0109]$ $I = [0{,}0891; 0{,}1109]$

In beiden Fällen liegt der wahre Anteil mit einer Sicherheitswahrscheinlichkeit von 99 % zwischen ca. 9 % und ca. 11 %. Da die Anzahl der Burger gesucht war, müssen diese Werte noch mit der Anzahl der Kunden multipliziert werden.

$p_1 \cdot n = 0{,}0896 \cdot 50\,000 = 4\,480$ $p_2 \cdot n = 0{,}1115 \cdot 50\,000 = 5\,575$ Das Unternehmen sollte aufgrund des Stichprobenergebnisses 5 575 Burger produzieren.	$p_1 \cdot n = 0{,}0891 \cdot 50\,000 = 4\,455$ $p_2 \cdot n = 0{,}1109 \cdot 50\,000 = 5\,545$ Das Unternehmen sollte aufgrund des Stichprobenergebnisses 5 545 Burger produzieren.

Die Abweichung beträgt in diesem Fall lediglich 30 Burger oder ca. 0,5 %.

Sowohl die exakte, als auch die Näherungslösung können mit dem Taschenrechner durchgeführt werden.

Exakte Lösung

Zunächst wird der Term $(p-0{,}1)^2 - 2{,}58^2 \cdot \frac{(p-p^2)}{5\,000}$ benötigt und in den Y-Editor eingegeben.	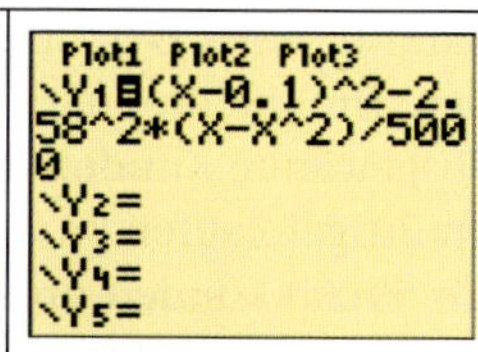
Anschließend lassen sich durch 2ND, [CALC], 2:zero die beiden Nullstellen berechnen.	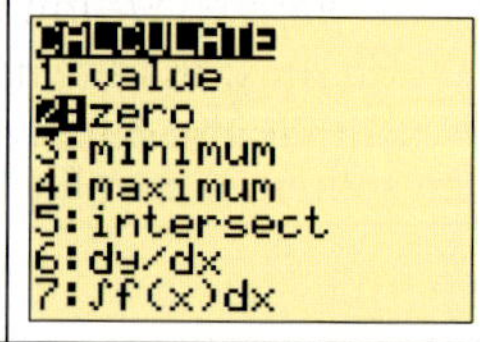
Cursor erst links der Nullstelle setzen, ENTER dann rechts der Nullstelle, ENTER, ENTER. Die zweite Nullstelle wird dementsprechend bestimmt.	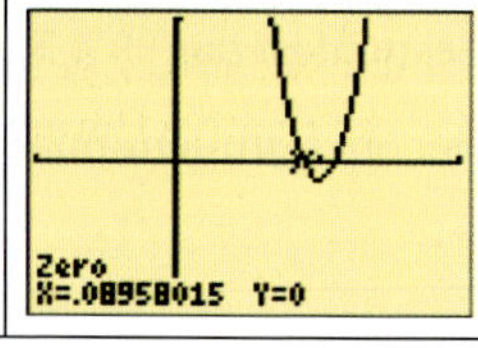

Näherungsweise Lösung

Die Formel zur näherungsweisen Bestimmung des Konfidenzintervalls ist bereits vorhanden.

Zunächst mit [STAT], [TESTS], A:1-PropZInt, [ENTER] das Konfidenzintervall auswählen.

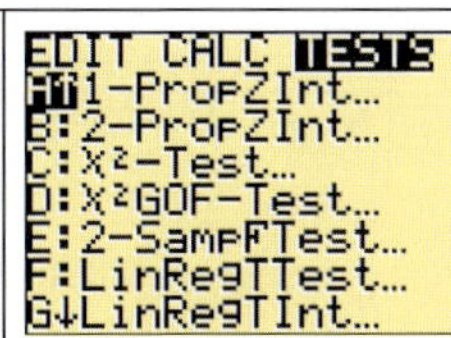

Anschließend die entsprechenden Werte mit [ENTER] eingeben. Dabei steht *x* für das absolute Ergebnis der Stichprobe, *n* für den Stichprobenumfang und *C*-Level für die Sicherheitswahrscheinlichkeit.

[ENTER] liefert das Konfidenzintervall.

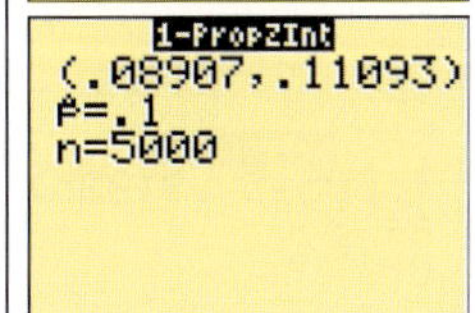

Situation 3

Ein Medikamentenhersteller hat zwei neue Schmerzmittel entwickelt, die unter den Namen Abinol und Brasitin vermarktet werden sollen. Abinol ist bereits zugelassen, für Brasitin steht die Zulassung noch aus. Im Rahmen einer Studie soll die besonders schnelle Wirksamkeit beider Medikamente belegt werden. Daher werden insgesamt 1 550 Schmerzpatienten mit den Medikamenten therapiert.

Abinol (n = 1 500)		
Zeit seit der Einnahme	15 min	20 min
schmerzfrei	837	1 347
nicht schmerzfrei	663	153

Brasitin (n = 50)		
Zeit seit der Einnahme	15 min	20 min
schmerzfrei	39	47
nicht schmerzfrei	11	3

a) Bestimmen Sie mit dem Taschenrechner, wie viele von jährlich 100 000 Patienten nach der Einnahme von Abinol mit einer Sicherheitswahrscheinlichkeit von 90 % innerhalb von 20 Minuten schmerzfrei sein werden.

b) Bestimmen Sie mit dem Taschenrechner, wie viel Prozent aller Patienten nach der Einnahme von Brasitin mit einer Sicherheitswahrscheinlichkeit von 95 % innerhalb einer Viertelstunde schmerzfrei sein werden.

Lösung

Bei dem Medikament Abinol beträgt der Stichprobenumfang $n = 1\,500$ Personen. Daher kann mit der Näherung gerechnet werden. Bei Brasitin ist der Umfang mit $n = 50$ Personen zu gering und die relative Häufigkeit liegt mit $h = \frac{39}{50} = 0{,}78$ nicht im Bereich $0{,}3 \leq h \leq 0{,}7$.

a) Abinol

$$I = \left[h - c \cdot \sqrt{\frac{h-h^2}{n}};\ h + c \cdot \sqrt{\frac{h-h^2}{n}} \right]$$

$$h = \frac{X}{n} = \frac{1\,347}{1\,500} = 0{,}898$$

Der Taschenrechner liefert:

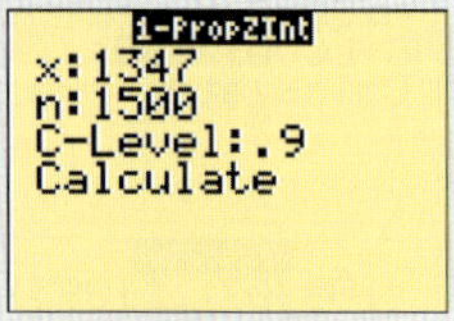

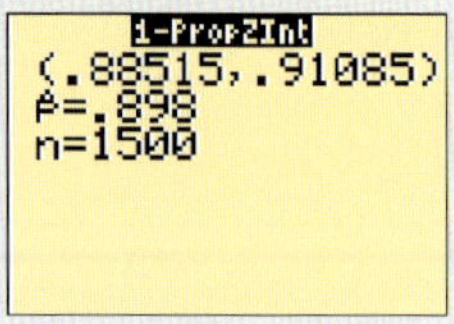

$I = [0{,}885; 0{,}911]$

Gesucht war die Anzahl der Personen. Daher müssen die Intervallgrenzen noch mit der Anzahl der Personen multipliziert werden.

$0{,}885 \cdot 100\,000 = 88\,500$
$0{,}911 \cdot 100\,000 = 91\,100$

Mit einer Sicherheitswahrscheinlichkeit von 90 % werden mindestens 88 500 und maximal 91 100 Personen nach der Einnahme von Abinol innerhalb von 20 Minuten schmerzfrei sein.

b) Brasitin

Parabelansatz gewählt:
$n(p-h)^2 - c^2(p-p^2) \leq 0$

$$h = \frac{X}{n} = \frac{39}{50} = 0{,}78$$

$95\,\% \mathrel{\hat=} c = 1{,}96$

Der Taschenrechner liefert:

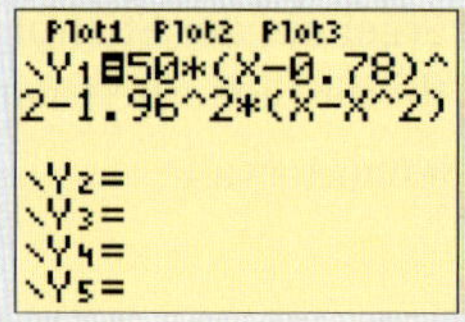

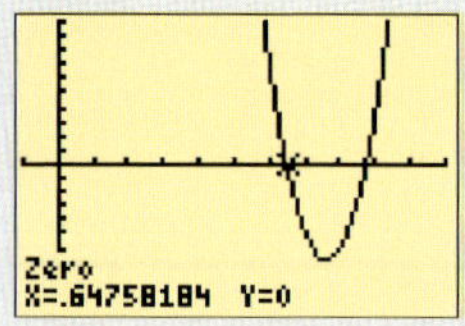

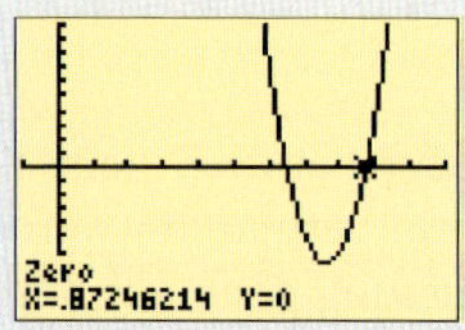

$I = [0{,}648; 0{,}872]$

Mit einer Sicherheitswahrscheinlichkeit von 95 % werden mindestens 64,8 % und maximal 87,2 % aller Personen nach der Einnahme von Brasitin innerhalb von 15 Minuten schmerzfrei sein.

Zusammenfassung

- **Exakt bestimmte Konfidenzintervalle:**
  - **Wahrscheinlichkeiten innerhalb eines Konfidenzintervalls:**

    $$|p-h| \leq c \cdot \sqrt{\frac{p-p^2}{n}} \quad \text{mit} \quad h = \frac{X}{n}$$

  - **exaktes Konfidenzintervall *I*:**

    $$I = \left[\frac{\frac{c^2}{2n} + h - c \cdot \sqrt{\frac{c^2}{4n^2} + \frac{h(1-h)}{n}}}{\frac{c^2}{n}+1};\ \frac{\frac{c^2}{2n} + h + c \cdot \sqrt{\frac{c^2}{4n^2} + \frac{h(1-h)}{n}}}{\frac{c^2}{n}+1} \right]$$

- **Parabelansatz:**
  $I = [p_1; p_2]$ mit $p_{1;2}$ aus $f(p) = n(p-h)^2 - c^2(p-p^2) \leq 0$ und $h = \frac{X}{n}$
- **Ellipsenansatz:**
  $$I = [p_1; p_2] \text{ mit } \begin{array}{l} p_1 \text{ aus } h = p + c \cdot \sqrt{\frac{p-p^2}{n}} \\ p_2 \text{ aus } h = p - c \cdot \sqrt{\frac{p-p^2}{n}} \end{array} \text{ und } h = \frac{X}{n}$$
- **Näherungsweise bestimmtes Konfidenzintervall:**
  $$I = \left[h - c \cdot \sqrt{\frac{h-h^2}{n}}; h + c \cdot \sqrt{\frac{h-h^2}{n}}\right]$$

Übungsaufgaben

1 Während einer Kontrolle auf einer Autobahn wird die Geschwindigkeit von 1 200 Fahrzeugen gemessen. Von ihnen überschritten 140 die erlaubte Höchstgeschwindigkeit.

Berechnen Sie mit einer Sicherheitswahrscheinlichkeit von 95 %, in welchem Intervall sich der wahre Anteil der Geschwindigkeitsübertretungen befinden wird.

2 Berechnen Sie das 90 %-Konfidenzintervall, wenn eine Stichprobe unter 250 Hochschulabsolventen ergeben hat, dass 25 von ihnen trotz Abschluss arbeitslos sind, und interpretieren Sie Ihr Ergebnis anwendungsbezogen.

3 Berechnen Sie, wie breit das 99 %-Konfidenzintervall ist, wenn in einem Industriebetrieb der Ausschussanteil einer 75 Stück umfassenden Stichprobe 7 % beträgt, und interpretieren Sie Ihr Ergebnis anwendungsbezogen.

4 In einer Großbäckerei wird Mehl in Säcken mit einem Sollgewicht von 25 kg angeliefert. Bei der Eingangskontrolle wurden im vergangenen Monat 1 500 Säcke gewogen. Jeder zwanzigste Sack entsprach nicht dem Sollgewicht. Berechnen Sie wie hoch mit einer Sicherheitswahrscheinlichkeit von 95 % der wahre Anteil aller im Jahr angelieferten Mehlsäcke ist, bei denen das Gewicht vom Sollgewicht abweicht.

5 Um festzustellen, wie hoch der Anteil an Schwarzfahrern auf einer bestimmten Strecke ist, führt ein Bahnbetreiber eine Woche lang sehr genaue Kontrollen durch. Der Zug hat pro Tag eine maximale Kapazität von 500 Personen.

Tag	Mo	Di	Mi	Do	Fr	Sa	So
Auslastung	45 %	52 %	76 %	48 %	75 %	84 %	68 %
Schwarzfahrer	3	5	2	4	6	6	3

Berechnen Sie wie hoch mit einer Sicherheitswahrscheinlichkeit von 95 % der wahre Anteil der Schwarzfahrer auf dieser Strecke ist.

6 Ein Lebensmittelkonzern stellt jeden Tag aus zwei Tonnen Obst Fruchtgrütze her. Die Qualitätskontrolle prüft 5 % jeder Fruchtsorte. Um zu Grütze verarbeitet werden zu können, müssen diese mindestens der HK II entsprechen.

	HK I	HK II	HK III
Erdbeeren	60 %	30 %	10 %
Himbeeren	55 %	37 %	8 %
Brombeeren	40 %	53 %	7 %
Birnen	70 %	26 %	4 %

Fruchtanteile

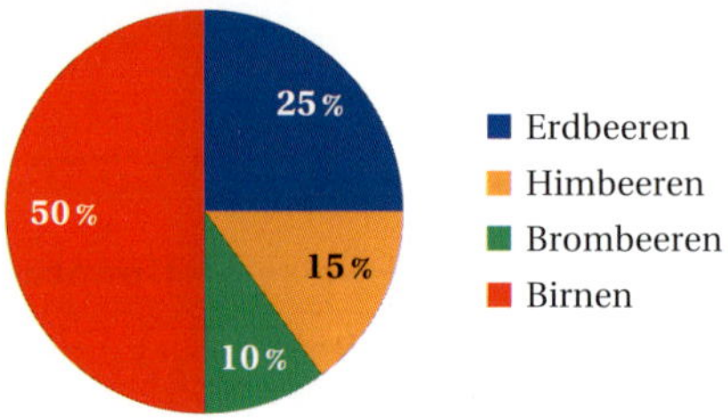

Berechnen Sie anhand der Daten, wie hoch der wahre Ausschussanteil roter Früchte mit einer Sicherheitswahrscheinlichkeit von 99 % ist.

eA 3.5.3 Konfidenzintervalle zu beliebigen Sicherheitswahrscheinlichkeiten

Bisher wurden Konfidenzintervalle nur zu den gegebenen Sicherheitswahrscheinlichkeiten 90 %, 95 % und 99 % berechnet, da die dazugehörigen Sigma-Umgebungen bekannt waren. Mit der Standardnormalverteilung ist es möglich, Konfidenzintervalle mit beliebiger Sicherheitswahrscheinlichkeit zu berechnen.

$$|p-h| \leq c \cdot \sqrt{\frac{p-p^2}{n}} \quad \text{mit } h = \frac{X}{n}$$

Wahrscheinlichkeiten innerhalb eines beliebigen Konfidenzintervalls

Die Fläche unter der Dichtefunktion der Standardnormalverteilung hat den Flächeninhalt 1. Im Intervall [–3; 3] liegen bereits annähernd 100 % aller Werte. Das 100 %-Konfidenzintervall enthält somit nahezu alle Wahrscheinlichkeiten, die die Ungleichung

$|p-h| \leq 3 \cdot \sqrt{\frac{p-p^2}{n}}$ erfüllen.

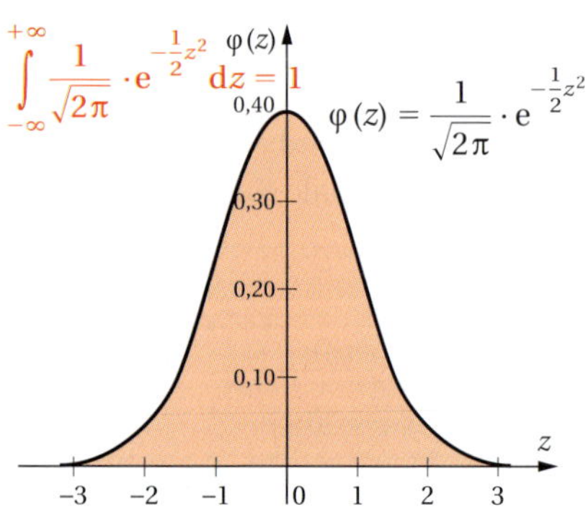

Aus Abschnitt 3.5.2 ist bekannt, dass in das 95%-Konfidenzintervall alle Wahrscheinlichkeiten fallen, die die Ungleichung
$|p-h| \leq 1{,}96 \cdot \sqrt{\frac{p-p^2}{n}}$ erfüllen.

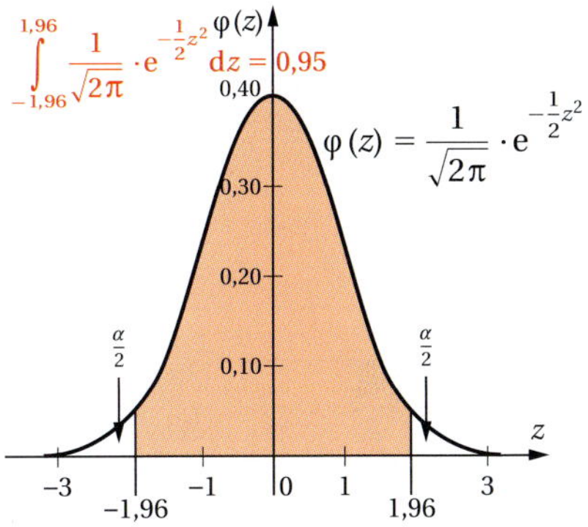

Bei einer Sicherheitswahrscheinlichkeit von 95% beträgt die Irrtumswahrscheinlichkeit α 5% und ist aufgrund der Symmetrie der Standardnormalverteilung in zwei Hälften unterteilt.

Somit ist $\frac{\alpha}{2} = \frac{5\,\%}{2} = \frac{0{,}05}{2} = 0{,}025 = 2{,}5\,\%$. Das dazugehörige Intervall ist ebenfalls symmetrisch.

Der Flächeninhalt der roten Fläche unterhalb des Graphen entspricht der Sicherheitswahrscheinlichkeit des Konfidenzintervalls $P(I)$ und lässt sich mithilfe der Formel $P(I) = \frac{1}{\sqrt{2\pi}} \cdot \int_{-1{,}96}^{1{,}96} e^{-\frac{1}{2}z^2} dz$ berechnen.

Es gilt:

$P(I) = \Phi(1{,}96) - \Phi(-1{,}96) = \Phi(1{,}96) - (1 - \Phi(1{,}96)) = 0{,}975 - (1 - 0{,}975) = 0{,}95$

oder allgemein

$P(I) = \Phi(z) - \Phi(-z) = \Phi(z) - (1 - \Phi(z))$

Ist der Wert für z nicht bekannt, lässt er sich durch einige Umformungen für jede beliebige Sicherheitswahrscheinlichkeit berechnen.

Sicherheitswahrscheinlichkeit 95%		**Sicherheitswahrscheinlichkeit 93%**
$\Phi(z) - \Phi(-z) = 0{,}95$		$\Phi(z) - \Phi(-z) = 0{,}93$
$\Phi(z) - (1 - \Phi(z)) = 0{,}95$	ausmultiplizieren	$\Phi(z) - (1 - \Phi(z)) = 0{,}93$
$\Phi(z) - 1 + \Phi(z) = 0{,}95$	zusammenfassen	$\Phi(z) - 1 + \Phi(z) = 0{,}93$
$2\,\Phi(z) - 1 = 0{,}95$	1 addieren	$2\,\Phi(z) - 1 = 0{,}93$
$2\,\Phi(z) = 1{,}95$	durch 2 dividieren	$2\,\Phi(z) = 1{,}93$
$\mathbf{\Phi(z) = 0{,}975}$	Wert mit Tabelle oder	$\mathbf{\Phi(z) = 0{,}965}$
$\mathbf{z = 1{,}96}$	Taschenrechner bestimmen	$\mathbf{z = 1{,}81}$

z entspricht dem Wert für c der zu der Sicherheitswahrscheinlichkeit gehörigen c-Sigma-Umgebung.

Bestimmung von *z* mit der Tabelle

z	0	0,01	0,02	0,03	0,04	0,05	0,06	0,07	0,08	0,09
0,0	0,5000	5040	5080	5120	5160	5199	5239	5279	5319	5359
0,1	5398	5438	5478	5517	5557	5596	5636	5675	5714	5753
⋮	⋮	⋮	⋮	⋮	⋮	⋮	⋮	⋮	⋮	⋮
1,7	9554	9564	9573	9582	9591	9599	9608	9616	9625	9633
1,8	9641	9649	9656	9664	9671	9678	9686	9693	9699	9706
1,9	9713	9719	9726	9732	9738	9744	9750	9756	9761	9767
2,0	9772	9778	9783	9788	9793	9798	9803	9808	9812	9817
⋮	⋮	⋮	⋮	⋮	⋮	⋮	⋮	⋮	⋮	⋮
3,8	9999	9999	9999	9999	9999	9999	9999	9999	9999	9999
3,9	1	1	1	1	1	1	1	1	1	1

Bestimmung von *z* mit dem Taschenrechner[1)]

<table>
<tr>
<td>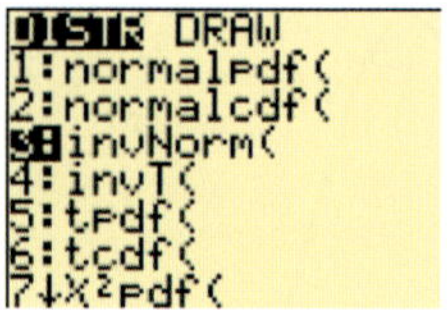
</td>
<td>Zunächst im Hauptbildschirm mit [2ND], [DISTR], 3:invNorm(den entsprechenden Befehl auswählen.</td>
<td>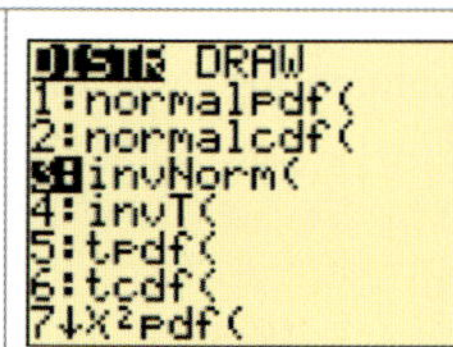
</td>
</tr>
<tr>
<td>
</td>
<td>Unter area den Wert für $\Phi(z)$ eingeben. Aufgrund der Standardnormalverteilung für den Erwartungswert $\mu = 0$ und für die Standardabweichung $\sigma = 1$ eingeben und jeweils mit [ENTER] bestätigen.</td>
<td>
</td>
</tr>
<tr>
<td>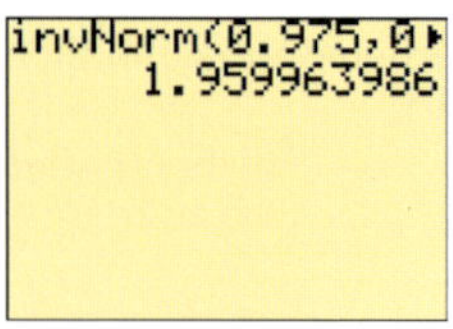
</td>
<td>[ENTER] liefert das gewünschte Ergebnis.</td>
<td>
</td>
</tr>
</table>

Situation 4

In einem Industriebetrieb werden Energiesparlampen produziert. Jede Energiesparlampe wird vor dem Verpacken auf Funktionstüchtigkeit überprüft. Eine Stichprobe von 1 500 Stück ergibt, dass 6 % aller bisher kontrollierten Lampen defekt sind.

31

Bestimmen Sie mit einer Sicherheitswahrscheinlichkeit von 98 % den wahren Anteil defekter Energiesparlampen in der Produktion. Kontrollieren Sie Ihr Ergebnis mit dem Taschenrechner.

Lösung

Zunächst muss die zur Sicherheitswahrscheinlichkeit von 98 % gehörige Sigma-Umgebung bestimmt werden. Da es sich um ein symmetrisches Intervall handelt gilt:

$2\,\Phi(z) - 1 = 0{,}98 \iff \Phi(z) = 0{,}99 \Rightarrow z = 2{,}33 = c$

Da die Stichprobe ausreichend groß ist, kann das Konfidenzintervall näherungsweise bestimmt werden.

$$I = \left[h - c \cdot \sqrt{\frac{h - h^2}{n}};\, h + c \cdot \sqrt{\frac{h - h^2}{n}}\right]$$

$$I = 0{,}06 - 2{,}33 \cdot \sqrt{\frac{0{,}06 - 0{,}06^2}{1\,500}};\, 0{,}06 + 2{,}33 \cdot \sqrt{\frac{0{,}06 - 0{,}06^2}{1\,500}}$$

$I \approx [0{,}0457;\, 0{,}0743]$

Mit einer Wahrscheinlichkeit von 98 % beträgt der wahre Anteil defekter Energiesparlampen mindestens 4,57 % und maximal 7,43 %.

1) vgl. Anhang Nr. 30

Das Konfidenzintervall kann ohne vorherige Bestimmung der Breite der Sigma-Umgebung mit dem Taschenrechner berechnet werden.

Mit einer Wahrscheinlichkeit von 98 % beträgt der wahre Anteil defekter Energiesparlampen mindestens 4,57 % und maximal 7,43 %.

Situation 5

Von insgesamt 20 000 Mitarbeitern eines Automobilkonzerns in Deutschland wurden 10 % befragt, ob sie eine Risikolebensversicherung haben. Von den befragten Personen waren 3 % Auszubildende. 860 Mitarbeiter, davon 12 Auszubildende, gaben an, solch eine Versicherung abgeschlossen zu haben.

31

a) Bestimmen Sie mit einer Irrtumswahrscheinlichkeit von 15 %, wie viele aller Mitarbeiter eine Risikolebensversicherung abgeschlossen haben.

b) Bestimmen Sie mit einer Sicherheitswahrscheinlichkeit von 97 % den wahren Anteil der Auszubildenden mit einer Risikolebensversicherung. Kontrollieren Sie Ihre Ergebnise mit dem Taschenrechner.

Lösung

Zunächst müssen die zu den Sicherheitswahrscheinlichkeiten gehörigen Breiten der Sigma-Umgebungen bestimmt werden.

a) alle Mitarbeiter $2\,\Phi(z) - 1 = 0{,}85$ $\Leftrightarrow \Phi(z) = 0{,}925 \Rightarrow z \approx 1{,}44 = c$	**b) Auszubildende** $2\,\Phi(z) - 1 = 0{,}97$ $\Leftrightarrow \Phi(z) = 0{,}985 \Rightarrow z \approx 2{,}17 = c$
Von den insgesamt 20 000 Mitarbeitern wurden 10 %, also 2 000 Mitarbeiter, gefragt, daher kann das Konfidenzintervall näherungsweise bestimmt werden. $\left[h - c \cdot \sqrt{\frac{h-h^2}{n}}; h + c \cdot \sqrt{\frac{h-h^2}{n}}\right]$	Von den 2 000 befragten Mitarbeitern waren 3 %, also 60 Personen, Auszubildende. Der Stichprobenumfang ist zu gering, um das Konfidenzintervall näherungsweise bestimmen zu können. $\lvert p - h \rvert \leq c \cdot \sqrt{\frac{p-p^2}{n}}$

a) alle Mitarbeiter $2\,\Phi(z) - 1 = 0{,}85$ $\Leftrightarrow \Phi(z) = 0{,}925 \Rightarrow z \approx 1{,}44 = c$	**b) Auszubildende** $2\,\Phi(z) - 1 = 0{,}97$ $\Leftrightarrow \Phi(z) = 0{,}985 \Rightarrow z \approx 2{,}17 = c$
860 der 2 000 Befragten gaben an, eine Risikolebensversicherung abgeschlossen zu haben. $h = \frac{X}{n} = \frac{860}{2\,000} = 0{,}43$ linke Grenze: $0{,}43 - 1{,}44 \cdot \sqrt{\frac{0{,}43 - 0{,}43^2}{2\,000}}$ rechte Grenze: $0{,}43 + 1{,}44 \cdot \sqrt{\frac{0{,}43 - 0{,}43^2}{2\,000}}$ $I \approx [0{,}4141; 0{,}4459]$ Mit einer Irrtumswahrscheinlichkeit von 15 % haben mindestens 41,41 % und maximal 44,59 % aller Mitarbeiter eine Risikolebensversicherung.	12 der 60 Auszubildenden gaben an, eine Risikolebensversicherung abgeschlossen zu haben. $h = \frac{X}{n} = \frac{12}{60} = 0{,}2$ $\lvert p - 0{,}2 \rvert \leq 2{,}17 \cdot \sqrt{\frac{p - p^2}{60}}$ $(p - 0{,}2)^2 \leq 2{,}17^2 \cdot \frac{p - p^2}{60}$ $60 \cdot (p^2 - 0{,}4\,p + 0{,}04) \leq 4{,}7089\,p - 4{,}7089\,p^2$ $60\,p^2 - 24\,p + 2{,}4 \leq 4{,}7089\,p - 4{,}7089\,p^2$ $64{,}7089\,p^2 - 28{,}7089\,p + 2{,}4 \leq 0$ $p^2 - 0{,}444\,p + 0{,}037 \leq 0$ p-q-Formel liefert: $p_1 \approx 0{,}1112$ $p_2 \approx 0{,}3328$ $I \approx [0{,}1112; 0{,}3328]$ Mit einer Sicherheitswahrscheinlichkeit von 97 % haben mindestens 11,12 % und maximal 33,28 % aller Auszubildenden eine Risikolebensversicherung.

Die Konfidenzintervalle können auch mit dem Taschenrechner bestimmt werden.

a) alle Mitarbeiter	**b) Auszubildende**
Das Konfidenzintervall kann ohne vorherige Bestimmung der Sigma-Umgebung berechnet werden.  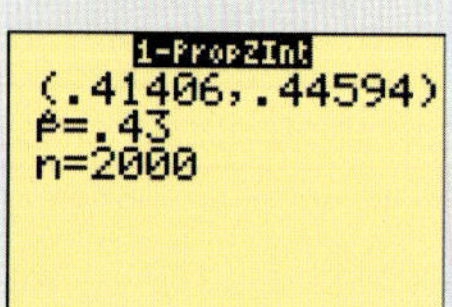 $I \approx [0{,}4141; 0{,}4459]$	Der Stichprobenumfang ist zu gering, um das Konfidenzintervall näherungsweise bestimmen zu können. $\lvert p - 0{,}2 \rvert \leq 2{,}17 \cdot \sqrt{\frac{p - p^2}{60}}$ $(p - 0{,}2)^2 \leq 2{,}17^2 \cdot \frac{p - p^2}{60}$ 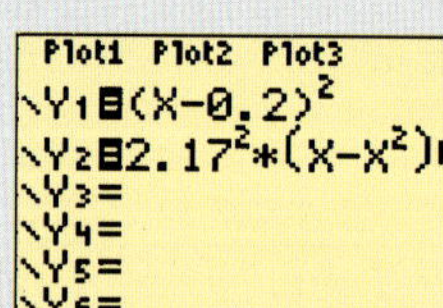

Mit einer Irrtumswahrscheinlichkeit von 15 % haben mindestens 41,41 % und maximal 44,59 % aller Mitarbeiter eine Risikolebensversicherung.

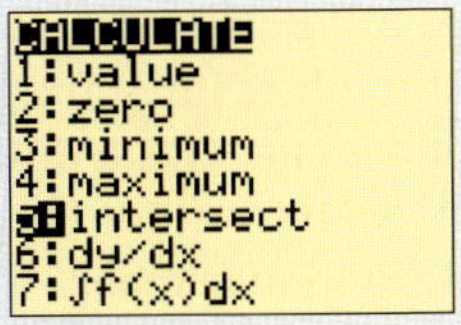

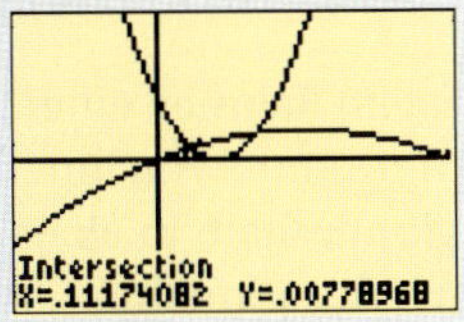

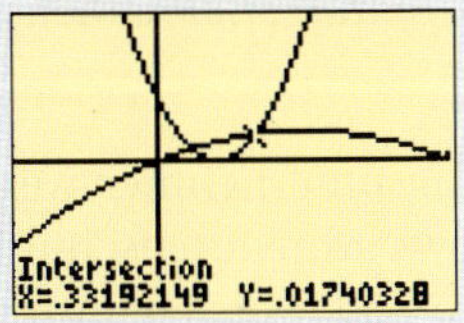

$I \approx [0{,}1117; 0{,}3319]$

Mit einer Sicherheitswahrscheinlichkeit von 97 % haben mindestens 11,17 % und maximal 33,19 % aller Auszubildenden eine Risikolebensversicherung.

Hinweis: Die Abweichungen zur algebraischen Lösung sind auf Rundungsdifferenzen zurückzuführen.

Zusammenfassung

- Die beliebige Sicherheitswahrscheinlichkeit eines Konfidenzintervalls $P(I)$ kann mithilfe der Formel $P(I) = \Phi(z) - \Phi(-z) = \Phi(z) - (1 - \Phi(z))$ berechnet werden.
- z entspricht dem Wert für c der zu der Sicherheitswahrscheinlichkeit gehörigen c-Sigma-Umgebung.

Übungsaufgaben

1 Der Betreiber eines Möbelgeschäftes überlegt, eine Raucherzone einzurichten. Bei einer Befragung von 1 500 Kunden stimmten 250 für die Raucherzone. Bestimmen Sie mit einer Sicherheitswahrscheinlichkeit von 98 %, wie hoch der wahre Anteil der Kunden ist, die eine Raucherzone befürworten.

2 Der Betreiber eines Schnellrestaurants hat einen Vertrag mit einem Fußballverein geschlossen. In dem Stadion soll eine kleine Filiale eröffnet werden, in der Bratwurst, Currywurst und Pommes frites angeboten werden. Aus den Aufzeichnungen des Restaurantbetreibers geht hervor, dass bei den letzten 2 000 Gästen der Anteil der Gäste, die Currywurst bestellten, bei 35 % lag. 65 % aller Gäste, die Currywurst aßen, bestellten dazu Pommes frites.

Berechnen Sie, in welchem Rahmen sich die Anzahl der verkauften Currywürste mit Pommes frites mit einer Irrtumswahrscheinlichkeit von 2,5 % bewegen wird, wenn zu dem ersten Fußballspiel 45 000 Gäste erwartet werden und jeder Vierte zum Imbiss geht.

3 Ein Hotel verfügt über 250 Betten, die im letzten Jahr zu 60% ausgelastet waren. Ein Meinungsforschungsinstitut führte im Auftrag eines Hotels in demselben Jahr eine Kundenzufriedenheitsstudie mit 4% aller Gäste durch und fand heraus, dass es 438 Reklamationen gab. Das Meinungsforschungsinstitut behauptet nun, dass der wahre Anteil der Reklamationen mindestens 18% und maximal 22% beträgt. Berechnen Sie, welche Sicherheitswahrscheinlichkeit dieser Aussage zu Grunde liegt.

4 Ein Pharmakonzern hat im Rahmen einer Langzeitstudie einen neuen Wirkstoff an 1200 Patienten getestet. Ein Fünfzehntel von ihnen klagte nach der Einnahme über Kopfschmerzen. Der Pharmakonzern gibt deshalb in einer Produktinformation für Ärzte an, dass der Anteil der Patienten, die nach der Einnahme über Kopfschmerzen klagen, mindestens 5,4825% und maximal 7,851% beträgt. Berechnen Sie die dazugehörige Sicherheitswahrscheinlichkeit.

5 Bei einem Versicherungsunternehmen werden pro Jahr 200 Risikolebensversicherungen mit einem Versicherungswert von durchschnittlich 150000,00 € abgeschlossen. Eine Stichprobe ergab, dass bei 60 von 1500 Versicherungen ausgezahlt wurde. Die Versicherung kalkuliert anhand dieser Werte mit einer jährlichen Auszahlungssumme von mindestens 900000,00 € und maximal 1500000,00 €. Bestimmen Sie die Sicherheitswahrscheinlichkeit, mit der diese Behauptung aufgestellt wurde.

6 Ein Unternehmen veranstaltet ein Gewinnspiel. Darum werden an 90000 Haushalte Werbebriefe mit Quizfragen verschickt. Erfahrungsgemäß beträgt die Rücklaufquote 18%. Die Teilnehmer gewinnen einen Einkaufsgutschein in Höhe von 250,00 €, wenn sie alle Fragen richtig beantworten. Bisher wurden 5187 Fragebögen eingereicht und insgesamt Gutscheine im Wert von 259000,00 € verschickt. Das Unternehmen kalkuliert für das gesamte Gewinnspiel mit Gutscheinen in Höhe von mindestens 769500,00 € und maximal 850500,00 €. Bestimmen Sie die zu Grunde liegende Sicherheitswahrscheinlichkeit.

eA 3.5.4 Handlungssituationen zu Konfidenzintervallen

Die folgenden Situationen sollen Sie mit den Ihnen zur Verfügung stehenden Rechnern bearbeiten. Besonders wichtig ist die Interpretation Ihrer Ergebnisse.

Handlungssituation 1

Kurz nach der Schließung der Wahllokale sind bereits 2000 Stimmen ausgezählt. 121 der ausgezählten Stimmen wurden für eine kleine Außenseiterpartei abgegeben. Auf einer Pressekonferenz wird der Sprecher einer großen Volkspartei gefragt, was er von der neuen Oppositionspartei hält. Der Pressesprecher antwortet: „Ich glaube nicht, dass wir im Bundestag noch eine Partei benötigen. Darüber hinaus halte ich es für einen großen Zufall, dass die Partei bislang mehr als 5% der Stimmen erhalten hat. Sie wird ganz sicher an der 5%-Hürde scheitern!“ Der Pressesprecher der kleinen Partei ist anderer Meinung und behauptet: „Ich bin mir zu 95% sicher, dass wir den Einzug in den Bundestag schaffen werden!“

Welchem der beiden Parteisprecher ist mehr Vertrauen zu schenken?

Handlungssituation 2

In einem großen Industrieunternehmen wird ein Roboter zur Montage von Kettensägen eingesetzt. Nach der Montage wird jede der vollautomatisch montierten Sägen manuell auf Funktionstüchtigkeit überprüft. In 1,5% aller Fälle funktionieren die Sägen nicht. Als Leiter der Qualitätssicherung sind Sie aufgrund des relativ hohen Ausschussanteils für die Anschaffung eines neuen Roboters. Ihr Wunschmodell wird im Unternehmen bereits zur Montage von Stichsägen eingesetzt. Die Aufzeichnungen der letzten Monate ergaben, dass von 15000 produzierten Stichsägen lediglich 120 nicht funktionstüchtig waren. Die Geschäftsleitung stimmt der Investition allerdings nur dann zu, wenn die Ausschussquote des neuen Roboters mit einer Wahrscheinlichkeit von 99% um 25% geringer ist als bei dem alten Roboter.

Überzeugen Sie die Geschäftsleitung von der Investition.

Handlungssituation 3

Ein Internetversandhändler ist auf der Suche nach einem neuen Paketdienst. Zur Wahl stehen die Unternehmen OBS und LTH. Beide Unternehmen werben damit, dass sie besonders zuverlässig sind. Nach Telefongesprächen mit den beiden Anbietern ist bekannt, dass OBS in der vergangenen Woche 50000 Pakete ausgeliefert hat, von denen lediglich 350 nicht in der vorgegebenen Zeit zugestellt werden konnten. Der Anbieter behauptet daher, dass lediglich 0,657% bis 0,743% aller Pakete zu spät beim Kunden ankommen. Bei LTH kamen 420 von 60000 Paketen zu spät beim Kunden an. Der Geschäftsführer von LTH räumt ein, dass der Anteil der nicht rechtzeitig zugestellten Pakete mindestens 0,588% aber maximal 0,812% betragen würde.

Die Geschäftsführung möchte sich aufgrund der Aussagen für OBS entscheiden, da dort der Anteil nicht rechtzeitig zugestellter Pakete weniger stark schwankt und man sich eher auf das Unternehmen verlassen könnte.

Überzeugen Sie die Geschäftsleitung vom Gegenteil.

Handlungssituation 4

Skandal bei Weidenhans

Landwirtschaftministerium legt Zuchtbetrieb still

Seit gestern herrscht Ruhe auf Deutschlands größter Hühnerfarm. Nach wochenlangen Rechtstreitigkeiten wurde eine Versuchsanlage der Weidenhans Geflügelzucht GmbH vom Landwirtschaftministerium geschlossen. Hintergrund: Vor knapp drei Jahren hatte eine von Weidenhans in Auftrag gegebene Marktforschungsstudie ergeben, dass die Deutschen Grillhähnchen wesentlich schmackhafter finden als Grillhühnchen. Der damalige Geschäftsführer hatte daraufhin ein Genlabor damit beauftragt, die Zuchthennen gentechnisch so zu manipulieren, dass sie nur noch männliche Küken „produzieren". Bis gestern hatte Weidenhans stets dementiert, die Zuchthennen in irgendeiner Form gentechnisch verändert zu haben. Prüfern des niedersächsischen Landwirtschaftsministeriums wurde der Zutritt zu der vermeintlichen Versuchsanlage immer verweigert. Gestern war es dann soweit. Mit einem richterlichen Beschluss durchsuchten 200 Beamte das Gelände und überprüften bei 1000 der insgesamt 75000 Küken das Geschlecht. Das erschreckende Ergebnis: 680 der untersuchten Küken waren männlich.

„Wir haben den Betrieb umgehend stillgelegt um die Verbraucher zu schützen", so äußerte sich G. Flügel, Sprecher des Landwirschaftsministeriums. Es bleibt abzuwarten, ob Weidenhans rechtliche Schritte gegen die Schließung anstreben wird.

Bereiten Sie eine Presseerklärung des Geflügelzüchters vor, die die Vorwürfe möglichst entkräftet.

Handlungssituation 5[1)]

Ein Reiseveranstalter bietet Besichtigungsfahrten in modernen Reisebussen an. Der Veranstalter ändert die Vertragsbedingungen und möchte unter anderem nun in Erfahrung bringen, ob sich hierdurch die Wahrscheinlichkeit der Nichtteilnahme ändert.

Zur Jahresauswertung wird eine Stichprobe von 1500 Anmeldungen genommen. Es werden dabei 490 Nichtteilnahmen ermittelt. Bestimmen Sie bezogen auf diese Stichprobe das 95%-Konfidenzintervall für die Wahrscheinlichkeit, dass eine beliebige angemeldete Person nicht mitgefahren ist.

Das Vertrauensintervall lässt sich allgemein mit $h \in [h_u; h_o] = \left[p - c \cdot \sqrt{\frac{p(1-p)}{n}}; p + c \cdot \sqrt{\frac{p(1-p)}{n}}\right]$ bestimmen.

Skizzieren Sie zur obigen Jahresauswertung den Graphen der oberen Begrenzungsfunktion h_o und den Graphen der unteren Begrenzungsfunktion h_u in ein geeignetes Koordinatensystem. Stellen Sie das Konfidenzintervall zu den gegebenen Daten in der Grafik dar.

Handlungssituation 6[2)]

Brofit tritt als einziger Anbieter von Eiweißbrötchen auf dem regionalen Markt auf. Vor der Einführung von Eiweißbrötchen überlegt der Inhaber von Brofit, eine Werbekampagne zu starten. Diese lohnt sich für ihn nur, wenn die Kaufbereitschaft für Eiweißbrötchen unter 25% liegt. Dazu werden zwei Befragungen unter je 400 Kunden durchgeführt. Die erste ergab, dass 127 Befragte eine Kaufbereitschaft für Eiweißbrötchen zeigten. Entscheiden Sie mithilfe des Konfidenzintervalls, bezogen auf die erste Umfrage, bei einer Sicherheitswahrscheinlichkeit von 99%, ob der Inhaber eine Werbekampagne durchführen sollte.

Bei einer zweiten Befragung zeigten 35% der Befragten eine Kaufbereitschaft für Eiweißbrötchen. Ein Mitarbeiter vermutet aufgrund der zweiten Befragung eine Veränderung der Kaufbereitschaft und schätzt, dass die Kaufbereitschaft unter allen Befragten zwischen 32% und 38% liegt.

Berechnen Sie, für welche Sicherheitswahrscheinlichkeit die Schätzung korrekt ist.

Handlungssituation 7[3)]

Der Lebensmittelhersteller Snack-König stellt Chips und Flips her. Aufgrund einer hohen Reklamationsquote lässt der Hersteller Snack-König das Füllvolumen der Tüten stichprobenartig prüfen.

Bei einer Stichprobe wurden 1200 Tüten entnommen. Hierbei enthielten 480 Tüten die falsche Füllmenge.

---

1) in Anlehnung an: Niedersächsisches Kultusministerium (Hrsg.): Zentralabitur 2011, Berufliches Gymnasium Wirtschaft/Gesundheit und Soziales, Rechnertyp GTR, eA, Block 2B, Aufgabe 1, Nachschreibtermin, Auszug

2) in Anlehnung an: Niedersächsisches Kultusministerium (Hrsg.): Zentralabitur 2013, Berufliches Gymnasium Wirtschaft/Gesundheit und Soziales, Rechnertyp GTR, eA, Block 2, Aufgabe 2B, Nachschreibtermin, Auszug

3) in Anlehnung an: Niedersächsisches Kultusministerium (Hrsg.): Zentralabitur 2012, Berufliches Gymnasium Wirtschaft/Gesundheit und Soziales, Rechnertyp GTR, eA, Block 2, Aufgabe 2A, Nachschreibtermin, Auszug

Berechnen Sie – bezogen auf diese Stichprobe – das 90%-Konfidenzintervall für den Anteil der falsch befüllten Tüten und dokumentieren Sie einen Rechenweg, der auch ohne den Einsatz eines Taschenrechners nachvollziehbar ist.

Beschreiben Sie, wie sich das Intervall bei einem höheren Sicherheitsniveau verändern würde.

Handlungssituation 8[1)]

Der Schraubenhersteller Vürth hat eine neue Maschine in Betrieb genommen. In der Einrichtungsphase wird die Maschine eingestellt. Dazu werden die Schrauben hinsichtlich der Länge und der Dicke überprüft. Bei der genauen Begutachtung von 500 Schrauben wurden 16 fehlerhafte Schrauben gezählt.

Bestimmen und interpretieren Sie bei einer Sicherheitswahrscheinlichkeit von 95% das exakte Konfidenzintervall für die unbekannte Wahrscheinlichkeit p. Es gilt:

$$h \in [h_u; h_o] = \left[p - c \cdot \sqrt{\frac{p(1-p)}{n}}; p + c \cdot \sqrt{\frac{p(1-p)}{n}}\right]$$

Stellen Sie das Konfidenzintervall mithilfe der Konfidenzellipse in einem geeigneten Koordinatensystem dar.

Die Geschäftsleitung behauptet, dass mit steigender Sicherheitswahrscheinlichkeit auch die Länge des Konfidenzintervalls zunimmt.

Beurteilen Sie diese Behauptung.

Handlungssituation 9[2)]

Bei einer Umfrage unter Touristen wurden zufällig 600 Personen zum Thema Urlaub in Deutschland befragt. Darunter waren 120 Personen, die jedes Jahr Urlaub in Deutschland machen. Berechnen Sie – bezogen auf diese Stichprobe – das 95%-Konfidenzintervall für den Anteil der Personen, die jedes Jahr in Deutschland Urlaub machen.

Das Konfidenzintervall lässt sich allgemein mit $h \in [h_u; h_o] = \left[p - c \cdot \sqrt{\frac{p(1-p)}{n}}; p + c \cdot \sqrt{\frac{p(1-p)}{n}}\right]$ bestimmen.

Stellen Sie die obige Auswertung mithilfe der Graphen der oberen Begrenzungsfunktion h_o und der unteren Begrenzungsfunktion h_u in einem geeigneten Koordinatensystem dar.

Interpretieren Sie das Ergebnis für einen Zeitungsartikel mit dem Thema „Deutschland – ein Urlaubsland“.

1) in Anlehnung an: Niedersächsisches Kultusministerium (Hrsg.): Zentralabitur 2013, Berufliches Gymnasium Wirtschaft/Gesundheit und Soziales, Rechnertyp GTR, eA, Block 2, Aufgabe 2A, Auszug

2) in Anlehnung an: Niedersächsisches Kultusministerium (Hrsg.): Zentralabitur 2012, Berufliches Gymnasium Wirtschaft/Gesundheit und Soziales, Rechnertyp GTR, eA, Block 2, Aufgabe 2A, Auszug

Handlungssituation 10[1]

Das Unternehmen Schob bringt pünktlich zur Sommersaison und einer damit verbundenen Werbeaktion eine neue Heimwerkermaschine zum Beseitigen alter Lacke und Farben von empfindlichen Untergründen auf den Markt. Im Vorwege erhalten zwei Baumarktketten dieses Gerät zum Testen. Baumarktkette 1 erhält 90 Maschinen. Bei den Tests traten bei 12 Maschinen Störungen auf.

Bei der Auswertung der Ergebnisse von Baumarktkette 2 hat sich ein 95 %-Konfidenzintervall für das Auftreten von Störungen ergeben: I = [0,0808; 0,1745]

Berechnen Sie das 90 %-Konfidenzintervall für die Baumarktkette 1.

Ermitteln Sie die Anzahl der Maschinen, die Baumarktkette 2 unter der Bedingung zur Verfügung gestellt bekommen hat, dass die Fehlerquote bei 12 % liegt.

Erläutern Sie, warum die Vertrauensintervalle annähernd gleich lang sind.

Überprüfen Sie, ob der Werbespruch „90 % der Kunden sind mit der neuen Maschine zufrieden" stimmt, unter der Voraussetzung, dass die Kunden zufrieden sind, wenn keine Störungen auftreten.

Handlungssituation 11[2]

Der Hersteller SO-NIE stellt auf der Messe GamesCom seine neue Spielkonsole vor.

Am Ausgang des Messegeländes wurden 790 beliebige Messebesucher gefragt, ob sie die Spielkonsole kennen. 474 der befragten Personen gaben an, die Spielkonsole zu kennen.

Bestimmen Sie bezogen auf diese Stichprobe das 90 %-Konfidenzintervall für den Bekanntheitsgrad p unter allen Messebesuchern und interpretieren Sie Ihr Ergebnis im Sinne der Aufgabenstellung.

Erläutern Sie den Einfluss des Stichprobenumfangs auf die Breite des Konfidenzintervalls.

Ermitteln Sie die Anzahl der Besucher, die mindestens hätte befragt werden müssen, damit das Umfrageergebnis mit einer Sicherheit von 90 % eine Genauigkeit von 2,9 % aufweist.

Entscheiden Sie, ob bei der auf der Messe durchgeführten Stichprobe die gewünschte Genauigkeit erreicht wurde.

---

1) in Anlehnung an: Niedersächsisches Kultusministerium (Hrsg.): Zentralabitur 2014, Berufliches Gymnasium Wirtschaft/Gesundheit und Soziales, Rechnertyp GTR, eA, Block 2, Aufgabe 2A, Auszug

2) in Anlehnung an: Niedersächsisches Kultusministerium (Hrsg.): Zentralabitur 2011, Berufliches Gymnasium Wirtschaft/Gesundheit und Soziales, Rechnertyp GTR, eA, Block 2A, Aufgabe 1, Nachschreibtermin, Auszug

Anhang Ökonomische Fachbegriffe

Begriff	Ökonomische Erklärung	Mathematischer Hintergrund
Eigenverbrauch s_{ii} (Leontief-Modell)	Produktionswert bzw. Produktionsmenge der bzw. die innerhalb eines Sektors erstellt und verbraucht wird.	Elemente der Hauptdiagonale der Sektorenmatrix ***S***. $\boldsymbol{S} = \begin{pmatrix} s_{11} & s_{12} & \cdots & s_{1s} \\ s_{21} & s_{22} & \cdots & s_{2s} \\ \vdots & \vdots & \ddots & \vdots \\ s_{z1} & s_{z2} & \cdots & s_{zs} \end{pmatrix}$
Erlös E (mehrstufige Prozesse)	Einnahmen aus dem Verkauf einer bestimmten Menge.	Produkt des Preisvektors $\vec{p}^{\,T}$ und dem Produktionsmengenvektor $\vec{m}$. $E = \vec{p}^{\,T} \cdot \vec{m}$
Fertigungskosten der 1. Produktionsstufe $\vec{k}^{\,T}_{ZE}$ (mehrstufige Prozesse)	Kosten für die Zwischenprodukte für jeweils genau eine Mengeneinheit der Endprodukte.	Produkt des Zwischenproduktkostenvektors $\vec{k}^{\,T}_{Z}$ und der 2. Produktionsmatrix $\boldsymbol{B}_{ZE}$. $\vec{k}^{\,T}_{ZE} = \vec{k}^{\,T}_{Z} \cdot \boldsymbol{B}_{ZE}$
Fertigungskosten der 2. Produktionsstufe $\vec{k}^{\,T}_{E}$ (mehrstufige Prozesse)	Kosten der (Weiter-)Verarbeitung für jeweils genau eine Mengeneinheit der Endprodukte.	$\vec{k}^{\,T}_{E} = \begin{pmatrix} k_{E1} & k_{E2} & \ldots & k_{En} \end{pmatrix}$
Fixkosten[1] K_f (mehrstufige Prozesse)	Kosten, die unabhängig vom Beschäftigungsgrad bei der Produktion anfallen. (vgl. **variable Kosten**)	Differenz aus Gesamtkosten und variablen Kosten. $K_f = K - K_v$
Gesamtkosten K (mehrstufige Prozesse)	Kosten die für die Produktion einer bestimmten Menge insgesamt anfallen.	Summe aus den variablen Kosten und den Fixkosten. $K = K_v + K_f$
Gesamtproduktion (Leontief-Modell) • eines Wirtschaftssektors x_i	Der Wert bzw. die Menge aller Waren, Güter und Dienstleistungen, die innerhalb eines Wirtschaftssektors insgesamt erwirtschaftet bzw. hergestellt werden.	Ein entsprechendes Element des Gesamtproduktionsvektors $\vec{x}$. $\vec{x} = \begin{pmatrix} x_1 \\ x_2 \\ \vdots \\ x_n \end{pmatrix}$
• einer betriebs- oder volkswirtschaftlichen Verflechtung X	Der Wert bzw. die Menge aller Waren, Güter und Dienstleistungen, die von allen Wirtschaftssektoren insgesamt erwirtschaftet bzw. hergestellt werden.	Summe aller Elemente des Gesamtproduktionsvektors $\vec{x}$. $X = x_1 + x_2 + \ldots + x_n$ $X = \sum_{i=1}^{n} x_i$

[1] auch fixe Gesamtkosten, fixe Kosten, Gesamtfixkosten

Begriff	Ökonomische Erklärung	Mathematischer Hintergrund
Gewinn *G* (mehrstufige Prozesse)	Überschuss aus der Differenz von Einnahmen aus dem Verkauf und Ausgaben durch die Produktion der gleichen bestimmten Menge.	Differenz aus Erlös und Kosten. $G = E - K$
Herstellkosten $\vec{k}_Z^T$ (mehrstufige Prozesse)	Kosten für die Produktion von jeweils einer Mengeneinheit der Zwischenprodukte.	$\vec{k}_Z^T = (\ k_{Z1}\ \ k_{Z2}\ \ldots\ k_{Zn}\ )$
Input (Leontief-Modell)	Faktoreinsatz in Geld- oder Mengeneinheiten innerhalb einer volks- oder betriebswirtschaftlichen Verflechtung.	
Konsumabgabe (Leontief-Modell) • eines Wirtschaftssektors y_i	Der Wert bzw. die Menge aller Waren, Güter und Dienstleistungen, die von einem Wirtschaftssektor an den Markt abgegeben und vollständig konsumiert werden.	Differenz aus der Gesamtproduktion eines Wirtschaftssektors x_i und der Summe der zu dem Wirtschaftssektor gehörigen Liefermengen $\sum_{j=1}^{n} s_{ij}$. $y_i = x_i - (s_{i1} + s_{i2} + \ldots + s_{in})$
• einer betriebs- oder volkswirtschaftlichen Verflechtung Y	Der Wert bzw. die Menge aller Waren, Güter und Dienstleistungen, die von allen Wirtschaftssektoren insgesamt an den Markt abgegeben und vollständig konsumiert werden.	Summe aller Elemente des Konsumvektors $\vec{y}$. $Y = y_1 + y_2 + \ldots + y_n$ $Y = \sum_{i=1}^{n} y_i$
Konsumabgabenquote KQ (Leontief-Modell) • eines Wirtschaftssektors	Prozentualer Anteil der Konsumabgabe von der Produktionsmenge eines Wirtschaftssektors.	Quotient aus der Konsumabgabe y_i und der Gesamtproduktion x_i eines Wirtschaftssektors. $\text{KQ} = \frac{y_i}{x_i}$
• einer betriebs- oder volkswirtschaftlichen Verflechtung	Prozentualer Anteil der Konsumabgabe von der Produktionsmenge aller Sektoren.	Quotient aus der Konsumabgabe Y und der Gesamtproduktion X eines Wirtschaftssektors. $\text{KQ} = \frac{Y}{X}$
Kosten *K*	siehe **Gesamtkosten**	
Output (Leontief-Modell)	Produktionsmenge in Geld- oder Mengeneinheiten innerhalb einer volks- oder betriebswirtschaftlichen Verflechtung. (vgl. **Gesamtproduktion**)	
Produktionskosten *K*	siehe **Gesamtkosten**	
Rohstoffkosten $\vec{k}_{RE}^T$ (mehrstufige Prozesse)	Kosten für die Rohstoffe für jeweils genau eine Mengeneinheit der Endprodukte.	Produkt des Rohstoffkostenvektors $\vec{k}_R^T$ und der Bedarfsmatrix C_{RE}. $\vec{k}_{RE}^T = \vec{k}_R^T \cdot C_{RE}$

Begriff	Ökonomische Erklärung	Mathematischer Hintergrund
Variable Kosten (mehrstufige Prozesse)	Kosten, die abhängig vom Beschäftigungsgrad bei der Produktion anfallen. (vgl. **Fixkosten**)	
• variable Stückkosten $\vec{k}_v^T$	Kosten, die abhängig vom Beschäftigungsgrad für die Produktion von jeweils genau einer Mengeneinheit anfallen.	Summe des Endprodukt-Rohstoffkostenvektors $\vec{k}_{RE}^T$, des Endprodukt-Zwischenprodukt-Kostenvektors $\vec{k}_{ZE}^T$ und des Endproduktkostenvektors $\vec{k}_E^T$. $\vec{k}_v^T = \vec{k}_{RE}^T + \vec{k}_{ZE}^T + \vec{k}_E^T$.
• variable Gesamtkosten K_v	Kosten, die abhängig vom Beschäftigungsgrad für die Produktion einer bestimmten Menge anfallen.	Produkt des Vektors der variablen Stückkosten $\vec{k}_v^T$ und des Produktionsmengenvektors $\vec{m}$, sowie Differenz aus Gesamtkosten und Fixkosten. $K_v = \vec{k}_v^T \cdot \vec{m}$ $K_v = K - K_f$
Weiterverarbeitungskosten (mehrstufige Prozesse)	siehe **Fertigungskosten der 2. Produktionsstufe**	
Wertschöpfung eines Wirtschaftssektors w_j (Leontief-Modell)	Überschuss zwischen Output und Input innerhalb eines Wirtschaftssektors.	Differenz aus der Gesamtproduktion eines Wirtschaftssektors w_j und der Summe der zu dem Wirtschaftssektor gehörigen Vorleistungen $\sum_{j=1}^{n} s_{ij}$. $w_j = x_j - (s_{1j} + s_{2j} + \ldots + s_{nj})$

Anhang Tabellen

Tabellen zur Binomialverteilung

Binomialverteilung – Wahrscheinlichkeitsfunktion

$$P(X=k)=B_{n;p}(k)=\binom{n}{k}\cdot p^k\cdot(1-p)^{n-k}$$

		p										
n	***k***	**0,01**	**0,02**	**0,05**	**0,1**	**0,15**	**0,2**	**0,25**	$\frac{1}{3}$	**0,5**		
2	**0**	0,9801	9604	9025	8100	7225	6400	5625	4444	2500	**2**	**2**
	1	0198	0392	0950	1800	2550	3200	3750	4444	5000	**1**	
	2	0001	0004	0025	0100	0225	0400	0625	1111	2500	**0**	
5	**0**	0,9510	9039	7738	5905	4437	3277	2373	1317	0313	**5**	**5**
	1	0480	0922	2036	3281	3915	4096	3955	3292	1563	**4**	
	2	0010	0038	0214	0729	1382	2048	2637	3292	3125	**3**	
	3		0001	0011	0081	0244	0512	0879	1646	3125	**2**	
	4					0005	0022	0146	0412	1563	**1**	
	5					0001	0003	0010	0041	0313	**0**	
10	**0**	0,9044	8171	5987	3487	1969	1074	0563	0173	0010	**10**	**10**
	1	0914	1667	3151	3874	3474	2684	1877	0867	0098	**9**	
	2	0042	0153	0746	1937	2759	3020	2816	1951	0439	**8**	
	3	0001	0008	0105	0574	1298	2013	2503	2601	1172	**7**	
	4			0010	0112	0401	0881	1460	2276	2051	**6**	
	5			0001	0015	0085	0264	0584	1366	2461	**5**	
	6				0001	0012	0055	0162	0569	2051	**4**	
	7					0001	0008	0031	0163	1172	**3**	
	8						0001	0004	0030	0439	**2**	
	9								0003	0098	**1**	
	10									0010	**0**	
		0,99	**0,98**	**0,95**	**0,9**	**0,85**	**0,8**	**0,75**	$\frac{2}{3}$	**0,5**	***k***	***n***
		p										

$$P(X=k)=B_{n;p}(k)=\binom{n}{k}\cdot p^k\cdot(1-p)^{n-k}$$

		p										
n	***k***	**0,01**	**0,02**	**0,05**	**0,1**	**0,15**	**0,2**	**0,25**	$\frac{1}{3}$	**0,5**		
25	**0**	0,7778	6035	2774	0718	0172	0038	0008			**25**	**25**
	1	1964	3079	3650	1994	0759	0236	0063	0005		**24**	
	2	0238	0754	2305	2659	1607	0708	0251	0030		**23**	
	3	0018	0118	0930	2265	2174	1358	0641	0114	0001	**22**	
	4	0001	0013	0269	1384	2110	1867	1175	0313	0004	**21**	
	5		0001	0060	0646	1564	1960	1645	0658	0016	**20**	
	6			0010	0239	0920	1633	1828	1096	0053	**19**	
	7			0001	0072	0441	1108	1654	1487	0143	**18**	
	8				0018	0175	0623	1241	1673	0322	**17**	
	9				0004	0058	0294	0781	1580	0609	**16**	
	10				0001	0016	0118	0417	1264	0974	**15**	
	11					0004	0040	0189	0862	1328	**14**	
	12					0001	0012	0074	0503	1550	**13**	
	13						0003	0025	0251	1550	**12**	
	14						0001	0007	0108	1328	**11**	
	15							0002	0040	0974	**10**	
	16								0012	0609	**9**	
	17								0003	0322	**8**	
	18								0001	0143	**7**	
	19									0053	**6**	
	20									0016	**5**	
	21									0004	**4**	
	22									0001	**3**	
	23										**2**	
	24										**1**	
	25										**0**	
		0,99	**0,98**	**0,95**	**0,9**	**0,85**	**0,8**	**0,75**	$\frac{2}{3}$	**0,5**	***k***	***n***
		p										

$$P(X=k)=B_{n;p}(k)=\binom{n}{k}\cdot p^k\cdot(1-p)^{n-k}$$

		p										
n	***k***	**0,01**	**0,02**	**0,05**	**0,1**	**0,15**	**0,2**	**0,25**	$\frac{1}{3}$	**0,5**		
	0	0,6050	3642	0769	0052	0003					**50**	
	1	3056	3716	2025	0286	0026	0002				**49**	
	2	0756	1858	2611	0779	0113	0001				**48**	
	3	0122	0607	2199	1386	0319	0044	0004			**47**	
	4	0015	0145	1360	1809	0661	0128	0016			**46**	
	5	0001	0027	0658	1849	1072	0295	0049	0001		**45**	
	6		0004	0260	1541	1419	0554	0123	0004		**44**	
	7		0001	0086	1076	1575	0870	0259	0012		**43**	
	8			0024	0643	1493	1169	0463	0033		**42**	
	9			0006	0333	1230	1364	0721	0077		**41**	
	10			0001	0152	0890	1398	0985	0157		**40**	
	11				0061	0571	1271	1194	0286		**39**	
	12				0022	0328	1033	1294	0465	0001	**38**	
	13				0007	0169	0755	1261	0679	0003	**37**	
	14				0002	0079	0499	1110	0898	0008	**36**	
	15				0001	0033	0299	0888	1077	0020	**35**	
	16					0013	0164	0648	1178	0044	**34**	
	17					0005	0082	0432	1178	0087	**33**	
	18					0001	0037	0264	1080	0160	**32**	
	19						0016	0148	0910	0270	**31**	
	20						0006	0077	0705	0419	**30**	
	21						0002	0036	0503	0598	**29**	
	22						0001	0016	0332	0788	**28**	
	23							0006	0202	0960	**27**	
	24							0002	0114	1080	**26**	
50	**25**							0001	0059	1123	**25**	**50**
	26								0028	1080	**24**	
	27								0013	0960	**23**	
	28								0005	0788	**22**	
	29								0002	0598	**21**	
	30								0001	0419	**20**	
	31									0270	**19**	
	32									0160	**18**	
	33									0087	**17**	
	34									0044	**16**	
	35									0020	**15**	
	36									0008	**14**	
	37									0003	**13**	
	38									0001	**12**	
	39										**11**	
	40										**10**	
	41										**9**	
	42										**8**	
	43										**7**	
	44										**6**	
	45										**5**	
	46										**4**	
	47										**3**	
	48										**2**	
	49										**1**	
	50										**0**	
		0,99	**0,98**	**0,95**	**0,9**	**0,85**	**0,8**	**0,75**	$\frac{2}{3}$	**0,5**	***k***	***n***
		p										

$$P(X=k)=B_{n;p}(k)=\binom{n}{k}\cdot p^k\cdot(1-p)^{n-k}$$

		p										
n	***k***	**0,01**	**0,02**	**0,05**	**0,1**	**0,15**	**0,2**	**0,25**	$\frac{1}{3}$	**0,5**		
100	**0**	3660	1326	0059							**100**	**100**
	1	3697	2707	0312	0003						**99**	
	2	1849	2734	0812	0016						**98**	
	3	0610	1823	1396	0059	0001					**97**	
	4	0149	0902	1781	0159	0003					**96**	
	5	0029	0353	1800	0339	0011					**95**	
	6	0005	0114	1500	0596	0031	0001				**94**	
	7	0001	0031	1060	0889	0075	0002				**93**	
	8		0007	0649	1148	0153	0006				**92**	
	9		0002	0349	1304	0276	0015				**91**	
	10			0167	1319	0444	0034	0001			**90**	
	11			0072	1199	0640	0069	0003			**89**	
	12			0028	0988	0838	0128	0006			**88**	
	13			0010	0743	1001	0216	0014			**87**	
	14			0003	0513	1098	0335	0030			**86**	
	15			0001	0327	1111	0481	0057			**85**	
	16				0193	1041	0638	0100	0001		**84**	
	17				0106	0908	0789	0165	0001		**83**	
	18				0054	0739	0909	0254	0003		**82**	
	19				0026	0563	0981	0365	0006		**81**	
	20				0012	0402	0993	0493	0013		**80**	
	21				0005	0270	0946	0626	0024		**79**	
	22				0002	0171	0849	0749	0043		**78**	
	23				0001	0103	0720	0847	0073		**77**	
	24					0058	0577	0906	0117		**76**	
	25					0031	0439	0918	0178		**75**	
	26					0016	0316	0883	0256		**74**	
	27					0008	0217	0806	0351		**73**	
	28					0004	0141	0701	0458		**72**	
	29					0002	0088	0580	0569		**71**	
	30					0001	0052	0458	0673		**70**	
	31						0029	0344	0760	0001	**69**	
	32						0016	0248	0819	0001	**68**	
	33						0008	0170	0844	0002	**67**	
	34						0004	0112	0831	0005	**66**	
	35						0002	0070	0784	0009	**65**	
	36						0001	0042	0708	0016	**64**	
	37							0024	0612	0027	**63**	
	38							0013	0507	0045	**62**	
	39							0007	0403	0071	**61**	
	40							0004	0308	0108	**60**	
	41							0002	0225	0159	**59**	
	42							0001	0158	0223	**58**	
	43								0107	0301	**57**	
	44								0069	0390	**56**	
	45								0043	0485	**55**	
	46								0026	0580	**54**	
	47								0015	0666	**53**	
	48								0008	0735	**52**	
	49								0004	0780	**51**	
	50								0002	0796	**50**	
	51								0001	0780	**49**	
	52								0001	0735	**48**	
	53									0666	**47**	
	54									0580	**46**	
	55									0485	**45**	
	56									0390	**44**	
	57									0301	**43**	
	58									0223	**42**	
	59									0159	**41**	
	60									0108	**40**	
	61									0071	**39**	
	62									0045	**38**	
	63									0027	**37**	
	64									0016	**36**	
	65									0009	**35**	
	66									0005	**34**	
	67									0002	**33**	
	68									0001	**32**	
	69									0001	**31**	
		0,99	**0,98**	**0,95**	**0,9**	**0,85**	**0,8**	**0,75**	$\frac{2}{3}$	**0,5**	***k***	***n***
		p										

Binomialverteilung – Summenfunktion

$$P(X \leq k) = F_{n;p}(k) = \sum_{i=0}^{k} \binom{n}{i} \cdot p^i \cdot (1-p)^{n-i}$$

Bei grau hinterlegten Werten für k und n gilt: $P(X \leq k) = 1$ – abgelesener Wert.

		p										
n	***k***	**0,01**	**0,02**	**0,05**	**0,1**	**0,15**	**0,2**	**0,25**	$\frac{1}{3}$	**0,5**		
2	**0**	0,9801	9604	9025	8100	7225	6400	5625	4444	2500	**1**	**2**
	1	9999	9996	9975	9900	9775	9600	9375	8889	7500	**0**	
5	**0**	0,9510	9039	7738	5905	4437	3277	2373	1317	0313	**4**	**5**
	1	9990	9962	9774	9185	8352	7373	6328	4609	1875	**3**	
	2	1,0	9999	9988	9914	9734	9421	8965	7901	5000	**2**	
	3	1,0	1,0	1,0	9995	9978	9933	9844	9547	8125	**1**	
	4	1,0	1,0	1,0	1,0	9999	9997	9990	9959	9688	**0**	
10	**0**	0,9044	8171	5987	3487	1969	1074	0563	0173	0010	**9**	**10**
	1	9957	9838	9139	7361	5443	3758	2440	1040	0107	**8**	
	2	9999	9991	9885	9298	8202	6778	5256	2991	0547	**7**	
	3	1,0	1,0	9990	9872	9500	8791	7759	5593	1719	**6**	
	4	1,0	1,0	9999	9984	9901	9672	9219	7869	3770	**5**	
	5	1,0	1,0	1,0	9999	9986	9936	9803	9234	6230	**4**	
	6	1,0	1,0	1,0	1,0	9999	9991	9965	9803	8281	**3**	
	7	1,0	1,0	1,0	1,0	1,0	9999	9996	9966	9453	**2**	
	8	1,0	1,0	1,0	1,0	1,0	1,0	1,0	9996	9893	**1**	
	9	1,0	1,0	1,0	1,0	1,0	1,0	1,0	1,0	9990	**0**	
25	**0**	0,7778	6035	2774	0718	0172	0038	0008			**24**	**25**
	1	9742	9114	6424	2712	0931	0274	0070	0050		**23**	
	2	9980	9868	8729	5371	2537	0982	0321	0035		**22**	
	3	9999	9986	9659	7636	4711	2340	0962	0149	0001	**21**	
	4	1,0	9999	9928	9020	6821	4207	2137	0462	0005	**20**	
	5	1,0	1,0	9988	9666	8385	6167	3783	1120	0020	**19**	
	6	1,0	1,0	9998	9905	9305	7800	5611	2215	0073	**18**	
	7	1,0	1,0	1,0	9977	9745	8909	7265	3703	0216	**17**	
	8	1,0	1,0	1,0	9995	9920	9532	8506	5376	0539	**16**	
	9	1,0	1,0	1,0	9999	9979	9827	9287	6956	1148	**15**	
	10	1,0	1,0	1,0	1,0	9995	9944	9703	8220	2122	**14**	
	11	1,0	1,0	1,0	1,0	9999	9985	9893	9082	3450	**13**	
	12	1,0	1,0	1,0	1,0	1,0	9996	9966	9585	5000	**12**	
	13	1,0	1,0	1,0	1,0	1,0	9999	9991	9836	6550	**11**	
	14	1,0	1,0	1,0	1,0	1,0	1,0	9998	9944	7878	**10**	
	15	1,0	1,0	1,0	1,0	1,0	1,0	1,0	9984	8852	**9**	
	16	1,0	1,0	1,0	1,0	1,0	1,0	1,0	9996	9461	**8**	
	17	1,0	1,0	1,0	1,0	1,0	1,0	1,0	9999	9784	**7**	
	18	1,0	1,0	1,0	1,0	1,0	1,0	1,0	1,0	9927	**6**	
	19	1,0	1,0	1,0	1,0	1,0	1,0	1,0	1,0	9980	**5**	
	20	1,0	1,0	1,0	1,0	1,0	1,0	1,0	1,0	9995	**4**	
	21	1,0	1,0	1,0	1,0	1,0	1,0	1,0	1,0	9999	**3**	
	22	1,0	1,0	1,0	1,0	1,0	1,0	1,0	1,0	1,0	**2**	
	23	1,0	1,0	1,0	1,0	1,0	1,0	1,0	1,0	1,0	**1**	
	24	1,0	1,0	1,0	1,0	1,0	1,0	1,0	1,0	1,0	**0**	
		0,99	**0,98**	**0,95**	**0,9**	**0,85**	**0,8**	**0,75**	$\frac{2}{3}$	**0,5**	***k***	***n***
		p										

$$P(X \leq k) = F_{n;p}(k) = \sum_{i=0}^{k} \binom{n}{i} \cdot p^i \cdot (1-p)^{n-i}$$

Bei grau hinterlegten Werten für k und n gilt: $P(X \leq k) = 1 -$ abgelesener Wert.

n	**k**	**p: 0,01**	**0,02**	**0,05**	**0,1**	**0,15**	**0,2**	**0,25**	**$\frac{1}{3}$**	**0,5**		
50	**0**	0,6050	3642	0769	0052	0003					**49**	50
	1	9106	7358	2794	0338	0029	0002				**48**	
	2	9862	9216	5405	1117	0142	0013	0001			**47**	
	3	9984	9822	7604	2503	0460	0057	0005			**46**	
	4	9999	9968	8964	4312	1121	0185	0021			**45**	
	5	1,0	9995	9622	6161	2194	0480	0070	0010		**44**	
	6	1,0	1,0	9882	7702	3613	1034	0194	0005		**43**	
	7	1,0	1,0	9968	8779	5188	1904	0453	0017		**42**	
	8	1,0	1,0	9992	9421	6681	3073	0916	0050		**41**	
	9	1,0	1,0	9998	9755	7911	4437	1637	0127		**40**	
	10	1,0	1,0	1,0	9906	8801	5836	2622	0284		**39**	
	11	1,0	1,0	1,0	9968	9372	7107	3816	0570		**38**	
	12	1,0	1,0	1,0	9990	9699	8139	5110	1035	0002	**37**	
	13	1,0	1,0	1,0	9997	9868	8894	6370	1715	0005	**36**	
	14	1,0	1,0	1,0	9999	9947	9393	7481	2612	0013	**35**	
	15	1,0	1,0	1,0	1,0	9981	9692	8369	3690	0033	**34**	
	16	1,0	1,0	1,0	1,0	9993	9856	9017	4868	0077	**33**	
	17	1,0	1,0	1,0	1,0	9998	9937	9449	6046	0164	**32**	
	18	1,0	1,0	1,0	1,0	9999	9975	9713	7126	0325	**31**	
	19	1,0	1,0	1,0	1,0	1,0	9991	9861	8036	0595	**30**	
	20	1,0	1,0	1,0	1,0	1,0	9997	9937	8741	1013	**29**	
	21	1,0	1,0	1,0	1,0	1,0	9999	9974	9244	1611	**28**	
	22	1,0	1,0	1,0	1,0	1,0	1,0	9990	9576	2399	**27**	
	23	1,0	1,0	1,0	1,0	1,0	1,0	9996	9778	3359	**26**	
	24	1,0	1,0	1,0	1,0	1,0	1,0	9999	9892	4439	**25**	
	25	1,0	1,0	1,0	1,0	1,0	1,0	1,0	9951	5561	**24**	
	26	1,0	1,0	1,0	1,0	1,0	1,0	1,0	9979	6641	**23**	
	27	1,0	1,0	1,0	1,0	1,0	1,0	1,0	9992	7601	**22**	
	28	1,0	1,0	1,0	1,0	1,0	1,0	1,0	9997	8389	**21**	
	29	1,0	1,0	1,0	1,0	1,0	1,0	1,0	9999	8987	**20**	
	30	1,0	1,0	1,0	1,0	1,0	1,0	1,0	1,0	9405	**19**	
	31	1,0	1,0	1,0	1,0	1,0	1,0	1,0	1,0	9675	**18**	
	32	1,0	1,0	1,0	1,0	1,0	1,0	1,0	1,0	9836	**17**	
	33	1,0	1,0	1,0	1,0	1,0	1,0	1,0	1,0	9923	**16**	
	34	1,0	1,0	1,0	1,0	1,0	1,0	1,0	1,0	9967	**15**	
	35	1,0	1,0	1,0	1,0	1,0	1,0	1,0	1,0	9987	**14**	
	36	1,0	1,0	1,0	1,0	1,0	1,0	1,0	1,0	9995	**13**	
	37	1,0	1,0	1,0	1,0	1,0	1,0	1,0	1,0	9998	**12**	
	38	1,0	1,0	1,0	1,0	1,0	1,0	1,0	1,0	1,0	**11**	
	39	1,0	1,0	1,0	1,0	1,0	1,0	1,0	1,0	1,0	**10**	
	40	1,0	1,0	1,0	1,0	1,0	1,0	1,0	1,0	1,0	**9**	
	41	1,0	1,0	1,0	1,0	1,0	1,0	1,0	1,0	1,0	**8**	
	42	1,0	1,0	1,0	1,0	1,0	1,0	1,0	1,0	1,0	**7**	
	43	1,0	1,0	1,0	1,0	1,0	1,0	1,0	1,0	1,0	**6**	
	44	1,0	1,0	1,0	1,0	1,0	1,0	1,0	1,0	1,0	**5**	
	45	1,0	1,0	1,0	1,0	1,0	1,0	1,0	1,0	1,0	**4**	
	46	1,0	1,0	1,0	1,0	1,0	1,0	1,0	1,0	1,0	**3**	
	47	1,0	1,0	1,0	1,0	1,0	1,0	1,0	1,0	1,0	**2**	
	48	1,0	1,0	1,0	1,0	1,0	1,0	1,0	1,0	1,0	**1**	
	49	1,0	1,0	1,0	1,0	1,0	1,0	1,0	1,0	1,0	**0**	
		0,99	**0,98**	**0,95**	**0,9**	**0,85**	**0,8**	**0,75**	**$\frac{2}{3}$**	**0,5**	**k**	**n**
		p										

$$P(X \leq k) = F_{n;p}(k) = \sum_{i=0}^{k} \binom{n}{i} \cdot p^i \cdot (1-p)^{n-i}$$

Bei grau hinterlegten Werten für k und n gilt: $P(X \leq k) = 1 -$ abgelesener Wert.

		p										
n	**k**	**0,01**	**0,02**	**0,05**	**0,1**	**0,15**	**0,2**	**0,25**	**$\frac{1}{3}$**	**0,5**		
100	**0**	0,3660	1326	0059							**99**	100
	1	7358	4033	0371	0003						**98**	
	2	9206	6767	1183	0019						**97**	
	3	9816	8590	2578	0078	0001					**96**	
	4	9966	9492	4360	0237	0004					**95**	
	5	9995	9845	6160	0576	0016					**94**	
	6	9999	9959	7660	1172	0047	0001				**93**	
	7	1,0	9991	8720	2061	0122	0003				**92**	
	8	1,0	9998	9369	3209	0275	0009				**91**	
	9	1,0	1,0	9718	4513	0551	0023				**90**	
	10	1,0	1,0	9885	5832	0994	0057	0001			**89**	
	11	1,0	1,0	9957	7030	1635	0126	0004			**88**	
	12	1,0	1,0	9985	8018	2473	0253	0010			**87**	
	13	1,0	1,0	9995	8761	3474	0469	0025			**86**	
	14	1,0	1,0	9999	9274	4572	0804	0054			**85**	
	15	1,0	1,0	1,0	9601	5683	1285	0111			**84**	
	16	1,0	1,0	1,0	9794	6725	1923	0211	0001		**83**	
	17	1,0	1,0	1,0	9900	7633	2712	0376	0002		**82**	
	18	1,0	1,0	1,0	9954	8372	3621	0630	0050		**81**	
	19	1,0	1,0	1,0	9980	8935	4602	0995	0011		**80**	
	20	1,0	1,0	1,0	9992	9337	5595	1488	0024		**79**	
	21	1,0	1,0	1,0	9997	9607	6540	2114	0048		**78**	
	22	1,0	1,0	1,0	9999	9779	7389	2864	0091		**77**	
	23	1,0	1,0	1,0	1,0	9881	8109	3711	0164		**76**	
	24	1,0	1,0	1,0	1,0	9939	8686	4617	0281		**75**	
	25	1,0	1,0	1,0	1,0	9970	9125	5535	0458		**74**	
	26	1,0	1,0	1,0	1,0	9986	9442	6417	0715		**73**	
	27	1,0	1,0	1,0	1,0	9994	9658	7224	1066		**72**	
	28	1,0	1,0	1,0	1,0	9997	9800	7925	1524		**71**	
	29	1,0	1,0	1,0	1,0	9999	9888	8505	2093		**70**	
	30	1,0	1,0	1,0	1,0	1,0	9939	8962	2766		**69**	
	31	1,0	1,0	1,0	1,0	1,0	9969	9307	3525	0001	**68**	
	32	1,0	1,0	1,0	1,0	1,0	9984	9554	4344	0002	**67**	
	33	1,0	1,0	1,0	1,0	1,0	9993	9724	5188	0004	**66**	
	34	1,0	1,0	1,0	1,0	1,0	9997	9836	6019	0009	**65**	
	35	1,0	1,0	1,0	1,0	1,0	9999	9906	6803	0018	**64**	
	36	1,0	1,0	1,0	1,0	1,0	9999	9948	7511	0033	**63**	
	37	1,0	1,0	1,0	1,0	1,0	1,0	9973	8123	0060	**62**	
	38	1,0	1,0	1,0	1,0	1,0	1,0	9986	8630	0105	**61**	
	39	1,0	1,0	1,0	1,0	1,0	1,0	9993	9034	0176	**60**	
	40	1,0	1,0	1,0	1,0	1,0	1,0	9997	9341	0284	**59**	
	41	1,0	1,0	1,0	1,0	1,0	1,0	9999	9566	0443	**58**	
	42	1,0	1,0	1,0	1,0	1,0	1,0	9999	9724	0666	**57**	
	43	1,0	1,0	1,0	1,0	1,0	1,0	1,0	9831	0967	**56**	
	44	1,0	1,0	1,0	1,0	1,0	1,0	1,0	9900	1356	**55**	
	45	1,0	1,0	1,0	1,0	1,0	1,0	1,0	9943	1841	**54**	
	46	1,0	1,0	1,0	1,0	1,0	1,0	1,0	9969	2421	**53**	
	47	1,0	1,0	1,0	1,0	1,0	1,0	1,0	9983	3086	**52**	
	48	1,0	1,0	1,0	1,0	1,0	1,0	1,0	9991	3822	**51**	
	49	1,0	1,0	1,0	1,0	1,0	1,0	1,0	9996	4602	**50**	
	50	1,0	1,0	1,0	1,0	1,0	1,0	1,0	9998	5398	**49**	
		0,99	**0,98**	**0,95**	**0,9**	**0,85**	**0,8**	**0,75**	**$\frac{2}{3}$**	**0,5**	**k**	**n**
		p										

$$P(X \le k) = F_{n;p}(k) = \sum_{i=0}^{k} \binom{n}{i} \cdot p^i \cdot (1-p)^{n-i}$$

Bei grau hinterlegten Werten für k und n gilt: $P(X \le k) = 1 -$ abgelesener Wert.

		p										
n	***k***	**0,01**	**0,02**	**0,05**	**0,1**	**0,15**	**0,2**	**0,25**	**$\frac{1}{3}$**	**0,5**		
100	**51**	1,0	1,0	1,0	1,0	1,0	1,0	1,0	9999	6178	**48**	**100**
	52	1,0	1,0	1,0	1,0	1,0	1,0	1,0	1,0	6914	**47**	
	53	1,0	1,0	1,0	1,0	1,0	1,0	1,0	1,0	7579	**46**	
	54	1,0	1,0	1,0	1,0	1,0	1,0	1,0	1,0	8159	**45**	
	55	1,0	1,0	1,0	1,0	1,0	1,0	1,0	1,0	8644	**44**	
	56	1,0	1,0	1,0	1,0	1,0	1,0	1,0	1,0	9033	**43**	
	57	1,0	1,0	1,0	1,0	1,0	1,0	1,0	1,0	9334	**42**	
	58	1,0	1,0	1,0	1,0	1,0	1,0	1,0	1,0	9557	**41**	
	59	1,0	1,0	1,0	1,0	1,0	1,0	1,0	1,0	9716	**40**	
	60	1,0	1,0	1,0	1,0	1,0	1,0	1,0	1,0	9824	**39**	
	61	1,0	1,0	1,0	1,0	1,0	1,0	1,0	1,0	9895	**38**	
	62	1,0	1,0	1,0	1,0	1,0	1,0	1,0	1,0	9940	**37**	
	63	1,0	1,0	1,0	1,0	1,0	1,0	1,0	1,0	9967	**36**	
	64	1,0	1,0	1,0	1,0	1,0	1,0	1,0	1,0	9982	**35**	
	65	1,0	1,0	1,0	1,0	1,0	1,0	1,0	1,0	9991	**34**	
	66	1,0	1,0	1,0	1,0	1,0	1,0	1,0	1,0	9996	**33**	
	67	1,0	1,0	1,0	1,0	1,0	1,0	1,0	1,0	9998	**32**	
	68	1,0	1,0	1,0	1,0	1,0	1,0	1,0	1,0	9999	**31**	
	69	1,0	1,0	1,0	1,0	1,0	1,0	1,0	1,0	1,0	**30**	
		0,99	**0,98**	**0,95**	**0,9**	**0,85**	**0,8**	**0,75**	**$\frac{2}{3}$**	**0,5**	***k***	***n***
		p										

Tabelle zur Standardnormalverteilung

Standardnormalverteilung – Summenfunktion

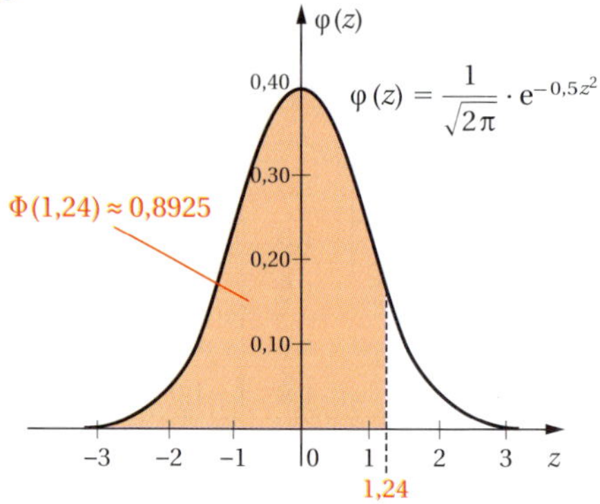

$\Phi(z) = \frac{1}{\sqrt{2\pi}} \cdot \int_{-\infty}^{z} e^{-\frac{1}{2}z^2}\, dz$ $\qquad$ $\Phi(-z) = 1 - \Phi(z)$ $\qquad$ für $z \geq 4$ ist $\Phi(z) \approx 1$

z	0	0,01	0,02	0,03	0,04	0,05	0,06	0,07	0,08	0,09
0,0	0,5000	5040	5080	5120	5160	5199	5239	5279	5319	5359
0,1	5398	5438	5478	5517	5557	5596	5636	5675	5714	5753
0,2	5793	5832	5871	5910	5948	5987	6026	6064	6103	6141
0,3	6179	6217	6255	6293	6331	6368	6406	6443	6480	6517
0,4	6554	6591	6628	6664	6700	6736	6772	6808	6844	6879
0,5	6915	6950	6985	7019	7054	7088	7123	7157	7190	7224
0,6	7257	7291	7324	7357	7389	7422	7454	7486	7517	7549
0,7	7580	7611	7642	7673	7704	7734	7764	7794	7823	7852
0,8	7881	7910	7939	7967	7995	8023	8051	8078	8106	8133
0,9	8159	8186	8212	8238	8264	8289	8315	8340	8365	8389
1,0	8413	8438	8461	8485	8508	8531	8554	8577	8599	8621
1,1	8643	8665	8686	8708	8729	8749	8770	8790	8810	8830
1,2	8849	8869	8888	8907	8925	8944	8962	8980	8997	9015
1,3	9032	9049	9066	9082	9099	9115	9131	9147	9162	9177
1,4	9192	9207	9222	9236	9251	9265	9279	9292	9306	9319
1,5	9332	9345	9357	9370	9382	9394	9406	9418	9429	9441
1,6	9452	9463	9474	9484	9495	9505	9515	9525	9535	9545
1,7	9554	9564	9573	9582	9591	9599	9608	9616	9625	9633
1,8	9641	9649	9656	9664	9671	9678	9686	9693	9699	9706
1,9	9713	9719	9726	9732	9738	9744	9750	9756	9761	9767
2,0	9772	9778	9783	9788	9793	9798	9803	9808	9812	9817
2,1	9821	9826	9830	9834	9838	9842	9846	9850	9854	9857
2,2	9861	9864	9868	9871	9875	9878	9881	9884	9887	9890
2,3	9893	9896	9898	9901	9904	9906	9909	9911	9913	9916

z	0	0,01	0,02	0,03	0,04	0,05	0,06	0,07	0,08	0,09
2,4	9918	9920	9922	9925	9927	9929	9931	9932	9934	9936
2,5	9938	9940	9941	9943	9945	9946	9948	9949	9951	9952
2,6	9953	9955	9956	9957	9959	9960	9961	9962	9963	9964
2,7	9965	9966	9967	9968	9969	9970	9971	9972	9973	9974
2,8	9974	9975	9976	9977	9977	9978	9979	9979	9980	9981
2,9	9981	9982	9982	9983	9984	9984	9985	9985	9986	9986
3,0	9987	9987	9987	9988	9988	9989	9989	9989	9990	9990
3,1	9990	9991	9991	9991	9992	9992	9992	9992	9993	9993
3,2	9993	9993	9994	9994	9994	9994	9994	9995	9995	9995
3,3	9995	9995	9995	9996	9996	9996	9996	9996	9996	9997
3,4	9997	9997	9997	9997	9997	9997	9997	9997	9997	9998
3,5	9998	9998	9998	9998	9998	9998	9998	9998	9998	9998
3,6	9998	9998	9999	9999	9999	9999	9999	9999	9999	9999
3,7	9999	9999	9999	9999	9999	9999	9999	9999	9999	9999
3,8	9999	9999	9999	9999	9999	9999	9999	9999	9999	9999
3,9	1	1	1	1	1	1	1	1	1	1

Anhang GTR-Funktionen

Die wichtigsten Funktionen des grafikfähigen Taschenrechners (GTR) TI-84 Plus

(ähnlich auch andere GTR)

In der Anleitung unten sind (dem TI-Handbuch entsprechend) die angegebenen Tasten des Taschenrechners rechteckig gerahmt, z. B.

MATH.

Die Zweitbelegungen der Tasten sind in eckige Klammern gesetzt, z. B. [MATRIX]. Hauptmenüs sind in Großbuchstaben geschrieben (z. B. EDIT), Befehle aus Untermenüs in kleinen Buchstaben (z. B. binompdf).

	GTR-Funktion	Eingabe	Display
Bei Problemen mit dem GTR.	**Reset**	Die Tastenfolge 2ND, [MEM], 7:RESET, 1:All RAM, 2:Reset, setzt den GTR auf die Standardeinstellungen zurück.	 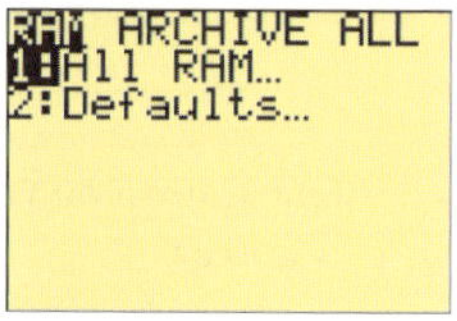 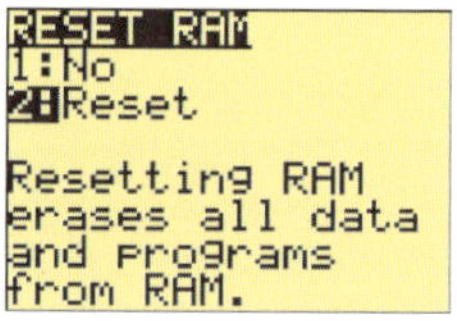

Lernbereich Raumanschauung und Koordinatisierung

	GTR-Funktion	Eingabe	Display
1	**Eingabe von Vektoren**	Zunächst muss mit 2ND, [MATRIX], EDIT der Buchstabe ausgewählt werden, unter dem der Vektor gespeichert werden soll. Nun kann mit dem Nummernblock und ENTER die Dimension des Vektors eingegeben werden. In diesem Fall 2 × 1. Anschließend werden mit dem Nummernblock die gewünschten Werte der einzelnen Elemente eingegeben. Mit 2ND, [Quit] gelangt man zurück zum Hauptbildschirm. Der Vektor ist nun als A im Speicher hinterlegt. Mit 2ND, [MATRIX], 1:[A], ENTER erscheint dieser auf dem Bildschirm.	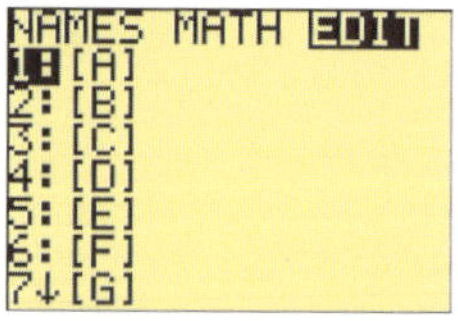 

	GTR-Funktion	Eingabe	Display
2	**Addition und Subtraktion von Vektoren**	Zunächst müssen, wie unter 1 beschrieben, die zu verrechnenden Vektoren eingegeben werden. Durch [2ND], [MATRIX], 1:[A] kann im Hauptbildschirm der erste Vektor aufgerufen werden. Nun [+] oder [–] eingeben und mit [2ND], [MATRIX], 1:[B] den zweiten Vektor aufrufen. [ENTER] liefert das gewünschte Ergebnis.	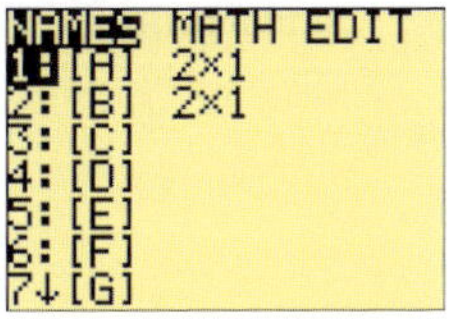 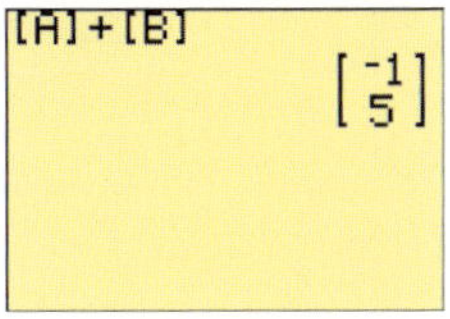
3	**Skalare Multiplikation von Vektoren**	Zunächst über den Nummernblock den Skalar und [×] eingeben. Anschließend im Hauptbildschirm durch [2ND], [MATRIX], 1:[A] einen zuvor gespeicherten Vektor aufrufen. [ENTER] liefert das gewünschte Ergebnis.	 
4	**Transponieren von Vektoren**	Zunächst muss, wie unter 1 beschrieben, der zu transponierende Vektor eingeben werden. Mit [2ND], [MATRIX], 1:[A] kann der zuvor gespeicherte Vektor aufgerufen werden. Mit [2ND], [MATRIX], MATH, 2:^{T} den Befehl zum Transponieren auswählen. [ENTER] liefert das gewünschte Ergebnis.	 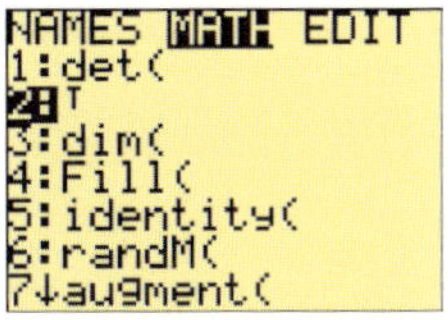 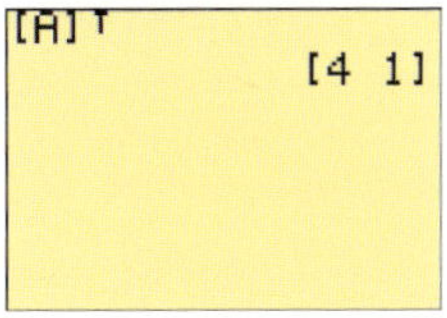

	GTR-Funktion	Eingabe	Display
5	**Skalarprodukt**	Zunächst müssen, wie unter 1 beschrieben, zwei zu verrechnende Vektoren eingegeben werden. Mit [2ND], [MATRIX], 1:[A] kann der erste gespeicherte Vektor aufgerufen werden. Mit [2ND], [MATRIX], MATH, 2:^{T} den Befehl zum Transponieren auswählen. Nun [×] eingeben und mit [2ND], [MATRIX], 1:[B] den zweiten gespeicherten Vektor aufrufen. [ENTER] liefert das gewünschte Ergebnis.	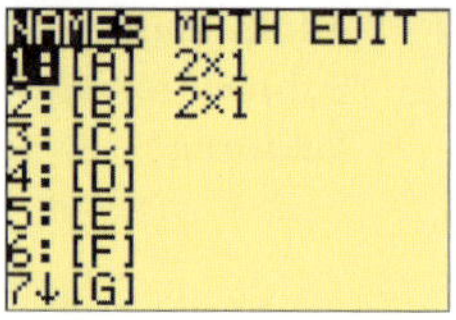 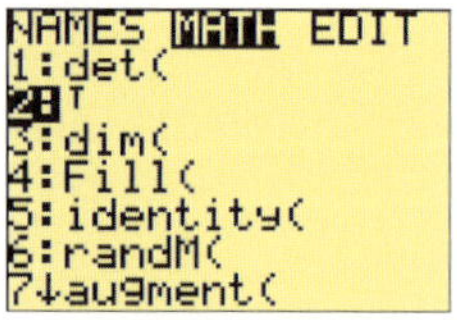 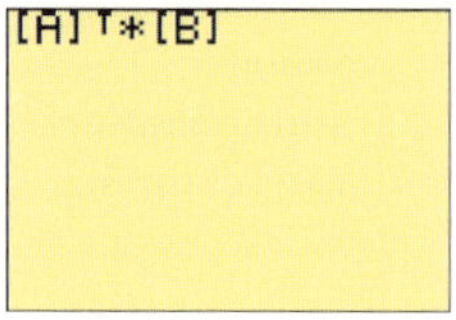 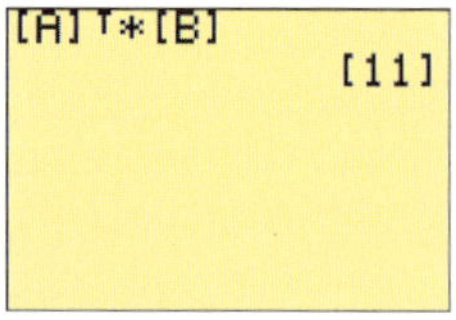
6	**Winkelberechnungen**	Um Winkel mit dem Taschenrechner bestimmen zu können, muss der Taschenrechner zunächt von Bogenmaß auf Gradmaß umgestellt werden. [MODE], DEGREE mit [ENTER] auswählen. Anschließend mit [2ND], [QUIT] in den Hauptbildschirm zurückkehren.	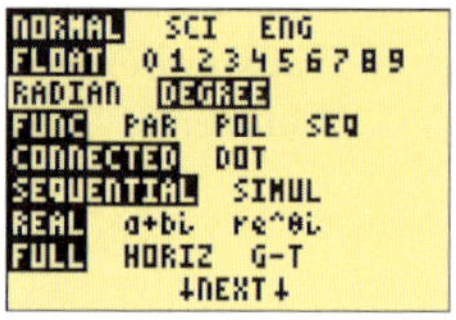

	GTR-Funktion	Eingabe	Display
7	**Gauß-Algorithmus**	Zunächst muss mit 2ND, [MATRIX], EDIT der Buchstabe ausgewählt werden, unter dem die zu dem Gleichungssystem zugehörige erweiterte Koeffizientenmatrix gespeichert werden soll. Nun kann mit dem Nummernblock und ENTER die Dimension der Matrix eingegeben werden. In diesem Fall 3 × 3. Anschließend werden mit dem Nummernblock die gewünschten Werte der einzelnen Elemente eingegeben. Mit 2ND, [QUIT] gelangt man zurück zum Hauptbildschirm. Nun mit 2ND, [MATRIX], MATH, B:rref(den Befehl für den Gauß-Algorithmus auswählen. Mit 2ND, [MATRIX], 1:[A] die zuvor gespeicherte Matrix abrufen. ENTER liefert das gewünschte Ergebnis.	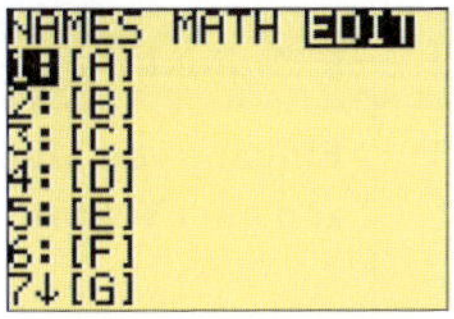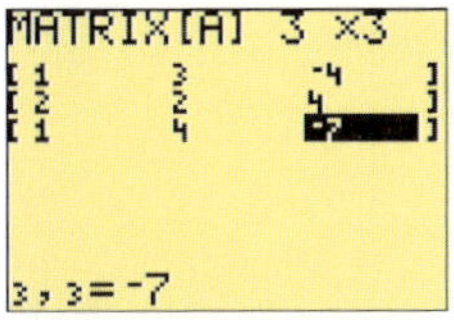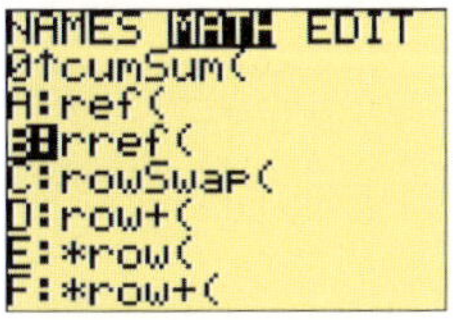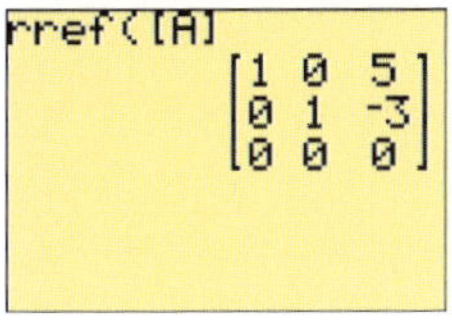

Lernbereich Mehrstufige Prozesse – Matrizenrechnung

	GTR-Funktion	Eingabe	Display
8	**Eingabe von Matrizen oder Vektoren**	Zunächst muss mit 2ND, [MATRIX], EDIT der Buchstabe ausgewählt werden, unter dem die Matrix gespeichert werden soll. Nun kann mit dem Nummernblock und ENTER die Dimension eingegeben werden. Im nebenstehenden Fall 2 × 3. Anschließend können mit dem Nummernblock die gewünschten Werte der einzelnen Elemente eingegeben werden. Mit 2ND, [QUIT] gelangt man zurück zum Hauptbildschirm. Die Matrix ist nun als ***A*** im Speicher hinterlegt. Mit 2ND, [MATRIX], 1:[A], ENTER erscheint diese auf dem Bildschirm.	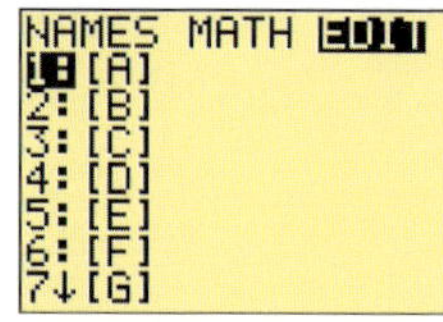 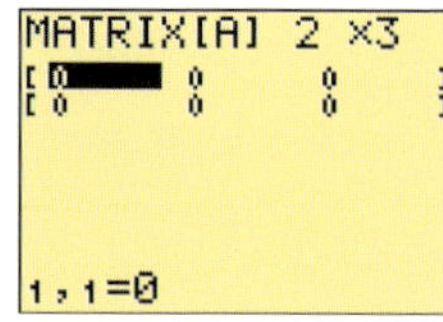 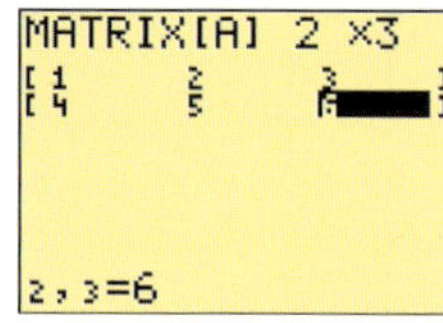 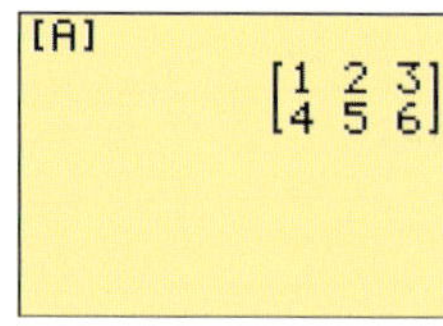
9	**Bestimmung von Determinanten**	Zunächst wird die quadratische Matrix eingegeben. Mit 2ND, [MATRIX], MATH, 1:det(, ENTER wird der entsprechende Befehl ausgewählt. Durch 2ND, [MATRIX], 1:[A], ENTER wird die Matrix ergänzt. ENTER liefert die Determinante.	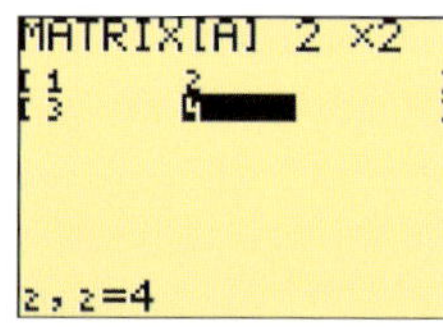  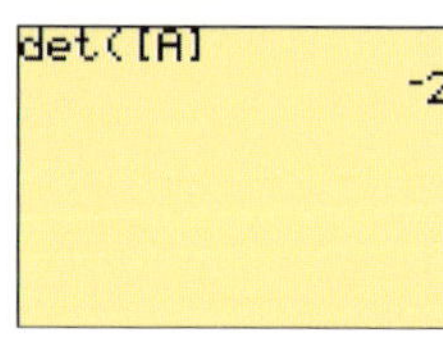

	GTR-Funktion	Eingabe	Display
10	**Einheitsmatrix erzeugen**	Mit [2ND], [MATRIX], MATH, 5:identity(, [ENTER] den entsprechenden Befehl auswählen. Nun muss die Anzahl der Zeilen angegeben werden, z. B. 4. [ENTER] liefert eine 4 × 4-Einheitsmatrix. Mit [STO], [2ND], [Matrix], 5:[E], [ENTER] kann diese als Matrix ***E*** abgespeichert werden.	 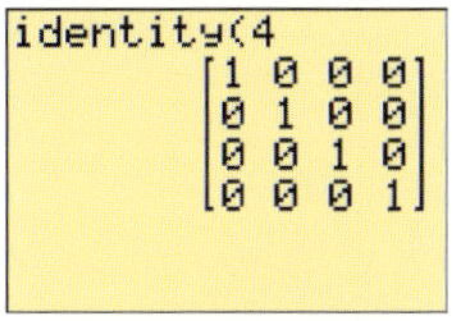 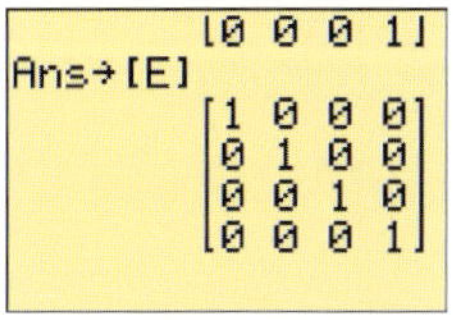
11	**Transponieren von Matrizen oder Vektoren**	Zunächst wird die zu transponierende Matrix eingegeben. Im Hauptbildschirm wird mit [2ND], [MATRIX], 1:[A] die Matrix aufgerufen. Anschließend wird mit [2ND], [MATRIX], MATH, 2:^{T} der Befehl zum Transponieren ausgewählt. [ENTER] liefert das gewünschte Ergebnis.	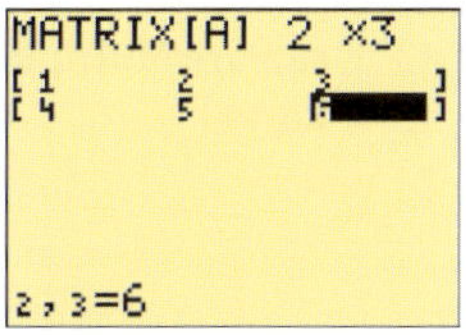 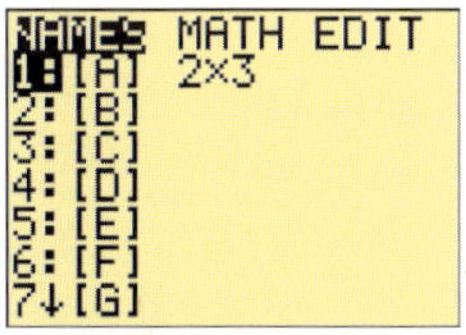  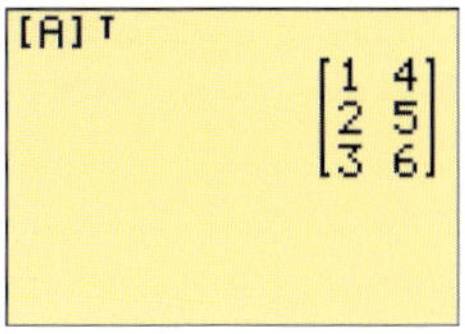

	GTR-Funktion	Eingabe	Display
12	**Addition und Subtraktion von Matrizen oder Vektoren**	Zunächst müssen die zu verrechnenden Matrizen oder Vektoren eingegeben und unter den gewünschten Namen abgespeichert werden. Anschließend wird im Hauptbildschirm mit 2ND, [MATRIX], 1:[A] die erste Matrix aufgerufen. Nun wird + oder − eingegeben und mit 2ND, [MATRIX], 1:[B] die zweite Matrix aufgerufen. ENTER liefert das gewünschte Ergebnis.	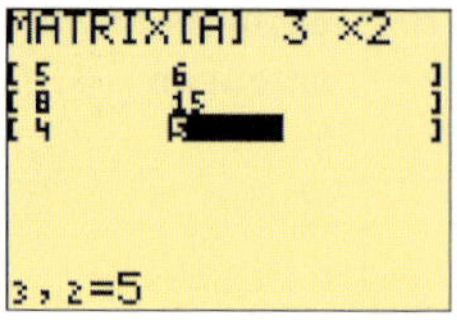 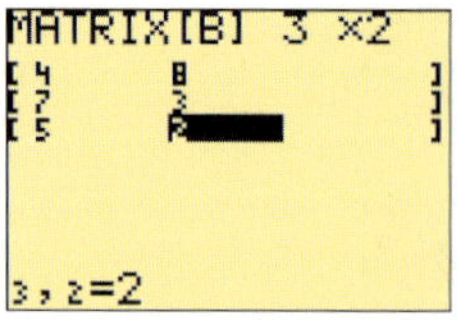 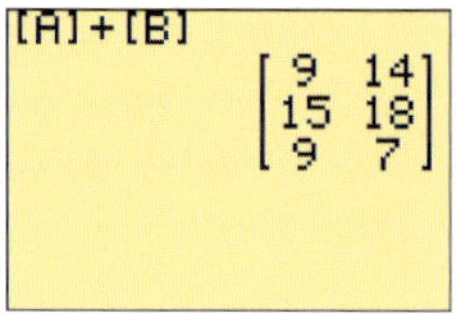
13	**skalare Multiplikation**	Zunächst werden im Hauptbildschirm der Skalar und × eingegeben. Anschließend muss die zu multiplizierende Matrix oder der zu multiplizierende Vektor eingegeben und unter den gewünschten Namen abgespeichert werden. Anschließend wird im Hauptbildschirm mit 2ND, [MATRIX], 1:[A] die gespeicherte Matrix bzw. der Vektor aufgerufen. ENTER liefert das gewünschte Ergebnis.	 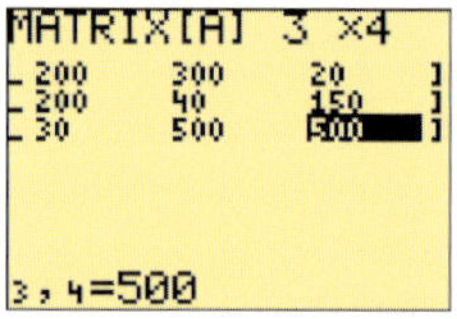 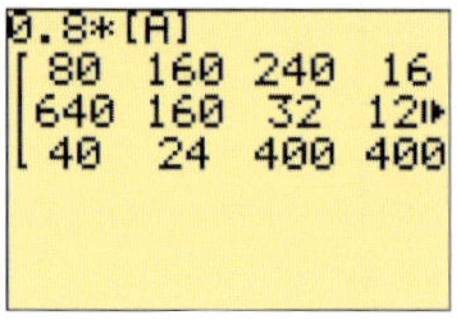

	GTR-Funktion	Eingabe	Display
14	**Multiplikation von Matrizen und/oder Vektoren**	Zunächst müssen die zu verrechnenden Vektoren und/oder Matrizen eingegeben und unter den gewünschten Namen abgespeichert werden. Anschließend wird im Hauptbildschirm mit 2ND, [MATRIX], 1:[A] die erste Matrix aufgerufen. Nun wird × eingegeben und mit 2ND, [MATRIX], 2:[B] die zweite Matrix aufgerufen. ENTER liefert das gewünschte Ergebnis.	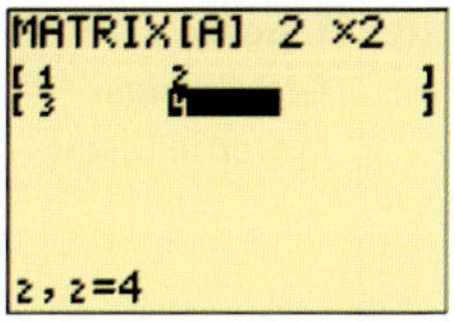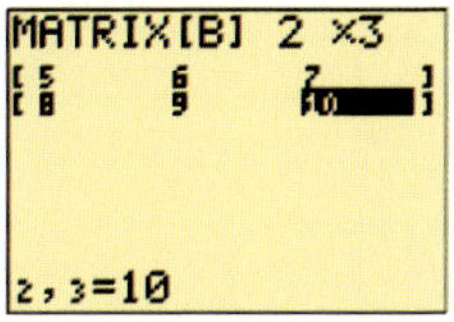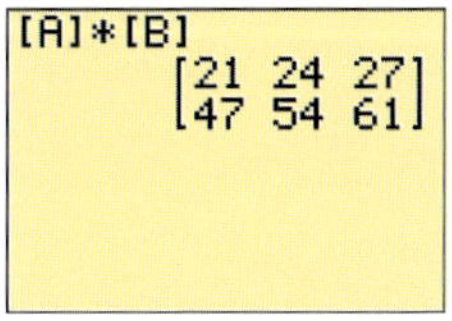
15	**Inverse berechnen**	Zunächst muss eine quadratische Ausgangsmatrix eingegeben und unter dem gewünschten Namen gespeichert werden. Anschließend wird im Hauptbildschirm mit 2ND, [MATRIX], 1:[A] die Matrix aufgerufen. x^{-1}, ENTER liefert die inverse Matrix, falls sie existiert.	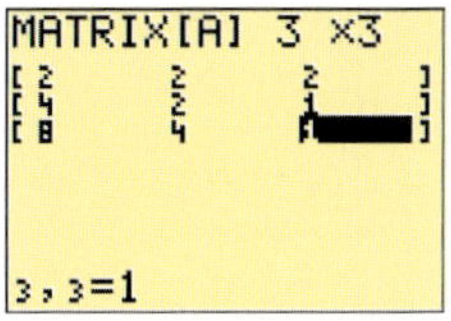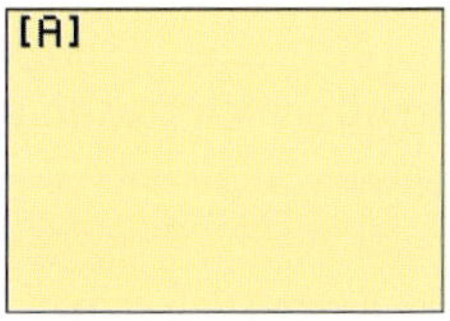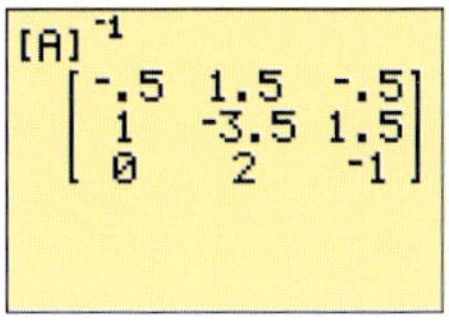

	GTR-Funktion	Eingabe	Display
16	**Lineare Gleichungs-systeme lösen**	Zunächst muss mit [2ND], [MATRIX], EDIT der Buchstabe ausgewählt werden, unter dem die erweiterte Koeffizientenmatrix gespeichert werden soll. Nun können mit dem Nummernblock und [ENTER] die Dimension und alle Elemente eingegeben werden. Mit [2ND], [QUIT] gelangt man zurück zum Hauptbildschirm. Hier muss mit [2ND], [MATRIX], MATH, B:rref(der Befehl zum Lösen von Gleichungssystemen ausgewählt werden. Mit [2ND], [MATRIX], 1:[A] wird nun die entsprechende Matrix ausgewählt. [ENTER] liefert das gewünschte Ergebnis.	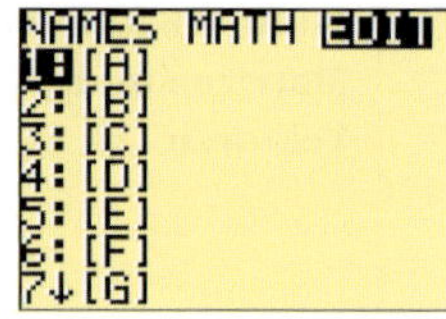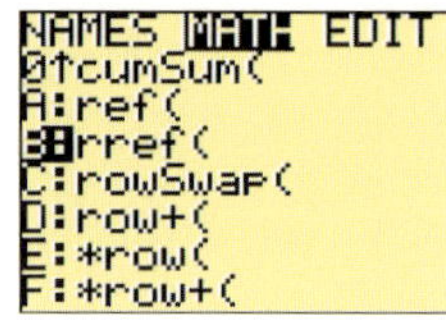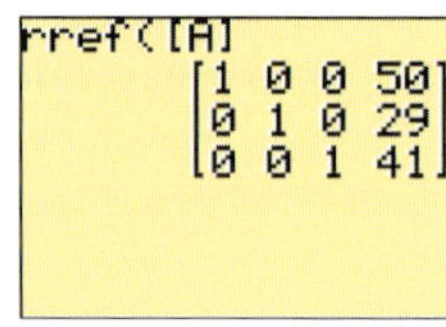

Lernbereich Daten und Zufall

	GTR-Funktion	Eingabe	Display
17	**Listen erstellen**	[STAT], 1:Edit [ENTER] Anschließend die gewünschten Werte eingeben, jeder Wert muss mit [ENTER] bestätigt werden	
18	**einzelne Werte einer Liste löschen**	Den gewünschten Wert markieren und mit [DEL] löschen.	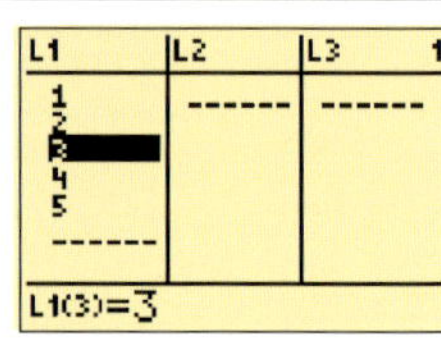
19	**alle Werte einer Liste löschen**	Die gewünschte Liste markieren und mit [CLEAR], [ENTER] löschen. **Vorsicht: [DEL], [ENTER] löscht die gesamte Liste, nicht deren Inhalt.**	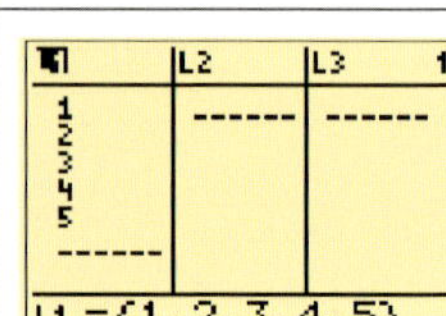

	GTR-Funktion	Eingabe	Display
20	**Kennwerte einer Stichprobe berechnen** **Urliste** ist gegeben	Die Merkmalsausprägungen in eine Liste eingeben. Nun [STAT], [CALC], 1:1-Var Stats mit [ENTER] auswählen und die entsprechende Liste durch [2ND], [L1] auswählen. [ENTER] liefert verschiedene Kennwerte der Liste. $\bar{x}$: arithmetisches Mittel Σx: Summe aller Merkmalsausprägungen Σx^2: Quadratsumme aller Merkmalsausprägungen Sx: Standardabweichung S_{n-1} σx: Standardabweichung S_n n: Stichprobenumfang min X: kleinste Merkmalsausprägung Q_1: 1. Quartil Med: Median Q_3: 3. Quartil max X: größte Merkmalsausprägung	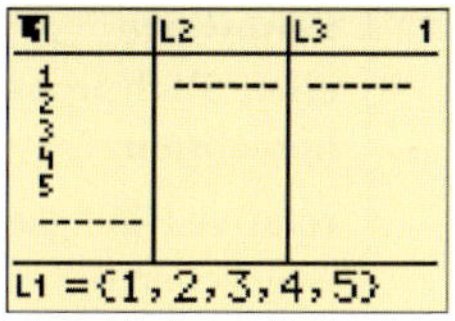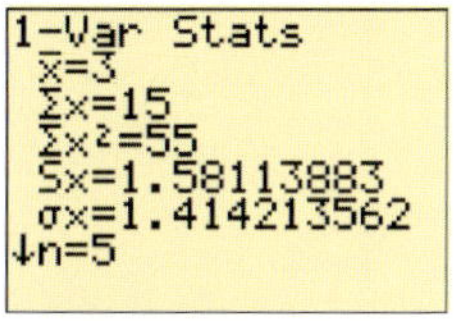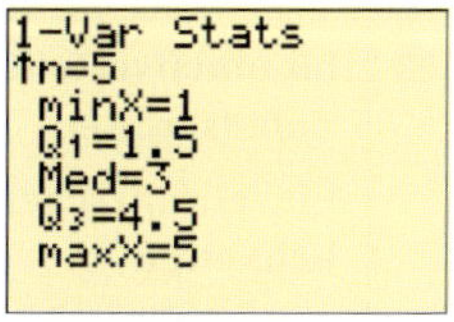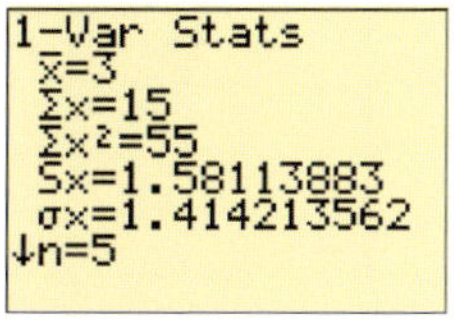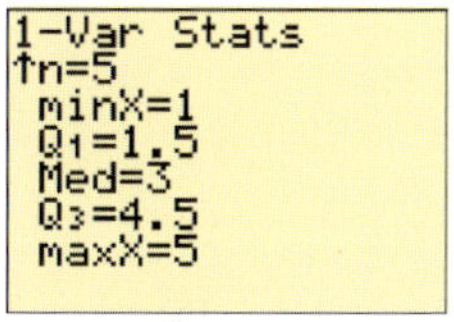
21	**Kennwerte einer Stichprobe berechnen** **absolute** Häufigkeit ist gegeben	Die Merkmalsausprägungen in Liste L1, die absoluten Häufigkeiten in Liste L2 eingeben. Nun [STAT], [CALC], 1:1-Var Stats mit [ENTER] auswählen und die entsprechenden Listen durch [2ND], [L1], [,], [2ND], [L2] auswählen. [ENTER] liefert die verschiedenen Kennwerte.	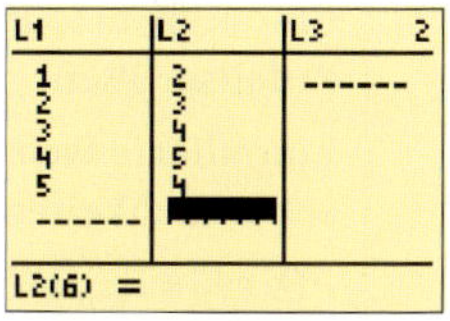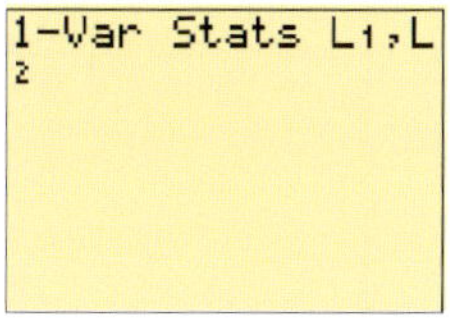

	GTR-Funktion	Eingabe	Display
22	**Kennwerte einer Stichprobe berechnen** **relative** Häufigkeit ist gegeben	Die Merkmalsausprägungen in Liste L1, die relativen Häufigkeiten in Liste L2 eingeben. Nun STAT, [CALC], 1:1-Varstats mit ENTER auswählen und die entsprechende Listen durch 2ND, [L1], ,, 2ND, [L2] auswählen. ENTER liefert die verschiedenen Kennwerte.	 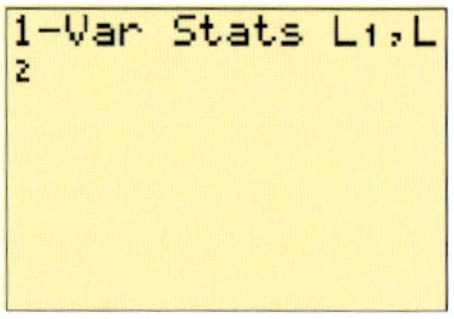
23	**binomialverteilte Zufallsgrößen** **Einzelwahrschein-lichkeiten** $P(X = k) = B_{n;p}(k)$	Durch 2ND, [DISTR], A:binompdf(, ENTER den Befehl für Einzelwahrscheinlichkeiten binomial-verteilter Zufallsgrößen auswählen. Anschließend die Parameter n, p und k durch , getrennt eingeben. Die Eingabe durch) beenden. ENTER liefert die Wahrscheinlichkeit.	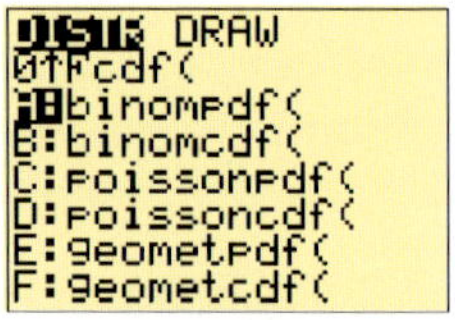 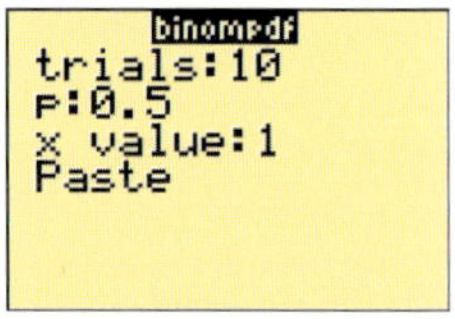 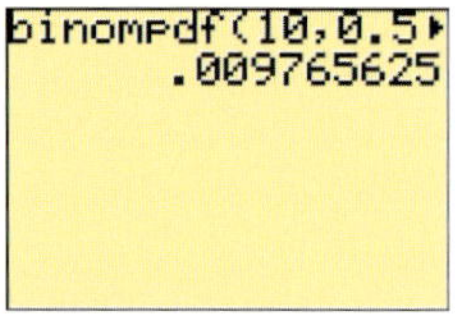
24	**binomialverteilte Zufallsgrößen** **kumulierte Wahr-scheinlichkeiten** $P(X \leq k) = F_{n;p}(k)$	Durch 2ND, [DISTR], B:binomcdf(, ENTER den Befehl für kumulierte Wahrscheinlichkeiten binomialverteilter Zufallsgrößen auswählen. Anschließend die Parameter n, p und k durch , getrennt eingeben. Die Eingabe durch) beenden. ENTER liefert die Wahrscheinlichkeit.	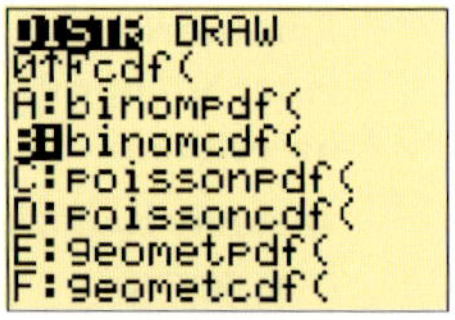  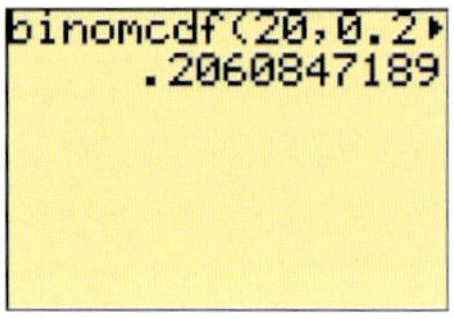

	GTR-Funktion	Eingabe	Display
25	**Eingabe einer binomialverteilten Wahrscheinlich-keitsverteilung**	Als Erstes müssen alle Werte für *k* mit STAT, 1:EDIT in die Liste L1 eingegeben werden. Als Nächstes muss mit den Cursor-Tasten der Listenkopf von L2 markiert werden. Durch die Eingabe 2ND, [DISTR], A:binompdf(das Fenster für die Einzelwahrscheinlichkeits-berechnung binomialverteilter Zufallsgrößen wählen. Unter trials die Anzahl der Ziehungen, unter p die Trefferwahrscheinlichkeit und unter x mit 2ND, [L1] die Liste mit den zuvor ausgefüllten Werten für *k* eingeben. ENTER liefert die Wahrscheinlichkeitsverteilung.	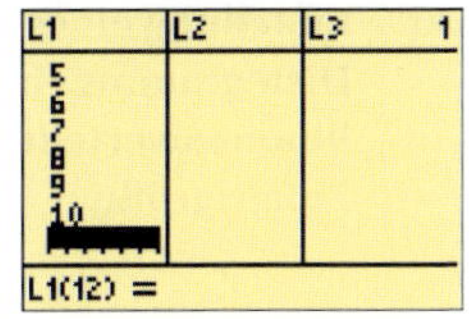 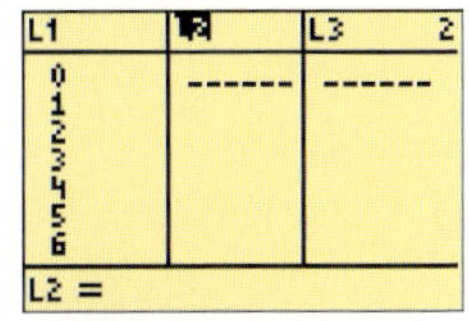   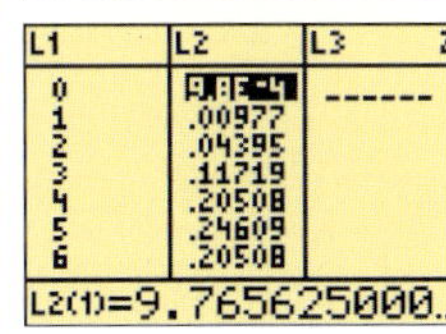

	GTR-Funktion	Eingabe	Display
26	**Erstellung eines Histogramms einer binomialverteilten Zufallsgröße**	Zunächst wie unter Nr. 25 beschrieben eine binomialverteilte Wahrscheinlichkeitsverteilung eingeben. Im Hauptbildschirm mit [2ND], [STAT PLOT], 1:Plot1 den Statistikplotter auswählen und die Einstellungen nach den drei Abbildungen vornehmen. **Hinweis** • Bei den Fenstereinstellungen ist zu beachten, dass • die Werte für Xmin und Ymin immer 0 sind, • der Wert für Xmax immer $n + 1$ ist, • der Wert für Xscl immer 1 ist, • der Wert für Ymax immer größer ist als die höchste Wahrscheinlichkeit. [GRAPH] liefert das gewünschte Histogramm. **Hinweis** Sie müssen vorher alle Eingaben im Y-Editor löschen.	 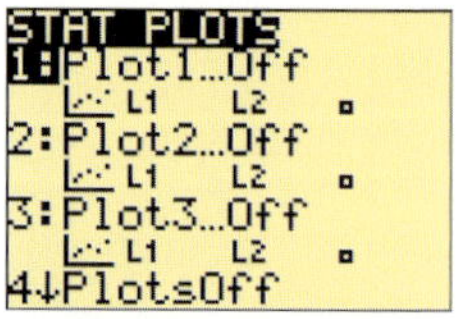 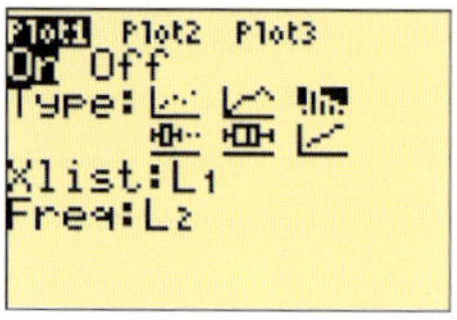 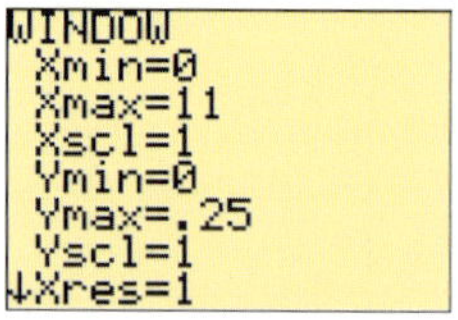 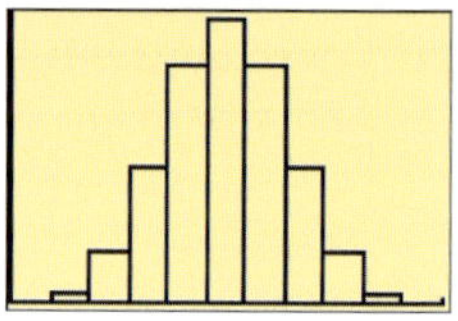

	GTR-Funktion	Eingabe	Display
27	**Prognoseintervall berechnen**	Zunächst mit STAT, [TESTS], A:1-Prop-ZInt... den entsprechenden Befehl auswählen. Unter x den Erwartungswert μ unter n den Stichprobenumfang n und unter C-Level die Sicherheitswahrscheinlichkeit eingeben und jeweils mit ENTER bestätigen. ENTER liefert das Prognoseintervall mit relativen Häufigkeiten. $\hat{p}$ ist die relative Häufigkeit der Eigenschaft der Grundgesamtheit. Die Multiplikation mit dem Stichprobenumfang n liefert das gewünschte Prognoseintervall.	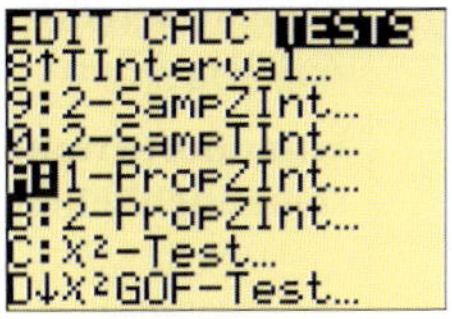 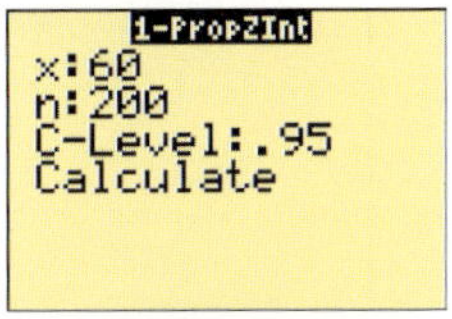 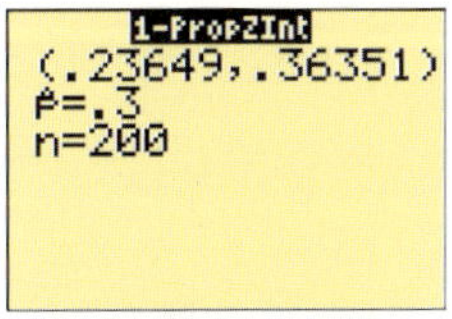 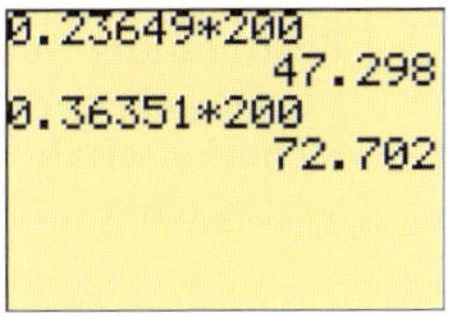
28	**normalverteilte Zufallsgrößen** **Einzelwahrschein-lichkeiten** $\varphi(x)$	Durch 2ND, [DISTR], 1:normalpdf(, ENTER den Befehl für Einzelwahrscheinlichkeiten normalverteilter Zufallsgrößen auswählen. Unter x value die Anzahl der Treffer k, unter μ den Erwartungswert und unter σ die Standard-abweichung eingeben und jeweils mit ENTER bestätigen. Zweimaliges ENTER liefert die Wahrscheinlich-keit.	 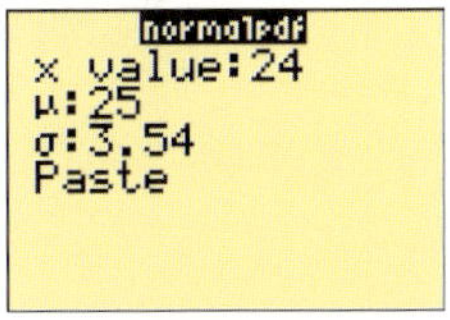 

	GTR-Funktion	Eingabe	Display
29	**normalverteilte Zufallsgrößen** **kumulierte Wahrscheinlichkeiten**	Mit 2ND, [DISTR], 2:normalcdf(den Befehl für kumulierte Wahrscheinlichkeiten normalverteilter Zufallsgrößen wählen und mit ENTER bestätigen. Unter lower die linke und unter upper die rechte Grenze jeweils über den Nummernblock eingeben und mit ENTER bestätigen. Beim Erwartungswert μ und der Standardabweichung σ ebenso verfahren. Zweimaliges ENTER liefert die Wahrscheinlichkeit.	  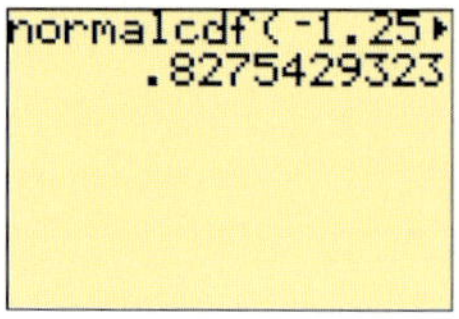
30	**Bestimmung von *z* bei gegebener Sicherheitswahrscheinlichkeit**	Zunächst im Hauptbildschirm mit 2ND, [DISTR], 3:invNorm(, ENTER den entsprechenden Befehl auswählen. Unter area den Wert für $\Phi(z)$ eingeben und mit ENTER bestätigen. Beim Erwartungswert μ und der Standardabweichung σ ebenso verfahren. Zweimaliges ENTER liefert das Ergebnis.	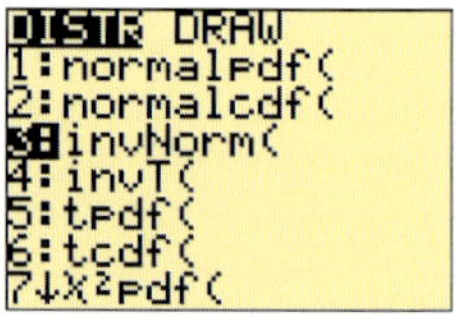 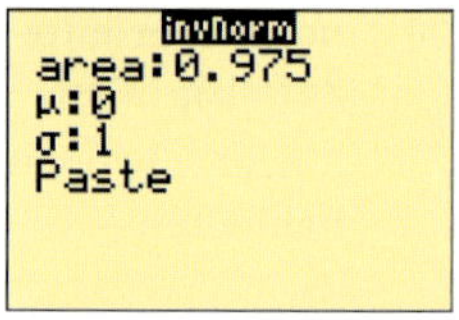 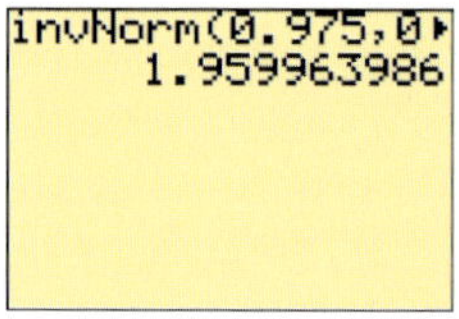

	GTR-Funktion	Eingabe	Display
31	**Konfidenzintervall näherungsweise bestimmen**	Zunächst mit STAT, [TESTS], A:1-Prop-ZInt... den entsprechenden Befehl auswählen. Unter x die absolute Häufigkeit der Stichprobe, unter n den Stichprobenumfang und unter C-Level die Sicherheitswahrscheinlichkeit eingeben und jeweils mit ENTER bestätigen. ENTER liefert das Konfidenzintervall. **Hinweis** Der GTR rechnet mit der Formel auf S. 305.	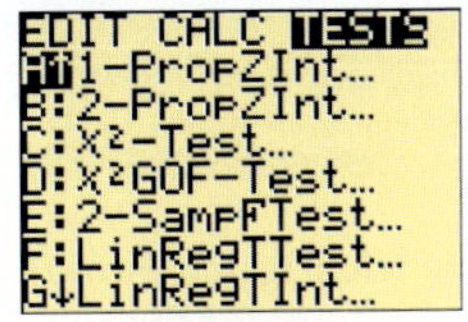  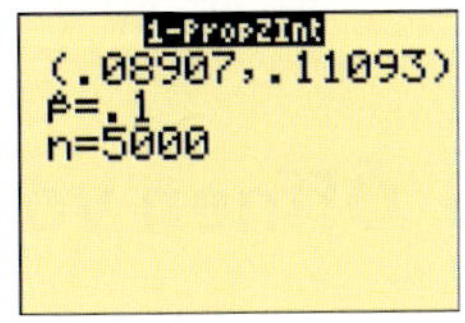

Anhang CAS-Funktionen

Die wichtigsten Funktionen des CAS-Taschenrechners TI-nSpire CX II-T CAS (CAS = Computer-Algebra-System) für die Sachgebiete Analytische Geometrie, Lineare Algebra und Stochastik

Andere Computer-Algebra-Systeme (CAS) haben ähnliche Menüs und Funktionen.

In der Anleitung sind die angegebenen Tasten des Taschenrechners rechteckig gerahmt, z. B. [menu].
Die Zweitbelegungen der Tasten sind in eckige Klammern gesetzt, z. B. [+ page].

0 Öffnen von Applikationen

Für die Arbeit mit diesem Buch sind nur vier Applikationen des Taschenrechners TI-nspire CX II CAS notwendig:

1. Calculator
2. Graphs (nur in Sonderfällen, die Vorgehensweise wird direkt in der BiBox erläutert)
3. Lists & Spreadsheet
4. Notes (nur in Sonderfällen, die Vorgehensweise wird direkt in der BiBox erläutert)

Es gibt jeweils mehrere Möglichkeiten, diese Applikationen zu öffnen:

- **Calculator** (Rechner) kann im Startbildschirm wie in den **Abbildungen 1 und 2** mit 1: Neues, 1: Calculator hinzufügen
  oder wie in **Abbildung 3** mit dem größer hervorgehobenen **Calculator**-Symbol  geöffnet werden.

Abb. 1

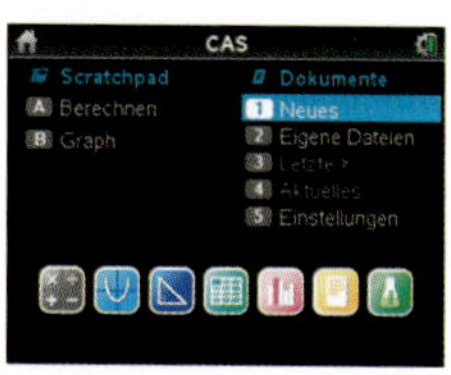

Abb. 2

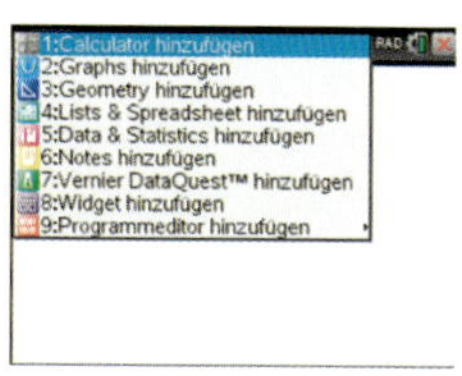

Abb. 3

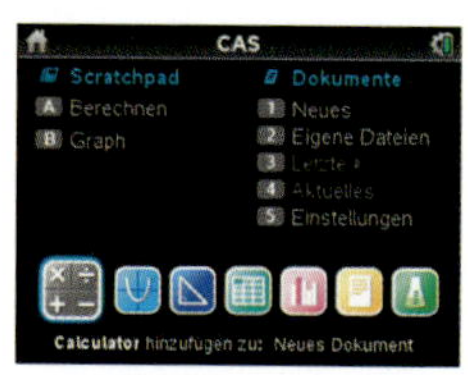

- **Graphs** (Grafik) kann im Startbildschirm wie in den **Abbildungen 4 und 5** mit 1: Neues, 2: Graphs hinzufügen
  oder wie in Abbildung 6 mit dem größer hervorgehobenen Graphs-Symbol  geöffnet werden.

Abb. 4

Abb. 5

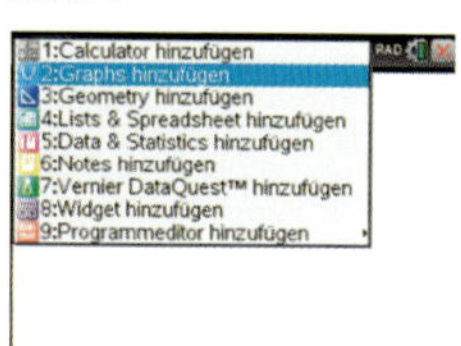

Abb. 6

- **Lists & Spreadsheet** (Listen und Tabellen) kann im Startbildschirm wie in den **Abbildungen 7 und 8** mit 1: Neues, 4: Lists & Spreadsheet hinzufügen
  oder wie in **Abbildung 9** mit dem größer hervorgehobenen Lists & Spreadsheets-Symbol geöffnet werden.

Abb. 7

Abb. 8

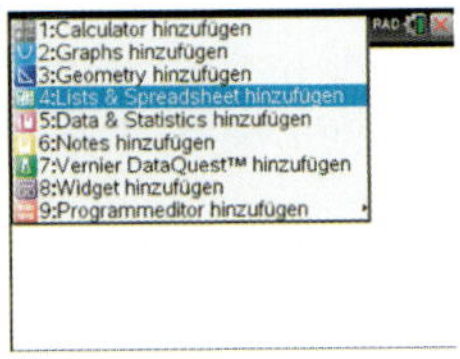

Abb. 9

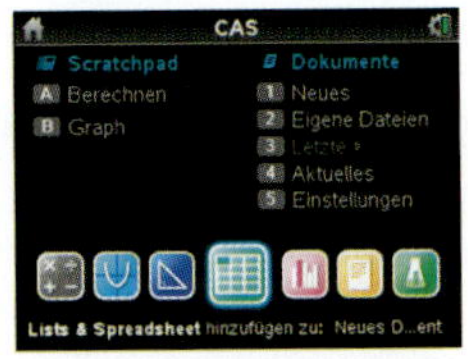

- **Notes** (Notizen) kann im Startbildschirm wie in den **Abbildungen 10 und 11** mit 1: Neues, 6: Notes hinzufügen
  oder wie in **Abbildung 12** mit dem größer hervorgehobenen Notes-Symbol geöffnet werden.

Abb. 10

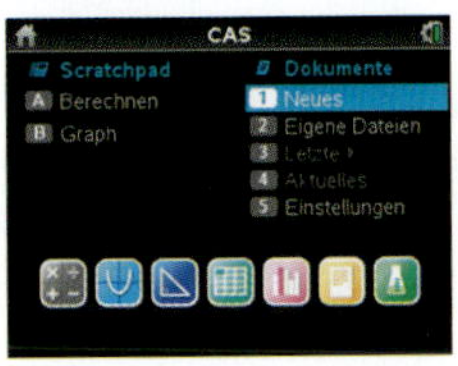

Abb. 11

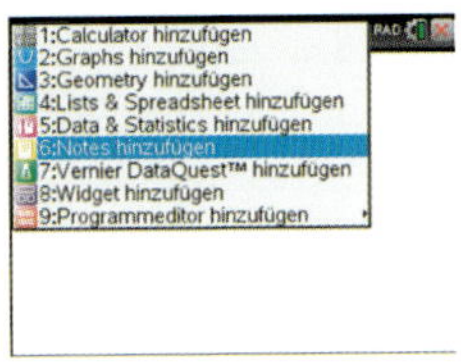

Abb. 12

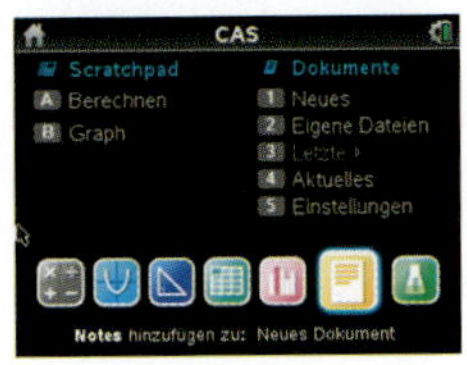

Außerdem können mit der Scratchpad-Taste (links neben dem Mousepad) Rechnungen durchgeführt und Graphen gezeichnet werden.

Wegen der besseren Verknüpfungs- und Abspeicherungsmöglichkeiten empfehlen wir jedoch die Applikationen, wie oben beschrieben, über das Applikationenmenü zu öffnen.

Lernbereich Raumanschauung und Koordinatisierung

1 Eingabe von Vektoren

Im Startbildschirm die Applikation **Calculator** öffnen.

Abb. 1 und 2: Mit menu, 7: Matrix und Vektor, 1: Erstellen, 1: Matrix… können Vektoren und Matrizen eingegeben werden.

Abb. 3 und 4: Mit dem Nummernblock und tab können die Werte für die Zeilen und Spalten eingegeben werden. enter erstellt den Vektor in der gewünschten Dimension.

Abb. 1

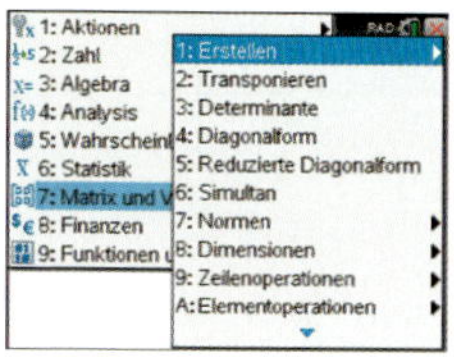

Abb. 2

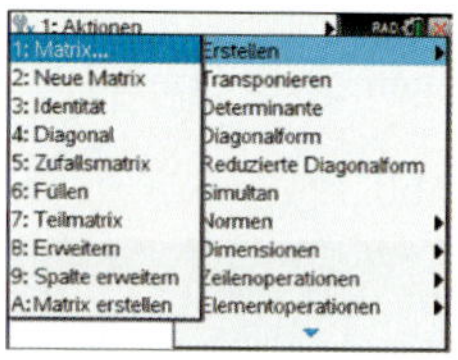

Abb. 3

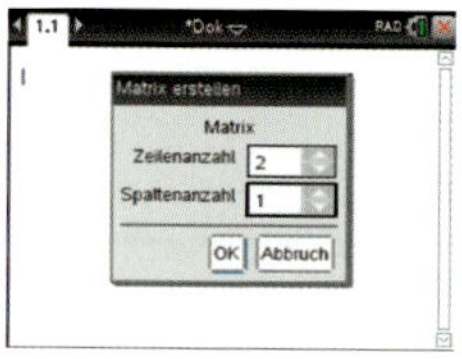

Abb. 4

Abb. 5: Mit dem Nummernblock und tab können die Werte für die einzelnen Elemente eingegeben werden.

Abb. 5

2 Addition und Subtraktion von Vektoren

Im Startbildschirm die Applikation **Calculator** öffnen.

Vektoren können, nach der Eingabe wie in „1 Eingabe von Vektoren" beschrieben, wie reguläre Zahlen mit + addiert oder mit − subtrahiert werden,

Abb. 1–3: Bei Bedarf kann der Vektor mit ctrl, [sto →] unter einem Namen abgespeichert werden. Anschließend können die Vektoren addiert werden. enter liefert das gewünschte Ergebnis.

Abb. 1

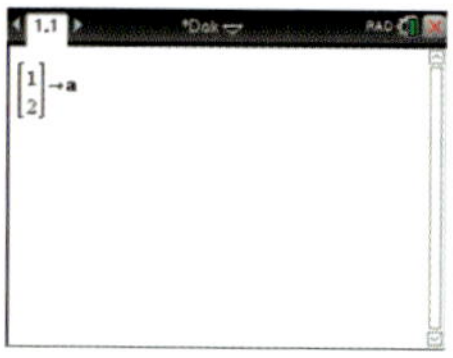

Abb. 2

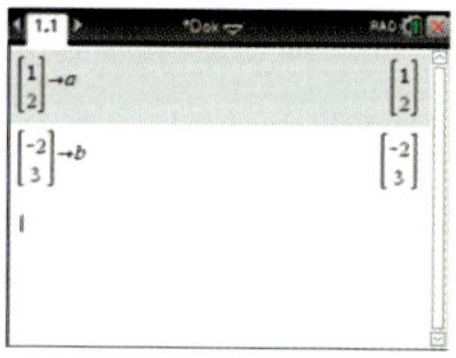

Abb. 3

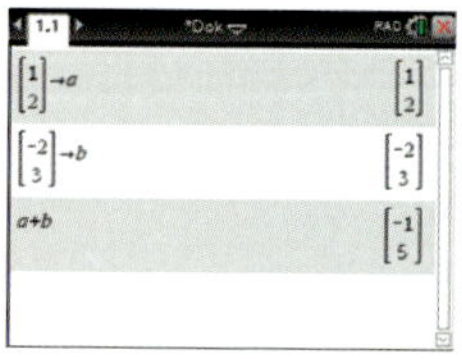

3 Skalare Multiplikation von Vektoren

Im Startbildschirm die Applikation **Calculator** öffnen.

Abb. 1: Über den Nummernblock den Skalar eingeben und anschließend [x] drücken.

Abb. 2: Vektoren können, nach der Eingabe wie in „1 Eingabe von Vektoren" beschrieben, wie reguläre Zahlen mit einem Skalar multipliziert werden. [enter] liefert das gewünschte Ergebnis.

Abb. 1

Abb. 2

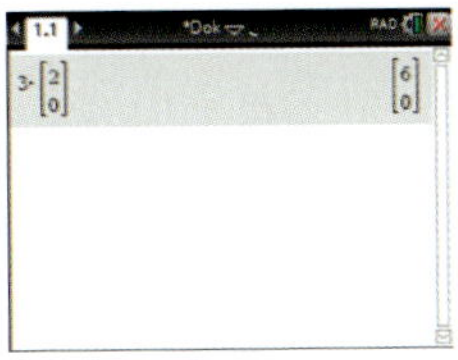

4 Transponieren von Vektoren

Im Startbildschirm die Applikation **Calculator** öffnen.

Abb. 1–3: Zunächst muss, wie in „1 Eingabe von Vektoren" beschrieben, der zu transponierende Vektor eingegeben werden. Mit [menu], 7: Matrix und Vektor, 2: Transponieren den Befehl zum Transponieren auswählen. [enter] liefert das gewünschte Ergebnis.

Abb. 1

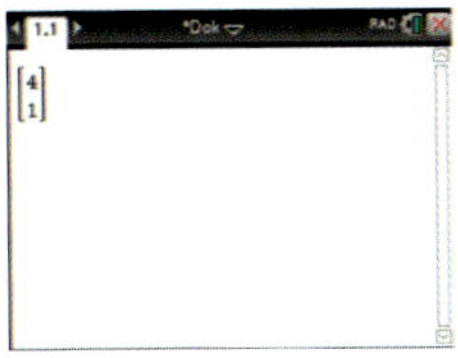

Abb. 2

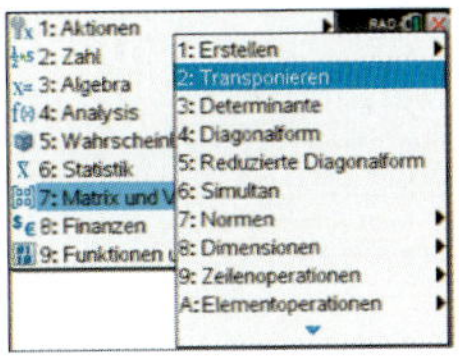

Abb. 3

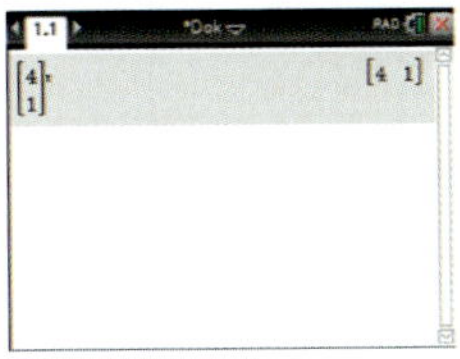

5 Skalarprodukt

Im Startbildschirm die Applikation **Calculator** öffnen.

Abb. 1–3: Zunächst muss, wie in „1 Eingabe von Vektoren" beschrieben, der erste Vektor eingegeben und anschließend, wie in „4 Transponieren von Vektoren" beschrieben, transponiert werden. Nun [x] und den zweiten Vektor eingeben. [enter] liefert das gewünschte Ergebnis.

Abb. 1

Abb. 2

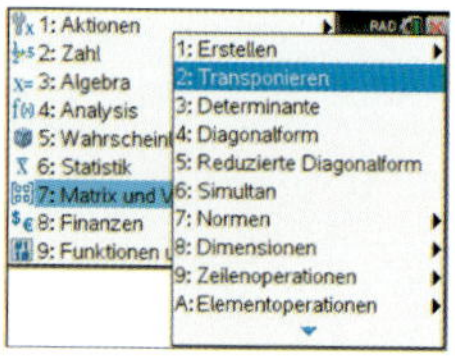

Abb. 3

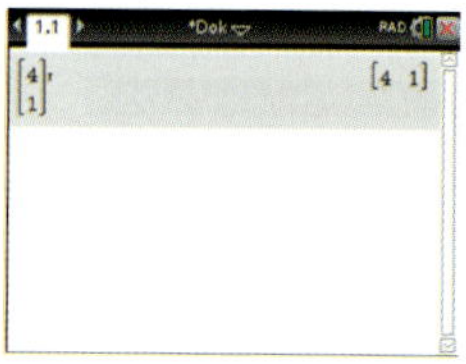

6 Winkelberechnungen

Um Winkel mit dem Taschenrechner bestimmen zu können, muss der Taschenrechner zunächst von Bogenmaß auf Gradmaß umgestellt werden.

Abb. 1–3: Mit [doc], 7: Einstellungen und Status, 1: Dokumenteinstellungen… das angegebene Fenster anwählen und die Einstellung gemäß Abb. 3 ändern.

Abb. 1

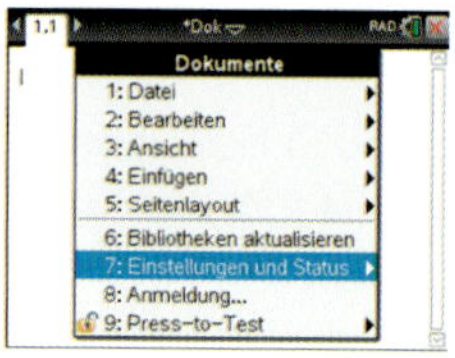

Abb. 2

Abb. 3

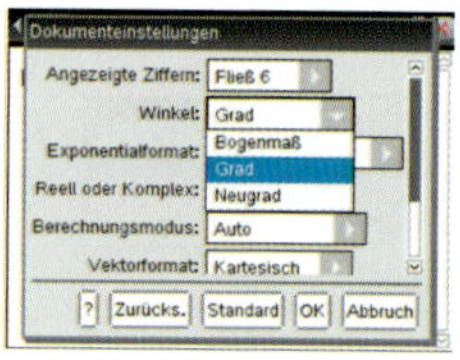

7 Lineares Gleichungssystem lösen (Gauß-Algorithmus)

Variante 1

Im Startbildschirm die Applikation **Calculator** öffnen.

Abb. 1 und 2: Mit menu, 3: Algebra, 7: Gleichungssystem lösen, 1: Gleichungssystem lösen… den entsprechenden Befehl auswählen.

Abb. 3 und 4: Mit der Tastatur und tab das Fenster gemäß. Abb. 3 ausfüllen. Mit der Tastatur die fehlenden Werte ergänzen.

Abb. 1

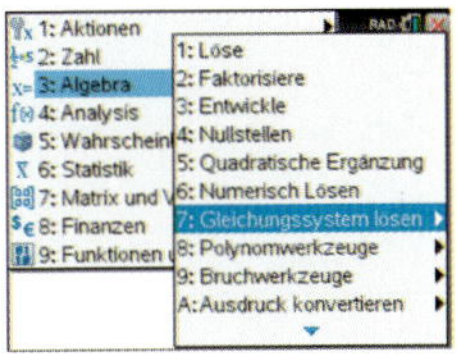

Abb. 2

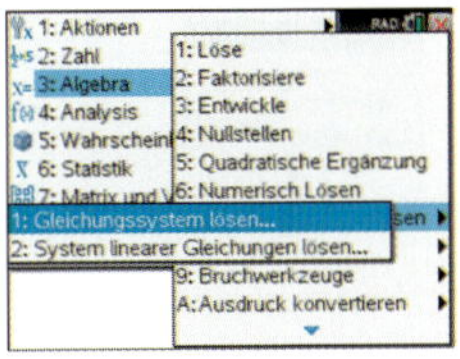

Abb. 3

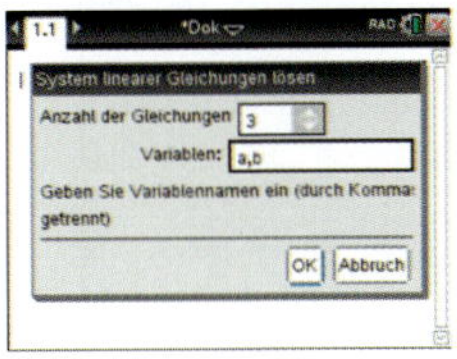

Abb. 4

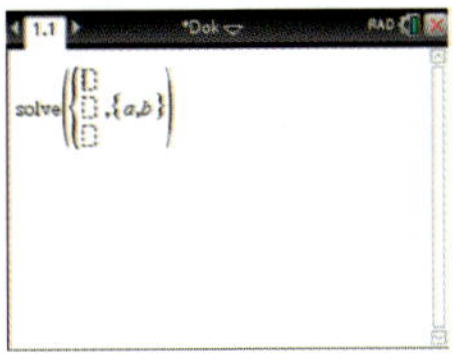

Abb. 5: enter liefert das Ergebnis.

Abb. 5

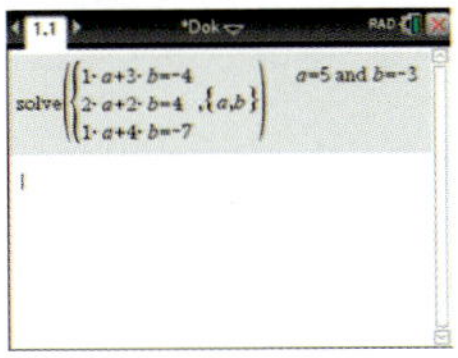

Variante 2

Im Startbildschirm die Applikation **Calculator** öffnen.

Abb. 1–3: Mit menu, 7: Matrix und Vektor, 5: Reduzierte Diagonalform den entsprechenden Befehl auswählen. Anschließend muss, wie in „8 Eingabe von Matrizen oder Vektoren" beschrieben, die erweiterte Koeffizientenmatrix eingegeben werden. enter liefert das Ergebnis.

Abb. 1

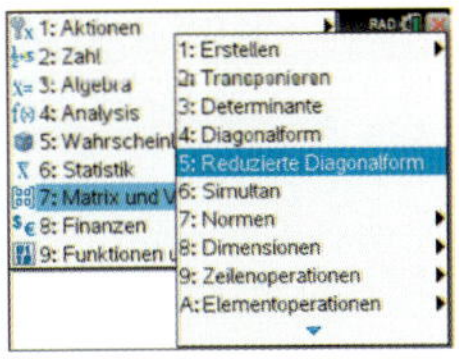

Abb. 2

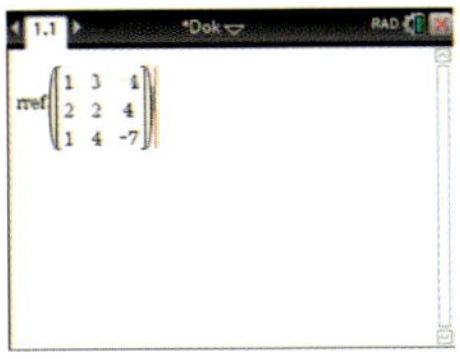

Abb. 3

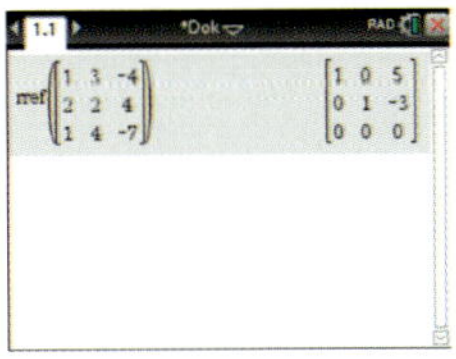

Lernbereich Mehrstufige Prozesse – Matrizenrechnung

8 Eingabe von Matrizen oder Vektoren

Im Startbildschirm die Applikation **Calculator** öffnen.

Abb. 1 und 2: Mit menu, 7: Matrix und Vektor, 1: Erstellen, 1: Matrix... können Vektoren und Matrizen eingegeben werden.

Abb. 3 und 4: Mit dem Nummernblock und tab können die Werte für die Zeilen und Spalten eingegeben werden. enter erstellt die Matrix in der gewünschten Dimension, hier 2 × 3. Mit dem Nummernblock und tab können die Werte für die einzelnen Elemente eingegeben werden.

Abb. 1

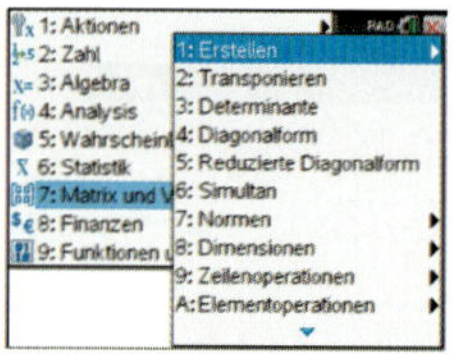

Abb. 2

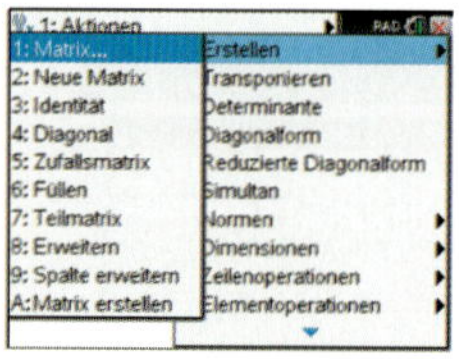

Abb. 3

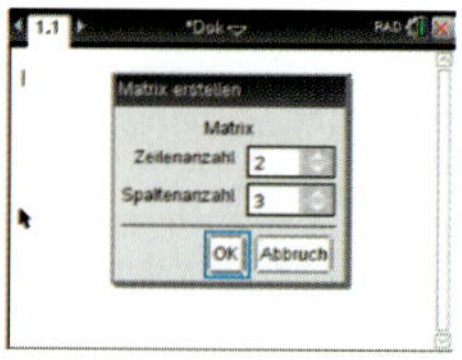

Abb. 4

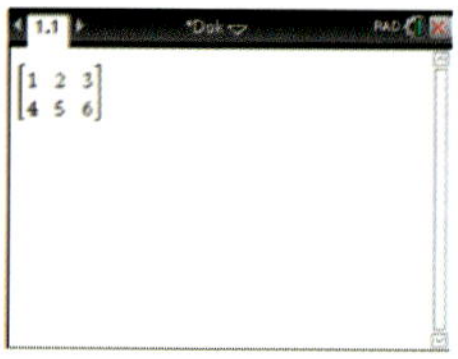

9 Bestimmung von Determinanten

Im Startbildschirm die Applikation **Calculator** öffnen.

Abb. 1–3: Mit menu, 7: Matrix und Vektor, 3: Determinante den entsprechenden Befehl auswählen. Anschließend muss, wie in „8 Eingabe von Matrizen oder Vektoren" beschrieben, die quadratische Matrix eingegeben werden. enter liefert die Determinante.

Abb. 1

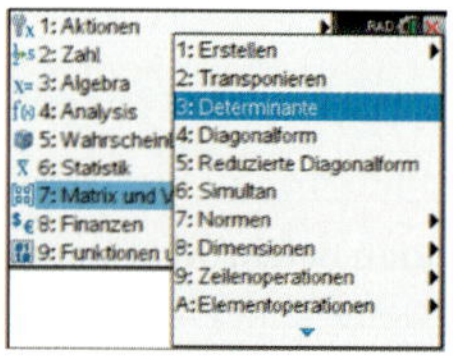

Abb. 2

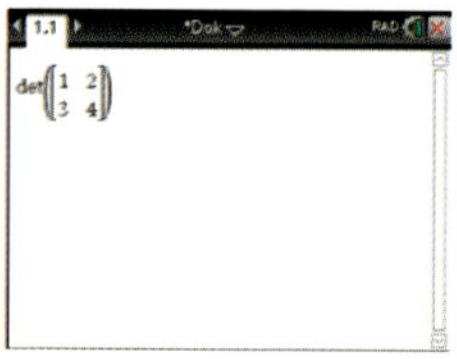

Abb. 3

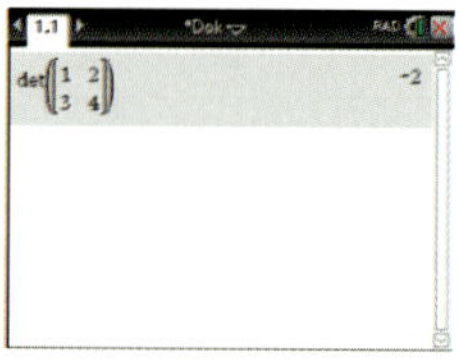

10 Einheitsmatrix erzeugen

Im Startbildschirm die Applikation **Calculator** öffnen.

Abb. 1–3: Mit [menu], 7: Matrix und Vektor, 1: Erstellen, 3: Identität den entsprechenden Befehl auswählen. Nun über den Nummernblock die gewünschte Größe definieren, z. B. [4]. [enter] liefert eine 4×4 Einheitsmatrix.

Abb. 1

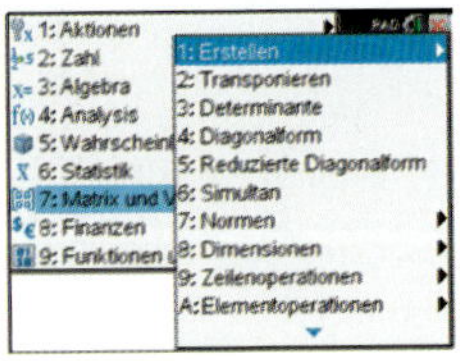

Abb. 2

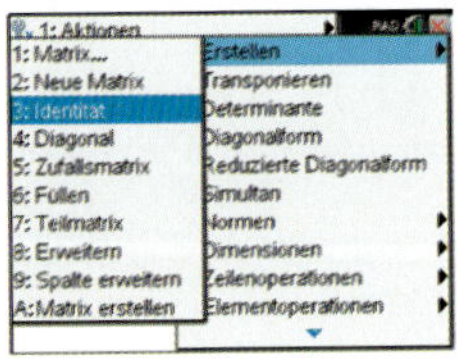

Abb. 3

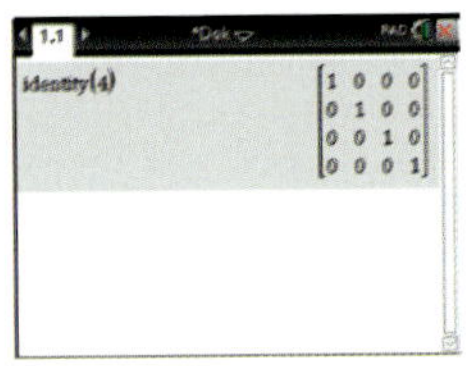

11 Transponieren von Matrizen oder Vektoren

Im Startbildschirm die Applikation **Calculator** öffnen.

Abb. 1–3: Zunächst muss, wie in „8 Eingabe von Matrizen oder Vektoren" beschrieben, die zu transponierende Matrix eingegeben werden. Mit [menu], 7: Matrix und Vektor, 2: Transponieren den Befehl zum Transponieren auswählen. [enter] liefert das gewünschte Ergebnis.

Abb. 1

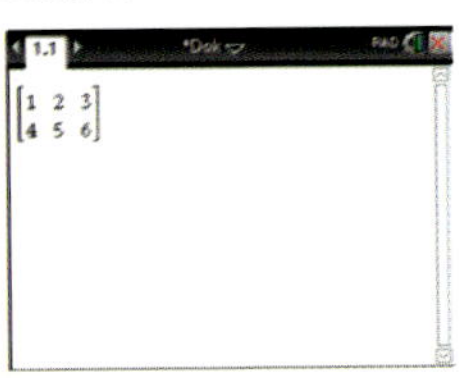

Abb. 2

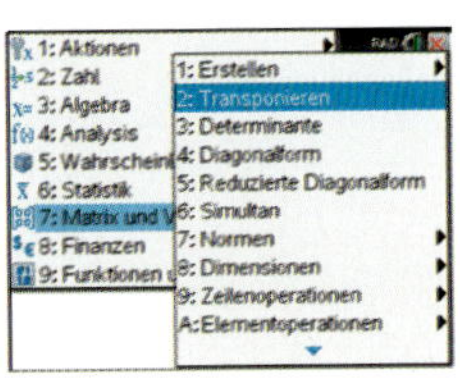

Abb. 3

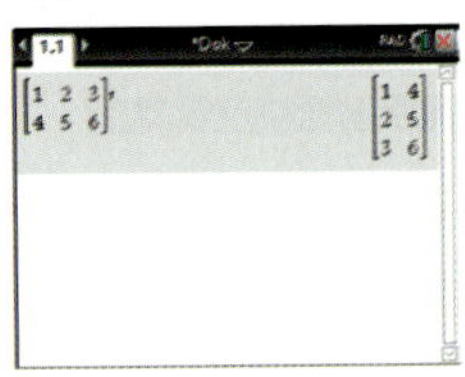

12 Addition und Subtraktion von Matrizen oder Vektoren

Im Startbildschirm die Applikation **Calculator** öffnen.

Abb. 1: Matrizen können, nach der Eingabe wie in „8 Eingabe von Matrizen oder Vektoren“ beschrieben, wie reguläre Zahlen addiert oder subtrahiert werden. Vgl. S. 352: „2 Addition und Subtraktion von Vektoren“.

Abb. 1

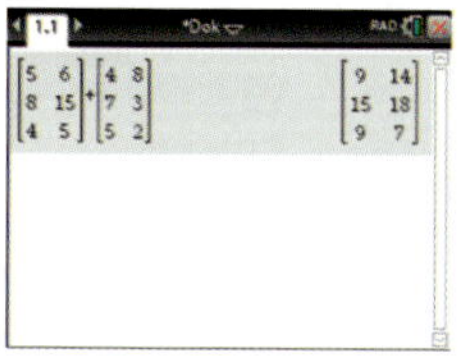

13 Skalare Multiplikation

Im Startbildschirm die Applikation **Calculator** öffnen.

Abb. 1: Über den Nummernblock den Skalar eingeben und anschließend [x] drücken.

Abb. 2: Matrizen und Vektoren können, nach der Eingabe wie in „8 Eingabe von Matrizen oder Vektoren“ beschrieben, wie reguläre Zahlen mit einem Skalar multipliziert werden. Vgl. S. 353: „3 Skalare Multiplikation von Vektoren“.

Abb. 1

Abb. 2

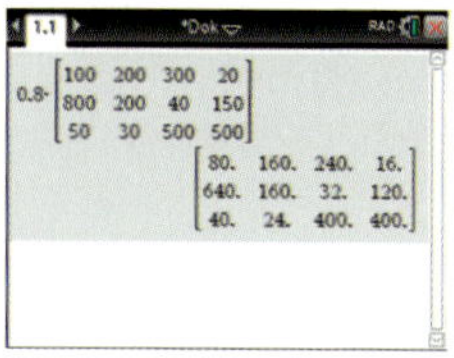

14 Multiplikation von Matrizen und/oder Vektoren

Im Startbildschirm die Applikation **Calculator** öffnen.

Abb. 1: Matrizen und/oder Vektoren können, nach der Eingabe wie in „8 Eingabe von Matrizen und Vektoren“ beschrieben, wie reguläre Zahlen mit [x] multipliziert werden.

Abb. 1

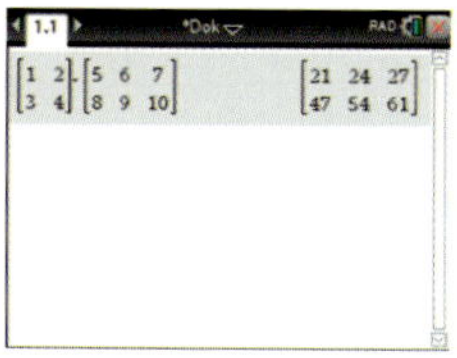

15 Inverse berechnen

Im Startbildschirm die Applikation **Calculator** öffnen.

Abb. 1: Zunächst muss, wie in „8 Eingabe von Matrizen oder Vektoren“ beschrieben, die zu invertierende Matrix eingegeben werden. Anschließend über die Tastatur [^] gefolgt von [(–)] [1] eingeben. [enter] liefert die inverse Matrix.

Abb. 1

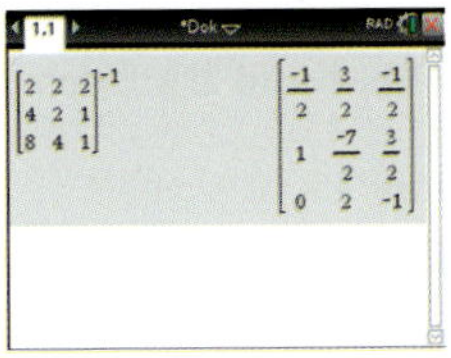

16 Lineare Gleichungssysteme lösen

Im Startbildschirm die Applikation **Calculator** öffnen.

Abb. 1 und 2: Mit [menu], 7: Matrix und Vektor, 5: Reduzierte Diagonalform den entsprechenden Befehl auswählen.

Anschließend muss, wie in „8 Eingabe von Matrizen oder Vektoren“ beschrieben, die erweiterte Koeffizientenmatrix eingegeben werden. [enter] liefert das gewünschte Ergebnis.

Abb. 1

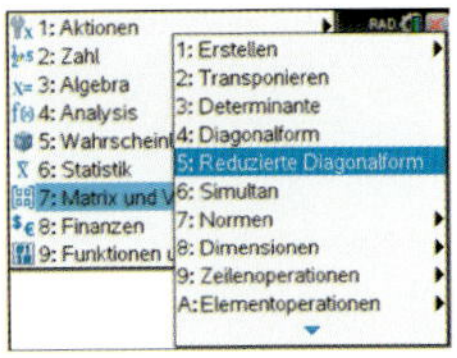

Abb. 2

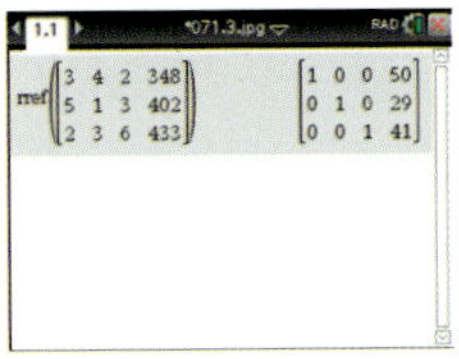

Lernbereich Daten und Zufall

17 Listen erstellen

Im Startbildschirm die Applikation **Lists & Spreadsheets** öffnen.

Abb. 1 und 2: Mit dem Nummernblock und enter die einzelnen Werte eingeben.

Abb. 1

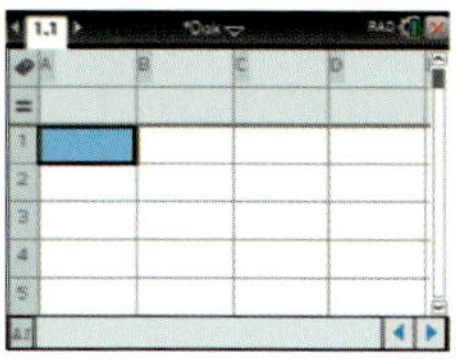

Abb. 2

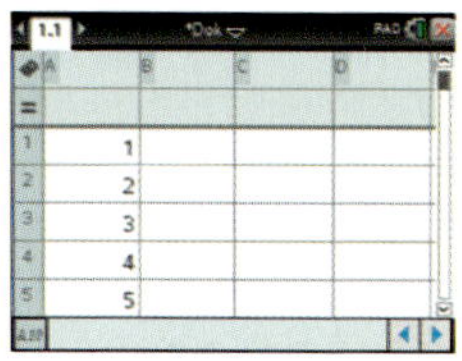

18 Einzelne Werte einer Liste löschen

Im Startbildschirm die Applikation **Lists & Spreadsheets** öffnen.

Abb. 1 und 2: Zunächst, wie unter „17 Listen erstellen“ beschrieben, eine Liste erstellen. Den gewünschten Wert markieren und mit del löschen.

Abb. 1

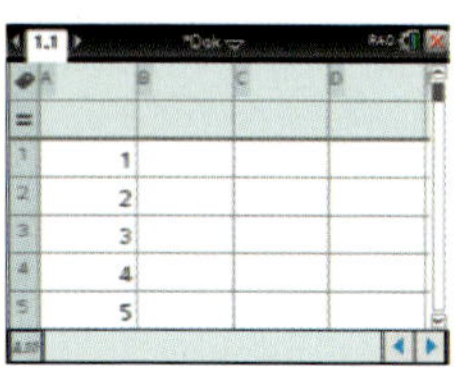

Abb. 2

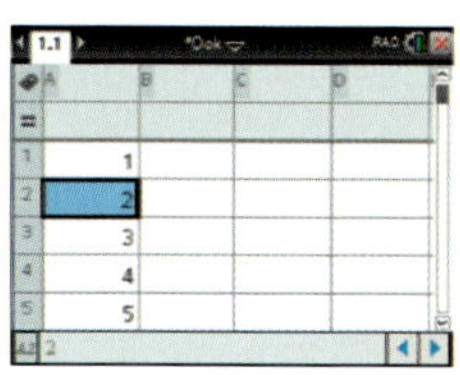

19 Alle Werte einer Liste löschen

Im Startbildschirm die Applikation **Lists & Spreadsheets** öffnen.

Abb. 1 und 2: Zunächst, wie unter „17 Listen erstellen“ beschrieben, eine Liste erstellen. Die gewünschten Werte markieren und mit [del] löschen.

Abb. 1

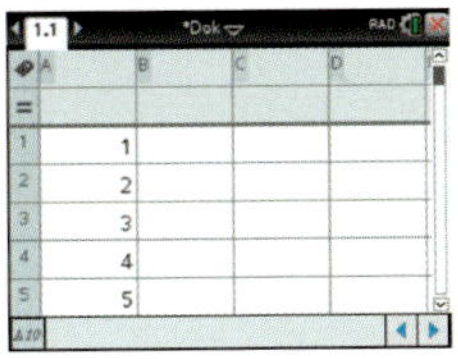

Abb. 2

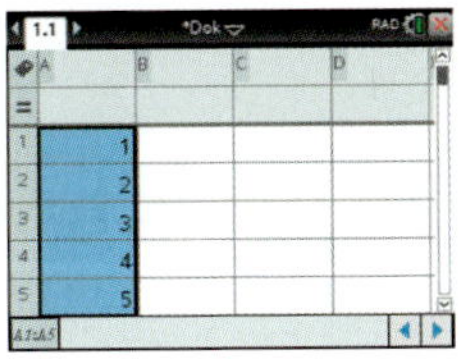

20 Kennwerte einer Stichprobe berechnen

Urliste ist gegeben

Im Startbildschirm die Applikation **Lists & Spreadsheets** öffnen.

Abb. 1–3: Zunächst, wie unter „17 Listen erstellen“ beschrieben, eine Liste erstellen. Mit [menu], 4: Statistik, 1: Statistische Berechnungen, 1: Statistik mit einer Variable… den entsprechenden Befehl auswählen.

Abb. 1

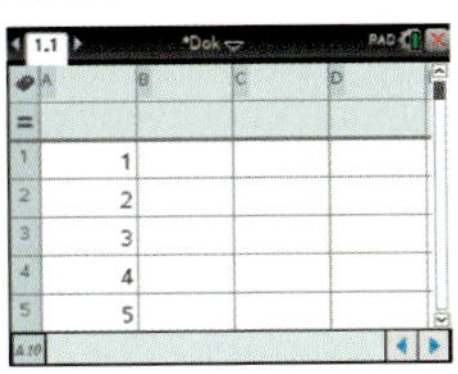

Abb. 2

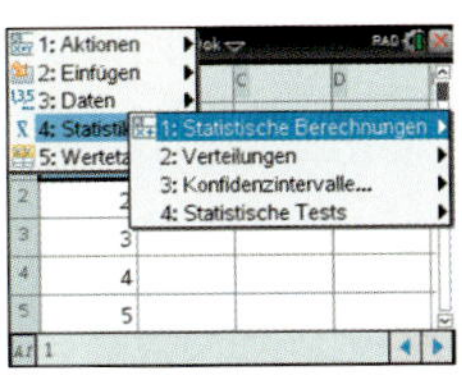

Abb. 3

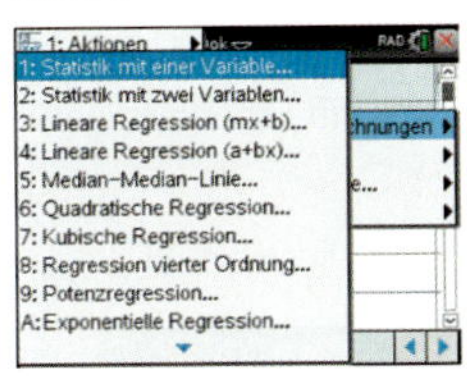

Abb. 4 und 5: Mit der Tastatur und [tab] die Eingaben gemäß der Abb. 4 und 5 vornehmen. **Hinweis:** Die Meldung in Abb. 5a erscheint nur, wenn in einer Spalte bereits Daten vorhanden sind.

Abb. 4

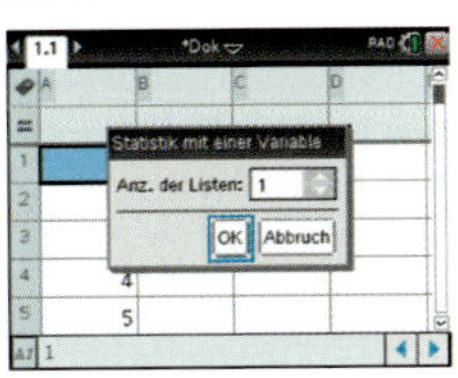

Abb. 5

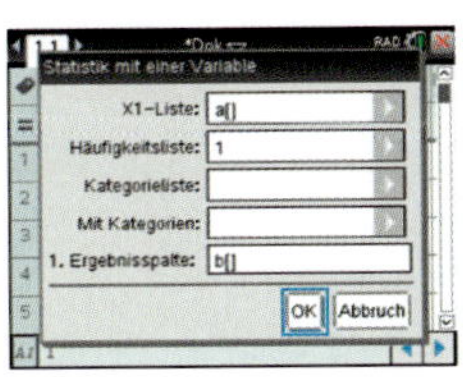

Abb. 5a

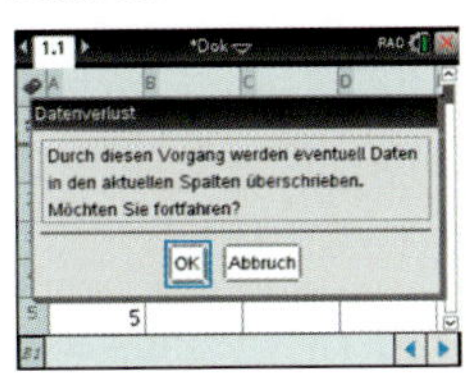

Abb. 6 und 7: In Abb. 6 auf OK klicken. Es erscheinen diverse Kennwerte.

Abb. 6

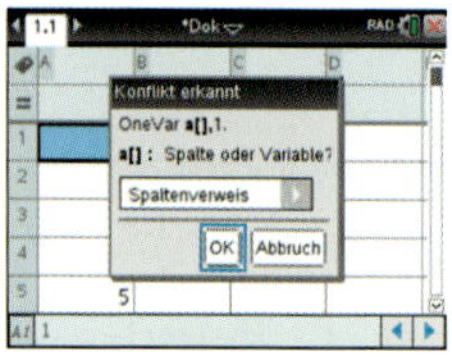

Abb. 7

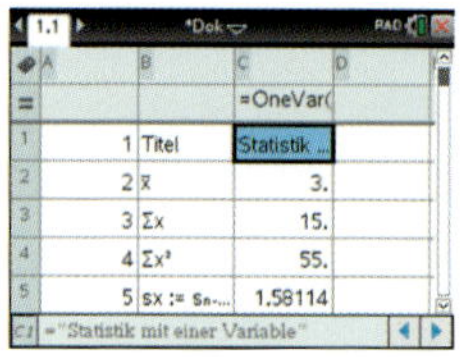

21 Kennwerte einer Stichprobe berechnen

absolute Häufigkeit ist gegeben

Im Startbildschirm die Applikation **Lists & Spreadsheets** öffnen.

Abb. 1–3: Zunächst, wie unter „17 Listen erstellen" beschrieben, eine Liste erstellen. Mit menu, 4: Statistik, 1: Statistische Berechnungen, 1: Statistik mit einer Variable… den entsprechenden Befehl auswählen.

Abb. 1

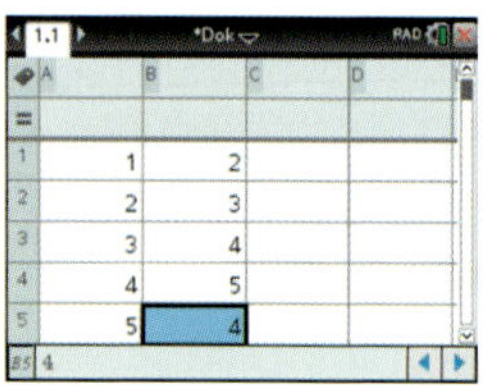

Abb. 2

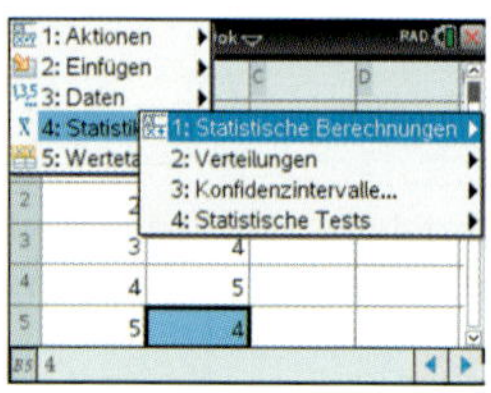

Abb. 3

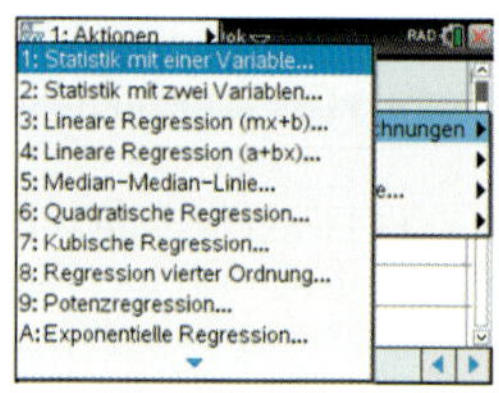

Abb. 4–6: Mit der Tastatur und tab die Eingaben gemäß der Abb. 4 und 5 vornehmen. Ein Klick auf OK liefert diverse Kennwerte.

Abb. 4

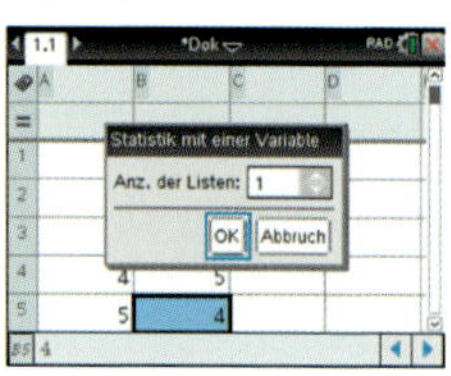

Abb. 5

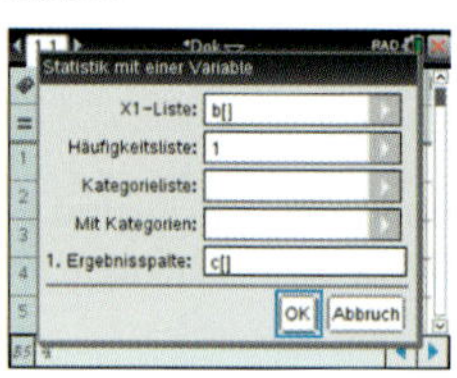

Abb. 6

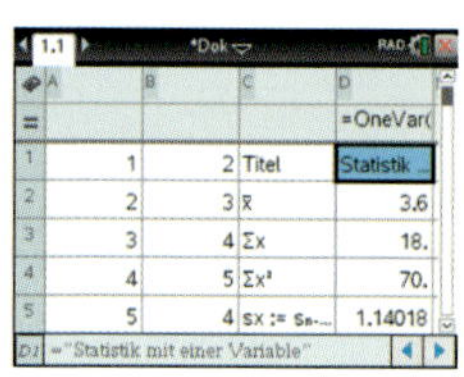

22 Kennwerte einer Stichprobe berechnen

relative Häufigkeit ist gegeben

Im Startbildschirm die Applikation **Lists & Spreadsheets** öffnen.

Abb. 1–3: Zunächst, wie unter „17 Listen erstellen" beschrieben, eine Liste erstellen. Mit menu, 4: Statistik, 1: Statistische Berechnungen, 1: Statistik mit einer Variable… den entsprechenden Befehl auswählen.

Abb. 1

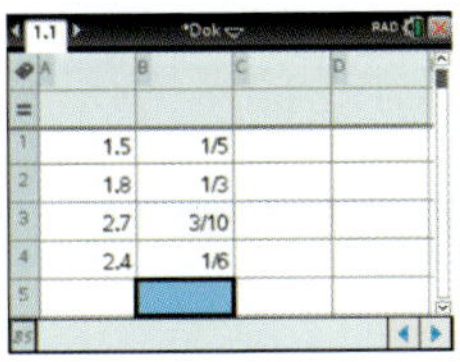

Abb. 2

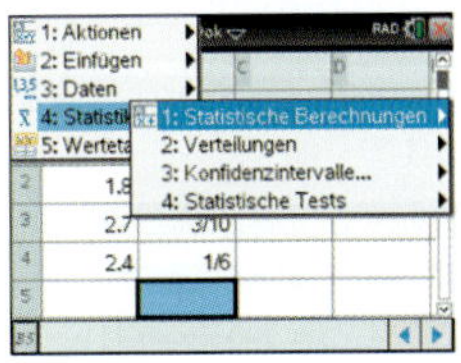

Abb. 3

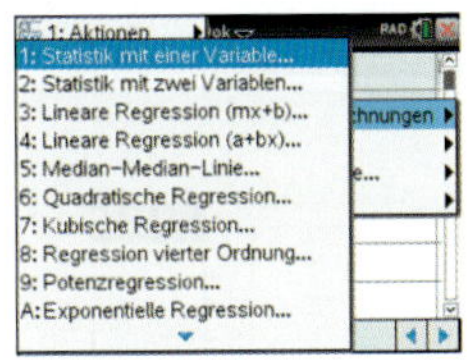

Abb. 4–6: Mit der Tastatur und tab die Eingaben gemäß der Abb. 4 und 5 vornehmen. Ein Klick auf OK liefert diverse Kennwerte.

Abb. 4

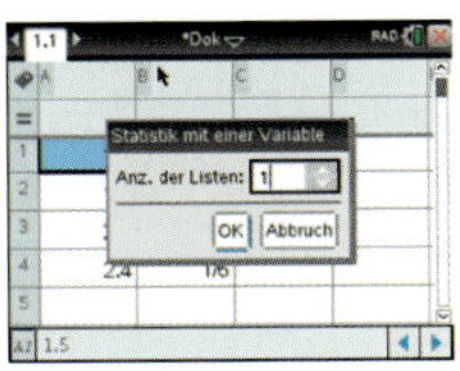

Abb. 5

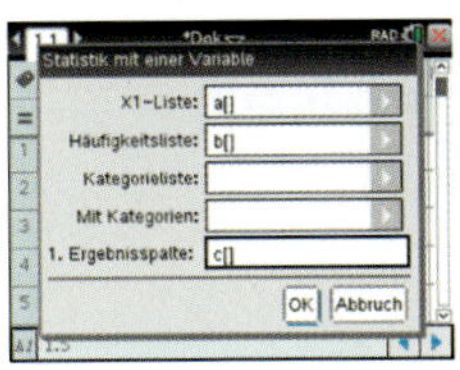

Abb. 6

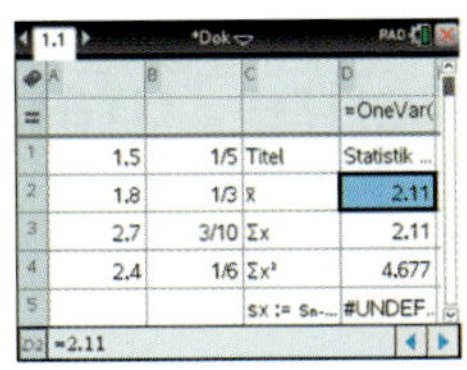

23 Binomialverteilte Zufallsgrößen

Einzelwahrscheinlichkeiten

$P(X = k) = B_{n;p}(k)$

Im Startbildschirm die Applikation **Calculator** öffnen.

Abb. 1 und 2: Mit menu, 5: Wahrscheinlichkeit, 5: Verteilungen, A: Binomial Pdf… den entsprechenden Befehl auswählen.

Abb. 3 und 4: Mit dem Nummernblock und tab können die Werte gemäß Abb. 3 eingegeben werden. Ein Klick auf OK liefert das Ergebnis gemäß Abb. 4.

Abb. 1

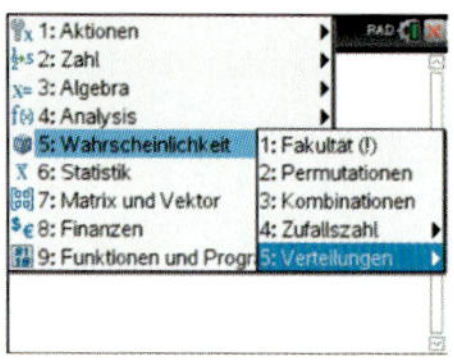

Abb. 2

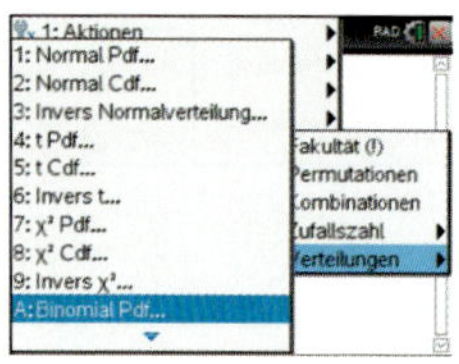

Abb. 3

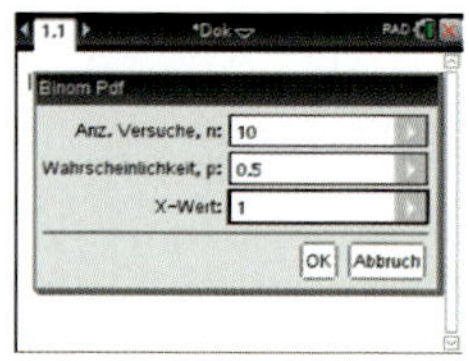

Abb. 4

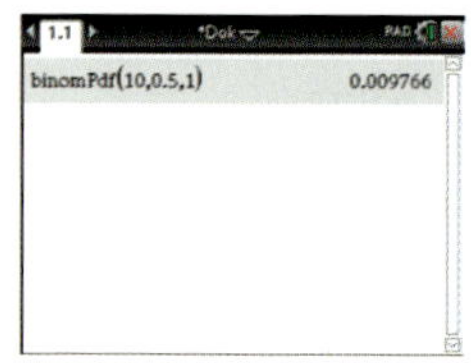

24 Binomialverteilte Zufallsgrößen

Kumulierte Wahrscheinlichkeiten

$P(X \leq k) = F_{n;p}(k)$

Im Startbildschirm die Applikation **Calculator** öffnen.

Abb. 1 und 2: Mit menu, 5: Wahrscheinlichkeit, 5: Verteilungen, B: Binomial Cdf… den entsprechenden Befehl auswählen.

Abb. 3 und 4: Mit dem Nummernblock und tab können die Werte gemäß Abb. 3 eingegeben werden. Ein Klick auf OK liefert das Ergebnis gemäß Abb. 4.

Abb. 1

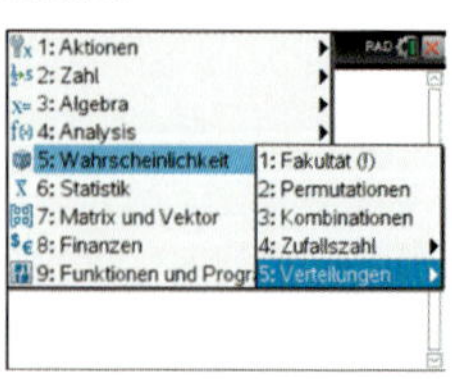

Abb. 2

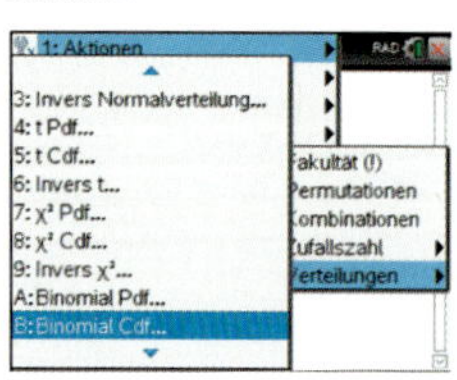

Abb. 3

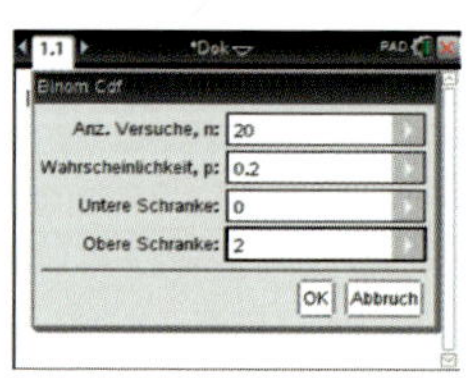

Abb. 4

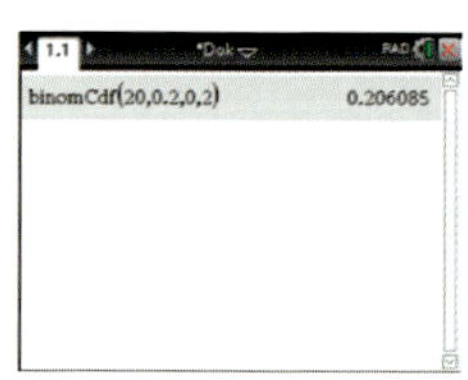

25 Eingabe einer binomialverteilten Wahrscheinlichkeitsverteilung

Im Startbildschirm die Applikation **Lists & Spreadsheet** öffnen.

Abb. 1: Das Feld unter A markieren.

Abb. 2 und 3: Mit menu, 4: Statistik, 2: Verteilungen, A: Binom Pdf... den entsprechenden Befehl auswählen.

Abb. 4: Mit dem Nummernblock und tab können die Werte gemäß Abb. 4 eingegeben werden.

Abb. 1

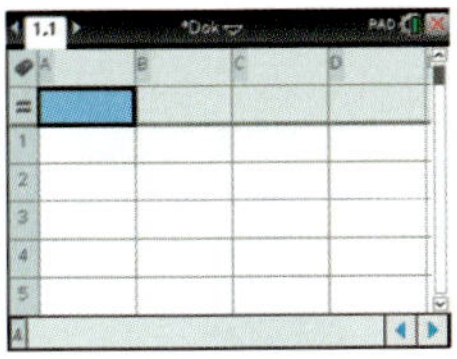

Abb. 2

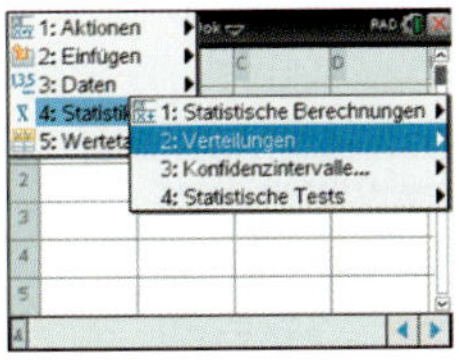

Abb. 3

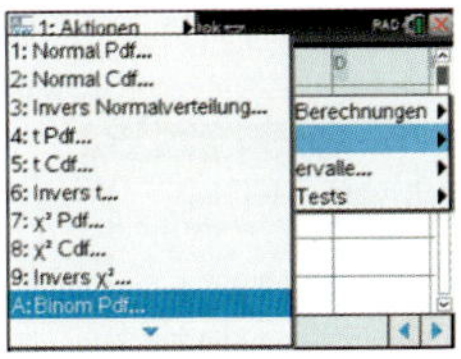

Abb. 4

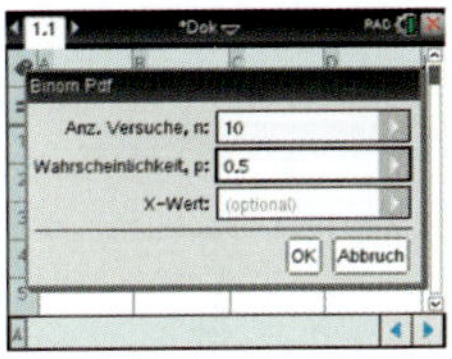

Abb. 5: Ein Klick auf OK liefert das Ergebnis gemäß Abb. 5.

Abb. 5

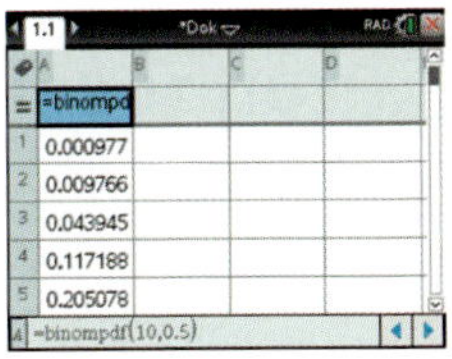

26 Erstellung eines Histogramms einer binomialverteilten Zufallsgröße

Im Startbildschirm die Applikation **Lists & Spreadsheet** öffnen.

Abb. 1: In Spalte A die Anzahl der Treffer eingeben und die Spalte in „k“ umbenennen. Anschließend die Wahrscheinlichkeitsverteilung in Spalte B erstellen und die Spalte in „p“ umbenennen.

Abb. 2 und 3: Mit menu 3: Daten, 8 Ergebnisdiagramm den entsprechenden Befehl auswählen und die Eingaben gemäß Abb. 3 vornehmen.

Abb. 4: Ein Klick auf OK liefert das Histogramm gemäß Abb. 4.

Abb. 1

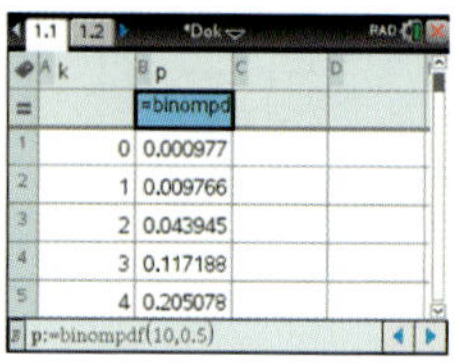

Abb. 2

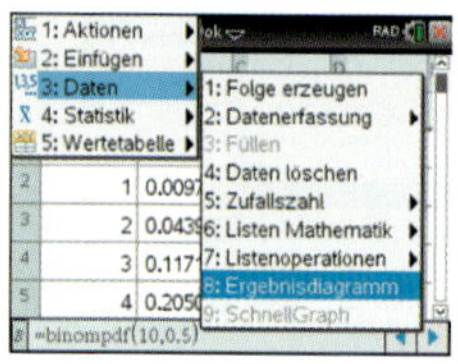

Abb. 3

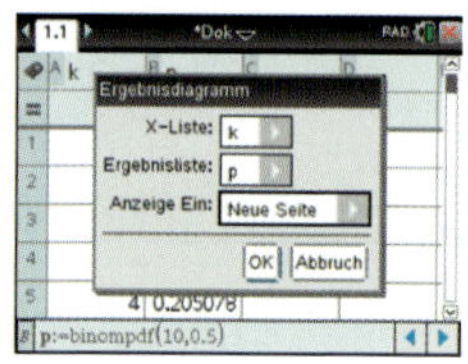

Abb. 4

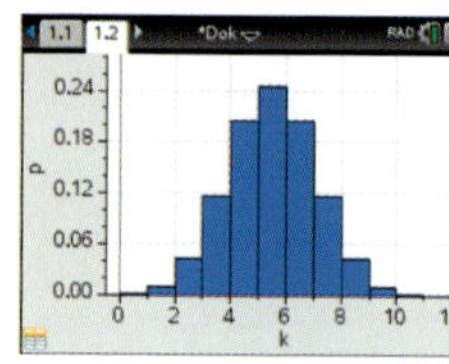

27 Prognoseintervall berechnen

Im Startbildschirm die Applikation **Calculator** öffnen.

Abb. 1–3: Mit menu, 6: Statistik, 6: Konfidenzintervalle..., 5: 1-Prop z-Intervall… den entsprechenden Befehl auswählen und über den Nummernblock und tab die Eingaben gemäß Abb. 3 vornehmen.

Abb. 4: Ein Klick auf OK liefert das Ergebnis gemäß Abb.4.

Abb. 1

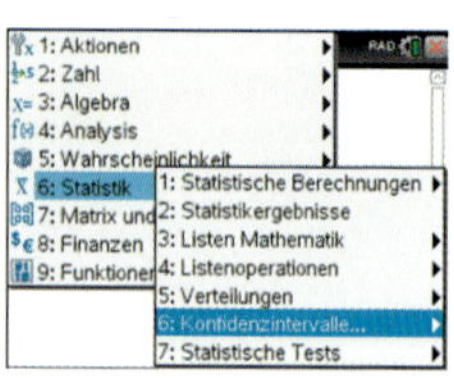

Abb. 2

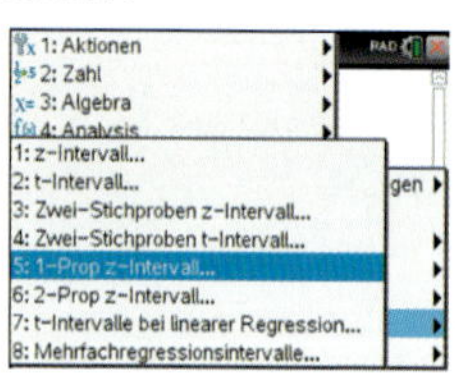

Abb. 3

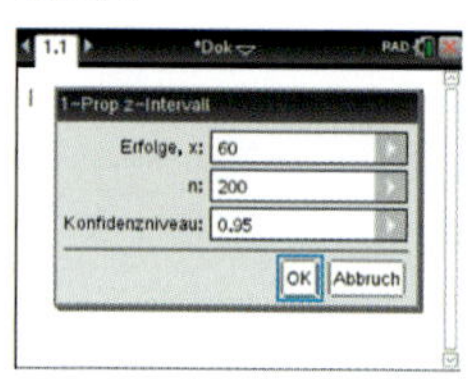

Abb. 4

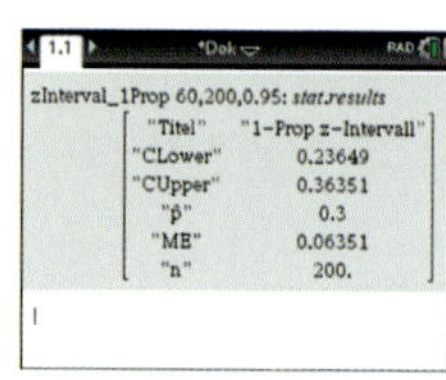

Abb. 5: Die Multiplikation der Grenzen des Intervalls mit dem Stichprobenumfang n liefert das Ergebnis gemäß Abb. 5.

Abb. 5

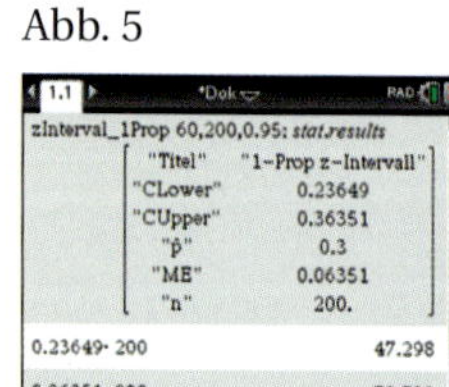

28 Normalverteilte Zufallsgrößen

Einzelwahrscheinlichkeiten

$\varphi(x)$

Abb. 1 und 2: Mit menu 5: Wahrscheinlichkeit, 5: Verteilungen, 1: Normal Pdf… den entsprechenden Befehl auswählen.

Abb. 3 und 4: Mit dem Nummernblock und tab können die Werte gemäß Abb. 3 eingegeben werden. Ein Klick auf OK liefert das Ergebnis gemäß Abb. 4.

Abb. 1

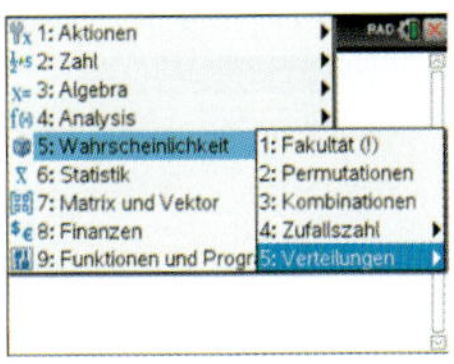

Abb. 2

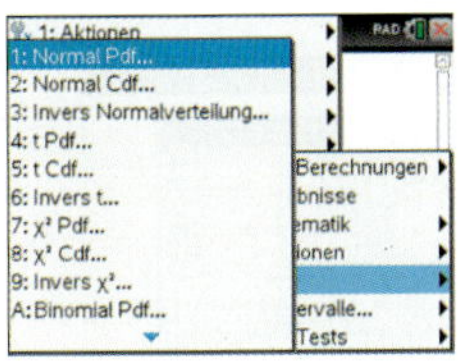

Abb. 3

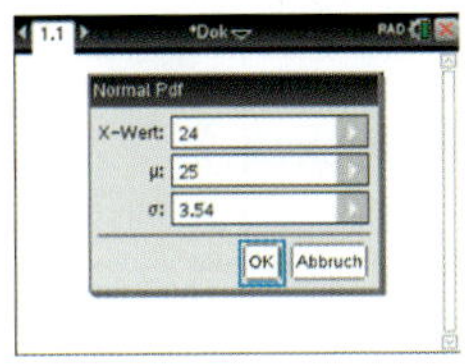

Abb. 4

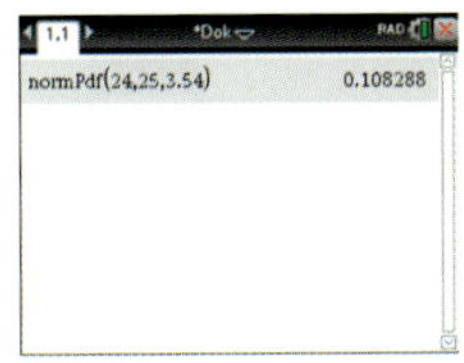

29 Normalverteilte Zufallsgrößen

Kumulierte Wahrscheinlichkeiten

Abb. 1 und 2: Mit menu, 5: Wahrscheinlichkeit, 5: Verteilungen, 2: Normal Cdf… den entsprechenden Befehl auswählen.

Abb. 3 und 4: Mit dem Nummernblock und tab können die Werte gemäß Abb. 3 eingegeben werden. Ein Klick auf OK liefert das Ergebnis gemäß Abb. 4.

Abb. 1

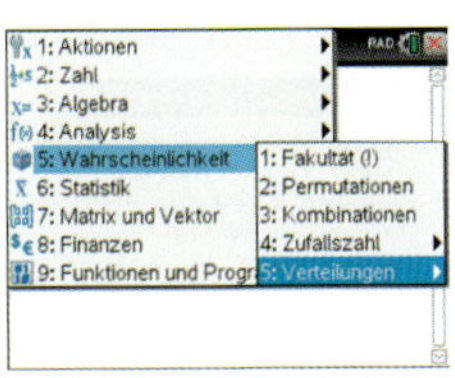

Abb. 2

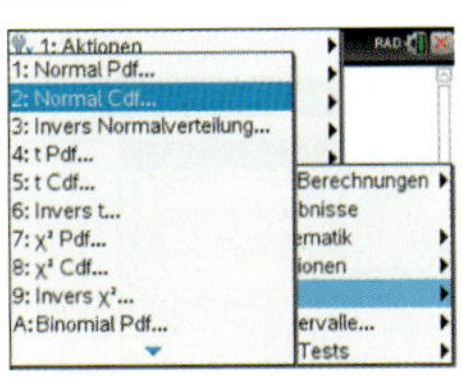

Abb. 3

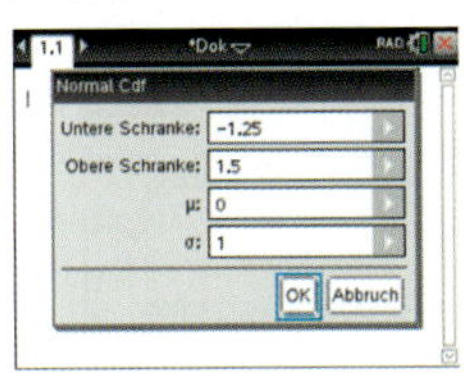

Abb. 4

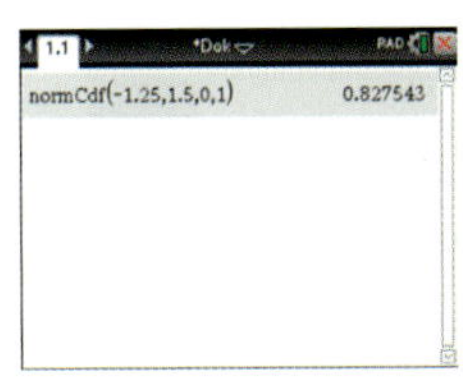

30 Bestimmung von *z* bei gegebener Sicherheitswahrscheinlichkeit

Im Startbildschirm die Applikation **Calculator** öffnen.

Abb. 1 und 2: Mit menu, 5: Wahrscheinlichkeit, 5: Verteilungen, 3: Invers Normalverteilung… den entsprechenden Befehl auswählen.

Abb. 3 und 4: Mit dem Nummernblock und tab können die Werte gemäß Abb. 3 eingegeben werden. Ein Klick auf OK liefert das Ergebnis gemäß Abb. 4.

Abb. 1

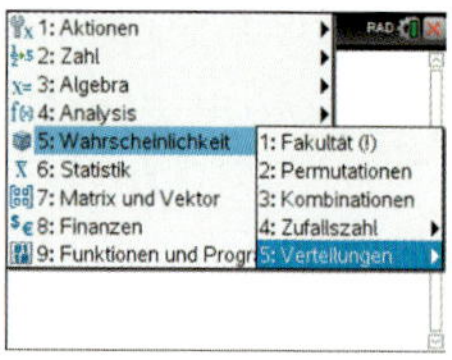

Abb. 2

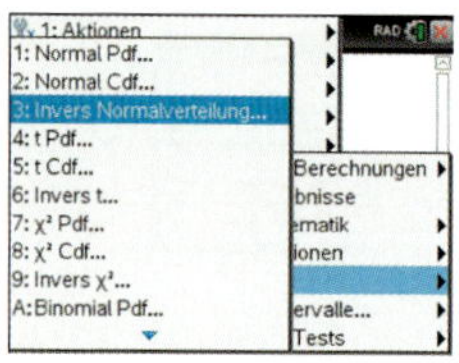

Abb. 3

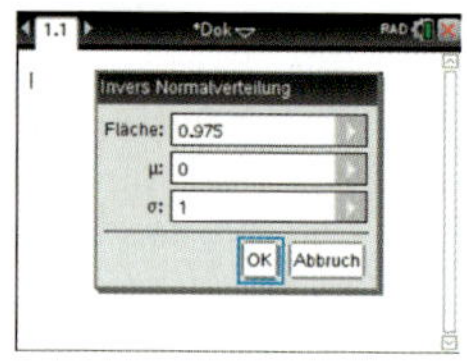

Abb. 4

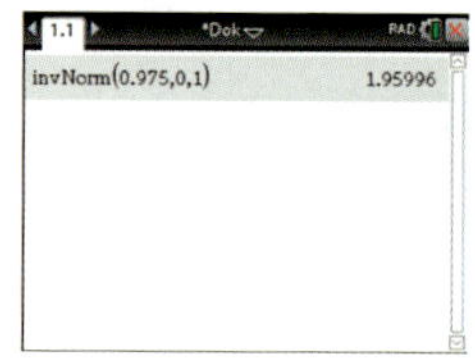

31 Konfidenzintervall näherungsweise bestimmen

Im Startbildschirm die Applikation **Calculator** öffnen.

Abb. 1 und 2: Mit menu, 6: Statistik, 6: Konfidenzintervalle..., 5: 1-Prop z-Intervall… den entsprechenden Befehl auswählen.

Abb. 3 und 4: Mit dem Nummernblock und tab können die Werte gemäß Abb. 3 eingegeben werden. Ein Klick auf OK liefert das Ergebnis gemäß Abb. 4.

Abb. 1

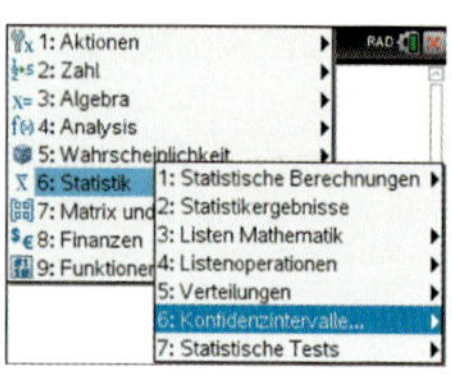

Abb. 2

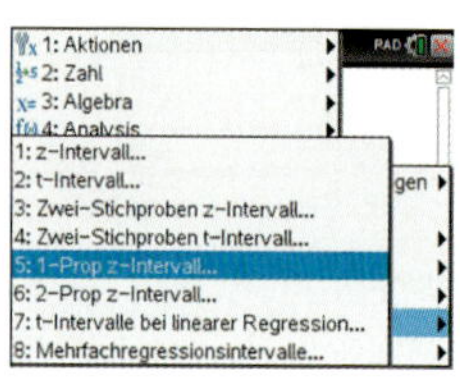

Abb. 3

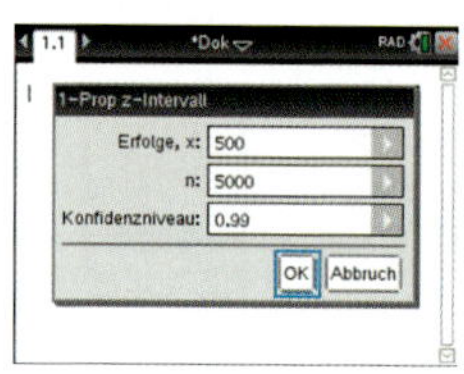

Abb. 4

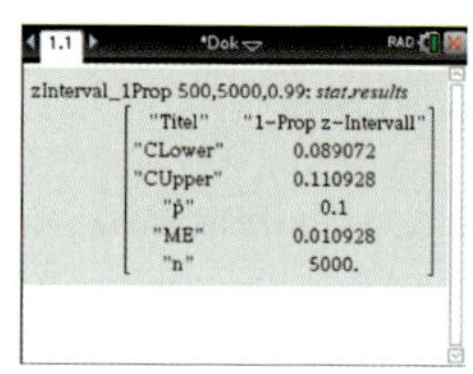

Sachwortverzeichnis

I

K

L

M

N

O

P

Q

R

Bildquellenverzeichnis

Getty Images, München: Bettmann 125.1. | Helling, Jens, Thomasburg: 58.1. | PantherMedia GmbH (panthermedia.net), München: Rolf Pötsch 65.1. | Picture-Alliance GmbH, Frankfurt/M.: maxppp 285.1. | Shutterstock.com, New York: Anna_Pustynnikova 219.1. |stock.adobe.com, Dublin: Adamsov studio 58.2; ARochau 36.1; Birgit Reitz-Hofmann 224.1; Björn Wylezich 47.1; Blasioli, Giuseppe 50.1; by-studio 180.1; Deyan Georgiev 45.2; Digitalpress 226.2; Dirk 45.1; EKH-Pictures 65.2; Elnur Titel; ExQuisine 298.1; fotofabrika 181.1; FRANK 49.1, 53.1; Frank Wagner 13.1; hjschneider 234.1; Jens Hilberger 43.1; johnmerlin 37.1; Michael Tieck 67.2; Nataliya Hora 64.1; nickolae 273.1; phonlamaiphoto 66.1; PMDesign 29.1; Robert Przybysz 38.1; roibu 67.3; Syda Productions 67.1; tauav 64.2; yellowj 118.1. |

Texas Instruments Education Technology GmbH, Freising: 30.1, 31.1, 31.2, 31.3, 33.1, 33.2, 33.3, 40.1, 40.2, 41.1, 52.1, 54.1, 60.1, 60.2, 60.3, 60.4, 60.5, 62.1, 71.1, 71.2, 71.3, 71.4, 73.1, 73.2, 74.1, 74.2, 74.3, 74.4, 76.1, 76.2, 76.3, 76.4, 78.1, 78.2, 78.3, 80.1, 80.2, 80.3, 86.1, 86.2, 86.3, 86.4, 92.1, 92.2, 92.3, 96.1, 96.2, 96.3, 139.1, 139.2, 139.3, 145.1, 145.2, 145.3, 145.4, 149.1, 149.2, 149.3, 149.4, 163.1, 163.2, 163.3, 163.4, 163.5, 170.1, 170.2, 217.1, 217.2, 218.1, 218.2, 218.3, 221.1, 221.2, 225.1, 226.1, 227.1, 227.2, 234.2, 234.3, 234.4, 235.1, 235.2, 235.3, 235.4, 235.5, 236.1, 236.2, 236.3, 236.4, 236.5, 238.1, 238.2, 238.3, 261.1, 261.2, 261.3, 261.4, 261.5, 261.6, 261.7, 261.8, 264.1, 264.2, 264.3, 264.4, 265.1, 265.2, 265.3, 265.4, 275.1, 275.2, 276.1, 276.2, 277.1, 277.2, 281.1, 281.2, 281.3, 281.4, 282.1, 282.2, 288.1, 288.2, 288.3, 288.4, 288.5, 288.6, 288.7, 288.8, 288.9, 289.1, 289.2, 289.3, 289.4, 289.5, 289.6, 289.7, 289.8, 289.9, 289.10, 289.11, 289.12, 289.13, 290.1, 290.2, 290.3, 291.1, 291.2, 291.3, 291.4, 291.5, 303.1, 303.2, 303.3, 304.1, 304.2, 304.3, 306.1, 306.2, 306.3, 307.1, 307.2, 307.3, 308.1, 308.2, 308.3, 308.4, 308.5, 312.1, 312.2, 312.3, 312.4, 312.5, 312.6, 313.1, 313.2, 313.3, 314.1, 314.2, 314.3, 315.1, 315.2, 315.3, 334.1, 334.2, 334.3, 334.4, 334.5, 335.1, 335.2, 335.3, 335.4, 335.5, 335.6, 335.7, 336.1, 336.2, 336.3, 336.4, 336.5, 337.1, 337.2, 337.3, 337.4, 338.1, 338.2, 338.3, 338.4, 338.5, 338.6, 338.7, 339.1, 339.2, 339.3, 339.4, 339.5, 339.6, 339.7, 340.1, 340.2, 340.3, 340.4, 340.5, 340.6, 341.1, 341.2, 341.3, 341.4, 341.5, 341.6, 342.1, 342.2, 342.3, 342.4, 342.5, 342.6, 342.7, 343.1, 343.2, 343.3, 343.4, 343.5, 343.6, 343.7, 344.1, 344.2, 344.3, 344.4, 344.5, 344.6, 344.7, 344.8, 345.1, 345.2, 345.3, 345.4, 345.5, 346.1, 346.2, 346.3, 346.4, 346.5, 347.1, 347.2, 347.3, 347.4, 347.5, 347.6, 347.7, 348.1, 348.2, 348.3, 348.4, 348.5, 348.6, 349.1, 349.2, 349.3, 350.1, 350.2, 350.3, 350.4, 350.5, 350.6, 350.7, 350.8, 351.1, 351.2, 351.3, 351.4, 351.5, 351.6, 351.7, 351.8, 351.9, 352.1, 352.2, 352.3, 352.4, 352.5, 352.6, 352.7, 352.8, 353.1, 353.2, 353.3, 353.4, 353.5, 354.1, 354.2, 354.3, 354.4, 354.5, 354.6, 355.1, 355.2, 355.3, 355.4, 355.5, 355.6, 355.7, 355.8, 356.1, 356.2, 356.3, 356.4, 356.5, 356.6, 356.7, 357.1, 357.2, 357.3, 357.4, 357.5, 357.6, 358.1, 358.2, 358.3, 358.4, 359.1, 359.2, 359.3, 360.1, 360.2, 360.3, 360.4, 361.1, 361.2, 361.3, 361.4, 361.5, 361.6, 361.7, 361.8, 362.1, 362.2, 362.3, 362.4, 362.5, 362.6, 362.7, 362.8, 363.1, 363.2, 363.3, 363.4, 363.5, 363.6, 364.1, 364.2, 364.3, 364.4, 364.5, 364.6, 364.7, 364.8, 365.1, 365.2, 365.3, 365.4, 365.5, 366.1, 366.2, 366.3, 366.4, 366.5, 366.6, 366.7, 366.8, 366.9, 367.1, 367.2, 367.3, 367.4, 367.5, 367.6, 367.7, 367.8, 368.1, 368.2, 368.3, 368.4, 368.5, 368.6, 368.7, 368.8.